2026

소형선박조종사

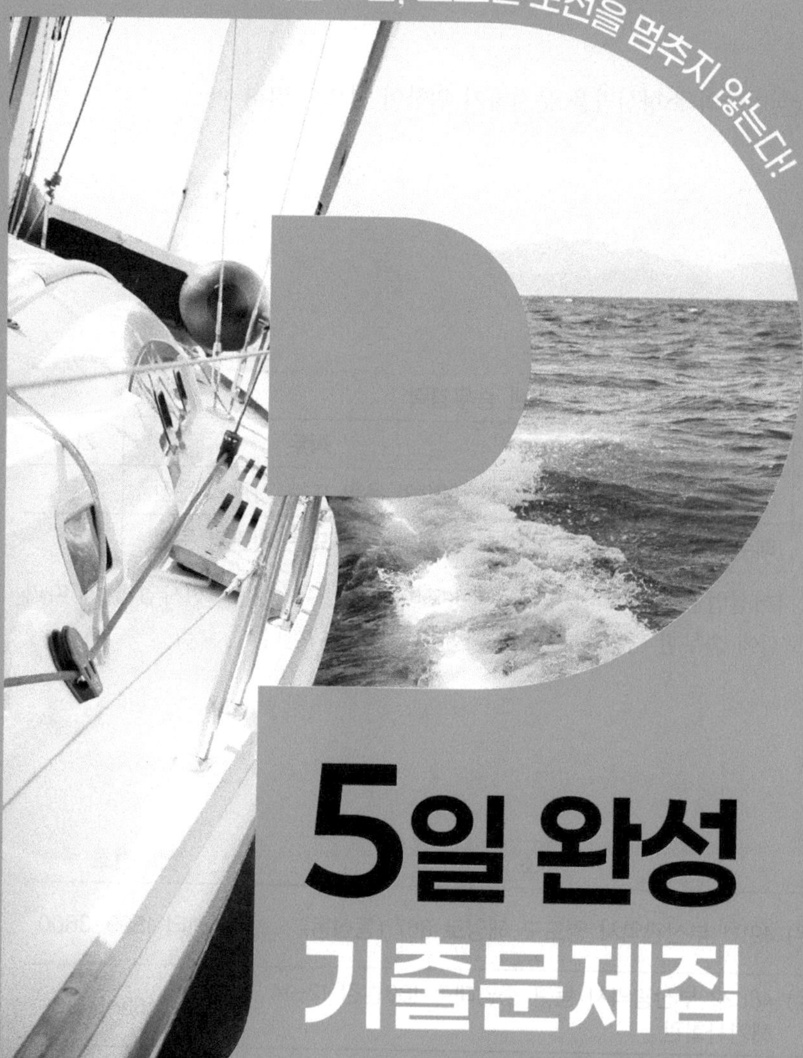

소형선박조종사 개요

✱ **면허 개요** : 총톤수 5톤 이상, 25톤 미만의 소형선박을 운전하기 위하여 필요한 면허

시험 응시 안내

1 응시 자격 : 응시 자격 제한 없음

2 면허를 위한 승무경력

받으려는 면허	면허를 위한 승무경력			
	자격	승선한 선박	직무	기간
소형선박 조종사	–	총톤수 2톤 이상의 선박	선박의 운항 또는 기관의 운전	2년
	–	배수톤수 2톤 이상의 함정	함정의 운항 또는 기관의 운전	2년

※ 「낚시관리 및 육성법」에 따라 낚시어선업을 하기 위하여 신고한 낚시어선 및 「유선 및 도선사업법」에 따라 면허를 받거나 신고한 유선 및 도선에 승무한 경력은 톤수의 제한을 받지 아니한다.

응시원서 교부 및 접수

1 응시원서 교부 및 접수장소

교부 및 접수장소		주소	전화번호
부산	한국해양수산연수원 종합민원실	(우) 49111 부산광역시 영도구 해양로 367 (동삼동)	콜센터 1899–3600
	한국해기사협회	(우) 48822 부산광역시 동구 중앙대로 180번길 12–14 해기사회관	051) 463–5030
인천	한국해양수산연수원 인천사무실	(우) 22133 인천광역시 중구 인중로 176 나성빌딩 4층	032) 765–2335~6
목포	한국해양수산연수원 목포분원	(우) 58625 전남 목포시 고하대로 597번길(죽교동)	061) 241–0300~1
인터넷	한국해양수산연수원 (홈페이지)	http://lems.seaman.or.kr 민원서류다운로드(원서교부) 인터넷접수	051) 620–5831~4

2 원서접수

① 인터넷접수 : 한국해양수산연수원 시험정보사이트(http://lems.seaman.or.kr)에 접속 후 "해기사 시험 접수"에서 인터넷접수

　– 준비물 : 사진 및 수수료 결제시 필요한 공인인증서 또는 신용카드

② **방문접수** : 위의 접수장소로 직접 방문하여 접수. 사진 1매, 응시수수료
③ **우편접수** : 접수마감일 접수시간 내 도착분에 한하여 유효, 사진이 부착된 응시원서, 응시수수료, 응시표
를 받으실 분은 반드시 수신처 주소가 기재된 반신용 봉투를 동봉하셔야 합니다.
　※ 응시원서에 사용되는 사진은 최근 6개월 이내에 촬영한 3㎝×4㎝ 규격의 탈모정면 상반신 사진이어야
하며, 제출된 서류는 일체 반환하지 않습니다.

출제비율 및 시험방법

1 시험과목과 내용별 출제비율

시험과목	과목내용	출제비율(%)
항해	항해계기	24
	항법	16
	해도 및 항로표지	40
	기상 및 해상	12
	항해계획	8
	합계 (%)	100
운용	선체 · 설비 및 속구	28
	구명설비 및 통신장비	28
	선박조종 일반	28
	황천시의 조종	8
	비상제어 및 해난방지	8
	합계 (%)	100
법규	해사안전기본법 및 해상교통안전법	60
	선박의 입항 및 출항 등에 관한 법률	28
	해양환경관리법	12
	합계 (%)	100
기관	내연기관 및 추진장치	56
	보조기기 및 전기장치	24
	기관고장 시의 대책	12
	연료유 수급	8
	합계 (%)	100

2 시험시간 및 장소

① 시험시간 : 4과목/100분

※ 과목합격자 및 일부과목 면제 응시자는 응시과목수에 따라 시험시간이 다름(과목당 25분).

② 시험장소 : 시험공고에 따름.

③ 시험방법 : 객관식 4지선다형으로 하며 과목당 25문항

④ 합격자 발표

㉠ 해양수산연수원 게시판 및 인터넷 홈페이지(http://lems.seaman.or.kr)

㉡ SMS(휴대폰 문자서비스) 전송(합격자에 한함) : 시험접수시 휴대폰 번호 등록자에 한함.

※ 회별 시행지역, 직종 및 등급 등 세부사항 및 시험일정은 한국해양연수원 홈페이지 공고문을 반드시 확인하시기 바랍니다.

면허증 교부

1 면허발급기관

① 해기사 면허발급 : 각 지방해양수산청

② 면허발급 희망청 기재 : 시험접수시 응시원서 상단에 합격 후 면허발급을 신청하실 지역을 표시하시면 시험합격서류가 해당 지방청으로 이송됩니다.

③ 해기사시험 최종합격일로부터 3년 이내에 각 지방해양수산청에 면허발급 신청을 하여 면허를 받으셔야 합니다.

2 구비 서류

① 신청서 1부

② 사진 1매(최근 6월 이내에 촬영한 가로 3.5센티미터, 세로 4.5센티미터의 것)

③ 선원건강진단서 1부

④ 승무경력증명서 1부(면허를 위한 승무경력 참조)

⑤ 면허취득교육과정을 이수한 사실을 증명하는 서류 1부(해당자에 한함)

⑥ 수수료 : 없음(2012. 10. 30 시행규칙 개정으로 수수료 없음)

⑦ 면허발급 관련 문의 : 각 지방해양수산청 선원안전해사과

Contents

Small Vessel Operator

소형선박 조종사

조종사

5일 완성

소형선박조종사 기출문제

2021년 제1회　최신 기출문제

제1과목　항해

01 자기 컴퍼스에서 선박의 동요로 비너클이 기울어져도 볼을 항상 수평으로 유지하기 위한 것은?

　가　자침　　　　나　피벗
　사　짐벌즈　　　아　윗방 연결관

짐벌즈는 목재 또는 비자성재로 만든 원통형의 지지대인 비너클(Binnacle)이 기울어져도 볼을 항상 수평으로 유지시켜 주는 장치이다.

02 자이로컴퍼스에서 동요오차 발생을 예방하기 위하여 NS축상에 부착되어 있는 것은?

　가　보정 추　　　나　적분기
　사　오차 수정기　아　추종 전동기

동요오차를 예방하기 위하여 NS축 선상에 보정 추를 부착해 두었는데, 이 추의 부착 상태가 불량하면 오차가 생긴다.

03 수심이 얕은 곳에서 측정하거나 투묘할 때 배의 진행 방향 및 타력 또는 정박 중 닻의 끌림을 알기 위한 기기는?

　가　핸드 레드
　나　사운딩 자
　사　트랜스듀서
　아　풍향풍속계

가．**핸드 레드** : 수심이 얕은 곳에서 수심과 저질을 측정하는 측심의로, 3~7kg의 레드와 45~70m 정도의 레드라인으로 구성된다.
사．**트랜스듀서** : 에너지를 하나의 형태에서 또 다른 형태로 변환하기 위해 고안된 장치
아．**풍향풍속계** : 바람의 방향과 속력을 측정하는 장비

04 해도상의 나침도에 표시된 부분과 자차표가 다음과 같을 때 진침로 045도로 항해한다면 자기 컴퍼스는 몇 도에 정침해야 하는가? (단, 항해하는 시점은 2017년임)

나침도의 편차 표시	자차표	
	000°	0°
	045°	2°E
	090°	3°E
6°50′W	135°	2°E
2007(1′W)	180°	0°
	225°	2°W
	270°	3°W
	315°	2°W

　가　040°　　　나　045°
　사　049°　　　아　050°

• 6°50′W 2007(1′W) : 2007년 측정 시 이 지역의 자기 편차가 서쪽으로 6도 50분이었으며, 매년 1분씩 서쪽으로 증가한다는 의미이다. 따라서 2017년 기준으로는 7도가 된다.

정답　**01** 사　**02** 가　**03** 가　**04** 아

- 문제는 진침로를 나침로로 고치는 반개정이므로, 진침로에 자차의 부호가 편동(E)이면 빼 주고, 편차(W)이면 더해 준다. 나침로를 진침로로 고치는 개정법의 반대로 하면 된다.
- $045° - 2° + 7° = 050$

05 선박에서 사용하는 항해기기 중 선체자기의 영향을 받는 것은?

가 위성컴퍼스

나 자기 컴퍼스

사 자이로컴퍼스

아 광자기 자이로컴퍼스

자기 컴퍼스는 자석을 이용해 자침이 지구 자기의 방향을 지시하도록 만든 장치로, 선체자기의 영향을 받는다. 나머지는 선체자기의 영향을 받지 않는다.

06 두 물표를 이용하여 교차방위법으로 선위 결정 시 가장 정확한 선위를 얻을 수 있는 상호 간의 각도는?

가 30도

나 60도

사 90도

아 120도

물표 상호 간의 각도는 될 수 있는 한 30°~150°인 것을 선정한다. 두 물표일 때에는 90°, 세 물표일 때는 60°가 가장 좋다.

07 작동 중인 레이더 화면에서 'A' 점은 무엇인가?

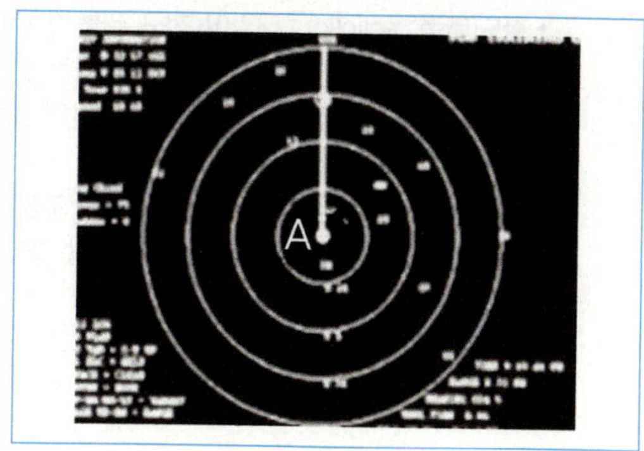

가 섬

나 육지

사 본선

아 다른 선박

주어진 그림의 레이더는 상대운동 표시방식의 레이더로 자선(본선)의 위치가 PPI(Plan Position Indicator) 상의 어느 한 점(주로 PPI의 중심)에 고정되어 있기 때문에, 모든 물체는 자선의 움직임에 대하여 상대적인 움직임으로 표시된다.

08 전파의 특성이 아닌 것은?

가 직진성

나 등속성

사 반사성

아 회전성

전파의 특성은 등속성, 직진성, 반사성이다.

09 분점에서 90도 떨어진 황도 위의 점은?

가 시점

나 지점

사 동점

아 서점

정답 05 나 06 사 07 사 08 아 09 나

- **황도**(黃道, ecliptic) : 태양이 천구 위를 1년에 한 번 지구를 중심으로 서에서 동으로 운행하는 것처럼 보이는 것을 태양 연주 운동이라 하며, 이의 겉보기 궤도를 황도라 한다.
- **분점** : 황도 경사 때문에 생기는 2개의 교점
- **지점** : 황도상에서 천의 적도로부터 가장 멀리 떨어져 있는 2개의 점

10 상대운동 표시방식 레이더 화면상에서 어떤 선박의 움직임이 다음과 같다면, 침로와 속력을 일정하게 유지하며 항행하는 본선과의 관계로 옳은 것은?

> - 시간이 갈수록 본선과의 거리가 가까워지고 있음
> - 시간이 지나도 관측한 상대선의 방위가 변화하지 않음

가 본선을 추월할 것이다.
나 본선 선수를 횡단할 것이다.
사 본선과 충돌의 위험이 있을 것이다.
아 본선의 우현으로 안전하게 지나갈 것이다.

상대운동 표시방식 레이더는 자선의 위치가 PPI(Plan Position Indicator)상의 어느 한 점(주로 PPI의 중심)에 고정되어 있기 때문에, 모든 물체는 자선의 움직임에 대하여 상대적인 움직임으로 표시된다. 따라서 본선은 고정되어 있는 상태에서 상대선이 본선에 가까워지고 있으면서 방위가 변하지 않으므로, 본선과 충돌 위험이 있는 것으로 보인다.

11 조석에 따라 수면 위로 보였다가 수면 아래로 잠겼다가 하는 바위는?

가 세암
나 암암
사 간출암
아 노출암

간출암 : 수면 위에 나타났다 수중에 감추어졌다 하는 바위

12 우리나라 해도상에 표시된 수심의 측정기준은?

가 대조면
나 평균수면
사 기본수준면
아 약최고고조면

기본수준면 : 해도의 수심과 조석표의 조고(潮高)의 기준면으로, 각 지점에서 조석관측으로 얻은 연평균 해면으로부터 4대 주요 분조의 반조차의 합만큼 내려간 면이다. 약최저저조위라고도 불리며 항만시설의 계획, 설계 등 항만공사의 수심의 기준이 되는 수면이다.

13 (   )에 적합한 것은?

> 등고는 (   )에서 등화 중심까지의 높이를 말한다.

가 평균고조면
나 약최고고조면
사 평균수면
아 기본수준면

등대 높이(등고) : 해도나 등대표에는 평균수면에서 등화의 중심까지를 등대의 높이로 표시한다(단위는 m 또는 ft로 표시). 그리고 등선은 수면상의 높이를 기재하고, 등부표는 높이가 거의 일정하므로 등고를 기재하지 않는다.

정답 **10** 사 **11** 사 **12** 사 **13** 사

14 해상에 있어서의 기상, 해류, 조류 등의 여러 현상과 도선사, 검역, 항로표지 등의 일반기사 및 항로의 상황, 연안의 지형, 항만의 시설 등이 기재되어 있는 수로서지는?

가 등대표 나 조석표

사 천측력 아 항로지

 해설

가. **등대표** : 선박을 안전하게 유도하고 선위 측정에 도움을 주는 주간, 야간, 음향, 무선표지를 상세하게 수록한다.

나. **조석표** : 각 지역의 조석 및 조류에 대하여 상세하게 기술한 것으로, 조석 용어의 해설도 포함하고 있다. 또한 표준항 이외에 항구에 대한 조사, 조고를 구할 수 있다.

사. **천측력** : 주요 행성의 적위, 항성의 항성 시각, 해와 달의 출몰 시각이 기록된 것으로 천문 항법용으로 사용한다.

15 안개, 눈 또는 비 등으로 시계가 나빠서 육지나 등화를 발견하기 어려울 때 부근을 항해하는 선박에게 항로표지의 위치를 알리거나 경고할 목적으로 설치된 표지는?

가 형상(주간)표지 나 특수신호표지

사 음파(음향)표지 아 광파(야간)표지

해설

가. **형상(주간)표지** : 점등장치가 없고, 형상과 색깔로 주간에 선위를 결정할 때 이용하며, 형상표지라고도 한다.

나. **특수신호표지** : 공사구역 등 특별한 시설이 있음을 나타내는 표지이다.

아. **광파(야간)표지** : 등화에 의하여 그 위치를 나타내며, 주로 야간의 목표가 되지만 주간에도 목표물로 이용되는 표지이다.

16 황색의 'X' 모양 두표를 가진 표지는?

가 방위표지 나 특수표지

사 안전수역표지 아 고립장해표지

 해설

가. **방위표지** : 두표는 원추형 2개를 사용하며, 색상은 흑색과 황색이다.

사. **안전수역표지** : 설치 위치 주변의 모든 수역이 가항수역임을 표시하는 데 사용하는 표지로, 두표는 적색의 구 1개

아. **고립장해표지** : 주변 해역이 가항수역인 암초나 침선 등의 고립된 장애물 위에 설치 또는 계류하는 표지로, 두표는 2개의 흑구를 수직으로 부착한다.

17 해도번호 앞에 'F'(에프)로 표기된 것은?

가 해류도 나 조류도

사 해저 지형도 아 어업용 해도

 해설

가. **해류도** : 일정한 방향과 유속을 가진 해수의 흐름을 나타낸 지도

나. **조류도** : 조석 현상에 의한 해수의 수평적인 흐름인 조류의 상황을 그림으로 표시한 해도

사. **해저 지형도** : 해안의 저조선을 포함한 해저면의 지형을 그린 해도

아. **어업용 해도** : 일반 항해용 해도에 각종 어업에 필요한 제반 자료를 기재하여 제작한 해도로, 해도 번호 앞에 'F'가 표기되어 있다.

18 해도상에 표시된 $\xrightarrow{2.5kn}$의 조류는?

가 와류 나 창조류

사 급조류 아 낙조류

정답 **14** 아 **15** 사 **16** 나 **17** 아 **18** 나

⟫⟫⟫ 2kn → 해조류	유속을 표시한 해조류
⟫⟫ 2kn → 창조류	유속을 표시한 창조류
— 2kn → 낙조류	유속을 표시한 낙조류

19 해도상에 표시된 등대의 등질 'Fl.2s10m20M'에 대한 설명으로 옳지 않은 것은?

가 섬광등이다.

나 주기는 2초이다.

사 등고는 10미터이다.

아 광달거리는 20킬로미터이다.

등대의 등질은 다른 등화와 구분하기 위하여 등광의 발사상황을 달리하는 것이다. 'Fl.2s10m20M'에서 'Fl'은 섬광등, '2s'는 정해진 등질이 반복되는 시간을 초 단위로 나타낸 주기로 2초마다 반복됨을 나타낸다. 그리고 '10m'는 등대 높이인 등고가 10m임을 나타내며, '20M'는 등광을 알아볼 수 있는 최대거리인 광달거리로 그 광달거리가 20마일임을 나타낸다.

20 표지의 동쪽에 가항수역이 있음을 나타내는 표지는? (단, 두표의 형상으로만 판단함)

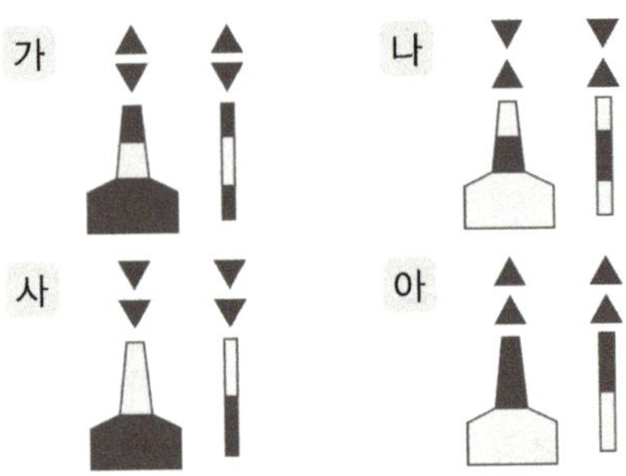

21 대기의 혼탁한 정도를 나타낸 것이며, 정상적인 육안으로 멀리 떨어진 목표물을 인식할 수 있는 최대 거리는?

가 강수

나 시정

사 강우량

아 풍력계급

가. **강수** : 하늘에서 내리는 비, 눈, 진눈깨비, 우박 등의 총칭

사. **강우량** : 내린 비의 양

아. **풍력계급** : 바다에서 풍력의 관측과 분류를 위해 영국의 해군 중령 프랜시스 보퍼트에 의해 고안된 계급

22 저기압의 특성에 대한 설명으로 옳지 않은 것은?

가 하강기류로 인해 대기가 불안정하다.

나 날씨가 흐리거나, 비나 눈이 내리는 경우가 많다.

사 구름이 발달하고 전선이 형성되기 쉽다.

아 북반구에서 중심을 향하여 반시계 방향으로 바람이 불어 들어간다.

가. 상승기류에 의한 단열 팽창으로 악천우의 원인이 된다.

동방위표지(◆), 서방위표지(✕), 남방위표지(▼), 북방위표지(▲)

동방위표지는 동쪽으로, 서방위표지는 서쪽으로, 남방위표지는 남쪽으로, 북방위표지는 북쪽으로 항해하라는 의미이다.

정답   **19** 아   **20** 가   **21** 나   **22** 가

23 태풍 중심 위치에 대한 기호의 의미를 연결한 것으로 옳지 않은 것은?

가 PSN GOOD : 위치는 정확
나 PSN FAIR : 위치는 거의 정확
사 PSN POOR : 위치는 아주 정확
아 PSN SUSPECTED : 위치에 의문이 있음

태풍의 중심 위치 주요 기호
• PSN GOOD : 위치는 정확(오차 20해리 미만)
• PSN FAIR : 위치는 거의 정확(오차 20~40해리)
• PSN POOR : 위치는 부정확(오차 40해리 이상)
• PSN EXCELLENT : 위치는 아주 정확
• PSN SUSPECTED : 위치에 의문이 있음

24 선박위치확인제도(Vessel Monitoring System : VMS)의 역할이 아닌 것은?

가 통항 선박의 감시
나 수색구조에 활용
사 육상과의 통신
아 해양오염방지에 기여

선박위치확인제도(Vessel Monitoring System : VMS) : 선박에 설치된 무선장치, AIS 등 단말기에서 발사된 위치신호가 전자해도 화면에 표시되는 시스템으로서, 선박–육상 간 쌍방향 데이터통신망이다. 육상과의 통신 역할과는 거리가 멀다.

25 선박의 항로지정제도(Ship's routeing)에 관한 설명으로 옳지 않은 것은?

가 국제해사기구(IMO)에서 지정할 수 있다.
나 모든 선박 또는 일부 범위의 선박에 대하여 강제적으로 적용할 수 있다.
사 특정 화물을 운송하는 선박에 대해서도 사용을 권고할 수 있다.
아 국제해사기구에서 정한 항로지정방식은 해도에 표시되지 않을 수도 있다.

아. 국제해사기구에서 정한 항로지정방식은 해도에 표시된다.

정답 23 사 24 사 25 아

01 아래의 선체 횡단면 그림에서 ㉠은?

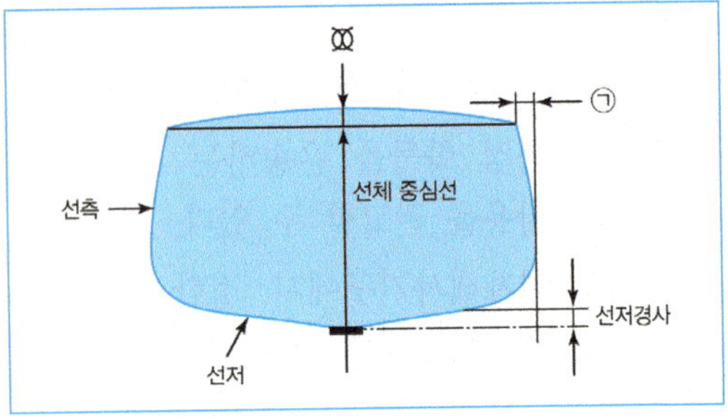

가 용골
나 빌지
사 캠버
아 텀블 홈

해설

그림의 ㉠은 텀블 홈으로 선체 측면의 상부가 선체 안쪽으로 굽은 형상이다.

02 타주를 가진 선박에서 계획만재흘수선상의 선수재 전면으로부터 타주 후면까지의 수평거리는?

가 전장
나 등록장
사 수선장
아 수선간장

해설

가. **전장** : 선수의 최전단으로부터 선미의 최후단까지의 수평거리로 안벽계류 및 입거할 때 필요한 선박의 길이. 선박의 저항, 추진력 계산에 사용

나. **등록장** : 상갑판 보(beam)상의 선수재 전면으로부터 선미재 후면까지의 수평거리

사. **선장** : 각 흘수선상의 물에 잠긴 선체의 선수재 전면에서 선미 후단까지의 수평거리

03 선체의 제일 넓은 부분에 있어서 양현 늑골의 외면에서 외면까지의 수평거리는?

가 전폭
나 형폭
사 건현
아 갑판

해설

가. **전폭** : 가장 넓은 부분의 양현 외판(shell plate)의 외면부터 맞은편 외판의 외면까지의 수평거리

사. **건현** : 선체가 침수되지 않은 부분의 수직거리, 선박의 중앙부의 수면에서부터 건현갑판의 상면의 연장과 외판의 외면과의 교점까지의 수직거리

아. **갑판** : 갑판보 위에 설치하여 선체의 수밀을 유지 (종강력재)

04 타의 구조에서 ⑧은 무엇인가?

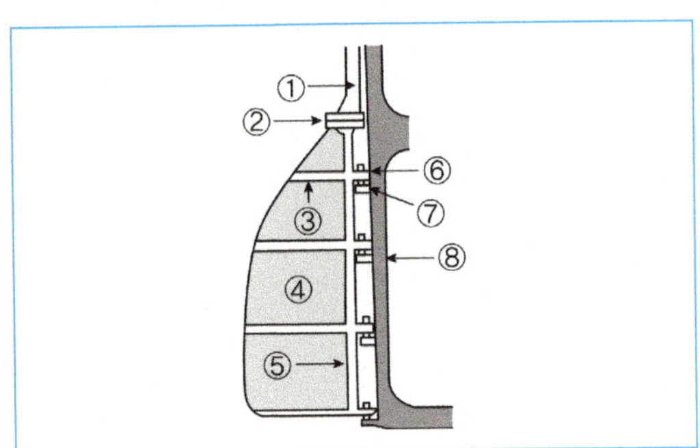

가 타판
나 핀틀
사 거전
아 타주

해설

타의 구조

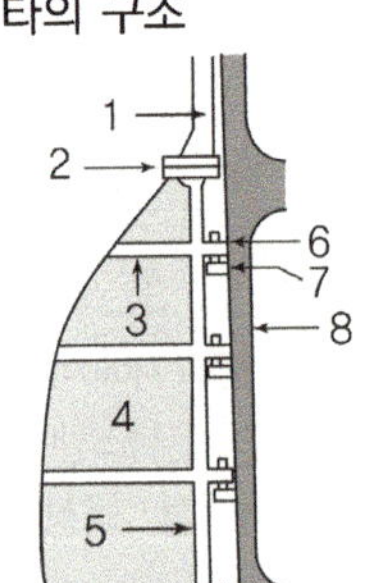

1. 타두재(rudder stock)
2. 러더 커플링
3. 러더 암
4. 타판
5. 타심재(main piece)
6. 핀틀
7. 거전
8. 타주

05 선수의 방위가 주어진 침로에서 벗어나면 자동적으로 편각을 검출하여 편각이 없어지도록 직접 키를 제어하여 침로를 유지하는 장치는?

가 양묘기

나 오토파일럿

사 비상조타장치

아 사이드 스러스터

가. **양묘기** : 양묘기(windlass)는 닻(anchor)을 감아올리거나 내리는 작업을 할 때 이용한다. 또는 선박을 부두에 접안시킬 때 계선줄을 감는 데 사용되는 갑판 보조기계이다.

아. **사이드 스러스터** : 선수 또는 선미의 수면하에 횡방향으로 원형 또는 사각형의 터널을 만들어 내부에 프로펠러를 설치하여 선수나 선미를 횡방향으로 이동시키는 장치이다.

06 닻의 구성품이 아닌 것은?

가 Stock(스톡)

나 End link(엔드 링크)

사 Crown(크라운)

아 Anchor ring(앵커 링)

앵커의 각부 명칭

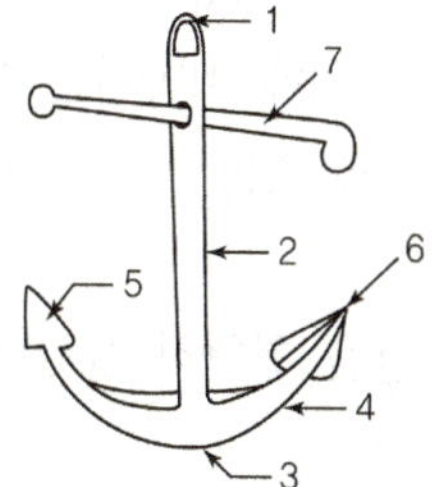

1. 앵커 링
2. 생크
3. 크라운
4. 암
5. 플루크
6. 빌
7. 닻채

07 섬유 로프 취급 시 주의사항으로 옳지 않은 것은?

가 항상 건조한 상태로 보관한다.

나 산성이나 알칼리성 물질에 접촉되지 않도록 한다.

사 로프에 기름이 스며들면 강해지므로 그대로 둔다.

아 마찰이 심한 곳에는 캔버스를 감아서 보호한다.

섬유 로프의 취급법
- 만든 지 오래 되거나 수개월 사용한 것은 강도와 내구력이 떨어지므로, 무거운 물건을 취급할 때에는 새것을 사용하는 것이 안전하다.
- 로프가 물에 젖거나 기름이 스며들면 그 강도가 1/4 정도 감소한다.
- 비트나 볼라드 등에 감아 둘 때에는 하부에 3회 이상 감아 둔다.
- 계선줄과 구명줄 등과 같은 동삭은 강도가 저하되지 않도록 자주 교체해야 한다.
- 스플라이싱(splicing)한 부분은 강도가 약 20~30% 떨어진다.
- 로프를 절단한 경우 휘핑(whipping)하여 스트랜드가 풀리지 않도록 한다.

08 수신된 조난신호의 내용 중에서 시각이 '05:30 UTC'라고 표시되었다면, 우리나라 시각은?

가 한국시각 05시 30분

나 한국시각 14시 30분

사 한국시각 15시 30분

아 한국시각 17시 30분

'05:30 UTC'는 세계표준시가 05시 30분임을 말하므로, 세계표준시보다 9시간 빠른 우리나라 시각은 14시 30분이 된다.

정답 05 나 06 나 07 사 08 나

09 체온을 유지할 수 있도록 열전도율이 낮은 방수 물질로 만들어진 포대기 또는 옷을 의미하는 구명설비는?

가 구명조끼
나 구명부기
사 방수복
아 보온복

가. **구명조끼** : 조난 또는 비상시 상체에 착용하는 것으로 고형식과 팽창식이 있다.
나. **구명부기** : 선박 조난 시 구조를 기다릴 때 사용하는 인명구조 장비로, 사람이 타지 않고 손으로 밧줄을 붙잡고 있도록 만든 것이다.
사. **방수복** : 물이 스며들지 않아 수온이 낮은 물속에서 체온을 보호할 수 있는 옷으로, 2분 이내에 도움 없이 착용할 수 있어야 한다.

10 팽창식 구명뗏목에 대한 설명으로 옳지 않은 것은?

가 모든 해상에서 30일 동안 떠 있어도 견딜 수 있도록 제작되어야 한다.
나 선박이 침몰할 때 자동으로 이탈되어 조난자가 탈 수 있다.
사 구명정에 비해 항해 능력은 떨어지지만 손쉽게 강하할 수 있다.
아 수압이탈장치의 작동 수심 기준은 수면 아래 10미터이다.

팽창식 구명뗏목(구명벌, life raft)의 자동이탈장치는 선박이 침몰하여 수면 아래 3m 정도에 이르면 수압에 의해 작동하여 구명뗏목을 부상시킨다.

11 선박이 침몰할 경우 자동으로 조난신호를 발신할 수 있는 무선설비는?

가 레이더(Rader)
나 NAVTEX 수신기
사 초단파(VHF) 무선설비
아 비상위치지시 무선표지(EPIRB)

가. **레이더(Rader)** : 전자파를 발사하여 그 반사파를 측정함으로써 물표까지의 거리 및 방향을 파악하는 계기이다.
나. **NAVTEX 수신기** : NAVTEX 해안국은 중파 518kHz를 이용하여 일정한 시간 간격으로 해상 안전 정보를 방송하고, NAVTEX 수신기를 설치한 선박이 해안국의 통신권에 진입하게 되면 자동으로 수신되어 NBDP 프린터에 자동 출력된다.
사. **초단파(VHF) 무선설비** : VHF 채널 70(156.525MHz)에 의한 DSC와 채널 6, 13 및 16에 의한 무선전화 송수신을 하며, 조난경보신호를 발신할 수 있는 설비이다.
아. **비상위치지시 무선표지(EPIRB)** : 선박이 조난상태에 있고 수신시설도 이용할 수 없음을 표시하는 것으로, 수색과 구조 작업 시 생존자의 위치결정을 용이하게 하도록 무선표지신호를 발신하는 무선설비이다.

12 다음 중 선박이 조난을 당하였을 경우에 조난의 사실과 원조의 필요성을 알리는 조난신호로 옳지 않은 것은?

가 국제신호기 'B'기의 게양
나 무중신호기구에 의해 계속되는 음향신호
사 1분간 1회의 발포 또는 기타 폭발에 의한 신호
아 좌우로 벌린 팔을 천천히 올렸다 내렸다 하는 신호

점답 **09** 아 **10** 아 **11** 아 **12** 가

국제해사기구(IMO) 조난신호

- 약 1분간의 간격으로 행하는 1회의 발포, 기타의 폭발에 의한 신호
- 무중신호기구에 의한 음향의 계속
- 무선전화에 의한 '메이데이(MAYDAY)'라는 말의 신호
- 국제신호기 NC기의 게양
- 낙하산 신호의 발사
- 오렌지색 연기를 발하는 발연신호

13 잔잔한 바다에서 의식불명의 익수자를 발견하여 구조하려 할 때, 구조선의 안전한 접근방법은?

가 익수자의 풍하에서 접근한다.

나 익수자의 풍상에서 접근한다.

사 구조선의 좌현 쪽에서 바람을 받으면서 접근한다.

아 구조선의 우현 쪽에서 바람을 받으면서 접근한다.

의식불명의 익수자를 구조하고자 할 때는 익수자가 풍하에 오도록 침로를 유지하여 익수자의 풍상에서 접근하여야 한다.

14 초단파(VHF) 무선설비의 최대 출력은?

가 10W 나 15W

사 20W 아 25W

초단파(VHF) 무선설비는 VHF 채널 70(156.525MHz)에 의한 DSC와 채널 6, 13 및 16에 의한 무선전화 송수신을 하며, 조난경보신호를 발신할 수 있는 설비로, 최대 출력은 25W이다.

15 전타를 시작한 최초의 위치에서 최종 선회지름의 중심까지의 거리를 원침로상에서 잰 거리는?

가 킥

나 리치

사 선회경

아 신침로거리

가. **킥** : 원침로에서 횡방향으로 무게중심이 이동한 거리

사. **선회경** : 전타 후 선수가 원침로로부터 180˚ 회두하였을 때, 원침로에서 횡 이동한 거리

아. **신침로거리** : 전타한 위치에서 신·구침로의 교차점까지 원침로상에서 잰 거리

16 선박 조종에 영향을 주는 요소가 아닌 것은?

가 바람 나 파도

사 조류 아 기온

선박 조종, 특히 선회권의 크기에 영향을 주는 요소에는 방형비척계수, 흘수, 트림, 속력, 파도, 바람 및 조류의 영향 등을 들 수 있다. 기온은 선박 조종에 영향을 주는 요소가 아니다.

17 닻의 역할이 아닌 것은?

가 침로 유지에 사용된다.

나 좁은 수역에서 선회하는 경우에 이용된다.

사 선박을 임의의 수면에 정지 또는 정박시킨다.

아 선박의 속력을 급히 감소시키는 경우에 사용된다.

정답 **13** 나 **14** 아 **15** 나 **16** 아 **17** 가

 해설

닻(anchor)이란 선박을 계선시키기 위하여 체인 또는 로프에 묶어서 바다 밑바닥에 가라앉혀서 파지력을 발생하게 하는 무거운 기구로, 좁은 수역에서의 방향 변환, 선박의 속도 감소 등 선박 조종의 보조 등의 역할을 한다.

18 선박 후진 시 선수회두에 가장 큰 영향을 끼치는 수류는?

가 반류
나 흡입류
사 배출류
아 추적류

 해설

가. **반류** : 선체가 앞으로 나아가며 생기는 빈 공간을 채워 주는 수류로 인하여 주로 뒤쪽 선수미선상의 물이 앞쪽으로 따라 들어오는 수류
나. **흡입류** : 앞쪽에서 프로펠러에 빨려드는 수류
사. **배출류** : 배출류에 의한 선체의 회두는 강하게 나타나고 횡압력은 스크루 프로펠러의 시동 시에 강하게 나타나 선체회두에 영향을 끼친다.

19 스크루 프로펠러가 회전할 때 물속에 깊이 잠긴 날개에 걸리는 반작용력이 수면 부근의 날개에 걸리는 반작용력보다 크게 되어 그 힘의 크기 차이로 발생하는 것은?

가 측압작용
나 횡압력
사 종압력
아 역압력

해설

가. **측압작용** : 기관을 후진상태로 작동시키면 선체의 우현 쪽으로 흘러가는 배출류는 우현의 선미 측벽에 부딪치면서 측압을 형성하는데, 이를 측압작용이라 한다.

나. **횡압력** : 회전하는 프로펠러 추진력이 수면하에서 상하의 위치 차이를 발생시키고, 상부날개보다 하부날개의 횡력이 우세하기 때문에 발생하는 회두작용을 말한다.

20 물에 빠진 익수자를 구조하는 조선법이 아닌 것은?

가 샤르노브 턴
나 표준 턴
사 앤더슨 턴
아 윌리암슨 턴

 해설

구조 조선법
- **윌리암슨 턴**(Williamson turn) : 야간이나 제한된 시계 상태에서 유지한 채 원래의 항적으로 되돌아가고자 할 때 사용하는 회항 조선법이다. 물에 빠진 사람을 수색하는 데 좋은 방법이지만 익수자를 보지 못하므로 선박이 사고지점과 멀어질 수 있고, 절차가 느리다는 단점이 있다.
- **원턴**(싱글 턴 또는 앤더슨 턴, Single turn or Anderson turn) : 물에 빠진 사람이 보일 때 가장 빠른 구출 방법으로, 최종 접근 단계에서 직선적으로 접근하기가 곤란하여 조종이 어렵다는 단점이 있다.
- **샤르노브 턴**(Scharnow turn) : 윌리암슨 턴과 같이 회항 조선법이다. 물에 빠진 시간과 조종의 시작 사이에 경과된 시간이 짧을 때, 즉 익수자가 선미에서 떨어져 있지 않을 때에는 짧은 시간에 구조할 수 있어서 매우 효과적이다.

21 선박에서 최대 한도까지 화물을 적재한 상태는?

가 공선 상태
나 만재 상태
사 경하 상태
아 선미트림 상태

정답 **18** 사 **19** 나 **20** 나 **21** 나

선박의 안전 항해를 위해서 허용되는 최대 한도까지 화물을 적재한 상태를 만재 상태라 한다.

22 황천 묘박 중 발생할 수 있는 사고가 아닌 것은?

가 주묘(Dragging of anchor)

나 묘쇄의 절단

사 좌초

아 방충재(Fender) 손상

황천은 해상 상태가 안 좋은(강풍, 높은 파도) 상태를 말하며, 이를 피해 묘박하는 황천 묘박 시 발생할 수 있는 사고로는 주묘, 묘쇄의 절단, 좌초 등이다.

23 선체 횡동요(Rolling) 운동으로 발생하는 위험이 아닌 것은?

가 선체 전복이 발생할 수 있다.

나 화물의 이동을 가져올 수 있다.

사 유동수가 있는 경우 복원력 감소를 가져온다.

아 슬래밍(Slamming)의 원인이 된다.

슬래밍(slamming) : 선체가 파도를 선수에서 받으면서 항주하면, 선수 선저부는 강한 파도의 충격을 받아 짧은 주기로 급격한 진동을 하게 되는데, 이러한 파도에 의한 충격을 말한다. 따라서 선체 횡동요 운동이 슬래밍의 원인은 아니다.

24 항해 중 선박의 우현으로 사람이 물에 빠졌을 때 당직 항해사는 즉시 기관을 정지하고 타는 어떻게 사용하여야 하는가?

가 우현 전타

나 좌현 전타

사 중앙 위치

아 자동조타

우현 쪽으로 사람이 떨어졌을 경우에는 즉시 우현 전타하여야 한다.

25 전기장치에 의한 화재 예방조치가 아닌 것은?

가 전선이나 접점은 단단히 고정한다.

나 전기장치는 유자격자가 관리하도록 한다.

사 배전반과 축전지 등의 접속단자는 풀리지 않도록 하여야 한다.

아 모든 전기장치는 규정용량 이상으로 부하를 걸어 사용하여야 한다.

아. 전기장치는 규정용량 이상으로 부하를 걸어 사용하면 화재 위험이 커지므로, 반드시 규정용량 이하의 부하를 걸어 사용해야 한다.

정답 **22** 아 **23** 아 **24** 가 **25** 아

01 해사안전법상 서로 다른 방향으로 진행하는 통항로를 나누는 일정한 폭의 수역은?

가 통항로
나 분리대
사 참조선
아 연안통항대

가. **통항로** : 선박의 항행안전을 확보하기 위하여 한쪽 방향으로만 항행할 수 있도록 되어 있는 일정한 범위의 수역(해상교통안전법 제2조)
아. **연안통항대** : 통항분리수역의 육지 쪽 경계선과 해안 사이의 수역(해상교통안전법 제2조)

02 해사안전법상 항로에서 금지되는 행위를 모두 고른 것은?

ㄱ. 선박의 방치
ㄴ. 어구의 설치
ㄷ. 침로의 변경
ㄹ. 항로를 따라 항행

가 ㄱ, ㄴ
나 ㄴ, ㄹ
사 ㄱ, ㄷ, ㄹ
아 ㄱ, ㄴ, ㄹ

누구든지 항로에서 선박의 방치나 어망 등 어구의 설치나 투기 등을 하여서는 안 된다(해상교통안전법 제33조 제1항).

03 (   )에 순서대로 적합한 것은?

해사안전법상 선박은 접근하여 오는 다른 선박의 (   )에 뚜렷한 변화가 일어나지 아니하면 (   )이 있다고 보고 필요한 조치를 하여야 한다.

가 선수 방위, 통과할 가능성
나 선수 방위, 충돌할 위험성
사 나침방위, 통과할 가능성
아 나침방위, 충돌할 위험성

선박은 접근하여 오는 다른 선박의 나침방위에 뚜렷한 변화가 일어나지 아니하면 충돌할 위험성이 있다고 보고 필요한 조치를 하여야 한다(해상교통안전법 제72조 제4항).

04 해사안전법상 '경계'의 방법으로 옳지 않은 것은?

가 다른 선박의 기적소리에 귀를 기울인다.
나 다른 선박의 등화를 보고 그 선박의 운항 상태를 확인한다.
사 레이더 장거리 주사를 통하여 다른 선박을 식별한다.
아 시계가 좋을 때는 갑판에서 일을 하면서 경계를 한다.

선박은 주위의 상황 및 다른 선박과 충돌할 수 있는 위험성을 충분히 파악할 수 있도록 시각·청각 및 당시의 상황에 맞게 이용할 수 있는 모든 수단을 이용하여 항상 적절한 경계를 하여야 한다(해상교통안전법 제70조).
아. 시정이 좋더라도 다른 일을 하면서 경계하는 것은 옳지 않다.

정답 01 나 02 가 03 아 04 아

05 해사안전법상 유지선의 동작 규정에 대한 설명으로 옳지 않은 것은?

가 유지선이 충돌을 피하기 위한 동작을 할 경우 피항선은 진로를 피하여야 할 의무가 면제된다.

나 2척의 선박 중 1척의 선박이 다른 선박의 진로를 피하여야 할 경우 다른 선박은 그 침로와 속력을 유지하여야 한다.

사 유지선은 피항선이 적절한 피항동작을 취하고 있지 아니하다고 판단하면 스스로의 조종만으로 피항선과 충돌하지 아니하도록 조치를 취할 수 있다.

아 유지선은 피항선과 매우 가깝게 접근하여 해당 피항선의 동작만으로 충돌을 피할 수 없다고 판단하는 경우에는 충돌을 피하기 위하여 충분한 협력을 하여야 한다.

해설

가. 피항선에게 진로를 피하여야 할 의무를 면제하는 것은 아니다(해상교통안전법 제82조 제4항).

06 해사안전법상 마주치는 상태가 아닌 경우는?

가 선수 방향에 있는 다른 선박과 밤에는 2개의 마스트등을 일직선으로 또는 거의 일직선으로 볼 수 있거나 양쪽의 현등을 볼 수 있는 경우

나 선수 방향에 있는 다른 선박과 낮에는 2척의 선박의 마스트가 선수에서 선미까지 일직선이 되거나 거의 일직선이 되는 경우

사 선수 방향에 있는 다른 선박과 마주치는 상태에 있는지가 분명하지 아니한 경우

아 선수 방향에 있는 다른 선박의 선미등을 볼 수 있는 경우

해설

마주치는 상태에 있는 경우(해상교통안전법 제79조)
- 밤에는 2개의 마스트등을 일직선으로 또는 거의 일직선으로 볼 수 있거나 양쪽의 현등을 볼 수 있는 경우
- 낮에는 2척의 선박의 마스트가 선수에서 선미(船尾)까지 일직선이 되거나 거의 일직선이 되는 경우
- 선박은 마주치는 상태에 있는지가 분명하지 아니한 경우에는 마주치는 상태에 있다고 보고 필요한 조치를 취하여야 한다.

07 해사안전법상 선박의 등화 및 형상물에 관한 규정에 대한 설명으로 옳지 않은 것은?

가 형상물은 낮 동안에는 표시한다.

나 낮이라도 제한된 시계에서는 등화를 표시하여야 한다.

사 등화의 표시 시간은 해지는 시각부터 해 뜨는 시각까지이다.

아 다른 선박이 주위에 없을 때에는 등화를 표시하지 않아도 된다.

해설

선박 주위에 다른 선박 유무에 상관없이 해지는 시각부터 해뜨는 시각까지 이 법에서 정하는 등화(燈火)를 표시하여야 한다(해상교통안전법 제85조).

08 해사안전법상 동력선이 시계가 제한된 수역을 항행할 때의 항법으로 옳은 것은?

가 가급적 속력 증가

나 기관 즉시 조작 준비

사 후진 기관 사용 금지

아 레이더만으로 다른 선박이 있는 것을 탐지하고 변침만으로 피항동작을 할 경우 선수 방향에 있는 선박을 좌현 변침으로 충돌 회피

정답 **05** 가 **06** 아 **07** 아 **08** 나

모든 선박은 시계가 제한된 그 당시의 사정과 조건에 적합한 안전한 속력으로 항행하여야 하며, 동력선은 제한된 시계 안에 있는 경우 기관을 즉시 조작할 수 있도록 준비하고 있어야 한다(해상교통안전법 제84조 제2항).

09 해사안전법상 예인선열의 길이가 200미터를 초과하면, 예인작업에 종사하는 동력선이 표시하여야 하는 형상물은?

가 마름모꼴 형상물 1개
나 마름모꼴 형상물 2개
사 마름모꼴 형상물 3개
아 마름모꼴 형상물 4개

예인선열의 길이가 200미터를 초과하면 가장 잘 보이는 곳에 마름모꼴의 형상물 1개(해상교통안전법 제89조 제1항 제5호)

10 ( )에 적합한 것은?

> 해사안전법상 노도선은 ( )의 등화를 표시할 수 있다.

가 항행 중인 어선
나 항행 중인 범선
사 흘수제약선
아 항행 중인 예인선

노도선(櫓櫂船)은 항행 중인 범선의 등화를 표시할 수 있다(해상교통안전법 제90조 제5항).

11 해사안전법상 얹혀 있는 길이 12미터 이상의 선박이 낮에 수직으로 표시하는 형상물은?

가 둥근꼴 형상물 1개
나 둥근꼴 형상물 2개
사 둥근꼴 형상물 3개
아 둥근꼴 형상물 4개

해상교통안전법상 얹혀 있는 선박은 제95조 제1항이나 제2항에 따른 등화를 표시하여야 하며, 이에 덧붙여 가장 잘 보이는 곳에 다음의 등화나 형상물을 표시하여야 한다(법 제95조 제4항).
• 수직으로 붉은색의 전주등 2개
• 수직으로 둥근꼴의 형상물 3개

12 ( )에 적합한 것은?

> 해사안전법상 항행 중인 동력선이 ( )에 있는 경우에 그 침로를 변경하거나 그 기관을 후진하여 사용할 때에는 기적신호를 행하여야 한다.

가 평수구역
나 서로 상대의 시계 안
사 제한된 시계
아 무역항의 수상구역 안

항행 중인 동력선이 서로 상대의 시계 안에 있는 경우에 이 법에 따라 그 침로를 변경하거나 그 기관을 후진하여 사용할 때에는 기적신호를 행하여야 한다(해상교통안전법 제99조 제1항).

정답 **09** 가 **10** 나 **11** 사 **12** 나

13 해사안전법상 통항분리수역에서의 항법으로 옳지 않은 것은?

가 통항로는 어떠한 경우에도 횡단할 수 없다.

나 통항로 안에서는 정하여진 진행 방향으로 항행하여야 한다.

사 통항로의 출입구를 통하여 출입하는 것을 원칙으로 한다.

아 분리선이나 분리대에서 될 수 있으면 떨어져서 항행하여야 한다.

선박은 통항로를 횡단하여서는 아니 된다. 다만, 부득이한 사유로 그 통항로를 횡단하여야 하는 경우에는 그 통항로와 선수 방향(船首方向)이 직각에 가까운 각도로 횡단하여야 한다(해상교통안전법 제75조 제3항).

14 (   )에 순서대로 적합한 것은?

> 해사안전법상 제한된 시계 안에서 항행 중인 동력선은 정지하여 대수속력이 없는 경우에는 (   )을 넘지 아니하는 간격으로 장음을 (   ) 울려야 한다.

가 1분, 1회

나 2분, 2회

사 1분, 2회

아 2분, 1회

항행 중인 동력선은 정지하여 대수속력이 없는 경우에는 장음 사이의 간격을 2초 정도로 연속하여 장음을 2회 울리되, 2분을 넘지 아니하는 간격으로 울려야 한다(해상교통안전법 제100조 제1항).

15 해사안전법상 등화에 사용되는 등색이 아닌 것은?

가 붉은색 나 녹색

사 흰색 아 청색

등화에 이용되는 등색 : 백색, 붉은색, 황색, 녹색 등(해상교통안전법 제86조)

16 선박의 입항 및 출항 등에 관한 법률상 무역항의 수상구역 등에 출입하려는 경우 출입 신고를 하여야 하는 선박은?

가 예선

나 총톤수 5톤인 선박

사 도선선

아 해양사고구조에 사용되는 선박

총톤수 5톤 미만인 선박이어야 한다. 5톤인 선박은 5톤 미만에 해당되지 않으므로 신고를 해야 한다(법 제4조 제1항).

17 (   )에 순서대로 적합한 것은?

> 선박의 입항 및 출항 등에 관한 법률상 무역항의 수상구역 등에 정박하는 선박은 지체 없이 예비용 (   )을/를 내릴 수 있도록 고정 장치를 해제하고, 동력선은 즉시 운항할 수 있도록 (   )의 상태를 유지하는 등 안전에 필요한 조치를 취하여야 한다.

가 닻, 기관

나 조타장치, 기관

사 닻, 조타장치

아 기관, 항해장비

정답 **13** 가 **14** 나 **15** 아 **16** 나 **17** 가

무역항의 수상구역 등에 정박하는 선박은 지체 없이 예비용 닻을 내릴 수 있도록 닻 고정장치를 해제하고, 동력선은 즉시 운항할 수 있도록 기관의 상태를 유지하는 등 안전에 필요한 조치를 하여야 한다(법 제6조 제4항).

18 선박의 입항 및 출항 등에 관한 법률상 무역항의 수상구역 등에서 화재가 발생한 경우 기적이나 사이렌을 갖춘 선박이 울리는 경보는?

가 기적 또는 사이렌으로 장음 5회를 적당한 간격으로 반복

나 기적 또는 사이렌으로 장음 7회를 적당한 간격으로 반복

사 기적 또는 사이렌으로 단음 5회를 적당한 간격으로 반복

아 기적 또는 사이렌으로 단음 7회를 적당한 간격으로 반복

무역항의 수상구역 등에서 기적이나 사이렌을 갖춘 선박에 화재가 발생한 경우 그 선박은 화재를 알리는 경보를 울려야 한다. 화재를 알리는 경보는 기적이나 사이렌을 장음으로 5회 울려야 한다(법 제46조 제2항, 시행규칙 제29조 제1항).

19 선박의 입항 및 출항 등에 관한 법률상 항로에서 다른 선박과 마주칠 우려가 있는 경우의 항법으로 옳은 것은?

가 항로의 중앙으로 항행한다.

나 항로의 왼쪽으로 항행한다.

사 항로의 오른쪽으로 항행한다.

아 다른 선박을 오른쪽에 두는 선박이 항로를 벗어나 항행한다.

항로에서 다른 선박과 마주칠 우려가 있는 경우에는 오른쪽으로 항행할 것(법 제12조 제1항)

20 ( )에 순서대로 적합한 것은?

> 선박의 입항 및 출항 등에 관한 법률상 ( ) 은/는 ( )로부터/으로부터 최고속력의 지정을 요청받은 경우 특별한 사유가 없으면 무역항의 수상구역 등에서 선박 항행 최고속력을 지정·고시하여야 한다.

가 해양경찰서장, 시·도지사

나 지방해양수산청장, 시·도지사

사 시·도지사, 해양수산부장관

아 관리청, 해양경찰청장

관리청은 해양경찰청장으로부터 최고속력의 지정을 요청받은 경우 특별한 사유가 없으면 무역항의 수상구역 등에서 선박 항행 최고속력을 지정·고시하여야 한다. 이 경우 선박은 고시된 항행 최고속력의 범위에서 항행하여야 한다(법 제17조 제2·3항).

21 해양환경관리법상 해양오염방지를 위한 선박검사의 종류가 아닌 것은?

가 정기검사

나 중간검사

사 특별검사

아 임시검사

해양오염방지 선박검사 : 정기검사, 중간검사, 임시검사, 임시항해검사, 방오시스템검사(법 제55조 제1항)

정답 18 가 19 사 20 아 21 사

22 해양환경관리법상 해양에서 배출할 수 있는 것은?

가 합성로프

나 어획한 물고기

사 합성어망

아 플라스틱 쓰레기봉투

다음의 폐기물을 제외한 모든 폐기물 해양 배출금지
- 음식찌꺼기
- 해양환경에 유해하지 않은 화물잔류물
- 선박 내 거주구역에서 목욕, 세탁, 설거지 등으로 발생하는 중수(中水)[화장실 오수(汚水) 및 화물구역 오수는 제외]
- 「수산업법」에 따른 어업활동 중 혼획(混獲)된 수산동식물(폐사된 것을 포함) 또는 어업활동으로 인하여 선박으로 유입된 자연기원물질(진흙, 퇴적물 등 해양에서 비롯된 자연상태 그대로의 물질을 말하며, 어장의 오염된 퇴적물은 제외)

23 선박의 입항 및 출항 등에 관한 법률상 무역항의 수상구역 등에서 위험물질운송선박이 아닌 선박이 불꽃이나 열이 발생하는 용접 등의 방법으로 수리하려고 하는 경우 해양수산부장관의 허가를 받아야 하는 선박의 최저 톤수는?

가 총톤수 20톤 　　나 총톤수 30톤

사 총톤수 40톤 　　아 총톤수 100톤

선박수리의 허가 등(법 제37조 제1항) : 선장은 무역항의 수상구역 등에서 다음 각 호의 선박을 불꽃이나 열이 발생하는 용접 등의 방법으로 수리하려는 경우 해양수산부령으로 정하는 바에 따라 관리청의 허가를 받아야 한다. 다만, 제2호의 선박은 기관실, 연료탱크, 그 밖에 해양수산부령으로 정하는 선박 내 위험구역에서 수리작업을 하는 경우에만 허가를 받아야 한다.

1. 위험물을 저장·운송하는 선박과 위험물을 하역한 후에도 인화성 물질 또는 폭발성 가스가 남아 있어 화재 또는 폭발의 위험이 있는 선박(위험물운송선박)
2. 총톤수 20톤 이상의 선박(위험물운송선박은 제외)

24 선박의 입항 및 출항 등에 관한 법률상 주로 무역항의 수상구역에서 운항하는 선박으로서 다른 선박의 진로를 피하여야 하는 우선피항선이 아닌 것은?

가 압항부선을 제외한 부선

나 예선

사 총톤수 20톤인 여객선

아 주로 노와 삿대로 운전하는 선박

우선피항선 : 주로 무역항의 수상구역에서 운항하는 선박으로서 다른 선박의 진로를 피하여야 하는 다음의 선박을 말한다(법 제2조 제5호).
- 부선(艀船)[예인선이 부선을 끌거나 밀고 있는 경우의 예인선 및 부선을 포함하되, 예인선에 결합되어 운항하는 압항부선(押航艀船)은 제외한다]
- 주로 노와 삿대로 운전하는 선박
- 예선
- 항만운송관련사업을 등록한 자가 소유한 선박
- 해양환경관리업을 등록한 자가 소유한 선박 또는 해양폐기물관리업을 등록한 자가 소유한 선박(폐기물해양배출업으로 등록한 선박은 제외한다)
- 가목부터 마목까지의 규정에 해당하지 아니하는 총톤수 20톤 미만의 선박

정답　**22** 나　**23** 가　**24** 사

25 해양환경관리법상 기관실에서 발생한 선저폐수의 관리와 처리에 대한 설명으로 옳지 않은 것은?

 가 어장으로부터 먼 바다에서 그대로 배출할 수 있다.

나 선내에 비치되어 있는 저장용기에 저장한다.

사 입항하여 육상에 양륙 처리한다.

아 누수 및 누유가 발생하지 않도록 기관실 관리를 철저히 한다.

해설

기관구역의 선저폐수는 선저폐수저장장치에 저장한 후 배출관장치를 통하여 오염물질저장시설 또는 해양오염방제업·유창청소업의 운영자에게 인도할 것. 다만, 기름여과장치가 설치된 선박의 경우에는 기름여과장치를 통하여 해양에 배출할 수 있다(「선박에서의 오염방지에 관한 규칙」 별표 4).

 **제4과목** **기관**

01 회전수가 1,200rpm인 디젤 기관에서 크랭크축이 1회전 하는 동안 걸리는 시간은?

가 (1/20)초

나 (1/3)초

사 2초

아 20초

해설

rpm은 크랭크축이 1분 동안 몇 번의 회전을 하는지 나타내는 단위이므로, 1,200rpm은 1분간 1,200번 회전하는 것을 의미한다. 따라서 1회전 하는 동안 걸리는 시간은 (60 / 1,200) = (1 / 20)초가 된다.

02 4행정 사이클 디젤 기관에서 흡·배기 밸브의 밸브겹침에 대한 설명으로 옳은 것은?

가 상사점 부근에서 흡·배기 밸브가 동시에 열려 있는 기간이다.

나 상사점 부근에서 흡·배기 밸브가 동시에 닫혀 있는 기간이다.

사 하사점 부근에서 흡·배기 밸브가 동시에 열려 있는 기간이다.

아 하사점 부근에서 흡·배기 밸브가 동시에 닫혀 있는 기간이다.

해설

밸브겹침(valve overlap) : 상사점 부근에서 크랭크 각도 40° 동안 흡기밸브와 배기밸브가 동시에 열려 있는 기간

 **정답** **25** 가 / **01** 가 **02** 가

03 소형 디젤 기관에서 실린더 라이너의 심한 마멸에 의한 영향이 아닌 것은?

가 압축 불량

나 불완전 연소

사 연소가스가 크랭크실로 누설

아 착화 시기가 빨라짐

실린더 라이너 마모의 영향 : 출력 저하, 압축압력의 저하, 연료의 불완전 연소, 연료 소비량 증가, 윤활유 소비량 증가, 기관의 시동성 저하, 가스가 크랭크실로 누설

04 소형 디젤 기관에서 피스톤과 연접봉을 연결시키는 부품은?

가 피스톤 핀　　나 크랭크 핀

사 크랭크 핀 볼트　　아 크랭크 암

나. **크랭크 핀** : 크랭크 저널의 중심에서 크랭크 반지름만큼 떨어진 곳에 있으며 저널과 평행하게 설치. 트렁크형 기관에서 커넥팅 로드의 대단부와 연결된다.

아. **크랭크 암** : 크랭크 저널과 크랭크 핀을 연결하는 부분으로 크랭크 핀 반대쪽 크랭크 암에는 평형추(balance weight)를 설치한다.

05 디젤 기관의 운전 중 움직이지 않는 부품은?

가 실린더 헤드　　나 피스톤

사 연접봉　　아 플라이휠

실린더, 기관 베드, 프레임 등과 같이 움직이지 않고 고정되어 있는 고정 부분, 피스톤이나 피스톤 링과 같이 왕복운동을 하는 왕복운동 부분, 크랭크축과 같이 회전운동을 하는 회전운동 부분이 있다. 연접봉(커넥팅 로드)과 플라이휠도 고정 부품이 아니다.

06 디젤 기관의 피스톤 링 재료로 주철을 사용하는 주된 이유는?

가 기관의 출력을 증가시켜 주기 때문에

나 연료유의 소모량을 줄여 주기 때문에

사 고온에서 탄력을 증가시켜 주기 때문에

아 윤활유의 유막 형성을 좋게 하기 때문에

피스톤 링의 재질은 일반적으로 주철을 사용하는데, 주철은 조직 중에 함유된 흑연이 윤활유의 유막 형성을 좋게 하여 마멸이나 눌어붙는 것을 적게 해 준다. 또한 주철은 실린더 내벽과 접촉이 좋고 고온에서 탄력 감소가 작은 장점이 있다.

07 디젤 기관의 구성 부품이 아닌 것은?

가 점화 플러그　　나 플라이휠

사 크랭크축　　아 커넥팅 로드

가솔린 기관과의 작동 원리의 차이는 디젤 기관이 압축 공기의 열에 의한 자연 발화인 반면, 가솔린 기관은 압축된 혼합 가스를 점화에 의하여 폭발을 일으키게 하는 것이다. 따라서 점화 플러그는 디젤 기관에는 없고 가솔린 기관에 있는 점화장치이다.

08 디젤 기관에서 크랭크축의 구성 요소가 아닌 것은?

가 크랭크 핀　　나 크랭크 핀 베어링

사 크랭크 암　　아 크랭크 저널

크랭크축(Crank shaft)의 구성 : 크랭크 저널(Journal), 크랭크 핀(Pin) 및 크랭크 암(Arm)

정답　**03** 아　**04** 가　**05** 가　**06** 아　**07** 가　**08** 나

09 디젤 기관의 운전 중 배기색이 검은색으로 되는 원인이 아닌 것은?

가 공기량이 충분하지 않을 때
나 기관이 과부하로 운전될 때
사 연료에 수분이 혼입되었을 때
아 연료분사 상태가 불량할 때

사. 연료에 수분이 혼입되었을 경우는 기관 급정지의 원인이 된다.
* 검은색의 배기가스가 발생한 경우 원인과 대책
  • 공기 압력의 불충분 : 과급기를 청소
  • 연료 밸브의 개방 압력이 부적당하거나 연료분사 상태의 불량 : 연료 밸브를 점검
  • 과부하 운전 : 기관의 부하를 줄임

10 디젤 기관에서 시동용 압축공기의 최고압력은 몇 kgf/cm^{2}인가?

가 10kgf/cm^2　　나 20kgf/cm^2
사 30kgf/cm^2　　아 40kgf/cm^2

공기압 제어장치를 통해 주기관의 정지, 시동, 전진, 후진 등의 동작을 수행할 수 있고, 사용되는 공기에는 시동용 압축공기(starting air, 25~30kgf/cm^2), 제어장치 작동용 제어공기(7kgf/cm^2), 안전장치 작동용 공기(7kgf/cm^2)가 있다.

11 디젤 기관이 과열된 경우 수냉각 계통의 점검 대상이 아닌 것은?

가 냉각수의 양　　나 냉각수의 온도
사 공기 여과기　　아 냉각수 펌프

공기 여과기는 배기가스의 온도 상승 시에 점검 대상이 되나, 디젤 기관의 과열 시 냉각 계통의 점검 대상은 아니다.

12 소형기관에 사용되는 윤활유에 혼입될 우려가 가장 적은 것은?

가 윤활유 냉각기에서 누설된 수분
나 연소불량으로 발생한 카본
사 연료유에 혼입된 수분
아 운동부에서 발생된 금속가루

윤활유는 마찰이 큰 두 물체 사이에서 물체의 마모를 방지하고 마찰저항을 감소시키는 역할을 하므로, 연료유와 관계가 없어 연료유에 혼입된 수분과 윤활유가 혼입될 우려는 없다.

13 나선형 프로펠러에서 지름이란?

가 날개 끝이 그리는 원의 지름
나 날개 끝이 그리는 원의 반지름
사 날개의 가장 두꺼운 부분이 그리는 원의 지름
아 날개의 가장 두꺼운 부분이 그리는 원의 반지름

나선형 프로펠러의 지름은 날개 끝이 그리는 원의 지름이 된다.

14 닻을 감아올리는 데 사용하는 갑판기기는?

가 조타기　　나 양묘기
사 계선기　　아 양화기

양묘기(windlass)는 닻(anchor)을 감아올리거나 내리는 작업을 할 때 이용한다. 또는 선박을 부두에 접안시킬 때 계선줄을 감는 데 사용되는 갑판 보조기계이다.

정답　09 사　10 사　11 사　12 사　13 가　14 나

15 추진기가 설치되는 축은?

가 추력축
나 크랭크축
사 캠축
아 프로펠러축

추진기축(프로펠러축, propeller shaft) : 추진기를 붙인 축을 추진기축이라 하며, 이 축은 가장 뒤쪽 중간축에 이어져서 선체를 관통하며, 관통하는 부분에는 선미관이 장치되어 있다.

16 원심 펌프에서 축이 케이싱을 관통하는 곳에 기밀 유지를 위해 설치하는 것은?

가 오일 링
나 구리패킹
사 피스톤 링
아 글랜드패킹

글랜드패킹 : 회전축 또는 충동축의 누설을 적게 하는 밀봉법에 사용하는 패킹으로, 원심 펌프의 케이싱을 관통하는 곳에 기밀 유지를 위해 설치한다.

17 기관의 축에 의해 구동되는 연료유 펌프에 대한 설명으로 옳은 것은?

가 기어가 있고 축봉장치도 있다.
나 기어가 있고 축봉장치는 없다.
사 임펠러가 있고 축봉장치도 있다.
아 임펠러가 있고 축봉장치는 없다.

연료유 펌프는 기어가 있어서 기어 펌프에 속하며, 회전축이 펌프의 케이싱을 관통하는 부분에서 고압의 유체가 외부로 누출되거나 외부로부터 저압측으로 공기가 누입되는 것을 방지하는 축봉장치가 있다.

18 부하 변동이 있는 교류 발전기에서 항상 일정하게 유지되는 값은?

가 여자전류
나 전압
사 부하전류
아 부하전력

부하 변동이 있는 교류 발전기에서 전압은 항상 일정하게 유지된다.

19 변압기의 역할은?

가 전압의 변환
나 전력의 변환
사 압력의 변환
아 저항의 변환

변압기는 교류 전압을 전자유도 작용에 의해 효율적으로 전압을 변환할 수 있는 전기기기로, 선박 내에서 발전기로부터 발생한 전압과 서로 상이한 전압의 장비용으로 주로 사용된다. 정격 용량 단위로 [kVA]를 사용한다.

20 납축전지의 구성 요소가 아닌 것은?

가 극판
나 충전판
사 격리판
아 전해액

납축전지의 구성 요소 : 극판군(음극판, 양극판, 격리판), 전해액

정답 15 아 16 아 17 가 18 나 19 가 20 나

21 디젤 기관의 실린더 헤드를 분해하여 체인블록으로 들어 올릴 때 필요한 볼트는?

가 타이볼트　　나 아이볼트
사 인장볼트　　아 스터드볼트

아이볼트는 머리 부분이 링 모양인 볼트로 머리 부분에 고리가 달린 볼트이다. 디젤 기관의 실린더 헤드 등 중량물을 옮기는 데 적당한 볼트이다.

22 디젤 기관에서 흡·배기 밸브의 틈새를 조정할 경우 주의사항으로 옳은 것은?

가 피스톤이 압축행정의 상사점에 있을 때 조정한다.
나 틈새는 규정치보다 약간 크게 조정한다.
사 틈새는 규정치보다 약간 작게 조정한다.
아 피스톤이 배기행정의 상사점에 있을 때 조정한다.

흡·배기 밸브가 닫힌 상태인 피스톤이 상사점에 있을 때 틈새를 조정해야 한다.

23 4행정 사이클 디젤 기관에서 배기밸브의 밸브틈새가 규정값보다 작게 되면 발생하는 현상으로 옳은 것은?

가 배기밸브가 빨리 열린다.
나 배기밸브가 늦게 열린다.
사 흡기밸브가 빨리 열린다.
아 흡기밸브가 늦게 열린다.

배기밸브의 밸브틈새가 규정값보다 작게 되면 배기밸브가 빨리 열린다.

24 연료유의 점도에 대한 설명으로 옳은 것은?

가 온도가 낮아질수록 점도는 높아진다.
나 온도가 높아질수록 점도는 높아진다.
사 대기 중 습도가 낮아질수록 점도는 높아진다.
아 대기 중 습도가 높아질수록 점도는 높아진다.

일반적으로 온도가 상승하면 연료유의 점도는 낮아지고, 온도가 낮아지면 점도는 높아진다.

25 연료유 저장 탱크에 연결되어 있는 관이 아닌 것은?

가 측심관
나 빌지관
사 주입관
아 공기배출관

저장 탱크에는 측심관, 주입관, 공기배출관 및 오버플로관 등이 연결되어 있다. 한편, 빌지관 계통(bilge line)은 선내의 각 구획에 고인 선저폐수 및 유성 폐기물을 배출함과 동시에 선내에 침입한 해수를 선외로 배출하기 위한 배수설비이다.

정답　**21** 나　**22** 가　**23** 가　**24** 가　**25** 나

2021년 제2회 최신 기출문제

01 자기 컴퍼스에서 컴퍼스 주변에 있는 일시 자기의 수평력을 조정하기 위하여 부착되는 것은?

가 경사계
나 플린더즈 바
사 상한차 수정구
아 경선차 수정자석

상한차 수정구(quadrantal corrector)는 컴퍼스 주변에 있는 일시 자기의 수평력을 조정하기 위하여 부착된 연철구 또는 연철판이다.

02 자이로컴퍼스에서 동요오차 발생을 예방하기 위하여 NS축상에 부착되어 있는 것은?

가 보정 추
나 적분기
사 오차 수정기
아 추종 전동기

동요오차를 예방하기 위하여 NS축 선상에 보정 추를 부착해 두었는데, 이 추의 부착 상태가 불량하면 오차가 생긴다.

03 전자식 선속계가 표시하는 속력은?

가 대수속력
나 대지속력
사 대공속력
아 평균속력

전자식 선속계는 패러데이의 전자유도 법칙에서 도체와 자기장이 상대적인 운동상태에 있을 때 도체에는 기전력이 유지된다는 것을 응용한 선속계로 물 위에서 항주한 속력인 대수속력을 나타낸다.

04 다음 중 자기 컴퍼스의 자차가 가장 크게 변하는 경우는?

가 선체가 경사할 경우
나 선수 방위가 바뀔 경우
사 적화물을 이동할 경우
아 선체가 약한 충격을 받을 경우

자차의 변화 요인 중 선수 방위가 바뀔 때 가장 크게 변한다. 이외에도 자차의 변화 요인으로는 지구상 위치의 변화, 선체의 경사, 적하물의 이동, 선수를 동일한 방향으로 장시간 두었을 때, 선체가 심한 충격을 받았을 때, 동일한 침로로 장시간 항행 후 변침할 때, 선체가 열적인 변화를 받았을 때, 나침의 부근의 구조 변경 및 나침의의 위치 변경, 지방자기의 영향을 받을 때 등이 있다.

05 섀도 핀에 의한 방위 측정 시 주의사항에 대한 설명으로 옳지 않은 것은?

가 핀의 지름이 크면 오차가 생기기 쉽다.
나 핀이 휘어져 있으면 오차가 생기기 쉽다.
사 선박의 위도가 크게 변하면 오차가 생기기 쉽다.
아 볼이 경사된 채로 방위를 측정하면 오차가 생기기 쉽다.

섀도 핀(shadow pin)은 가장 간단하게 방위를 측정할 수 있으나, 핀의 지름이 크거나 핀이 휘거나 하면 오차가 생기기 쉽고, 특히 볼이 경사된 채로 방위를 측정하면 오차가 생긴다.

정답 01 사 02 가 03 가 04 나 05 사

06 지피에스(GPS)를 이용하여 얻을 수 있는 것은?

가 본선의 위치

나 본선의 항적

사 타선의 존재 여부

아 상대선과 충돌 위험성

GPS는 위치를 알고 있는 24개의 인공위성에서 발사하는 전파를 수신하고, 그 도달시간으로부터 관측자까지의 거리를 구하여 위치를 결정하는 방식이다. 따라서 항해시 GPS를 통해 얻을 수 있는 것은 본선의 위치이다.

07 10노트의 속력으로 45분 항해하였을 때 항주된 거리는?

가 2.5해리

나 5해리

사 7.5해리

아 10해리

- 노트 × 시간 = 마일, 마일/노트 = 시간, 마일/시간 = 노트
- 10노트 × (45/60)시간 = 7.5마일

08 지피에스(GPS)에 대한 설명으로 옳은 것은?

가 정지위성을 사용한다.

나 같은 의사 잡음 코드를 사용한다.

사 위성마다 서로 다른 PN코드를 사용한다.

아 위성마다 서로 다른 반송 주파수를 사용한다.

가. 지구 대기권을 회전하는 위성이다.

나. 다른 의사 잡음 코드를 사용한다.

아. 동일한 반송 주파수를 사용한다.

09 여러 개의 천체 고도를 동시에 측정하여 선위를 얻을 수 있는 시기는?

가 박명시

나 표준시

사 일출시

아 정오시

박명시에 혹성이나 항성의 고도를 육분의로 측정하여 위치선을 구할 수 있다.

10 종이해도에서 'S'로 표시되는 해저 저질은?

가 뻘

나 자갈

사 조개껍질

아 모래

가. 뻘 − M

나. 자갈 − G

사. 조개껍질 − Sh

11 선박용 레이더에서 마이크로파를 생성하는 장치는?

가 펄스변조기(Pulse modulator)

나 트리거 전압발생기(Trigger generator)

사 듀플렉서(Duplexer)

아 마그네트론(Magnetron)

가. **펄스변조기** : 변조가 발생하는 요소에 펄스를 적용하는 장치

사. **듀플렉서** : 하나의 안테나를 송신과 수신에 공동으로 사용하기 위하여 송신할 때에는 송신 출력으로부터 수신기를 보호하고 수신할 때에는 반향(echo) 신호를 수신기에 공급하도록 하는 장치

아. **마그네트론** : 레이더에서 마이크로파를 발생시키는 자기진동 진공관의 일종

정답 06 가 07 사 08 사 09 가 10 아 11 아

12 다음 중 해도에 표시되는 높이의 기준면이 다른 것은?

가 산의 높이 나 섬의 높이
사 등대의 높이 아 간출암의 높이

간출암의 높이는 기본수준면이 기준면이 되고, 나머지는 평균수면이 기준면이 된다.

13 다음 수로서지 중 계산에 이용되지 않는 것은?

가 천측력 나 항로지
사 천측계산표 아 해상거리표

항로지는 주요 항로에서 장애물, 해황, 기상 및 기타 선박이 항로를 선정할 때 참고가 되는 사항을 기록한 서적으로, 계산에는 이용되지 않는다.

14 좁은 수로의 항로를 표시하기 위하여 항로의 연장선 위에 앞뒤로 2개 이상의 표지를 설치하여 선박을 인도하는 형상(주간)표지는?

가 도표 나 부표
사 육표 아 입표

나. **부표** : 물 위에 떠 있는 항만의 유도표지로, 항로를 따라 설치하거나 변침점에 설치한다.
사. **육표** : 입표의 설치가 곤란한 경우에 육상에 마련한 간단한 항로표지로, 등광을 달면 등주가 된다.
아. **입표** : 암초, 노출암, 사주(모래톱) 등의 위치를 표시하기 위해 바닷속에 마련된 경계표로, 특별한 경우가 아니면 등광을 함께 설치하여 등부표로 사용한다.

15 항로, 항행에 위험한 암초, 항행금지구역 등을 표시하는 지점에 고정 설치하여 선박의 좌초를 예방하고 항로를 지도하기 위하여 설치되는 광파(야간)표지는?

가 등선 나 등표
사 도등 아 등부표

가. **등선** : 육지에서 멀리 떨어진 해양 항로의 중요한 위치에 있는 사주 등을 알리기 위해서 일정한 지점에 정박하고 있는 특수한 구조의 선박이다.
사. **도등** : 통항이 곤란한 좁은 수로, 항만 입구 등에서 항로의 연장선 위에 높고 낮은 2~3개의 등화를 앞뒤로 설치하여 중시선에 의하여 선박을 인도하는 등
아. **등부표** : 암초나 사주가 있는 위험한 장소·항로의 입구·폭·변침점 등을 표시하기 위해 설치. 해저의 일정한 지점에 떠 있는 구조물로 등대와 함께 가장 널리 쓰인다.

16 레이더 트랜스폰더에 대한 설명으로 옳은 것은?

가 음성신호를 방송하여 방위 측정이 가능하다.
나 송신 내용에 부호화된 식별신호 및 데이터가 들어 있다.
사 좁은 수로 또는 항만에서 선박을 유도할 목적으로 사용한다.
아 선박의 레이더 영상에 송신국의 방향이 숫자로 표시된다.

레이더 트랜스폰더(Radar Transponder) : 정확한 질문을 받거나 송신이 국부명령으로 이루어질 때 응답 전파를 발사하여 레이더의 표시기상에 그 위치가 표시되도록 하는 장치이다. 송신 내용에는 부호화된 식별신호 및 데이터가 들어 있으며, 이것이 레이더 화면에 나타난다.

정답 **12** 아 **13** 나 **14** 가 **15** 나 **16** 나

17 해도의 축척에 대한 설명으로 옳지 않은 것은?

 가 두 지점 사이의 실제 거리와 해도에서 이에 대응하는 두 지점 사이의 길이의 비를 축척이라 한다.

나 작은 지역을 상세하게 표시한 해도를 소축척 해도라 한다.

사 1:50,000 축척의 해도에서 해도상 거리가 4센티미터는 실제거리 2킬로미터이다.

아 대축척 해도가 소축척 해도보다 지형, 지물이 더 상세하게 나타난다.

해설

해도의 축척 : 두 지점 사이의 실제 거리와 해도에서 이에 대응하는 두 지점 사이의 거리의 비를 말한다.

- **대축척 해도** : 좁은 지역을 상세하게 표시한 해도(항박도)
- **소축척 해도** : 넓은 지역을 작게 나타낸 해도(총도, 항양도)

18 종이해도에 대한 설명으로 옳은 것은?

 가 해도는 매년 개정되어 발행된다.

나 해도는 외국 것일수록 좋다.

사 해도번호가 같아도 내용은 다르다.

아 해도에서는 해도용 연필을 사용하는 것이 좋다.

해설

가. 해도는 간행 후 항행통보 등을 통해 새로운 자료를 입수할 때마다 정정해야 하므로, 매년 개정되어 발행되는 것은 아니다.

나. 안전 항해를 위한 안내도인 해도는 자국 연안에 관한 사항을 기록하고 있으므로, 자국 해도가 외국 해도보다 더 낫다고 볼 수 있다. 다만, 여러 나라를 항해할 경우에는 자국 해도와 더불어 전 세계를 모두 나타내는 해도를 이용해야 한다.

사. 해도번호가 같으면 내용도 같다.

19 중심이 주위보다 따뜻하고, 여름철 대륙 내에서 발생하는 저기압으로, 상층으로 갈수록 저기압성 순환이 줄어들면서 어느 고도 이상에서 사라지는 키가 작은 저기압은?

 가 전선 저기압　　나 비전선 저기압

사 한랭 저기압　　아 온난 저기압

해설

가. **전선 저기압** : 기압 기울기가 큰 온대 및 한대 지방에서 발생하는 저기압으로 전선을 동반한다.

나. **비전선 저기압** : 한여름에 내륙, 분지, 사막 등에서 강한 햇볕에 의한 공기의 상승에 의해 발생하는 소규모 저기압이다.

사. **한랭 저기압** : 중심이 차고 주위가 대칭적으로 따뜻하여 주위의 층 두께가 상대적으로 더 두껍고, 중심에서는 저기압의 강도가 위까지 강하게 나타나는 키 큰 저기압이다.

20 등질에 대한 설명으로 옳지 않은 것은?

 가 섬광등은 빛을 비추는 시간이 꺼져 있는 시간보다 짧은 등이다.

나 호광등은 색깔이 다른 종류의 빛을 교대로 내며, 그 사이에 등광은 꺼지는 일이 없는 등이다.

사 분호등은 3가지 등색을 바꾸어 가며 계속 빛을 내는 등이다.

아 모스 부호등은 모스 부호를 빛으로 발하는 등이다.

해설

야간표지에 사용되는 등화의 등질

- **부동등**(F) : 등색이나 등력(광력)이 바뀌지 않고 일정하게 계속 빛을 내는 등
- **명암등**(Oc) : 한 주기 동안에 빛을 비추는 시간(명간)이 꺼져 있는 시간(암간)보다 길거나 같은 등

정답　**17** 나　**18** 아　**19** 아　**20** 사

- **섬광등**(Fl) : 빛을 비추는 시간(명간)이 꺼져 있는 시간 (암간)보다 짧은 것으로, 일정한 간격으로 섬광을 내는 등
- **호광등**(Alt) : 색깔이 다른 종류의 빛을 교대로 내며, 그 사이에 등광은 꺼지는 일이 없는 등
- **모스 부호등**(Mo) : 모스 부호를 빛으로 발하는 것으로, 어떤 부호를 발하느냐에 따라 등질이 달라지는 등
- **분호등** : 서로 다른 지역을 다른 색상으로 비추는 등화로, 주로 위험구역만을 주로 홍색광으로 비추는 등화

21

다음 그림의 항로표지에 대한 설명으로 옳은 것은?

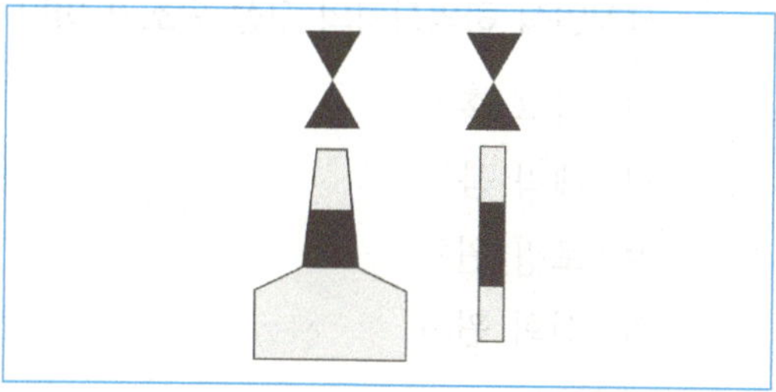

가 표지의 동쪽에 가항수역이 있다.

나 표지의 서쪽에 가항수역이 있다.

사 표지의 남쪽에 가항수역이 있다.

아 표지의 북쪽에 가항수역이 있다.

 **해설**

동방위표지(◈), 서방위표지(✕), 남방위표지(▼), 북방위표지(▲)

동방위표지는 동쪽으로, 서방위표지는 서쪽으로, 남방위표지는 남쪽으로, 북방위표지는 북쪽으로 항해하라는 의미이다. 따라서 '나'가 옳다.

22

보통 적설량 10센티미터의 눈은 몇 센티미터의 강우량에 해당하는가?

가 약 1센티미터

나 약 2센티미터

사 약 3센티미터

아 약 5센티미터

 **해설**

강수량은 강우, 강설 또는 그 밖의 형태로 지상에 낙하하는 물의 양을 말하며, 강우량은 우량계로 측정한다. 강설량은 눈이나 진눈깨비, 싸락눈 등을 원통에 직접 받아서 온수에 넣어 녹인 다음, 그 온수의 양을 뺀 값으로, 보통 10cm의 눈은 1cm의 강우량에 해당한다.

23

찬 공기가 따뜻한 공기 쪽으로 가서 그 밑으로 쐐기처럼 파고 들어가 따뜻한 공기를 강제적으로 상승시킬 때 만들어지는 전선은?

가 한랭전선

나 온난전선

사 폐색전선

아 정체전선

 **해설**

나. **온난전선** : 따뜻한 공기가 찬 공기 위로 올라가면서 전선을 형성한다.

사. **폐색전선** : 한랭전선과 온난전선이 서로 겹쳐진 전선이다.

아. **정체전선**(장마전선) : 온난전선과 한랭전선이 이동하지 않고 정체해 있는 전선이다.

정답 **21** 나 **22** 가 **23** 가

24 항해계획을 수립할 때 구별하는 지역별 항로의 종류가 아닌 것은?

가 원양항로
나 왕복항로
사 근해항로
아 연안항로

항로의 분류
- **지리적 분류** : 연안항로, 근해항로, 원양항로(遠洋航路) 등
- **통행 선박의 종류에 따른 분류** : 범선항로, 소형선항로, 대형선항로 등
- **국가·국제기구에서 항해의 안전상 권장하는 항로** : 추천항로
- **운송상의 역할에 따른 분류** : 간선항로(幹線航路), 지선항로(支線航路)

25 항해계획을 수립할 때 고려해야 할 사항이 아닌 것은?

가 경제적 항해
나 항해일수의 단축
사 항해할 수역의 상황
아 선적항의 화물 준비 사항

항해하게 될 수역의 상황을 조사하여 면밀한 항해계획을 수립해야 하는데, 이때 고려사항으로는 안전한 항해, 항해일수의 단축, 경제성 등이다.

---

01 기관실과 일반 선창이 접하는 장소 사이에 설치하는 이중수밀격벽으로 방화벽의 역할을 하는 것은?

가 해치
나 코퍼댐
사 디프 탱크
아 빌지 용골

코퍼댐(cofferdam) : 기름 탱크와 기관실 또는 화물창, 혹은 다른 종류의 기름을 적재하는 탱크선의 탱크 사이에 설치하는 방유(放油)구획으로서 기름 유출에 의한 해양환경 피해를 방지하기 위한 것이다. 이는 방화벽 역할을 한다.

02 크레인식 하역장치의 구성 요소가 아닌 것은?

가 카고 훅
나 데릭 붐
사 토핑 윈치
아 선회 윈치

데릭은 와이어 로프 끝에 있는 훅(hook)에 화물을 걸고, 윈치로 와이어 로프를 감아 하역하는 방식으로 크레인식 방식과 다르다. 데릭에서 데릭 붐은 화물을 들어 올리는 역할을 하는 부분으로 팔에 해당한다.

03 타주가 없는 선박의 경우 계획만재홀수선상의 선수재 전면으로부터 타두 중심까지의 수평거리는?

가 전장　　　　나 등록장
사 수선장　　　아 수선간장

해설

가. **전장** : 선수의 최전단으로부터 선미의 최후단까지의 수평거리. 선박의 저항, 추진력 계산에 사용

나. **등록장** : 상갑판 보(beam)상의 선수재 전면으로부터 선미재 후면까지의 수평거리

사. **수선장** : 각 흘수선상의 물에 잠긴 선체의 선수재 전면에서 선미 후단까지의 수평거리

04 타의 구조에서 ①은?

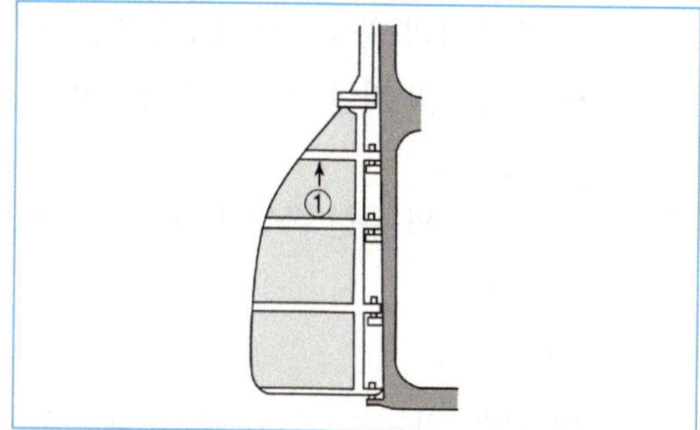

가 타판

나 핀틀

사 거전

아 러더 암

해설

타의 구조

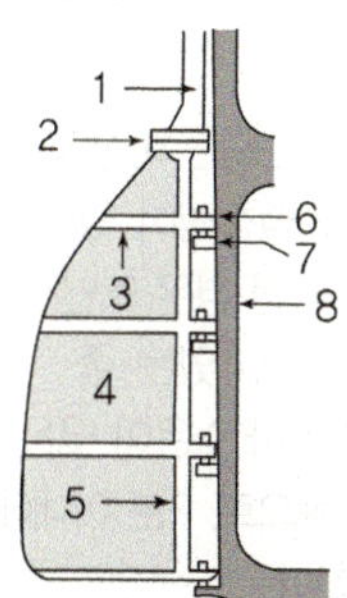

1. 타두재(rudder stock)
2. 러더 커플링
3. 러더 암
4. 타판
5. 타심재(main piece)
6. 핀틀
7. 거전
8. 타주

05 다음 중 합성섬유 로프가 아닌 것은?

가 마닐라 로프

나 폴리프로필렌 로프

사 나일론 로프

아 폴리에틸렌 로프

해설

마닐라 로프는 물에 강한 마닐라삼으로 만든 선박용 로프로 합성섬유 로프가 아니다.

06 스톡 앵커의 각부 명칭을 나타낸 아래 그림에서 ㉠은?

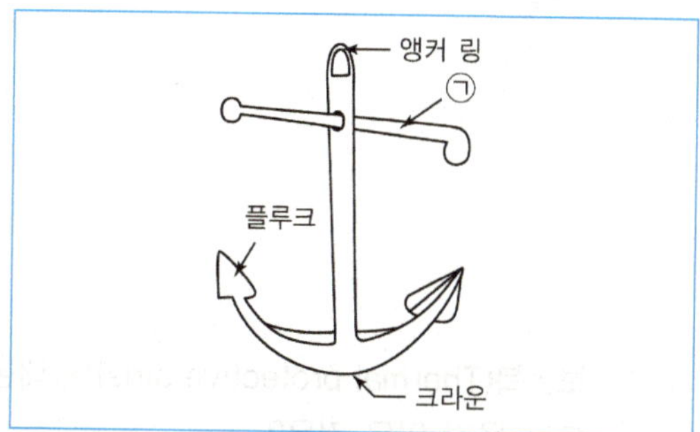

가 암

나 섕크

사 빌

아 스톡

해설

07 강선의 선체 외판을 도장하는 목적이 아닌 것은?

가 장식

나 방식

사 방염

아 방오

도장의 목적
- **방식** : 도료는 물과 공기를 절연하는 도막을 형성하므로 강재 및 목재의 부식을 방지
- **방오** : 수선하에 도장하는 선저 도료에는 독물을 혼합하여 해중 생물의 부착을 방지
- **장식** : 도료에 아름다운 색채를 부여하여 여객과 선원에게 쾌감을 주고, 작업 능률을 올림
- **청결** : 강판이나 목재의 표면을 깔끔하게 하여 선박의 청결을 유지

08 보온복(Thermal protective aids)에 대한 설명으로 옳지 않은 것은?

가 구명동의 위에 착용하여 전신을 덮을 수 있어야 한다.

나 낮은 열 전도성을 가진 방수물질로 만들어진 포대기 또는 옷이다.

사 구명정이나 구조정에서는 혼자 착용이 불가능하므로 퇴선 시 착용한다.

아 만약 수영을 하는 데 지장이 있다면, 착용자가 2분 이내에 수중에서 벗어 버릴 수 있어야 한다.

구명정이나 구조정에서도 혼자 착용이 가능하다.

09 국제신호기를 이용하여 혼돈의 염려가 있는 방위신호를 할 때 최상부에 게양하는 기류는?

가 A기

나 B기

사 C기

아 D기

방위신호를 할 때 최상부에 게양하는 기류는 A기이고, 시각신호를 할 때 최상부에 게양하는 기류는 T기이다.

10 잔잔한 바다에서 의식불명의 익수자를 발견하여 구조하려 할 때, 안전한 접근방법은?

가 익수자의 풍하에서 접근한다.

나 익수자의 풍상에서 접근한다.

사 구조선의 좌현 쪽에서 바람을 받으면서 접근한다.

아 구조선의 우현 쪽에서 바람을 받으면서 접근한다.

의식불명의 익수자를 구조하고자 할 때는 익수자의 풍상에서 접근하여야 한다.

11 퇴선 시 여러 사람이 붙들고 떠 있을 수 있는 부체는?

가 구명조끼

나 구명줄

사 구명부기

아 방수복

가. **구명조끼**(구명동의) : 조난 또는 비상시 상체에 착용하는 것으로 고형식과 팽창식이 있다.

나. **구명줄** : 선박이 조난을 당한 경우 조난선과 구조선 또는 육상과 서로 연락할 수 있는 줄

아. **방수복** : 물이 스며들지 않아 수온이 낮은 물속에서 체온을 보호할 수 있는 옷으로, 2분 이내에 도움 없이 착용할 수 있어야 한다.

정답 07 사 08 사 09 가 10 나 11 사

12 팽창식 구명뗏목에 대한 설명으로 옳지 않은 것은?

가 모든 해상에서 30일 동안 떠 있어도 견딜 수 있도록 제작되어야 한다.

나 선박이 침몰할 때 자동으로 이탈되어 조난자가 탈 수 있다.

사 구명정에 비해 항해 능력은 떨어지지만 손쉽게 강하할 수 있다.

아 수압이탈장치의 작동 수심 기준은 수면 아래 10미터이다.

 해설

팽창식 구명뗏목(구명벌, life raft)의 자동이탈장치는 선박이 침몰하여 수면 아래 3m 정도에 이르면 수압에 의해 작동하여 구명뗏목을 부상시킨다.

13 다음 그림과 같이 표시되는 장치는?

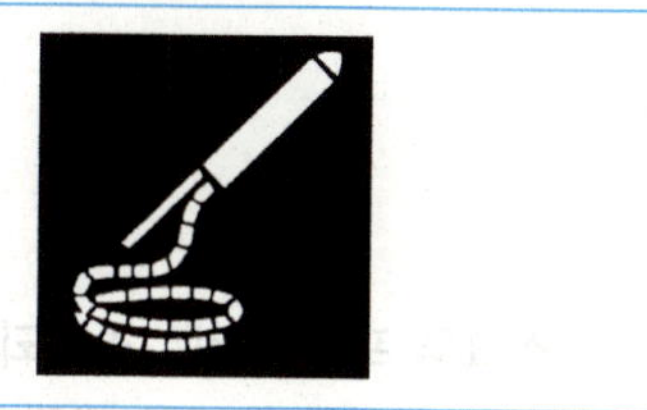

가 구명줄 발사기

나 구조정

사 줄사다리

아 자기 발연 신호

 해설

구명줄 발사기는 로켓 또는 탄환이 구명줄을 끌고 날아가게 하는 장치로, 선박이 조난을 당한 경우 조난선과 구조선 또는 조난선과 육상 간에 연결용 줄을 보내는데 사용된다.

14 초단파(VHF) 무선설비의 최대 출력은?

가 10W　　나 15W

사 20W　　아 25W

 해설

초단파(VHF) 무선설비는 VHF 채널 70(156.525MHz)에 의한 DSC와 채널 6, 13 및 16에 의한 무선전화 송수신을 하며, 조난경보신호를 발신할 수 있는 설비로, 최대 출력은 25W이다.

15 선체운동을 나타낸 그림에서 ⑤는?

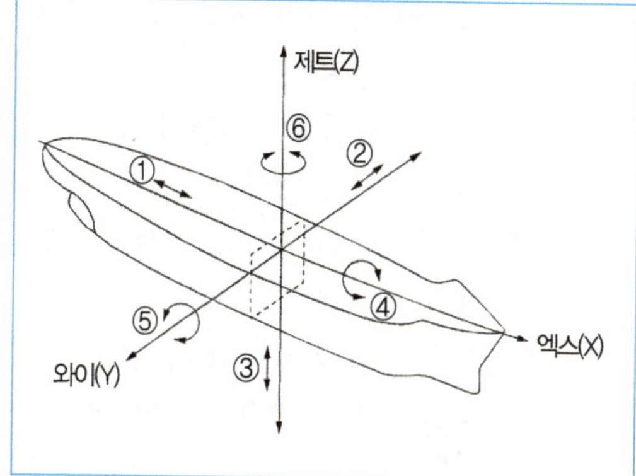

가 종동요　　나 횡동요

사 선수동요　　아 좌우동요

 해설

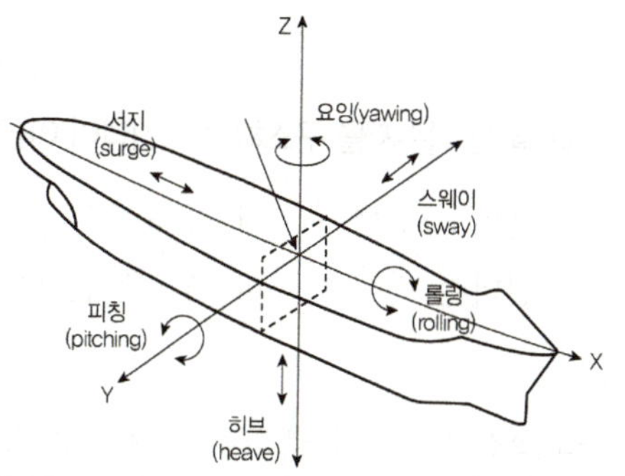

횡동요(rolling), 종동요(pitching), 선수동요(yawing), 전후동요(surge), 좌우동요(sway), 상하동요(heave)

16 선박 조종에 영향을 주는 요소가 아닌 것은?

가 바람　　　나 파도
사 조류　　　아 기온

선박 조종에 영향을 주는 요소에는 방형비척계수, 흘수, 트림, 속력, 파도, 바람 및 조류의 영향 등을 들 수 있다.

17 선박의 충돌 시 더 큰 손상을 예방하기 위해 취해야 하는 조치사항으로 옳지 않은 것은?

가 가능한 한 빨리 전진속력을 줄이기 위해 기관을 정지한다.
나 전복이나 침몰의 위험이 있더라도 좌초를 시켜서는 안 된다.
사 승객과 선원의 상해와 선박과 화물 손상에 대해 조사한다.
아 침수가 발생하는 경우, 침수구역 배출을 포함한 침수 방지를 위한 대응조치를 취한다.

선박의 충돌로 전복이나 침몰의 위험이 있을 경우 사람을 우선 대피시킨 후 수심이 낮은 곳에 좌초시킨다.

18 물에 빠진 익수자를 구조하는 조선법이 아닌 것은?

가 샤르노브 턴　　　나 표준 턴
사 앤더슨 턴　　　아 윌리암슨 턴

구조 조선법 : 윌리암슨 턴(Williamson turn), 원턴(싱글 턴 또는 앤더슨 턴, Single turn or Anderson turn), 샤르노브 턴(Scharnow turn) 등

19 (　　)에 순서대로 적합한 것은?

우선회 고정피치 스크루 프로펠러 1개가 장착된 선박이 정지상태에서 전진할 때, 타가 중앙이면 추진기가 회전을 시작하는 초기에는 횡압력이 커서 선수가 (　　)하고, 전진속력이 증가하면 배출류가 강해져서 선수가 (　　)하려는 경향이 있다.

가 우회두, 우회두
나 우회두, 좌회두
사 좌회두, 좌회두
아 좌회두, 우회두

추진기가 회전을 시작하는 초기에는 횡압력이 커서 선수가 좌회두를 하고, 전진속력이 증가하면 배출류가 강해져서 선수가 우회두하려는 경향을 나타낸다.

20 스크루 프로펠러로 추진되는 선박을 조종할 때 천수의 영향에 대한 대책으로 옳지 않은 것은?

가 가능하면 흘수를 얕게 조정한다.
나 천수역을 고속으로 통과한다.
사 천수역 통항에 필요한 여유수심을 확보한다.
아 가능한 고조 상태일 때 천수역을 통과한다.

저속 항행을 한다.

정답　16 아　17 나　18 나　19 아　20 나

21 선박의 안정성에 대한 설명으로 옳지 않은 것은?

가 배의 중심은 적하상태에 따라 이동한다.

나 유동수로 인하여 복원력이 감소할 수 있다.

사 배의 무게중심이 낮은 배를 보통 헤비 (Bottom heavy) 상태라 한다.

아 배의 무게중심이 높은 경우에는 파도를 옆에서 받고 조선하도록 한다.

선박이 파도나 바람 등의 외력에 의하여 어느 한쪽으로 기울었을 때 원래의 위치로 되돌아오려는 성질인 복원성이 높으려면 무게중심이 낮아야 한다. 따라서 복원성이 떨어지는 무게중심이 높은 상태에서 파도를 옆에서 받으면서 항해를 하게 되면 전복 가능성이 높아지므로, 파도를 옆에서 받는 조선법은 위험하다.

22 황천 중에 항행이 곤란할 때의 조선상의 조치로서 선수를 풍랑 쪽으로 향하게 하여 조타가 가능한 최소의 속력으로 전진하는 방법은?

가 표주(Lie to)법

나 순주(Scuding)법

사 거주(Heave to)법

아 진파기름(Storm oil)의 살포

가. **표주(Lie to)법** : 기관을 정지하여 선체가 풍하 측으로 표류하도록 하는 방법을 표주라고 한다.

나. **순주(Scuding)법** : 풍랑을 선미 사면(quarter)에서 받으며, 파에 쫓기는 자세로 항주하는 방법을 순주라고 한다.

아. **진파기름(Storm oil)의 살포** : 고장 선박이 표주할 때에 선체 주위에 점성이 큰 동물성 기름이나 식물성 기름을 살포하여 파랑을 진정시킬 수 있는데, 이러한 목적으로 사용하는 기름을 진파기름이라고 한다.

23 다음 중 태풍으로부터 피항하는 가장 좋은 방법은?

가 가항반원으로 항해한다.

나 선미 바람이 되도록 항해한다.

사 위험반원의 반대쪽으로 항해한다.

아 미리 태풍의 중심으로부터 최대한 멀리 떨어진다.

태풍으로부터 피항하는 가장 좋은 방법은 미리 태풍 중심으로부터 최대한 멀리 벗어나는 것이다.

24 화재의 종류 중 전기화재가 속하는 것은?

가 A급 화재

나 B급 화재

사 C급 화재

아 D급 화재

화재의 종류

• **일반화재(A급)** : 백색으로 분류. 일반 가연성 물질에 의한 화재로, 물로 소화가 가능하며, 타고난 후 재가 남는다.

• **유류가스화재(B급)** : 황색으로 분류. 가스에 의한 화재로, 물은 효과가 없으며 토사나 소화기로만 소화가 가능하다. 공기와 일정 비율 혼합 시 불씨에 의한 재가 남지 않는다.

• **전기화재(C급)** : 청색으로 분류. 전기 에너지가 불로 전이되는 화재로, 질식소화나 특수소화기를 사용해야 한다.

• **금속화재(D급)** : 회색이나 은색으로 분류. 금속물질에 의한 화재로 특수소화기 등을 사용한다.

정답 **21** 아 **22** 사 **23** 아 **24** 사

25 정박 중 선내 순찰의 목적이 아닌 것은?

가 선내 각부의 화재위험 여부 확인

나 선내 불빛이 외부로 새어 나가는지의 여부 확인

사 정박등을 포함한 각종 등화 및 형상물 확인

아 각종 설비의 이상 유무 확인

정박 중 선내 순찰의 목적
- 투묘 위치 확인, 닻줄 또는 계선줄의 상태
- 선내 각부의 화기 및 이상한 냄새
- 도난 방지, 승무원의 재해 방지
- 정박등을 포함한 각종 등화 및 형상물 표시
- 화물의 적·양하, 통풍, 천창, 해치 커버 개폐
- 거주구역, 급식 설비, 위생 설비의 청소 상태
- 기타 각종 설비의 이상 유무 등

제3과목 　**법규**

01 해사안전법상 선미등의 수평사광범위와 등색은?

가 135도, 붉은색

나 225도, 붉은색

사 135도, 흰색

아 225도, 흰색

선미등 : 135도에 걸치는 수평의 호를 비추는 흰색 등으로서 그 불빛이 정선미 방향으로부터 양쪽 현의 67.5도까지 비출 수 있도록 선미 부분 가까이에 설치된 등(해상교통안전법 제86조 제3호)

02 (　　)에 적합한 것은?

> 해사안전법상 (　　)에서는 어망 또는 그 밖에 선박의 통항에 영향을 주는 어구 등을 설치하거나 양식업을 하여서는 아니 된다.

가 연해구역

나 교통안전특정해역

사 통항분리수역

아 무역항의 수상구역

교통안전특정해역에서는 어망 또는 그 밖에 선박의 통항에 영향을 주는 어구 등을 설치하거나 양식업을 하여서는 아니 된다(해상교통안전법 제9조 제2항).

정답 　25 나 / 01 사 　02 나

03 해사안전법상 해양경찰청 소속 경찰공무원의 음주측정에 대한 설명으로 옳지 않은 것은?

가 술에 취한 상태의 기준은 혈중알코올농도 0.01퍼센트 이상으로 한다.

나 다른 선박의 안전운항을 해칠 우려가 있는 경우 측정할 수 있다.

사 술에 취한 상태에서 조타기를 조작할 것을 지시하였을 경우 측정할 수 있다.

아 측정결과에 불복하는 경우 동의를 받아 혈액채취 등의 방법으로 다시 측정할 수 있다.

술에 취한 상태의 기준은 혈중알코올농도 0.03퍼센트 이상으로 한다(해상교통안전법 제39조 제4항).

04 (   )에 적합한 것은?

> 해사안전법상 선박은 주위의 상황 및 다른 선박과 충돌할 수 있는 위험성을 충분히 파악할 수 있도록 (   ) 및 당시의 상황에 맞게 이용할 수 있는 모든 수단을 이용하여 항상 적절한 경계를 하여야 한다.

가 시각·청각

나 청각·후각

사 후각·미각

아 미각·촉각

선박은 주위의 상황 및 다른 선박과 충돌할 수 있는 위험성을 충분히 파악할 수 있도록 시각·청각 및 당시의 상황에 맞게 이용할 수 있는 모든 수단을 이용하여 항상 적절한 경계를 하여야 한다(해상교통안전법 제70조).

05 해사안전법상 '안전한 속력'을 결정할 때 고려하여야 할 사항이 아닌 것은?

가 선박의 흘수와 수심과의 관계

나 본선의 조종성능

사 해상교통량의 밀도

아 활용 가능한 경계원의 수

안전한 속력을 결정할 때 고려사항 : 시계의 상태, 해상교통량의 밀도, 선박의 정지거리·선회성능, 항해에 지장을 주는 불빛의 유무, 바람·해면 및 조류의 상태와 항행장애물의 근접상태, 선박의 흘수와 수심과의 관계, 레이더의 특성 및 성능, 해면상태·기상 등(해상교통안전법 제71조 제2항)

06 해사안전법상 2척의 범선이 서로 접근하여 충돌할 위험이 있는 경우 각 범선이 다른 쪽 현에 바람을 받고 있는 경우에 항행방법으로 옳은 것은?

가 대형 범선이 소형 범선을 피항한다.

나 바람이 불어오는 쪽의 범선이 바람이 불어가는 쪽의 범선의 진로를 피한다.

사 우현에서 바람을 받는 범선이 피항선이다.

아 좌현에 바람을 받고 있는 범선이 다른 범선의 진로를 피한다.

각 범선이 다른 쪽 현(舷)에 바람을 받고 있는 경우에는 좌현(左舷)에 바람을 받고 있는 범선이 다른 범선의 진로를 피하여야 한다. 또한 두 범선이 서로 같은 현에 바람을 받고 있는 경우에는 바람이 불어오는 쪽의 범선이 바람이 불어가는 쪽의 범선의 진로를 피하여야 한다(해상교통안전법 제77조 제1항).

정답 **03** 가 **04** 가 **05** 아 **06** 아

07 (   )에 순서대로 적합한 것은?

> 해사안전법상 밤에는 다른 선박의 (   )만을 볼 수 있고 어느 쪽의 (   )도 볼 수 없는 위치에서 그 선박을 앞지르기 하는 선박은 앞지르기 하는 배로 보고 필요한 조치를 취하여야 한다.

가 선수등, 현등
나 선수등, 전주등
사 선미등, 현등
아 선미등, 전주등

다른 선박의 양쪽 현의 정횡(正橫)으로부터 22.5도를 넘는 뒤쪽[밤에는 다른 선박의 선미등(船尾燈)만을 볼 수 있고 어느 쪽의 현등(舷燈)도 볼 수 없는 위치를 말한다]에서 그 선박을 앞지르기 하는 선박은 앞지르기 하는 배로 보고 필요한 조치를 취하여야 한다(해상교통안전법 제78조 제2항).

08 해사안전법상 제한된 시계에서 레이더만으로 자선의 양쪽 현의 정횡 앞쪽에 충돌 위험이 있는 다른 선박을 발견하였을 때 취할 수 있는 사항으로 옳지 않은 것은? (단, 앞지르기당하고 있는 경우는 제외한다.)

가 무중신호의 취명 유지
나 안전한 속력의 유지
사 동력선은 기관을 즉시 조작할 수 있도록 준비
아 침로 변경만으로 피항동작을 할 경우 좌현 변침

피항동작이 침로의 변경을 수반하는 경우에는 될 수 있으면 다른 선박이 자기 선박의 양쪽 현의 정횡 앞쪽에 있는 경우 좌현 쪽으로 침로를 변경하는 행위(앞지르기당하고 있는 선박에 대한 경우는 제외한다)는 피하여야 한다(해상교통안전법 제84조 제5항 제1호).

09 해사안전법상 등화에 사용되는 등색이 아닌 것은?

가 붉은색
나 녹색
사 흰색
아 청색

해상교통안전법상 청색은 등화에 사용되는 등색이 아니다(법 제86조).

10 해사안전법상 항행 중인 길이 20미터 미만의 범선이 현등과 선미등을 대신하여 표시할 수 있는 등화는?

가 양색등
나 삼색등
사 섬광등
아 흰색 전주등

항행 중인 길이 20미터 미만의 범선은 현등과 선미등을 대신하여 마스트의 꼭대기나 그 부근의 가장 잘 보이는 곳에 삼색등 1개를 표시할 수 있다(해상교통안전법 제90조 제2항).

11 해사안전법상 항행장애물에 해당하지 않는 것은?

가 침몰이 임박한 선박
나 좌초가 충분히 예견되는 선박
사 선박으로부터 수역에 떨어진 물건
아 정박지에 묘박 중인 선박

항행장애물이란 선박으로부터 떨어진 물건, 침몰·좌초된 선박(예견 포함) 또는 이로부터 유실된 물건 등 해양수산부령으로 정하는 것으로서 선박항행에 장애가 되는 물건을 말한다(해상교통안전법 제2조 제15호).

정답 07 사 08 아 09 아 10 나 11 아

12 해사안전법상 '섬광등'의 정의는?

가 선수 쪽 225도의 수평사광범위를 갖는 등

나 선미 쪽 135도의 수평사광범위를 갖는 등

사 360도에 걸치는 수평의 호를 비추는 등화로서 일정한 간격으로 1분에 120회 이상 섬광을 발하는 등

아 360도에 걸치는 수평의 호를 비추는 등화로서 일정한 간격으로 1분에 60회 이상 섬광을 발하는 등

 해설

섬광등 : 360도에 걸치는 수평의 호를 비추는 등화로서 일정한 간격으로 1분에 120회 이상 섬광을 발하는 등(해상교통안전법 제86조 제6호)

13 해사안전법상 안개 속에서 2분을 넘지 아니하는 간격으로 장음 1회의 기적을 들었을 때 기적을 울린 선박은?

가 조종불능선

나 피예인선을 예인 중인 예인선

사 대수속력이 있는 항행 중인 동력선

아 대수속력이 없는 항행 중인 동력선

 해설

항행 중인 동력선은 대수속력이 있는 경우에는 2분을 넘지 아니하는 간격으로 장음을 1회 울려야 한다(해상교통안전법 제100조).

14 해사안전법상 항행 중인 동력선이 서로 상대의 시계 안에 있는 경우 울려야 하는 기적신호로 옳지 않은 것은?

가 침로를 오른쪽으로 변경하고 있는 선박의 경우 단음 1회

나 침로를 왼쪽으로 변경하고 있는 선박의 경우 단음 2회

사 기관을 후진하고 있는 선박의 경우 단음 3회

아 좁은 수로 등의 장애물 때문에 다른 선박을 볼 수 없는 수역에 접근하는 선박의 경우 장음 2회

 해설

좁은 수로 등의 굽은 부분이나 장애물 때문에 다른 선박을 볼 수 없는 수역에 접근하는 선박은 장음으로 1회의 기적신호를 울려야 한다(해상교통안전법 제99조 제6항).

15 해사안전법상 장음과 단음에 대한 설명으로 옳은 것은?

가 단음 : 1초 정도 계속되는 고동소리

나 단음 : 3초 정도 계속되는 고동소리

사 장음 : 8초 정도 계속되는 고동소리

아 장음 : 10초 정도 계속되는 고동소리

 해설

기적의 종류(해상교통안전법 제97조)
- 단음 : 1초 정도 계속되는 고동소리
- 장음 : 4초부터 6초까지의 시간 동안 계속되는 고동소리

정답 **12** 사 **13** 사 **14** 아 **15** 가

16 (　　)에 순서대로 적합한 것은?

> 선박의 입항 및 출항 등에 관한 법률상 누구든지 무역항의 수상구역 등이나 무역항의 수상구역 밖 (　　) 이내의 수면에 선박의 안전운항을 해칠 우려가 있는 (　　)을 버려서는 아니 된다.

가　5킬로미터, 선박
나　10킬로미터, 폐기물
사　10킬로미터, 장애물
아　5킬로미터, 폐기물

누구든지 무역항의 수상구역 등이나 무역항의 수상구역 밖 10킬로미터 이내의 수면에 선박의 안전운항을 해칠 우려가 있는 흙·돌·나무·어구(漁具) 등 폐기물을 버려서는 아니 된다(법 제38조 제1항).

17 선박의 입항 및 출입 등에 관한 법률상 무역항의 수상구역 등에서 위험물취급자의 안전관리에 대한 설명으로 옳은 것을 다음에서 모두 고른 것은?

> ㄱ. 위험물 취급에 관한 안전관리자를 배치한다.
> ㄴ. 위험표지 및 출입통제시설을 설치한다.
> ㄷ. 선박과 육상 간의 통신수단을 확보한다.
> ㄹ. 위험물의 종류에 상관없이 기본적인 소화장비를 비치한다.

가　ㄱ, ㄷ
나　ㄴ, ㄹ
사　ㄱ, ㄴ, ㄷ
아　ㄱ, ㄷ, ㄹ

ㄹ. 위험물의 특성에 맞는 소화장비를 비치해야 한다(법 제35조 제1항).

18 (　　)에 적합한 것은?

> 선박의 입항 및 출입 등에 관한 법률상 선박의 고장이나 그 밖의 사유로 선박을 조종할 수 없는 경우 선박을 항로에 정박시키거나 정류시키려는 선박의 선장은 해사안전법에 따른 (　　) 표시를 하여야 한다.

가　추월선
나　정박선
사　조종불능선
아　조종제한선

선박의 입항 및 출입 등에 관한 법률상 선박의 고장이나 그 밖의 사유로 선박을 조종할 수 없는 경우 선박을 항로에 정박시키거나 정류시키려는 선박의 선장은 「해상교통안전법」에 따른 조종불능선 표시를 하여야 한다(법 제11조 제2항).

19 선박의 입항 및 출입 등에 관한 법률상 (　　)에 순서대로 적합한 것은?

> 무역항의 수상구역 등에 정박하는 선박은 지체 없이 (　　)을 내릴 수 있도록 (　　)를 해제하고, (　　)은 즉시 운항할 수 있도록 기관의 상태를 유지하는 등 안전에 필요한 조치를 하여야 한다.

가　예비용 닻, 닻 고정장치, 동력선
나　투묘용 닻, 닻 고정장치, 모든 선박
사　예비용 닻, 윈드라스, 모든 선박
아　투묘용 닻, 윈드라스, 동력선

무역항의 수상구역 등에 정박하는 선박은 지체 없이 예비용 닻을 내릴 수 있도록 닻 고정장치를 해제하고, 동력선은 즉시 운항할 수 있도록 기관의 상태를 유지하는 등 안전에 필요한 조치를 하여야 한다(법 제6조 제4항).

정답　16 나　17 사　18 사　19 가

20 다음 중 선박의 입항 및 출입 등에 관한 법률상 해양사고를 피하기 위한 경우 등 해양수산부령으로 정하는 사유가 아닌 경우 무역항의 수상구역 등을 통과할 때 지정·고시된 항로를 따라 항행하여야 하는 선박은?

가 예선

나 압항부선

사 주로 삿대로 운전하는 선박

아 예인선이 부선을 끌거나 밀고 있는 경우의 예인선 및 부선

우선피항선 외의 선박은 무역항의 수상구역 등에 출입하는 경우 또는 무역항의 수상구역 등을 통과하는 경우에는 지정·고시된 항로를 따라 항행하여야 한다(법 제10조 제2항).
압항부선은 우선피항선에 포함되지 않으므로 지정·고시된 항로를 따라 항행해야 한다.

21 (   )에 순서대로 적합한 것은?

> 선박의 입항 및 출항 등에 관한 법률상 (   )은/는 (   )로부터/으로부터 최고속력의 지정을 요청받은 경우 특별한 사유가 없으면 무역항의 수상구역 등에서 선박 항행 최고속력을 지정·고시해야 한다.

가 해양경찰서장, 시·도지사

나 지방해양수산청장, 시·도지사

사 시·도지사, 해양수산부장관

아 관리청, 해양경찰청장

관리청은 해양경찰청장으로부터 최고속력의 지정을 요청받은 경우 특별한 사유가 없으면 무역항의 수상구역 등에서 선박 항행 최고속력을 지정·고시하여야 한다(법 제17조 제2·3항).

22 해양환경관리법상 분뇨오염방지설비가 아닌 것은?

가 분뇨처리장치

나 분뇨마쇄소독장치

사 분뇨저장탱크

아 대변용 설비

분뇨오염방지설비(법 제25조 제1항 「선박에서의 오염방지에 관한 규칙」 제14조 제2항 제1호) : 분뇨처리장치, 분뇨마쇄소독장치, 분뇨저장탱크

23 선박의 입항 및 출항 등에 관한 법률상 무역항의 수상구역 등에 출입하는 경우에 항로를 따라 항행하지 않아도 되는 선박은?

가 우선피항선

나 총톤수 20톤 이상의 병원선

사 총톤수 20톤 이상의 여객선

아 총톤수 20톤 이상의 실습선

우선피항선 외의 선박은 무역항의 수상구역 등에 출입하는 경우 또는 무역항의 수상구역 등을 통과하는 경우에는 지정·고시된 항로를 따라 항행하여야 한다. 다만, 해양사고를 피하기 위한 경우 등 해양수산부령으로 정하는 사유가 있는 경우에는 그러하지 아니하다(법 제10조 제2항).

정답　**20** 나　**21** 아　**22** 아　**23** 가

24 해양환경관리법상 배출기준을 초과하는 오염물질이 해양에 배출된 경우 누구에게 신고하여야 하는가?

가 환경부장관
나 해양경찰청장
사 지방해양수산청장
아 관할 시장·군수·구청장

> **해설**
>
> 대통령령이 정하는 배출기준을 초과하는 오염물질이 해양에 배출되거나 배출될 우려가 있다고 예상되는 경우 해당하는 자는 지체 없이 해양경찰청장 또는 해양경찰서장에게 이를 신고하여야 한다(해양환경관리법 제63조 제1항).

25 해양환경관리법상 선박에서 배출할 수 있는 오염물질의 배출 방법으로 옳지 않은 것은?

가 빗물이 섞인 폐유를 전량 육상에 양륙한다.
나 정박 중 발생한 음식찌꺼기를 선박이 출항 후 즉시 투기한다.
사 저장용기에 선저폐수를 저장해서 육상에 양륙한다.
아 플라스틱 용기를 분류해서 저장한 후 육상에 양륙한다.

> **해설**
>
> 음식찌꺼기는 영해기선으로부터 최소한 12해리 이상의 해역. 다만, 분쇄기 또는 연마기를 통하여 25mm 이하의 개구(開口)를 가진 스크린을 통과할 수 있도록 분쇄되거나 연마된 음식찌꺼기의 경우 영해기선으로부터 3해리 이상의 해역에 버릴 수 있다「『선박에서의 오염방지에 관한 규칙」 제8조 제2호 관련 [별표 3] 1. 나목 1)].

제4과목 **기관**

01 4행정 사이클 기관의 작동 순서로 옳은 것은?

가 흡입 → 압축 → 작동 → 배기
나 흡입 → 작동 → 압축 → 배기
사 흡입 → 배기 → 압축 → 작동
아 흡입 → 압축 → 배기 → 작동

> **해설**
>
> 4행정 사이클 기관은 '흡입 → 압축 → 작동 → 배기'의 순서로 작동된다.

02 선박용 디젤 기관의 요구 조건이 아닌 것은?

가 효율이 좋을 것
나 고장이 적을 것
사 시동이 용이할 것
아 운전회전수가 가능한 높을 것

> **해설**
>
> **선박기관이 갖추어야 할 조건**
> - 흡입공기에서 습기와 염분을 분리하는 장치가 필요하며, 냉각을 위해서 해수를 사용하기 때문에 부식에 강한 재료를 사용해야 한다.
> - 운동하는 부품과 윤활 계통 설계는 횡동요와 종동요 등 선박의 운동에 잘 적응하도록 배려해야 한다.
> - 좁고 밀폐된 공간에 설치되므로 흡기와 배기가 원활해야 한다.
> - 수명이 길고 잦은 고장 없이 작동에 대한 신뢰성이 높아야 한다.
> - 역회전 및 저속 운전이 가능하며, 과부하에도 견딜 수 있어야 한다.
> - 효율이 좋고, 시동이 용이해야 한다.

정답 **24** 나 **25** 나 / **01** 가 **02** 아

03 소형 디젤 기관에서 실린더 라이너의 심한 마멸에 의한 영향이 아닌 것은?

가 압축 불량

나 불완전 연소

사 연소가스가 크랭크실로 누설

아 착화 시기가 빨라짐

해설

실린더 라이너 마모의 영향 : 출력 저하, 압축압력의 저하, 연료의 불완전 연소, 연료 소비량 증가, 윤활유 소비량 증가, 기관의 시동성 저하, 가스가 크랭크실로 누설

04 "실린더 헤드는 다른 말로 (　　)(이)라고도 한다."에서 (　　)에 적합한 것은?

가 피스톤

나 연접봉

사 실린더 커버

아 실린더 블록

해설

실린더 헤드는 다른 말로 실린더 커버라고 한다.

05 소형기관에서 윤활유가 공급되는 곳은?

가 피스톤 핀

나 연료분사 밸브

사 공기 냉각기

아 시동공기밸브

해설

피스톤 핀은 피스톤과 커넥팅 로드를 연결하는 핀이며, 내부가 비어 있는 중공(hollow) 방식으로 되어 있다. 소형 디젤 기관에서는 피스톤 핀에 윤활유가 공급된다.

06 소형기관의 피스톤 재질에 대한 설명으로 옳지 않은 것은?

가 무게가 무거운 것이 좋다.

나 강도가 큰 것이 좋다.

사 열전도가 잘 되는 것이 좋다.

아 마멸에 잘 견디는 것이 좋다.

해설

피스톤은 고온·고압의 연소가스에 노출되어 내열성과 열전도성이 우수해야 하고, 고속으로 왕복운동을 하므로 가벼우면서 충분한 강도를 가져야 한다. 중·대형 기관의 피스톤은 보통 주철이나 주강으로 제작하며, 소형 고속 기관에서는 무게가 가볍고 열전도가 좋은 알루미늄 피스톤이 사용된다.

07 다음 그림과 같은 디젤 기관의 크랭크축에서 커넥팅 로드가 연결되는 곳은?

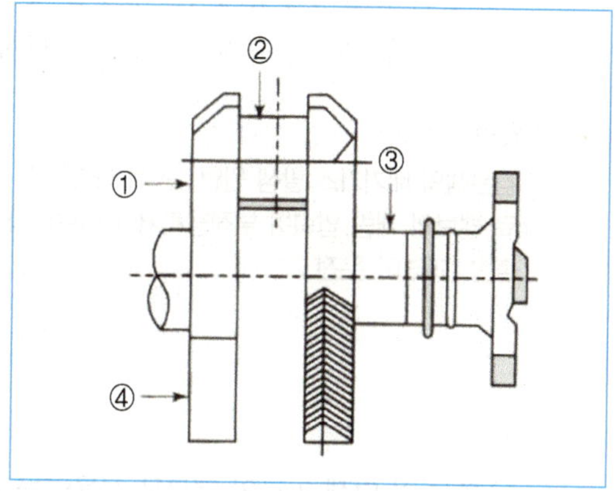

가 ①　　　　나 ②

사 ③　　　　아 ④

해설

그림의 ②는 크랭크 핀으로 크랭크 저널의 중심에서 크랭크 반지름만큼 떨어진 곳에 있으며 저널과 평행하게 설치한다. 트렁크형 기관에서 커넥팅 로드의 대단부와 연결된다.

정답 　03 아　04 사　05 가　06 가　07 나

08 소형기관에서 크랭크축의 구성 요소가 아닌 것은?

가 크랭크 암

나 크랭크 핀

사 크랭크 저널

아 크랭크 보스

크랭크축(Crank shaft)의 구성 : 크랭크 저널(Journal), 크랭크 핀(Pin) 및 크랭크 암(Arm)

09 디젤 기관의 운전 중 검은색 배기가 발생되는 경우는?

가 연료분사 밸브에 이상이 있을 경우

나 냉각수 온도가 규정치보다 조금 높을 경우

사 윤활유 압력이 규정치보다 조금 높을 경우

아 윤활유 온도가 규정치보다 조금 낮을 경우

검은색의 배기가스 발생 원인 : 공기 압력의 불충분, 연료 밸브의 개방 압력이 부적당하거나 연료분사 상태의 불량, 과부하 운전

10 운전 중인 디젤 기관의 연료유 사용량을 나타내는 계기는?

가 회전계　　　나 온도계

사 압력계　　　아 유량계

디젤 기관의 연료유 사용량을 나타내는 계기는 유량계이다.

11 동일 운전 조건에서 연료유의 질이 나쁘면 디젤 주기관에 나타나는 증상으로 옳은 것은?

가 배기온도가 내려가고 기관의 출력이 올라간다.

나 연료필터가 잘 막히고 기관의 출력이 떨어진다.

사 연료필터가 잘 막히고 냉각수 온도가 떨어진다.

아 배기온도가 내려가고 회전속도가 증가한다.

연료유의 질이 떨어지면 연료필터가 잘 막히고, 그로 인해 연료유의 공급이 원활하지 못해 기관의 출력이 떨어지게 된다.

12 소형기관에서 윤활유에 혼입될 우려가 가장 적은 것은?

가 윤활유 냉각기에서 누설된 수분

나 연소불량으로 발생한 카본

사 연료유에 혼입된 수분

아 운동부에서 발생된 금속가루

윤활유는 마찰이 큰 두 물체 사이에서 물체의 마모를 방지하고 마찰저항을 감소시키는 역할을 하므로, 연료유와 관계가 없어 연료유에 혼입된 수분과 윤활유가 혼입될 우려는 없다.

13 스크루 프로펠러의 추력을 받는 것은?

가 메인 베어링　　　나 스러스트 베어링

사 중간축 베어링　　　아 크랭크핀 베어링

정답　08 아　09 가　10 아　11 나　12 사　13 나

스러스트 베어링(thrust bearing, 추력 베어링) : 선체에 부착되어 있으며, 추력 칼라의 앞과 뒤에 설치되어 프로펠러로부터 전달되어 오는 추력을 추력 칼라에서 받아 선체에 전달하여 선박을 추진시킨다.

14 앵커를 감아올리는 데 사용하는 장치는?

가 양화기
나 조타기
사 양묘기
아 크레인

양묘기(windlass)는 닻(anchor)을 감아올리거나 내리는 작업을 할 때 이용한다. 또는 선박을 부두에 접안시킬 때 계선줄을 감는 데 사용되는 갑판 보조기계이다.

15 1시간에 1,852미터를 항해하는 선박이 10시간 동안 몇 해리를 항해하는가?

가 1해리
나 2해리
사 5해리
아 10해리

1해리는 1,852m이므로 1시간에 1,852m를 항해하는 선박이 10시간 항해한 거리는 10해리가 된다.

16 원심 펌프의 부속품은?

가 평기어
나 임펠러
사 피스톤
아 배기밸브

원심 펌프의 부속품 : 임펠러, 마우스 링, 케이싱, 와류실, 안내 날개, 주축, 축 이음, 베어링, 축봉장치, 글랜드 패킹, 체크밸브, 송출밸브

17 기관실의 연료유 펌프로 가장 적합한 것은?

가 기어 펌프
나 왕복 펌프
사 축류 펌프
아 원심 펌프

기어 펌프는 구조가 간단하고, 왕복 펌프에 비해 고속으로 회전할 수 있어서 소형으로도 송출량을 높일 수 있고 경량이며, 흡입 양정이 크고 점도가 높은 유체를 이송하는 데 적합하다. 따라서 연료유 펌프로 적합하다.

18 전동기의 운전 중 주의사항으로 옳지 않은 것은?

가 발열되는 곳이 있는지를 점검한다.
나 이상한 소리, 냄새 등이 발생하는지를 점검한다.
사 전류계의 지시치에 주의한다.
아 절연저항을 자주 측정한다.

전동기 운전 시 주의사항 : 전원과 전동기의 결선 확인, 이상한 소리 · 진동, 냄새 · 각부의 발열 등의 확인, 조임 볼트와 전류계의 지시치 확인

19 220[V] 교류 발전기에 대한 설명으로 옳은 것은?

가 회전속도가 일정해야 한다.
나 원동기의 출력이 일정해야 한다.
사 부하전류가 일정해야 한다.
아 부하전력이 일정해야 한다.

교류 발전기는 회전속도가 일정해야 한다.

정답 14 사 15 아 16 나 17 가 18 아 19 가

20 납축전지의 구성 요소가 아닌 것은?

　가　극판　　　　나　충전판
　사　격리판　　　　아　전해액

 **해설**

납축전지의 구성 요소 : 극판군(음극판, 양극판, 격리판), 전해액

21 디젤 기관의 시동용 공기탱크의 압력으로 가장 적절한 것은?

　가　10~15bar　　　나　15~20bar
　사　20~25bar　　　아　25~30bar

 **해설**

디젤 기관의 시동용 공기탱크의 압력은 25~30bar이다.

22 항해 중 디젤 주기관이 비상정지되는 경우는?

　가　윤활유 압력이 너무 낮을 때
　나　급기온도가 너무 낮을 때
　사　윤활유 압력이 너무 높을 때
　아　급기온도가 너무 높을 때

 **해설**

윤활유 압력이 너무 낮으면 엔진의 마모 방지와 마찰저항을 감소시키는 역할을 하는 윤활유의 공급이 원활치 못하게 되므로 엔진 과열로 기관이 정지하게 된다.

23 운전 중인 디젤 주기관에서 윤활유 펌프의 압력에 대한 설명으로 옳은 것은?

　가　속도가 증가하면 압력을 더 높여 준다.
　나　배기온도가 올라가면 압력을 더 높여 준다.
　사　부하에 관계없이 압력을 일정하게 유지한다.
　아　운전마력이 커지면 압력을 더 낮춘다.

 **해설**

윤활유 펌프의 압력은 부하와 상관없이 일정하게 유지해야 한다.

24 연료유의 끈적끈적한 성질의 정도를 나타내는 용어는?

　가　점도　　　　나　비중
　사　밀도　　　　아　융점

 **해설**

나. **비중** : 부피가 같은 기름의 무게와 물의 무게의 비
사. **밀도** : 일정한 부피에 해당하는 물질의 질량
아. **융점** : 주어진 압력에서 고체가 융해하기 시작하는 온도

25 연료유 수급 중 주의사항으로 옳지 않은 것은?

　가　수급 탱크의 수급량을 자주 계측한다.
　나　수급 호수 연결부에서의 누유 여부를 점검한다.
　사　적절한 압력으로 공급되는지의 여부를 확인한다.
　아　휴대식 소화기와 오염방제자재를 비치한다.

 **해설**

연료유 수급 시 주의사항
• 연료유 수급 중 선박의 흘수 변화에 주의해야 하며, 적절한 압력으로 공급되는지의 여부를 확인한다.
• 주기적으로 측심하여 수급량을 계산해야 하며, 주기적으로 누유되는 곳이 있는지를 점검한다.
• 에어 벤트로부터 공기가 정상적으로 빠져나오는지를 확인하고, 선체의 종경사 및 횡경사에 주의하여야 한다.
• 수급밸브가 닫혀 있는 탱크로 연료유가 공급되는지 여부를 확인하여야 한다.

정답 　**20** 나　**21** 아　**22** 가　**23** 사　**24** 가　**25** 아

2021년 제3회 최신 기출문제

제1과목 항해

01 자기 컴퍼스 볼의 구조에 대한 아래 그림에서 ㉠은?

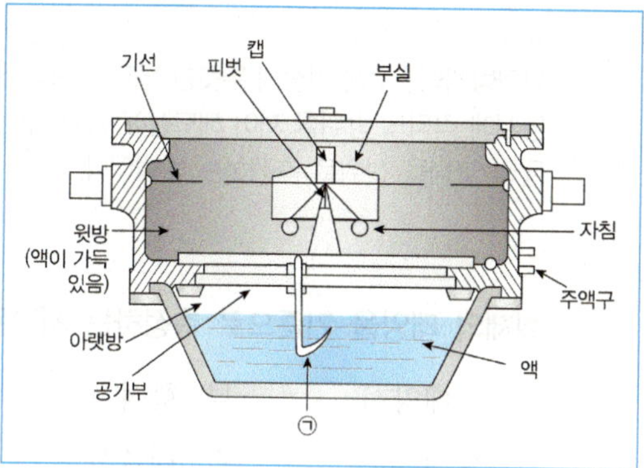

가 짐벌즈
나 섀도 핀 꽂이
사 연결관
아 컴퍼스 카드

 해설

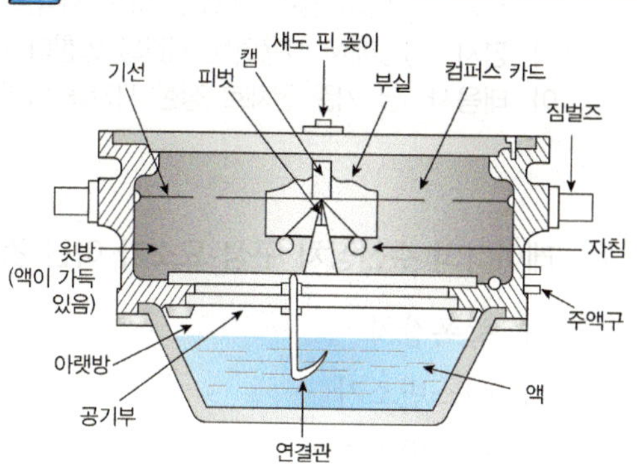

02 경사 제진식 자이로컴퍼스에만 있는 오차는?

가 위도오차
나 속도오차
사 동요오차
아 가속도오차

 해설

위도오차(제진오차)는 제진 세차 운동과 지북 세차 운동이 동시에 일어나는 경사 제진식 제품에만 생기는 오차이다.

03 수심을 측정할 뿐만 아니라 개략적인 해저의 형상이나 어군의 존재를 파악하기 위한 계기는?

가 나침의
나 선속계
사 음향측심기
아 핸드 레드

 해설

가. **나침의** : 방위 측정용 계기
나. **선속계** : 선박의 속력과 항주거리 등을 측정하는 계기이다.
사. **음향측심기** : 해저의 저질, 어군 존재 파악을 위한 것으로 초행인 수로 출입, 여울, 암초 등에 접근할 때 안전 항해를 위하여 사용한다.
아. **핸드 레드** : 수심이 얕은 곳에서 수심과 저질을 측정하는 측심의로, 3~7kg의 레드와 45~70m 정도의 레드라인으로 구성된다.

04 자북이 진북의 왼쪽에 있을 때의 오차는?

가 편서편차
나 편동자차
사 편동편차
아 지방자기

해설

어느 지점에서의 편차는 자침이 가리키는 북(자북)이 진자오선(진북)의 오른쪽에 있을 때를 편동편차, 왼쪽에 있을 때를 편서편차로 구별하며, 각각 E 또는 W를 붙여 표시한다.

정답 **01** 사 **02** 가 **03** 사 **04** 가

05 지구 자기장의 복각이 0°가 되는 지점을 연결한 선은?

가 지자극
나 자기적도
사 지방자기
아 북회귀선

가. **지자극** : 지구 내부에 막대자석을 놓았다고 가정할 때, 이 자석의 축을 연장한 방향이 지구 표면과 만나는 점으로, 이 축은 지구의 회전축에서 11도가량 기울어져 있다.

아. **북회귀선** : 태양이 머리 위 천정을 지나는 가장 북쪽 지점을 잇는 위선이다. 매년 북반구의 여름 하지 때 태양이 머리 위를 지나며, 하지선(夏至線)이라고도 한다.

06 선박자동식별장치(AIS)에서 확인할 수 없는 정보는?

가 선명
나 선박의 흘수
사 선박의 목적지
아 선원의 국적

이 시스템은 선박과 선박 간 그리고 선박과 선박교통관제(VTS)센터 사이에 선박의 선명, 위치, 침로, 속력 등의 선박 관련 정보와 항해 안전 정보 등을 자동으로 교환함으로써 선박 상호 간의 충돌을 예방하고, 선박의 교통량이 많은 해역에서는 선박교통관리에 효과적으로 이용될 수 있다. 이의 정보에는 정적 정보(IMO 식별번호, 호출부호, 선명, 선박의 길이 및 폭, 선박의 종류, 적재 화물, 안테나 위치 등), 동적 정보(침로, 선수 방위, 대지 속력 등), 항해 관련 정보(흘수, 선박의 목적지, 도착 예정 시간, 항해계획, 충돌 예방에 필요한 단문 통신 등)가 있다.

07 항해 중에 산봉우리, 섬 등 해도상에 기재되어 있는 2개 이상의 고정된 뚜렷한 물표를 선정하여 거의 동시에 각각의 방위를 측정하여 선위를 구하는 방법은?

가 수평협각법
나 교차방위법
사 추정위치법
아 고도측정법

교차방위법은 2개 이상의 뚜렷한 물표를 선정하여 거의 동시에 각각의 방위를 재어 해도상에 방위선을 긋고 이들의 교점을 선위로 측정하는 방법이다.

08 실제의 태양을 기준으로 측정하는 시간은?

가 시태양시
나 항성시
사 평시
아 태음시

나. **항성시** : 천체를 측정하기 위한 시각계(時刻系)로서 기준 천체를 춘분점(春分點)으로 한 것이다. 즉, 춘분점을 하나의 천체로 보았을 때의 시각을 말한다.

사. **평시** : 일상에서 사용하는 시간을 말한다.

아. **태음시** : 달 기준 천체로 정한 시간을 말한다.

09 레이더의 수신장치 구성 요소가 아닌 것은?

가 증폭장치
나 펄스변조기
사 국부발진기
아 주파수변환기

레이더 송신기 구성 요소로는 트리거 발전기, 펄스변조기, 마그네트론 등이 있고, 수신기 구성 요소로는 국부발진기, 주파수혼합기(변환기), 증폭 및 검파장치 등이 있다.

정답 05 나 06 아 07 나 08 가 09 나

10 작동 중인 레이더 화면에서 'A'점은 무엇인가?

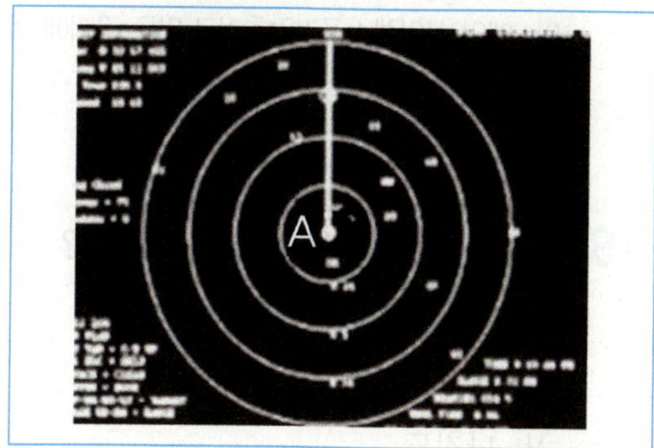

가 섬
나 육지
사 본선
아 다른 선박

주어진 그림의 레이더는 상대운동 표시방식의 레이더로 자선(본선)의 위치가 PPI(Plan Position Indicator)상의 어느 한 점(주로 PPI의 중심)에 고정되어 있기 때문에, 모든 물체는 자선의 움직임에 대하여 상대적인 움직임으로 표시된다.

11 해도상에 표시된 저질의 기호에 대한 의미로 옳지 않은 것은?

가 S – 자갈
나 M – 뻘
사 R – 암반
아 Co – 산호

가. S – 모래(Sand)

12 종이해도에 사용되는 특수한 기호와 약어는?

가 해도 목록
나 해도 제목
사 수로도지
아 해도도식

해도도식은 해도상 여러 가지 사항들을 표시하기 위하여 사용되는 특수한 기호와 양식, 약어 등을 총칭한다.

13 조석표와 관련된 용어의 설명으로 옳지 않은 것은?

가 조석은 해면의 주기적 승강 운동을 말한다.
나 고조는 조석으로 인하여 해면이 높아진 상태를 말한다.
사 게류는 저조시에서 고조시까지 흐르는 조류를 말한다.
아 대조승은 대조에 있어서의 고조의 평균 조고를 말한다.

창조류에서 낙조류로, 또는 반대로 흐름 방향이 변하는 것을 전류라고 하는데, 이때 흐름이 잠시 정지하는 현상을 게류라고 한다.

14 등대의 등색으로 사용하지 않는 색은?

가 백색
나 적색
사 녹색
아 자색

등대의 등색으로 이용되는 색은 백색, 적색, 황색, 녹색 등이다.

점답 **10** 사 **11** 가 **12** 아 **13** 사 **14** 아

15 항로표지의 일반적인 분류로 옳은 것은?

가 광파(야간)표지, 물표지, 음파(음향)표지, 안개표지, 특수신호표지

나 광파(야간)표지, 안개표지, 전파표지, 음파(음향)표지, 특수신호표지

사 광파(야간)표지, 형상(주간)표지, 전파표지, 음파(음향)표지, 특수신호표지

아 광파(야간)표지, 형상(주간)표지, 물표지, 음파(음향)표지, 특수신호표지

항로표지는 형상(주간)표지, 광파(야간)표지, 음파(음향)표지, 무선표지(전파표지), 특수신호표지, 국제해상부표 등이 있다.

16 용도에 따른 종이해도의 종류가 아닌 것은?

가 총도 나 항양도
사 항해도 아 평면도

평면도는 도법에 의한 분류에 해당한다.

17 부표의 꼭대기에 종을 달아 파랑에 의한 흔들림을 이용하여 종을 울리게 한 부표는?

가 취명 부표 나 타종 부표
사 다이어폰 아 에어 사이렌

가. **취명 부표** : 파랑에 의한 부표의 진동을 이용하여 공기를 압축하여 소리를 내는 장치

나. **타종 부표** : 부표의 꼭대기에 종을 달아 파랑에 의한 흔들림을 이용하여 종을 울리는 장치

사. **다이어폰** : 압축공기에 의해서 발음체인 피스톤을 왕복시켜서 소리를 내는 장치

아. **에어 사이렌** : 공기압축기로 만든 공기에 의하여 사이렌을 울리는 장치

18 종이해도에서 찾을 수 없는 정보는?

가 해도의 축척
나 간행연월일
사 나침도
아 일출 시간

종이해도에 일출 시간은 표시되지 않는다.

19 일기도의 날씨 기호 중 '≡'가 의미하는 것은?

가 눈 나 비
사 안개 아 우박

가. 눈－＊, 나. 비－●, 아. 우박－△

20 등질에 대한 설명으로 옳지 않은 것은?

가 섬광등은 빛을 비추는 시간이 꺼져 있는 시간보다 짧은 등이다.

나 호광등은 색깔이 다른 종류의 빛을 교대로 내며, 그 사이에 등광은 꺼지는 일이 없는 등이다.

사 분호등은 3가지 등색을 바꾸어 가며 계속 빛을 내는 등이다.

아 모스 부호등은 모스 부호를 빛으로 발하는 등이다.

정답 **15** 사 **16** 아 **17** 나 **18** 아 **19** 사 **20** 사

 **해설**

야간표지에 사용되는 등화의 등질

- **부동등**(F) : 등색이나 등력(광력)이 바뀌지 않고 일정하게 계속 빛을 내는 등
- **명암등**(Oc) : 한 주기 동안에 빛을 비추는 시간(명간)이 꺼져 있는 시간(암간)보다 길거나 같은 등
- **섬광등**(Fl) : 빛을 비추는 시간(명간)이 꺼져 있는 시간(암간)보다 짧은 것으로, 일정한 간격으로 섬광을 내는 등
- **호광등**(Alt) : 색깔이 다른 종류의 빛을 교대로 내며, 그 사이에 등광은 꺼지는 일이 없는 등
- **모스 부호등**(Mo) : 모스 부호를 빛으로 발하는 것으로, 어떤 부호를 발하느냐에 따라 등질이 달라지는 등
- **분호등** : 서로 다른 지역을 다른 색상으로 비추는 등화로, 주로 위험구역만을 주로 홍색광으로 비추는 등화

21 태풍의 진로에 대한 설명으로 옳지 않은 것은?

가 다양한 요인에 의해 태풍의 진로가 결정된다.

나 한랭 고기압을 왼쪽으로 보고 그 가장자리를 따라 진행한다.

사 보통 열대해역에서 발생하여 북서로 진행하며, 북위 20~25도에서 북동으로 방향을 바꾼다.

아 북태평양에서 7월에서 9월 사이에 발생한 태풍은 우리나라와 일본 부근을 지나가는 경우가 많다.

 **해설**

북태평양 고기압 가장자리를 따라 시계 방향으로 진행한다.

22 국제해상부표시스템(IALA maritime buoyage system)에서 A방식과 B방식을 이용하는 지역에서 서로 다르게 사용되는 항로표지는?

가 측방표지

나 방위표지

사 안전수역표지

아 고립장해표지

 **해설**

측방표지는 선박이 항행하는 수로의 좌·우측 한계를 표시하기 위해 설치된 표지로 국제해상부표시스템의 B지역에서 사용된다.

23 시베리아 기단에 대한 설명으로 옳지 않은 것은?

가 바이칼호를 중심으로 하는 시베리아 대륙 일대를 발원지로 한다.

나 한랭 건조한 것이 특징인 대륙성 한대 기단이다.

사 겨울철 우리나라의 날씨를 지배하는 대표적 기단이기도 하다.

아 시베리아 기단의 영향을 받으면 일반적으로 날씨는 흐리다.

해설

시베리아 기단은 비교적 날씨가 좋은 고기압에 해당한다.

24 항해계획을 수립할 때 구별하는 지역별 항로의 종류가 아닌 것은?

가 원양항로

나 왕복항로

사 근해항로

아 연안항로

정답 **21** 나 **22** 가 **23** 아 **24** 나

해설

항로의 분류

- **지리적 분류** : 연안항로, 근해항로, 원양항로(遠洋航路) 등
- **통행 선박의 종류에 따른 분류** : 범선항로, 소형선항로, 대형선항로 등
- **국가·국제기구에서 항해의 안전상 권장하는 항로** : 추천항로
- **운송상의 역할에 따른 분류** : 간선항로(幹線航路), 지선항로(支線航路)

25 항해계획 수립 시 종이해도의 준비와 관련된 내용으로 옳지 않은 것은?

가 항해하고자 하는 지역의 해도를 함께 모아서 사용하는 순서대로 정확히 정리한다.

나 항해하는 지역에 인접한 곳에 해당하는 대축척 해도와 중축척 해도를 준비한다.

사 가장 최근에 간행된 해도를 항행통보로 소개정하여 준비한다.

아 항해에 반드시 필요하지 않더라도 국립해양조사원에서 발간된 모든 해도를 구입하여 소개정하여 언제라도 사용할 수 있도록 준비한다.

해설

항해에 필요한 해도는 사전에 미리 각 해도의 최근 소개정 일자 및 최신판 해도의 확보 유무를 확인하고, 필요한 경우에는 새로운 해도를 구입하거나 항로 고시를 참고하여 소개정을 해야 한다. 따라서 모든 해도를 구입할 필요는 없다.

---

01 전진 또는 후진 시에 배를 임의의 방향으로 회두시키고 일정한 침로를 유지하는 역할을 하는 설비는?

가 키(타)

나 닻

사 양묘기

아 주기관

해설

타(rudder, 키) : 타주의 후부 또는 타두재(rudder stock)에 설치되어, 전진 또는 후진할 때 배를 원하는 방향으로 회전시키고, 침로를 일정하게 유지하는 장치

02 선체의 명칭을 나타낸 아래 그림에서 ㉠은?

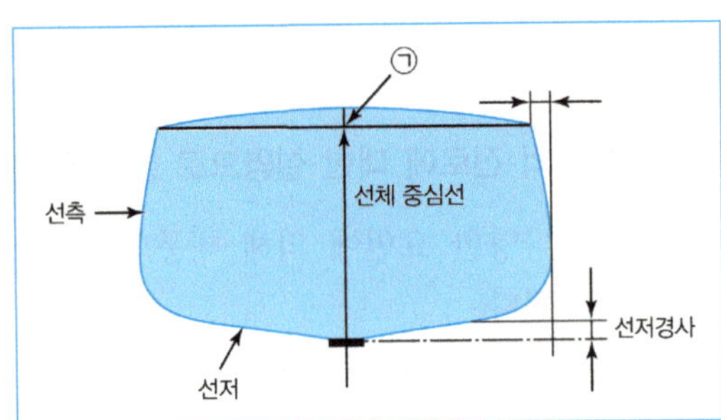

가 용골

나 빌지

사 캠버

아 텀블 홈

해설

현호가 갑판 위의 길이 방향으로 가면서 선체 중앙부를 향해 잘 빠져나가도록 한 것이라면, 캠버(camber)는 갑판상의 물이 선체 폭 방향으로 걸쳐 양쪽 선측을 향해 잘 흘러가도록 선박의 중앙부를 높게 한 것을 말한다.

03 선체의 좌우 선측을 구성하는 뼈대로서 용골에 직각으로 배치되고, 갑판보와 늑판에 양 끝이 연결되어 선체 횡강도의 주체가 되는 것은?

가 늑골
나 기둥
사 거더
아 브래킷

해설

늑골(Frame) : 선측 외판을 보강하는 구조부재로서 선체의 갑판에서 선저 만곡부까지 용골에 대해 직각으로 설치하는 강재

04 타주를 가진 선박에서 계획만재흘수선상의 선수재 전면으로부터 타주 후면까지의 수평거리는?

가 전장
나 등록장
사 수선장
아 수선간장

해설

가. **전장** : 선수의 최전단으로부터 선미의 최후단까지의 수평거리. 선박의 저항, 추진력 계산에 사용
나. **등록장** : 상갑판 보(beam)상의 선수재 전면으로부터 선미재 후면까지의 수평거리
사. **수선장** : 각 흘수선상의 물에 잠긴 선체의 선수재 전면에서 선미 후단까지의 수평거리

05 나일론 로프의 장점이 아닌 것은?

가 열에 강하다.
나 흡습성이 낮다.
사 파단력이 크다.
아 충격에 대한 흡수율이 좋다.

해설

나일론 로프는 열이나 마찰에 약하고 복원력이 늦으며, 물에 젖으면 강도가 변한다.

06 키의 구조와 각부 명칭을 나타낸 아래 그림에서 ㉠은 무엇인가?

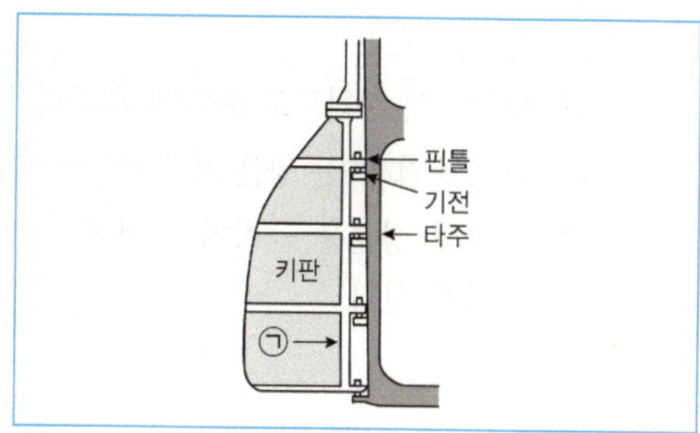

가 타두재
나 러더 암
사 타심재
아 러더 커플링

해설

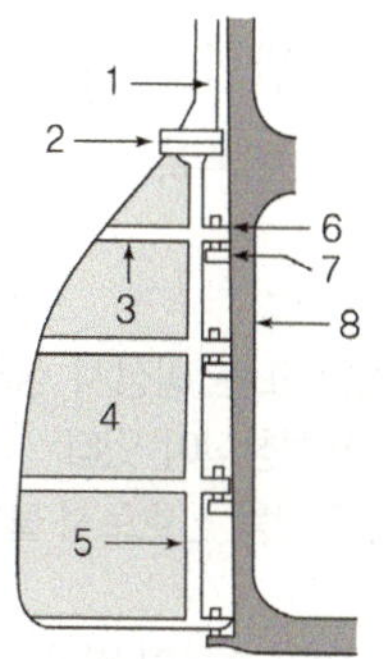
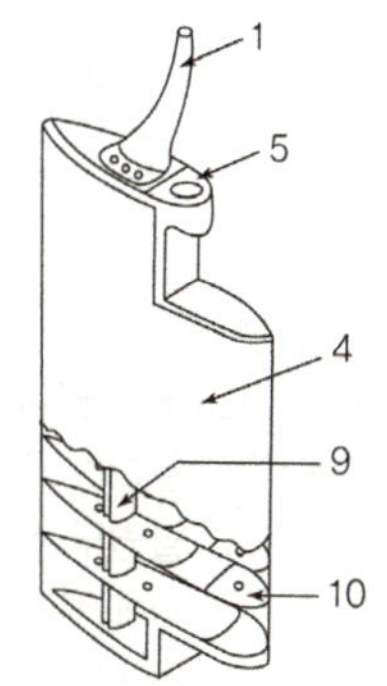

1. 타두재(rudder stock) 2. 러더 커플링
3. 러더 암 4. 타판
5. 타심재(main piece) 6. 핀틀
7. 거전 8. 타주
9. 수직 골재 10. 수평 골재

정답 **03** 가　**04** 아　**05** 가　**06** 사

07 희석제(Thinner)에 대한 설명으로 옳지 않은 것은?

가 많은 양을 희석하면 도료의 점도가 높아진다.

나 인화성이 강하므로 화기에 유의해야 한다.

사 도료에 첨가하는 양은 최대 10% 이하가 좋다.

아 도료의 성분을 균질하게 하여 도막을 매끄럽게 한다.

도료의 점도를 조절하기 위해 첨가하는 희석제는 많이 넣으면 도료의 점도를 낮춘다.

08 체온을 유지할 수 있도록 열전도율이 낮은 방수 물질로 만들어진 포대기 또는 옷을 의미하는 구명설비는?

가 구명조끼   나 발연부 신호

사 방수복   아 보온복

가. **구명동의(구명조끼)** : 조난 또는 비상시 상체에 착용하는 것으로 고형식과 팽창식이 있다.

나. **발연부 신호** : 구명정의 주간용 신호로서 불을 붙여 물에 던져서 사용한다.

사. **방수복** : 물이 스며들지 않아 수온이 낮은 물속에서 체온을 보호할 수 있는 옷으로, 2분 이내에 도움 없이 착용할 수 있어야 한다.

09 선박용 초단파(VHF) 무선설비의 최대 출력은?

가 10W   나 15W

사 20W   아 25W

초단파(VHF) 무선설비의 최대 출력은 25W이다.

10 해상에서 사용되는 신호 중 시각에 의한 통신이 아닌 것은?

가 수기신호   나 기류신호

사 기적신호   아 발광신호

해상통신의 종류 : 기류신호, 발광신호, 음향(기적)신호, 수기신호 등이 있는데, 시각에 의한 통신에는 수기신호, 기류신호, 발광신호 등이 있다. 기적신호는 청각에 의한 통신에 해당한다.

11 구명정에 비하여 항해 능력은 떨어지지만 손쉽게 강하시킬 수 있고 선박의 침몰 시 자동으로 이탈되어 조난자가 탈 수 있는 장점이 있는 구명설비는?

가 구조정   나 구명부기

사 구명뗏목   아 구명부환

가. **구조정** : 조난 중인 사람을 구조하고, 생존정을 인도하기 위하여 설계된 보트이다.

나. **구명부기** : 선박 조난 시 구조를 기다릴 때 사용하는 인명구조 장비로, 사람이 타지 않고 손으로 밧줄을 붙잡고 있도록 만든 것이다.

아. **구명부환** : 1인용의 둥근 형태의 부기를 말한다.

12 선박의 비상위치지시용 무선표지(EPIRB)에서 발사된 조난신호가 위성을 거쳐서 전달되는 곳은?

가 해경 함정   나 조난선박 소유회사

사 주변 선박   아 수색구조조정본부

비상위치지시용 무선표지에서 발사된 조난신호는 위성을 거쳐 수색구조조정본부에 전달된다.

정답   07 가   08 아   09 아   10 사   11 사   12 아

13 자기 점화등과 같은 목적으로 구명부환과 함께 수면에 투하되면 자동으로 오렌지색 연기를 내는 것은?

가 신호 홍염

나 자기 발연 신호

사 신호 거울

아 로켓 낙하산 화염 신호

가. **신호 홍염** : 홍색염을 1분 이상 연속하여 발할 수 있으며, 10cm 깊이의 물속에 10초 동안 잠긴 후에도 계속 타는 팽창식 구명뗏목의 의장품이다(야간용).

나. **자기 발연 신호** : 주간 신호로서 물에 들어가면 자동으로 오렌지색 연기를 연속 발생시킨다.

아. **로켓 낙하산 화염 신호** : 높이 300m 이상의 장소에서 펴지고 또한 점화되며, 매초 5m 이하의 속도로 낙하하며 화염으로써 위치를 알린다(야간용).

14 소형선박에서 선장이 직접 조타를 하고 있을 때, "선수 우현 쪽으로 사람이 떨어졌다."라는 외침을 들은 경우 선장이 즉시 취하여야 할 조치로 옳은 것은?

가 우현 전타

나 엔진 후진

사 좌현 전타

아 타 중앙

우현 쪽으로 사람이 떨어졌을 경우에는 즉시 우현 전타하여야 한다.

15 지엠(GM)이 작은 선박이 선회 중 나타나는 현상과 그 조치사항으로 옳지 않은 것은?

가 선속이 빠를수록 경사가 커진다.

나 타각을 크게 할수록 경사가 커진다.

사 내방경사보다 외방경사가 크게 나타난다.

아 경사가 커지면 즉시 타를 반대로 돌린다.

지엠이 작으면 경사각이 커지는데 경사각은 선회반경에 반비례하므로, 지엠이 작은 배는 타각을 많이 주어서는 안 된다. 또한 경사가 커지더라도 즉시 타를 반대로 돌려서도 안 된다. 한편, 배가 똑바로 떠 있을 때 부력의 작용선과 경사된 때 부력의 작용선이 만나는 점을 메타센터(경심)라 하는데, 무게중심에서 이 메타센터까지의 높이를 지엠이라 한다.

16 선박 조종에 영향을 주는 요소가 아닌 것은?

가 바람

나 파도

사 조류

아 기온

선박 조종에 영향을 주는 요소에는 방형비척계수, 흘수, 트림, 속력, 파도, 바람 및 조류의 영향 등을 들 수 있다. 기온은 선박 조종에 영향을 주는 요소가 아니다.

17 접·이안 시 계선줄을 이용하는 목적이 아닌 것은?

가 선박의 전진속력 제어

나 접안 시 선용품 선적

사 이안 시 선미가 떨어지도록 작용

아 선박이 부두에 가까워지도록 작용

선박을 부두에 붙이는 것을 접안 또는 계선, 계류라고 하는데, 이때 사용하는 줄을 계선줄이라 한다. 따라서 선적 설비가 아니므로, 접안 시 선용품 선적과는 거리가 멀다.

18 물에 빠진 사람을 구조하는 조선법이 아닌 것은?

가 표준 턴

나 샤르노브 턴

사 싱글 턴

아 윌리암슨 턴

정답 **13** 나 **14** 가 **15** 아 **16** 아 **17** 나 **18** 가

구조 조선법

- **윌리암슨 턴**(Williamson turn) : 야간이나 제한된 시계 상태에서 유지한 채 원래의 항적으로 되돌아가고자 할 때 사용하는 회항 조선법이다. 물에 빠진 사람을 수색하는 데 좋은 방법이지만 익수자를 보지 못하므로 선박이 사고지점과 멀어질 수 있고, 절차가 느리다는 단점이 있다.
- **원턴**(싱글 턴 또는 앤더슨 턴, Single turn or Anderson turn) : 물에 빠진 사람이 보일 때 가장 빠른 구출 방법으로, 최종 접근 단계에서 직선적으로 접근하기가 곤란하여 조종이 어렵다는 단점이 있다.
- **샤르노브 턴**(Scharnow turn) : 윌리암슨 턴과 같이 회항 조선법이다. 물에 빠진 시간과 조종의 시작 사이에 경과된 시간이 짧을 때, 즉 익수자가 선미에서 떨어져 있지 않을 때에는 짧은 시간에 구조할 수 있어서 매우 효과적이다.

19 접 · 이안 조종에 대한 설명으로 옳은 것은?

가 닻은 사용하지 않으므로 단단히 고박한다.

나 이안 시는 일반적으로 선미를 먼저 뗀다.

사 부두 접근 속력은 고속의 전진 타력이 필요하다.

아 하역작업을 위하여 최소한의 인원만을 입 · 출항 부서에 배치한다.

가. 닻은 사용하므로 고박해서는 안 된다.

사. 부두에 접근할 때에는 저속의 전진 타력을 이용한다.

아. 입 · 출항 부서에 최소한의 인원배치는 바람직하지 않고 필요한 인원을 적절히 배치하여 안전한 입 · 출항이 되도록 해야 한다.

20 닻의 역할이 아닌 것은?

가 침로 유지에 사용된다.

나 좁은 수역에서 선회하는 경우에 이용된다.

사 선박을 임의의 수면에 정지 또는 정박시킨다.

아 선박의 속력을 급히 감소시키는 경우에 사용된다.

닻(anchor)이란 선박을 계선시키기 위하여 체인 또는 로프에 묶어서 바다 밑바닥에 가라앉혀서 파지력을 발생하게 하는 무거운 기구로, 좁은 수역에서의 방향 변환, 선박의 속도 감소 등 선박 조종의 보조 등의 역할을 한다.

21 선체 횡동요(Rolling) 운동으로 발생하는 위험이 아닌 것은?

가 선체 전복이 발생할 수 있다.

나 화물의 이동을 가져올 수 있다.

사 슬래밍(Slamming)의 원인이 된다.

아 유동수가 있는 경우 복원력 감소를 가져온다.

슬래밍(slamming) : 선체가 파도를 선수에서 받으면서 항주하면, 선수 선저부는 강한 파도의 충격을 받아 짧은 주기로 급격한 진동을 하게 되는데, 이러한 파도에 의한 충격을 슬래밍이라 한다. 따라서 선체 횡동요 운동이 슬래밍의 원인은 아니다.

정답 **19** 나 **20** 가 **21** 사

22 황천항해에 대비하여 선창에 화물을 실을 때 주의사항으로 옳지 않은 것은?

가 먼저 양하할 화물부터 싣는다.

나 갑판 개구부의 폐쇄를 확인한다.

사 화물의 이동에 대한 방지책을 세워야 한다.

아 무거운 것은 밑에 실어 무게중심을 낮춘다.

해설

항해 중의 황천대응 준비
- 선체의 개구부를 밀폐하고 이동물을 고박한다.
- 배수구와 방수구를 청소하고 정상적인 기능을 가지도록 정비한다.
- 탱크 내의 기름이나 물은 가득(80% 이상) 채우거나 비워서 유동수에 의한 복원 감소를 막는다.
- 중량물은 최대한 낮은 위치로 이동 적재한다.
- 빌지 펌프 등 배수설비를 점검하고 기능을 확인한다.
- 먼저 양하할 화물은 나중에 싣는다.

23 황천항해 조선법의 하나인 스커딩(Scudding)에 대한 설명으로 옳지 않은 것은?

가 파에 의한 선수부의 충격작용이 가장 심하다.

나 브로칭(Broaching) 현상이 일어날 수 있다.

사 선미 추파에 의하여 해수가 선미 갑판을 덮칠 수 있다.

아 침로 유지가 어려워진다.

해설

가. 스커딩의 경우 선체가 받는 파의 충격작용이 현저히 감소한다.

24 초기에 화재진압을 하지 못하면 화재현장 진입이 어렵고 화재진압이 가장 어려운 곳은?

가 갑판 창고

나 기관실

사 선미 창고

아 조타실

해설

갑판 아래에 있는 기관실은 기관과 전기설비 등 각종 설비들이 모여 있어서 화재시 진입이 어렵고 선박 전체로 확산될 가능성이 가장 높은 곳이다. 그리고 각종 설비들로 인해 공간이 협소해서 진입이 어렵고, 진압도 어렵다.

25 기관손상 사고의 원인 중 인적 과실이 아닌 것은?

가 기관의 노후

나 기기조작 미숙

사 부적절한 취급

아 일상적인 점검 소홀

해설

인적 과실은 기계를 조작하는 사람의 조작 미숙 등으로 인한 과실이므로, 기관의 노후는 인적 과실과 관계가 없다.

정답 **22** 가 **23** 가 **24** 나 **25** 가

제3과목　법규

01 해사안전법상 '조종제한선'이 아닌 것은?

가 주기관이 고장나 움직일 수 없는 선박

나 항로표지를 부설하고 있는 선박

사 준설 작업을 하고 있는 선박

아 항행 중 어획물을 옮겨 싣고 있는 어선

해설

조종제한선이란 다음의 작업과 그 밖에 선박의 조종성능을 제한하는 작업에 종사하고 있어 다른 선박의 진로를 피할 수 없는 선박을 말한다(해상교통안전법 제2조 제11호).
- 항로표지, 해저전선 또는 해저파이프라인의 부설·보수·인양 작업
- 준설·측량 또는 수중 작업
- 항행 중 보급, 사람 또는 화물의 이송 작업
- 항공기의 발착(發着)작업
- 기뢰(機雷)제거작업
- 진로에서 벗어날 수 있는 능력에 제한을 많이 받는 예인(曳引)작업

02 해사안전법상 항로표지가 설치되는 수역은?

가 항행상 위험한 수역

나 수심이 매우 깊은 수역

사 어장이 형성되어 있는 수역

아 선박의 교통량이 아주 적은 수역

해설

해양경찰청장, 지방자치단체의 장 또는 운항자는 다음의 수역에 「항로표지법」에 따른 항로표지를 설치할 필요가 있다고 인정하면 해양수산부장관에게 그 설치를 요청할 수 있다(해상교통안전법 제44조 제2항).
- 선박교통량이 아주 많은 수역
- 항행상 위험한 수역

03 (　　)에 적합한 것은?

> 해사안전법상 선박은 주위의 상황 및 다른 선박과 충돌할 수 있는 위험성을 충분히 파악할 수 있도록 (　　) 및 당시의 상황에 맞게 이용할 수 있는 모든 수단을 이용하여 항상 적절한 경계를 하여야 한다.

가 시각·청각

나 청각·후각

사 후각·미각

아 미각·촉각

해설

선박은 주위의 상황 및 다른 선박과 충돌할 수 있는 위험성을 충분히 파악할 수 있도록 시각·청각 및 당시의 상황에 맞게 이용할 수 있는 모든 수단을 이용하여 항상 적절한 경계를 하여야 한다(해상교통안전법 제70조).

04 해사안전법상 다른 선박과 충돌을 피하기 위한 선박의 동작에 대한 설명으로 옳지 않은 것은?

가 침로나 속력을 변경할 때에는 소폭으로 연속적으로 변경하여야 한다.

나 피항동작을 취할 때에는 동작의 효과를 다른 선박이 완전히 통과할 때까지 주의 깊게 확인하여야 한다.

사 필요하면 속력을 줄이거나 기관의 작동을 정지하거나 후진하여 선박의 진행을 완전히 멈추어야 한다.

아 침로를 변경할 경우에는 될 수 있으면 충분한 시간적 여유를 두고 다른 선박이 그 변경을 쉽게 알아볼 수 있도록 충분히 크게 변경하여야 한다.

정답　01 가　02 가　03 가　04 가

해설

선박은 다른 선박과 충돌을 피하기 위하여 침로(針路)나 속력을 변경할 때에는 될 수 있으면 다른 선박이 그 변경을 쉽게 알아볼 수 있도록 충분히 크게 변경하여야 하며, 침로나 속력을 소폭으로 연속적으로 변경하여서는 아니 된다(해상교통안전법 제73조 제2항).

05 ( )에 순서대로 적합한 것은?

> 해사안전법상 횡단하는 상태에서 충돌의 위험이 있을 때 유지선은 피항선이 적절한 조치를 취하고 있지 아니하다고 판단하면 침로와 속력을 유지하여야 함에도 불구하고 스스로의 조종만으로 피항선과 충돌하지 아니하도록 조치를 취할 수 있다. 이 경우 ( )은 부득이하다고 판단하는 경우 외에는 ( ) 쪽에 있는 선박을 향하여 침로를 ( )으로 변경하여서는 아니 된다.

가 피항선, 다른 선박의 좌현, 오른쪽

나 피항선, 자기 선박의 우현, 왼쪽

사 유지선, 자기 선박의 좌현, 왼쪽

아 유지선, 다른 선박의 좌현, 오른쪽

해설

침로와 속력을 유지하여야 하는 선박(이하 "유지선")은 피항선이 이 법에 따른 적절한 조치를 취하고 있지 아니하다고 판단하면 제1항에도 불구하고 스스로의 조종만으로 피항선과 충돌하지 아니하도록 조치를 취할 수 있다. 이 경우 유지선은 부득이하다고 판단하는 경우 외에는 자기 선박의 좌현 쪽에 있는 선박을 향하여 침로를 왼쪽으로 변경하여서는 아니 된다(해상교통안전법 제82조 제2항).

06 해사안전법상 선박이 다른 선박을 선수 방향에서 볼 수 있는 경우로서 밤에는 양쪽의 현등을 볼 수 있는 경우의 상태는?

가 앞지르기 하는 상태

나 안전한 상태

사 마주치는 상태

아 횡단하는 상태

해설

마주치는 상태에 있는 경우(해상교통안전법 제79조)
- 밤에는 2개의 마스트등을 일직선으로 또는 거의 일직선으로 볼 수 있거나 양쪽의 현등을 볼 수 있는 경우
- 낮에는 2척의 선박의 마스트가 선수에서 선미(船尾)까지 일직선이 되거나 거의 일직선이 되는 경우
- 선박은 마주치는 상태에 있는지가 분명하지 아니한 경우에는 마주치는 상태에 있다고 보고 필요한 조치를 취하여야 한다.

07 해사안전법상 길이 12미터 이상인 '얹혀 있는 선박이 가장 잘 보이는 곳에 표시하여야 하는 형상물은?

가 수직으로 원통형 형상물 2개

나 수직으로 원통형 형상물 3개

사 수직으로 둥근꼴 형상물 2개

아 수직으로 둥근꼴 형상물 3개

해설

해상교통안전법상 얹혀 있는 선박은 제9조 제1항이나 제2항에 따른 등화를 표시하여야 하며, 이에 덧붙여 가장 잘 보이는 곳에 다음의 등화나 형상물을 표시하여야 한다(법 제95조 제4항).
- 수직으로 붉은색의 전주등 2개
- 수직으로 둥근꼴의 형상물 3개

정답 **05** 사 **06** 사 **07** 아

08 해사안전법상 제한된 시계에서 길이 12미터 이상인 선박이 레이더만으로 자선의 양쪽 현의 정횡 앞쪽에 충돌할 위험이 있는 다른 선박을 발견하였을 때 취할 수 있는 조치로 옳지 않은 것은? (단, 앞지르기당하고 있는 선박에 대한 경우는 제외한다)

가 무중신호의 취명 유지

나 안전한 속력의 유지

사 동력선은 기관을 즉시 조작할 수 있도록 준비

아 침로 변경만으로 피항동작을 할 경우 좌현 변침

피항동작이 침로의 변경을 수반하는 경우에는 될 수 있으면 다음의 동작은 피하여야 한다(해상교통안전법 제84조 제5항).

- 다른 선박이 자기 선박의 양쪽 현의 정횡 앞쪽에 있는 경우 좌현 쪽으로 침로를 변경하는 행위(앞지르기당하고 있는 선박에 대한 경우는 제외한다)
- 자기 선박의 양쪽 현의 정횡 또는 그곳으로부터 뒤쪽에 있는 선박의 방향으로 침로를 변경하는 행위

09 해사안전법상 '삼색등'을 구성하는 색이 아닌 것은?

가 흰색　　나 황색

사 녹색　　아 붉은색

삼색등 : 선수와 선미의 중심선상에 설치된 붉은색·녹색·흰색으로 구성된 등으로서, 그 붉은색·녹색·흰색의 부분이 각각 현등의 붉은색 등과 녹색 등 및 선미등과 같은 특성을 가진 등(해상교통안전법 제86조)

10 해사안전법상 제한된 시계에서 충돌할 위험성이 없다고 판단한 경우 외에 자기 선박의 양쪽 현의 정횡 앞쪽에 있는 다른 선박의 무중신호를 들었을 경우의 조치로 옳은 것을 다음에서 모두 고른 것은?

> ㄱ. 최대 속력으로 항행하면서 경계를 한다.
> ㄴ. 우현 쪽으로 침로를 변경시키지 않는다.
> ㄷ. 필요시 자기 선박의 진행을 완전히 멈춘다.
> ㄹ. 충돌할 위험성이 사라질 때까지 주의하여 항행하여야 한다.

가 ㄴ, ㄷ　　나 ㄷ, ㄹ

사 ㄱ, ㄴ, ㄹ　　아 ㄴ, ㄷ, ㄹ

충돌할 위험성이 없다고 판단한 경우 외에는 다음 각 호의 어느 하나에 해당하는 경우 모든 선박은 자기 배의 침로를 유지하는 데 필요한 최소한으로 속력을 줄여야 한다. 이 경우 필요하다고 인정되면 자기 선박의 진행을 완전히 멈추어야 하며, 어떠한 경우에도 충돌할 위험성이 사라질 때까지 주의하여 항행하여야 한다(해상교통안전법 제84조 제6항).

1. 자기 선박의 양쪽 현의 정횡 앞쪽에 있는 다른 선박에서 무중신호(霧中信號)를 듣는 경우
2. 자기 선박의 양쪽 현의 정횡으로부터 앞쪽에 있는 다른 선박과 매우 근접한 것을 피할 수 없는 경우

11 해사안전법상 형상물의 색깔은?

가 흑색　　나 흰색

사 황색　　아 붉은색

해상교통안전법상 형상물은 흑색이다(법 제87조, 선박설비기준 제85조 별표 10·12).

12 해사안전법상 도선업무에 종사하고 있는 선박이 항행 중 표시하여야 하는 등화로 옳은 것은?

가 마스트의 꼭대기나 그 부근에 수직선 위쪽에는 붉은색 전주등, 아래쪽에는 흰색 전주등 각 1개

나 마스트의 꼭대기나 그 부근에 수직선 위쪽에는 흰색 전주등, 아래쪽에는 붉은색 전주등 각 1개

사 현등 1쌍과 선미등 1개, 마스트의 꼭대기나 그 부근에 수직선 위쪽에는 흰색 전주등, 아래쪽에는 붉은색 전주등 각 1개

아 현등 1쌍과 선미등 1개, 마스트의 꼭대기나 그 부근에 수직선 위쪽에는 붉은색 전주등, 아래쪽에는 흰색 전주등 각 1개

도선업무에 종사하고 있는 선박은 다음의 등화나 형상물을 표시하여야 한다(해상교통안전법 제94조 제1항).
1. 마스트의 꼭대기나 그 부근에 수직선 위쪽에는 흰색 전주등, 아래쪽에는 붉은색 전주등 각 1개
2. 항행 중에는 1.에 따른 등화에 덧붙여 현등 1쌍과 선미등 1개
3. 정박 중에는 1.에 따른 등화에 덧붙여 제95조에 따른 정박하고 있는 선박의 등화나 형상물

13 해사안전법상 장음의 취명시간 기준은?

가 약 1초 **나** 약 2초

사 2~3초 **아** 4~6초

기적의 종류(해상교통안전법 제97조)
• **단음** : 1초 정도 계속되는 고동소리
• **장음** : 4초부터 6초까지의 시간 동안 계속되는 고동소리

14 해사안전법상 제한된 시계 안에서 어로 작업을 하고 있는 길이 12미터 이상인 선박이 2분을 넘지 아니하는 간격으로 연속하여 울려야 하는 기적은?

가 장음 1회, 단음 1회

나 장음 2회, 단음 1회

사 장음 1회, 단음 2회

아 장음 3회

조종불능선, 조종제한선, 흘수제약선, 범선, 어로 작업을 하고 있는 선박 또는 다른 선박을 끌고 있거나 밀고 있는 선박은 2분을 넘지 아니하는 간격으로 연속하여 3회의 기적(장음 1회에 이어 단음 2회를 말한다)을 울려야 한다(해상교통안전법 제100조 제1항 제3호).

15 해사안전법상 항행 중인 길이 12미터 이상인 동력선이 서로 상대의 시계 안에 있고 침로를 왼쪽으로 변경하고 있는 경우 행하여야 하는 기적신호는?

가 단음 1회 **나** 단음 2회

사 장음 1회 **아** 장음 2회

항행 중인 동력선이 서로 상대의 시계 안에 있는 경우에 이 법에 따라 그 침로를 변경하거나 그 기관을 후진하여 사용할 때에는 다음의 구분에 따라 기적신호를 행하여야 한다(해상교통안전법 제99조 제1항).
• 침로를 오른쪽으로 변경하고 있는 경우 : 단음 1회
• 침로를 왼쪽으로 변경하고 있는 경우 : 단음 2회
• 기관을 후진하고 있는 경우 : 단음 3회

정답 **12** 사 **13** 아 **14** 사 **15** 나

16 선박의 입항 및 출항 등에 관한 법률상 정박의 제한 및 방법에 대한 규정으로 옳지 않은 것은?

가 안벽 부근 수역에 인명을 구조하는 경우 정박할 수 있다.

나 좁은 수로 입구의 부근 수역에서 허가받은 공사를 하는 경우 정박할 수 있다.

사 정박하는 선박은 안전에 필요한 조치를 취한 후에는 예비용 닻을 고정할 수 있다.

아 선박의 고장으로 선박을 조종할 수 없는 경우 부두 부근 수역에서 정박할 수 있다.

무역항의 수상구역 등에 정박하는 선박은 지체 없이 예비용 닻을 내릴 수 있도록 닻 고정장치를 해제하고, 동력선은 즉시 운항할 수 있도록 기관의 상태를 유지하는 등 안전에 필요한 조치를 하여야 한다(법 제6조 제4항).

17 선박의 입항 및 출항 등에 관한 법률상 무역항의 수상구역 등에 출입하는 선박 중 출입 신고 면제 대상 선박이 아닌 것은?

가 해양사고의 구조에 사용되는 선박

나 총톤수 10톤인 선박

사 도선선, 예선 등 선박의 출입을 지원하는 선박

아 국내항 간을 운항하는 동력요트

출입 신고의 면제 선박(법 제4조 제1항)
• 총톤수 5톤 미만의 선박
• 해양사고구조에 사용되는 선박
• 「수상레저안전법」에 따른 수상레저기구 중 국내항 간을 운항하는 모터보트 및 동력요트
• 그 밖에 공공목적이나 항만 운영의 효율성을 위하여 해양수산부령으로 정하는 선박

18 (   )에 적합한 것은?

> 선박의 입항 및 출항 등에 관한 법률상 무역항의 수상구역 등에서 해양사고를 피하기 위한 경우 등 해양수산부령으로 정하는 사유로 선박을 정박지가 아닌 곳에 정박한 선장은 즉시 그 사실을 (   )에/에게 신고하여야 한다.

가 환경부장관　　나 해양수산부장관
사 관리청　　　　아 해양경찰청

무역항의 수상구역 등에서 해양사고를 피하기 위한 경우 등 해양수산부령으로 정하는 사유로 선박을 정박지가 아닌 곳에 정박한 선장은 즉시 그 사실을 관리청에 신고하여야 한다(법 제5조).

19 선박의 입항 및 출항 등에 관한 법률상 무역항의 수상구역 등에서 예인선의 항법으로 옳지 않은 것은?

가 예인선은 한꺼번에 3척 이상의 피예인선을 끌지 아니하여야 한다.

나 원칙적으로 예인선의 선미로부터 피예인선의 선미까지 길이는 200미터를 초과하지 못한다.

사 다른 선박의 입항과 출항을 보조하는 경우 예인선의 길이가 200미터를 초과해도 된다.

아 관리청은 무역항의 특수성 등을 고려하여 필요한 경우 예인선의 항법을 조정할 수 있다.

예인선의 선수(船首)로부터 피(被)예인선의 선미(船尾)까지의 길이는 200미터를 초과하지 아니할 것. 다만, 다른 선박의 출입을 보조하는 경우에는 그러하지 아니하다(법 제15조 제1항, 시행규칙 제9조 제1항).

정답　**16** 사　**17** 나　**18** 사　**19** 나

20 선박의 입항 및 출항 등에 관한 법률상 방파제 입구 등에서 입·출항하는 두 척의 선박이 마주칠 우려가 있을 때의 항법은?

가 입항선은 방파제 밖에서 출항선의 진로를 피한다.

나 입항선은 방파제 입구를 우현쪽으로 접근하여 통과한다.

사 출항선은 방파제 입구를 좌현쪽으로 접근하여 통과한다.

아 출항선은 방파제 안에서 입항선의 진로를 피한다.

무역항의 수상구역 등에 입항하는 선박이 방파제 입구 등에서 출항하는 선박과 마주칠 우려가 있는 경우에는 방파제 밖에서 출항하는 선박의 진로를 피하여야 한다(법 제13조).

21 (   )에 순서대로 적합한 것은?

> 선박의 입항 및 출항 등에 관한 법률상 (   )은/는 (   )로부터/으로부터 최고속력의 지정을 요청받은 경우 특별한 사유가 없으면 무역항의 수상구역 등에서 선박 항행 최고속력을 지정·고시하여야 한다.

가 해양경찰서장, 시·도지사

나 지방해양수산청장, 시·도지자

사 시·도지사, 해양수산부장관

아 관리청, 해양경찰청장

선박의 입항 및 출항 등에 관한 법률상 관리청은 해양경찰청장으로부터 최고속력의 지정을 요청받은 경우 특별한 사유가 없으면 무역항의 수상구역 등에서 선박 항행 최고속력을 지정·고시하여야 한다(법 제17조 제2·3항).

22 선박의 입항 및 출항 등에 관한 법률상 주로 무역항의 수상구역에서 운항하는 선박으로서 다른 선박의 진로를 피하여야 하는 선박이 아닌 것은?

가 자력항행능력이 없어 다른 선박에 의하여 끌리거나 밀려서 항행되는 부선

나 해양환경관리업을 등록한 자가 소유한 선박

사 항만운송관련사업을 등록한 자가 소유한 선박

아 예인선에 결합되어 운항하는 압항부선

「선박법」에 따른 부선(艀船)[예인선이 부선을 끌거나 밀고 있는 경우의 예인선 및 부선을 포함하되, 예인선에 결합되어 운항하는 압항부선(押航艀船)은 제외한다]은 무역항의 수상구역에서 운항하는 선박으로서 다른 선박의 진로를 피하여야 하는 선박이다(법 제2조 제5호).

23 해양환경관리법상 유해액체물질기록부는 최종 기재를 한 날부터 몇 년간 보존하여야 하는가?

가 1년

나 2년

사 3년

아 5년

선박오염물질기록부의 보존기간은 최종기재를 한 날부터 3년으로 하며, 그 기재사항·보존방법 등에 관하여 필요한 사항은 해양수산부령으로 정한다(법 제30조 제2항).

정답 **20** 가 **21** 아 **22** 아 **23** 사

24 해양환경관리법상 배출기준을 초과하는 오염물질이 해양에 배출되거나 배출될 우려가 있다고 예상되는 경우 신고의 의무가 없는 사람은?

가 배출될 우려가 있는 오염물질이 적재된 선박의 선장

나 오염물질의 배출원인이 되는 행위를 한 자

사 배출된 오염물질을 발견한 자

아 오염물질 처리업자

대통령령이 정하는 배출기준을 초과하는 오염물질이 해양에 배출되거나 배출될 우려가 있다고 예상되는 경우 다음에 해당하는 자는 지체 없이 해양경찰청장 또는 해양경찰서장에게 이를 신고하여야 한다(법 제63조 제1항).
• 배출되거나 배출될 우려가 있는 오염물질이 적재된 선박의 선장 또는 해양시설의 관리자. 이 경우 해당 선박 또는 해양시설에서 오염물질의 배출원인이 되는 행위를 한 자가 신고하는 경우에는 그러하지 아니하다.
• 오염물질의 배출원인이 되는 행위를 한 자
• 배출된 오염물질을 발견한 자

25 해양환경관리법상 분뇨오염방지설비를 갖추어야 하는 선박의 선박검사증서 또는 어선검사증서상 최대승선인원 기준은?

가 10명 이상   나 16명 이상

사 20명 이상   아 24명 이상

다음에 해당하는 선박의 소유자는 그 선박 안에서 발생하는 분뇨를 저장·처리하기 위한 설비(분뇨오염방지설비)를 설치하여야 한다. 다만, 「선박안전법 시행규칙」 제4조 제11호 및 「어선법」 제3조 제9호에 따른 위생설비 중 대변용 설비를 설치하지 아니한 선박의 소유자와 대변소를 설치하지 아니한 「수상레저기구의 등록 및 검사에 관한 법률」 제6조에 따라 등록한 수상레저기구의 소유자는 그러하지 아니하다(법 제25조 제1항, 「선박에서의 오염방지에 관한 규칙」 제14조 제1항).
• 총톤수 400톤 이상의 선박(선박검사증서상 최대승선인원이 16인 미만인 부선은 제외)
• 선박검사증서 또는 어선검사증서상 최대승선인원이 16명 이상인 선박
• 수상레저기구 안전검사증에 따른 승선정원이 16명 이상인 선박
• 소속 부대의 장 또는 경찰관서·해양경찰관서의 장이 정한 승선인원이 16명 이상인 군함과 경찰용 선박

정답 **24** 아   **25** 나

제4과목 기관

제4과목 기관

01 실린더 부피가 1,200cm³이고 압축 부피가 100 cm³인 내연기관의 압축비는 얼마인가?

가 11
나 12
사 13
아 14

압축비 = 실린더 부피 / 압축 부피 = 1,200 / 100 = 12

02 동일 기관에서 가장 큰 값을 가지는 마력은?

가 지시마력
나 제동마력
사 전달마력
아 유효마력

가. **지시마력(도시마력)** : 실린더 내에서 발생하는 출력을 폭발압력으로부터 직접 측정하는 마력. 실린더 내의 연소압력이 피스톤에 실제로 작용하는 동력. 동일 기관에서 가장 큰 값을 가진다.

나. **제동마력(축마력, 정미마력)** : 동력계를 이용하여 기관의 출력을 크랭크축에서 측정하는 마력

아. **유효마력** : 프로펠러축이 실제로 얻는 마력으로 엔진출력에서 과급기, 발전기, 기타 부속 기기의 구동에 소비된 마력을 뺀 나머지 마력이다.

03 소형 디젤 기관에서 실린더 라이너의 심한 마멸에 의한 영향이 아닌 것은?

가 압축 불량
나 불완전 연소
사 연소가스가 크랭크실로 누설
아 착화 시기가 빨라짐

- **실린더 마모의 원인** : 실린더와 피스톤 및 피스톤 링의 접촉에 의한 마모, 연소 생성물인 카본 등에 의한 마모, 흡입공기 중의 먼지나 이물질 등에 의한 마모, 연료나 수분이 실린더에 응결되어 발생하는 부식에 의한 마모, 농후한 혼합기로 인한 실린더 윤활 막의 미형성으로 인한 마모 등이다.
- **실린더 마모의 영향** : 출력 저하, 압축압력의 저하, 연료의 불완전 연소, 연료 소비량 증가, 윤활유 소비량 증가, 기관의 시동성 저하, 연소가스의 크랭크실 누설 등이다.

04 디젤 기관의 메인 베어링에 대한 설명으로 옳지 않은 것은?

가 크랭크축을 지지한다.
나 크랭크축의 중심을 잡아 준다.
사 윤활유로 윤활시킨다.
아 볼베어링을 주로 사용한다.

메인 베어링(Main bearing)은 기관 베드 위에 있으면서 크랭크 암 사이의 크랭크 저널에 설치되어 크랭크축을 지지하고 크랭크축에 전달되는 회전력을 받는다.

05 선박용 추진기관의 동력전달계통에 포함되지 않는 것은?

가 감속기
나 추진기축
사 추진기
아 과급기

과급기는 디젤 기관의 부속장치로 추진기관의 동력전달계통에 속하지 않는다. 과급기는 급기를 압축하는 장치로서 실린더에서 나오는 배기가스로 가스 터빈을 돌리고, 가스 터빈이 돌면서 같은 축에 연결된 송풍기를 회전시켜 강제로 새 공기를 실린더 안에 불어넣는 장치이다.

정답 01 나 02 가 03 아 04 아 05 아

06 디젤 기관에서 플라이휠의 역할에 대한 설명으로 옳지 않는 것은?

가 회전력을 균일하게 한다.

나 회전력의 변동을 작게 한다.

사 기관의 시동을 쉽게 한다.

아 기관의 출력을 증가시킨다.

플라이휠(Flywheel) 역할

• 축적된 운동 에너지를 관성력으로 제공하여 균일한 회전이 되도록 한다.

• 크랭크축의 전단부 또는 후단부에 설치하며, 기관의 시동을 쉽게 해 주고, 저속 회전을 가능하게 해 준다.

• 플라이휠의 림 부분에는 크랭크 각도가 표시되어 있어 밸브의 조정이나 기관 정비 작업을 편리하게 해 준다.

07 소형기관에서 다음 그림과 같은 부품의 명칭은?

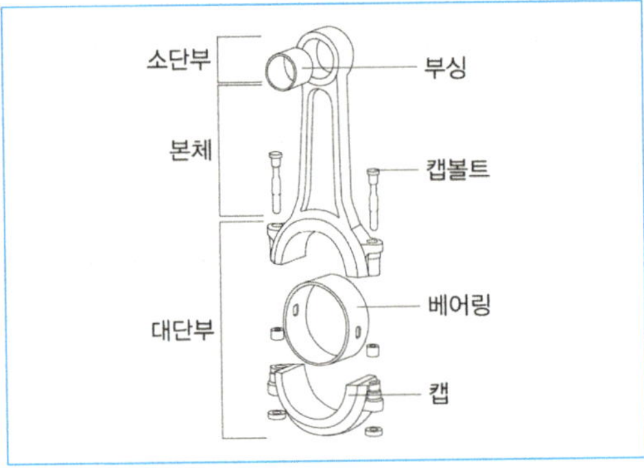

가 푸시로드

나 크로스헤드

사 커넥팅 로드

아 피스톤 로드

커넥팅 로드는 피스톤과 크랭크축을 연결하여 피스톤의 왕복운동을 크랭크축의 회전운동으로 바꾸어 전달한다.

08 내연기관에서 피스톤 링의 주된 역할이 아닌 것은?

가 피스톤과 실린더 라이너 사이의 기밀을 유지한다.

나 피스톤에서 받은 열을 실린더 라이너로 전달한다.

사 실린더 내벽의 윤활유를 고르게 분포시킨다.

아 실린더 라이너의 마멸을 방지한다.

피스톤 링의 3대 작용

• **기밀 작용** : 실린더와 피스톤 사이의 가스 누설을 방지한다.

• **열 전달 작용** : 피스톤이 받은 열을 실린더 라이너로 전달한다.

• **오일 제어 작용** : 실린더 벽면에 유막 형성 및 여분의 오일을 제어한다.

09 다음 그림에서 내부로 관통하는 통로 ①의 주된 용도는?

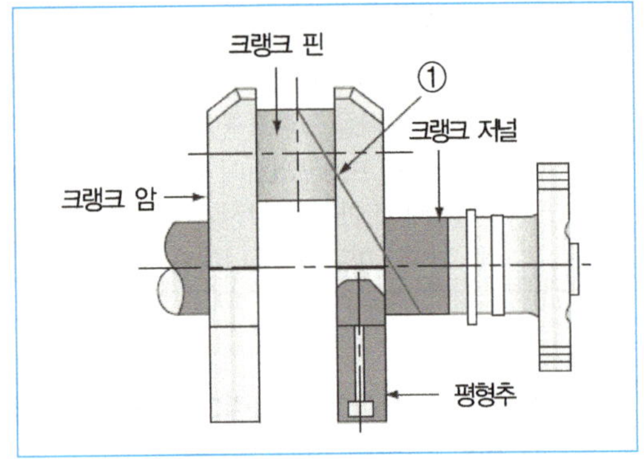

가 냉각수 통로

나 연료유 통로

사 윤활유 통로

아 공기 배출 통로

그림에서 ①은 윤활유 통로이다.

정답　06 아　07 사　08 아　09 사

10 디젤 기관의 운전 중 진동이 심해지는 원인이 아닌 것은?

가 기관대의 설치 볼트가 여러 개 절손되었을 때

나 윤활유 압력이 높을 때

사 노킹현상이 심할 때

아 기관이 위험 회전수로 운전될 때

기관의 진동이 심한 경우
- 기관이 노킹을 일으킬 때와 각 실린더의 최고압력이 고르지 않을 때
- 위험 회전수로 운전하고 있을 때와 기관대 설치 볼트가 이완 또는 절손되었을 때
- 크랭크 핀 베어링, 메인 베어링, 스러스트 베어링 등의 틈새가 너무 클 때 등

11 디젤 기관에서 실린더 라이너에 윤활유를 공급하는 주된 이유는?

가 불완전 연소를 방지하기 위해

나 연소가스의 누설을 방지하기 위해

사 피스톤의 균열 발생을 방지하기 위해

아 실린더 라이너의 마멸을 방지하기 위해

실린더 라이너 윤활유의 역할 : 마멸 방지

12 소형 가솔린 기관의 윤활유 계통에 설치되지 않는 것은?

가 오일 팬 나 오일 펌프

사 오일 여과기 아 오일 가열기

오일 가열기는 추운 지역에서 유압장치를 시동할 경우 작동유의 점도가 높아 시동에 애로가 발생하므로, 이를 원활하게 하기 위해 가열기를 사용하여 운전개시 전 작동유의 점도를 낮게 하기 위한 장치이다. 따라서 오일 가열기는 윤활유 계통에 속하지 않는다.

13 소형기관에서 윤활유를 오래 사용했을 경우에 나타나는 현상으로 옳지 않은 것은?

가 색상이 검게 변한다.

나 점도가 증가한다.

사 침전물이 증가한다.

아 혼입수분이 감소한다.

윤활유를 오래 사용하게 되면 밀봉 작용이 떨어져 윤활 부위에 물이나 불순물이 들어오게 된다. 따라서 혼입수분이 증가한다.

14 양묘기의 구성 요소가 아닌 것은?

가 구동 전동기

나 회전 드럼

사 제동장치

아 플라이휠

양묘기(windlass)는 닻(anchor)을 감아올리거나 내리는 작업을 할 때 이용한다. 또는 선박을 부두에 접안시킬 때 계선줄을 감는 데 사용되는 갑판 보조기계이다. 양묘기는 일반적으로 체인 드럼, 클러치, 마찰 브레이크, 워핑 드럼, 원동기 등으로 구성되어 있다. 한편, 플라이휠은 디젤 기관에서 축적된 운동 에너지를 관성력으로 제공하여 균일한 회전이 되도록 하는 역할을 하며, 이는 양묘기의 구성 요소가 아니다.

정답 10 나 11 아 12 아 13 아 14 아

15 가변피치 프로펠러에 대한 설명으로 가장 적절한 것은?

가 선박의 속도 변경은 프로펠러의 피치조정으로만 행한다.

나 선박의 속도 변경은 프로펠러의 피치와 기관의 회전수를 조정하여 행한다.

사 기관의 회전수 변경은 프로펠러의 피치를 조정하여 행한다.

아 선박을 후진해야 하는 경우 기관을 반대방향으로 회전시켜야 한다.

가변피치 프로펠러 : 추진기의 회전을 한 방향으로 정하고, 날개의 각도를 변화시킴으로써 배의 전진, 정지, 후진 등을 간단히 조정할 수 있는 프로펠러로, 속도 변경은 프로펠러의 피치와 기관의 회전수를 조정하여 행한다. 가변피치 프로펠러는 조종성능이 우수하여 여객선이나 군함 및 예인선 등에 많이 사용되고 있다.

16 원심 펌프에서 송출되는 액체가 흡입측으로 역류하는 것을 방지하기 위해 설치하는 부품은?

가 회전차

나 베어링

사 마우스 링

아 글랜드패킹

마우스 링(mouth ring) = **웨어링 링**(wearing ring) : 회전차에서 송출되는 액체가 흡입구 쪽으로 역류하는 것을 방지하기 위해서 케이싱과 회전차 입구 사이에 설치하는 것이다.

17 기관실에서 가장 아래쪽에 있는 것은?

가 킹스톤밸브 　　나 과급기

사 윤활유 냉각기 　　아 공기 냉각기

킹스톤밸브는 배 밖으로부터 배 안으로 바닷물을 끌어들이기 위한 주 흡입밸브로 기관실에서 가장 아래쪽에 위치해 있다.

18 기관실의 220[V], AC 발전기에 해당하는 것은?

가 직류 분권발전기

나 직류 복권발전기

사 동기발전기

아 유도발전기

알터네이터(AC 발전기)란 교류 발전기라고 하며, 엔진의 동력을 이용하여 로터를 회전시켜 전자유도에 의해 교류 전류를 발생시킨다. 발전기의 극수와 기전력의 주파수에 의하여 정해지는 일정한 회전수를 동기속도(synchronous speed)라 하는데, 동기속도로 회전하는 교류 발전기를 동기발전기라 한다. 배에서 사용하는 교류 발전기는 모두 동기발전기이다.

19 납축전지의 방전종지전압은 전지 1개당 약 몇 V인가?

가 2.5V 　　나 2.2V

사 1.8V 　　아 1V

방전종지전압이란 축전지가 더 이상 방전되어서는 안되는 축전지의 하한 전압을 말한다. 납축전지의 방전종지전압이 1.8V, 비중 1.15 정도가 되면 방전을 중지해 더 이상 방전을 할 수 없게 되며, 전해액의 농도가 짙게 되면 축전지의 수명이 단축되므로 충전 상태에서도 비중을 1.30이 넘지 않게 해야 한다.

정답　**15** 나　**16** 사　**17** 가　**18** 사　**19** 사

20 납축전지의 용량을 나타내는 단위는?

가 [Ah] 나 [A]

사 [V] 아 [kW]

납축전지 용량 : 방전 전류[A] × 방전 시간[h] → [Ah : 암페어시]

21 1마력(PS)이란 1초 동안에 얼마의 일을 하는가?

가 25kgf · m

나 50kgf · m

사 75kgf · m

아 102kgf · m

국제적으로 통일된 CGS(MKS)단위계에서 일률은 W(와트)로 나타내는데, 1와트는 10erg/s이며, 근사적인 1kW는 102kgf · m/s이다. 따라서 1마력은 약 0.73kW가 된다.

∴ 1마력(PS) = 75kgf · m/s ≒ 0.735kW

22 디젤 기관의 윤활유에 물이 다량 섞이면 운전 중 윤활유 압력은 어떻게 변하는가?

가 압력이 평소보다 올라간다.

나 압력이 평소보다 내려간다.

사 압력이 0으로 된다.

아 압력이 진공으로 된다.

윤활유에 수분이 섞이면 윤활유 압력은 평소보다 내려간다.

23 디젤 기관을 장기간 정지할 경우의 주의사항으로 옳지 않은 것은?

가 동파를 방지한다.

나 부식을 방지한다.

사 주기적으로 터닝을 시켜 준다.

아 중요 부품은 분해하여 보관한다.

디젤 기관을 장기간 휴지할 때의 주의사항
• 냉각수를 전부 뺀다(동파 방지).
• 각 운동부에 그리스를 바른다(부식 방지).
• 각 밸브 및 콕을 모두 잠근다.
• 정기적으로 터닝을 시켜 준다.

24 연료유의 비중이란?

가 부피가 같은 연료유와 물의 무게 비이다.

나 압력이 같은 연료유와 물의 무게 비이다.

사 점도가 같은 연료유와 물의 무게 비이다.

아 인화점이 같은 연료유와 물의 무게 비이다.

연료유의 비중은 부피가 같은 기름의 무게와 물의 무게의 비를 말한다.

25 연료유 1,000cc는 몇 ℓ인가?

가 1ℓ 나 10ℓ

사 100ℓ 아 1,000ℓ

연료유 1,000cc는 1ℓ이다.

정답 **20** 가 **21** 사 **22** 나 **23** 아 **24** 가 **25** 가

2021년 제4회 최신 기출문제

제1과목 항해

01 자기 컴퍼스에 영향을 주는 선체 일시 자기 중 수직분력을 조정하기 위한 일시 자석은?

가 경사계
나 상한차 수정구
사 플린더즈 바
아 경선차 수정자석

 **해설**

플린더즈(퍼멀로이) 바는 선체 일시 자기 중 수직분력을 조정하기 위한 일시 자석이다.

02 기계식 자이로컴퍼스에서 동요오차 발생을 예방하기 위하여 NS축상에 부착되어 있는 것은?

가 보정 추
나 적분기
사 오차 수정기
아 추종 전동기

 **해설**

동요오차를 예방하기 위하여 NS축 선상에 보정 추를 부착해 두었는데, 이 추의 부착 상태가 불량하면 오차가 생긴다.

03 선체 경사 시 생기는 자차는?

가 지방자기
나 경선차
사 선체자기
아 반원차

 **해설**

경선차 : 자차계수의 크기를 결정하거나 수정하는 데는 선체가 수평 상태로 있어야 한다. 그런데 선체가 수평일 때는 자차가 0°라 하더라도 선체가 기울어지면 다시 자차가 생기는 수가 있는데, 이때 생기는 자차를 말한다.

04 해상에서 자차 수정 작업 시 게양하는 기류신호는?

가 Q기
나 NC기
사 VE기
아 OQ기

 **해설**

가. Q기 : 본선, 건강함
나. NC기 : 본선은 조난을 당했다.
사. VE기 : 본선은 소독 중이다.

05 선박자동식별장치의 정적 정보가 아닌 것은?

가 선명
나 선박의 속력
사 호출부호
아 아이엠오(IMO)번호

해설

선박자동식별장치의 정보에는 정적 정보(IMO 식별번호, 호출부호, 선명, 선박의 길이 및 폭, 선박의 종류, 적재화물, 안테나 위치 등), 동적 정보(침로, 선수 방위, 대지속력 등), 항해 관련 정보(홀수, 선박의 목적지, 도착 예정 시간, 항해계획, 충돌 예방에 필요한 단문 통신 등)가 있다.

06 전파를 이용하여 선박의 위치를 구할 수 있는 항해계기가 아닌 것은?

가 로란(LORAN)
나 지피에스(GPS)
사 레이더(RADAR)
아 자동 조타장치(Auto-pilot)

 **해설**

'가, 나, 사'는 전파를 이용하여 선박의 위치를 구할 수 있는 항해계기이나, 자동 조타장치는 복원타와 제동타를 자동적으로 작동하는 장치로 전파를 이용한 선박의 위치를 구하는 것과 관련이 없다.

정답 01 사 02 가 03 나 04 아 05 나 06 아

07 일반적으로 레이더와 컴퍼스를 이용하여 구한 선위 중 정확도가 가장 낮은 것은?

가 레이더로 둘 이상 물표의 거리를 이용하여 구한 선위

나 레이더로 구한 물표의 거리와 컴퍼스로 측정한 방위를 이용하여 구한 선위

사 레이더로 한 물표에 대한 방위와 거리를 측정하여 구한 선위

아 레이더로 둘 이상의 물표에 대한 방위를 측정하여 구한 선위

둘 이상의 물표의 거리를 제외한 방위를 측정하여 구한 선위는 정확도가 낮다. 즉, 거리도 같이 이용하여야 선위의 정확도가 높아지는데, 방위만을 측정하여 구하게 되면 정확도가 떨어지게 된다.

08 상대운동 표시방식 레이더 화면상에서 어떤 선박의 움직임이 다음과 같다면, 침로와 속력을 일정하게 유지하며 항행하는 본선과의 관계로 옳은 것은?

> • 시간이 갈수록 본선과의 거리가 가까워지고 있음
> • 시간이 지나도 관측한 상대선의 방위가 변하지 않음

가 본선을 추월할 것이다.

나 본선 선수를 횡단할 것이다.

사 본선과 충돌의 위험이 있을 것이다.

아 본선의 우현으로 안전하게 지나갈 것이다.

상대운동 표시방식 레이더는 자선의 위치가 PPI(Plan Position Indicator)상의 어느 한 점(주로 PPI의 중심)에 고정되어 있기 때문에, 모든 물체는 자선의 움직임에 대하여 상대적인 움직임으로 표시된다. 따라서 본선은 고정되어 있는 상태에서 상대선이 본선에 가까워지고 있으면서 방위가 변하지 않으므로, 본선과 충돌 위험이 있는 것으로 보인다.

09 오차삼각형이 생길 수 있는 선위 결정법은?

가 수심연측법 나 4점방위법
사 양측방위법 아 교차방위법

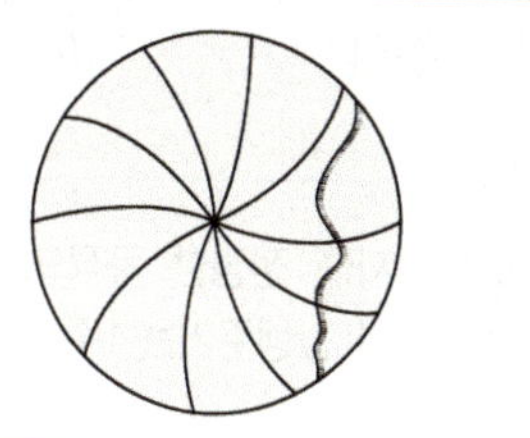

방위선 작도 시 3개 이상의 위치선이 한 점에서 만나지 않고, 작은 삼각형을 이루는 경우를 오차삼각형이라 하며, 너무 크면 방위를 다시 측정해야 한다. 교차방위법에서 생길 수 있다.

10 레이더 화면에 그림과 같이 나타나는 원인은?

가 물표의 간접 반사

나 비나 눈 등에 의한 반사

사 해면의 파도에 의한 반사

아 다른 선박의 레이더 파에 의한 간섭

레이더 화면에 그림과 같이 오염된 것과 같이 겹쳐 보이는 듯하게 나타나는 경우는 다른 선박의 레이더 파에 의한 간섭효과가 발생한 것이다.

정답 07 아 08 사 09 아 10 아

11 우리나라에서 발간하는 종이해도에 대한 설명으로 옳은 것은?

가 수심 단위는 피트(Feet)를 사용한다.

나 나침도의 바깥쪽은 나침 방위권을 사용한다.

사 항로의 지도 및 안내서의 역할을 하는 수로서지이다.

아 항박도는 대축척 해도로 좁은 구역을 상세히 표시한 평면도이다.

가. 우리나라 해도상 수심의 단위는 미터(m)이다.

나. 나침도의 바깥쪽은 진북을 가리키는 진방위권을 표시하고, 안쪽은 자기 컴퍼스가 가리키는 나침 방위권을 표시한다.

사. 수로서지는 해도 이외에 항해에 도움을 주는 모든 간행물을 말한다.

12 수로도지를 정정할 목적으로 항해자에게 제공되는 항행통보의 간행주기는?

가 1일   나 1주일

사 2주일   아 1개월

수로도서지를 정정할 목적으로 항해사에게 제공되는 항행통보의 간행주기는 1주이다.

13 다음 중 조석표에 기재되는 내용이 아닌 것은?

가 조고   나 조시

사 개정수   아 박명시

조석표는 각 지역의 조석 및 조류에 대하여 상세하게 기술한 것으로, 조석 용어의 해설도 포함하고 있다. 또한 표준항 이외에 항구에 대한 조시, 조고를 구할 수 있다. 박명시는 조석표에 기재되지 않는다.

14 다음 중 해저의 저질과 관련된 약어가 아닌 것은?

가 M   나 R

사 S   아 Mo

가. M - 펄(뻘)   나. R - 암반   사. S - 모래

15 아래에서 설명하는 형상(주간)표지는?

> 선박에 암초, 얕은 여울 등의 존재를 알리고 항로를 표시하기 위하여 바다 위에 떠 있는 구조물로서 빛을 비추지 않는다.

가 도표   나 부표

사 육표   아 입표

가. **도표** : 좁은 수로의 항로를 표시하기 위하여 항로의 연장선 위에 앞뒤로 2개 이상의 육표를 설치하여 선박을 인도하는 것이다.

사. **육표** : 입표의 설치가 곤란한 경우에 육상에 마련한 간단한 항로표지로, 등광을 달면 등주가 된다.

아. **입표** : 암초, 노출암, 사주(모래톱) 등의 위치를 표시하기 위해 바닷속에 마련된 경계표로, 특별한 경우가 아니면 등광을 함께 설치하여 등부표로 사용한다.

16 레이콘에 대한 설명으로 옳지 않은 것은?

가 레이마크 비컨이라고도 한다.

나 레이더에서 발사된 전파를 받을 때에만 응답한다.

사 레이더 화면상에 일정 형태의 신호가 나타날 수 있도록 전파를 발사한다.

아 레이콘의 신호로 표준 신호와 모스 부호가 이용된다.

정답   11 아   12 나   13 아   14 아   15 나   16 가

 **해설**

레이콘(racon)은 '레이더 비컨(Radar Beacon)'의 약어로, 선박 레이더에서 발사된 전파를 받은 때에만 응답하며, 일정한 형태의 신호가 나타날 수 있도록 전파를 발사하는 무지향성 송수신 장치이다. 따라서 레이마크 비컨과는 관계가 없다.

17 점장도의 특징으로 옳지 않은 것은?

가 항정선이 직선으로 표시된다.
나 자오선은 남북 방향의 평행선이다.
사 거등권은 동서 방향의 평행선이다.
아 적도에서 남북으로 멀어질수록 면적이 축소되는 단점이 있다.

 **해설**

적도에서 남북으로 멀어질수록 면적이 확대되는 단점이 있다.

18 다음 등질 중 군섬광등은?

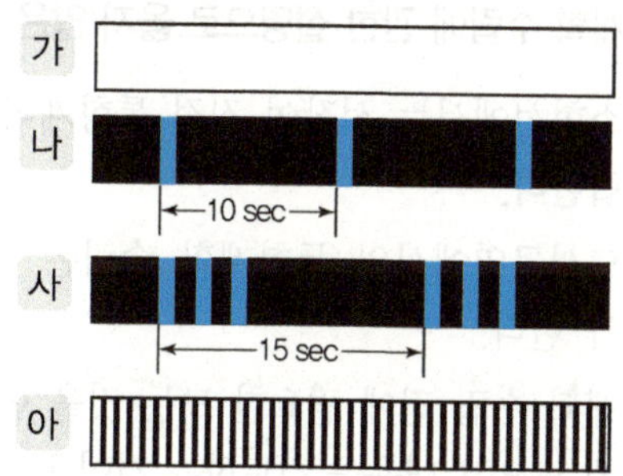

 **해설**

가. 부동등, 나. 섬광등, 사. 군섬광등, 아. 급성광등

19 서로 다른 지역을 다른 색깔로 비추는 등화는?

가 호광등
나 분호등
사 섬광등
아 군섬광등

 **해설**

가. **호광등**(Alt) : 색깔이 다른 종류의 빛을 교대로 내며, 그 사이에 등광은 꺼지는 일이 없는 등
사. **섬광등**(Fl) : 빛을 비추는 시간(명간)이 꺼져 있는 시간(암간)보다 짧은 것으로, 일정한 간격으로 섬광을 내는 등
아. **군섬광등**(Fl) : 섬광등의 일종으로 1주기 동안 2회 이상의 섬광을 내는 등

20 수로도지에 등재되지 않은 새롭게 발견된 위험물, 즉 모래톱, 암초 등과 같은 자연적인 장애물과 침몰·좌초 선박과 같은 인위적 장애물들을 표시하기 위하여 사용하는 항로표지는? (단, 두 표의 모양으로 선택)

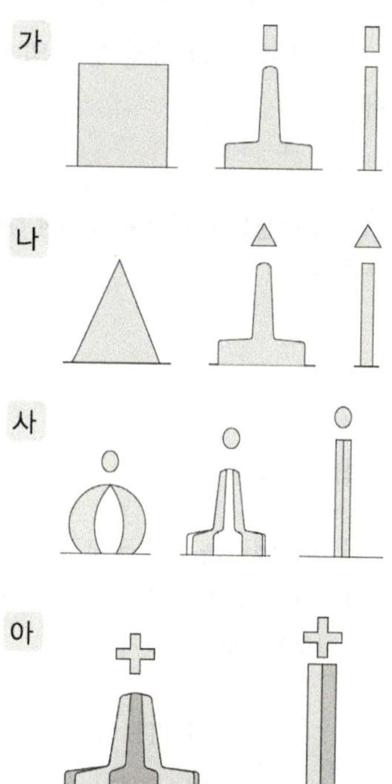

정답 **17** 아 **18** 사 **19** 나 **20** 아

가. 우측항로 우선표지

나. 좌측항로 우선표지

사. 안전수역표지

아. **신위험물표지** : 수로도지에 등재되지 않은 신위험 물표지는 침몰 선박 등 새로운 위험물 발생 시 위험 물의 위치를 표시해 주는 표지이다. 색상은 황색 바 탕에 청색 종선(縱線)을 사용하며, 수직 줄무늬를 최소 4줄에서 최대 8줄을 표시하고, 형상은 막대나 원주형으로 한다. 두표의 경우 수직 및 직각을 이루 는 황색 십자형 1개로 표시하고, 등을 설치할 경우 등색은 황색과 청색을 사용한다.

21 조석이 발생하는 원인으로 옳은 것은?

가 지구가 태양 주위를 공전을 하기 때문에

나 지구 각 지점의 기온 차이 때문에

사 바다에서 불어오는 바람 때문에

아 지구 각 지점에 대한 태양과 달의 인력차 때문에

조석 : 달과 태양, 별 등의 천체 인력에 의한 해면의 주 기적인 승강 운동

22 (   )에 적합한 것은?

> 우리나라와 일본에서는 일반적으로 세계기상 기구[WMO]에서 분류한 중심풍속이 17m/s 이 상인 (   )부터 태풍이라 부른다.

가 T

나 TD

사 TS

아 STS

세계기상기구(WMO)는 열대 저기압 중에서 중심 부근 의 최대 풍속이 17m/s 미만인 것을 열대 저압부(TD), 17 ~24m/s인 것을 열대 폭풍(TS), 25~32m/s인 것을 강 한 열대 폭풍(STS), 33m/s 이상인 것을 태풍(TY)으로 구분한다. 그러나 한국과 일본은 중심풍속이 17m/s 이 상인 열대 폭풍(TS)부터 태풍으로 칭한다.

23 태풍 진로 예보도에 관한 설명으로 옳지 않은 것은?

가 72시간의 예보도 실시한다.

나 폭풍역이 외측의 실선에 의한 원으로 표 시된다.

사 진로 예보의 오차 원이 점선의 원으로 표 시된다.

아 우리나라의 경우 예보시간에 점선의 원 안 에 50%의 확률로 도달한다.

아. 실선의 원은 태풍의 중심이 들어갈 예보확률이 70%임을 표시하며, 점선은 태풍의 강풍과 폭풍반 경 표시이다.

24 통항계획 수립에 관한 설명으로 옳지 않은 것은?

가 소형선에서는 선장이 직접 통항계획을 수 립한다.

나 도선구역에서의 통항계획 수립은 도선사 가 한다.

사 계획 수립 전에 필요한 모든 것을 한 장소 에 모으고 내용을 검토하는 것이 필요하다.

아 통항계획의 수립에는 공식적인 항해용 해 도 및 서적들을 사용하여야 한다.

정답 **21** 아 **22** 사 **23** 아 **24** 나

나. 도선구역에서의 통항계획 수립은 본선 선장이 한다.

25 연안항로 선정에 관한 설명으로 옳지 않은 것은?

가 연안에서 뚜렷한 물표가 없는 해안을 항해하는 경우 해안선과 평행한 항로를 선정하는 것이 좋다.

나 항로지, 해도 등에 추천항로가 설정되어 있으면, 특별한 이유가 없는 한 그 항로를 따르는 것이 좋다.

사 복잡한 해역이나 위험물이 많은 연안을 항해할 경우에는 최단항로를 항해하는 것이 좋다.

아 야간의 경우 조류나 바람이 심할 때는 해안선과 평행한 항로보다 바다 쪽으로 벗어난 항로를 선정하는 것이 좋다.

복잡한 해역이나 위험물이 많은 연안을 항해하거나, 또는 조종성능에 제한이 있는 상태에서는 해안선에 근접하지 말고 다소 우회하더라도 안전한 항로를 선정하는 것이 좋다.

01 선체의 가장 넓은 부분에 있어서 양현 외판의 외면에서 외면까지의 수평거리는?

가 전폭   나 전장
사 건현   아 갑판

나. **전장** : 선수의 최전단으로부터 선미의 최후단까지의 수평거리. 선박의 저항, 추진력 계산에 사용

사. **건현** : 선체가 침수되지 않은 부분의 수직거리. 선박의 중앙부의 수면에서부터 건현갑판의 상면의 연장과 외판의 외면과의 교점까지의 수직거리

아. **갑판** : 갑판보 위에 설치하여 선체의 수밀을 유지(종강력재)한다.

02 여객이나 화물을 운송하기 위하여 쓰이는 용적을 나타내는 톤수는?

가 총톤수

나 순톤수

사 배수톤수

아 재화중량톤수

가. **총톤수** : 국제 총톤수는 전 용적의 크기에 따라 계수를 곱해서 구하며, 이전의 총톤수와 차이를 없애기 위하여 국제 총톤수에 일정계수를 곱하여 국내 총톤수로 사용하고 있다.

사. **배수톤수** : 선체의 수면의 용적(배수 용적)에 상당하는 해수의 중량

아. **재화중량톤수** : 선박의 안전 항해를 확보할 수 있는 한도 내에서 여객 및 화물 등의 최대 적재량을 나타내는 톤수

정답 25 사 / 01 가   02 나

03 타의 구조에서 ①은 무엇인가?

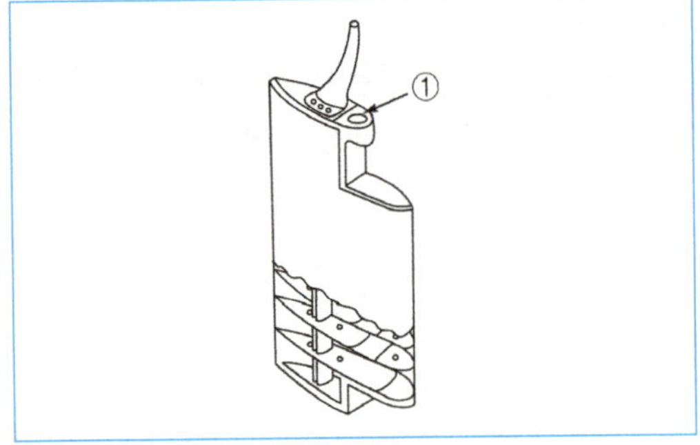

가 타판　　나 핀틀

사 거전　　아 타심재

해설

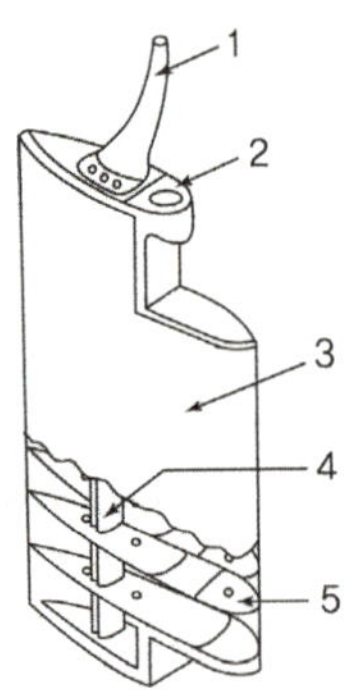

1. 타두재(rudder stock)
2. 타심재(main piece)
3. 타판
4. 수직 골재
5. 수평 골재

04 선박 외판을 도장할 때 해조류 부착에 따른 오손을 방지하기 위해 칠하는 도료의 명칭은?

가 광명단

나 방오 도료

사 수중 도료

아 방청 도료

해설

방오 도료 : 수선하에 도장하는 선저 도료에는 독물을 혼합하여 해중 생물의 부착을 방지한다.

05 다음 중 합성섬유 로프가 아닌 것은?

가 마닐라 로프　　나 폴리프로필렌 로프

사 나일론 로프　　아 폴리에틸렌 로프

해설

마닐라 로프는 물에 강한 마닐라삼으로 만든 선박용 로프로 합성 섬유 로프가 아니다.

06 다음 중 페인트를 칠하는 용구는?

가 철솔　　나 스크레이퍼

사 그리스 건　　아 스프레이 건

해설

도장용 선용품은 페인트 스프레이 건, 페인트 붓, 페인트 롤러 등이 있다.

07 선체에 페인트를 칠하기에 가장 좋은 때는?

가 따뜻하고 습도가 낮을 때

나 서늘하고 습도가 낮을 때

사 따뜻하고 습도가 높을 때

아 서늘하고 습도가 높을 때

해설

선체에 페인트칠을 하기 좋은 때는 따뜻하고 습도가 낮을 때이다.

08 열전도율이 낮은 방수 물질로 만들어진 포대기 또는 옷으로 방수복을 착용하지 않은 사람이 입는 것은?

가 보호복　　나 작업용 구명조끼

사 보온복　　아 노출 보호복

정답 03 아　04 나　05 가　06 아　07 가　08 사

보온복은 물이 스며들지 않아 수온이 낮은 물속에서 체온을 보호할 수 있는 옷으로 방수복과 달리 구명동의의 기능이 없다.

09 해상이동업무식별번호(MMSI number)에 대한 설명으로 옳지 않은 것은?

가 9자리 숫자로 구성된다.

나 소형선박에는 부여되지 않는다.

사 초단파(VHF) 무선설비에도 입력되어 있다.

아 우리나라 선박은 440 또는 441로 시작된다.

해상이동업무식별부호(MMSI)는 선박국, 해안국 및 집단호출을 유일하게 식별하기 위해 사용되는 부호로서, 9개의 숫자로 구성되어 있다(우리나라의 경우 440, 441로 지정). 국내 및 국제 항해 모두 사용되며, 소형선박에도 부여된다.

10 구명정에 비하여 항해 능력은 떨어지지만 손쉽게 강하시킬 수 있고 선박의 침몰 시 자동으로 이탈되어 조난자가 탈 수 있는 구명설비는?

가 구조정

나 구명부기

사 구명뗏목

아 고속구조정

가. **구조정** : 조난 중인 사람을 구조하고, 생존정을 인도하기 위하여 설계된 보트이다.

나. **구명부기** : 선박 조난 시 구조를 기다릴 때 사용하는 인명구조 장비로, 사람이 타지 않고 손으로 밧줄을 붙잡고 있도록 만든 것이다.

11 잔잔한 바다에서 의식불명의 익수자를 발견하여 구조하려 할 때, 구조선의 안전한 접근방법은?

가 익수자의 풍하에서 접근한다.

나 익수자의 풍상에서 접근한다.

사 구조선의 좌현 쪽에서 바람을 받으면서 접근한다.

아 구조선의 우현 쪽에서 바람을 받으면서 접근한다.

의식불명의 익수자를 구조하고자 할 때는 익수자의 풍상에서 접근하여야 한다.

12 다음 그림과 같이 표시되는 장치는?

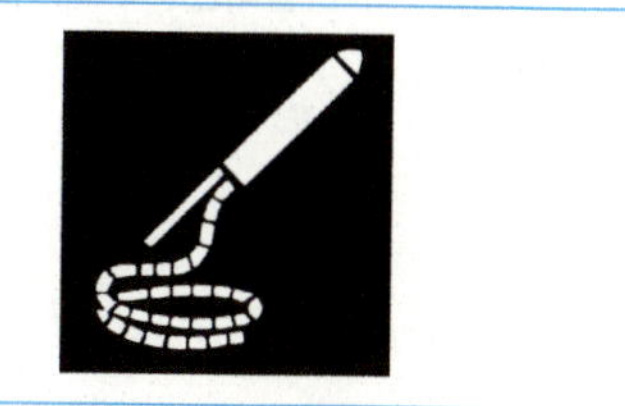

가 신호 홍염

나 구명줄 발사기

사 줄사다리

아 자기 발연 신호

구명줄 발사기는 로켓 또는 탄환이 구명줄을 끌고 날아가게 하는 장치로, 선박이 조난을 당한 경우 조난선과 구조선 또는 조난선과 육상 간에 연결용 줄을 보내는 데 사용된다.

13 선박용 초단파(VHF) 무선설비의 최대 출력은?

가 10W

나 15W

사 20W

아 25W

정답 09 나 10 사 11 나 12 나 13 아

초단파(VHF) 무선설비의 최대 출력은 25W이다.

14 GMDSS 해역별 무선설비 탑재요건에서 A1 해역을 항해하는 선박이 탑재하지 않아도 되는 장비는?

가 중파(MF) 무선설비

나 초단파(VHF) 무선설비

사 수색구조용 레이더 트랜스폰더(SART)

아 비상위치지시 무선표지(EPIRB)

중파(MF) 무선설비는 A2 해역을 항해하는 선박이 탑재한다.

15 타판에 작용하는 힘 중에서 작용하는 방향이 선수미선 방향인 분력은?

가 항력

나 양력

사 마찰력

아 직압력

나. **양력** : 타판에 작용하는 힘 중에서 그 작용하는 방향이 정횡 방향인 분력

사. **마찰력** : 타판의 표면에 작용하는 물의 점성에 의한 힘

아. **직압력** : 수류에 의하여 키에 작용하는 전체 압력으로 타판에 작용하는 여러 종류의 힘의 기본력

16 근접하여 운항하는 두 선박의 상호 간섭작용에 대한 설명으로 옳지 않은 것은?

가 선속을 감속하면 영향이 줄어든다.

나 두 선박 사이의 거리가 멀어지면 영향이 줄어든다.

사 소형선은 선체가 작아 영향을 거의 받지 않는다.

아 마주칠 때보다 추월할 때 상호 간섭작용이 오래 지속되어 위험하다.

두 선박의 속력과 배수량의 차이가 클 때나 수심이 얕은 곳을 항주할 때 뚜렷이 나타난다. 특히, 크기가 다른 선박의 사이에서는 작은 선박이 훨씬 큰 영향을 받고, 소형 선박이 대형 선박 쪽으로 끌려 들어가는 경향이 크다.

17 선박의 복원력에 관한 내용으로 옳지 않은 것은?

가 복원력의 크기는 배수량의 크기에 비례한다.

사 황천항해 시 갑판에 올라온 해수가 즉시 배수되지 않으면 복원력이 감소될 수 있다.

사 항해의 경과로 연료유와 청수 등의 소비, 유동수의 발생으로 인해 복원력이 감소될 수 있다.

아 겨울철 항해 중 갑판상에 있는 구조물에 얼음이 얼면 배수량의 증가로 인하여 복원력이 좋아진다.

갑판의 결빙 : 고위도 지방을 겨울철에 항행하게 되면 갑판 위로 올라온 해수가 갑판에 얼어붙어서 갑판 중량의 증가로 복원력이 나빠진다.

정답 **14** 가 **15** 가 **16** 사 **17** 아

18 선박 후진 시 선수회두에 가장 큰 영향을 끼치는 수류는?

가 반류

나 흡입류

사 배출류

아 추적류

가. **반류** : 선체가 앞으로 나아가며 생기는 빈 공간을 채워 주는 수류로 인하여 주로 뒤쪽 선수미선상의 물이 앞쪽으로 따라 들어오는 수류

나. **흡입류** : 앞쪽에서 프로펠러에 빨려드는 수류

사. **배출류** : 프로펠러의 뒤쪽으로 흘러 나가는 수류로, 선박 후진 시 선수회두에 가장 큰 영향을 미치는 수류이다.

19 협수로를 항행할 때 유의할 사항으로 옳지 않은 것은?

가 통항 시기는 조류가 강한 때를 택하고, 만곡이 급한 수로는 역조 시 통항을 피한다.

나 협수로의 만곡부에서 유속은 일반적으로 만곡의 외측에서 강하고 내측에서는 약한 특징이 있다.

사 협수로에서의 유속은 일반적으로 수로 중앙부가 강하고, 육안에 가까울수록 약한 특징이 있다.

아 협수로는 수로의 폭이 좁고 조류나 해류가 강하며, 굴곡이 심하여 선박의 조종이 어렵고, 항행할 때에는 철저한 경계를 수행하면서 통항하여야 한다.

통항 시기는 게류 때나 조류가 약한 때를 택하고, 만곡이 급한 수로는 순조 시 통항을 피한다.

20 물에 빠진 사람을 구조하는 조선법이 아닌 것은?

가 표준 턴

나 샤르노브 턴

사 싱글 턴

아 윌리암슨 턴

구조 조선법

• **윌리암슨 턴**(Williamson turn) : 야간이나 제한된 시계 상태에서 유지한 채 원래의 항적으로 되돌아가고자 할 때 사용하는 회항 조선법이다. 물에 빠진 사람을 수색하는 데 좋은 방법이지만 익수자를 보지 못하므로 선박이 사고지점과 멀어질 수 있고, 절차가 느리다는 단점이 있다.

• **원턴**(싱글 턴 또는 앤더슨 턴, Single turn or Anderson turn) : 물에 빠진 사람이 보일 때 가장 빠른 구출 방법으로, 최종 접근 단계에서 직선적으로 접근하기가 곤란하여 조종이 어렵다는 단점이 있다.

• **샤르노브 턴**(Scharnow turn) : 윌리암슨 턴과 같이 회항 조선법이다. 물에 빠진 시간과 조종의 시작 사이에 경과된 시간이 짧을 때, 즉 익수자가 선미에서 떨어져 있지 않을 때에는 짧은 시간에 구조할 수 있어서 매우 효과적이다.

21 선박이 물에 떠 있는 상태에서 외부로부터 힘을 받아서 경사할 때, 저항 또는 외력을 제거하면 원래의 상태로 되돌아오려고 하는 힘은?

가 중력

나 복원력

사 구심력

아 원심력

선박은 육상의 구조물이나 다른 수송 수단과는 다른 특성을 고려하여 선체 구조의 안전성을 확보하여야 하므로, 선박이 경사하였을 때 다시 원래의 상태로 되돌아올 수 있는 충분한 능력이 있어야 한다. 이와 같이 경사한 선박이 원래의 상태로 되돌아오려는 힘을 복원력이라 하며, 특히, 10° 이내의 작은 경사각에서의 복원력을 초기 복원력(initial stability)이라 한다.

정답 18 사 19 가 20 가 21 나

22 파도가 심한 해역에서 선속을 저하시키는 요인이 아닌 것은?

가 바람　　　나 풍랑(Wave)

사 기압　　　아 너울(Swell)

바람, 풍랑, 너울 등은 선속을 저하시키나, 기압은 선속과는 관계가 없다.

23 황천항해 중 선박 조종법이 아닌 것은?

가 라이 투(Lie to)

나 히브 투(Heave to)

사 서징(Surging)

아 스커딩(Scudding)

황천항해 중 선박 조종법으로는 라이 투, 히브 투, 스커딩, 진파기름의 살포 등이 있다.
서징(Surging)은 황천항해 중 선박 조종법이 아니라 선체의 운동 중 전후동요에 해당한다.

24 충돌사고의 주요 원인인 경계 소홀에 해당하지 않는 것은?

가 당직 중 졸음

나 선박 조종술 미숙

사 해도실에서 많은 시간 소비

아 제한시계에서 레이더 미사용

사고 중에는 충돌사고가 가장 많은데, 주요 원인은 경계 소홀이며, 잠재 원인은 졸음운항, 운항 중 다른 업무 수행 및 레이더 조작 미숙 등이다. 선박 조종술 미숙은 경계 소홀과 관련이 없다.

25 정박 중 선내 순찰의 목적이 아닌 것은?

가 각종 설비의 이상 유무 확인

나 선내 각부의 화재위험 여부 확인

사 정박등을 포함한 각종 등화 및 형상물 확인

아 선내 불빛이 외부로 새어 나가는지 여부 확인

정박 중 선내 순찰의 목적
• 투묘 위치 확인, 닻줄 또는 계선줄의 상태
• 선내 각부의 화기 및 이상한 냄새
• 도난 방지, 승무원의 재해 방지
• 정박 등을 포함한 각종 등화 및 형상물 표시
• 화물의 적·양하, 통풍, 천창, 해치 커버 개폐
• 거주구역, 급식 설비, 위생 설비의 청소 상태
• 기타 각종 설비의 이상 유무 등

정답　**22** 사　**23** 사　**24** 나　**25** 아

제3과목   법규

제3과목   법규

01 ( )에 적합한 것은?

> 해사안전법상 2척의 동력선이 상대의 진로를 횡단하는 경우로서 충돌의 위험이 있을 때에는 다른 선박을 ( ) 쪽에 두고 있는 선박이 그 다른 선박의 진로를 피하여야 한다.

가 좌현   나 우현

사 정횡   아 정면

2척의 동력선이 상대의 진로를 횡단하는 경우로서 충돌의 위험이 있을 때에는 다른 선박을 우현 쪽에 두고 있는 선박이 그 다른 선박의 진로를 피하여야 한다. 이 경우 다른 선박의 진로를 피하여야 하는 선박은 부득이한 경우 외에는 그 다른 선박의 선수 방향을 횡단하여서는 아니 된다(해상교통안전법 제80조).

02 해사안전법상 선박의 항행안전에 필요한 항로표지·신호·조명 등 항행보조시설을 설치하고 관리·운영하여야 하는 주체는?

가 선장

나 해양경찰청장

사 선박소유자

아 해양수산부장관

해양수산부장관은 선박의 항행안전에 필요한 항로표지·신호·조명 등 항행보조시설을 설치하고 관리·운영하여야 한다(해상교통안전법 제44조 제1항).

03 해사안전법상 선박의 출항을 통제하는 목적은?

가 국적선의 이익을 위해

나 선박의 효율적 통제를 위해

사 항만의 무리한 운영을 막으려고

아 선박의 안전운항에 지장을 줄 우려가 있어서

해양수산부장관은 해상에 대하여 기상특보가 발표되거나 제한된 시계 등으로 선박의 안전운항에 지장을 줄 우려가 있다고 판단할 경우에는 선박소유자나 선장에게 선박의 출항통제를 명할 수 있다(해상교통안전법 제36조 제1항).

04 해사안전법상 연안통항대를 따라 항행하여서는 아니되는 선박은?

가 범선

나 길이 30미터인 선박

사 급박한 위험을 피하기 위한 선박

아 연안통항대 안에 있는 해양시설에 출입하는 선박

선박은 연안통항대에 인접한 통항분리수역의 통항로를 안전하게 통과할 수 있는 경우에는 연안통항대를 따라 항행하여서는 아니 된다. 다만, 다음의 선박의 경우에는 연안통항대를 따라 항행할 수 있다(해상교통안전법 제75조 제4항).
- 길이 20미터 미만의 선박 및 범선, 급박한 위험을 피하기 위한 선박
- 어로에 종사하고 있는 선박 및 인접한 항구로 입항·출항하는 선박
- 연안통항대 안에 있는 해양시설 또는 도선사의 승하선(乘下船) 장소에 출입하는 선박

정답   01 나   02 아   03 아   04 나

05 (　　)에 적합한 것은?

해사안전법상 2척의 범선이 서로 접근하여 충돌할 위험이 있는 경우, 각 범선이 다른 쪽 현에 바람을 받고 있는 경우에는 (　　)에 바람을 받고 있는 범선이 다른 범선의 진로를 피하여야 한다.

가　선수
나　우현
사　좌현
아　선미

2척의 범선이 서로 접근하여 충돌할 위험이 있는 경우에는 각 범선이 다른 쪽 현(舷)에 바람을 받고 있는 경우에는 좌현(左舷)에 바람을 받고 있는 범선이 다른 범선의 진로를 피하여야 한다(해상교통안전법 제77조 제1항 제1호).

06 해사안전법상 항행 중인 동력선이 진로를 피하지 않아도 되는 선박은?

가　조종제한선
나　조종불능선
사　수상항공기
아　어로에 종사하고 있는 선박

항행 중인 동력선이 선박의 진로를 피해야 할 경우 : 조종불능선, 조종제한선, 어로에 종사하고 있는 선박, 범선(해상교통안전법 제83조 제2항)

07 해사안전법상 서로 시계 안에 있는 2척의 동력선이 마주치는 상태로 충돌의 위험이 있을 때의 항법으로 옳은 것은?

가　큰 배가 작은 배를 피한다.
나　작은 배가 큰 배를 피한다.
사　서로 좌현 쪽으로 변침하여 피한다.
아　서로 우현 쪽으로 변침하여 피한다.

2척의 동력선이 마주치거나 거의 마주치게 되어 충돌의 위험이 있을 때에는 각 동력선은 서로 다른 선박의 좌현 쪽을 지나갈 수 있도록 침로를 우현(右舷) 쪽으로 변경하여야 한다(해상교통안전법 제79조 제1항).

08 해사안전법상 2척의 동력선이 상대의 진로를 횡단하는 경우로서 충돌의 위험이 있을 때 부득이한 경우를 제외하고 유지선이 취할 조치로 옳지 않은 것은?

가　피항 협력 동작
나　침로와 속력의 유지
사　피항 동작
아　침로를 왼쪽으로 변경

침로와 속력을 유지하여야 하는 선박[유지선(維持船)]은 피항선이 이 법에 따른 적절한 조치를 취하고 있지 아니하다고 판단하면 스스로의 조종만으로 피항선과 충돌하지 아니하도록 조치를 취할 수 있다. 이 경우 유지선은 부득이하다고 판단하는 경우 외에는 자기 선박의 좌현 쪽에 있는 선박을 향하여 침로를 왼쪽으로 변경하여서는 아니 된다(해상교통안전법 제82조 제2항).

정답　05 사　06 사　07 아　08 아

09

해사안전법상 선박이 다른 선박을 선수 방향에서 볼 수 있는 경우로서 밤에는 양쪽의 현등을 볼 수 있는 경우의 상태는?

가 안전한 상태

나 앞지르기 하는 상태

사 마주치는 상태

아 횡단하는 상태

마주치는 상태에 있는 경우(해상교통안전법 제79조 제2항)

- 밤에는 2개의 마스트등을 일직선으로 또는 거의 일직선으로 볼 수 있거나 양쪽의 현등을 볼 수 있는 경우
- 낮에는 2척의 선박의 마스트가 선수에서 선미(船尾)까지 일직선이 되거나 거의 일직선이 되는 경우

10

해사안전법상 선박의 등화에 대한 설명으로 옳지 않은 것은?

가 해지는 시각부터 해뜨는 시각까지 항행 시에는 항상 등화를 표시하여야 한다.

나 해뜨는 시각부터 해지는 시각까지도 제한된 시계에서는 등화를 표시하여야 한다.

사 현등의 색깔은 좌현은 녹색 등, 우현은 붉은색 등이다.

아 해지는 시각부터 해뜨는 시각까지 접근하여 오는 선박의 진행 방향은 등화를 관찰하여 알 수 있다.

현등은 정선수 방향에서 양쪽 현으로 각각 112.5도에 걸치는 수평의 호를 비추는 등화로서 그 불빛이 정선수 방향에서 좌현 정횡으로부터 뒤쪽 22.5도까지 비출 수 있도록 좌현에 설치된 붉은색 등과 그 불빛이 정선수 방향에서 우현 정횡으로부터 뒤쪽 22.5도까지 비출 수 있도록 우현에 설치된 녹색 등이다(해상교통안전법 제86조).

11

( )에 순서대로 적합한 것은?

> 해사안전법상 제한된 시계에서 레이더만으로 다른 선박이 있는 것을 탐지한 선박은 ( )과 얼마나 가까이 있는지 또는 ( )이 있는지를 판단하여야 한다. 이 경우 해당 선박과 매우 가까이 있거나 그 선박과 충돌할 위험이 있다고 판단한 경우에는 충분한 시간적 여유를 두고 ( )을 취하여야 한다.

가 해당 선박, 충돌할 위험, 피항동작

나 해당 선박, 충돌할 위험, 피항협력동작

사 다른 선박, 근접상태의 상황, 피항동작

아 다른 선박, 근접상태의 상황, 피항협력동작

레이더만으로 다른 선박이 있는 것을 탐지한 선박은 해당 선박과 얼마나 가까이 있는지 또는 충돌할 위험이 있는지를 판단하여야 한다. 이 경우 해당 선박과 매우 가까이 있거나 그 선박과 충돌할 위험이 있다고 판단한 경우에는 충분한 시간적 여유를 두고 피항동작을 취하여야 한다(해상교통안전법 제84조 제4항).

12

해사안전법상 선미등의 수평사광범위와 등색은?

가 135도, 붉은색

나 224도, 붉은색

사 135도, 흰색

아 225도, 흰색

선미등 : 135도에 걸치는 수평의 호를 비추는 흰색 등으로서 그 불빛이 정선미 방향으로부터 양쪽 현의 67.5도까지 비출 수 있도록 선미 부분 가까이에 설치된 등(해상교통안전법 제86조 제3호)

13 해사안전법상 '삼색등'의 등색이 아닌 것은?

가 녹색

나 황색

사 흰색

아 붉은색

해설

삼색등 : 선수와 선미의 중심선상에 설치된 붉은색·녹색·흰색으로 구성된 등으로서, 그 붉은색·녹색·흰색의 부분이 각각 현등의 붉은색 등과 녹색 등 및 선미등과 같은 특성을 가진 등(해상교통안전법 제86조)

14 해사안전법상 항행 중인 동력선이 서로 상대의 시계 안에 있는 경우 울려야 하는 기적신호로 옳지 않은 것은?

가 침로를 오른쪽으로 변경하고 있는 선박의 경우 단음 1회

나 침로를 왼쪽으로 변경하고 있는 선박의 경우 단음 2회

사 기관을 후진하고 있는 선박의 경우 단음 3회

아 좁은 수로 등의 장애물 때문에 다른 선박을 볼 수 없는 수역에 접근하는 선박의 경우 장음 2회

해설

좁은 수로 등의 굽은 부분이나 장애물 때문에 다른 선박을 볼 수 없는 수역에 접근하는 선박은 장음으로 1회의 기적신호를 울려야 한다. 이 경우 그 선박에 접근하고 있는 다른 선박이 굽은 부분의 부근이나 장애물의 뒤쪽에서 그 기적신호를 들은 경우에는 장음 1회의 기적신호를 울려 이에 응답하여야 한다(해상교통안전법 제99조 제6항).

15 해사안전법상 시계가 제한된 수역에서 2분을 넘지 아니하는 간격으로 장음 2회의 기적신호를 들었다면 그 기적을 울린 선박은?

가 정박선

나 조종제한선

사 얹혀 있는 선박

아 대수속력이 없는 항행 중인 동력선

해설

항행 중인 동력선은 정지하여 대수속력이 없는 경우에는 장음 사이의 간격을 2초 정도로 연속하여 장음을 2회 울리되, 2분을 넘지 아니하는 간격으로 울려야 한다(해상교통안전법 제100조 제1항 제2호).

16 (   )에 적합한 것은?

> 선박의 입항 및 출항 등에 관한 법률상 (   )를 피하기 위한 경우 등 해양수산부령으로 정하는 사유로 선박을 항로에 정박시키거나 정류시키려는 자는 그 사실을 관리청에 신고하여야 한다.

가 선박나포

나 해양사고

사 오염물질 배수

아 위험물질 방치

해설

무역항의 수상구역 등에 정박하려는 선박은 정박구역 또는 정박지에 정박하여야 한다. 다만, 해양사고를 피하기 위한 경우 등 해양수산부령으로 정하는 사유가 있는 경우에는 그러하지 아니하다. 정박구역 또는 정박지가 아닌 곳에 정박한 선박의 선장은 즉시 그 사실을 관리청에 신고하여야 한다(법 제5조).

정답 **13** 나 **14** 아 **15** 아 **16** 나

17 ( )에 적합한 것은?

> 선박의 입항 및 출항 등에 관한 법률상 우선
> 피항선은 무역항의 수상구역에서 운항하는
> 선박으로서 다른 선박의 진로를 피하여야 하
> 는 선박이며, ( )은 우선피항선이다.

가 압항부선

나 길이 20미터인 선박

사 총톤수 25톤인 선박

아 예인선이 부선을 끌거나 밀고 있는 경우
　의 예인선 및 부선

우선피항선 : 주로 무역항의 수상구역에서 운항하는 선
박으로서 다른 선박의 진로를 피하여야 하는 선박이다
(법 제2조 제5호).

1. 부선(艀船)[예인선이 부선을 끌거나 밀고 있는 경우
　의 예인선 및 부선을 포함하되, 예인선에 결합되어 운
　항하는 압항부선(押航艀船)은 제외한다]
2. 주로 노와 삿대로 운전하는 선박
3. 예선
4. 항만운송관련사업을 등록한 자가 소유한 선박
5. 해양환경관리업을 등록한 자가 소유한 선박 또는 해
　양폐기물관리업을 등록한 자가 소유한 선박(폐기물
　해양배출업으로 등록한 선박은 제외한다)
6. 1.부터 5.까지의 규정에 해당하지 아니하는 총톤수
　20톤 미만의 선박

18 선박의 입항 및 출항 등에 관한 법률상 무역항의 수상
구역 등에서 정박지를 지정하는 기준이 아닌 것은?

가 선박의 종류　　나 선박의 국적

사 선박의 톤수　　아 적재물의 종류

관리청은 무역항의 수상구역 등에 정박하는 선박의 종류·
톤수·흘수(吃水) 또는 적재물의 종류에 따른 정박구역
또는 정박지를 지정·고시할 수 있다(법 제5조 제1항).

19 ( )에 적합하지 않은 것은?

> 선박의 입항 및 출항 등에 관한 법률상 관리
> 청은 무역항의 수상구역 등에서 선박교통의
> 안전을 위하여 필요하다고 인정하여 항로 또
> 는 구역을 지정한 경우에는 ( )을/를 정
> 하여 공고하여야 한다.

가 제한기간

나 관할 해양경찰서

사 금지기간

아 항로 또는 구역의 위치

관리청이 항로 또는 구역을 지정한 경우에는 항로 또는
구역의 위치, 제한·금지 기간을 정하여 공고하여야 한
다(법 제9조 제2항).

20 ( )에 순서대로 적합한 것은?

> 선박의 입항 및 출항 등에 관한 법률상 ( )
> 은 ( )으로부터 최고속력의 지정을 요청
> 받은 경우 특별한 사유가 없으면 무역항의 수
> 상구역 등에서 선박 항행 최고 속력을 지정·
> 고시하여야 한다.

가 지정청, 해양경찰청장

나 지정청, 지방해양수산청장

사 관리청, 해양경찰청장

아 관리청, 지방해양수산청장

선박의 입항 및 출항 등에 관한 법률상 관리청은 해양경
찰청장으로부터 최고속력의 지정을 요청받은 경우 특별
한 사유가 없으면 무역항의 수상구역 등에서 선박 항행
최고속력을 지정·고시하여야 한다(법 제17조 제2·3항).

정답 　17 아　18 나　19 나　20 사

21 (   )에 적합하지 않은 것은?

> 선박의 입항 및 출항 등에 관한 법률상 선박이 무역항의 수상구역 등에서 (   )[이하 부두등이라 한다]을 오른쪽 뱃전에 두고 항행할 때에는 부두등에 접근하여 항행하고, 부두등을 왼쪽 뱃전에 두고 항행할 때에는 멀리 떨어져서 항행하여야 한다.

가 정박 중인 선박

나 항행 중인 동력선

사 해안으로 길게 뻗어 나온 육지 부분

아 부두, 방파제 등 인공시설물의 튀어나온 부분

선박이 무역항의 수상구역 등에서 해안으로 길게 뻗어 나온 육지 부분, 부두, 방파제 등 인공시설물의 튀어나온 부분 또는 정박 중인 선박(이하 "부두등")을 오른쪽 뱃전에 두고 항행할 때에는 부두등에 접근하여 항행하고, 부두등을 왼쪽 뱃전에 두고 항행할 때에는 멀리 떨어져서 항행하여야 한다(법 제14조).

22 선박의 입항 및 출항 등에 관한 법률상 항법에 대한 규정으로 옳은 것은?

가 항로에서 선박 상호 간의 거리는 1해리 이상 유지하여야 한다.

나 무역항의 수상구역 등에서 속력을 3노트 이하로 유지하여야 된다.

사 범선은 무역항의 수상구역 등에서 돛을 최대로 늘려 항행하여야 된다.

아 모든 선박은 항로를 항행하는 흘수제약선의 진로를 방해하지 않아야 한다.

가. 무역항의 수상구역 등에서 2척 이상의 선박이 항행할 때에는 서로 충돌을 예방할 수 있는 상당한 거리를 유지하여야 한다(법 제18조).

나. 선박이 무역항의 수상구역 등이나 무역항의 수상구역 부근을 항행할 때에는 다른 선박에 위험을 주지 아니할 정도의 속력으로 항행하여야 한다(법 제17조 제1항).

사. 범선이 무역항의 수상구역 등에서 항행할 때에는 돛을 줄이거나 예인선이 범선을 끌고 가게 하여야 한다(법 제15조 제2항).

23 해양환경관리법상 선박에서 해양에 언제라도 배출이 가능한 물질은?

가 식수
나 선저폐수
사 합성어망
아 선박 주기관 윤활유

식수는 어떤 해양에서 언제라도 배출이 가능하다.

24 해양환경관리법상 오염물질이 배출된 경우 오염을 방지하기 위한 조치가 아닌 것은?

가 오염물질의 배출방지

나 배출된 오염물질의 확산방지 및 제거

사 배출된 오염물질의 수거 및 처리

아 기름오염방지설비의 가동

오염물질이 배출된 경우 방제의무자의 조치(법 제64조 제1항)
- 오염물질의 배출방지
- 배출된 오염물질의 확산방지 및 제거
- 배출된 오염물질의 수거 및 처리

정답 **21** 나 **22** 아 **23** 가 **24** 아

25 해양환경관리법상 분뇨오염방지설비를 갖추어야 하는 선박의 선박검사증서 또는 어선검사증서상 최대승선인원 기준은? (단, 다른 법률에서 정한 경우는 제외함)

가 10명 이상
나 16명 이상
사 20명 이상
아 24명 이상

다음에 해당하는 선박의 소유자는 그 선박 안에서 발생하는 분뇨를 저장·처리하기 위한 설비(분뇨오염방지설비)를 설치하여야 한다. 다만, 「선박안전법 시행규칙」 제4조 제1호 및 「어선법」 제3조 제9호에 따른 위생설비 중 대변용 설비를 설치하지 아니한 선박의 소유자와 대변소를 설치하지 아니한 「수상레저기구의 등록 및 검사에 관한 법률」 제6조에 따라 등록한 수상레저기구의 소유자는 그러하지 아니하다(법 제25조 제1항, 「선박에서의 오염방지에 관한 규칙」 제14조 제1항).

- 총톤수 400톤 이상의 선박(선박검사증서상 최대승선 인원이 16인 미만인 부선은 제외)
- 선박검사증서 또는 어선검사증서상 최대승선인원이 16명 이상인 선박
- 수상레저기구 안전검사증에 따른 승선정원이 16명 이상인 선박
- 소속 부대의 장 또는 경찰관서·해양경찰관서의 장이 정한 승선인원이 16명 이상인 군함과 경찰용 선박

제4과목 **기관**

01 4행정 사이클 디젤 기관에서 흡·배기 밸브의 밸브겹침에 대한 설명으로 옳은 것은?

가 상사점 부근에서 흡·배기 밸브가 동시에 열려 있는 기간이다.
나 상사점 부근에서 흡·배기 밸브가 동시에 닫혀 있는 기간이다.
사 하사점 부근에서 흡·배기 밸브가 동시에 열려 있는 기간이다.
아 하사점 부근에서 흡·배기 밸브가 동시에 닫혀 있는 기간이다.

밸브겹침(valve overlap) : 상사점 부근에서 크랭크 각도 40° 동안 흡기밸브와 배기밸브가 동시에 열려 있는 기간

02 직렬형 디젤 기관에서 실린더가 6개인 경우 메인 베어링의 최소 개수는?

가 5개
나 6개
사 7개
아 8개

직렬형 디젤 기관에서 메인 베어링은 피스톤 양쪽에 있도록 만들어져 있으므로 반드시 피스톤수보다 한 개 더 많다. 따라서 실린더가 6개이므로, 메인 베어링은 7개가 된다.

03 디젤 기관의 실린더 라이너가 마멸된 경우에 발생하는 현상으로 옳은 것은?

가 실린더 내 압축공기가 누설된다.

나 피스톤에 작용하는 압력이 증가한다.

사 최고 폭발압력이 상승한다.

아 간접 역전장치의 사용이 곤란하게 된다.

실린더 라이너 마모의 **영향** : 출력 저하, 압축압력의 저하, 연료의 불완전 연소, 연료 소비량 증가, 윤활유 소비량 증가, 기관의 시동성 저하, 가스가 크랭크실로 누설

04 4행정 사이클 디젤 기관의 실린더 헤드에 설치되는 밸브가 아닌 것은?

가 흡기밸브

나 연료분사밸브

사 배기밸브

아 시동공기분배밸브

흡기밸브, 배기밸브, 연료분사밸브는 실린더 헤드에 설치되어 있으나, 시동공기분배밸브는 캠축에 설치되어 있다.

05 실린더 헤드에서 발생할 수 있는 고장에 대한 설명으로 옳지 않은 것은?

가 각부의 온도차로 균열이 발생한다.

나 헤드의 너트 풀림으로 배기가스가 누설한다.

사 냉각수 통로의 부식으로 냉각수가 누설한다.

아 흡입공기 온도 상승으로 배기가스가 누설한다.

아. 헤드의 너트 풀림 등이 배기가스 누설과 관련되며, 흡입공기 온도 상승으로 인한 배기가스 누설은 되지 않는다.

06 디젤 기관에서 피스톤 링을 피스톤에 조립할 경우의 주의사항으로 옳지 않은 것은?

가 링의 상하면 방향이 바뀌지 않도록 조립한다.

나 가장 아래에 있는 링부터 차례로 조립한다.

사 링이 링 홈 안에서 잘 움직이는지를 확인한다.

아 링의 절구틈이 모두 같은 방향이 되도록 조립한다.

피스톤 링의 조립
- 피스톤 링을 피스톤에 조립할 때는 각인된 쪽이 실린더 헤드 쪽으로 향하도록 하고, 링 이음부는 크랭크축 방향과 축의 직각 방향(측압쪽)을 피해서 120°~180° 방향으로 서로 엇갈리게 조립한다.
- 링의 상하면 방향이 바뀌지 않게 하면서 가장 아래에 있는 링부터 차례로 조립한다. 링이 링 홈 안에서 잘 움직이는지를 확인한다.
- 링을 조립할 때는 링의 끝부분이 절개되어 있어 완전한 기밀을 유지하기 어려우므로 절개부 위치를 엇갈리게 배치한다.

07 디젤 기관의 피스톤 링 재료로 주철을 사용하는 주된 이유는?

가 기관의 출력을 증가시켜 주기 때문에

나 연료유의 소모량을 줄여 주기 때문에

사 고온에서 탄력을 증가시켜 주기 때문에

아 윤활유의 유막 형성을 좋게 하기 때문에

정답 **03** 가 **04** 사 **05** 아 **06** 아 **07** 아

 **해설**

피스톤 링의 재질은 일반적으로 주철을 사용하는데, 주철은 조직 중에 함유된 흑연이 윤활유의 유막 형성을 좋게 하여 마멸이나 눌어붙는 것을 적게 해 준다. 또한 주철은 실린더 내벽과 접촉이 좋고 고온에서 탄력 감소가 작은 장점이 있다.

08 다음 그림과 같은 크랭크축에서 ①의 명칭은?

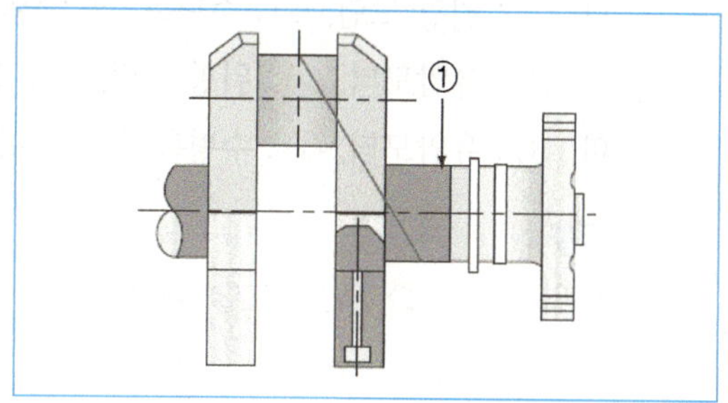

가 평형추 나 크랭크 핀

사 크랭크 암 아 크랭크 저널

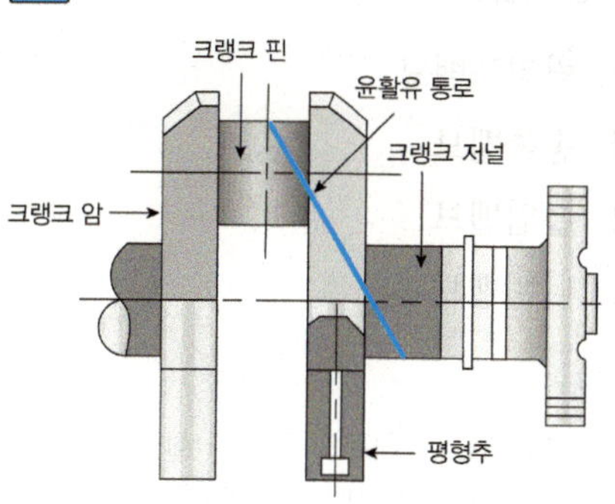 **해설**

09 소형기관에서 플라이휠의 구성 요소가 아닌 것은?

가 림 나 암

사 핀 아 보스

 **해설**

플라이휠은 주철제의 바퀴로서 림(rim), 보스(boss), 암(arm)으로 구성된다.

10 내연기관의 연료유에 대한 설명으로 옳지 않은 것은?

가 발열량이 클수록 좋다.

나 유황분이 적을수록 좋다.

사 물이 적게 함유되어 있을수록 좋다.

아 점도가 높을수록 좋다.

 **해설**

내연기관에 사용되는 연료유는 비중이나 점도가 커서는 안 되고, 침전물도 많아서도 안 된다.

11 소형기관의 시동 직후 운전상태를 파악하기 위해 점검해야 할 사항이 아닌 것은?

가 계기류의 지침

나 배기색

사 진동의 발생 여부

아 윤활유의 점도

 **해설**

윤활유의 점도는 사전에 체크되어야 할 부분이지 시동 직후에 점검해야 될 사항은 아니다.

12 소형기관에서 크랭크축으로부터 회전수를 낮추어 추진장치에 전달해 주는 장치는?

가 조속장치 나 과급장치

사 감속장치 아 가속장치

정답 08 아 09 사 10 아 11 아 12 사

해설

가. **조속장치** : 기관의 속도를 제어하는 장치이다.

나. **과급장치** : 급기를 압축하는 장치로서 실린더에서 나오는 배기가스로 가스 터빈을 돌리고, 가스 터빈이 돌면서 같은 축에 연결된 송풍기를 회전시켜 강제로 새 공기를 실린더 안에 불어넣는 장치이다.

13 프로펠러에 의한 속도와 배의 속도와의 차이를 무엇이라고 하는가?

가 서징   나 피치

사 슬립   아 경사

해설

나선형 프로펠러의 슬립이란 추진기가 물속을 전진하는 볼트와 너트의 관계와 같다. 그러나 추진기의 경우는 너트에 해당되는 것이 고체가 아닌 물이므로 반드시 피치×회전수만큼 추진기가 전진할 수 없다. 이와 같이 배의 속도와 추진기의 속도의 차를 말한다.

14 스크루 프로펠러로만 짝지어진 것은?

가 고정피치 프로펠러와 가변피치 프로펠러

나 분사 프로펠러와 가변피치 프로펠러

사 분사 프로펠러와 고정피치 프로펠러

아 고정피치 프로펠러와 외차 프로펠러

해설

나선형 추진기는 스크루 프로펠러(screw propeller)라고도 하며, 축계를 통하여 전달된 주기관의 동력으로 배를 추진하는 장치이다. 이에는 고정피치 프로펠러와 가변피치 프로펠러가 있다.

15 다음 그림과 같은 무어링 윈치에서 ①, ②, ③의 명칭은?

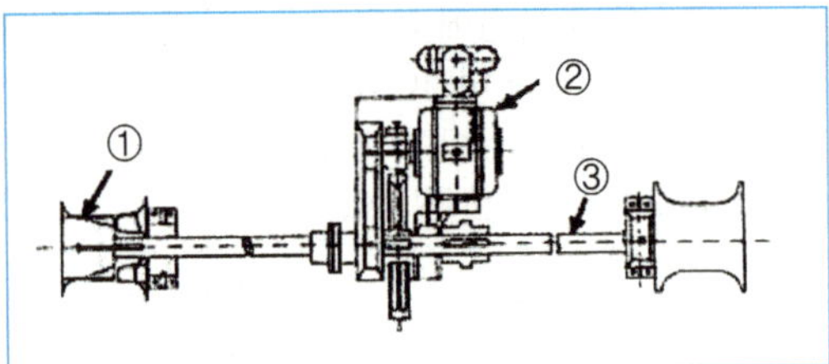

가 ① : 워핑 드럼, ② : 유압모터, ③ : 수평축

나 ① : 워핑 드럼, ② : 수평축, ③ : 유압모터

사 ① : 유압모터, ② : 워핑 드럼, ③ : 수평축

아 ① : 유압모터, ② : 수평축, ③ : 워핑 드럼

해설

① 워핑 드럼, ② 유압모터, ③ 수평축

16 기어 펌프에서 송출압력이 설정값 이상으로 상승하면 송출측 유체를 흡입측으로 되돌려 보내는 밸브는?

가 릴리프밸브

나 송출밸브

사 흡입밸브

아 나비밸브

해설

가. **릴리프밸브** : 회로의 압력이 설정 압력에 도달하면 유체(流體)의 일부 또는 전량을 배출시켜 회로 내의 압력을 설정값 이하로 유지하는 압력제어 밸브이며, 1차 압력 설정용 밸브를 말한다.

나. **송출밸브** : 원심 펌프의 송출량을 조절하는 밸브이다.

아. **나비밸브** : 관로의 열림을 조절하는 밸브로 유량조절용에 적합하며, 기밀성이 상대적으로 약해 고압 유체용에는 부적합하다.

정답 **13** 사 **14** 가 **15** 가 **16** 가

17 해수 펌프의 구성품이 아닌 것은?

가 축봉장치　　나 임펠러
사 케이싱　　아 제동장치

해수 펌프는 기관을 냉각시키기 위하여 바닷물을 공급하는 펌프로 임펠러, 축봉장치, 케이싱 등으로 구성된다.

18 선내에서 주로 사용되는 교류 전원의 주파수는 몇 Hz인가?

가 30Hz　　나 90Hz
사 60Hz　　아 120Hz

선내에서 주로 사용되는 교류 전원의 주파수는 60Hz이다.

19 전동기 기동반에서 빼낸 퓨즈의 정상 여부를 멀티 테스터로 확인하는 방법으로 옳은 것은?

가 멀티테스터의 선택스위치를 저항 레인지에 놓고 저항을 측정해서 확인한다.
나 멀티테스터의 선택스위치를 전압 레인지에 놓고 전압을 측정해서 확인한다.
사 멀티테스터의 선택스위치를 전류 레인지에 놓고 전류를 측정해서 확인한다.
아 멀티테스터의 선택스위치를 전력 레인지에 놓고 전력을 측정해서 확인한다.

멀티테스터(회로시험기, multi tester) : 전압, 전류 및 저항 등의 값을 하나의 계기로 측정할 수 있게 만든 기기이다. 퓨즈의 정상 여부는 멀티테스터의 선택스위치를 저항 레인지에 놓고 저항을 측정해서 확인한다.

20 납축전지의 구성 요소가 아닌 것은?

가 극판
나 충전판
사 격리판
아 전해액

납축전지는 극판군(양극판, 음극판, 격리판)과 전해액으로 구성되어 있다.

21 기관의 출력을 나타내는 단위는?

가 [bar]　　나 [rpm]
사 [kW]　　아 [MPa]

나. rpm : 크랭크축이 1분 동안 몇 번의 회전을 하는지 나타내는 단위
아. MPa : 압력의 단위. 주로 N/m^2으로 나타내고 파스칼(Pa)이라 부르며, bar, kgf/cm^2, psi, atm 등도 사용한다. MPa(메가파스칼)은 Pa에 10^6을 한 값이다.

22 운전 중인 디젤 기관이 갑자기 정지되는 경우가 아닌 것은?

가 윤활유의 압력이 너무 낮은 경우
나 기관의 회전수가 과속도 설정값에 도달된 경우
사 연료유가 공급되지 않는 경우
아 냉각수 온도가 너무 낮은 경우

'가, 나, 사'의 경우는 기관이 갑자기 정지되는 사유가 되나, 냉각수 온도가 너무 낮은 경우는 기관이 갑자기 정지되는 사유는 아니다.

정답 17 아　18 사　19 가　20 나　21 사　22 아

23 디젤 기관에서 크랭크 암 개폐에 대한 설명으로 옳지 않은 것은?

가 선박이 물위에 떠 있을 때 계측한다.

나 다이얼식 마이크로미터로 계측한다.

사 각 실린더마다 정해진 여러 곳을 계측한다.

아 개폐가 심할수록 유연성이 좋으므로 기관의 효율이 높아진다.

크랭크 암의 개폐작용은 크랭크축이 회전할 때 크랭크 암 사이의 거리가 넓어지거나 좁아지는 현상으로 기관의 운전 중 개폐작용이 과대하게 발생하면 축에 균열(crack)이 생겨 결국 부러지게 된다.

24 선박용 연료유에 대한 일반적인 설명으로 옳지 않은 것은?

가 경유가 중유보다 비중이 낮다.

나 경유가 중유보다 점도가 낮다.

사 경유가 중유보다 유동점이 낮다.

아 경유가 중유보다 발열량이 높다.

비중, 점도, 유동점, 발열량의 크기는 가솔린, 등유, 경유, 중유 순으로 커진다. 따라서 경유가 중유보다 발열량이 낮다.

25 연료유의 부피 단위는?

가 [kℓ] 나 [kg]

사 [MPa] 아 [cSt]

연료유의 부피 단위는 [kℓ]이다.

2022년 제1회 최신 기출문제

제1과목 항해

01 어느 지점을 지나는 진자오선과 자기 자오선이 이루는 교각은?

가 자차
나 편차
사 풍압차
아 유압차

가. **자차** : 자기 자오선(자북)과 선내 나침의 남북선(나북)이 이루는 교각

사. **풍압차** : 선박이 항행 중 바람이나 조류의 영향으로 원래의 침로에서 좌우로 벗어나는 정도를 말한다.

아. **유압차** : 조류, 해류 등 물의 흐름의 영향에 의해 좌우로 떠밀리는 정도를 말한다.

02 자이로컴퍼스에서 선박의 속력이 빠르고 그 침로가 남북에 가까울수록, 또 위도가 높아질수록 커지는 오차는?

가 위도오차
나 속도오차
사 동요오차
아 가속도오차

가. **위도오차** : 진북을 가리키는 자이로 나침반 특유의 위도에 대한 오차로, 제진 세차 운동과 지북 세차 운동이 동시에 일어나는 경사 제진식 제품에만 있다.

사. **동요오차** : 선박이 동요하면 자이로컴퍼스는 짐벌 내부 장치에서 단진자와 같은 진요운동을 한다. 그 진요의 변화로 인한 가속도와 진자의 호상운동으로 인하여 오차가 생기며, 이것을 동요오차라고 한다.

아. **가속도오차** : 항해 중 선박의 속도가 변경(증속, 감속)되거나 침로가 변경되면, 그 가속력이 컴퍼스에 작용하는데 이때 발생하는 오차를 말한다.

03 자기 컴퍼스의 자차계수 중 일반적으로 수정하지 않는 자차계수는?

가 A, B
나 A, E
사 C, E
아 C, D

일반적으로 A, E는 수정하지 않는다.

04 일반적으로 자기 컴퍼스의 유리가 파손되거나 기포가 생기지 않는 온도 범위는?

가 0℃~70℃
나 −5℃~75℃
사 −20℃~50℃
아 −40℃~30℃

자기 컴퍼스에 들어가는 컴퍼스 액은 에틸알코올과 증류수를 약 35 : 65의 비율로 혼합한 액체로 비중이 약 0.95, 온도 −20℃~60℃ 범위에서 점성 및 팽창계수가 작다. 따라서 위 온도 범위에서 유리가 파손되거나 기포가 생기지 않는다.

05 풍향에 대한 설명으로 옳지 않은 것은?

가 풍향이란 바람이 불어가는 방향을 말한다.
나 풍향이 시계 방향으로 변하는 것을 풍향 순전이라 한다.
사 풍향이 반시계 방향으로 변하는 것을 풍향 반전이라 한다.
아 보통 북(N)을 기준으로 시계 방향으로 16방위로 나타내며, 해상에서는 32방위로 나타낼 때도 있다.

정답 01 나 02 나 03 나 04 사 05 가

가. 풍향이란 바람이 불어오는 방향을 말한다.

06 (   )에 적합한 것은?

> 육상 송신국 또는 선박으로부터의 전파의 방위를 측정하여 위치선으로 활용하는 것으로 등대, 섬 등 육표의 시각 방위측정법에 비해 측정거리가 길고, 천후 또는 밤낮에 관계없이 위치 측정이 가능한 장비는 (   )이다.

가 알디에프(RDF) 　나 지피에스(GPS)

사 로란(LORAN) 　아 데카(DECCA)

나. **지피에스(GPS)** : 위치를 알고 있는 24개의 인공위성에서 발사하는 전파를 수신하고, 그 도달시간으로부터 관측자까지의 거리를 구하여 위치를 결정하는 방식이다.

사. **로란(LORAN)** : 장거리 무선항법 시스템의 하나로 해상, 육상, 항공기 등의 폭넓은 이용범위와 정확도로 위치 측정을 할 수 있는 시스템이다.

아. **데카(DECCA)** : 두 송신국 전파의 위상차를 측정하여 거리차로 환산, 다른 전파 항해계측기에 비해 사용법이 간단하고 정확하다.

07 천의 극 중에서 관측자의 위도와 반대쪽에 있는 극은?

가 동명극 　나 천의 북극

사 이명극 　아 천의 남극

- **천의 남극과 천의 북극** : 천의 극 중 지구의 북극 쪽에 있는 것을 천의 북극, 남극 쪽에 있는 것을 천의 남극
- **동명극과 이명극** : 동명극은 관측자의 위도와 동명인 극, 이명극은 관측자의 위도와 이명인 극

08 연안항해에서 많이 사용하는 방법으로 뚜렷한 물표 2개 또는 3개를 이용하여 선위를 구하는 방법은?

가 3표양각법 　나 4점방위법

사 교차방위법 　아 수심연측법

가. **3표양각법** : 뚜렷한 3개의 물표를 육분의로 수평협각을 측정하고, 3간분도기를 사용하여 그들 협각을 각각의 원주각으로 하는 원의 교점을 구하는 방법이다.

나. **4점방위법** : 물표의 전측시 선수각을 45°(4점)로 측정하고, 후측시 선수각을 90°(8점)로 측정하는 선위 측정법으로, 정횡거리를 알 수 있다. 연안항해에서 많이 이용하는 방법이다.

사. **교차방위법** : 2개 이상의 뚜렷한 물표를 선정하여 거의 동시에 각각의 방위를 재어 해도상에 방위선을 긋고 이들의 교점을 선위로 측정하는 방법이다.

아. **수심연측법** : 연안항해 중 안개, 눈 또는 비 때문에 목표물을 선정할 수 없을 때 대략적으로 선위를 알기 위해 일정한 간격, 연속적 수심 측정을 통하여 선위를 추정하는 방법으로, 측심에 의한 선위는 추정위치가 된다.

09 작동 중인 레이더 화면에서 'A' 점은?

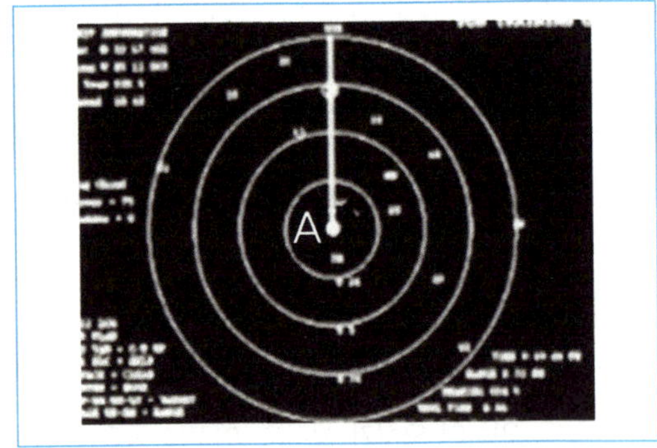

가 섬 　나 자기 선박

사 육지 　아 다른 선박

 해설

주어진 그림의 레이더는 상대운동 표시방식의 레이더로 자선(본선)의 위치가 PPI(Plan Position Indicator)상의 어느 한 점(주로 PPI의 중심)에 고정되어 있기 때문에, 모든 물체는 자선의 움직임에 대하여 상대적인 움직임으로 표시된다.

10 위성항법장치(GPS)에서 오차가 발생하는 원인이 아닌 것은?

가 위성 오차

나 수신기 오차

사 전파 지연 오차

아 사이드 로브에 의한 오차

 해설

사용자와 위성 간의 거리를 측정할 때 GPS 신호가 실린 전파의 속도를 일정하다고 생각하였지만 온도, 대기의 상태 등에 따라 전파의 속도는 변하므로 오차가 발생한다. 이의 오차의 원인에는 전파 속도의 변동에 따른 오차, 수신기 오차 및 시계 오차, 다중 경로 오차, 위성 궤도 오차, 위성에서의 신호 처리 지연 등이 있다.

11 해도상에 표시된 해저 저질의 기호에 대한 의미로 옳지 않은 것은?

가 S – 자갈

나 M – 뻘

사 R – 암반

아 Co – 산호

 해설

가. S – 모래, G – 자갈

12 우리나라에서 발간하는 종이해도에 대한 설명으로 옳은 것은?

가 수심 단위는 피트(Feet)를 사용한다.

나 나침도의 바깥쪽은 나침방위권을 사용한다.

사 항로의 지도 및 안내서의 역할을 하는 수로서지이다.

아 항박도는 대축척 해도로 좁은 구역을 상세히 그린 평면도이다.

 해설

가. 수심 단위는 미터(m)를 사용한다.

나. 나침도의 바깥쪽은 진방위를 사용하고, 안쪽은 나침방위를 사용한다.

사. 수로서지는 해도 이외에 항해에 도움을 주는 모든 간행물을 말하므로, 해도는 수로서지가 아니다.

13 수로서지 중 특수서지가 아닌 것은?

가 등대표 나 조석표

사 천측력 아 항로지

 해설

수로서지 중 특수서지는 항로지 이외의 서적을 말한다.

14 등부표에 대한 설명으로 옳지 않은 것은?

가 강한 파랑이나 조류에 의해 유실되는 경우도 있다.

나 항로의 입구, 폭 및 변침점 등을 표시하기 위해 설치한다.

사 해저의 일정한 지점에 체인으로 연결되어 수면에 떠 있는 구조물이다.

아 조류표에 기재되어 있으므로, 선박의 정확한 속력을 구하는 데 사용하면 좋다.

정답 10 아 11 가 12 아 13 아 14 아

등부표 : 암초나 사주가 있는 위험한 장소·항로의 입구·폭·변침점 등을 표시하기 위해 설치. 해저의 일정한 지점에 떠 있는 구조물로 등대와 함께 가장 널리 쓰인다. 따라서 선박의 정확한 속력을 구하는 데 사용하는 것이 아니다.

15 암초, 사주(모래톱) 등의 위치를 표시하기 위하여 그 위에 세워진 경계표이며, 여기에 등광을 설치하면 등표가 되는 항로표지는?

가 입표　　　　나 부표

사 육표　　　　아 도표

나. **부표** : 물 위에 떠 있는 항만의 유도표지로, 항로를 따라 설치하거나 변침점에 설치한다.

사. **육표** : 입표의 설치가 곤란한 경우에 육상에 마련한 간단한 항로표지로, 등광을 달면 등주가 된다.

아. **도표** : 좁은 수로의 항로를 표시하기 위하여 항로의 연장선 위에 앞뒤로 2개 이상의 육표를 설치하여 선박을 인도하는 것이다.

16 전자력에 의해서 발음판을 진동시켜 소리를 내게 하는 음파(음향)표지는?

가 무종　　　　나 다이어폰

사 에어 사이렌　　아 다이어프램 폰

가. **무종**(Fog Bell) : 가스의 압력 또는 기계장치로 타종하는 것

나. **다이어폰** : 압축공기에 의해서 발음체인 피스톤을 왕복시켜서 소리를 내는 장치

사. **에어 사이렌** : 공기압축기로 만든 공기에 의하여 사이렌을 울리는 장치

17 종이해도번호 앞에 'F(에프)로 표기된 것은?

가 해류도　　　　나 조류도

사 해저 지형도　　아 어업용 해도

가. **해류도** : 일정한 방향과 유속을 가진 해수의 흐름을 나타낸 지도

나. **조류도** : 조석 현상에 의한 해수의 수평적인 흐름인 조류의 상황을 그림으로 표시한 해도

사. **해저 지형도** : 해안의 저조선을 포함한 해저면의 지형을 그린 해도

아. **어업용 해도** : 일반 항해용 해도에 각종 어업에 필요한 제반 자료를 기재하여 제작한 해도로, 해도 번호 앞에 'F'가 표기되어 있다.

18 다음 중 가장 축척이 큰 종이해도는?

가 총도　　　　나 항양도

사 항해도　　　아 항박도

해도의 축척 : 두 지점 사이의 실제 거리와 해도에서 이에 대응하는 두 지점 사이의 거리의 비를 말한다.

- **대축척 해도** : 좁은 지역을 상세하게 표시한 해도(항박도)
- **소축척 해도** : 넓은 지역을 작게 나타낸 해도(총도, 항양도)

19 해도상에 표시된 등대의 등질 'Fl.2s10m20M'에 대한 설명으로 옳지 않은 것은?

가 섬광등이다.

나 주기는 2초이다.

사 등고는 10미터이다.

아 광달거리는 20킬로미터이다.

정답　**15** 가　**16** 아　**17** 아　**18** 아　**19** 아

해설

등대의 등질은 다른 등화와 구분하기 위하여 등광의 발사상황을 달리하는 것이다. 'Fl.2s10m20M'에서 'Fl'은 섬광등, '2s'는 정해진 등질이 반복되는 시간을 초 단위로 나타낸 주기로 2초마다 반복됨을 나타낸다. 그리고 '10m'는 등대 높이인 등고가 10m임을 나타내며, '20M'는 등광을 알아볼 수 있는 최대거리인 광달거리로 그 광달거리가 20마일임을 나타낸다.

20 다음 그림의 항로표지에 대한 설명으로 옳은 것은? (단, 두표의 모양만 고려함)

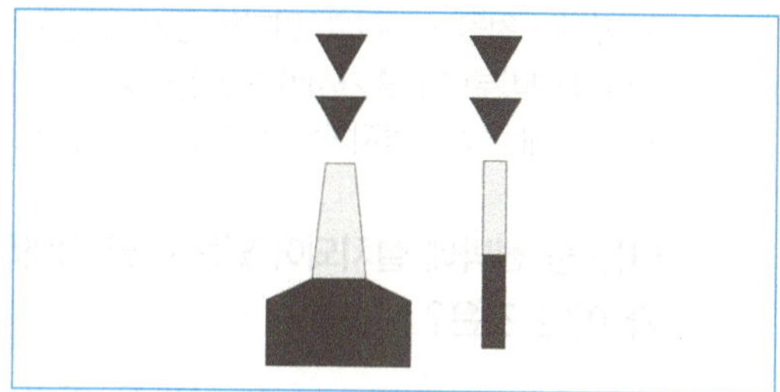

- 가 표지의 동쪽에 가항수역이 있다.
- 나 표지의 서쪽에 가항수역이 있다.
- 사 표지의 남쪽에 가항수역이 있다.
- 아 표지의 북쪽에 가항수역이 있다.

해설

동방위표지(◆), 서방위표지(✕), 남방위표지(▼), 북방표지(▲)

21 선박에서 주로 사용하는 습도계는?

- 가 자기 습도계
- 나 모발 습도계
- 사 건습구 습도계
- 아 모발 자기 습도계

해설

가. **자기 습도계** : 습도를 자기지 위에 자동으로 기록하는 습도계

나. **모발 습도계** : 팽창하는 유기물 섬유가 물을 흡수하는 성질을 이용한 습도계이다.

사. **건습구 온도계** : 온도계를 두 개 중 하나는 그냥 놓고, 하나는 물에 적신 헝겊을 두른 온도계를 놓는다. 그러면 하나는 지금의 온도를 나타내고, 하나는 물이 증발하면서 낮은 온도를 나타낸다. 이 두 개의 온도계의 차이로 지금의 습도를 알아내는 것이다.

아. **모발 자기 습도계** : 인간의 머리카락이 상대습도에 따라 늘었다 줄었다 하는 성질을 이용하여 만든 자기 습도계를 모발 자기 습도계라고 한다.

22 전선을 동반하는 저기압으로, 기압경도가 큰 온대 지방과 한대 지방에서 생기며, 일명 온대 저기압이라고도 부르는 것은?

- 가 전선 저기압
- 나 비전선 저기압
- 사 한랭 저기압
- 아 온난 저기압

해설

가. **전선 저기압** : 기압 기울기가 큰 온대 및 한대 지방에서 발생하는 저기압으로 전선을 동반한다.

나. **비전선 저기압** : 전선을 동반하지 않는 저기압으로, 열적 저기압과 지형성 저기압이 이에 해당한다.

사. **한랭 저기압** : 중심이 주위보다 차가운 저기압으로, 이동 속도와 발달 속도가 느리다.

아. **온난 저기압** : 중심이 주위보다 온난한 저기압으로, 상층으로 갈수록 저기압성 순환이 줄어들면서 어느 고도에서는 없어진다.

23 일기도의 날씨 기호 중 '☰'가 의미하는 것은?

- 가 눈
- 나 비
- 사 안개
- 아 우박

해설

맑음	갬	흐림	비	소나기	눈	안개	뇌우
○	◑	●	•	▽	✳	☰	⌐

정답 20 사 21 사 22 가 23 사

24 항해계획을 수립할 때 고려하여야 할 사항이 아닌 것은?

가 경제적 항해

나 항해일수의 단축

사 항해할 수역의 상황

아 선적항의 화물 준비 사항

항해하게 될 수역의 상황을 조사하여 면밀한 항해계획을 수립해야 하는데, 이때 고려사항으로는 안전한 항해, 항해일수의 단축, 경제성 등이다.

25 (   )에 적합한 것은?

> 항정을 단축하고 항로표지나 자연의 목표를 충분히 이용할 수 있도록 육안에 접근한 항로를 선정하는 것이 원칙이지만, 지나치게 육안에 접근하는 것은 위험을 수반하기 때문에 항로를 선정할 때 (   )을/를 결정하는 것이 필요하다.

가 피험선

나 위치선

사 중시선

아 이안 거리

가. **피험선** : 협수로를 통과할 때나 출·입항할 때에 자주 변침하여 마주치는 선박을 적절히 피하고, 위험을 예방하며, 예정 침로를 유지하기 위한 위험 예방선이다.

나. **위치선** : 선박이 그 자취 위에 존재한다고 생각되는 특정한 선

사. **중시선** : 두 물표가 일직선상에 겹쳐 보일 때 이 물표를 연결한 선으로 선위, 피험선, 컴퍼스 오차의 측정, 변침점, 선속 측정 등에 이용된다.

01 현호의 기능이 아닌 것은?

가 선박의 능파성을 향상시킨다.

나 선체가 부식되는 것을 방지한다.

사 건현을 증가시키는 효과가 있다.

아 갑판단이 일시에 수중에 잠기는 것을 방지한다.

현호는 미관상 이점과 능파성을 증가시켜 해수가 갑판으로 덮치는 것을 방지하고, 건현의 증가와 같은 효과로서 선박의 예비부력을 증가시켜 복원성을 증가시킨다. 선체가 부식되는 것을 방지하는 것은 현호의 기능이 아니다.

02 다음 중 선박에 설치되어 있는 수밀 격벽의 종류가 아닌 것은?

가 선수 격벽

나 기관실 격벽

사 선미 격벽

아 타기실 격벽

수밀 격벽은 선박이 충돌할 경우 충격을 최소화하고, 선체가 파손되어 해수가 침입할 경우에 이를 일부분에만 그치도록 하기 위해 설치한다. 수밀 격벽에는 선수 격벽, 선미 격벽, 기관실 격벽 등이 있다.

03 상갑판 보(Beam) 위의 선수재 전면으로부터 선미재 후면까지의 수평거리로 선박원부 및 선박국적증서에 기재되는 길이는?

가 전장

나 수선장

사 등록장

아 수선간장

가. **전장** : 선수의 최전단으로부터 선미의 최후단까지의 수평거리로 안벽계류 및 입거할 때 필요한 선박의 길이. 선박의 저항, 추진력 계산에 사용

나. **수선장** : 각 흘수선상의 물에 잠긴 선체의 선수재 전면에서 선미 후단까지의 수평거리. 배의 저항, 추진력 계산 등에 사용

아. **수선간장** : 계획만재흘수선상의 선수재의 전면으로부터 타주 후면까지의 수평거리

04 타(Rudder)의 구조를 나타낸 그림에서 ①은 무엇인가?

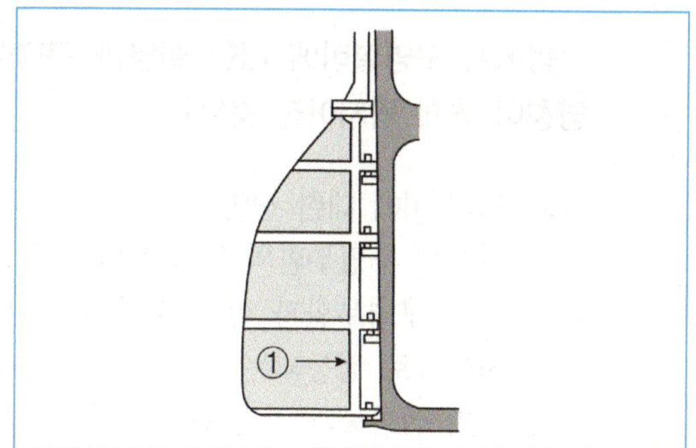

가 타판
나 핀틀
사 거전
아 타심재

[해설]

타의 구조

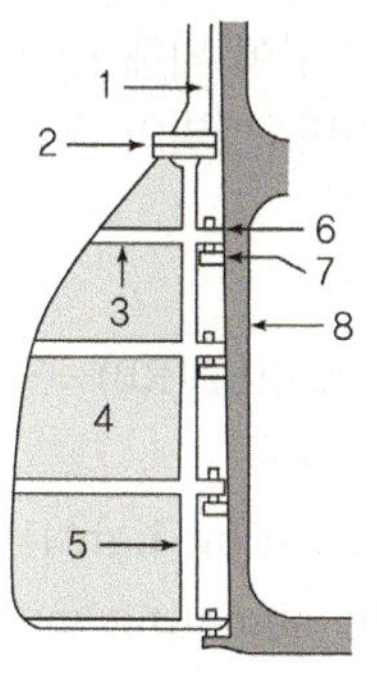

1. 타두재(rudder stock)
2. 러더 커플링
3. 러더 암
4. 타판
5. 타심재(main piece)
6. 핀틀
7. 거전
8. 타주
9. 수직 골재
10. 수평 골재

05 크레인식 하역장치의 구성 요소가 아닌 것은?

가 카고 훅
나 데릭 붐
사 토핑 윈치
아 선회 윈치

[해설]

데릭은 와이어 로프 끝에 있는 훅(hook)에 화물을 걸고, 윈치로 와이어 로프를 감아 하역하는 방식으로 크레인식 방식과 다르다. 데릭에서 데릭 붐은 화물을 들어 올리는 역할을 하는 부분으로 팔에 해당한다.

06 희석제(Thinner)에 대한 설명으로 옳지 않은 것은?

가 인화성이 강하므로 화기에 유의하여야 한다.

나 많은 양을 희석하면 도료의 점도가 높아진다.

사 도료에 첨가하는 양은 최대 10% 이하가 좋다.

아 도료의 성분을 균질하게 하여 도막을 매끄럽게 한다.

[해설]

도료의 점도를 조절하기 위해 첨가하는 희석제는 많이 넣으면 도료의 점도가 낮아진다.

07 다음 중 페인트를 칠하는 용구는?

가 철솔
나 스크레이퍼
사 그리스 건
아 스프레이 건

[해설]

도장용 선용품은 페인트 스프레이 건, 페인트 붓, 페인트 롤러 등이 있다.

정답 04 아 05 나 06 나 07 아

08 물이 스며들지 않아 수온이 낮은 물속에서 체온을 보호할 수 있는 것으로 2분 이내에 혼자서 착용 가능하여야 하는 것은?

가 구명조끼　　나 보온복

사 방수복　　아 방화복

방수복 : 물이 스며들지 않아 수온이 낮은 물속에서 체온을 보호할 수 있는 옷으로, 2분 이내에 도움 없이 착용할 수 있어야 한다.

09 해상이동업무식별번호(MMSI)에 대한 설명으로 옳은 것은?

가 5자리 숫자로 구성된다.

나 9자리 숫자로 구성된다.

사 국제 항해 선박에만 사용된다.

아 국내 항해 선박에만 사용된다.

해상이동업무식별부호(MMSI)는 선박국, 해안국 및 집단호출을 유일하게 식별하기 위해 사용되는 부호로서, 9개의 숫자로 구성되어 있다(우리나라의 경우 440, 441로 지정). 국내 및 국제 항해 모두 사용되며, 소형선박에도 부여된다.

10 선박이 침몰하여 수면 아래 4미터 정도에 이르면 수압에 의하여 선박에서 자동 이탈되어 조난자가 탈 수 있도록 압축가스에 의해 펼쳐지는 구명설비는?

가 구명정　　나 구명뗏목

사 구조정　　아 구명부기

가. **구명정** : 선박 조난 시 인명구조를 목적으로 특별하게 제작된 소형선박으로 부력, 복원성 및 강도 등이 완전한 구명기구이다.

사. **구조정** : 조난 중인 사람을 구조하고, 생존정을 인도하기 위하여 설계된 보트이다.

아. **구명부기** : 선박 조난시 구조를 기다릴 때 사용하는 인명구조 장비로, 사람이 타지 않고 손으로 밧줄을 붙잡고 있도록 만든 것이다.

11 다음에서 구명설비에 대한 설명과 구명설비의 명칭이 옳게 짝지어진 것은?

> ※ 구명설비에 대한 설명
>
> ㄱ. 야간에 구명부환의 위치를 알려 주는 등으로 구명부환과 함께 수면에 투하되면 자동으로 점등되는 설비
>
> ㄴ. 자기 점화등과 같은 목적의 주간 신호이며, 물에 들어가면 자동으로 오렌지색 연기를 내는 설비
>
> ㄷ. 선박이 비상상황으로 침몰 등의 일을 당하게 되었을 때 자동적으로 본선으로부터 이탈 부유하며 사고지점을 포함한 선명 등의 정보를 자동으로 발사하는 설비
>
> ㄹ. 낮에 거울 또는 금속편에 의해 태양의 반사광을 보내는 것이며, 햇빛이 강한 날에 효과가 큼
>
> ※ 구명설비의 명칭
>
> A. 비상위치지시 무선표지(EPIRB)
>
> B. 신호 홍염(Hand flare)
>
> C. 자기 점화등(Self-igniting light)
>
> D. 신호 거울(Daylight signaling mirror)
>
> E. 자기 발연 신호(Self-activating smoke signal)

가 ㄱ – A　　나 ㄴ – E

사 ㄷ – B　　아 ㄹ – C

정답 　**08** 사　**09** 나　**10** 나　**11** 나

ㄱ-ㄷ, ㄴ-ㅌ, ㄷ-ㅏ, ㄹ-ㅂ

12 선박이 조난된 경우 조난을 표시하는 신호의 종류가 아닌 것은?

가 국제신호기 'NC'기 게양

나 로켓을 이용한 낙하산 화염신호

사 흰색 연기를 발하는 발연부 신호

아 약 1분간의 간격으로 행하는 1회의 발포 기타 폭발에 의한 신호

발연부 신호는 불을 붙여 물에 던지면 해면 위에서 연기를 내는 것으로 잔잔한 해면에서 3분 이상의 시간 동안 눈에 잘 보이는 색깔의 연기를 분출한다. 따라서 흰색 연기는 눈에 잘 띄지 않기 때문에 조난을 표시하는 신호로는 부적절하다.

13 고장으로 움직이지 못하는 조난선박에서 생존자를 구조하기 위하여 접근하는 구조선이 풍압에 의하여 조난선박보다 빠르게 밀리는 경우 조난선에 접근하는 방법은?

가 조난선박의 풍상 쪽으로 접근한다.

나 조난선박의 풍하 쪽으로 접근한다.

사 조난선박의 정선미 쪽으로 접근한다.

아 조난선박이 밀리는 속도의 3배로 접근한다.

구조선은 조난선의 풍상 측에서 접근하되 바람에 의해 압류될 것을 고려하여야 한다.

14 본선 선명은 '동해호'이다. 본선에서 초단파(VHF) 무선설비를 이용하여 부산항 선박교통관제센터를 호출하는 방법으로 옳은 것은?

가 부산항, 여기는 동해호, 감도 있습니까?

나 동해호, 여기는 동해호, 감도 있습니까?

사 부산브이티에스, 여기는 동해호, 감도 있습니까?

아 동해호, 여기는 부산브이티에스, 감도 있습니까?

선박의 위치에서 가까운 무선국(항무부산)을 호출하면 무선국에서 안내원이 응답을 한다.
- **본선** : 무선국명(부산브이티에스), 선명(동해호), 감도 있습니까?
- **항무** : 귀선 말씀하세요.

15 전진 중인 선박에 어떤 타각을 주었을 때, 타에 대한 선체응답이 빠르면 무엇이 좋다고 하는가?

가 정지성 나 선회성
사 추종성 아 침로안정성

선박에 어떤 타각을 주었을 때, 타에 대한 선체의 응답이 빠르면 추종성이 좋다고 말하며, 이러한 조타에 대한 응답의 빠르기를 추종성지수(T)로 나타낸다.

16 선체운동 중에서 강한 횡방향의 파랑으로 인하여 선체가 좌현 및 우현 방향으로 이동하는 직선 왕복운동은?

가 종동요운동(Pitching)

나 횡동요운동(Rolling)

사 요잉(Yawing)

아 스웨이(Sway)

정답 **12** 사 **13** 가 **14** 사 **15** 사 **16** 아

가. **종동요운동**(Pitching) : 선체 중앙을 기준으로 하여 선수 및 선미가 상하 교대로 회전하려는 종경사 운동으로 선속을 감소시키며, 적재화물을 파손시키게 된다.

나. **횡동요운동**(Rolling) : 선수미선을 기준으로 하여 좌우 교대로 회전하는 횡경사 운동으로 선박의 복원력과 밀접한 관계가 있다.

사. **요잉**(Yawing) : 선수가 좌우 교대로 선회하려는 왕복운동을 말하며, 이 운동은 선박의 보침성과 깊은 관계가 있다.

17 우선회 고정피치 단추진기 선박의 흡입류와 배출류에 대한 설명으로 옳지 않은 것은?

가 측압작용의 영향은 스크루 프로펠러가 수면 위에 노출되어 있을 때 뚜렷하게 나타난다.

나 기관 전진 중 스크루 프로펠러가 수중에서 회전하면 앞쪽에서는 스크루 프로펠러에 빨려드는 흡입류가 있다.

사 기관을 후진상태로 작동시키면 선체의 우현 쪽으로 흘러가는 배출류는 우현 선미 측벽에 부딪치면서 측압을 형성한다.

아 기관을 전진상태로 작동하면 타(Rudder)의 하부에 작용하는 수류는 수면 부근에 위치한 상부에 작용하는 수류보다 강하여 선미를 좌현 쪽으로 밀게 된다.

가. 횡압력의 영향은 스크루 프로펠러가 수면 위에 노출되어 있을 때 뚜렷하게 나타난다.

18 (   )에 순서대로 적합한 것은?

> 일반적으로 배수량을 가진 선박이 직진 중 전타를 하면 선체는 선회초기에 선회하려는 방향의 (   )으로 경사하고 후기에는 (   )으로 경사한다.

가 안쪽, 안쪽

나 안쪽, 바깥쪽

사 바깥쪽, 안쪽

아 바깥쪽, 바깥쪽

일반적으로 직진 중인 배수량을 가진 선박에서 전타를 하면 선체는 선회초기에 선회하려는 방향의 안쪽으로 경사하고 후기에는 바깥쪽으로 경사한다.

19 항해 중 선수 부근에서 사람이 선외로 추락한 경우 즉시 취하여야 하는 조치로 옳지 않은 것은?

가 선외로 추락한 사람을 발견한 사람은 익수자에게 구명부환을 던져 주어야 한다.

나 선외로 추락한 사람이 시야에서 벗어나지 않도록 계속 주시한다.

사 익수자가 발생한 반대 현측으로 즉시 전타한다.

아 인명구조 조선법을 이용하여 익수자 위치로 되돌아간다.

익수자가 발생한 반대 현측이 아니라, 익수자 현측으로 즉시 최대 전타한다.

정답 **17** 가 **18** 나 **19** 사

20 수심이 얕은 수역에서 항해 중인 선박에 나타나는 현상이 아닌 것은?

가 타효의 증가
나 선체의 침하
사 속력의 감소
아 선회권 크기 증가

해설

수심이 얕은 수역에서 항해 중인 선박은 선체의 침하, 속력 감소, 선회권 크기의 증가가 나타나며, 타효가 나빠져 조종성능의 저하가 나타난다.

21 황천항해에 대비하여 선창에 화물을 실을 때 주의사항으로 옳지 않은 것은?

가 먼저 양하할 화물부터 싣는다.
나 선적 후 갑판 개구부의 폐쇄를 확인한다.
사 화물의 이동에 대한 방지책을 세워야 한다.
아 무거운 것은 밑에 실어 무게중심을 낮춘다.

해설

항해 중의 황천대응 준비
• 선체의 개구부를 밀폐하고 이동물을 고박한다.
• 배수구와 방수구를 청소하고 정상적인 기능을 가지도록 정비한다.
• 탱크 내의 기름이나 물은 가득(80% 이상) 채우거나 비워서 유동수에 의한 복원 감소를 막는다.
• 중량물은 최대한 낮은 위치로 이동 적재한다.
• 빌지 펌프 등 배수설비를 점검하고 기능을 확인한다.
• 먼저 양하할 화물은 나중에 싣는다.

22 선체가 횡동요(Rolling) 운동 중 옆에서 돌풍을 받는 경우 또는 파랑 중에서 대각도 조타를 시작하면 선체가 갑자기 큰 각도로 경사하게 되는 현상은?

가 러칭(Lurching)
나 레이싱(Racing)
사 슬래밍(Slamming)
아 브로칭 투(Broaching-to)

해설

나. **레이싱**(Racing) : 선박이 파도를 선수나 선미에서 받아서 선미부가 공기 중에 노출되어 스크루 프로펠러에 부하가 급격히 감소하면 스크루 프로펠러는 진동을 일으키면서 급회전을 하게 되는 현상을 말한다.
사. **슬래밍**(Slamming) : 선체가 파도를 선수에서 받으면서 항주하면, 선수 선저부는 강한 파도의 충격을 받아 짧은 주기로 급격한 진동을 하게 되는데, 이러한 파도에 의한 충격을 말한다.
아. **브로칭 투**(Broaching-to) : 파도를 선미에서 받으며 항주할 때 선체 중앙이 파도의 마루나 파도의 오르막 파면에 위치하면, 급격한 선수동요에 의해 선체가 파도와 평행하게 놓이는 현상이다.

23 황천 조선법인 순주(Scudding)의 장점이 아닌 것은?

가 상당한 속력을 유지할 수 있다.
나 선체가 받는 충격작용이 현저히 감소한다.
사 보침성이 향상되어 브로칭 투 현상이 일어나지 않는다.
아 가항반원에서 적극적으로 태풍권으로부터 탈출하는 데 유리하다.

정답 　20 가　21 가　22 가　23 사

순주(scudding) : 풍랑을 선미 사면(quarter)에서 받으며, 파에 쫓기는 자세로 항주하는 방법을 순주라고 한다. 이 방법은 선체가 받는 파의 충격작용이 현저히 감소하고, 상당한 속력을 유지할 수 있으므로 태풍의 가항 반원 내에서는 적극적으로 태풍권으로부터 탈출하는 데 유리할 수 있다. 단점으로는 선미 추파에 의하여 해수가 선미 갑판을 덮칠 수 있으며, 보침성이 저하되어 브로칭(broaching) 현상이 일어날 수도 있다.

24 해양사고가 발생하여 해양오염물질의 배출이 우려되는 선박에서 취할 조치로 옳지 않은 것은?

가 사고 손상부위의 긴급 수리

나 배출방지를 위한 필요한 조치

사 오염물질을 다른 선박으로 옮겨 싣는 조치

아 침수를 방지하기 위하여 오염물질을 선외 배출

오염물질의 선외 배출은 사고선박에서 취해서는 안 되는 조치이다.

25 충돌사고의 주요 원인인 경계 소홀에 해당하지 않는 것은?

가 당직 중 졸음

나 선박 조종술 미숙

사 해도실에서 많은 시간 소비

아 제한시계에서 레이더 미사용

사고 중에는 충돌사고가 가장 많은데, 주요 원인은 경계 소홀이며, 잠재 원인은 졸음운항, 운항 중 다른 업무 수행 및 레이더 조작 미숙 등이다. 선박 조종술 미숙은 경계 소홀과 관련이 없다.

---

01 해사안전법상 주의환기신호에 대한 설명으로 옳지 않은 것은?

가 규정된 신호로 오인되지 아니하는 발광신호 또는 음향신호를 사용하여야 한다.

나 다른 선박의 주의 환기를 위하여 해당 선박 방향으로 직접 탐조등을 비추어야 한다.

사 발광신호를 사용할 경우 항행보조시설로 오인되지 아니하는 것이어야 한다.

아 탐조등은 강력한 빛이 점멸하거나 회전하는 등화를 사용하여서는 아니 된다.

모든 선박은 다른 선박의 주의를 환기시키기 위하여 필요하면 이 법에서 정하는 다른 신호로 오인되지 아니하는 발광신호 또는 음향신호를 하거나 다른 선박에 지장을 주지 아니하는 방법으로 위험이 있는 방향에 탐조등을 비출 수 있다(해상교통안전법 제101조 제1항).

02 해사안전법상 선박의 출항을 통제하는 목적은?

가 국적선의 이익을 위해

나 선박의 안전운항을 위해

사 선박의 효율적 통제를 위해

아 항만의 무리한 운영을 막기 위해

해양수산부장관은 해상에 대하여 기상특보가 발표되거나 제한된 시계 등으로 선박의 안전운항에 지장을 줄 우려가 있다고 판단할 경우에는 선박소유자나 선장에게 선박의 출항통제를 명할 수 있다(해상교통안전법 제36조 제1항).

정답 **24** 아　**25** 나　/　**01** 나　**02** 나

03 (   )에 적합한 것은?

> 해사안전법상 선박은 주위의 상황 및 다른 선박과 충돌할 수 있는 위험성을 충분히 파악할 수 있도록 (   ) 및 당시의 상황에 맞게 이용할 수 있는 모든 수단을 이용하여 항상 적절한 경계를 하여야 한다.

가 시각 · 청각

나 청각 · 후각

사 후각 · 미각

아 미각 · 촉각

선박은 주위의 상황 및 다른 선박과 충돌할 수 있는 위험성을 충분히 파악할 수 있도록 시각 · 청각 및 당시의 상황에 맞게 이용할 수 있는 모든 수단을 이용하여 항상 적절한 경계를 하여야 한다(해상교통안전법 제70조).

04 해사안전법상 레이더가 설치되지 아니한 선박에서 안전한 속력을 결정할 때 고려할 사항을 다음에서 모두 고른 것은?

> ㄱ. 선박의 흘수와 수심과의 관계
> ㄴ. 레이더의 특성 및 성능
> ㄷ. 시계의 상태
> ㄹ. 해상교통량의 밀도
> ㅁ. 레이더로 탐지한 선박의 수 · 위치 및 동향

가 ㄱ, ㄴ, ㄷ   나 ㄱ, ㄷ, ㄹ

사 ㄴ, ㄷ, ㅁ   아 ㄴ, ㄹ, ㅁ

안전한 속력을 결정할 때에는 다음 각 호(레이더를 사용하고 있지 아니한 선박의 경우에는 제1호부터 제6호까지)의 사항을 고려하여야 한다(해상교통안전법 제71조 제2항).

- 시계의 상태
- 해상교통량의 밀도
- 선박의 정지거리 · 선회성능, 그 밖의 조종성능
- 야간의 경우에는 항해에 지장을 주는 불빛의 유무
- 바람 · 해면 및 조류의 상태와 항행장애물의 근접상태
- 선박의 흘수와 수심과의 관계
- 레이더의 특성 및 성능
- 해면상태 · 기상, 그 밖의 장애요인이 레이더 탐지에 미치는 영향
- 레이더로 탐지한 선박의 수 · 위치 및 동향

05 해사안전법상 2척의 범선이 서로 접근하여 충돌할 위험이 있는 경우 항행방법으로 옳지 않은 것은?

가 각 범선이 다른 쪽 현에 바람을 받고 있는 경우에는 좌현에 바람을 받고 있는 범선이 다른 범선의 진로를 피하여야 한다.

나 두 범선이 서로 같은 현에 바람을 받고 있는 경우에는 바람이 불어오는 쪽의 범선이 바람이 불어가는 쪽의 범선의 진로를 피하여야 한다.

사 좌현에 바람을 받고 있는 범선은 바람이 불어오는 쪽에 있는 다른 범선이 바람을 좌우 어느 쪽에 받고 있는지 확인할 수 없는 때에는 그 범선의 진로를 피하여야 한다.

아 바람이 불어오는 쪽에 있는 범선은 다른 범선이 바람을 좌우 어느 쪽에 받고 있는지 확인할 수 없을 때에는 조우자세에 따라 피항한다.

좌현에 바람을 받고 있는 범선은 바람이 불어오는 쪽에 있는 다른 범선을 본 경우로서 그 범선이 바람을 좌우 어느 쪽에 받고 있는지 확인할 수 없는 때에는 그 범선의 진로를 피하여야 한다(해상교통안전법 제77조 제1항 제3호).

정답 **03** 가   **04** 나   **05** 아

06 해사안전법상 서로 시계 안에서 범선과 동력선이 서로 마주치는 경우 항법으로 옳은 것은?

가 각각 침로를 좌현 쪽으로 변경한다.

나 동력선이 침로를 변경한다.

사 각각 침로를 우현 쪽으로 변경한다.

아 동력선은 침로를 우현 쪽으로, 범선은 침로를 바람이 불어가는 쪽으로 변경한다.

서로 시계 안에서 동력선과 범선이 서로 마주치는 경우 동력선이 침로를 변경해야 한다(해상교통안전법 제83조).

07 해사안전법상 제한된 시계에서 충돌할 위험성이 없다고 판단한 경우 외에 자기 선박의 양쪽 현의 정횡 앞쪽에 있는 다른 선박의 무중신호를 듣고 취할 조치로 옳은 것을 다음에서 모두 고른 것은?

> ㄱ. 최대 속력으로 항행하면서 경계를 한다.
> ㄴ. 우현 쪽으로 침로를 변경시키지 않는다.
> ㄷ. 필요시 자기 선박의 진행을 완전히 멈춘다.
> ㄹ. 충돌할 위험성이 사라질 때까지 주의하여 항행하여야 한다.

가 ㄴ, ㄷ   나 ㄷ, ㄹ

사 ㄱ, ㄴ, ㄹ   아 ㄴ, ㄷ, ㄹ

충돌할 위험성이 없다고 판단한 경우 외에는 다음에 해당하는 경우 모든 선박은 자기 배의 침로를 유지하는 데 필요한 최소한으로 속력을 줄여야 한다. 이 경우 필요하다고 인정되면 자기 선박의 진행을 완전히 멈추어야 하며, 어떠한 경우에도 충돌할 위험성이 사라질 때까지 주의하여 항행하여야 한다(해상교통안전법 제84조 제6항).
- 자기 선박의 양쪽 현의 정횡 앞쪽에 있는 다른 선박에서 무중신호(霧中信號)를 듣는 경우
- 자기 선박의 양쪽 현의 정횡으로부터 앞쪽에 있는 다른 선박과 매우 근접한 것을 피할 수 없는 경우

08 해사안전법상 제한된 시계에서 선박의 항법에 대한 설명으로 옳지 않은 것은?

가 모든 선박은 시계가 제한된 그 당시의 사정과 조건에 적합한 안전한 속력으로 항행하여야 한다.

나 레이더만으로 다른 선박이 있는 것을 탐지한 선박은 해당 선박과 얼마나 가까이 있는지 또는 충돌할 위험이 있는지를 판단하여야 한다.

사 충돌할 위험성이 없다고 판단한 경우 외에는 자기 선박의 양쪽 현의 정횡 앞쪽에 있는 다른 선박에서 무중신호를 듣는 경우 침로를 유지하는 데에 필요한 최소한의 속력으로 줄여야 한다.

아 레이더만으로 다른 선박이 있는 것을 탐지한 선박의 피항동작이 침로를 변경하는 것만으로 이루어질 경우 자기 선박의 양쪽 현의 정횡 또는 그곳으로부터 뒤쪽에 있는 선박 쪽으로 침로를 변경하여야 한다.

레이더만으로 다른 선박이 있는 것을 탐지한 선박은 해당 선박과 얼마나 가까이 있는지 또는 충돌할 위험이 있는지를 판단하여야 한다. 이 경우 해당 선박과 매우 가까이 있거나 그 선박과 충돌할 위험이 있다고 판단한 경우에는 충분한 시간적 여유를 두고 피항동작을 취하여야 한다(해상교통안전법 제84조 제4항).

09 해사안전법상 등화에 사용되는 등색이 아닌 것은?

가 붉은색   나 녹색

사 흰색   아 청색

등화에 이용되는 등색 : 백색, 붉은색, 황색, 녹색 등(해상교통안전법 제86조)

10 해사안전법상 '삼색등'을 구성하는 색이 아닌 것은?

가 흰색
나 황색
사 녹색
아 붉은색

삼색등은 선수와 선미의 중심선상에 설치된 붉은색·녹색·흰색으로 구성된 등이다(해상교통안전법 제86조).

11 ( )에 순서대로 적합한 것은?

> 해사안전법상 주간에 항망(桁網)이나 그 밖의 어구를 수중에서 끄는 트롤망어로에 종사하는 선박 외에 어로에 종사하는 선박은 ( )로 ( )미터가 넘는 어구를 선박 밖으로 내고 있는 경우에는 ( )의 형상물 1개를 어로에 종사하는 선박의 형상물에 덧붙여 표시하여야 한다.

가 수평거리, 150, 꼭대기를 위로 한 원뿔꼴
나 수직거리, 150, 꼭대기를 아래로 한 원뿔꼴
사 수평거리, 200, 꼭대기를 위로 한 원뿔꼴
아 수직거리, 200, 꼭대기를 아래로 한 원뿔꼴

해상교통안전법상 주간에 항망(桁網)이나 그 밖의 어구를 수중에서 끄는 트롤망어로에 종사하는 선박 외에 어로에 종사하는 선박은 수평거리로 150미터가 넘는 어구를 선박 밖으로 내고 있는 경우에는 꼭대기를 위로 한 원뿔꼴의 형상물 1개를 어로에 종사하는 선박의 형상물에 덧붙여 표시하여야 한다(법 제91조 제2항 제2호).

12 해사안전법상 '섬광등'의 정의는?

가 선수 쪽 225도의 수평사광범위를 갖는 등
나 360도에 걸치는 수평의 호를 비추는 등화로서 일정한 간격으로 1분에 30회 이상 섬광을 발하는 등
사 360도에 걸치는 수평의 호를 비추는 등화로서 일정한 간격으로 1분에 60회 이상 섬광을 발하는 등
아 360도에 걸치는 수평의 호를 비추는 등화로서 일정한 간격으로 1분에 120회 이상 섬광을 발하는 등

섬광등 : 360도에 걸치는 수평의 호를 비추는 등화로서 일정한 간격으로 1분에 120회 이상 섬광을 발하는 등(해상교통안전법 제86조)

13 ( )에 적합한 것은?

> 해사안전법상 항행 중인 동력선이 ( )에 있는 경우에 그 침로를 변경하거나 그 기관을 후진하여 사용할 때에는 기적신호를 행하여야 한다.

가 평수구역
나 서로 상대의 시계 안
사 제한된 시계
아 무역항의 수상구역 안

항행 중인 동력선이 서로 상대의 시계 안에 있는 경우에 그 침로를 변경하거나 그 기관을 후진하여 사용할 때에는 기적신호를 행하여야 한다(해상교통안전법 제99조 제1항).

정답 10 나 11 가 12 아 13 나

14 (   )에 순서대로 적합한 것은?

> 해사안전법상 발광신호에 사용되는 섬광의 지속시간 및 섬광과 섬광 사이의 간격은 (   ) 정도로 하되, 반복되는 신호 사이의 간격은 (   ) 이상으로 한다.

가 1초, 5초 **나** 1초, 10초
사 5초, 5초 **아** 5초, 10초

섬광의 지속시간 및 섬광과 섬광 사이의 간격은 1초 정도로 하되, 반복되는 신호 사이의 간격은 10초 이상으로 하며, 이 발광신호에 사용되는 등화는 적어도 5해리의 거리에서 볼 수 있는 흰색 전주등이어야 한다(해상교통안전법 제99조 제3항).

15 해사안전법상 안개로 시계가 제한되었을 때 항행 중인 길이 12미터 이상인 동력선이 대수속력이 있는 경우 울려야 하는 음향신호는?

가 2분을 넘지 아니하는 간격으로 단음 4회
나 2분을 넘지 아니하는 간격으로 장음 1회
사 2분을 넘지 아니하는 간격으로 장음 1회에 이어 단음 3회
아 2분을 넘지 아니하는 간격으로 단음 1회, 장음 1회, 단음 1회

항행 중인 동력선은 대수속력이 있는 경우에는 2분을 넘지 아니하는 간격으로 장음을 1회 울려야 한다(해상교통안전법 제100조 제1항 제1호). 다만, 길이 12미터 미만은 이 규정을 지키지 않아도 된다는 예외 규정(같은 조 제8호)이 있어서 이 규정이 적용되려면 길이 12미터 이상의 동력선이어야 한다.

16 선박의 입항 및 출항 등에 관한 법률상 무역항의 수상구역 등에서 화재가 발생한 경우 기적이나 사이렌을 갖춘 선박이 울리는 경보는?

가 기적이나 사이렌으로 장음 5회를 적당한 간격으로 반복
나 기적이나 사이렌으로 장음 7회를 적당한 간격으로 반복
사 기적이나 사이렌으로 단음 5회를 적당한 간격으로 반복
아 기적이나 사이렌으로 단음 7회를 적당한 간격으로 반복

무역항의 수상구역 등에서 기적이나 사이렌을 갖춘 선박에 화재가 발생한 경우 그 선박은 화재를 알리는 경보를 울려야 한다. 화재를 알리는 경보는 기적(汽笛)이나 사이렌을 장음(4초에서 6초까지의 시간 동안 계속되는 울림을 말한다)으로 5회 울려야 한다(법 제46조 제2항, 시행규칙 제29조 제1항).

17 선박의 입항 및 출항 등에 관한 법률상 무역항의 수상구역 등에 출입하는 경우 출입 신고를 서면으로 제출하여야 하는 선박은?

가 예선 등 선박의 출입을 지원하는 선박
나 피난을 위하여 긴급히 출항하여야 하는 선박
사 연안수역을 항행하는 정기여객선으로서 항구에 출입하는 선박
아 관공선, 군함, 해양경찰함정 등 공공의 목적으로 운영하는 선박

정답 **14** 나 **15** 나 **16** 가 **17** 사

해설

출입 신고(법 제4조 제1항, 시행규칙 제4조) : 무역항의 수상구역 등에 출입하려는 선박의 선장은 대통령령으로 정하는 바에 따라 관리청에 신고하여야 한다. 다만, 다음의 선박은 출입 신고를 하지 아니할 수 있다.

- 총톤수 5톤 미만의 선박
- 해양사고구조에 사용되는 선박
- 「수상레저안전법」에 따른 수상레저기구 중 국내항 간을 운항하는 모터보트 및 동력요트
- 관공선, 군함, 해양경찰함정 등 공공의 목적으로 운영하는 선박
- 도선선, 예선 등 선박의 출입을 지원하는 선박
- 「선박직원법 시행령」에 따른 연안수역을 항행하는 정기여객선(「해운법」에 따라 내항 정기 여객운송사업에 종사하는 선박)으로서 경유항에 출입하는 선박
- 피난을 위하여 긴급히 출항하여야 하는 선박
- 그 밖에 항만운영을 위하여 지방해양수산청장이나 시·도지사가 필요하다고 인정하여 출입 신고를 면제한 선박

18 선박의 입항 및 출항 등에 관한 법률상 우선피항선에 대한 규정으로 옳은 것은?

가 우선피항선은 다른 선박의 항행에 방해가 될 우려가 있는 장소에 정박하거나 정류하여서는 아니 된다.

나 무역항의 수상구역 등이나 무역항의 수상구역 부근에서 우선피항선은 다른 선박과 만나는 자세에 따라 유지선이 될 수 있다.

사 총톤수 5톤 미만인 우선피항선이 무역항의 수상구역 등에 출입하려는 경우에는 대통령령으로 정하는 바에 따라 관리청에 신고하여야 한다.

아 우선피항선은 무역항의 수상구역 등에 출입하는 경우 또는 무역항의 수상구역 등을 통과하는 경우에는 관리청에서 지정·고시한 항로를 따라 항행하여야 한다.

해설

나. 우선피항선은 주로 무역항의 수상구역에서 운항하는 선박으로서 다른 선박의 진로를 피하여야 한다(법 제2조 제5호). 따라서 우선피항선은 유지선이 될 수 없다.

사. 총톤수 5톤 미만인 우선피항선이 무역항의 수상구역 등에 출입하려는 경우에는 출입 신고를 하지 않아도 된다. 출입 신고 대상은 총톤수 5톤 이상이다(법 제4조 제1항 제1호).

아. 우선피항선 외의 선박은 무역항의 수상구역 등에 출입하는 경우 또는 무역항의 수상구역 등을 통과하는 경우에는 관리청에서 지정·고시한 항로를 따라 항행하여야 한다(법 제10조 제2항).

19 (   )에 적합하지 않은 것은?

> 선박의 입항 및 출항 등에 관한 법률상 선박이 무역항의 수상구역 등에서 (   )[이하 부두등이라 한다]을 오른쪽 뱃전에 두고 항행할 때에는 부두등에 접근하여 항행하고, 부두등을 왼쪽 뱃전에 두고 항행할 때에는 멀리 떨어져서 항행하여야 한다.

가 정박 중인 선박

나 항행 중인 동력선

사 해안으로 길게 뻗어 나온 육지 부분

아 부두, 방파제 등 인공시설물의 튀어나온 부분

해설

선박이 무역항의 수상구역 등에서 해안으로 길게 뻗어 나온 육지 부분, 부두, 방파제 등 인공시설물의 튀어나온 부분 또는 정박 중인 선박을 오른쪽 뱃전에 두고 항행할 때에는 부두등에 접근하여 항행하고, 부두등을 왼쪽 뱃전에 두고 항행할 때에는 멀리 떨어져서 항행하여야 한다(법 제14조).

정답 **18** 가   **19** 나

20 선박의 입항 및 출항 등에 관한 법률상 무역항의 수상구역 등에서 항행 중인 동력선이 서로 상대의 시계 안에 있는 경우 침로를 우현으로 변경하는 선박이 울려야 하는 음향신호는?

가 단음 1회

나 단음 2회

사 단음 3회

아 장음 1회

항행 중인 동력선이 침로를 오른쪽으로 변경하고 있는 경우 단음 1회의 음향신호를 울려야 한다.

21 선박의 입항 및 출항 등에 관한 법률상 무역항의 수상구역등에서 그림과 같이 항로 밖에 있던 선박이 항로 안으로 들어오려고 할 때, 항로를 따라 항행하고 있는 선박과의 관계에 대한 설명으로 옳은 것은?

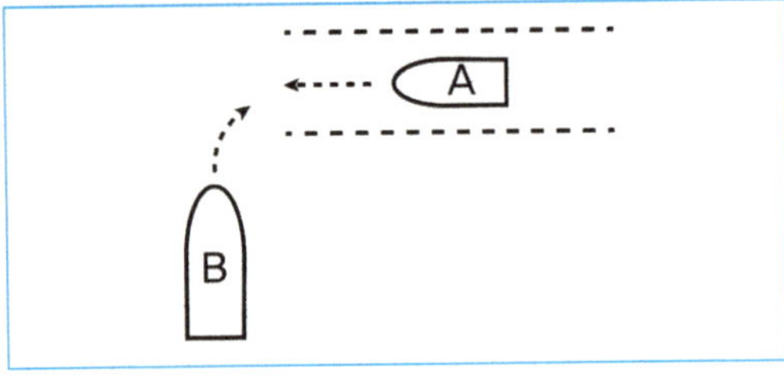

가 A선은 항로의 우측으로 진로를 피하여야 한다.

나 B선은 A선의 진로를 피하여 항행하여야 한다.

사 B선은 A선과 우현 대 우현으로 통과하여야 한다.

아 A선은 B선이 항로에 안전하게 진입할 수 있게 대기하여야 한다.

항로 밖에서 항로에 들어오거나 항로에서 항로 밖으로 나가는 선박은 항로를 항행하는 다른 선박의 진로를 피하여 항행해야 한다(법 제12조 제1항 제1호). 따라서 그림에서 B선은 항로 밖에서 들어오는 선박으로 항로를 항행하고 있는 A선의 진로를 피하여 항행해야 한다.

22 선박의 입항 및 출항 등에 관한 법률상 우선피항선이 아닌 것은?

가 예선

나 수면비행선박

사 주로 삿대로 운전하는 선박

아 주로 노로 운전하는 선박

우선피항선 : 주로 무역항의 수상구역에서 운항하는 선박으로서 다른 선박의 진로를 피하여야 하는 다음의 선박을 말한다(법 제2조 제5호).

• 부선(艀船)[예인선이 부선을 끌거나 밀고 있는 경우의 예인선 및 부선을 포함하되, 예인선에 결합되어 운항하는 압항부선(押航艀船)은 제외한다]

• 주로 노와 삿대로 운전하는 선박

• 예선

• 항만운송관련사업을 등록한 자가 소유한 선박

• 해양환경관리업을 등록한 자가 소유한 선박 또는 해양폐기물관리업을 등록한 자가 소유한 선박(폐기물해양배출업으로 등록한 선박은 제외한다)

• 가목부터 마목까지의 규정에 해당하지 아니하는 총톤수 20톤 미만의 선박

23 다음 중 해양환경관리법상 해양에서 배출할 수 있는 것은?

가 합성로프

나 어획한 물고기

사 합성어망

아 플라스틱 쓰레기봉투

 **해설**

모든 플라스틱류는 해양 배출이 금지되나 음식찌꺼기, 해양환경에 유해하지 않은 화물잔류물, 선박 내 거주구역에서 목욕, 세탁, 설거지 등으로 발생하는 중수(中水)[화장실 오수(汚水) 및 화물구역 오수는 제외], 「수산업법」에 따른 어업활동 중 혼획(混獲)된 수산동식물(폐사된 것을 포함) 또는 어업활동으로 인하여 선박으로 유입된 자연기원물질(진흙, 퇴적물 등 해양에서 비롯된 자연상태 그대로의 물질을 말하며, 어장의 오염된 퇴적물은 제외) 등은 배출이 가능하다.

24 해양환경관리법상 오염물질의 배출이 허용되는 예외적인 경우가 아닌 것은?

가 선박이 항해 중일 때 배출하는 경우

나 인명구조를 위하여 불가피하게 배출하는 경우

사 선박의 안전확보를 위하여 부득이하게 배출하는 경우

아 선박의 손상으로 인하여 가능한 한 조치를 취한 후에도 배출될 경우

해설

다음에 해당하는 경우에는 선박 또는 해양시설 등에서 발생하는 오염물질(폐기물은 제외)을 해양에 배출할 수 있다(법 제22조 제3항).
- 선박 또는 해양시설 등의 안전확보나 인명구조를 위하여 부득이하게 오염물질을 배출하는 경우
- 선박 또는 해양시설 등의 손상 등으로 인하여 부득이하게 오염물질이 배출되는 경우
- 선박 또는 해양시설 등의 오염사고에 있어 해양수산부령이 정하는 방법에 따라 오염피해를 최소화하는 과정에서 부득이하게 오염물질이 배출되는 경우

25 해양환경관리법상 유조선에서 화물창 안의 화물 잔류물 또는 화물창 세정수를 한 곳에 모으기 위한 탱크는?

가 화물탱크(Cargo tank)

나 혼합물탱크(Slop tank)

사 평형수탱크(Ballast tank)

아 분리평형수탱크(Segregated ballast tank)

해설

혼합물탱크(slop tank) : 다음에 해당하는 것을 한 곳에 모으기 위한 탱크를 말한다(「선박에서의 오염방지에 관한 규칙」 제2조).
- 유조선 또는 유해액체물질 산적운반선의 화물창 안의 화물잔류물 또는 화물창 세정수
- 화물펌프실 바닥에 고인 기름, 유해액체물질 또는 포장유해물질의 혼합물

정답 **24** 가 **25** 나

제4과목 **기관**

01 실린더 부피가 1,200cm³이고 압축 부피가 100cm³인 내연기관의 압축비는 얼마인가?

가 11
나 12
사 13
아 14

 **해설**

압축비 = 실린더 부피 / 압축 부피 = 1,200 / 100 = 12

02 4행정 사이클 디젤 기관에서 흡기 밸브와 배기 밸브가 거의 모든 기간에 닫혀 있는 행정은?

가 흡입행정과 압축행정
나 흡입행정과 배기행정
사 압축행정과 작동행정
아 작동행정과 배기행정

 **해설**

흡입행정 시에는 흡기밸브가 열려 있고 배기밸브가 닫혀 있으며, 배기행정 시에는 배기밸브는 열려 있으나 흡입밸브는 닫혀 있다. 그러나 압축행정과 작동행정 시에는 흡기밸브와 배기밸브가 닫혀 있다.

03 직렬형 디젤 기관에서 실린더가 6개인 경우 메인 베어링의 최소 개수는?

가 5개
나 6개
사 7개
아 8개

 **해설**

메인 베어링은 피스톤 양쪽에 있도록 만들어져 있으므로 반드시 피스톤수보다 한 개 더 많다. 따라서 실린더가 6개이므로 메인 베어링의 최소 개수는 7개가 된다.

04 소형기관에서 흡·배기 밸브의 운동에 대한 설명으로 옳은 것은?

가 흡기밸브는 스프링의 힘으로 열린다.
나 흡기밸브는 푸시로드에 의해 닫힌다.
사 배기밸브는 푸시로드에 의해 닫힌다.
아 배기밸브는 스프링의 힘으로 닫힌다.

 **해설**

소형기관의 흡·배기 밸브는 캠에 의해 열리고, 스프링에 의해 닫힌다.

05 내연기관에서 피스톤 링의 주된 역할이 아닌 것은?

가 피스톤과 실린더 라이너 사이의 기밀을 유지한다.
나 피스톤에서 받은 열을 실린더 라이너로 전달한다.
사 실린더 내벽의 윤활유를 고르게 분포시킨다.
아 실린더 라이너의 마멸을 방지한다.

해설

피스톤 링의 3대 작용
• **기밀 작용** : 실린더와 피스톤 사이의 가스 누설 방지
• **열 전달 작용** : 피스톤이 받은 열을 실린더 라이너로 전달
• **오일 제어 작용** : 실린더 벽면에 유막 형성 및 여분의 오일 제어

06 소형기관의 피스톤 재질에 대한 설명으로 옳지 않은 것은?

가 무게가 무거운 것이 좋다.
나 강도가 큰 것이 좋다.
사 열전도가 잘 되는 것이 좋다.
아 마멸에 잘 견디는 것이 좋다.

정답 01 나 02 사 03 사 04 아 05 아 06 가

 **해설**

피스톤은 고온·고압의 연소가스에 노출되어 내열성과 열전도성이 우수해야 하고, 고속으로 왕복운동을 하므로 가벼우면서 충분한 강도를 가져야 한다. 중·대형 기관의 피스톤은 보통 주철이나 주강으로 제작하며, 소형 고속 기관에서는 무게가 가볍고 열전도가 좋은 알루미늄 피스톤이 사용된다.

07 다음 그림과 같은 크랭크축에서 커넥팅 로드가 연결되는 부분은?

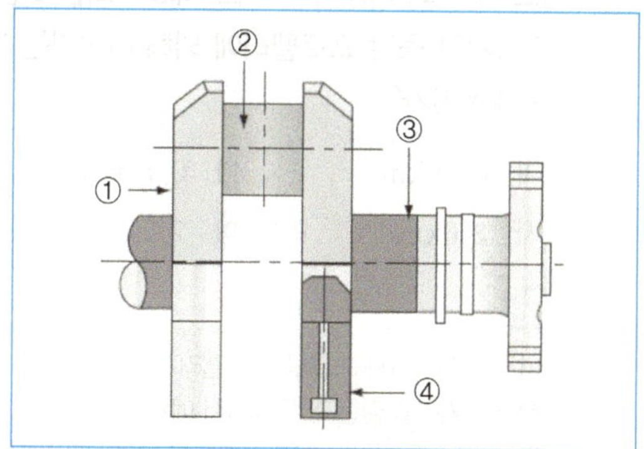

가 ① 나 ②

사 ③ 아 ④

 **해설**

크랭크 핀은 크랭크 저널의 중심에서 크랭크 반지름만큼 떨어진 곳에 있으며 저널과 평행하게 설치한다. 트렁크형 기관에서 커넥팅 로드의 대단부와 연결된다.

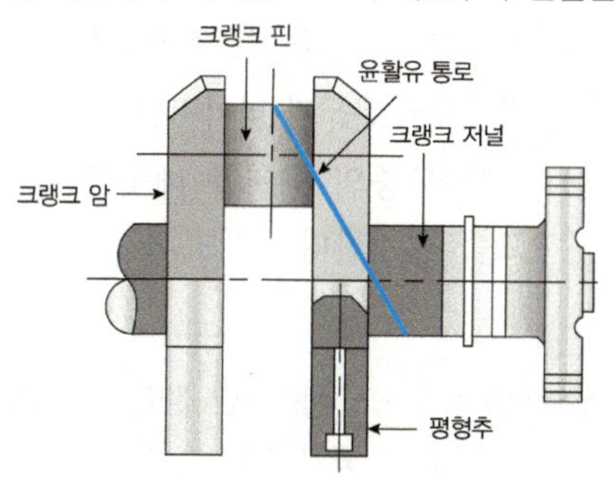

08 디젤 기관에 설치되어 있는 평형추에 대한 설명으로 옳지 않은 것은?

가 기관의 진동을 방지한다.

나 크랭크축의 회전력을 균일하게 해 준다.

사 메인 베어링의 마찰을 감소시킨다.

아 프로펠러의 균열을 방지한다.

 **해설**

평형추는 크랭크 핀 반대쪽의 크랭크 암 연장 부분에 설치하여 기관의 진동을 적게 하고 원활한 회전을 도와주며, 메인 베어링의 마찰을 감소시킨다.

09 운전 중인 디젤 기관이 갑자기 정지되었을 경우 그 원인이 아닌 것은?

가 과속도 장치의 작동

나 연료유 여과기의 막힘

사 시동밸브의 누설

아 조속기의 고장

 **해설**

기관이 갑자기 정지하는 경우
- 연료유 공급 차단, 연료유 수분 과다 혼입 등과 같이 연료유 계통에 문제가 있을 때
- 피스톤이나 크랭크 핀 베어링, 메인 베어링 등과 같은 주운동 부분이 고착되었을 때
- 조속기의 고장에 의해 연료 공급이 차단되었을 때
- 과속도 정지장치의 작동

10 디젤 기관에서 시동용 압축공기의 최고압력은 몇 kgf/cm^2 인가?

가 약 10kgf/cm^2 나 약 20kgf/cm^2

사 약 30kgf/cm^2 아 약 40kgf/cm^2

정답 07 나 08 아 09 사 10 사

공기압 제어장치를 통해 주기관의 정지, 시동, 전진, 후진 등의 동작을 수행할 수 있고, 사용되는 공기에는 시동용 압축공기(starting air, 25~30kgf/cm²), 제어장치 작동용 제어공기(7kgf/cm²), 안전장치 작동용 공기(7kgf/cm²)가 있다.

11 디젤 기관을 완전히 정지한 후의 조치사항으로 옳지 않은 것은?

가 시동공기 계통의 밸브를 잠근다.

나 인디케이터 콕을 열고 기관을 터닝시킨다.

사 윤활유 펌프를 약 20분 이상 운전시킨 후 정지한다.

아 냉각 청수의 입·출구 밸브를 열어 냉각 수를 모두 배출시킨다.

선종에 따라 정박 기간이 짧은 경우에는 기관의 난기 상 태를 유지하기 위하여 실린더 냉각수 펌프를 계속 운전 하는 경우도 있다. 따라서 냉각수를 모두 배출시키지는 않는다.

12 디젤 기관의 운전 중 점검사항이 아닌 것은?

가 배기가스 온도

나 윤활유 압력

사 피스톤 링 마멸량

아 기관의 회전수

피스톤 링 마멸량은 운전 중에는 점검할 수 없다.

13 소형선박의 추진 축계에 포함되는 것으로만 짝 지어진 것은?

가 캠축과 추력축

나 캠축과 중간축

사 캠축과 프로펠러축

아 추력축과 프로펠러축

추진 축계의 구성 : 추력축, 추력 베어링, 중간축, 중간 베어링, 프로펠러축, 선미축, 선미 베어링 등이 있다.

14 프로펠러의 피치가 1m이고 매초 2회전 하는 선박 이 1시간 동안 프로펠러에 의해 나아가는 거리는 몇 km인가?

가 0.36km　　　나 0.72km

사 3.6km　　　아 7.2km

피치는 선박에서 스크루 프로펠러가 360도 1회전 하면 전 진하는 거리를 말한다. 문제에서 매초 2회전 한다고 했으므 로, 분당 이동거리는 60초 × 2회전＝120m가 된다. 따라서 1시간 동안 이동한 거리는 60분 × 120m＝7,200m(7.2km) 가 된다.

15 유압장치에 대한 설명으로 옳지 않은 것은?

가 펌프의 흡입측에 자석식 필터를 많이 사 용한다.

나 작동유는 유압유를 사용한다.

사 작동유의 온도가 낮아지면 점도도 낮아진다.

아 작동유 중의 공기를 배출하기 위한 플러 그를 설치한다.

일반적으로 온도가 상승하면 점도는 낮아지고, 온도가 낮아지면 점도는 높아진다.

정답 **11** 아　**12** 사　**13** 아　**14** 아　**15** 사

16 기관실 펌프의 기동 전 점검사항에 대한 설명으로 옳지 않은 것은?

가 입·출구 밸브의 개폐상태를 확인한다.

나 에어 벤트 콕을 이용하여 공기를 배출한다.

사 기동반 전류계가 정격전류값을 가리키는지 확인한다.

아 손으로 축을 돌리면서 각부의 이상 유무를 확인한다.

정격전류란 정격전압이 공급되었을 때 전기기계 기구가 정격출력으로 동작하는 동작값을 말한다. 따라서 펌프 기동 전에는 기동반 전류계가 정격전류값을 가리킬 수 없으므로, 기동 전 점검사항에 해당하지 않는다.

17 다음과 같은 원심 펌프 단면에서 ③과 ④의 명칭은?

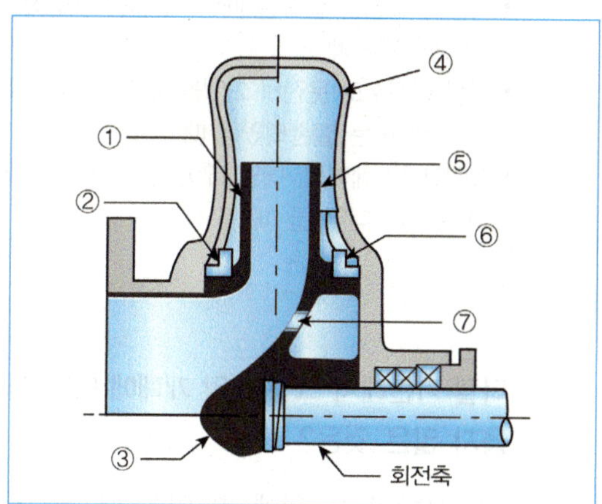

가 ③은 회전차이고 ④는 케이싱이다.

나 ③은 회전차이고 ④는 슈라우드이다.

사 ③은 케이싱이고 ④는 회전차이다.

아 ③은 케이싱이고 ④는 슈라우드이다.

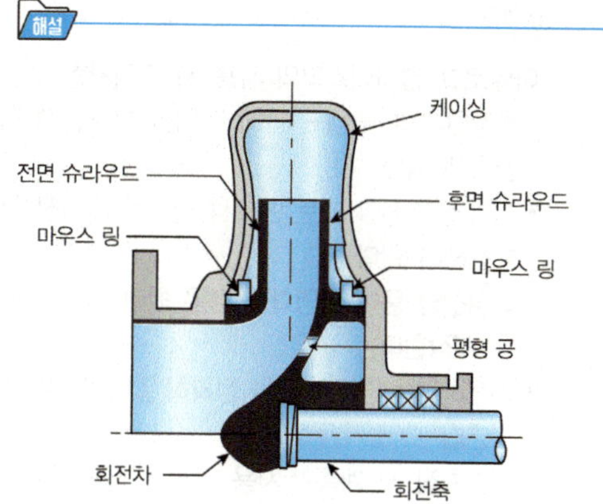

18 전기 용어에 대한 설명으로 옳지 않은 것은?

가 전류의 단위는 암페어이다.

나 저항의 단위는 옴이다.

사 전력의 단위는 헤르츠이다.

아 전압의 단위는 볼트이다.

전력은 전류가 단위 시간에 행하는 일, 또는 단위 시간에 사용되는 에너지의 양으로, 와트(W)나 킬로와트(kW)를 단위로 사용한다.

19 아날로그 멀티테스터의 사용 시 주의사항이 아닌 것은?

가 저항을 측정할 경우에는 영점을 조정한 후 측정한다.

나 전압을 측정할 경우에는 교류와 직류를 구분하여 측정한다.

사 리드선의 검은색 리드봉은 −단자에 빨간색 리드봉은 +단자에 꽂아 사용한다.

아 전압을 측정할 경우에는 낮은 측정 레인지에서부터 점차 높은 레인지로 올라가면서 측정한다.

정답 **16** 사 **17** 가 **18** 사 **19** 아

아날로그 멀티테스터의 사용 시 주의사항

- 측정단자의 극성(+, −)에 주의한다.(빨간색 막대 : +, 검은색 막대 : −)
- 저항을 측정할 때는 반드시 전원이 내려진 상태에서 측정해야 한다.
- 측정전압 등이 불명확한 경우 최대 레인지에서 측정을 시작한다.
- 측정하려는 종류와 양을 정확히 알아서 전환스위치를 맞춘다.
- 고압측정 시 계측기 사용 안전 규칙을 준수한다.
- 멀티테스터의 지침이 눈금판 중앙에 오도록 배율을 선정한다.
- 측정하기 전에 계측기의 지침이 "0"점에 있는지 확인한다.
- 시험막대를 접속한 채로 전환스위치를 돌리지 않는다.
- Ω 조정기 : 저항을 측정할 때에만 사용한다.
- 스피커나 전원 트랜스 등 자기의 영향을 받기 쉬운 곳에서 사용하지 않는다.
- 측정이 끝나면 피 측정체의 전원을 끄고 반드시 레인지 선택스위치를 OFF에 놓는다.

20 액 보충 방식 납축전지의 점검 및 관리 방법으로 옳지 않은 것은?

가 전해액의 액위가 적정한지를 점검한다.

나 전선을 분리하여 전해액을 점검한 후 다시 단자에 연결한다.

사 전해액을 보충할 때 증류수를 전극판의 약간 위까지 보충한다.

아 과방전이 발생하지 않도록 주의한다.

전해액을 점검할 때는 전선을 분리하지 않는다.

21 디젤 기관의 실린더 헤드를 분해하여 체인블록으로 들어 올릴 때 필요한 볼트는?

가 타이볼트

나 아이볼트

사 인장볼트

아 스터드볼트

아이볼트는 머리 부분이 링 모양인 볼트로 머리 부분에 고리가 달린 볼트이다. 디젤 기관의 실린더 헤드 등 중량물을 옮기는 데 적당한 볼트이다.

22 운전 중인 디젤 기관의 진동 원인이 아닌 것은?

가 위험 회전수로 운전하고 있을 때

나 윤활유가 실린더 내에서 연소하고 있을 때

사 메인 베어링의 틈새가 너무 클 때

아 크랭크 핀 베어링의 틈새가 너무 클 때

기관의 진동이 심한 경우

- 기관이 노킹을 일으킬 때와 각 실린더의 최고압력이 고르지 않을 때
- 위험 회전수로 운전하고 있을 때와 기관대 설치 볼트가 이완 또는 절손되었을 때
- 크랭크 핀 베어링, 메인 베어링, 스러스트 베어링 등의 틈새가 너무 클 때 등

23 디젤 기관에서 크랭크 암 개폐에 대한 설명으로 옳지 않은 것은?

가 선박이 물 위에 떠 있을 때 계측한다.

나 다이얼식 마이크로미터로 계측한다.

사 각 실린더마다 정해진 여러 곳을 계측한다.

아 개폐가 심할수록 유연성이 좋으므로 기관의 효율이 높아진다.

정답 20 나 21 나 22 나 23 아

크랭크 암의 개폐작용은 크랭크축이 회전할 때 크랭크 암 사이의 거리가 넓어지거나 좁아지는 현상으로, 기관의 운전 중 개폐작용이 과대하게 발생하면 축에 균열(crack)이 생겨 결국 부러지게 된다.

24 일정량의 연료유를 가열했을 때 그 값이 변하지 않는 것은?

가 점도 나 부피

사 질량 아 온도

일정량의 연료유를 가열하면 점도는 낮아지고, 부피는 커지며, 온도는 올라간다. 그러나 질량은 그 값이 변하지 않는다.

25 1드럼은 몇 리터인가?

가 5리터

나 20리터

사 100리터

아 200리터

1드럼은 200리터이다.

정답 **24** 사 **25** 아

2022년 제2회 최신 기출문제

제1과목   항해

01 자기 컴퍼스에서 선박의 동요로 비너클이 기울어져도 볼을 항상 수평으로 유지시켜 주는 장치는?

가 피벗

나 컴퍼스 액

사 짐벌즈

아 섀도 핀

 **해설**

가. **피벗** : 카드가 자유롭게 회전하게 하는 장치
나. **컴퍼스 액** : 알코올과 증류수를 4 : 6의 비율로 혼합하여 비중이 약 0.95인 액
사. **짐벌즈** : 목재 또는 비자성재로 만든 원통형의 지지대인 비너클(Binnacle)이 기울어져도 볼을 항상 수평으로 유지시켜 주는 장치이다.
아. **섀도 핀** : 컴퍼스로 어떤 물표의 방위를 측정하기 위해 컴퍼스 중앙에 세우는 놋쇠로 만든 가는 막대

02 경사 제진식 자이로컴퍼스에만 있는 오차는?

가 위도오차

나 속도오차

사 동요오차

아 가속도오차

해설

위도오차(제진오차)는 제진 세차 운동과 지북 세차 운동이 동시에 일어나는 경사 제진식 제품에만 생기는 오차이다.

03 음향측심기의 용도가 아닌 것은?

가 어군의 존재 파악

나 해저의 저질 상태 파악

사 선박의 속력과 항주거리 측정

아 수로 측량이 부정확한 곳의 수심 측정

 **해설**

• **음향측심기의 용도** : 해저의 저질, 어군 존재 파악을 위한 것으로 초행인 수로 출입, 여울, 암초 등에 접근할 때 안전 항해를 위하여 사용
• **선속계**(측정의, log) : 선박의 속력과 항주거리 등을 측정하는 계기

04 다음 중 자차계수 D가 최대가 되는 침로는?

가 000°

나 090°

사 225°

아 270°

해설

자차계수 A는 선수 방향과 관계없이 일정한 값을 가지며, 자차계수 B는 동서 방향(침로 90°, 270°)에서 최대가 된다. 자차계수 C는 남북 방향(침로 0°, 180°)에서 최대가 되며, 자차계수 D는 침로가 동서남북(0°, 90°, 180°, 270°)일 때는 자차가 없고 4우점[북동(45°), 남동(135°), 남서(225°), 북서(315°)]일 때 최대가 된다.

05 자기 컴퍼스에서 섀도 핀에 의한 방위 측정 시 주의사항에 대한 설명으로 옳지 않은 것은?

가 핀의 지름이 크면 오차가 생기기 쉽다.

나 핀이 휘어져 있으면 오차가 생기기 쉽다.

사 선박의 위도가 크게 변하면 오차가 생기기 쉽다.

아 볼(Bowl)이 경사된 채로 방위를 측정하면 오차가 생기기 쉽다.

 **해설**

섀도 핀(shadow pin)은 가장 간단하게 방위를 측정할 수 있으나, 핀의 지름이 크거나 핀이 휘거나 하면 오차가 생기기 쉽고, 특히 볼이 경사된 채로 방위를 측정하면 오차가 생긴다.

정답   **01** 사   **02** 가   **03** 사   **04** 사   **05** 사

06 레이더를 이용하여 얻을 수 없는 것은?

가 본선의 위치

나 물표의 방위

사 물표의 표고차

아 본선과 다른 선박 사이의 거리

레이더는 전자파를 발사하여 그 반사파를 측정함으로써 물표까지의 거리 및 방향을 파악하는 계기를 말하므로 본선의 위치 파악이 가능하나, 물표의 표고차는 파악할 수 없다.

07 (   )에 적합한 것은?

> 생소한 해역을 처음 항해할 때에는 수로지, 항로지, 해도 등에 (   )가 설정되어 있으면 특별한 이유가 없는 한 그 항로를 따르도록 한다.

가 추천항로

나 우회항로

사 평행항로

아 심흘수 전용항로

연안항로

• **해안선과 평행한 항로** : 뚜렷한 물표가 없을 때는 해안선과 평행한 항로를 선정하는 것이 좋으며, 야간 항행 시나 육지로 향하는 해조류나 바람이 예상될 때에는 평행한 항로에서 약간 바다 쪽으로 벗어난 항로를 선정한다.

• **우회항로** : 위험물이 많은 연안을 항해 또는 운전이 부자유스러운 상태로 안갯속을 항해할 때 해안선에 근접한 항로를 선정하거나, 장애물이 많은 지름길을 선정하지 말고 다소 우회하더라도 안전한 항로를 선택한다.

• **추천항로** : 생소한 해역을 항행할 때는 수로지, 항로지, 해도 등에 추천항로가 설정되어 있을 때 특별한 사유가 없는 한 그 항로를 그대로 따른다.

08 (   )에 순서대로 적합한 것은?

> 국제협정에 의하여 (   )을 기준경도로 정하여 서경 쪽에서 동경 쪽으로 통과할 때에는 1일을 (   ).

가 본초자오선, 늦춘다

나 본초자오선, 건너뛴다

사 날짜변경선, 늦춘다

아 날짜변경선, 건너뛴다

날짜변경선은 경도 180도를 기준으로 삼아 인위적으로 날짜를 구분하는 선으로, 국제 날짜변경선이라고도 한다. 인위적으로 경도 0도로 삼은 그리니치 천문대를 기준으로 동쪽이나 서쪽으로 경도 15도를 갈 때마다 1시간이 추가/감소(UTC+1/UTC−1)되는데, 날짜변경선은 아시아의 동쪽 끝과 아메리카의 서쪽 끝에서 날짜를 바꾸도록 경도 180도를 원칙적인 기준으로 만든 선이다. 이 선을 서쪽(동경)에서 동쪽(서경)으로 향하여 넘어가면 하루가 늦추어지고(빼고), 반대로 동쪽(서경)에서 서쪽(동경)으로 향하여 넘어가면 하루가 앞당겨진다(더한다). 예를 들면, 우리나라에서 8월 24일에 미국을 가는 경우, 날짜변경선을 지날 때[서쪽(동경)에서 동쪽(서경)으로 넘어감] 하루를 빼게 되어 8월 23일로 바뀌며, 반대로 미국에서 8월 29일에 출발하여 우리나라로 오는 경우, 날짜변경선을 지나는[동쪽(서경)에서 서쪽(동경)으로 넘어감] 순간 하루가 더해져 8월 30일로 바뀌게 된다.

정답 06 사   07 가   08 아

09 상대운동 표시방식의 알파(ARPA) 레이더 화면에 나타난 'A' 선박의 벡터가 다음 그림과 같이 표시되었을 때, 이에 대한 설명으로 옳은 것은?

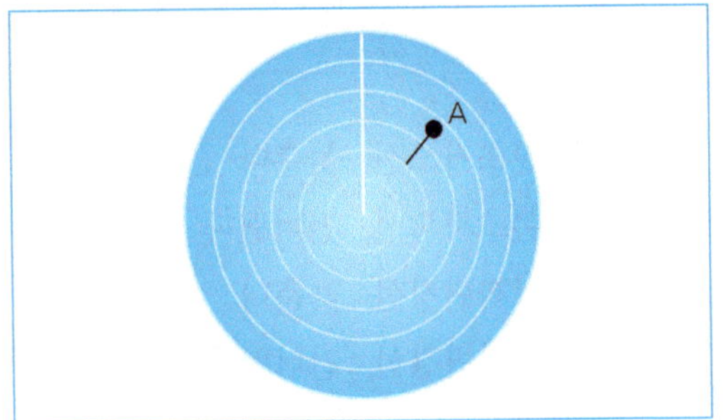

가 본선과 침로가 비슷하다.

나 본선과 속력이 비슷하다.

사 본선의 크기와 비슷하다.

아 본선과 충돌의 위험이 있다.

상대운동 표시방식의 레이더는 자선의 위치가 PPI상의 한 점에 고정되어 있기 때문에 모든 물체는 자선의 움직임에 대하여 상대적인 움직임으로 표시된다. 문제의 그림상 수직선으로 표시된 직선이 본선의 항로이며, 점 A의 선박은 본선의 항로에 접근 가능한 위치가 되므로 충돌의 위험이 있다.

10 레이더의 수신장치 구성 요소가 아닌 것은?

가 증폭장치

나 펄스변조기

사 국부발진기

아 주파수변환기

레이더 송신기 구성 요소로는 트리거 발전기, 펄스변조기, 마그네트론 등이 있고, 수신기 구성 요소로는 국부발진기, 주파수혼합기(변환기), 증폭 및 검파장치 등이 있다.

11 노출암을 나타낸 다음의 해도도식에서 '4'가 의미하는 것은?

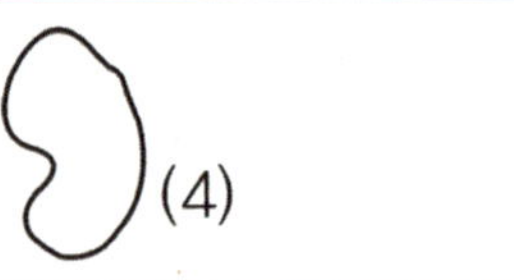

가 수심

나 암초 높이

사 파고

아 암초 크기

평균수면을 기준으로 한 노출암의 높이이다.

12 ( )에 적합한 것은?

> 해도상에 기재된 건물, 항만시설물, 등부표, 수중 장애물, 조류, 해류, 해안선의 형태, 등고선, 연안 지형 등의 기호 및 약어가 수록된 수로서지는 ( )이다.

가 해류도

나 조류도

사 해도목록

아 해도도식

해도도식은 해도상 여러 가지 사항들을 표시하기 위하여 사용되는 특수한 기호와 양식, 약어 등을 총칭한다.

13 조석표에 대한 설명으로 옳지 않은 것은?

가 조석 용어의 해설도 포함하고 있다.

나 각 지역의 조석에 대하여 상세히 기술하고 있다.

사 표준항 외의 항구에 대한 조시, 조고를 구할 수 있다.

아 국립해양조사원은 외국항 조석표는 발행하지 않는다.

정답 **09** 아 **10** 나 **11** 나 **12** 아 **13** 아

국립해양조사원에서 한국연안조석표는 1년마다, 태평양 및 인도양 연안의 조석표는 격년으로 간행한다.

14 등색이나 등력이 바뀌지 않고 일정하게 계속 빛을 내는 등은?

가 부동등   나 섬광등
사 호광등   아 명암등

나. **섬광등** : 빛을 비추는 시간(명간)이 꺼져 있는 시간(암간)보다 짧은 것으로, 일정한 간격으로 섬광을 내는 등
사. **호광등** : 색깔이 다른 종류의 빛을 교대로 내며, 그 사이에 등광은 꺼지는 일이 없는 등
아. **명암등** : 한 주기 동안에 빛을 비추는 시간(명간)이 꺼져 있는 시간(암간)보다 길거나 같은 등

15 레이콘에 대한 설명으로 옳지 않은 것은?

가 레이마크 비컨이라고도 한다.
나 레이더에서 발사된 전파를 받을 때에만 응답한다.
사 레이콘의 신호로 표준 신호와 모스 부호가 이용된다.
아 레이더 화면상에 일정 형태의 신호가 나타날 수 있도록 전파를 발사한다.

레이콘(racon)은 '레이더 비컨(Radar Beacon)'의 약어로, 선박 레이더에서 발사된 전파를 받은 때에만 응답하며, 일정한 형태의 신호가 나타날 수 있도록 전파를 발사하는 무지향성 송수신 장치이다. 따라서 레이마크 비컨과는 관계가 없다.

16 아래에서 설명하는 형상(주간)표지는?

> 선박에 암초, 얕은 여울 등의 존재를 알리고 항로를 표시하기 위하여 바다 위에 뜨게 한 구조물로 빛을 비추지 않는다.

가 도표   나 부표
사 육표   아 입표

가. **도표** : 좁은 수로의 항로를 표시하기 위하여 항로의 연장선 위에 앞뒤로 2개 이상의 육표를 설치하여 선박을 인도하는 것이다.
사. **육표** : 입표의 설치가 곤란한 경우에 육상에 마련한 간단한 항로표지로, 등광을 달면 등주가 된다.
아. **입표** : 암초, 노출암, 사주(모래톱) 등의 위치를 표시하기 위해 바닷속에 마련된 경계표로, 특별한 경우가 아니면 등광을 함께 설치하여 등부표로 사용한다.

17 연안항해에 사용되는 종이해도의 축척에 대한 설명으로 옳은 것은?

가 최신 해도이면 축척은 관계없다.
나 사용 가능한 대축척 해도를 사용한다.
사 총도를 사용하여 넓은 범위를 관측한다.
아 1 : 50,000인 해도가 1 : 150,000인 해도보다 소축척 해도이다.

가. 연안항해 시는 좁은 구역을 상세히 표시하고 있는 대축척 지도를 사용해야 한다.
사. 총도는 축척이 400만분의 1 이하이고, 세계 전도와 같이 극히 넓은 구역을 나타낸 것으로 항해계획에 편리하며, 장거리 항해에도 사용할 수 있는 해도이다. 연안항해에는 부적절하다.
아. 1 : 50,000인 해도가 1 : 150,000인 해도보다 대축척이다.

정답   **14** 가   **15** 가   **16** 나   **17** 나

18 종이해도를 사용할 때 주의사항으로 옳은 것은?

가 여백에 낙서를 해도 무방하다.

나 연필 끝은 둥글게 깎아서 사용한다.

사 반드시 해도의 소개정을 할 필요는 없다.

아 가장 최근에 발행된 해도를 사용해야 한다.

해도 사용 시 주의사항

- 항상 최신판 해도나 완전히 개정된 해도를 구해야 한다.
- 연안항해 시는 축척이 큰 해도를 이용한다.
- 보관 시 반드시 펴서 넣고 20매 이내로 뭉쳐 보관하며, 번호 순서 또는 사용 순서대로 보관한다.
- 운반 시 반드시 말아서 비에 젖지 않도록 풍하 쪽으로 이동한다.
- 서랍 앞면에는 그 속에 들어 있는 해도번호, 내용물을 표시한다.
- 연필은 납작하게 깎아서 사용하며, 해도에는 필요한 선만 긋는다.

19 정해진 등질이 반복되는 시간은?

가 등색　　　　나 섬광등

사 주기　　　　아 점등시간

주기(period) : 정해진 등질이 반복되는 시간으로, 초(sec) 단위로 표시한다.

20 항로의 좌·우측 한계를 표시하기 위하여 설치된 표지는?

가 특수표지

나 고립장해표지

사 측방표지

아 안전수역표지

가. **특수표지** : 공사구역 등 특별한 시설이 있음을 나타내는 표지이다.

나. **고립장해표지** : 주변 해역이 가항수역인 암초나 침선 등의 고립된 장애물 위에 설치 또는 계류하는 표지이다.

아. **안전수역표지** : 설치 위치 주변의 모든 수역이 가항수역임을 표시하는 데 사용하는 표지로, 중앙선이나 수로의 중앙을 나타낸다.

21 오호츠크해 기단에 대한 설명으로 옳지 않은 것은?

가 한랭하고 습윤하다.

나 해양성 열대 기단이다.

사 오호츠크해가 발원지이다.

아 오호츠크해 기단은 늦봄부터 발생하기 시작한다.

오호츠크해 기단은 우리나라 봄철에 영향을 미치는 한랭 습윤한 해양 기단으로, 열대 기단은 아니다.

22 저기압의 일반적인 특성으로 옳지 않은 것은?

가 저기압은 중심으로 갈수록 기압이 낮아진다.

나 저기압에서는 중심에 접근할수록 기압경도가 커지므로 바람도 강하다.

사 저기압 역내에서는 하층의 발산기류를 보충하기 위하여 하강기류가 발생한다.

아 북반구에서 저기압 주위의 대기는 반시계 방향으로 회전하고 하층에서는 대기의 수렴이 있다.

저기압은 상승기류가 발생한다.

23 현재부터 1~3일 후까지의 전선과 기압계의 이동 상태에 따른 일기 상황을 예보하는 것은?

가 수치예보 나 실황예보
사 단기예보 아 단시간예보

가. **수치예보** : 역학과 열역학의 법칙을 종합한 대기 물리법칙을 이용하여 계산에 의해 날씨를 예보
나. **실황예보** : 기상관측실황 자료를 근거로 하여 실황으로부터 2~6시간까지의 예보
아. **단시간예보** : 예보시각으로부터 12시간 이내의 예보

24 항해계획을 수립할 때 구별하는 지역별 항로의 종류가 아닌 것은?

가 원양항로 나 왕복항로
사 근해항로 아 연안항로

항로의 분류
• 지리적 분류 : 연안항로, 근해항로, 원양항로 등
• 통행 선박의 종류에 따른 분류 : 범선항로, 소형선항로, 대형선항로 등
• 국가·국제기구에서 항해의 안전상 권장하는 항로 : 추천항로
• 운송상의 역할에 따른 분류 : 간선항로, 지선항로

25 항해계획에 따라 안전한 항해를 수행하고, 안전을 확인하는 방법이 아닌 것은?

가 레이더를 이용한다.
나 중시선을 이용한다.
사 음향측심기를 이용한다.
아 선박의 평균속력을 계산한다.

항로계획에 따른 안전한 항해를 확인하는 방법 : 레이더, 음향측심기, 중시선을 이용

01 파랑 중에 항행하는 선박의 선수부와 선미부는 파랑에 의한 큰 충격을 예방하기 위해 선수미 부분을 견고히 보강한 구조의 명칭은?

가 팬팅(Panting) 구조
나 이중선체(Double hull) 구조
사 이중저(Double bottom) 구조
아 구상형 선수(Bulbous bow) 구조

구상형 선수는 선수의 수선 아래가 둥근 공처럼 되어 있어 부분적으로 선수파를 감소시킴에 따라 조파저항을 감소시킨다.

02 선체의 외형에 따른 명칭 그림에서 ①은?

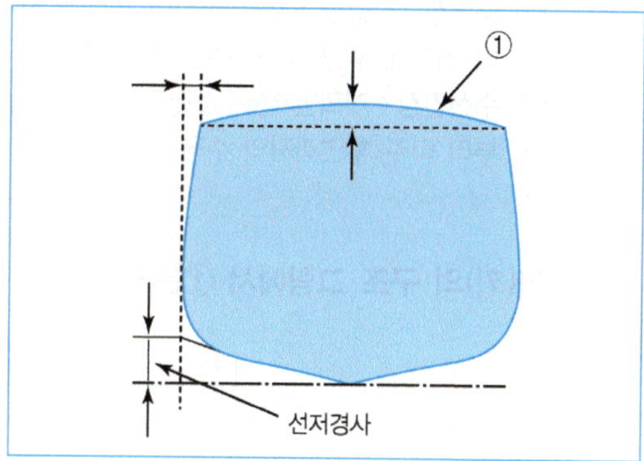

가 캠버 나 플레어
사 텀블 홈 아 선수현호

현호가 갑판 위의 길이 방향으로 가면서 선체 중앙부를 향해 잘 빠져나가도록 한 것이라면, 캠버(camber)는 갑판상의 물이 선체 폭 방향으로 걸쳐 양쪽 선측을 향해 잘 흘러가도록 선박의 중앙부를 높게 한 것을 말한다.

정답 23 사 24 나 25 아 / 01 아 02 가

03 선박의 트림을 옳게 설명한 것은?

가 선수흘수와 선미흘수의 곱
나 선수흘수와 선미흘수의 비
사 선수흘수와 선미흘수의 차
아 선수흘수와 선미흘수의 합

 트림(trim) : 선수흘수와 선미흘수의 차로 선박길이 방향의 경사

04 각 흘수선상의 물에 잠긴 선체의 선수재 전면에서 선미 후단까지의 수평거리는?

가 전장
나 등록장
사 수선장
아 수선간장

가. **전장** : 선수의 최전단으로부터 선미의 최후단까지의 수평거리. 선박의 저항, 추진력 계산에 사용
나. **등록장** : 상갑판 보(beam)상의 선수재 전면으로부터 선미재 후면까지의 수평거리
아. **수선간장** : 계획만재흘수선상의 선수재의 전면으로부터 타주 후면까지의 수평거리

05 타(키)의 구조 그림에서 ①은?

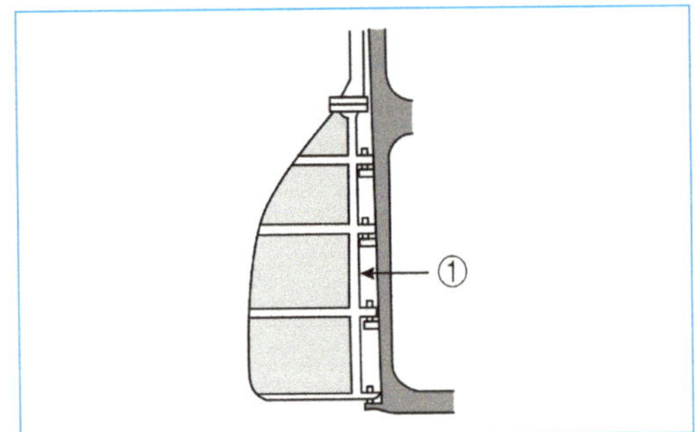

가 타판
나 타주
사 거전
아 타심재

타의 구조

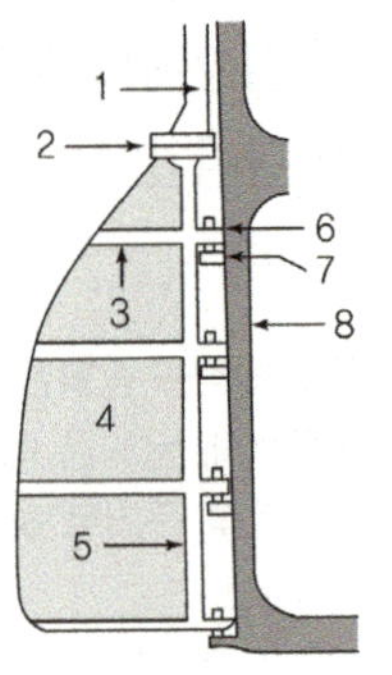

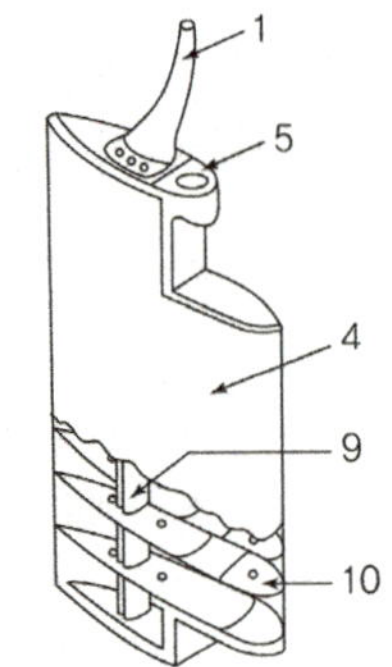

1. 타두재(rudder stock) 2. 러더 커플링
3. 러더 암 4. 타판
5. 타심재(main piece) 6. 핀틀
7. 거전 8. 타주

06 스톡 앵커의 그림에서 ①은?

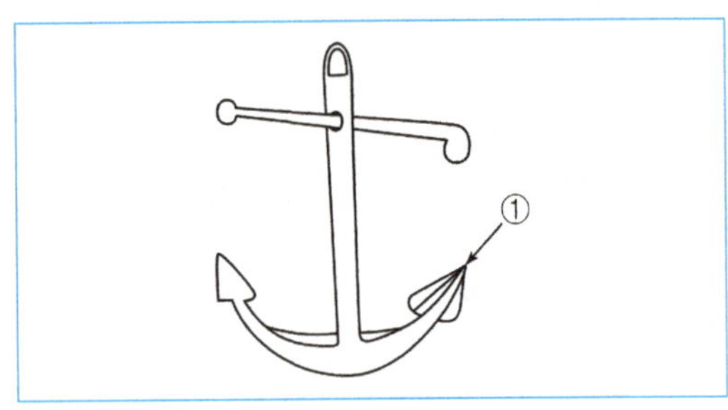

가 암
나 빌
사 생크
아 스톡

스톡 앵커의 각부 명칭

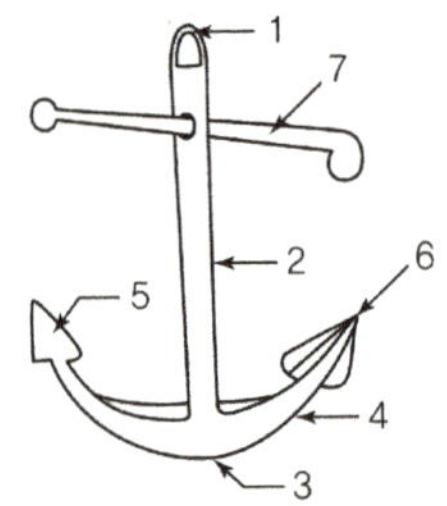

1. 앵커 링
2. 생크
3. 크라운
4. 암
5. 플루크
6. 빌
7. 스톡

정답 **03** 사 **04** 사 **05** 아 **06** 나

07 다음 소화장치 중 화재가 발생하면 자동으로 작동하여 물을 분사하는 장치는?

가 고정식 포말 소화장치

나 자동 스프링클러 장치

사 고정식 분말 소화장치

아 고정식 이산화탄소 소화장치

가. **고정식 포말 소화장치** : 산성액과 알칼리성액을 혼합했을 때 발생하는 거품으로 화재 구역을 덮어 산소 공급을 차단하여 소화하며, 유류화재에 유효하므로 탱커선에서 많이 사용한다.

아. **고정식 이산화탄소 소화장치** : 이산화탄소를 압축·액화한 소화기로, 전기화재의 소화에 적합하며 분사가스의 온도가 매우 낮아 동상에 조심해야 한다. 기관실이나 화물창 등의 독립 구역에서 발생한 비교적 큰 화재를 진압하는 데 사용된다.

08 열전도율이 낮은 방수 물질로 만들어진 포대기 또는 옷으로 방수복을 착용하지 않은 사람이 입는 것은?

가 보호복　　나 노출 보호복

사 보온복　　아 작업용 구명조끼

보온복은 물이 스며들지 않아 수온이 낮은 물속에서 체온을 보호할 수 있는 옷으로 방수복과 달리 구명동의의 기능이 없다.

09 수신된 조난신호의 내용 중 '05:30 UTC'라고 표시된 시각을 우리나라 시각으로 나타낸 것은?

가 05시 30분　　나 14시 30분

사 15시 30분　　아 17시 30분

'05:30 UTC'는 세계표준시가 05시 30분임을 말하므로, 세계표준시보다 9시간 빠른 우리나라 시각은 14시 30분이 된다.

10 나일론 등과 같은 합성섬유로 된 포지를 고무로 가공하여 제작되며, 긴급 시에 탄산가스나 질소가스로 팽창시켜 사용하는 구명설비는?

가 구명정　　나 구조정

사 구명부기　　아 구명뗏목

가. **구명정** : 선박 조난 시 인명구조를 목적으로 특별하게 제작된 소형선박으로 부력, 복원성 및 강도 등이 완전한 구명 기구이다.

나. **구조정** : 조난 중인 사람을 구조하고, 생존정을 인도하기 위하여 설계된 보트이다.

사. **구명부기** : 선박 조난 시 구조를 기다릴 때 사용하는 인명구조 장비로, 사람이 타지 않고 손으로 밧줄을 붙잡고 있도록 만든 것이다.

11 자기 점화등과 같은 목적으로 구명부환과 함께 수면에 투하되면 자동으로 오렌지색 연기를 내는 것은?

가 신호 홍염

나 자기 발연 신호

사 신호 거울

아 로켓 낙하산 화염신호

가. **신호 홍염** : 홍색염을 1분 이상 연속하여 발할 수 있으며, 10cm 깊이의 물속에 10초 동안 잠긴 후에도 계속 타는 팽창식 구명뗏목의 의장품이다(야간용). 연소시간은 40초 이상이어야 한다.

아. **로켓 낙하산 신호** : 높이 300m 이상의 장소에서 펴지고 또한 점화되며, 매초 5m 이하의 속도로 낙하하며 화염으로써 위치를 알린다(야간용).

정답 ｜ 07 나　08 사　09 나　10 아　11 나

12 해상에서 사용하는 조난신호가 아닌 것은?

가 국제신호기 'SOS' 게양

나 좌우로 벌린 팔을 천천히 위아래로 반복함

사 비상위치지시 무선표지(EPIRB)에 의한 신호

아 수색구조용 레이더 트랜스폰더(SART)의 사용

가. 국제신호기 NC기의 게양

13 지혈의 방법으로 옳지 않은 것은?

가 환부를 압박한다.

나 환부를 안정시킨다.

사 환부를 온열시킨다.

아 환부를 심장부위보다 높게 올린다.

혈관을 수축시켜 출혈량을 줄이기 위해 환부를 차갑게 해야 한다.

14 초단파(VHF) 무선설비를 사용하는 방법으로 옳지 않은 것은?

가 볼륨을 적절히 조절한다.

나 항해 중에는 16번 채널을 청취한다.

사 묘박 중에는 필요할 때만 켜서 사용한다.

아 관제구역에서는 지정된 관제통신 채널을 청취한다.

초단파(VHF) 무선설비는 묘박 중에도 계속 켜서 사용한다.

15 타판에서 생기는 항력의 작용 방향은?

가 우현 방향

나 좌현 방향

사 선수미선 방향

아 타판의 직각 방향

항력은 타판에 작용하는 힘 중에서 그 작용하는 방향이 선수미선인 분력으로, 직진 중 선회 시 속력 감소의 원인이 된다.

16 선박의 조종성을 판별하는 성능이 아닌 것은?

가 복원성 나 선회성

사 추종성 아 침로안정성

선박의 조종성을 나타내는 요소로는 침로안정성(방향안정성=보침성), 선회성, 추종성이 있다. 복원성은 선박의 조종성을 판별하는 성능과 거리가 멀다.

17 다음 중 닻의 역할이 아닌 것은?

가 침로 유지에 사용된다.

나 좁은 수역에서 선회하는 경우에 이용된다.

사 선박을 임의의 수면에 정지 또는 정박시킨다.

아 선박의 속력을 급히 감소시키는 경우에 사용된다.

닻(anchor)이란 선박을 계선시키기 위하여 체인 또는 로프에 묶어서 바다 밑바닥에 가라앉혀서 파지력을 발생하게 하는 무거운 기구로, 좁은 수역에서의 방향 변환, 선박의 속도 감소 등 선박 조종의 보조 등의 역할을 한다.

정답 **12** 가 **13** 사 **14** 사 **15** 사 **16** 가 **17** 가

18 우선회 고정피치 단추진기를 설치한 선박에서 흡입류와 배출류에 대한 설명으로 옳지 않은 것은?

가 횡압력의 영향은 스크루 프로펠러가 수면 위에 노출되어 있을 때 뚜렷하게 나타난다.

나 기관 전진 중 스크루 프로펠러가 수중에서 회전하면 앞쪽에서는 스크루 프로펠러에 빨려드는 흡입류가 있다.

사 기관을 전진상태로 작동하면 타의 하부에 작용하는 수류는 수면 부근에 위치한 상부에 작용하는 수류보다 강하여 선미를 좌현 쪽으로 밀게 된다.

아 기관을 후진상태로 작동시키면 선체의 우현 쪽으로 흘러가는 배출류는 우현 선미 측벽에 부딪치면서 측압을 형성하며, 이 측압작용은 현저하게 커서 선미를 우현 쪽으로 밀게 되므로 선수는 좌현 쪽으로 회두한다.

기관을 후진상태로 작동시키면 선체의 우현 쪽으로 흘러가는 배출류는 우현의 선미 측벽에 부딪치면서 측압을 형성하며, 이 측압작용은 현저하게 커서 선미를 좌현 쪽으로 밀므로 선수는 우현 쪽으로 회두한다.

19 복원성이 작은 선박의 적절한 조선 방법은?

가 순차적으로 타각을 높임

나 큰 속력으로 대각도 전타

사 전타 중 갑자기 타각을 줄임

아 전타 중 반대 현측으로 대각도 전타

복원성이 작은 선박은 큰 속력으로 대각도 전타하거나, 전타 중 갑자기 타각을 줄인다든가, 전타 중 반대 현측으로 대각도 전타 등을 하게 되면 자칫 전복의 위험성이 커지므로, 순차적으로 타각을 높이는 조선법을 해야 한다.

20 물에 빠진 사람을 구조하는 조선법이 아닌 것은?

가 표준 턴　　　　**나** 샤르노브 턴
사 싱글 턴　　　　**아** 윌리암슨 턴

구조 조선법

• **윌리암슨 턴**(Williamson turn) : 야간이나 제한된 시계 상태에서 유지한 채 원래의 항적으로 되돌아가고자 할 때 사용하는 회항 조선법이다. 물에 빠진 사람을 수색하는 데 좋은 방법이지만 익수자를 보지 못하므로 선박이 사고지점과 멀어질 수 있고, 절차가 느리다는 단점이 있다.

• **원턴**(싱글 턴 또는 앤더슨 턴, Single turn or Anderson turn) : 물에 빠진 사람이 보일 때 가장 빠른 구출 방법으로, 최종 접근 단계에서 직선적으로 접근하기가 곤란하여 조종이 어렵다는 단점이 있다.

• **샤르노브 턴**(Scharnow turn) : 윌리암슨 턴과 같이 회항 조선법이다. 물에 빠진 시간과 조종의 시작 사이에 경과된 시간이 짧을 때, 즉 익수자가 선미에서 떨어져 있지 않을 때에는 짧은 시간에 구조할 수 있어서 매우 효과적이다.

21 복원력에 관한 내용으로 옳지 않은 것은?

가 복원력의 크기는 배수량의 크기에 반비례한다.

나 무게중심의 위치를 낮추는 것이 복원력을 크게 하는 가장 좋은 방법이다.

사 황천항해 시 갑판에 올라온 해수가 즉시 배수되지 않으면 복원력이 감소할 수 있다.

아 항해의 경과로 연료유와 청수 등의 소비, 유동수의 발생으로 인해 복원력이 감소할 수 있다.

가. 복원력의 크기는 배수량의 크기에 비례한다.

22 배의 길이와 파장의 길이가 거의 같고 파랑을 선미로부터 받을 때 나타나기 쉬운 현상은?

가 러칭(Lurching)

나 슬래밍(Slamming)

사 브로칭(Broaching)

아 동조 횡동요(Synchronized rolling)

가. **러칭**(lurching, 횡경사) : 선체가 횡동요 중에 옆에서 돌풍을 받는 경우, 또는 파랑 중에서 대각도 조타를 실행하면 선체가 갑자기 큰 각도로 경사하는 현상이다.

나. **슬래밍**(slamming) : 선체가 파도를 선수에서 받으면서 항주하면, 선수 선저부는 강한 파도의 충격을 받아 짧은 주기로 급격한 진동을 하게 되는데, 이러한 파도에 의한 충격을 말한다.

사. **브로칭**(broaching) : 파도를 선미에서 받으며 항주할 때 선체 중앙이 파도의 마루나 파도의 오르막 파면에 위치하면, 급격한 선수동요에 의해 선체가 파도와 평행하게 놓이는 현상이다.

아. **동조 횡동요**(synchronized rolling) : 선체의 횡동요 주기가 파랑의 주기와 일치하여 횡동요각이 점점 커지는 현상이다.

23 황천 중에 항행이 곤란할 때 기관을 정지하고 선체를 풍하 측으로 표류하도록 하는 방법으로서 소형선에서 선수를 풍랑 쪽으로 세우기 위하여 해묘(Sea anchor)를 사용하는 방법은?

가 라이 투(Lie to)

나 스커딩(Scudding)

사 히브 투(Heave to)

아 스톰 오일(Storm oil)의 살포

가. **라이 투**(Lie to) : 기관을 정지하여 선체가 풍하 측으로 표류하도록 하는 방법을 말한다.

나. **스커딩**(Scudding) : 풍랑을 선미 사면(quarter)에서 받으며, 파에 쫓기는 자세로 항주하는 방법을 순주라고 한다.

사. **히브 투**(Heave to) : 선수를 풍랑 쪽으로 향하게 하여 조타가 가능한 최소의 속력으로 전진하는 방법을 말한다.

아. **스톰 오일**(Storm oil)**의 살포** : 고장 선박이 표주할 때에 선체 주위에 점성이 큰 동물성 기름이나 식물성 기름을 살포하여 파랑을 진정시킬 수 있는데, 이러한 목적으로 사용하는 기름을 진파기름이라고 한다.

24 해상에서 선박과 인명의 안전에 관한 언어적 장해가 있을 때의 신호방법과 수단을 규정하는 신호서는?

가 국제신호서　　나 선박신호서

사 해상신호서　　아 항공신호서

국제신호서 : 항해와 인명의 안전에 관한 여러 가지 상황이 발생하였을 경우를 대비하여 발행된 것이다. 특히, 언어에 의한 의사소통에 문제가 있을 경우의 신호방법과 수단에 대하여 규정한 것으로 널리 사용되고 있다.

25 전기장치에 의한 화재 원인이 아닌 것은?

가 산화된 금속의 불똥

나 과전류가 흐르는 전선

사 절연이 충분치 않은 전동기

아 불량한 전기접점 그리고 노출된 전구

전선, 전동기, 전구는 전기장치로 이의 잘못된 설비나 관리가 화재 원인이 될 수 있다. 한편, 산화된 금속의 불똥은 금속물질에 의한 금속화재의 원인이 된다.

정답 　22 사　23 가　24 가　25 가

01 해사안전법상 선박의 항행안전에 필요한 항행보조시설을 다음에서 모두 고른 것은?

> ㄱ. 신호　　　　ㄴ. 해양관측 설비
> ㄷ. 조명　　　　ㄹ. 항로표지

가 ㄱ, ㄴ, ㄷ　　　　나 ㄱ, ㄷ, ㄹ
사 ㄴ, ㄷ, ㄹ　　　　아 ㄱ, ㄴ, ㄹ

해양수산부장관은 선박의 항행안전에 필요한 항로표지·신호·조명 등 항행보조시설을 설치하고 관리·운영하여야 한다(해상교통안전법 제44조 제1항).

02 해사안전법상 안전한 속력을 결정할 때 고려할 사항이 아닌 것은?

가 해상교통량의 밀도

나 레이더의 특성 및 성능

사 항해사의 야간 항해당직 경험

아 선박의 정지거리·선회성능, 그 밖의 조종성능

안전한 속력을 결정할 때 고려사항(해상교통안전법 제71조 제2항)
- 시계의 상태
- 해상교통량의 밀도
- 선박의 정지거리·선회성능, 그 밖의 조종성능
- 야간의 경우에는 항해에 지장을 주는 불빛의 유무
- 바람·해면 및 조류의 상태와 항행장애물의 근접상태
- 선박의 흘수와 수심과의 관계
- 레이더의 특성 및 성능
- 해면상태·기상, 그 밖의 장애요인이 레이더 탐지에 미치는 영향
- 레이더로 탐지한 선박의 수·위치 및 동향

03 (　　)에 적합한 것은?

> 해사안전법상 통항분리수역을 항행하는 경우에 선박이 부득이한 사유로 통항로를 횡단하여야 하는 경우 그 통항로와 선수 방향이 (　　)에 가까운 각도로 횡단하여야 한다.

가 둔각　　　　나 직각
사 예각　　　　아 평형

선박은 통항로를 횡단하여서는 아니 된다. 다만, 부득이한 사유로 그 통항로를 횡단하여야 하는 경우에는 그 통항로와 선수 방향(船首方向)이 직각에 가까운 각도로 횡단하여야 한다(해상교통안전법 제75조 제3항).

04 해사안전법상 충돌 위험의 판단에 대한 설명으로 옳지 않은 것은?

가 선박은 다른 선박과 충돌할 위험이 있는지를 판단하기 위하여 당시의 상황에 알맞은 모든 수단을 활용하여야 한다.

나 선박은 다른 선박과의 충돌 위험 여부를 판단하기 위하여 불충분한 레이더 정보나 그 밖의 불충분한 정보를 적극 활용하여야 한다.

사 선박은 접근하여 오는 다른 선박의 나침방위에 뚜렷한 변화가 일어나지 아니하면 충돌할 위험성이 있다고 보고 필요한 조치를 취하여야 한다.

아 레이더를 설치한 선박은 다른 선박과 충돌할 위험성 유무를 미리 파악하기 위하여 레이더를 이용하여 장거리 주사, 탐지된 물체에 대한 작도, 그 밖의 체계적인 관측을 하여야 한다.

정답　**01** 나　**02** 사　**03** 나　**04** 나

선박은 불충분한 레이더 정보나 그 밖의 불충분한 정보에 의존하여 다른 선박과의 충돌 위험성 여부를 판단하여서는 아니 된다(해상교통안전법 제72조 제3항).

05 (   )에 순서대로 적합한 것은?

> 해사안전법상 밤에는 다른 선박의 (   )만을 볼 수 있고 어느 쪽의 (   )도 볼 수 없는 위치에서 그 선박을 앞지르기 하는 선박은 앞지르기 하는 배로 보고 필요한 조치를 취하여야 한다.

가 선수등, 현등   **나** 선수등, 전주등

사 선미등, 현등   **아** 선미등, 전주등

다른 선박의 양쪽 현의 정횡(正橫)으로부터 22.5도를 넘는 뒤쪽[밤에는 다른 선박의 선미등(船尾燈)만을 볼 수 있고 어느 쪽의 현등(舷燈)도 볼 수 없는 위치를 말한다]에서 그 선박을 앞지르기 하는 선박은 앞지르기 하는 배로 보고 필요한 조치를 취하여야 한다(해상교통안전법 제78조 제2항).

06 해사안전법상 항행 중인 범선이 진로를 피하지 않아도 되는 선박은?

가 조종제한선

나 조종불능선

사 수상항공기

아 어로에 종사하고 있는 선박

수상항공기는 될 수 있으면 모든 선박으로부터 충분히 떨어져서 선박의 통항을 방해하지 아니하도록 하되, 충돌할 위험이 있는 경우에는 이 에서 정하는 바에 따라야 한다(해상교통안전법 제83조 제7항).

07 해사안전법상 제한된 시계에서 충돌할 위험성이 없다고 판단한 경우 외에 자기 선박의 양쪽 현의 정횡 앞쪽에 있는 다른 선박의 무중신호를 듣고 취할 조치로 옳은 것을 다음에서 모두 고른 것은?

> ㄱ. 최대 속력으로 항행하면서 경계를 한다.
> ㄴ. 우현 쪽으로 침로를 변경시키지 않는다.
> ㄷ. 필요시 자기 선박의 진행을 완전히 멈춘다.
> ㄹ. 충돌할 위험성이 사라질 때까지 주의하여 항행하여야 한다.

가 ㄴ, ㄷ   **나** ㄷ, ㄹ

사 ㄱ, ㄴ, ㄹ   **아** ㄴ, ㄷ, ㄹ

충돌할 위험성이 없다고 판단한 경우 외에는 다음에 해당하는 경우 모든 선박은 자기 배의 침로를 유지하는 데 필요한 최소한으로 속력을 줄여야 한다. 이 경우 필요하다고 인정되면 자기 선박의 진행을 완전히 멈추어야 하며, 어떠한 경우에도 충돌할 위험성이 사라질 때까지 주의하여 항행하여야 한다(해상교통안전법 제84조 제6항).

• 자기 선박의 양쪽 현의 정횡 앞쪽에 있는 다른 선박에서 무중신호(霧中信號)를 듣는 경우
• 자기 선박의 양쪽 현의 정횡으로부터 앞쪽에 있는 다른 선박과 매우 근접한 것을 피할 수 없는 경우

08 해사안전법상 선미등과 같은 특성을 가진 황색 등은?

가 현등   **나** 전주등

사 예선등   **아** 마스트등

예선등(曳船燈) : 선미등과 같은 특성을 가진 황색 등(해상교통안전법 제86조 제4호)

정답 **05** 사   **06** 사   **07** 나   **08** 사

09 (   )에 순서대로 적합한 것은?

> 해사안전법상 제한된 시계에서 레이더만으로 다른 선박이 있는 것을 탐지한 선박은 (   )과 얼마나 가까이 있는지 또는 (   )이 있는지를 판단하여야 한다. 이 경우 해당 선박과 매우 가까이 있거나 그 선박과 충돌할 위험이 있다고 판단한 경우에는 충분한 시간적 여유를 두고 (   )을 취하여야 한다.

가 해당 선박, 충돌할 위험, 피항동작

나 해당 선박, 충돌할 위험, 피항협력동작

사 다른 선박, 근접상태의 상황, 피항동작

아 다른 선박, 근접상태의 상황, 피항협력동작

레이더만으로 다른 선박이 있는 것을 탐지한 선박은 해당 선박과 얼마나 가까이 있는지 또는 충돌할 위험이 있는지를 판단하여야 한다. 이 경우 해당 선박과 매우 가까이 있거나 그 선박과 충돌할 위험이 있다고 판단한 경우에는 충분한 시간적 여유를 두고 피항동작을 취하여야 한다(해상교통안전법 제84조 제4항).

10 해사안전법상 예인선열의 길이가 200미터를 초과하면, 예인작업에 종사하는 동력선이 표시하여야 하는 형상물은?

가 마름모꼴 형상물 1개

나 마름모꼴 형상물 2개

사 마름모꼴 형상물 3개

아 마름모꼴 형상물 4개

예인선열의 길이가 200미터를 초과하면 가장 잘 보이는 곳에 마름모꼴의 형상물 1개(해상교통안전법 제89조 제1항 제5호)

11 해사안전법상 동력선이 다른 선박을 끌고 있는 경우 예선등을 표시하여야 하는 곳은?

가 선수 　　　　나 선미

사 선교 　　　　아 마스트

동력선이 다른 선박이나 물체를 끌고 있는 경우 예선등은 선미등의 위쪽에 수직선 위로 표시해야 하므로, 예선등을 표시하는 위치는 선미이다(해상교통안전법 제89조 제1항 제4호).

12 해사안전법상 도선업무에 종사하고 있는 선박이 항행 중 표시하여야 하는 등화로 옳은 것은?

가 마스트의 꼭대기나 그 부근에 수직선 위쪽에는 붉은색 전주등, 아래쪽에는 흰색 전주등 각 1개

나 마스트의 꼭대기나 그 부근에 수직선 위쪽에는 흰색 전주등, 아래쪽에는 붉은색 전주등 각 1개

사 현등 1쌍과 선미등 1개, 마스트의 꼭대기나 그 부근에 수직선 위쪽에는 흰색 전주등, 아래쪽에는 붉은색 전주등 각 1개

아 현등 1쌍과 선미등 1개, 마스트의 꼭대기나 그 부근에 수직선 위쪽에는 붉은색 전주등, 아래쪽에는 흰색 전주등 각 1개

도선업무에 종사하고 있는 선박은 다음의 등화나 형상물을 표시하여야 한다(해상교통안전법 제94조 제1항).
1. 마스트의 꼭대기나 그 부근에 수직선 위쪽에는 흰색 전주등, 아래쪽에는 붉은색 전주등 각 1개
2. 항행 중에는 1.에 따른 등화에 덧붙여 현등 1쌍과 선미등 1개
3. 정박 중에는 1.에 따른 등화에 덧붙여 제95조에 따른 정박하고 있는 선박의 등화나 형상물

정답　**09** 가　**10** 가　**11** 나　**12** 사

13 해사안전법상 선박이 좁은 수로 등에서 서로 상대의 시계 안에 있는 상태에서 다른 선박의 좌현 쪽으로 앞지르기 하려는 경우 행하여야 하는 기적신호는?

가 장음, 장음, 단음

나 장음, 장음, 단음, 단음

사 장음, 단음, 장음, 단음

아 단음, 장음, 단음, 장음

선박이 좁은 수로 등에서 서로 상대의 시계 안에 있는 경우(해상교통안전법 제99조 제4항)

- 다른 선박의 우현 쪽으로 앞지르기 하려는 경우에는 장음 2회와 단음 1회의 순서로 의사를 표시할 것
- 다른 선박의 좌현 쪽으로 앞지르기 하려는 경우에는 장음 2회와 단음 2회의 순서로 의사를 표시할 것
- 앞지르기당하는 선박이 다른 선박의 앞지르기에 동의할 경우에는 장음 1회, 단음 1회의 순서로 2회에 걸쳐 동의의사를 표시할 것

14 해사안전법상 안개로 시계가 제한되었을 때 항행 중인 길이 12미터 이상인 동력선이 대수속력이 있는 경우 울려야 하는 음향신호는?

가 2분을 넘지 아니하는 간격으로 단음 4회

나 2분을 넘지 아니하는 간격으로 장음 1회

사 2분을 넘지 아니하는 간격으로 장음 1회에 이어 단음 3회

아 2분을 넘지 아니하는 간격으로 단음 1회, 장음 1회, 단음 1회

항행 중인 동력선은 대수속력이 있는 경우에는 2분을 넘지 아니하는 간격으로 장음을 1회 울려야 한다(해상교통안전법 제100조 제1항 제1호).

15 해사안전법상 단음은 몇 초 정도 계속되는 고동소리인가?

가 1초

나 2초

사 4초

아 6초

기적의 종류(해상교통안전법 제97조)

- 단음 : 1초 정도 계속되는 고동소리
- 장음 : 4초부터 6초까지의 시간 동안 계속되는 고동소리

16 선박의 입항 및 출항 등에 관한 법률상 무역항의 수상구역 등에서 위험물운송선박이 아닌 선박이 불꽃이나 열이 발생하는 용접 등의 방법으로 기관실에서 수리작업을 하는 경우 관리청의 허가를 받아야 하는 선박의 크기 기준은?

가 총톤수 20톤 이상

나 총톤수 25톤 이상

사 총톤수 50톤 이상

아 총톤수 100톤 이상

선장은 무역항의 수상구역 등에서 다음의 선박을 불꽃이나 열이 발생하는 용접 등의 방법으로 수리하려는 경우 해양수산부령으로 정하는 바에 따라 관리청의 허가를 받아야 한다. 다만, 제2호의 선박은 기관실, 연료탱크, 그 밖에 해양수산부령으로 정하는 선박 내 위험구역에서 수리작업을 하는 경우에만 허가를 받아야 한다.

1. 위험물을 저장·운송하는 선박과 위험물을 하역한 후에도 인화성 물질 또는 폭발성 가스가 남아 있어 화재 또는 폭발의 위험이 있는 선박
2. 총톤수 20톤 이상의 선박(위험물운송선박은 제외)

정답 **13** 나 **14** 나 **15** 가 **16** 가

17 선박의 입항 및 출항 등에 관한 법률상 정박의 제한 및 방법에 대한 규정으로 옳지 않은 것은?

가 안벽 부근 수역에 인명을 구조하는 경우 정박할 수 있다.

나 좁은 수로 입구의 부근 수역에서 허가받은 공사를 하는 경우 정박할 수 있다.

사 정박하는 선박은 안전에 필요한 조치를 취한 후에는 예비용 닻을 고정할 수 있다.

아 선박의 고장으로 선박을 조종할 수 없는 경우 부두 부근 수역에서 정박할 수 있다.

무역항의 수상구역 등에 정박하는 선박은 지체 없이 예비용 닻을 내릴 수 있도록 닻 고정장치를 해제하고, 동력선은 즉시 운항할 수 있도록 기관의 상태를 유지하는 등 안전에 필요한 조치를 하여야 한다(법 제6조 제4항).

18 (   )에 적합하지 않은 것은?

> 선박의 입항 및 출항 등에 관한 법률상 관리청은 무역항의 수상구역 등에서 선박교통의 안전을 위하여 필요하다고 인정하여 항로 또는 구역을 지정한 경우에는 (   )을/를 정하여 공고하여야 한다.

가 제한기간

나 관할 해양경찰서

사 금지기간

아 항로 또는 구역의 위치

관리청이 항로 또는 구역을 지정한 경우에는 항로 또는 구역의 위치, 제한·금지 기간을 정하여 공고하여야 한다(법 제9조 제2항).

19 선박의 입항 및 출항 등에 관한 법률상 항로에서의 항법으로 옳은 것은?

가 항로 밖에 있는 선박은 항로에 들어오지 아니할 것

나 항로 밖에서 항로에 들어오는 선박은 장음 10회의 기적을 울릴 것

사 항로 밖에서 항로에 들어오는 선박은 항로를 항행하는 다른 선박의 진로를 피하여 항행할 것

아 항로 밖으로 나가는 선박은 일단 정지했다가 다른 선박이 항로에 없을 때 항로 밖으로 나갈 것

항로 밖에서 항로에 들어오거나 항로에서 항로 밖으로 나가는 선박은 항로를 항행하는 다른 선박의 진로를 피하여 항행할 것(법 제12조 제1항 제1호)

20 (   )에 순서대로 적합한 것은?

> 선박의 입항 및 출항 등에 관한 법률상 항로상의 모든 선박은 항로를 항행하는 (   ) 또는 (   )의 진로를 방해하지 아니하여야 한다. 다만, 항만운송관련사업을 등록한 자가 소유한 급유선은 제외한다.

가 어선, 범선

나 흘수제약선, 범선

사 위험물운송선박, 대형선

아 위험물운송선박, 흘수제약선

항로를 항행하는 위험물운송선박(선박 중 급유선은 제외) 또는 흘수제약선(吃水制約船)의 진로를 방해하지 아니할 것(법 제12조 제1항 제5호)

21 선박의 입항 및 출항 등에 관한 법률상 무역항의 수상구역 등에서 수로를 보전하기 위한 내용으로 옳은 것은?

가 장애물을 제거하는 데 드는 비용은 국가에서 부담하여야 한다.

나 무역항의 수상구역 밖 5킬로미터 이상의 수면에는 폐기물을 버릴 수 있다.

사 흩어지기 쉬운 석탄, 돌, 벽돌 등을 하역할 경우에 수면에 떨어지는 것을 방지하기 위한 필요한 조치를 하여야 한다.

아 해양사고 등의 재난으로 인하여 다른 선박의 항행이나 무역항의 안전을 해칠 우려가 있는 경우 해양경찰서장은 항로표지를 설치하는 등 필요한 조치를 하여야 한다.

무역항의 수상구역 등이나 무역항의 수상구역 부근에서 석탄·돌·벽돌 등 흩어지기 쉬운 물건을 하역하는 자는 그 물건이 수면에 떨어지는 것을 방지하기 위하여 대통령령으로 정하는 바에 따라 필요한 조치를 하여야 한다(법 제38조 제2항).

22 다음 중 선박의 입항 및 출항 등에 관한 법률상 우선피항선이 아닌 것은?

가 예선

나 총톤수 20톤 미만인 어선

사 주로 노와 삿대로 운전하는 선박

아 예인선에 결합되어 운항하는 압항부선

우선피항선 : 주로 무역항의 수상구역에서 운항하는 선박으로서 다른 선박의 진로를 피하여야 하는 선박이다(법 제2조 제5호).

- 부선(艀船)[예인선이 부선을 끌거나 밀고 있는 경우의 예인선 및 부선을 포함하되, 예인선에 결합되어 운항하는 압항부선(押航艀船)은 제외한다]
- 주로 노와 삿대로 운전하는 선박
- 예선
- 항만운송관련사업을 등록한 자가 소유한 선박
- 해양환경관리업을 등록한 자가 소유한 선박 또는 해양폐기물관리업을 등록한 자가 소유한 선박(폐기물해양배출업으로 등록한 선박은 제외한다)
- 가목부터 마목까지의 규정에 해당하지 아니하는 총톤수 20톤 미만의 선박

23 해양환경관리법상 선박에서 배출기준을 초과하는 오염물질이 해양에 배출된 경우 방제조치에 대한 설명으로 옳지 않은 것은?

가 오염물질을 배출한 선박의 선장은 현장에서 가급적 빨리 대피한다.

나 오염물질을 배출한 선박의 선장은 오염물질의 배출방지 조치를 하여야 한다.

사 오염물질을 배출한 선박의 선장은 배출된 오염물질을 수거 및 처리를 하여야 한다.

아 오염물질을 배출한 선박의 선장은 배출된 오염물질의 확산방지를 위한 조치를 하여야 한다.

방제의무자(선장, 배출 원인을 제공한 자)는 배출된 오염물질에 대하여 대통령령이 정하는 바에 따라 다음의 방제조치를 하여야 한다(법 제64조 제1항).

- 오염물질의 배출방지
- 배출된 오염물질의 확산방지 및 제거
- 배출된 오염물질의 수거 및 처리

정답 **21** 사 **22** 아 **23** 가

24 ( )에 순서대로 적합한 것은?

> 해양환경관리법령상 음식찌꺼기는 항해 중에 (   )으로부터 최소한 (   )의 해역에 버릴 수 있다. 다만, 분쇄기 또는 연마기를 통하여 25mm 이하의 개구를 가진 스크린을 통과할 수 있도록 분쇄하거나 연마된 음식찌꺼기의 경우 (   )으로부터 (   )의 해역에 버릴 수 있다.

가 항만, 10해리 이상, 항만, 5해리 이상

나 항만, 12해리 이상, 항만, 3해리 이상

사 영해기선, 10해리 이상, 영해기선, 5해리 이상

아 영해기선, 12해리 이상, 영해기선, 3해리 이상

음식찌꺼기는 영해기선으로부터 최소한 12해리 이상의 해역. 다만, 분쇄기 또는 연마기를 통하여 25mm 이하의 개구(開口)를 가진 스크린을 통과할 수 있도록 분쇄되거나 연마된 음식찌꺼기의 경우 영해기선으로부터 3해리 이상의 해역에 버릴 수 있다.

25 해양환경관리법상 소형선박에 비치하여야 하는 기관구역용 폐유저장용기에 관한 규정으로 옳지 않은 것은?

가 용기는 2개 이상으로 나누어 비치 가능

나 용기의 재질은 견고한 금속성 또는 플라스틱 재질일 것

사 총톤수 5톤 이상 10톤 미만의 선박은 30리터 저장용량의 용기 비치

아 총톤수 10톤 이상 30톤 미만의 선박은 60리터 저장용량의 용기 비치

소형선박 기관구역용 폐유저장용기 비치기준(「선박에서의 오염방지에 관한 규칙」 별표 7)

대상선박	저장용량 (단위 : ℓ)
총톤수 5톤 이상 10톤 미만의 선박	20
총톤수 10톤 이상 30톤 미만의 선박	60
총톤수 30톤 이상 50톤 미만의 선박	100
총톤수 50톤 이상 100톤 미만으로서 유조선이 아닌 선박	200

- 폐유저장용기는 2개 이상으로 나누어 비치할 수 있다.
- 폐유저장용기는 견고한 금속성 재질 또는 플라스틱 재질로서 폐유가 새지 아니하도록 제작되어야 하고, 해당 용기의 표면에는 선명 및 선박번호를 기재하고 그 내용물이 폐유임을 표시하여야 한다.
- 폐유저장용기 대신에 소형선박용 기름여과장치를 설치할 수 있다.

정답 **24** 아 **25** 사

01 실린더 부피가 1,200[cm³]이고 압축 부피가 100[cm³]인 내연기관의 압축비는 얼마인가?

가　11　　　나　12
사　13　　　아　14

해설

압축비 = 실린더 부피 / 압축 부피 = 1,200 / 100 = 12

02 소형선박의 4행정 사이클 디젤 기관에서 흡기밸브와 배기밸브를 닫는 힘은?

가　연료유 압력
나　압축공기 압력
사　연소가스 압력
아　스프링 장력

해설

소형기관의 흡·배기 밸브는 캠에 의해 열리고, 스프링의 장력에 의해 닫힌다.

03 소형 디젤 기관에서 실린더 라이너의 심한 마멸에 의한 영향이 아닌 것은?

가　압축 불량
나　불완전 연소
사　착화 시기가 빨라짐
아　연소가스가 크랭크실로 누설

해설

실린더 라이너 마모의 영향 : 출력 저하, 압축압력의 저하, 연료의 불완전 연소, 연료 소비량 증가, 윤활유 소비량 증가, 기관의 시동성 저하, 가스가 크랭크실로 누설

04 다음과 같은 습식 라이너에 대한 설명으로 옳지 않은 것은?

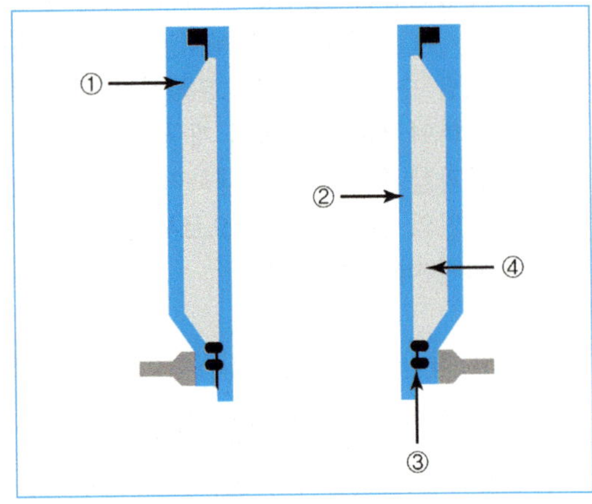

가　①은 실린더 블록이다.
나　②는 실린더 헤드이다.
사　③은 냉각수 누설을 방지하는 오링이다.
아　④는 냉각수가 통과하는 통로이다.

해설

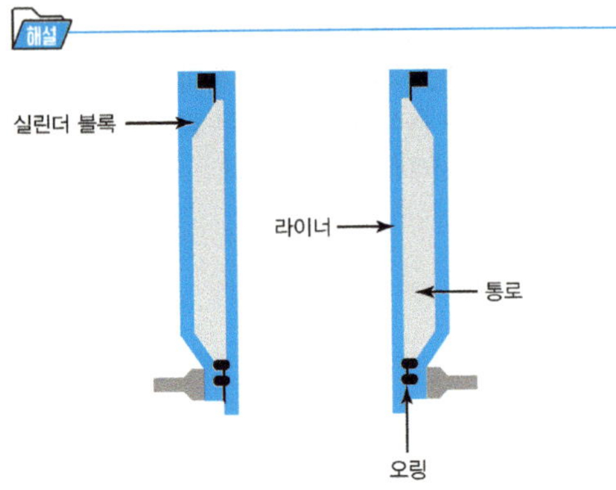

05 트렁크형 피스톤 디젤 기관의 구성 부품이 아닌 것은?

가　피스톤 핀　　나　피스톤 로드
사　커넥팅 로드　아　크랭크 핀

정답　01 나　02 아　03 나　04 나　05 나

해설

트렁크형 피스톤은 트렁크형으로 생긴 것을 말하며, 커넥팅 로드를 피스톤 핀으로 연결하여 요동할 수 있게 하는 특징이 있다. 이의 구성 부품으로는 압축 링, 오일 스크레이퍼 링, 클립 링, 피스톤 핀, 크랭크 핀, 커넥팅 로드 등으로 구성되어 있다. 한편, 피스톤 로드는 크로스헤드형에 있다.

06 디젤 기관에서 피스톤 링의 장력에 대한 설명으로 옳지 않은 것은?

가 피스톤 링이 새것일 때 장력이 가장 크다.

나 기관의 사용시간이 증가할수록 장력은 커진다.

사 피스톤 링의 절구틈이 커질수록 장력은 커진다.

아 피스톤 링의 장력이 커질수록 링의 마멸은 줄어든다.

해설

나. 기관의 사용시간이 증가할수록 장력은 작아진다.
사. 피스톤 링의 절구틈이 커질수록 장력은 작아진다.
아. 피스톤 링의 장력이 커질수록 링의 마멸은 증가한다.

07 내연기관에서 크랭크축의 역할은?

가 피스톤의 회전운동을 크랭크축의 회전운동으로 바꾼다.

나 피스톤의 왕복운동을 크랭크축의 회전운동으로 바꾼다.

사 피스톤의 회전운동을 크랭크축의 왕복운동으로 바꾼다.

아 피스톤의 왕복운동을 크랭크축의 왕복운동으로 바꾼다.

해설

크랭크축(Crank shaft)은 실린더에서 발생한 피스톤의 왕복운동을 커넥팅 로드를 거쳐 회전운동으로 바꾸어 동력을 전달한다.

08 디젤 기관의 플라이휠에 대한 설명으로 옳지 않은 것은?

가 기관의 시동을 쉽게 한다.

나 저속 회전을 가능하게 한다.

사 윤활유의 소비량을 증가시킨다.

아 크랭크축의 회전력을 균일하게 한다.

해설

플라이휠(Flywheel)의 역할
• 축적된 운동 에너지를 관성력으로 제공하여 균일한 회전이 되도록 한다.
• 크랭크축의 전단부 또는 후단부에 설치하며 기관의 시동을 쉽게 해 주고 저속 회전을 가능하게 해 준다.
• 플라이휠의 림 부분에는 크랭크 각도가 표시되어 있어 밸브의 조정이나 기관 정비 작업을 편리하게 해 준다.

09 내연기관의 연료유에 대한 설명으로 옳지 않은 것은?

가 발열량이 클수록 좋다.

나 유황분이 적을수록 좋다.

사 물이 적게 함유되어 있을수록 좋다.

아 점도가 높을수록 좋다.

해설

내연기관에 사용되는 연료유는 비중이나 점도가 커서는 안 되고, 침전물도 많아서도 안 된다.

정답 06 가 07 나 08 사 09 아

10 디젤 기관에서 시동용 압축공기의 최고압력은 몇 kgf/cm^{2}인가?

가 10kgf/cm^2 나 20kgf/cm^2

사 30kgf/cm^2 아 40kgf/cm^2

공기압 제어장치를 통해 주기관의 정지, 시동, 전진, 후진 등의 동작을 수행할 수 있고, 사용되는 공기에는 시동용 압축공기(starting air, 25~30kgf/cm^2), 제어장치 작동용 제어공기(7kgf/cm^2), 안전장치 작동용 공기(7kgf/cm^2)가 있다.

11 디젤 기관에서 연료분사 밸브의 분사압력이 정상 값보다 낮아진 경우 나타나는 현상이 아닌 것은?

가 연료분사 시기가 빨라진다.

나 무화의 상태가 나빠진다.

사 압축압력이 낮아진다.

아 불완전연소가 발생한다.

압축압력은 연료와 관련이 없으므로, 연료분사 밸브의 분사압력이 높거나 낮다 하더라도 압축압력이 높아지거나 낮아지지 않는다. 즉, 분사압력의 변화와 압축압력은 전혀 상관이 없다.

12 소형 디젤 기관에서 윤활유가 공급되는 부품이 아닌 것은?

가 피스톤 핀

나 연료분사 펌프

사 크랭크 핀 베어링

아 메인 베어링

연료분사 펌프는 분사 시기 및 분사량을 조정하며, 연료 분사에 필요한 고압을 만드는 장치로서 보통 연료 펌프 라고 한다. 이는 윤활유가 공급되는 부품이 아니라 연료 장치에 해당한다.

13 소형선박에 설치되는 축이 아닌 것은?

가 캠축 나 스러스트축

사 프로펠러축 아 크로스헤드축

소형선박에 설치되는 축 : 추력(스러스트)축, 중간축, 프로펠러축, 캠축, 선미축 등

14 나선형 추진기 날개의 한 개가 절손되었을 때 일어나는 현상으로 옳은 것은?

가 출력이 높아진다.

나 진동이 증가한다.

사 속력이 높아진다.

아 추진기 효율이 증가한다.

나선형 추진기 날개의 일부가 절손되었을 경우 진동이 심해지고 출력이 낮아지며, 속력이 감소하는 등의 부정적 인 현상이 나타난다.

15 양묘기에서 회전축에 동력이 차단되었을 때 회전축의 회전을 억제하는 장치는?

가 클러치 나 체인 드럼

사 워핑 드럼 아 마찰 브레이크

양묘기의 구성품인 마찰브레이크는 회전축의 회전을 브레이크 마찰을 통해 억제한다.

정답 **10** 사 **11** 사 **12** 나 **13** 아 **14** 나 **15** 아

16 기관실 바닥에 고인 물이나 해수 펌프에서 누설한 물을 배출하는 전용 펌프는?

가 빌지 펌프
나 잡용수 펌프
사 슬러지 펌프
아 위생수 펌프

빌지 펌프(bilge pump) : 배 안에 고인 불필요한 물이나 각부에서 새어나온 물, 기름 등을 한 곳으로 모아 배 밖으로 배출하는 펌프이다.

17 선박에서 발생되는 선저폐수를 물과 기름으로 분리시키는 장치는?

가 청정장치
나 분뇨처리장치
사 폐유소각장치
아 기름여과장치

기름여과장치 : 기름이 섞여 있는 폐수를 유분 함유량 100만분의 15 이하로 처리하여 배출하는 해양오염 방지설비이다.

18 전동기의 기동반에 설치되는 표시등이 아닌 것은?

가 전원등
나 운전등
사 경보등
아 병렬등

전동기의 기동반에 설치되는 표시등에는 운전등, 전원등, 경보등이 있다.

19 선박에서 많이 사용되는 유도전동기의 명판에서 직접 알 수 없는 것은?

가 전동기의 출력
나 전동기의 회전수
사 공급 전압
아 전동기의 절연저항

전동기의 절연저항은 명판에 표시하지 않는다.

20 방전이 되면 다시 충전해서 계속 사용할 수 있는 전지는?

가 1차 전지
나 2차 전지
사 3차 전지
아 4차 전지

- **1차 전지**(primary cell) : 방전되면 다시 사용할 수 없는 전지이다.
- **2차 전지**(secondary cell) : 방전되면 충전하여 재사용할 수 있는 전지이다.

21 표준 대기압을 나타낸 것으로 옳지 않은 것은?

가 760mmHg
나 1.013bar
사 1.0332kgf/cm^2
아 3,000hPa

표준 대기압은 기압의 표준값이며, 온도 0℃, 중력의 가속도가 980.66cm/s^{2}인 곳에서 수은주가 높이 760mm를 나타내는 압력으로, 기호는 atm이다.

$1atm = 760mmHg = 76cmHg = 0.76mHg$
$= 1.0332kgf/cm^2 = 10,332kgf/m^2 = 101,325Pa$
$= 1013.25hPa = 101.325kPa = 0.101325MPa$
$= 1.01325bar = 1013.25mbar$

정답 16 가 17 아 18 아 19 아 20 나 21 아

22 운전 중인 디젤 기관이 갑자기 정지되는 경우가 아닌 것은?

가 압력이 너무 낮은 경우

나 기관의 회전수가 과속도 설정값에 도달된 경우

사 연료유가 공급되지 않는 경우

아 냉각수 온도가 너무 낮은 경우

'가, 나, 사'의 경우는 기관이 갑자기 정지되는 사유가 되나, 냉각수 온도가 너무 낮은 경우는 기관이 갑자기 정지되는 사유는 아니다.

23 디젤 기관에서 크랭크 암 개폐에 대한 설명으로 옳지 않은 것은?

가 선박이 물위에 떠 있을 때 계측한다.

나 다이얼식 마이크로미터로 계측한다.

사 각 실린더마다 정해진 여러 곳을 계측한다.

아 개폐가 심할수록 유연성이 좋으므로 기관의 효율이 높아진다.

크랭크 암의 개폐작용은 크랭크축이 회전할 때 크랭크 암 사이의 거리가 넓어지거나 좁아지는 현상으로 기관의 운전 중 개폐작용이 과대하게 발생하면 축에 균열(crack)이 생겨 결국 부러지게 된다.

24 연료유에 대한 설명으로 가장 적절한 것은?

가 온도가 낮을수록 부피가 더 커진다.

나 온도가 높을수록 부피가 더 커진다.

사 대기 중 습도가 낮을수록 부피가 더 커진다.

아 대기 중 습도가 높을수록 부피가 더 커진다.

가. 온도가 낮을수록 부피가 작아진다.
사·아. 대기 중 습도는 연료유의 부피와 관계가 없다.

25 연료유 서비스 탱크에 설치되어 있는 것이 아닌 것은?

가 안전 밸브

나 드레인 밸브

사 에어 벤트

아 레벨 게이지

안전 밸브는 서비스 탱크에 설치되어 있지 않다.

2022년 제3회 최신 기출문제

<table><tr><td>제1과목</td><td>항해</td></tr></table>

01 자기 컴퍼스에서 0도와 180도를 연결하는 선과 평행하게 자석이 부착되어 있는 원형판은?

가 볼

나 기선

사 부실

아 컴퍼스 카드

컴퍼스 카드(compass card)

• 온도가 변하더라도 변형되지 않도록 부실에 부착된 운모 혹은 황동제의 원형판으로 주변에 정밀하게 눈금을 파 놓았다.

• 360등분 된 방위 눈금이 새겨져 있고, 그 안쪽에는 사방점(N, S, E, W) 방위와 사우점(NE, SE, SW, NW) 방위가 새겨져 있다.

02 (   )에 적합한 것은?

> 자이로컴퍼스에서 지지부는 선체의 요동, 충격 등의 영향이 추종부에 거의 전달되지 않도록 (   ) 구조로 추종부를 지지하게 되며, 그 자체는 비너클에 지지되어 있다.

가 짐벌즈

나 인버터

사 로터

아 토커

지지부 : 선체의 요동, 충격 등의 영향이 추종부에 거의 전달되지 않도록 짐벌즈 구조로 추종부를 지지하게 되며, 그 자체는 비너클에 지지되어 있다.

03 수심이 얕은 곳에서 측정하거나 투묘할 때 배의 진행 방향 및 타력 또는 정박 중 닻의 끌림을 알기 위한 기기는?

가 핸드 레드

나 사운딩 자

사 트랜스듀서

아 풍향풍속계

가. **핸드 레드** : 수심이 얕은 곳에서 수심과 저질을 측정하는 측심의로, 3~7kg의 레드와 45~70m 정도의 레드라인으로 구성된다.

사. **트랜스듀서** : 에너지를 하나의 형태에서 또 다른 형태로 변환하기 위해 고안된 장치

아. **풍향풍속계** : 바람의 방향과 속력을 측정하는 장비

04 전자식 선속계가 표시하는 속력은?

가 대수속력

나 대지속력

사 대공속력

아 평균속력

전자식 선속계는 패러데이의 전자유도 법칙에서 도체와 자기장이 상대적인 운동상태에 있을 때 도체에는 기전력이 유지된다는 것을 응용한 선속계로 물 위에서 항주한 속력인 대수속력을 나타낸다.

05 다음 중 자기 컴퍼스의 자차가 가장 크게 변하는 경우는?

가 선체가 경사할 경우

나 적화물을 이동할 경우

사 선수 방위가 바뀔 경우

아 선체가 약한 충격을 받을 경우

정답 01 아 02 가 03 가 04 가 05 사

자차의 변화 요인 중 선수 방위가 바뀔 때 가장 크게 변한다. 이외에도 자차의 변화 요인으로는 지구상 위치의 변화, 선체의 경사, 적하물의 이동, 선수를 동일한 방향으로 장시간 두었을 때, 선체가 심한 충격을 받았을 때, 동일한 침로로 장시간 항행 후 변침할 때, 선체가 열적인 변화를 받았을 때, 나침의 부근의 구조 변경 및 나침의의 위치 변경, 지방자기의 영향을 받을 때 등이 있다.

06 선박자동식별장치(AIS)에서 확인할 수 없는 정보는?

가 선명
나 선박의 흘수
사 선원의 국적
아 선박의 목적지

이 시스템은 선박과 선박 간 그리고 선박과 선박교통관제(VTS)센터 사이에 선박의 선명, 위치, 침로, 속력 등의 선박 관련 정보와 항해 안전 정보 등을 자동으로 교환함으로써 선박 상호 간의 충돌을 예방하고, 선박의 교통량이 많은 해역에서는 선박교통관리에 효과적으로 이용될 수 있다. 이의 정보에는 정적 정보(IMO 식별번호, 호출부호, 선명, 선박의 길이 및 폭, 선박의 종류, 적재 화물, 안테나 위치 등), 동적 정보(침로, 선수 방위, 대지 속력 등), 항해 관련 정보(흘수, 선박의 목적지, 도착 예정 시간, 항해계획, 충돌 예방에 필요한 단문 통신 등)가 있다.

07 45해리 떨어진 두 지점 사이를 대지속력 10노트로 항해할 때 걸리는 시간은? (단, 외력은 없음)

가 3시간
나 3시간 30분
사 4시간
아 4시간 30분

속력 = 거리 / 시간
시간 = 거리 / 속력 = 45/10 = 4.5시간(4시간 30분)

08 용어에 대한 설명으로 옳은 것은?

가 전위선은 추측위치와 추정위치의 교점이다.
나 중시선은 교각이 90도인 두 물표를 연결한 선이다.
사 추측위치란 선박의 침로, 속력 및 풍압차를 고려하여 예상한 위치이다.
아 위치선은 관측을 실시한 시점에 선박이 그 선위에 있다고 생각되는 특정한 선을 말한다.

가. **전위선** : 위치선을 그동안 항주한 거리(항정)만큼 침로 방향으로 평행이동시킨 것
나. **중시선** : 두 물표가 일직선상에 겹쳐 보일 때 그들 물표를 연결한 직선
사. **추측위치** : 최근의 실측위치를 기준으로 하여 진침로와 선속계 또는 기관의 회전수로 구한 항정에 의하여 구한 선위

09 상대운동 표시방식 레이더 화면에서 본선 주변에 있는 4척의 선박을 플로팅한 것이다. 현재 상태에서 본선과 충돌할 가능성이 가장 큰 선박은?

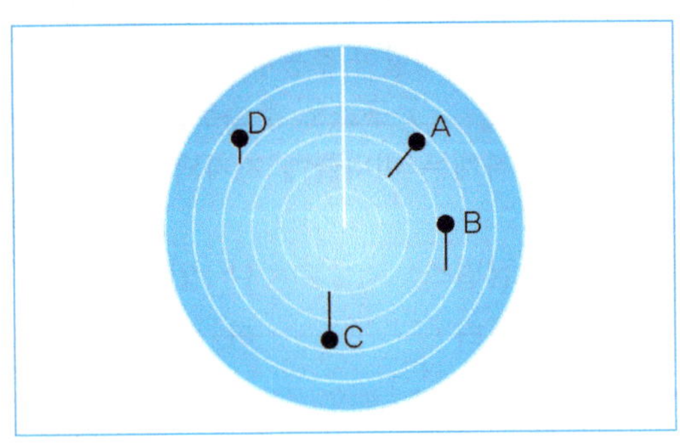

가 A
나 B
사 C
아 D

정답 06 사 07 아 08 아 09 가

상대운동 표시방식의 레이더는 자선의 위치가 PPI상의 한 점에 고정되어 있기 때문에 모든 물체는 자선의 움직임에 대하여 상대적인 움직임으로 표시된다. 문제의 그림상 수직선으로 표시된 직선이 본선의 항로이며, 점 A의 선박은 본선의 항로에 접근 가능한 위치가 되므로 충돌의 위험이 있다.

10 여러 개의 천체 고도를 동시에 측정하여 선위를 얻을 수 있는 시기는?

가 박명시
나 표준시
사 일출시
아 정오시

박명시에 혹성이나 항성의 고도를 육분의로 측정하여 위치선을 구할 수 있다.

11 항로, 암초, 항행금지구역 등을 표시하는 지점에 고정으로 설치하여 선박의 좌초를 예방하고 항로의 안내를 위해 설치하는 광파(야간)표지는?

가 등대
나 등선
사 등주
아 등표

가. **등대** : 야간표지의 대표적인 것으로, 해양으로 돌출된 곳이나 섬 등 선박의 물표가 되기에 알맞은 위치에 설치된 탑과 같이 생긴 구조물이다.

나. **등선** : 육지에서 멀리 떨어진 해양 항로의 중요한 위치에 있는 사주 등을 알리기 위해서 일정한 지점에 정박하고 있는 특수한 구조의 선박이다.

사. **등주** : 쇠나 나무 또는 콘크리트와 같이 기둥 모양의 꼭대기에 등을 달아 놓은 것으로서, 주로 항구 내에 주로 설치한다.

12 우리나라 해도상 수심의 단위는?

가 미터(m)
나 인치(inch)
사 패덤(fm)
아 킬로미터(km)

우리나라 해도상 수심의 단위는 미터(m)이다.

13 등질에 대한 설명으로 옳지 않은 것은?

가 모스 부호등은 모스 부호를 빛으로 발하는 등이다.

나 분호등은 3가지 등색을 바꾸어 가며 계속 빛을 내는 등이다.

사 섬광등은 빛을 비추는 시간이 꺼져 있는 시간보다 짧은 등이다.

아 호광등은 색깔이 다른 종류의 빛을 교대로 내며, 그 사이에 등광은 꺼지는 일이 없는 등이다.

야간표지에 사용되는 등화의 등질
- **부동등**(F) : 등색이나 등력(광력)이 바뀌지 않고 일정하게 계속 빛을 내는 등
- **명암등**(Oc) : 한 주기 동안에 빛을 비추는 시간(명간)이 꺼져 있는 시간(암간)보다 길거나 같은 등
- **섬광등**(Fl) : 빛을 비추는 시간(명간)이 꺼져 있는 시간(암간)보다 짧은 것으로, 일정한 간격으로 섬광을 내는 등
- **호광등**(Alt) : 색깔이 다른 종류의 빛을 교대로 내며, 그 사이에 등광은 꺼지는 일이 없는 등
- **모스 부호등**(Mo) : 모스 부호를 빛으로 발하는 것으로, 어떤 부호를 발하느냐에 따라 등질이 달라지는 등
- **분호등** : 서로 다른 지역을 다른 색상으로 비추는 등화로, 주로 위험구역만을 주로 홍색광으로 비추는 등화

정답 **10** 가 **11** 아 **12** 가 **13** 나

14 레이더 트랜스폰더에 대한 설명으로 옳은 것은?

가 음성신호를 방송하여 방위 측정이 가능하다.

나 송신 내용에 부호화된 식별신호 및 데이터가 들어 있다.

사 선박의 레이더 영상에 송신국의 방향이 숫자로 표시된다.

아 좁은 수로 또는 항만에서 선박을 유도할 목적으로 사용한다.

레이더 트랜스폰더(Radar Transponder) : 정확한 질문을 받거나 송신이 국부명령으로 이루어질 때 응답 전파를 발사하여 레이더의 표시기상에 그 위치가 표시되도록 하는 장치이다. 송신 내용에는 부호화된 식별신호 및 데이터가 들어 있으며, 이것이 레이더 화면에 나타난다.

15 다음 그림의 항로표지에 대한 설명으로 옳은 것은? (단, 두표의 모양으로 구분)

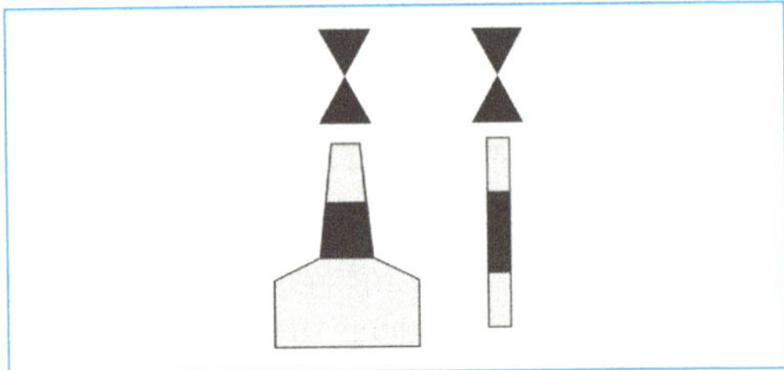

가 표지의 동쪽에 가항수역이 있다.

나 표지의 서쪽에 가항수역이 있다.

사 표지의 남쪽에 가항수역이 있다.

아 표지의 북쪽에 가항수역이 있다.

동방위표지(◆), 서방위표지(✕), 남방위표지(▼), 북방위표지(▲)
동방위표지는 동쪽으로, 서방위표지는 서쪽으로, 남방위표지는 남쪽으로, 북방위표지는 북쪽으로 항해하라는 의미이다. 따라서 '나'가 옳다.

16 아래에서 설명하는 것은?

> 해도상에 기재된 건물, 항만 시설물, 등부표, 해안선의 형태 등의 기호 및 약어를 수록하고 있다.

가 해류도

나 해도도식

사 조류도

아 해저 지형도

해도도식은 해도상 여러 가지 사항들을 표시하기 위하여 사용되는 특수한 기호와 양식, 약어 등을 총칭한다.

17 점장도의 특징으로 옳지 않은 것은?

가 항정선이 직선으로 표시된다.

나 자오선은 남북 방향의 평행선이다.

사 거등권은 동서 방향의 평행선이다.

아 적도에서 남북으로 멀어질수록 면적이 축소되는 단점이 있다.

적도에서 남북으로 멀어질수록 면적이 확대되는 단점이 있다.

정답　**14** 나　**15** 나　**16** 나　**17** 아

18 항행통보에 의해 항해사가 직접 해도를 수정하는 것은?

가 개판　　나 재판

사 보도　　아 소개정

소개정 : 항행통보에 의해 항해자가 직접 수기로 개정하는 것으로서 개보 시에는 붉은색 잉크를 사용함

19 종이해도 위에 표시되어 있는 등질 중 'Fl(3)20s'의 의미는?

가 군섬광으로 3초간 발광하고 20초간 쉰다.

나 군섬광으로 20초간 발광하고 3초간 쉰다.

사 군섬광으로 3초에 20회 이하로 섬광을 반복한다.

아 군섬광으로 20초 간격으로 연속적인 3번의 섬광을 반복한다.

Fl.(3)은 군섬광등(Gp. Fl, Group Flahing Light)으로 연속적인 3번의 섬광을 반복한다는 뜻이며, 20s는 20초 주기를 뜻한다.

20 장애물을 중심으로 하여 주위를 4개의 상한으로 나누고, 그들 상한에 각각 북, 동, 남, 서라는 이름을 붙이고 그 각각의 상한에 설치된 항로표지는?

가 방위표지　　나 고립장애표지

사 측방표지　　아 안전수역표지

나. **고립장애표지** : 주변 해역이 가항수역인 암초나 침선 등의 고립된 장애물 위에 설치 또는 계류하는 표지이다.

사. **측방표지** : 선박이 항행하는 수로의 좌·우측 한계를 표시하기 위해 설치된 표지이다.

아. **안전수역표지** : 설치 위치 주변의 모든 수역이 가항수역임을 표시하는 데 사용하는 표지로, 중앙선이나 수로의 중앙을 나타낸다.

21 풍속을 관측할 때 몇 분간의 풍속을 평균하는가?

가 5분　　나 10분

사 15분　　아 20분

풍속 : 바람의 세기(정시 관측 시각 전 10분간의 평균 풍속)

22 중심이 주위보다 따뜻하고, 여름철 대륙 내에서 발생하는 저기압으로, 상층으로 갈수록 저기압성 순환이 줄어들면서 어느 고도 이상에서 사라지는 키가 작은 저기압은?

가 전선 저기압

나 한랭 저기압

사 온난 저기압

아 비전선 저기압

가. **전선 저기압** : 기압 기울기가 큰 온대 및 한대 지방에서 발생하는 저기압으로 전선을 동반한다.

나. **한랭 저기압** : 중심이 차고 주위가 대칭적으로 따뜻하여 주위의 층 두께가 상대적으로 더 두껍고, 중심에서는 저기압의 강도가 위까지 강하게 나타나는 키 큰 저기압이다.

아. **비전선 저기압** : 한여름에 내륙, 분지, 사막 등에서 강한 햇볕에 의한 공기의 상승에 의해 발생하는 소규모 저기압이다.

정답 **18** 아　**19** 아　**20** 가　**21** 나　**22** 사

23 한랭전선과 온난전선이 서로 겹쳐져 나타나는 전선은?

　가　한랭전선

　나　온난전선

　사　폐색전선

　아　정체전선

　가.　**한랭전선** : 찬 공기가 따뜻한 공기 밑으로 쐐기처럼 파고 들어가 따뜻한 공기를 강제적으로 상승시킬 때 만들어진다.

　나.　**온난전선** : 따뜻한 공기가 찬 공기 위로 올라가면서 전선을 형성한다.

　아.　**정체전선**(장마전선) : 온난전선과 한랭전선이 이동하지 않고 정체해 있는 전선이다.

24 피험선에 대한 설명으로 옳은 것은?

　가　위험구역을 표시하는 등심선이다.

　나　선박이 존재한다고 생각하는 특정한 선이다.

　사　항의 입구 등에서 자선의 위치를 구할 때 사용한다.

　아　항해 중에 위험물에 접근하는 것을 쉽게 탐지할 수 있다.

피험선이란 협수로를 통과할 때나 출·입항할 때에 자주 변침하여 마주치는 선박을 적절히 피하여 위험을 예방하며, 예정 침로를 유지하기 위한 위험 예방선이다.

25 입항항로를 선정할 때 고려사항이 아닌 것은?

　가　항만관계 법규

　나　묘박지의 수심, 저질

　사　항만의 상황 및 지형

　아　선원의 교육훈련 상태

입항항로 선정 시 주의사항(고려사항)
- 항만의 상황이나 수심, 저질, 기상, 해상 상태 등을 사전조사한다.
- 지정된 항로, 추천 항로 또는 상용의 항로를 따른다.
- 선수 목표와 투묘 물표를 미리 설정한다.
- 출항예정시간(ETD), 입항예정시간(ETA), 도선구역(P/S)
- 수심이 얕거나 고르지 못할 때 암초, 침선 등은 가급적 피한다.
- 항만관계 법규를 검토한다.

정답　23 사　24 아　25 아

제2과목 운용

01 선체 각부의 명칭을 나타낸 아래 그림에서 ㉠은?

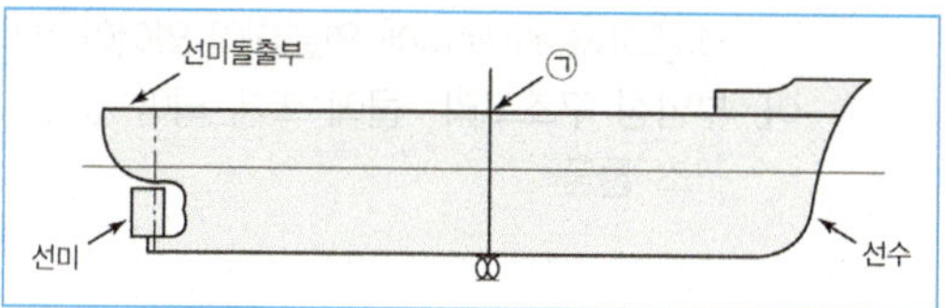

가 선수현호
나 선미현호
사 상갑판
아 용골

해설

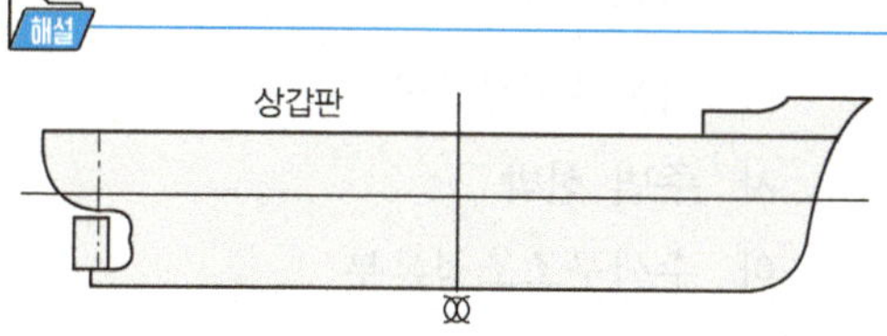

02 대형 선박의 건조에 많이 사용되는 선체의 재료는?

가 목재
나 플라스틱
사 철재
아 알루미늄

해설

대형 선박의 건조에 사용되는 선체 재료는 철재이다.

03 크레인식 하역장치의 구성 요소가 아닌 것은?

가 카고 훅
나 토핑 윈치
사 데릭 붐
아 선회 윈치

해설

데릭은 와이어 로프 끝에 있는 훅(hook)에 화물을 걸고, 윈치로 와이어 로프를 감아 하역하는 방식으로 크레인식 방식과 다르다. 데릭에서 데릭 붐은 화물을 들어 올리는 역할을 하는 부분으로 팔에 해당한다.

04 강선구조기준, 선박만재흘수선규정, 선박구획기준 및 선체 운동의 계산 등에 사용되는 길이는?

가 전장
나 등록장
사 수선장
아 수선간장

해설

가. **전장** : 선수의 최전단으로부터 선미의 최후단까지의 수평거리로 안벽계류 및 입거할 때 필요한 선박의 길이. 선박의 저항, 추진력 계산에 사용
나. **등록장** : 상갑판 보(beam)상의 선수재 전면으로부터 선미재 후면까지의 수평거리
사. **수선장** : 각 흘수선상의 물에 잠긴 선체의 선수재 전면에서 선미 후단까지의 수평거리. 배의 저항, 추진력 계산 등에 사용

05 동력 조타장치의 제어장치 중 주로 소형선에 사용되는 방식은?

가 기계식
나 유압식
사 전기식
아 전동 유압식

해설

제어장치에는 기계식, 유압식, 전기식 등이 있으며, 기계식은 주로 소형선에 사용되고, 중대형선에는 유압식 또는 전기식이 사용된다.

06 다음 중 합성섬유 로프가 아닌 것은?

가 마닐라 로프
나 폴리프로필렌 로프
사 나일론 로프
아 폴리에틸렌 로프

해설

마닐라 로프는 물에 강한 마닐라삼으로 만든 선박용 로프로 합성섬유 로프가 아니다.

정답 01 사 02 사 03 사 04 아 05 가 06 가

07 열분해 작용 시 유독가스를 발생하므로, 선박에 비치하지 아니하는 소화기는?

가 포말 소화기 　나 분말 소화기
사 할론 소화기 　아 이산화탄소 소화기

할론 소화기는 할로겐 화합물 가스를 약재로 사용하는 소화기로 선박에 비치하지 않는다.

08 체온을 유지할 수 있도록 열전도율이 낮은 방수 물질로 만들어진 포대기 또는 옷을 의미하는 구명 설비는?

가 방수복 　나 구명조끼
사 보온복 　아 구명부환

보온복은 물이 스며들지 않아 수온이 낮은 물속에서 체온을 보호할 수 있는 옷으로 방수복과 달리 구명동의의 기능이 없다.

09 국제신호기를 이용하여 혼돈의 염려가 있는 방위신호를 할 때 최상부에 게양하는 기류는?

가 A기 　나 B기
사 C기 　아 D기

방위신호를 할 때 최상부에 게양하는 기류는 A기이고, 시각신호를 할 때 최상부에 게양하는 기류는 T기이다.

10 퇴선 시 여러 사람이 붙들고 떠 있을 수 있는 부체는?

가 페인터 　나 구명부기
사 구명줄 　아 부양성 구조고리

가. **페인터**(Painter) : 고박줄이라고도 하는 페인터는 수동 투하 시 바람과 파도에 따라 뗏목이 떠다니지 않도록 뗏목과 선체를 연결시키는 역할을 한다. 자동 이탈 시에는 선체에 고박되어져서는 안 되고 위크링크(weak link)에 연결되어 있어야 한다.

아. **부양성 구조고리** : 물에 뜨게 되어 있는 도넛형의 구조 물품

11 비상위치지시 무선표지(EPIRB)로 조난신호가 잘못 발신되었을 때 연락하여야 하는 곳은?

가 회사
나 서울무선전신국
사 주변 선박
아 수색구조조정본부

비상위치지시용 무선표지(EPIRB) : 선박이 조난상태에 있고 수신시설도 이용할 수 없음을 표시하는 것으로, 수색과 구조 작업 시 생존자의 위치결정을 용이하게 하도록 무선표지신호를 발신하는 무선설비. 조난신호는 위성을 거쳐 수색구조조정본부에 전달된다.

12 선박이 침몰할 경우 자동으로 조난신호를 발신할 수 있는 무선설비는?

가 레이더(Rader)
나 NAVTEX 수신기
사 초단파(VHF) 무선설비
아 비상위치지시 무선표지(EPIRB)

가. **레이더**(Rader) : 전자파를 발사하여 그 반사파를 측정함으로써 물표까지의 거리 및 방향을 파악하는 계기이다.

정답　07 사　08 사　09 가　10 나　11 아　12 아

나. **NAVTEX 수신기** : NAVTEX 해안국은 중파 518kHz
　　를 이용하여 일정한 시간 간격으로 해상 안전 정보
　　를 방송하고, NAVTEX 수신기를 설치한 선박이 해
　　안국의 통신권에 진입하게 되면 자동으로 수신되
　　어 NBDP 프린터에 자동 출력된다.

사. **초단파(VHF) 무선설비** : VHF 채널 70(156.525MHz)
　　에 의한 DSC와 채널 6, 13 및 16에 의한 무선전화
　　송수신을 하며, 조난경보신호를 발신할 수 있는 설
　　비이다.

아. **비상위치지시 무선표지(EPIRB)** : 선박이 조난상태
　　에 있고 수신시설도 이용할 수 없음을 표시하는 것
　　으로, 수색과 구조 작업 시 생존자의 위치결정을 용
　　이하게 하도록 무선표지신호를 발신하는 무선설비
　　이다.

13 불을 붙여 물에 던지면 해면 위에서 연기를 내는
조난신호장비로서 방수 용기로 포장되어 잔잔한
해면에서 3분 이상 잘 보이는 색깔의 연기를 내
는 것은?

　가　신호 홍염

　나　자기 점화등

　사　신호 거울

　아　발연부 신호

가. **신호 홍염** : 홍색염을 1분 이상 연속하여 발할 수 있
　　으며, 10cm 깊이의 물속에 10초 동안 잠긴 후에도
　　계속 타는 팽창식 구명뗏목의 의장품이다(야간용).
　　연소시간은 40초 이상이어야 한다.

나. **자기 점화등** : 수면에 투하하면 자동으로 발광하
　　는 신호등으로, 야간에 구명 부환의 위치를 알리
　　는 데 사용한다.

14 초단파(VHF) 무선설비의 조난경보 버튼을 눌렀
을 때 발신되는 조난신호의 내용으로 옳은 것은?

　가　조난의 종류, 선명, 위치, 시각

　나　조난의 종류, 선명, 위치, 거리

　사　조난의 종류, 해상이동업무식별번호(MMSI
　　　number), 위치, 시각

　아　조난의 종류, 해상이동업무식별번호(MMSI
　　　number), 위치, 거리

초단파(VHF) 무선설비의 조난경보 버튼을 눌렀을 때
'조난의 종류, 해상이동업무식별번호(MMSI number),
위치, 시각' 등이 조난신호로 발신된다.

15 선박의 침로안정성에 대한 설명으로 옳지 않은
것은?

　가　방향안정성이라고도 한다.

　나　선박의 항행거리와는 관계가 없다.

　사　선박이 정해진 항로를 직진하는 성질을
　　　말한다.

　아　침로에서 벗어났을 때 곧바로 침로에 복
　　　귀하는 것을 침로안정성이 좋다고 한다.

침로안정성이란 선박이 정해진 침로를 따라 직진하는
성질을 침로안정성 또는 방향안정성이라고 한다. 이는
항행거리에 영향을 끼치며, 선박의 경제적인 운용을 위
하여 필요한 요소이다.

16 선체운동 중에서 선수미선을 중심으로 좌·우현
으로 교대로 횡경사를 일으키는 운동은?

　가　종동요　　　　　나　횡동요

　사　전후운동　　　　아　상하운동

가. **종동요** : 선체 중앙을 기준으로 하여 선수 및 선미
　　가 상하 교대로 회전하려는 종경사 운동

사. **전후운동** : 선수와 선미를 잇는 축을 기준으로 하
　　여 선체가 이 축을 따라서 전후로 평행이동을 되
　　풀이하는 동요

아. **상하운동** : 선박 상하 축을 기준으로 하여 선체가
　　이 축을 따라 상하로 평행이동을 되풀이하는 동요

17 (　　)에 순서대로 적합한 것은?

> 타각을 크게 하면 할수록 타에 작용하는 압력
> 이 커져서 선회 우력은 (　　) 선회권은
> (　　).

가 커지고, 커진다

나 작아지고, 커진다

사 커지고, 작아진다

아 작아지고, 작아진다

타각을 크게 하면 할수록 키에 작용하는 압력이 크므로
선회 우력이 커져서 선회권이 작아진다.

18 다음 중 선박 조종에 미치는 영향이 가장 작은 요소는?

가 바람　　　　나 파도

사 조류　　　　아 기온

선박 조종, 특히 선회권의 크기에 영향을 주는 요소에는
방형비척계수, 흘수, 트림, 속력, 파도, 바람 및 조류의
영향 등을 들 수 있다. 기온은 선박 조종에 영향을 주는
요소가 아니다.

19 좁은 수로를 항해할 때 유의할 사항으로 옳지 않은 것은?

가 통항 시기는 게류 때나 조류가 약한 때를
　택하고, 만곡이 급한 수로는 순조 시 통항
　하여야 한다.

나 좁은 수로의 만곡부에서 유속은 일반적으로
　만곡의 외측에서 강하고 내측에서는 약한
　특징이 있다.

사 좁은 수로에서의 유속은 일반적으로 수로
　중앙부가 강하고, 육안에 가까울수록 약한
　특징이 있다.

아 좁은 수로는 수로의 폭이 좁고, 조류나 해
　류가 강하며, 굴곡이 심하여 선박의 조종
　이 어렵고, 항행할 때에는 철저한 경계를
　수행하면서 통항하여야 한다.

통항 시기는 게류(slack water)나 조류가 약한 때를 택
하고, 만곡이 급한 수로는 순조 시 통항을 피한다.

20 선박의 충돌 시 더 큰 손상을 예방하기 위해 취해야 할 조치사항으로 옳지 않은 것은?

가 가능한 한 빨리 전진속력을 줄이기 위해
　기관을 정지한다.

나 승객과 선원의 상해와 선박과 화물의 손
　상에 대해 조사한다.

사 전복이나 침몰의 위험이 있더라도 임의
　좌주를 시켜서는 아니 된다.

아 침수가 발생하는 경우, 침수구역 배출을
　포함한 침수 방지를 위한 대응조치를 취
　한다.

선박의 충돌로 전복이나 침몰의 위험이 있을 경우 사람
을 우선 대피시킨 후 수심이 낮은 곳에 좌초시킨다.

정답 　17 사　　18 아　　19 가　　20 사

21 접·이안 시 닻을 사용하는 목적이 아닌 것은?

가 선회 보조 수단

나 전진속력의 제어

사 추진기관의 출력 증가

아 후진 시 선수의 회두 방지

닻(anchor) : 정박지에 정박할 때, 또는 좁은 수역에서 선박을 회전시키거나 긴급한 감속을 위한 보조 수단으로 사용한다. 추진기관의 보조로 사용되지는 않는다.

22 황천항해를 대비하여 선박에 화물을 실을 때 주의사항으로 옳은 것은?

가 선체의 중앙부에 화물을 많이 싣는다.

나 선수부에 화물을 많이 싣는 것이 좋다.

사 화물의 무게 분포가 한 곳에 집중되지 않도록 한다.

아 상갑판보다 높은 위치에 최대한으로 많은 화물을 싣는다.

선체 화물의 배치 계획을 세울 때에는 화물의 무게 분포가 전후부 선창에 집중되는 호깅(hogging)이나, 중앙 선창에 집중되는 새깅(sagging) 상태가 되지 않도록 해야 한다. 또, 각 선창별 무게 분포가 심한 불연속선이 되지 않도록 화물을 고르게 배치해야 한다.

23 황천항해 중 선수 2~3점에서 파랑을 받으면서 조타가 가능한 최소의 속력으로 전진하는 방법은?

가 표주(Lie to)법

나 순주(Scudding)법

사 거주(Heave to)법

아 진파기름(Storm oil)의 살포

가. **표주**(Lie to)**법** : 기관을 정지하여 선체가 풍하 측으로 표류하도록 하는 방법

나. **순주**(Scudding)**법** : 풍랑을 선미 사면(quarter)에서 받으며, 파에 쫓기는 자세로 항주하는 방법

아. **진파기름**(Storm oil)**의 살포** : 고장 선박이 표주할 때에 선체 주위에 점성이 큰 동물성 기름이나 식물성 기름을 살포하여 파랑을 진정시킬 수 있는데, 이러한 목적으로 사용하는 기름이 진파기름

24 정박 중 선내 순찰의 목적이 아닌 것은?

가 각종 설비의 이상 유무 확인

나 선내 각부의 화재위험 여부 확인

사 정박등을 포함한 각종 등화 및 형상물 확인

아 선내 불빛이 외부로 새어 나가는지의 여부 확인

정박 중 선내 순찰의 목적
- 투묘 위치 확인, 닻줄 또는 계선줄의 상태
- 선내 각부의 화기 및 이상한 냄새
- 도난 방지, 승무원의 재해 방지
- 정박등을 포함한 각종 등화 및 형상물 표시
- 화물의 적·양하, 통풍, 천창, 해치 커버 개폐
- 거주구역, 급식 설비, 위생 설비의 청소 상태
- 기타 각종 설비의 이상 유무 등

25 화재의 종류 중 전기화재가 속하는 것은?

가 A급 화재   나 B급 화재

사 C급 화재   아 D급 화재

화재의 종류
- 일반화재(A급)
- 유류가스화재(B급)
- 전기화재(C급)
- 금속화재(D급)

정답　21 사　22 사　23 사　24 아　25 사

 **제3과목**   **법규**

01 해사안전법상 피항선의 피항조치를 위한 방법으로 옳은 것을 〈보기〉에서 모두 고른 것은?

> **┤보기├**
> ㄱ. 잦은 변침   ㄴ. 조기 변침
> ㄷ. 소각도 변침   ㄹ. 대각도 변침

가 ㄱ, ㄴ   **나** ㄱ, ㄹ
사 ㄴ, ㄷ   **아** ㄴ, ㄹ

해설

피항선의 동작 : 미리 동작을 크게 취하여 다른 선박으로부터 충분히 멀리 떨어져야 한다(해상교통안전법 제81조).

02 해사안전법상 안전한 속력을 결정할 때 고려할 사항이 아닌 것은?

가 시계의 상태
나 컴퍼스의 오차
사 해상교통량의 밀도
아 선박의 흘수와 수심과의 관계

 **해설**

안전한 속력을 결정할 때 고려사항(해상교통안전법 제71조 제2항)
- 시계의 상태
- 해상교통량의 밀도
- 선박의 정지거리·선회성능, 그 밖의 조종성능
- 야간의 경우에는 항해에 지장을 주는 불빛의 유무
- 바람·해면 및 조류의 상태와 항행장애물의 근접상태
- 선박의 흘수와 수심과의 관계
- 레이더의 특성 및 성능
- 해면상태·기상, 그 밖의 장애요인이 레이더 탐지에 미치는 영향
- 레이더로 탐지한 선박의 수·위치 및 동향

03 해사안전법상 서로 시계 안에서 2척의 동력선이 마주치게 되어 충돌의 위험이 있는 경우에 대한 설명으로 옳지 않은 것은?

가 두 선박은 서로 대등한 피항 의무를 가진다.
나 우현 대 우현으로 지나갈 수 있도록 변침한다.
사 낮에는 2척의 선박의 마스트가 선수에서 선미까지 일직선이 되거나 거의 일직선이 되는 경우이다.
아 밤에는 2개의 마스트등을 일직선 또는 거의 일직선으로 볼 수 있거나 양쪽의 현등을 볼 수 있는 경우이다.

 **해설**

2척의 동력선이 마주치거나 거의 마주치게 되어 충돌의 위험이 있을 때에는 각 동력선은 서로 다른 선박의 좌현 쪽을 지나갈 수 있도록 침로를 우현(右舷) 쪽으로 변경하여야 한다(해상교통안전법 제79조 제1항).

04 해사안전법상 제한된 시계에서 레이더만으로 다른 선박이 있는 것을 탐지한 선박의 피항동작이 침로를 변경하는 것만으로 이루어질 경우 선박이 취하여야 할 행위로 옳은 것은?

가 자기 선박의 양쪽 현의 정횡에 있는 선박의 방향으로 침로를 변경하는 행위
나 자기 선박의 양쪽 현의 정횡 뒤쪽에 있는 선박의 방향으로 침로를 변경하는 행위
사 다른 선박이 자기 선박의 양쪽 현의 정횡 앞쪽에 있는 경우 우현 쪽으로 침로를 변경하는 행위
아 다른 선박이 자기 선박의 양쪽 현의 정횡 앞쪽에 있는 경우 좌현 쪽으로 침로를 변경하는 행위(앞지르기당하고 있는 선박에 대한 경우는 제외한다.)

정답   **01** 아   **02** 나   **03** 나   **04** 사

피항동작이 침로의 변경을 수반하는 경우에는 될 수 있으면 다음의 동작은 피하여야 한다(해상교통안전법 제84조 제5항).
- 다른 선박이 자기 선박의 양쪽 현의 정횡 앞쪽에 있는 경우 좌현 쪽으로 침로를 변경하는 행위(앞지르기 당하고 있는 선박에 대한 경우는 제외한다)
- 자기 선박의 양쪽 현의 정횡 또는 그곳으로부터 뒤쪽에 있는 선박의 방향으로 침로를 변경하는 행위

05 해사안전법상 선수, 선미에 각각 흰색의 전주등 1개씩과 수직선상에 붉은색 전주등 2개를 표시하고 있는 선박은 어떤 상태의 선박인가?

가 정박선

나 조종불능선

사 얹혀 있는 선박

아 어로에 종사하고 있는 선박

정박선과 얹혀 있는 선박(해상교통안전법 제95조)
① 정박 중인 선박
　㉠ 앞쪽에 흰색의 전주등 1개 또는 둥근꼴의 형상물 1개
　㉡ 선미나 그 부근에 ㉠에 따른 등화보다 낮은 위치에 흰색 전주등 1개
② 길이 50m 미만인 선박 : 흰색 전주등 1개
③ 얹혀 있는 선박은 ①이나 ②에 따른 등화를 표시하여야 하며, 이에 덧붙여 수직으로 붉은색의 전주등 2개 또는 수직으로 둥근꼴의 형상물 3개

06 해사안전법상 선미등의 수평사광범위와 등색은?

가 135도, 붉은색　　나 225도, 붉은색

사 135도, 흰색　　아 225도, 흰색

선미등 : 135도에 걸치는 수평의 호를 비추는 흰색 등으로서 그 불빛이 정선미 방향으로부터 양쪽 현의 67.5도까지 비출 수 있도록 선미 부분 가까이에 설치된 등(해상교통안전법 제86조 제3호)

07 해사안전법상 장음과 단음에 대한 설명으로 옳은 것은?

가 단음 : 1초 정도 계속되는 고동소리

나 단음 : 3초 정도 계속되는 고동소리

사 장음 : 8초 정도 계속되는 고동소리

아 장음 : 10초 정도 계속되는 고동소리

기적의 종류(해상교통안전법 제97조)
- 단음 : 1초 정도 계속되는 고동소리
- 장음 : 4초부터 6초까지의 시간 동안 계속되는 고동소리

08 해사안전법상 선박 'A'가 좁은 수로의 굽은 부분으로 인하여 다른 선박을 볼 수 없는 수역에 접근하면서 장음 1회의 기적을 울렸다면 선박 'A'가 울린 음향신호의 종류는?

가 조종신호　　나 경고신호

사 조난신호　　아 응답신호

좁은 수로 등의 굽은 부분이나 장애물 때문에 다른 선박을 볼 수 없는 수역에 접근하는 선박은 장음으로 1회의 기적신호를 울려야 한다. 이 경우 그 선박에 접근하고 있는 다른 선박이 굽은 부분의 부근이나 장애물의 뒤쪽에서 그 기적신호를 들은 경우에는 장음 1회의 기적신호를 울려 이에 응답하여야 한다(해상교통안전법 제99조 제6항).

정답　**05** 사　**06** 사　**07** 가　**08** 나

09 해사안전법상 조종제한선이 아닌 것은?

 가 수중작업에 종사하고 있는 선박

나 기뢰제거작업에 종사하고 있는 선박

사 항공기의 발착작업에 종사하고 있는 선박

아 흘수로 인하여 진로이탈 능력이 제약받고 있는 선박

해설

조종제한선(해상교통안전법 제2조 제11호)
- 항로표지, 해저전선 또는 해저파이프라인의 부설·보수·인양 작업
- 준설(浚渫)·측량 또는 수중 작업
- 항행 중 보급, 사람 또는 화물의 이송 작업
- 항공기의 발착(發着)작업
- 기뢰(機雷)제거작업
- 진로에서 벗어날 수 있는 능력에 제한을 많이 받는 예인(曳引)작업

10 (   )에 순서대로 적합한 것은?

> 해사안전법상 밤에는 다른 선박의 (   )만을 볼 수 있고 어느 쪽의 (   )도 볼 수 없는 위치에서 그 선박을 앞지르는 선박은 앞지르기 하는 배로 보고 필요한 조치를 취하여야 한다.

가 선수등, 현등   나 선수등, 전주등

사 선미등, 현등   아 선미등, 전주등

해설

다른 선박의 양쪽 현의 정횡(正橫)으로부터 22.5도를 넘는 뒤쪽[밤에는 다른 선박의 선미등(船尾燈)만을 볼 수 있고 어느 쪽의 현등(舷燈)도 볼 수 없는 위치를 말한다]에서 그 선박을 앞지르기 하는 선박은 앞지르기 하는 배로 보고 필요한 조치를 취하여야 한다(해상교통안전법 제78조 제2항).

11 해사안전법상 길이 12미터 이상인 어선이 투묘하여 정박하였을 때 낮 동안에 표시하는 것은?

 가 어선은 특별히 표시할 필요가 없다.

나 잘 보이도록 황색기 1개를 표시하여야 한다.

사 앞쪽에 둥근꼴의 형상물 1개를 표시하여야 한다.

아 둥근꼴의 형상물 2개를 가장 잘 보이는 곳에 표시하여야 한다.

해설

정박 중인 선박은 가장 잘 보이는 곳에 다음의 등화나 형상물을 표시하여야 한다(해상교통안전법 제95조 제1항).
- 앞쪽에 흰색의 전주등 1개 또는 둥근꼴의 형상물 1개
- 선미나 그 부근에 제1호에 따른 등화보다 낮은 위치에 흰색 전주등 1개

12 해사안전법상 2척의 범선이 서로 접근하여 충돌할 위험이 있는 경우 각 범선이 다른 쪽 현에 바람을 받고 있는 경우의 항법으로 옳은 것은?

 가 대형 범선이 소형 범선을 피항한다.

나 우현에서 바람을 받는 범선이 피항선이다.

사 좌현에 바람을 받고 있는 범선이 다른 범선의 진로를 피한다.

아 바람이 불어오는 쪽의 범선이 바람이 불어가는 쪽의 범선의 진로를 피한다.

해설

각 범선이 다른 쪽 현(舷)에 바람을 받고 있는 경우에는 좌현(左舷)에 바람을 받고 있는 범선이 다른 범선의 진로를 피하여야 한다. 또한 두 범선이 서로 같은 현에 바람을 받고 있는 경우에는 바람이 불어오는 쪽의 범선이 바람이 불어가는 쪽의 범선의 진로를 피하여야 한다(해상교통안전법 제77조 제1항).

정답 09 아 10 사 11 사 12 사

13 해사안전법상 현등 1쌍 대신에 양색등으로 표시할 수 있는 선박의 길이 기준은?

가 길이 12미터 미만

나 길이 20미터 미만

사 길이 24미터 미만

아 길이 45미터 미만

항행 중인 동력선의 경우 현등 1쌍을 표시해야 하나 길이 20미터 미만의 선박은 이를 대신하여 양색등을 표시할 수 있다(해상교통안전법 제88조 제1항).

14 해사안전법상 등화에 사용되는 등색이 아닌 것은?

가 붉은색　　　나 녹색

사 흰색　　　　아 청색

등화에 이용되는 등색 : 백색, 붉은색, 황색, 녹색 등(해상교통안전법 제86조)

15 해사안전법상 안개 속에서 2분을 넘지 아니하는 간격으로 장음 1회의 기적을 들었을 때 기적을 울린 선박은?

가 조종불능선

나 피예인선을 예인 중인 예인선

사 대수속력이 있는 항행 중인 동력선

아 대수속력이 없는 항행 중인 동력선

항행 중인 동력선은 대수속력이 있는 경우에는 2분을 넘지 아니하는 간격으로 장음을 1회 울려야 한다(해상교통안전법 제100조).

16 선박의 입항 및 출항 등에 관한 법률상 총톤수 5톤인 내항선이 무역항의 수상구역 등을 출입할 때 하는 출입 신고에 대한 내용으로 옳은 것은?

가 내항선이므로 출입 신고를 하지 않아도 된다.

나 출항 일시가 이미 정하여진 경우에도 입항 신고와 출항 신고는 동시에 할 수 없다.

사 무역항의 수상구역 등의 안으로 입항하는 경우 통상적으로 입항하기 전에 입항 신고를 하여야 한다.

아 무역항의 수상구역 등의 밖으로 출항하는 경우 통상적으로 출항 직후 즉시 출항 신고를 하여야 한다.

내항선(국내에서만 운항하는 선박을 말한다)이 무역항의 수상구역 등의 안으로 입항하는 경우에는 입항 전에, 무역항의 수상구역 등의 밖으로 출항하려는 경우에는 출항 전에 해양수산부령으로 정하는 바에 따라 내항선 출입 신고서를 해양수산부장관에게 제출(시행령 제2조 제1호)

17 무역항의 수상구역 등에서 선박의 입항·출항에 대한 지원과 선박운항의 안전 및 질서 유지에 필요한 사항을 규정할 목적으로 만들어진 법은?

가 선박안전법

나 해사안전법

사 선박교통관제에 관한 법률

아 선박의 입항 및 출항 등에 관한 법률

선박의 입항 및 출항 등에 관한 법률은 무역항의 수상구역 등에서 선박의 입항·출항에 대한 지원과 선박운항의 안전 및 질서 유지에 필요한 사항을 규정함을 목적으로 한다(법 제1조).

정답 **13** 나 **14** 아 **15** 사 **16** 사 **17** 아

18 선박의 입항 및 출항 등에 관한 법률상 무역항의 수상구역 등에서 정박하거나 정류하지 못하도록 하는 장소가 아닌 것은?

가 하천

나 잔교 부근 수역

사 좁은 수로

아 수심이 깊은 곳

정박·정류 등의 제한(법 제6조 제1항)
- 부두·잔교(棧橋)·안벽(岸壁)·계선부표·돌핀 및 선거(船渠)의 부근 수역
- 하천, 운하 및 그 밖의 좁은 수로와 계류장(繫留場) 입구의 부근 수역

19 선박의 입항 및 출항 등에 관한 법률상 무역항의 수상구역 등에서 입항하는 선박이 방파제 입구에서 출항하는 선박과 마주칠 우려가 있는 경우의 항법에 대한 설명으로 옳은 것은?

가 출항선은 입항선이 방파제를 통과한 후 통과한다.

나 입항선은 방파제 밖에서 출항선의 진로를 피한다.

사 입항선은 방파제 사이의 가운데 부분으로 먼저 통과한다.

아 출항선은 방파제 입구를 왼쪽으로 접근하여 통과한다.

무역항의 수상구역 등에 입항하는 선박이 방파제 입구 등에서 출항하는 선박과 마주칠 우려가 있는 경우에는 방파제 밖에서 출항하는 선박의 진로를 피하여야 한다(법 제13조).

20 ( )에 순서대로 적합한 것은?

> 선박의 입항 및 출항 등에 관한 법률상 ( )은 ( )으로부터 최고속력의 지정을 요청받은 경우 특별한 사유가 없으면 무역항의 수상구역 등에서 선박 항행 최고속력을 지정·고시하여야 한다.

가 관리청, 해양경찰청장

나 지정청, 해양경찰청장

사 관리청, 지방해양수산청장

아 지정청, 지방해양수산청장

관리청은 해양경찰청장으로부터 최고속력의 지정을 요청받은 경우 특별한 사유가 없으면 무역항의 수상구역 등에서 선박 항행 최고속력을 지정·고시하여야 한다. 이 경우 선박은 고시된 항행 최고속력의 범위에서 항행하여야 한다(법 제17조 제2·3항).

21 선박의 입항 및 출항 등에 관한 법률상 무역항의 수상구역 등에서 항행 중인 동력선이 서로 상대의 시계 안에 있는 경우 침로를 우현으로 변경하는 선박이 울려야 하는 음향신호는?

가 단음 1회

나 단음 2회

사 단음 3회

아 장음 1회

항행 중인 동력선이 침로를 오른쪽으로 변경하고 있는 경우 단음 1회의 음향신호를 울려야 한다.

정답 **18** 아 **19** 나 **20** 가 **21** 가

22 선박의 입항 및 출항 등에 관한 법률상 항로의 정의는?

가 선박이 가장 빨리 갈 수 있는 길을 말한다.

나 선박이 일시적으로 이용하는 뱃길을 말한다.

사 선박이 가장 안전하게 갈 수 있는 길을 말한다.

아 선박의 출입 통로로 이용하기 위하여 지정·고시한 수로를 말한다.

 해설

항로 : 선박의 출입 통로로 이용하기 위하여 법 제10조에 따라 지정·고시한 수로(법 제2조)

23 해양환경관리법상 선박에서 발생하는 폐기물 배출에 대한 설명으로 옳지 않은 것은?

가 폐사된 어획물은 해양에 배출이 가능하다.

나 플라스틱 재질의 폐기물은 해양에 배출이 금지된다.

사 해양환경에 유해하지 않은 화물잔류물은 해양에 배출이 금지된다.

아 분쇄 또는 연마하지 않은 음식찌꺼기는 영해기선으로부터 12해리 이상에서 배출이 가능하다.

 해설

해양환경에 유해하지 않은 화물잔류물(목재, 곡물 등의 화물을 양하하고 남은 최소한의 잔류물)은 배출할 수 있다.

24 해양환경관리법상 유조선에서 화물창 안의 화물잔류물 또는 화물창 세정수를 한 곳에 모으기 위한 탱크는?

가 화물탱크(Cargo tank)

나 혼합물탱크(Slop tank)

사 평형수탱크(Ballast tank)

아 분리평형수탱크(Segregated ballast tank)

 해설

혼합물탱크(slop tank) : 다음의 어느 하나에 해당하는 것을 한 곳에 모으기 위한 탱크를 말한다(「선박에서의 오염방지에 관한 규칙」 제2조).

- 유조선 또는 유해액체물질 산적운반선의 화물창 안의 화물잔류물 또는 화물창 세정수
- 화물펌프실 바닥에 고인 기름, 유해액체물질 또는 포장유해물질의 혼합물

25 해양환경관리법상 방제의무자의 방제조치가 아닌 것은?

가 확산방지 및 제거

나 오염물질의 배출방지

사 오염물질의 수거 및 처리

아 오염물질을 배출한 원인 조사

 해설

방제의무자는 오염물질의 배출방지, 배출된 오염물질의 확산방지 및 제거, 배출된 오염물질의 수거 및 처리 등의 방제조치를 하여야 한다(법 제64조 제1항).

정답 **22** 아 **23** 사 **24** 나 **25** 아

01 과급기에 대한 설명으로 옳은 것은?

가 기관의 운동 부분에 마찰을 줄이기 위해 윤활유를 공급하는 장치이다.

나 연소가스가 지나가는 고온부를 냉각시키는 장치이다.

사 기관의 회전수를 일정하게 유지시키기 위해 연료분사량을 자동으로 조절하는 장치이다.

아 기관의 연소에 필요한 공기를 대기압 이상으로 압축하여 밀도가 높은 공기를 실린더 내로 공급하는 장치이다.

과급기(Turbocharger) : 급기를 압축하는 장치로서 실린더에서 나오는 배기가스로 가스 터빈을 돌리고, 가스 터빈이 돌면서 같은 축에 연결된 송풍기를 회전시켜 강제로 새 공기를 실린더 안에 불어넣는 장치이다.

02 4행정 사이클 6실린더 기관에서는 운전 중 크랭크 각 몇 도마다 폭발이 일어나는가?

가 60°　　나 90°

사 120°　　아 180°

4기통 엔진은 1사이클 동안 2번 회전하는데 총 720도를 돌면서 4개의 실린더가 1번씩 폭발하게 된다. 즉, 720 / 4 = 180이므로 180도마다 1번씩 폭발하는 셈이다. 이는 크랭크축이 180도 회전할 때마다 4개의 실린더 중 1개는 폭발행정을 일으킨다는 의미이다.

6기통의 경우에는 720 / 6 = 120으로 120도마다 폭발행정이 일어나게 되고 180도마다 일어나는 4기통에 비해 원활하게 회전하게 되며 받는 관성력이 줄어들게 되어 진동도 줄어드는 효과를 보게 된다.

03 소형 디젤 기관에서 실린더 라이너의 심한 마멸에 의한 영향이 아닌 것은?

가 압축 불량

나 불완전 연소

사 착화 시기가 빨라짐

아 연소가스가 크랭크실로 누설

실린더 마모의 영향 : 출력 저하, 압축압력의 저하, 연료의 불완전 연소, 연료 소비량 증가, 윤활유 소비량 증가, 기관의 시동성 저하, 가스가 크랭크실로 누설 등이다.

04 디젤 기관의 운전 중 윤활유 계통에서 주의해서 관찰해야 하는 것은?

가 기관의 입구 온도와 기관의 입구 압력

나 기관의 출구 온도와 기관의 출구 압력

사 기관의 입구 온도와 기관의 출구 압력

아 기관의 출구 온도와 기관의 입구 압력

디젤 기관의 운전 중에는 윤활유 계통에서 기관의 입구 온도와 입구 압력을 주의해서 관찰해야 한다.

05 디젤 기관에서 실린더 라이너에 윤활유를 공급하는 주된 이유는?

가 불완전 연소를 방지하기 위해

나 연소가스의 누설을 방지하기 위해

사 피스톤의 균열 발생을 방지하기 위해

아 실린더 라이너의 마멸을 방지하기 위해

실린더 라이너 윤활유의 역할 : 마멸 방지

정답　01 아　02 사　03 사　04 가　05 아

06 4행정 사이클 기관의 작동 순서로 옳은 것은?

가 흡입 → 압축 → 작동 → 배기
나 흡입 → 작동 → 압축 → 배기
사 흡입 → 배기 → 압축 → 작동
아 흡입 → 압축 → 배기 → 작동

4행정 사이클 기관은 '흡입 → 압축 → 작동 → 배기'의 순서로 작동된다.

07 디젤 기관에서 피스톤 링의 역할에 대한 설명으로 옳지 않은 것은?

가 피스톤과 연접봉을 서로 연결시킨다.
나 피스톤과 실린더 라이너 사이의 기밀을 유지한다.
사 피스톤의 열을 실린더 벽으로 전달시켜 피스톤을 냉각시킨다.
아 피스톤과 실린더 라이너 사이에 유막을 형성하여 마찰을 감소시킨다.

피스톤 링의 3대 작용
• **기밀 작용** : 실린더와 피스톤 사이의 가스 누설을 방지한다.
• **열 전달 작용** : 피스톤이 받은 열을 실린더로 전달한다.
• **오일 제어 작용** : 실린더 벽면에 유막 형성 및 여분의 오일을 제어한다.

08 운전 중인 디젤 기관의 연료유 사용량을 나타내는 계기는?

가 회전계
나 온도계
사 압력계
아 유량계

디젤 기관의 연료유 사용량을 나타내는 계기는 유량계이다.

09 디젤 기관에서 "실린더 헤드는 다른 말로 (   ) (이)라고도 한다."에서 (   )에 알맞은 것은?

가 피스톤
나 연접봉
사 실린더 커버
아 실린더 블록

실린더 헤드(cylinder head, 실린더 커버) : 실린더 헤드는 실린더 라이너, 피스톤 헤드와 함께 연소실을 형성하며 각종 밸브가 설치되어 있다.

10 실린더 부피가 1,200cm³이고 압축 부피가 100cm³인 내연기관의 압축비는 얼마인가?

가 11
나 12
사 13
아 14

압축비 = 실린더 부피 / 압축 부피 = 1,200 / 100 = 12

11 내연기관의 연료유에 대한 설명으로 옳지 않은 것은?

가 발열량이 클수록 좋다.
나 점도가 높을수록 좋다.
사 유황분이 적을수록 좋다.
아 물이 적게 함유되어 있을수록 좋다.

정답 06 가 07 가 08 아 09 사 10 나 11 나

내연기관 연료유의 구비조건
- 인화점은 높고 발화점은 낮으며, 착화성(ignition quality)이 좋아야 한다.
- 온도에 따른 점도의 변화가 작고 항상 적당한 점도가 있어야 한다.
- 연소실에서 자연 발화하기 때문에 미립화(atomization)가 좋아야 한다.
- 불순물이나 유황 성분이 적고, 연소 후 카본 생성이 적어야 한다.
- 발열량과 내폭성이 커야 한다.

12 추진기의 회전속도가 어느 한도를 넘으면 추진기 배면의 압력이 낮아지며 물의 흐름이 표면으로부터 떨어져 기포가 발생하여 추진기 표면을 두드리는 현상은?

가 슬립현상　　나 공동현상

사 명음현상　　아 수격현상

공동현상(cavtation) : 프로펠러의 회전속도가 어느 한도를 넘게 되면 프로펠러 배면의 압력이 낮아지며, 물의 흐름이 표면으로부터 떨어져서 기포상태가 발생한다. 프로펠러 후면 부근에 가서 압력이 회복됨에 따라 이 기포가 순식간에 소멸되면서 높은 충격 압력을 일으켜 프로펠러 표면을 두드린다.

13 선박이 항해 중에 받는 마찰저항과 관련이 없는 것은?

가 선박의 속도

나 선체 표면의 거칠기

사 선체와 물의 접촉 면적

아 사용되고 있는 연료유의 종류

마찰저항 : 선체 표면이 물과 접하게 되어 선체의 진행을 방해하여 생기는 수면하의 저항으로, 저속선에서 가장 큰 비중을 차지한다. 선속, 선체의 침하 면적 및 선저 오손, 선체와 물의 접촉 면적 등이 크면 저항이 증가한다.

14 선박용 추진기관의 동력전달계통에 포함되지 않는 것은?

가 감속기　　나 추진기

사 과급기　　아 추진기축

과급기는 디젤 기관의 부속장치로 추진기관의 동력전달계통에 속하지 않는다. 과급기는 급기를 압축하는 장치로서 실린더에서 나오는 배기가스로 가스 터빈을 돌리고, 가스 터빈이 돌면서 같은 축에 연결된 송풍기를 회전시켜 강제로 새 공기를 실린더 안에 불어넣는 장치이다.

15 선박용 납축전지의 충전법이 아닌 것은?

가 간헐충전　　나 균등충전

사 급속충전　　아 부동충전

선박용 납축전지의 충전법으로는 균등충전, 급속충전, 부동충전 등이 있다.

16 전동기의 기동반에 설치되는 표시등이 아닌 것은?

가 전원등　　나 운전등

사 경보등　　아 병렬등

전동기의 기동반에 설치되는 표시등에는 운전등, 전원등, 경보등이 있다.

정답　**12** 나　**13** 아　**14** 사　**15** 가　**16** 아

17 낮은 곳에 있는 액체를 흡입하여 압력을 가한 후 높은 곳으로 이송하는 장치는?

가 발전기   나 보일러
사 조수기   아 펌프

해설

가. **발전기** : 선박에 필요한 전기를 생산하는 장치이다.
나. **보일러** : 보일러는 연료를 연소할 때 발생하는 열을 이용하여 물을 가압하여 대기압 이상의 증기를 발생시키는 장치이다.
사. **조수기** : 승조원의 일용 식수는 물론, 각 장비의 냉각수, 보일러 급수 등에 필요한 청수를 생산하는 장치이다. 조수기의 형식에는 열회수식과 역삼투식이 있다.

18 기관실의 연료유 펌프로 가장 적합한 것은?

가 기어 펌프
나 왕복 펌프
사 축류 펌프
아 원심 펌프

해설

기어 펌프는 구조가 간단하고, 왕복 펌프에 비해 고속으로 회전할 수 있어서 소형으로도 송출량을 높일 수 있고 경량이며, 흡입 양정이 크고 점도가 높은 유체를 이송하는 데 적합하다. 따라서 연료유 펌프로 적합하다.

19 해수 펌프에 설치되지 않는 것은?

가 흡입관   나 압력계
사 감속기   아 축봉장치

해설

해수 펌프는 기관을 냉각시키기 위하여 바닷물을 공급하는 펌프로 감속기는 설치되지 않는다.

20 전동기의 운전 중 주의사항으로 옳지 않은 것은?

가 발열되는 곳이 있는지를 점검한다.
나 이상한 소리, 냄새 등이 발생하는지를 점검한다.
사 전류계의 지시값에 주의한다.
아 절연저항을 자주 측정한다.

해설

전동기 운전 시 주의사항 : 전원과 전동기의 결선 확인, 이상한 소리·진동, 냄새·각부의 발열 등의 확인, 조임 볼트와 전류계의 지시치 확인

21 운전 중인 디젤 주기관에서 윤활유 펌프의 압력에 대한 설명으로 옳은 것은?

가 기관의 속도가 증가하면 압력을 더 높여 준다.
나 배기온도가 올라가면 압력을 더 높여 준다.
사 부하에 관계없이 압력을 일정하게 유지한다.
아 운전마력이 커지면 압력을 더 낮춘다.

해설

윤활유 펌프의 압력은 부하와 상관없이 일정하게 유지해야 한다.

22 디젤 기관에서 흡·배기 밸브의 틈새를 조정할 경우 주의사항으로 옳은 것은?

가 피스톤이 압축행정의 상사점에 있을 때 조정한다.
나 틈새는 규정치보다 약간 크게 조정한다.
사 틈새는 규정치보다 약간 작게 조정한다.
아 피스톤이 배기행정의 상사점에 있을 때 조정한다.

정답   17 아   18 가   19 사   20 아   21 사   22 가

흡·배기 밸브가 닫힌 상태인 피스톤이 상사점에 있을 때 틈새를 조정해야 한다.

23 운전 중인 디젤 기관에서 진동이 심한 경우의 원인으로 옳은 것은?

가 디젤 노킹이 발생할 때

나 정격부하로 운전 중일 때

사 배기밸브의 틈새가 작아졌을 때

아 윤활유의 압력이 규정치보다 높아졌을 때

기관의 진동이 심한 경우
- 기관이 노킹을 일으킬 때와 각 실린더의 최고압력이 고르지 않을 때
- 위험 회전수로 운전하고 있을 때와 기관대 설치 볼트가 이완 또는 절손되었을 때
- 크랭크 핀 베어링, 메인 베어링, 스러스트 베어링 등의 틈새가 너무 클 때 등

24 연료유의 비중이란?

가 부피가 같은 연료유와 물의 무게 비이다.

나 압력이 같은 연료유와 물의 무게 비이다.

사 점도가 같은 연료유와 물의 무게 비이다.

아 인화점이 같은 연료유와 물의 무게 비이다.

연료유의 비중은 부피가 같은 기름의 무게와 물의 무게의 비를 말한다.

25 연료유의 끈적끈적한 성질의 정도를 나타내는 용어는?

가 점도　　　　나 비중

사 밀도　　　　아 융점

나. **비중** : 부피가 같은 기름의 무게와 물의 무게의 비를 말한다.

사. **밀도** : 일정한 부피에 해당하는 물질의 질량을 말한다.

아. **융점** : 주어진 압력에서 고체가 융해하기 시작하는 온도를 말한다.

2022년 제4회 최신 기출문제

01 자기 컴퍼스의 카드 자체가 15도 정도의 경사에도 자유로이 경사할 수 있게 카드의 중심이 되며, 부실의 밑부분에 원뿔형으로 움푹 파인 부분은?

가 캡
나 피벗
사 기선
아 짐벌즈

나. **피벗** : 자기 컴퍼스의 캡에 꽉 끼여 카드를 지지하여 카드가 자유롭게 회전하게 하는 장치이다.

사. **기선** : 볼 내벽의 카드와 동일한 연안에 4개의 기선이 각각 선수/선미/좌우의 정횡 방향을 표시한다. 이는 침로를 읽기 위해 사용하는 것이다.

아. **짐벌즈** : 목재 또는 비자성재로 만든 원통형의 지지대인 비너클(Binnacle)이 기울어져도 볼을 항상 수평으로 유지시켜 주는 장치이다.

02 경사 제진식 자이로컴퍼스에만 있는 오차는?

가 위도오차
나 속도오차
사 동요오차
아 가속도오차

제진 세차 운동과 지북 세차 운동이 동시에 일어나는 경사 제진식 제품에만 있는 오차로, 적도 지방에서는 오차가 발생하지 않으나 그 밖의 지방에서는 발생한다.

03 선박에서 속력과 항주거리를 측정하는 계기는?

가 나침의
나 선속계
사 측심기
아 핸드 레드

선속계는 선박의 속력과 항주(항행)거리 등을 측정하는 계기이다.

04 기계식 자이로컴퍼스를 사용하고자 할 때에는 몇 시간 전에 기동하여야 하는가?

가 사용 직전
나 약 30분 전
사 약 1시간 전
아 약 4시간 전

기계식 자이로컴퍼스를 사용하고자 할 때 약 4시간 전에는 기동을 해야 한다.

05 선박자동식별장치(AIS)에서 확인할 수 없는 정보는?

가 선명
나 선박의 흘수
사 선원의 국적
아 선박의 목적지

이 시스템은 선박과 선박 간 그리고 선박과 선박교통관제(VTS)센터 사이에 선박의 선명, 위치, 침로, 속력 등의 선박 관련 정보와 항해 안전 정보 등을 자동으로 교환함으로써 선박 상호 간의 충돌을 예방하고, 선박의 교통량이 많은 해역에서는 선박교통관리에 효과적으로 이용될 수 있다. 이의 정보에는 정적 정보(IMO 식별번호, 호출부호, 선명, 선박의 길이 및 폭, 선박의 종류, 적재 화물, 안테나 위치 등), 동적 정보(침로, 선수 방위, 대지 속력 등), 항해 관련 정보(흘수, 선박의 목적지, 도착 예정 시간, 항해계획, 충돌 예방에 필요한 단문 통신 등)가 있다.

정답 01 가 02 가 03 나 04 아 05 사

06 지구 자기장의 복각이 0°가 되는 지점을 연결한 선은?

가 지자극

나 자기적도

사 지방자기

아 북회귀선

가. **지자극** : 지구 내부에 막대자석을 놓았다고 가정할 때, 이 자석의 축을 연장한 방향이 지구 표면과 만나는 점으로, 이 축은 지구의 회전축에서 11도가량 기울어져 있다.

아. **북회귀선** : 태양이 머리 위 천정을 지나는 가장 북쪽 지점을 잇는 위선이다. 매년 북반구의 여름 하지 때 태양이 머리 위를 지나며, 하지선(夏至線)이라고도 한다.

07 선박 주위에 있는 높은 건물로 인해 레이더 화면에 나타나는 거짓상은?

가 맹목구간에 의한 거짓상

나 간접 반사에 의한 거짓상

사 다중 반사에 의한 거짓상

아 거울면 반사에 의한 거짓상

나. **간접 반사에 의한 거짓상** : 마스트나 연돌 등 선체의 구조물에 반사되어 생기는 거짓상으로 맹목구간이나 차영구간에서 나타난다.

사. **다중 반사에 의한 거짓상** : 현측에 대형선이나 안벽 등이 있을 때 전파가 그 사이를 여러 번 반사되어 거짓상이 등간격으로 점점 약하게 나타나는 것으로, STC를 강하게 하거나 감도를 낮추면 소멸한다.

아. **거울면 반사에 의한 거짓상** : 반사성능이 좋은 안벽, 부두, 방파제 등에 의해서 대칭으로 생기는 허상이다.

08 항해 중에 산봉우리, 섬 등 해도 상에 기재되어 있는 2개 이상의 고정된 뚜렷한 물표를 선정하여 거의 동시에 각각의 방위를 측정하여 선위를 구하는 방법은?

가 수평협각법

나 교차방위법

사 추정위치법

아 고도측정법

교차방위법은 2개 이상의 뚜렷한 물표를 선정하여 거의 동시에 각각의 방위를 재어 해도상에 방위선을 긋고 이들의 교점을 선위로 측정하는 방법이다.

09 실제의 태양을 기준으로 측정하는 시간은?

가 평시

나 항성시

사 태음시

아 시태양시

가. **평시** : 일상에서 사용하는 시간을 말한다.

나. **항성시** : 천체를 측정하기 위한 시각계(時刻系)로서 기준 천체를 춘분점(春分點)으로 한 것이다. 즉, 춘분점을 하나의 천체로 보았을 때의 시각을 말한다.

사. **태음시** : 달 기준 천체로 정한 시간을 말한다.

10 작동 중인 레이더 화면에서 'A' 점은?

가 섬

나 자기 선박

사 육지

아 다른 선박

주어진 그림의 레이더는 상대운동 표시방식의 레이더로 자선(본선)의 위치가 PPI(Plan Position Indicator)상의 어느 한 점(주로 PPI의 중심)에 고정되어 있기 때문에, 모든 물체는 자선의 움직임에 대하여 상대적인 움직임으로 표시된다.

11 다음 중 해도에 표시되는 높이나 깊이의 기준면이 다른 것은?

가 수심
나 등대
사 세암
아 암암

해도상 수심의 기준면은 나라마다 다르며, 우리나라는 기본수준면을 수심의 기준으로 한다. 조고, 조승, 간출암의 높이, 평균 해면의 높이 등도 기본수준면을 기준으로 표시한다. 평균 해면은 조석을 평균한 해면으로 육상의 물표나 등대 등의 높이는 이를 기준으로 한다.

12 해도상에 표시된 해저 저질의 기호에 대한 의미로 옳지 않은 것은?

가 S – 자갈
나 M – 뻘
사 R – 암반
아 Co – 산호

가. S – 모래(Sand), G – 자갈(Gravel)

13 해도에 사용되는 특수한 기호와 약어는?

가 해도도식
나 해도 제목
사 수로도지
아 해도 목록

해도도식은 해도상 여러 가지 사항들을 표시하기 위하여 사용되는 특수한 기호와 양식, 약어 등을 총칭한다.

14 다음 중 항행통보가 제공하지 않는 정보는?

가 수심의 변화
나 조시 및 조고
사 위험물의 위치
아 항로표지의 신설 및 폐지

항행통보 : 위험물의 발견, 수심의 변화, 항로표지의 신설·폐지 등을 항해자에게 통보해 주는 것이다.

15 등부표에 대한 설명으로 옳지 않은 것은?

가 강한 파랑이나 조류에 의해 유실되는 경우도 있다.
나 항로의 입구, 폭 및 변침점 등을 표시하기 위해 설치한다.
사 해저의 일정한 지점에 체인으로 연결되어 수면에 떠 있는 구조물이다.
아 조류표에 기재되어 있으므로, 선박의 정확한 속력을 구하는 데 사용하면 좋다.

등부표 : 암초나 사주가 있는 위험한 장소·항로의 입구·폭·변침점 등을 표시하기 위해 설치하며, 해저의 일정한 지점에 떠 있는 구조물로 등대와 함께 가장 널리 쓰인다. 따라서 선박의 정확한 속력을 구하는 데 사용하는 것이 아니다.

정답 11 나 12 가 13 가 14 나 15 아

16 전자력에 의해서 발음판을 진동시켜 소리를 내게 하는 음파(음향)표지는?

가 무종
나 에어 사이렌
사 다이어폰
아 다이어프램 폰

가. **무종**(Fog Bell) : 가스의 압력 또는 기계장치로 타종하는 것
나. **에어 사이렌** : 공기압축기로 만든 공기에 의하여 사이렌을 울리는 장치
사. **다이어폰** : 압축공기에 의해서 발음체인 피스톤을 왕복시켜서 소리를 내는 장치

17 등대의 등색으로 사용하지 않는 색은?

가 백색
나 적색
사 녹색
아 보라색

등대의 등색 : 백색, 적색, 황색, 녹색 등

18 항만 내의 좁은 구역을 상세하게 표시하는 대축척 해도는?

가 총도
나 항양도
사 항해도
아 항박도

가. **총도** : 세계전도처럼 극히 넓은 지역을 나타낸 것으로, 항해계획 시 또는 긴 항해 시 사용할 수 있는 해도
나. **항양도** : 원거리 항해에 쓰이며, 해안에서 떨어진 바다의 수심, 주요 등대, 원거리 육상 물표 등을 수록
사. **항해도** : 대개 육지를 바라보면서 항행할 때 사용하는 해도로서, 선위를 직접 해도상에서 구할 수 있도록 육상의 물표, 등대, 등표, 수심 등이 비교적 상세히 수록

19 종이해도에서 찾을 수 없는 정보는?

가 나침도
나 간행연월일
사 일출 시간
아 해도의 축척

종이해도에는 간행연월일, 해도의 표제기사, 나침도, 해도상 수심의 기준 등이 표시되며, 일출 시간은 표시되지 않는다.

20 해저의 지형이나 기복상태를 판단할 수 있도록 수심이 동일한 지점을 가는 실선으로 연결하여 나타낸 것은?

가 등고선
나 등압선
사 등심선
아 등온선

등심선은 해저의 기복상태를 알기 위해 같은 수심인 장소를 연결한 선으로 통상 2m, 5m, 20m, 200m의 선이 그려져 있다.

21 다음 중 제한된 시계가 아닌 것은?

가 폭설이 내릴 때
나 폭우가 쏟아질 때
사 교통의 밀도가 높을 때
아 안개로 다른 선박이 보이지 않을 때

제한된 시계 : 안개·연기·눈·비·모래바람 및 그 밖에 이와 비슷한 사유로 시계가 제한되어 있는 상태

22 기압 1,013밀리바는 몇 헥토파스칼인가?

가 1헥토파스칼
나 76헥토파스칼
사 760헥토파스칼
아 1,013헥토파스칼

정답 16 아 17 아 18 아 19 사 20 사 21 사 22 아

 **해설**

기압의 단위인 헥토파스칼(hPa)과 밀리바(mb)는 같으므로 1,013밀리바는 1,013헥토파스칼이다.

23 시베리아 고기압과 같이 겨울철에 발달하는 한랭 고기압은?

가 온난 고기압

나 지형성 고기압

사 이동성 고기압

아 대륙성 고기압

 **해설**

가. **온난 고기압** : 중심부의 온도가 둘레보다 높은 고기압으로, 대기 대순환에서 하강기류가 있는 곳에 생기며 상층부까지 고압대가 형성되는 키가 큰 고기압으로, 북태평양 고기압이 여기에 해당된다.

나. **지형성 고기압** : 밤에 육지의 복사냉각으로 형성되는 소규모의 고기압으로, 야간에 육풍의 원인이 된다.

사. **이동성 고기압** : 중심 위치가 계속 움직이는 고기압을 이동성 고기압이라고 하며, 양쯔강 고기압이 대표적이다.

아. **대륙성 고기압** : 겨울철에 대륙에서 발달하는 고기압으로 시베리아 고기압이 대표적이다.

24 선박의 항로지정제도(Ships' routeing)에 관한 설명으로 옳지 않은 것은?

가 국제해사기구(IMO)에서 지정할 수 있다.

나 특정 화물을 운송하는 선박에 대해서도 사용을 권고할 수 있다.

사 모든 선박 또는 일부 범위의 선박에 대하여 강제적으로 적용할 수 있다.

아 국제해사기구에서 정한 항로지정방식은 해도에 표시되지 않을 수도 있다.

 **해설**

국제해사기구에서 정한 항로지정방식은 해도에 표시된다.

25 다음에서 항해계획을 수립하는 순서를 옳게 나타낸 것은?

> ① 가장 적합한 항로를 선정하고, 소축척 종이해도에 선정한 항로를 기입한다.
> ② 수립한 계획이 적절한가를 검토한다.
> ③ 상세한 항해 일정을 구하여 출·입항 시각을 결정한다.
> ④ 대축척 종이해도에 항로를 기입한다.

가 ① → ② → ③ → ④

나 ① → ③ → ④ → ②

사 ① → ② → ④ → ③

아 ① → ④ → ③ → ②

 **해설**

항해계획 수립의 순서

㉠ 각종 수로도지에 의한 항행 해역의 조사 및 연구와 자신의 경험을 바탕으로 적합한 항로를 선정한다.

㉡ 소축척 해도상에 선정한 항로를 기입하고 일단 대략적인 항정을 산출한다.

㉢ 사용 속력을 결정하고 실속력을 추정한다.

㉣ 대략의 항정과 추정한 실속력으로 항행할 시간을 구하여 출·입항 시각 및 항로상의 중요한 지점을 통과하는 시각 등을 추정한다.

㉤ 항해를 위해 수립한 계획이 적절한가를 면밀히 검토한다.

㉥ 대축척 해도에 출·입항 항로, 연안항로를 그리고, 다시 정확한 항정을 구하여 예정 항행 계획표를 작성한다.

㉦ 항행 일정을 구하여 출·입항 시각을 결정한다.

정답 **23** 아 **24** 아 **25** 사

01 갑판 개구 중에서 화물창에 화물을 적재 또는 양하하기 위한 개구는?

가 탈출구
나 해치(Hatch)
사 승강구
아 맨홀(Manhole)

해치(Hatch)를 통해 화물창에 화물을 적재, 양하한다.

02 선체의 명칭을 나타낸 아래 그림에서 ㉠은?

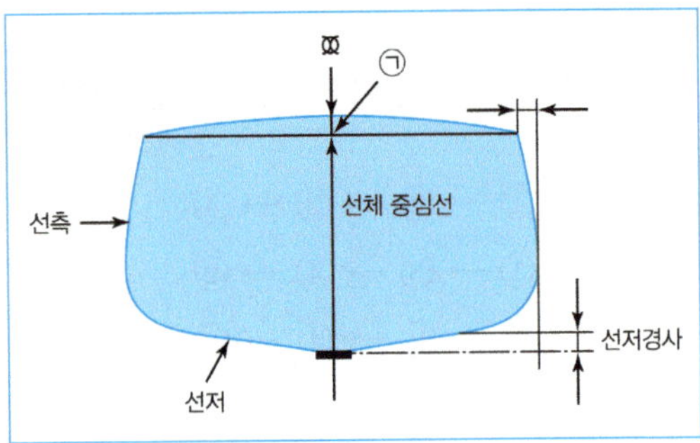

가 용골
나 빌지
사 캠버
아 팀블 홈

현호가 갑판 위의 길이 방향으로 가면서 선체 중앙부를 향해 잘 빠져나가도록 한 것이라면, 캠버(camber)는 갑판상의 물이 선체 폭 방향으로 걸쳐 양쪽 선측을 향해 잘 흘러가도록 선박의 중앙부를 높게 한 것을 말한다.

03 트림의 종류가 아닌 것은?

가 등흘수
나 중앙트림
사 선수트림
아 선미트림

트림은 선미흘수와 선수흘수의 차이로, 선수트림의 선박에서는 물의 저항 작용점이 배의 무게중심보다 전방에 있으므로 선회 우력이 커져서 선회권이 작아지고, 반대로 선미트림은 선회권이 커진다. 그리고 선수흘수와 선미흘수가 같은 경우를 등흘수라 한다.

04 (   )에 적합한 것은?

> 공선항해 시 화물선에서 적절한 흘수를 확보하기 위하여 일반적으로 (   )을/를 싣는다.

가 목재
나 컨테이너
사 석탄
아 선박평형수

선박평형수(ballast) : 공선항해 시 적절한 흘수를 확보할 목적으로 선박에 채우는 물로, 선저에 선박평형수를 싣는 것은 중심을 낮추어 복원력을 증대시킬 수 있지만, 중심 저하에 따른 복원력 증대와 건현 감소에 따른 역효과가 동시에 일어나므로 반드시 좋은 것은 아니다.

05 타주를 가진 선박에서 계획만재흘수선상의 선수재 전면으로부터 타주 후면까지의 수평거리는?

가 전장
나 등록장
사 수선장
아 수선간장

해설
가. **전장** : 선수의 최전단으로부터 선미의 최후단까지의 수평거리. 선박의 저항, 추진력 계산에 사용
나. **등록장** : 상갑판 보(beam)상의 선수재 전면으로부터 선미재 후면까지의 수평거리
사. **수선장** : 각 흘수선상의 물에 잠긴 선체의 선수재 전면에서 선미 후단까지의 수평거리

06 여객이나 화물을 운송하기 위하여 쓰이는 용적을 나타내는 톤수는?

가 순톤수
나 배수톤수
사 총톤수
아 재화중량톤수

나. **배수톤수** : 선체의 수면의 용적(배수 용적)에 상당하는 해수의 중량
사. **총톤수** : 국제 총톤수는 전 용적의 크기에 따라 계수를 곱해서 구하며, 이전의 총톤수와 차이를 없애기 위하여 국제 총톤수에 일정계수를 곱하여 국내 총톤수로 사용하고 있다.
아. **재화중량톤수** : 선박의 안전 항해를 확보할 수 있는 한도 내에서 여객 및 화물 등의 최대 적재량을 나타내는 톤수

07 희석제(Thinner)에 대한 설명으로 옳지 않은 것은?

가 인화성이 강하므로 화기에 유의하여야 한다.
나 도료에 첨가하는 양은 최대 10% 이하가 좋다.
사 도료의 성분을 균질하게 하여 도막을 매끄럽게 한다.
아 도료에 많은 양을 사용하면 도료의 점도가 높아진다.

도료의 점도를 조절하기 위해 첨가하는 희석제는 많이 넣으면 도료의 점도를 낮춘다.

08 체온을 유지할 수 있도록 열전도율이 낮은 방수 물질로 만들어진 포대기 또는 옷을 의미하는 구명설비는?

가 방수복
나 구명조끼
사 보온복
아 구명부환

보온복은 물이 스며들지 않아 수온이 낮은 물속에서 체온을 보호할 수 있는 옷으로 방수복과 달리 구명동의의 기능이 없다.

09 선박에서 선장이 직접 조타를 하고 있을 때, "선수 우현 쪽으로 사람이 떨어졌다."라는 외침을 들은 경우 선장이 즉시 취하여야 할 조치로 옳은 것은?

가 타 중앙
나 우현 전타
사 좌현 전타
아 후진 기관 사용

우현 쪽으로 사람이 떨어졌을 경우에는 선장은 즉시 우현 전타하여야 한다.

10 선박이 침몰하여 수면 아래 4미터 정도에 이르면 수압에 의하여 선박에서 자동 이탈되어 조난자가 탈 수 있도록 압축가스에 의해 펼쳐지는 구명설비는?

가 구명정
나 구명뗏목
사 구조정
아 구명부기

가. **구명정** : 선박 조난 시 인명구조를 목적으로 특별하게 제작된 소형선박으로 부력, 복원성 및 강도 등이 완전한 구명기구이다.
사. **구조정** : 조난 중인 사람을 구조하고, 생존정을 인도하기 위하여 설계된 보트이다.
아. **구명부기** : 선박 조난 시 구조를 기다릴 때 사용하는 인명구조 장비로, 사람이 타지 않고 손으로 밧줄을 붙잡고 있도록 만든 것이다.

정답 06 가 07 아 08 사 09 나 10 나

11 해상이동업무식별번호(MMSI number)에 대한 설명으로 옳지 않은 것은?

가 9자리 숫자로 구성된다.

나 소형선박에는 부여되지 않는다.

사 초단파(VHF) 무선설비에도 입력되어 있다.

아 우리나라 선박은 440 또는 441로 시작된다.

해상이동업무식별부호(MMSI)는 선박국, 해안국 및 집단 호출을 유일하게 식별하기 위해 사용되는 부호로서, 9개의 숫자로 구성되어 있다(우리나라의 경우 440, 441로 지정). 국내 및 국제 항해 모두 사용되며, 소형선박에도 부여된다.

12 다음 조난신호 중 수면상 가장 멀리서 볼 수 있는 것은?

가 기류신호

나 발연부 신호

사 신호 홍염

아 로켓 낙하산 화염신호

나. **발연부 신호** : 구명정의 주간용 신호로서 불을 붙여 물에 던져서 사용한다.

사. **신호 홍염** : 홍색염을 1분 이상 연속하여 발할 수 있으며, 10cm 깊이의 물속에 10초 동안 잠긴 후에도 계속 타는 팽창식 구명뗏목의 의장품이다(야간용). 연소시간은 40초 이상이어야 한다.

13 선박용 초단파(VHF) 무선설비의 최대 출력은?

가 10W

나 15W

사 20W

아 25W

초단파(VHF) 무선설비는 VHF 채널 70(156.525MHz)에 의한 DSC와 채널 6, 13 및 16에 의한 무선전화 송수신을 하며, 조난경보신호를 발신할 수 있는 설비로, 최대 출력은 25W이다.

14 평수구역을 항해하는 총톤수 2톤 이상의 선박에 반드시 설치하여야 하는 무선통신 설비는?

가 위성통신설비

나 초단파(VHF) 무선설비

사 중단파(MF/HF) 무선설비

아 수색구조용 레이더 트랜드폰더(SART)

초단파(VHF) 무선설비는 선박과 선박, 선박과 육상국 사이의 통신에 주로 사용하며, 평수구역을 항해하는 총톤수 2톤 이상의 소형선박에 반드시 설치해야 하는 무선통신 설비이다. 선박이나 항공기가 조난 상태에 있고 수신시설도 이용할 수 없음을 표시하는 것으로, 비상위치지시용 무선표지설비(EPIRB)는 선박이 침몰 시에 자동으로 부양될 수 있도록 윙브릿지(조타실 양현) 또는 톱브릿지(조타실 옥상)에 개방된 장소에 설치하며, 총톤수 2톤 이상의 소형선박에 반드시 설치해야 한다.

15 다음 중 선박 조종에 미치는 영향이 가장 작은 요소는?

가 바람

나 파도

사 조류

아 기온

선박 조종에 영향을 주는 요소에는 방형비척계수, 흘수, 트림, 속력, 파도, 바람 및 조류의 영향 등을 들 수 있다. 따라서 기온은 선박 조종에 영향을 미치지 않는다.

정답 **11** 나 **12** 아 **13** 아 **14** 나 **15** 아

16 (   )에 적합한 것은?

> 우회전 고정피치 스크루 프로펠러 1개가 설치되어 있는 선박이 타가 우 타각이고, 정지 상태에서 후진할 때, 후진속력이 커지면 흡입류의 영향이 커지므로 선수는 (   )한다.

가 직진

나 좌회두

사 우회두

아 물속으로 하강

해설

정지에서 후진

- **키 중앙일 때** : 후진기관이 발동하면, 횡압력과 배출류의 측압작용이 선미를 좌현 쪽으로 밀기 때문에 선수는 우회두한다. 계속 후진기관을 사용하면 배출류의 측압작용이 강해져서 선미는 더욱 좌현 쪽으로 치우치게 된다.
- **우 타각일 때** : 횡압력과 배출류가 선미를 좌현 쪽으로 밀고, 흡입류에 의한 직압력은 선미를 우현 쪽으로 밀어서 평형 상태를 유지한다. 후진속력이 커지면서 흡입류의 영향이 커지므로 선수는 좌회두하게 된다.

17 (   )에 순서대로 적합한 것은?

> 수심이 얕은 수역에서는 타의 효과가 나빠지고, 선체 저항이 (   )하여 선회권이 (   ).

가 감소, 작아진다

나 감소, 커진다

사 증가, 작아진다

아 증가, 커진다

해설

수심이 얕은 수역에서는 키 효과가 나빠지고, 선체 저항이 증가하여 선회권이 커진다.

18 다음 중 정박지로 가장 좋은 저질은?

가 뻘   나 자갈

사 모래   아 조개껍질

해설

정박지로서 가장 좋은 저질은 뻘이나 점토이다.

19 접·이안 시 계선줄을 이용하는 목적이 아닌 것은?

가 접안 시 선용품 선적

나 선박의 전진속력 제어

사 접안 시 선박과 부두 사이 거리 조절

아 이안 시 선미가 부두로부터 떨어지도록 작용

해설

선박을 부두에 붙이는 것을 접안 또는 계선, 계류라고 하는데, 이때 사용하는 줄을 계선줄이라 한다. 따라서 선적 설비가 아니므로, 접안 시 선용품 선적과는 거리가 멀다.

20 전속 전진 중인 선박이 선회 중 나타나는 일반적인 현상으로 옳지 않은 것은?

가 선속이 감소한다.

나 횡경사가 발생한다.

사 선미 킥이 발생한다.

아 선회 가속도가 감소하다가 증가한다.

해설

선회가 높은 선박은 선회 시 감속이 적게 이뤄지므로 그에 따르는 선회 후의 초반 가속도는 선회가 낮은 선박보다 더 높은 속도에서 출발하게 된다.

정답 16 나 17 아 18 가 19 가 20 아

21 협수로를 항해할 때 유의할 사항으로 옳은 것은?

 **가** 침로를 변경할 때는 대각도로 한번에 변경하는 것이 좋다.

나 선수미선과 조류의 유선이 직각을 이루도록 조종하는 것이 좋다.

사 언제든지 닻을 사용할 수 있도록 준비된 상태에서 항행하는 것이 좋다.

아 조류는 순조 때에는 정침이 잘 되지만, 역조 때에는 정침이 어려우므로 조종 시 유의하여야 한다.

해설

가. 회두 시의 조타 명령은 순차로 구령하여 소각도로 여러 차례 변침한다.
나. 선수미선과 조류의 유선이 일치되도록 조종한다.
아. 조류는 역조 때에는 정침이 잘 되나 순조 때에는 정침이 어렵다.

22 황천항해를 대비하여 선박에 화물을 실을 때 주의사항으로 옳은 것은?

 **가** 선체의 중앙부에 화물을 많이 싣는다.

나 선수부에 화물을 많이 싣는 것이 좋다.

사 화물의 무게 분포가 한 곳에 집중되지 않도록 한다.

아 상갑판보다 높은 위치에 최대한으로 많은 화물을 싣는다.

해설

선체 화물의 배치 계획을 세울 때에는 화물의 무게 분포가 전후부 선창에 집중되는 호깅(hogging)이나, 중앙 선창에 집중되는 새깅(sagging) 상태가 되지 않도록 해야 한다. 또, 각 선창별 무게 분포가 심한 불연속선이 되지 않도록 화물을 고르게 배치해야 한다.

23 파도가 심한 해역에서 선속을 저하시키는 요인이 아닌 것은?

 **가** 바람

나 풍랑(Wave)

사 수온

아 너울(Swell)

해설

바람, 풍랑, 너울 등은 선속을 저하시키나, 수온은 선속과는 관계가 없다.

24 선박의 침몰 방지를 위하여 선체를 해안에 고의적으로 얹히는 것은?

 **가** 전복

나 접촉

사 충돌

아 임의 좌주

해설

임의 좌주(beaching) : 선박의 충돌사고 등으로 인해 침몰 직전에 이르렀을 때 고의로 해안에 좌초시키는 것을 좌안 또는 임의 좌주라 한다.

25 기관손상 사고의 원인 중 인적 과실이 아닌 것은?

 **가** 기관의 노후

나 기기조작 미숙

사 부적절한 취급

아 일상적인 점검 소홀

해설

인적 과실은 기계를 조작하는 사람의 조작 미숙 등으로 인한 과실이므로, 기관의 노후는 인적 과실과 관계가 없다.

정답 **21** 사 **22** 사 **23** 사 **24** 아 **25** 가

제3과목 법규

01 (   )에 적합한 것은?

> 해사안전법상 고속여객선이란 시속 (   )
> 이상으로 항행하는 여객선을 말한다.

가 10노트

나 15노트

사 20노트

아 30노트

[해설]

'고속여객선'이란 시속 15노트 이상으로 항행하는 여객
선을 말한다(해상교통안전법 제2조 제6호).

02 해사안전법상 '조종제한선'이 아닌 선박은?

가 준설 작업을 하고 있는 선박

나 항로표지를 부설하고 있는 선박

사 주기관이 고장나 움직일 수 없는 선박

아 항행 중 어획물을 옮겨 싣고 있는 어선

[해설]

조종제한선이란 다음의 작업과 그 밖에 선박의 조종성
능을 제한하는 작업에 종사하고 있어 다른 선박의 진로
를 피할 수 없는 선박을 말한다(해상교통안전법 제2조
제11호).

- 항로표지, 해저전선 또는 해저파이프라인의 부설·보
  수·인양 작업
- 준설·측량 또는 수중 작업
- 항행 중 보급, 사람 또는 화물의 이송 작업
- 항공기의 발착(發着)작업
- 기뢰(機雷)제거작업
- 진로에서 벗어날 수 있는 능력에 제한을 많이 받는 예
  인(曳引)작업

03 해사안전법상 고속여객선이 교통안전특정해역
을 항행하려는 경우 항행안전을 확보하기 위하
여 필요시 해양경찰서장이 선장에게 명할 수 있
는 것은?

가 속력의 제한

나 입항의 금지

사 선장의 변경

아 앞지르기의 지시

[해설]

해양경찰서장은 거대선, 위험화물운반선, 고속여객선,
그 밖에 해양수산부령으로 정하는 선박이 교통안전특
정해역을 항행하려는 경우 항행안전을 확보하기 위하
여 필요하다고 인정하면 선장이나 선박소유자에게 통
항시각의 변경, 항로의 변경, 제한된 시계의 경우 선박
의 항행 제한, 속력의 제한, 안내선의 사용, 그 밖에 해
양수산부령으로 정하는 사항을 명할 수 있다(해상교통
안전법 제8조).

04 해사안전법상 떠다니거나 침몰하여 다른 선박의
안전운항 및 해상교통질서에 지장을 주는 것은?

가 침선

나 항행장애물

사 기름띠

아 부유성 산화물

[해설]

항행장애물 : 선박으로부터 떨어진 물건, 침몰·좌초된
선박 또는 이로부터 유실된 물건 등 해양수산부령으로 정
하는 것으로서 선박항행에 장애가 되는 물건(해상교통안
전법 제2조).

05 해사안전법상 술에 취한 상태를 판별하는 기
준은?

가 체온

나 걸음걸이

사 혈중알코올농도

아 실제 섭취한 알코올 양

[정답] **01** 나 **02** 사 **03** 가 **04** 나 **05** 사

술에 취한 상태의 기준은 혈중알코올농도 0.03퍼센트 이상으로 한다(해상교통안전법 제39조 제4항).

06 해사안전법상 다른 선박과 충돌을 피하기 위한 선박의 동작에 대한 설명으로 옳지 않은 것은?

가 침로나 속력을 변경할 때에는 소폭으로 연속적으로 변경하여야 한다.

나 필요하면 속력을 줄이거나 기관의 작동을 정지하거나 후진하여 선박의 진행을 완전히 멈추어야 한다.

사 피항동작을 취할 때에는 그 동작의 효과를 다른 선박이 완전히 통과할 때까지 주의 깊게 확인하여야 한다.

아 침로를 변경할 경우에는 될 수 있으면 충분한 시간적 여유를 두고 다른 선박이 그 변경을 쉽게 알아볼 수 있도록 충분히 크게 변경하여야 한다.

선박은 다른 선박과 충돌을 피하기 위하여 침로(針路)나 속력을 변경할 때에는 될 수 있으면 다른 선박이 그 변경을 쉽게 알아볼 수 있도록 충분히 크게 변경하여야 하며, 침로나 속력을 소폭으로 연속적으로 변경하여서는 아니 된다(해상교통안전법 제73조 제2항).

07 해사안전법상 안전한 속력을 결정할 때 고려하여야 할 사항이 아닌 것은?

가 시계의 상태

나 선박 설비의 구조

사 선박의 조종성능

아 해상교통량의 밀도

안전한 속력을 결정할 때에는 다음 각 호(레이더를 사용하고 있지 아니한 선박의 경우에는 제1호부터 제6호까지)의 사항을 고려하여야 한다(해상교통안전법 제71조 제2항).

1. 시계의 상태
2. 해상교통량의 밀도
3. 선박의 정지거리·선회성능, 그 밖의 조종성능
4. 야간의 경우에는 항해에 지장을 주는 불빛의 유무
5. 바람·해면 및 조류의 상태와 항행장애물의 근접 상태
6. 선박의 흘수와 수심과의 관계
7. 레이더의 특성 및 성능
8. 해면상태·기상, 그 밖의 장애요인이 레이더 탐지에 미치는 영향
9. 레이더로 탐지한 선박의 수·위치 및 동향

08 (　　)에 적합한 것은?

> 해사안전법상 2척의 동력선이 상대의 진로를 횡단하는 경우로서 충돌의 위험이 있을 때에는 다른 선박을 (　　) 쪽에 두고 있는 선박이 그 다른 선박의 진로를 피하여야 한다.

가 선수　　　　나 좌현

사 우현　　　　아 선미

2척의 동력선이 상대의 진로를 횡단하는 경우로서 충돌의 위험이 있을 때에는 다른 선박을 우현 쪽에 두고 있는 선박이 그 다른 선박의 진로를 피하여야 한다. 이 경우 다른 선박의 진로를 피하여야 하는 선박은 부득이한 경우 외에는 그 다른 선박의 선수 방향을 횡단하여서는 아니 된다(해상교통안전법 제80조).

정답　06 가　07 나　08 사

09 해사안전법상 제한된 시계에서 충돌할 위험성이 없다고 판단한 경우 외에 자기 선박의 양쪽 현의 정횡 앞쪽에 있는 다른 선박의 무중신호를 듣고 취할 조치로 옳은 것을 다음에서 모두 고른 것은?

> ㄱ. 최대 속력으로 항행하면서 경계를 한다.
> ㄴ. 우현 쪽으로 침로를 변경시키지 않는다.
> ㄷ. 필요시 자기 선박의 진행을 완전히 멈춘다.
> ㄹ. 충돌할 위험성이 사라질 때까지 주의하여 항행하여야 한다.

가 ㄴ, ㄷ 나 ㄷ, ㄹ
사 ㄱ, ㄴ, ㄹ 아 ㄴ, ㄷ, ㄹ

충돌할 위험성이 없다고 판단한 경우 외에는 다음의 어느 하나에 해당하는 경우 모든 선박은 자기 배의 침로를 유지하는 데에 필요한 최소한으로 속력을 줄여야 한다. 이 경우 필요하다고 인정되면 자기 선박의 진행을 완전히 멈추어야 하며, 어떠한 경우에도 충돌할 위험성이 사라질 때까지 주의하여 항행하여야 한대(해상교통안전법 제84조 제6항).
• 자기 선박의 양쪽 현의 정횡 앞쪽에 있는 다른 선박에서 무중신호를 듣는 경우
• 자기 선박의 양쪽 현의 정횡으로부터 앞쪽에 있는 다른 선박과 매우 근접한 것을 피할 수 없는 경우

10 해사안전법상 삼색등을 구성하는 색이 아닌 것은?

가 흰색 나 황색
사 녹색 아 붉은색

삼색등 : 선수와 선미의 중심선상에 설치된 붉은색·녹색·흰색으로 구성된 등으로서, 그 붉은색·녹색·흰색의 부분이 각각 현등의 붉은색 등과 녹색 등 및 선미등과 같은 특성을 가진 등(해상교통안전법 제86조)

11 해사안전법상 항행 중인 동력선의 등화에 덧붙여 가장 잘 보이는 곳에 붉은색 전주등 3개를 수직으로 표시하거나 원통형의 형상물 1개를 표시할 수 있는 선박은?

가 도선선
나 흘수제약선
사 좌초선
아 조종불능선

흘수제약선은 동력선의 등화에 덧붙여 가장 잘 보이는 곳에 붉은색 전주등 3개를 수직으로 표시하거나 원통형의 형상물 1개를 표시할 수 있다(해상교통안전법 제93조).

12 해사안전법상 '섬광등'의 정의는?

가 선수 쪽 225도의 수평사광범위를 갖는 등
나 360도에 걸치는 수평의 호를 비추는 등화로서 일정한 간격으로 1분에 30회 이상 섬광을 발하는 등
사 360도에 걸치는 수평의 호를 비추는 등화로서 일정한 간격으로 1분에 60회 이상 섬광을 발하는 등
아 360도에 걸치는 수평의 호를 비추는 등화로서 일정한 간격으로 1분에 120회 이상 섬광을 발하는 등

섬광등 : 360도에 걸치는 수평의 호를 비추는 등화로서 일정한 간격으로 1분에 120회 이상 섬광을 발하는 등(해상교통안전법 제86조 제6항)

정답 **09** 나 **10** 나 **11** 나 **12** 아

13 해사안전법상 정박 중인 길이 7미터 이상인 선박이 표시하여야 하는 형상물은?

가 둥근꼴 형상물 나 원뿔꼴 형상물

사 원통형 형상물 아 마름모꼴 형상물

정박 중인 선박은 가장 잘 보이는 곳에 다음의 등화나 형상물을 표시하여야 한다(해상교통안전법 제95조 제1항).
• 앞쪽에 흰색의 전주등 1개 또는 둥근꼴의 형상물 1개
• 선미나 그 부근에 제1호에 따른 등화보다 낮은 위치에 흰색 전주등 1개

14 해사안전법상 장음은 얼마 동안 계속되는 고동소리인가?

가 약 1초 나 약 2초

사 2~3초 아 4~6초

기적의 종류(해상교통안전법 제97조)
• 단음 : 1초 정도 계속되는 고동소리
• 장음 : 4초부터 6초까지의 시간 동안 계속되는 고동소리

15 해사안전법상 제한된 시계 안에서 항행 중인 동력선이 대수속력이 있는 경우에는 2분을 넘지 아니하는 간격으로 장음을 1회 울려야 하는데 이와 같은 음향신호를 하지 아니할 수 있는 선박의 크기 기준은?

가 길이 12미터 미만

나 길이 15미터 미만

사 길이 20미터 미만

아 길이 50미터 미만

제한된 시계 안에서 항행 중인 동력선이 대수속력이 있는 경우에는 2분을 넘지 않는 간격으로 장음을 1회를 울려야 하나, 길이 12미터 미만의 선박은 이에 따른 신호를 아니할 수 있다(해상교통안전법 제100조 제1항).

16 무역항의 수상구역 등에서 선박의 입항·출항에 대한 지원과 선박운항의 안전 및 질서 유지에 필요한 사항을 규정할 목적으로 만들어진 법은?

가 선박안전법

나 해사안전법

사 선박교통관제에 관한 법률

아 선박의 입항 및 출항 등에 관한 법률

선박의 입항 및 출항 등에 관한 법률은 무역항의 수상구역 등에서 선박의 입항·출항에 대한 지원과 선박운항의 안전 및 질서 유지에 필요한 사항을 규정함을 목적으로 한다(법 제1조).

17 (   )에 적합한 것은?

> 선박의 입항 및 출항 등에 관한 법률상 무역항의 수상구역 등에서 해양사고를 피하기 위한 경우 등 해양수산부령으로 정하는 사유로 선박을 정박지가 아닌 곳에 정박한 선장은 즉시 그 사실을 (   )에/에게 신고하여야 한다.

가 관리청 나 환경부장관

사 해양경찰청 아 해양수산부장관

선박의 입항 및 출항 등에 관한 법률상 무역항의 수상구역 등에서 해양사고를 피하기 위한 경우 등 해양수산부령으로 정하는 사유로 선박을 정박지가 아닌 곳에 정박한 선장은 즉시 그 사실을 관리청에 신고하여야 한다(법 제5조).

정답 **13** 가 **14** 아 **15** 가 **16** 아 **17** 가

18 선박의 입항 및 출항 등에 관한 법률상 선박이 해상에서 일시적으로 운항을 멈추는 것은?

가 정박
나 정류
사 계류
아 계선

정류 : 선박이 해상에서 일시적으로 운항을 멈추는 것 (법 제2조)

19 선박의 입항 및 출항 등에 관한 법률상 무역항의 수상구역 등에서 선박을 예인하고자 할 때 한꺼번에 몇 척 이상의 피예인선을 끌지 못하는가?

가 1척
나 2척
사 3척
아 4척

예인선은 한꺼번에 3척 이상의 피예인선을 끌지 못한다(시행규칙 제9조 제1항).

20 선박의 입항 및 출항 등에 관한 법률상 방파제 입구 등에서 입·출항하는 두 척의 선박이 마주칠 우려가 있을 때의 항법은?

가 입항하는 선박이 방파제 밖에서 출항하는 선박의 진로를 피하여야 한다.
나 출항하는 선박은 방파제 안에서 입항하는 선박의 진로를 피하여야 한다.
사 입항하는 선박이 방파제 입구를 우현 쪽으로 접근하여 통과하여야 한다.
아 출항하는 선박은 방파제 입구를 좌현 쪽으로 접근하여 통과하여야 한다.

무역항의 수상구역 등에 입항하는 선박이 방파제 입구 등에서 출항하는 선박과 마주칠 우려가 있는 경우에는 방파제 밖에서 출항하는 선박의 진로를 피하여야 한다(법 제13조).

21 (   )에 적합하지 않은 것은?

> 선박의 입항 및 출항 등에 관한 법률상 무역항의 수상구역 등에 정박하는 (   )에 따른 정박구역 또는 정박지를 지정·고시할 수 있다.

가 선박의 톤수
나 선박의 종류
사 선박의 국적
아 적재물의 종류

관리청은 무역항의 수상구역 등에 정박하는 선박의 종류·톤수·흘수(吃水) 또는 적재물의 종류에 따른 정박구역 또는 정박지를 지정·고시할 수 있다(법 제5조 제1항).

22 다음 중 선박의 입항 및 출항 등에 관한 법률상 우선피항선이 아닌 선박은?

가 예선
나 총톤수 20톤 미만인 어선
사 주로 노와 삿대로 운전하는 선박
아 예인선에 결합되어 운항하는 압항부선

우선피항선 : 부선(압항부선 제외), 주로 노와 삿대로 운전하는 선박, 예선, 항만운송관련사업을 등록한 자가 소유한 선박, 해양환경관리업을 등록한 자가 소유한 선박, 총톤수 20톤 미만의 선박(법 제2조 제5호)

정답 18 나 19 사 20 가 21 사 22 아

23 해양환경관리법상 유해액체물질기록부는 최종 기재를 한 날부터 몇 년간 보존하여야 하는가?

가 1년
나 2년
사 3년
아 5년

선박오염물질기록부(폐기물기록부, 기름기록부, 유해액체물질기록부)의 보존기간은 최종기재를 한 날부터 3년으로 하며, 그 기재사항·보존방법 등에 관하여 필요한 사항은 해양수산부령으로 정한다(법 제30조 제2항).

24 해양환경관리법상 폐기물이 아닌 것은?

가 도자기
나 플라스틱류
사 폐유압유
아 음식 쓰레기

폐기물 : 해양에 배출되는 경우 그 상태로는 쓸 수 없게 되는 물질로서 해양환경에 해로운 결과를 미치거나 미칠 우려가 있는 물질(기름, 유해액체물질, 포장유해물질 제외)을 말한다(법 제2조 제4호).
폐유압유는 기름에 해당되므로 폐기물이 아니다.

25 해양환경관리법상 오염물질이 배출된 경우 오염을 방지하기 위한 조치가 아닌 것은?

가 기름오염방지설비의 가동
나 오염물질의 추가 배출방지
사 배출된 오염물질의 수거 및 처리
아 배출된 오염물질의 확산방지 및 제거

기름오염방지설비를 가동해서는 안 된다.

제**4**과목 　기관

01 1kW는 약 몇 kgf·m/s인가?

가 75kgf·m/s
나 76kgf·m/s
사 102kgf·m/s
아 735kgf·m/s

국제적으로 통일된 CGS(MKS)단위계에서 일률은 W(와트)로 나타내는데, 1와트는 10erg/s이며, 근사적인 1kW는 102kgf·m/s이다.

02 소형기관에서 피스톤 링의 마멸 정도를 계측하는 공구로 가장 적합한 것은?

가 다이얼 게이지
나 한계 게이지
사 내경 마이크로미터
아 외경 마이크로미터

피스톤 링의 마멸량은 외경 마이크로미터로 측정한다.

03 디젤 기관에서 오일 링의 주된 역할은?

가 윤활유를 실린더 내벽에서 밑으로 긁어내린다.
나 피스톤의 열을 실린더에 전달한다.
사 피스톤의 회전운동을 원활하게 한다.
아 연소가스의 누설을 방지한다.

오일 링 : 실린더 라이너 내벽의 윤활유가 연소실로 들어가지 못하게 긁어내리고 실린더 내벽에 고르게 분포시킨다.

정답　**23** 사　**24** 사　**25** 가　/　**01** 사　**02** 아　**03** 가

04 디젤 기관의 운전 중 냉각수 계통에서 가장 주의해서 관찰해야 하는 것은?

가 기관의 입구 온도와 기관의 입구 압력

나 기관의 출구 압력과 기관의 출구 온도

사 기관의 입구 온도와 기관의 출구 압력

아 기관의 입구 압력과 기관의 출구 온도

실린더 헤드나 실린더에 공급되는 냉각수 입구의 압력과 입·출구 온도가 정상적인 값을 나타내는지 점검한다.

05 추진 축계장치에서 추력 베어링의 주된 역할은?

가 축의 진동을 방지한다.

나 축의 마멸을 방지한다.

사 프로펠러의 추력을 선체에 전달한다.

아 선체의 추력을 프로펠러에 전달한다.

추력 베어링은 선체에 부착되어 있으며, 추력 칼라의 앞과 뒤에 설치되어 프로펠러로부터 전달되어 오는 추력을 추력 칼라에서 받아 선체에 전달하여 선박을 추진시킨다.

06 실린더 부피가 1,200cm^{3}이고 압축 부피가 100 cm^{3}인 내연기관의 압축비는 얼마인가?

가 11

나 12

사 13

아 14

압축비 = 실린더 부피 / 압축 부피 = 1,200 / 100 = 12

07 디젤 기관의 메인 베어링에 대한 설명으로 옳지 않은 것은?

가 크랭크축을 지지한다.

나 크랭크축의 중심을 잡아 준다.

사 윤활유로 윤활시킨다.

아 볼 베어링을 주로 사용한다.

메인 베어링(Main bearing)은 기관 베드 위에 있으면서 크랭크 암 사이의 크랭크 저널에 설치되어 크랭크축을 지지하고 크랭크축에 전달되는 회전력을 받는다.

08 디젤 기관에서 플라이휠의 역할에 대한 설명으로 옳지 않은 것은?

가 회전력을 균일하게 한다.

나 회전력의 변동을 작게 한다.

사 기관의 시동을 쉽게 한다.

아 기관의 출력을 증가시킨다.

플라이휠(Flywheel) 역할

• 축적된 운동 에너지를 관성력으로 제공하여 균일한 회전이 되도록 한다.

• 크랭크축의 전단부 또는 후단부에 설치하며, 기관의 시동을 쉽게 해 주고, 저속 회전을 가능하게 해 준다.

• 플라이휠의 림 부분에는 크랭크 각도가 표시되어 있어 밸브의 조정이나 기관 정비 작업을 편리하게 해 준다.

09 소형기관에서 윤활유를 오래 사용했을 경우에 나타나는 현상으로 옳지 않은 것은?

가 색상이 검게 변한다.

나 점도가 증가한다.

사 침전물이 증가한다.

아 혼입수분이 감소한다.

정답 04 아 05 사 06 나 07 아 08 아 09 아

해설 

윤활유를 오래 사용하게 되면 밀봉 작용이 떨어져 윤활 부위에 물이나 불순물이 들어오게 되면서 혼입수분이 증가한다.

10 소형 디젤 기관에서 실린더 라이너의 심한 마멸에 의한 영향이 아닌 것은?

가 압축 불량

나 불완전 연소

사 착화 시기가 빨라짐

아 연소가스가 크랭크실로 누설

해설 

실린더 라이너 마모의 영향 : 출력 저하, 압축압력의 저하, 연료의 불완전 연소, 연료 소비량 증가, 윤활유 소비량 증가, 기관의 시동성 저하, 가스가 크랭크실로 누설

11 디젤 기관에서 과급기를 설치하는 이유가 아닌 것은?

가 기관에 더 많은 공기를 공급하기 위해

나 기관의 출력을 더 높이기 위해

사 기관의 급기온도를 더 높이기 위해

아 기관이 더 많은 일을 하게 하기 위해

해설

과급기(Turbocharger) : 급기를 압축하는 장치로서 실린더에서 나오는 배기가스로 가스 터빈을 돌리고, 가스 터빈이 돌면서 같은 축에 연결된 송풍기를 회전시켜 강제로 새 공기를 실린더 안에 불어넣는 장치이다. 이는 출력을 높여 기관이 더 많은 일을 하도록 하는 것이다.

12 디젤 기관에서 연료분사량을 조절하는 연료래크와 연결되는 것은?

가 연료분사 밸브

나 연료분사 펌프

사 연료이송 펌프

아 연료가열기

해설 

연료분사 펌프는 분사 시기 및 분사량을 조정하며, 연료 분사에 필요한 고압을 만드는 장치로서 보통 연료 펌프라고 한다. 연료래크에 연결되어 있다.

13 선박의 축계장치에서 추력축의 설치 위치에 대한 설명으로 옳은 것은?

가 캠축의 선수 측에 설치한다.

나 크랭크축의 선수 측에 설치한다.

사 프로펠러축의 선수 측에 설치한다.

아 프로펠러축의 선미 측에 설치한다.

해설 

추력축은 축 방향으로 작용하는 힘을 받아들이는 축으로, 크랭크축과 프로펠러축 사이에 설치하며, 이때 프로펠러축의 선수 측에 설치한다.

14 프로펠러에 의한 선체 진동의 원인이 아닌 것은?

가 프로펠러의 날개가 절손된 경우

나 프로펠러의 날개수가 많은 경우

사 프로펠러의 날개가 수면에 노출된 경우

아 프로펠러의 날개가 휘어진 경우

해설 

프로펠러의 날개 절손이나 휘어짐 등과 같은 자체 손상, 날개의 수면 노출 등은 선체 진동의 원인이 되나 날개수는 선체 진동과 전혀 관련이 없다.

정답 10 사 11 사 12 나 13 사 14 나

15 선박 보조기계에 대한 설명으로 옳은 것은?

- 가 갑판기계를 제외한 기관실의 모든 기계를 말한다.
- 나 주기관을 제외한 선내의 모든 기계를 말한다.
- 사 직접 배를 움직이는 기계를 말한다.
- 아 기관실 밖에 설치된 기계를 말한다.

선박의 주기관은 직접 선박을 추진하는 기관을 말하고, 보조기계는 주기관과 주 보일러를 제외한 모든 기계를 총칭하며, 간단하게 줄여서 '보기'라고 부르기도 한다. 또한 보조기계는 설치 장소에 따라 기관실 보기와 갑판 보기로 구분할 수 있다. 보조기계를 구동하는 동력원은 증기, 전기, 유압 등이 있으나 대부분 전기를 사용하고 있다.

16 2V 단전지 6개를 연결하여 12V가 되게 하려면 어떻게 연결해야 하는가?

- 가 2V 단전지 6개를 병렬 연결한다.
- 나 2V 단전지 6개를 직렬 연결한다.
- 사 2V 단전지 3개를 병렬 연결하여 나머지 3개와 직렬 연결한다.
- 아 2V 단전지 2개를 병렬 연결하여 나머지 4개와 직렬 연결한다.

직렬 연결의 경우 단전지의 수에 비례하여 전압이 높아지므로, 2V 단전지 6개를 연결하여 12V를 만들려면 단전지 6개를 직렬로 연결해야 한다.

17 양묘기의 구성 요소가 아닌 것은?

- 가 구동 전동기
- 나 회전 드럼
- 사 제동장치
- 아 데릭 포스트

양묘기(windlass)는 닻(anchor)을 감아올리거나 내리는 작업을 할 때 이용한다. 또는 선박을 부두에 접안시킬 때 계선줄을 감는 데 사용되는 갑판 보조기계이다. 양묘기는 일반적으로 체인 드럼, 클러치, 마찰 브레이크, 워핑 드럼, 원동기 등으로 구성되어 있다. 한편, 플라이휠은 디젤 기관에서 축적된 운동 에너지를 관성력으로 제공하여 균일한 회전이 되도록 하는 역할을 하며, 이는 양묘기의 구성 요소가 아니다.

18 원심 펌프에서 송출되는 액체가 흡입측으로 역류하는 것을 방지하기 위해 설치하는 부품은?

- 가 회전차
- 나 베어링
- 사 마우스 링
- 아 글랜드패킹

마우스 링(mouth ring) = 웨어링 링(wearing ring) : 회전차에서 송출되는 액체가 흡입구 쪽으로 역류하는 것을 방지하기 위해서 케이싱과 회전차 입구 사이에 설치하는 것이다.

19 납축전지의 용량을 나타내는 단위는?

- 가 [Ah]
- 나 [A]
- 사 [V]
- 아 [kW]

납축전지 용량 : 방전 전류[A] × 방전 시간[h] → [Ah : 암페어시]

정답 **15** 나 **16** 나 **17** 아 **18** 사 **19** 가

20 선박용 납축전지에서 양극의 표시가 아닌 것은?

가 +
나 P
사 N
아 적색

납축전지에서 전극단자에 'P' 표시가 있는 붉은 쪽은 양극이고 'N' 표시가 있고 검은 쪽은 음극이다.

21 디젤 기관을 장기간 정지할 경우의 주의사항으로 옳지 않은 것은?

가 동파를 방지한다.
나 부식을 방지한다.
사 주기적으로 터닝을 시켜 준다.
아 중요 부품은 분해하여 보관한다.

디젤 기관을 장기간 휴지할 때의 주의사항
- 냉각수를 전부 뺀다(동파 방지).
- 각 운동부에 그리스를 바른다(부식 방지).
- 각 밸브 및 콕을 모두 잠근다.
- 정기적으로 터닝을 시켜 준다.

22 디젤 기관의 윤활유에 물이 다량 섞이면 운전 중 윤활유 압력은 어떻게 변하는가?

가 압력이 평소보다 올라간다.
나 압력이 평소보다 내려간다.
사 압력이 0으로 된다.
아 압력이 진공으로 된다.

윤활유에 수분이 섞이면 윤활유 압력은 평소보다 내려간다.

23 전기시동을 하는 소형 디젤 기관에서 시동이 되지 않는 원인이 아닌 것은?

가 시동용 전동기의 고장
나 시동용 배터리의 방전
사 시동용 공기분배 밸브의 고장
아 시동용 배터리와 전동기 사이의 전선 불량

시동용 공기분배 밸브의 고장은 전기시동과 관계가 없으므로 시동이 되지 않는 원인과 거리가 멀다. 시동관련 전기와 관계되는 전동기, 배터리, 관련 전선 등의 문제가 있을 때 시동이 되지 않는다.

24 15℃ 비중이 0.9인 연료유 200리터의 무게는 몇 kgf인가?

가 180kgf
나 200kgf
사 220kgf
아 240kgf

무게 = 비중×부피 = 0.9×200리터 = 180kgf

25 탱크에 들어 있는 연료유보다 비중이 큰 이물질은 어떻게 되는가?

가 위로 뜬다.
나 아래로 가라앉는다.
사 기름과 균일하게 혼합된다.
아 탱크의 옆면에 부착된다.

비중은 부피가 같은 것끼리의 무게의 비를 나타내므로, 비중이 크다는 것은 무게가 더 나간다는 것을 의미한다. 따라서 연료유보다 비중이 더 큰 이물질은 더 무거워서 가라앉게 된다.

정답 20 사 21 아 22 나 23 사 24 가 25 나

2023년 제1회 최신 기출문제

01 자기 컴퍼스에서 선박의 동요로 비너클이 기울어져도 볼을 항상 수평으로 유지하기 위한 것은?

가 자침　　　　나 피벗
사 자기선　　　아 짐벌즈

짐벌즈는 목재 또는 비자성재로 만든 원통형의 지지대인 비너클(Binnacle)이 기울어져도 볼을 항상 수평으로 유지시켜 주는 장치이다.

02 프리즘을 사용하여 목표물과 카드 눈금을 광학적으로 중첩시켜 방위를 읽을 수 있는 방위 측정 기구는?

가 쌍안경　　　나 방위경
사 섀도 핀　　　아 컴퍼지션 링

방위경은 나침반에 장치하여 천체 혹은 목표물의 방위를 측정할 때 사용하는 항해계기로, 고도가 높은 천체나 저고도의 천체를 정밀하게 방위 측정하는 데 사용한다.

03 다음 중 대수속력을 측정할 수 있는 항해계기는?

가 레이더　　　　나 자기 컴퍼스
사 도플러 로그　　아 로그 지피에스

도플러 선속계는 초음파를 활용하는 선속계로 수심 200m 이상은 대수속력, 200m 이하의 수심에서는 대지속력을 측정할 수 있다.

04 선수미선과 선박을 지나는 자오선이 이루는 각은?

가 방위　　　　나 침로
사 자차　　　　아 편차

침로 : 한 지점으로부터 다른 지점까지의 방향. 선수미선과 선박을 지나는 자오선의 각으로 일반적으로 북을 000˚로 하여 시계 방향으로 360˚까지 측정한다.

05 자기 컴퍼스의 오차(Compass error)에 대한 설명으로 옳은 것은?

가 진자오선과 자기 자오선이 이루는 교각
나 선내 나침의의 남북선과 진자오선이 이루는 교각
사 자기 자오선과 선내 나침의의 남북선이 이루는 교각
아 자기 자오선과 물표를 지나는 대권이 이루는 교각

나침의 오차(Compass error, CE)는 선내 나침의 남북선(나북)과 진자오선(진북)이 이루는 각을 말한다.

06 선박자동식별장치(AIS)에서 확인할 수 없는 정보는?

가 선명　　　　나 선박의 흘수
사 선원의 국적　아 선박의 목적지

선박자동식별장치(AIS)는 무선전파 송수신기를 이용하여 선박의 제원, 종류, 위치, 침로, 항해 상태 등을 자동으로 송수신하는 시스템이다.

정답　01 아　02 나　03 사　04 나　05 나　06 사

07 항해 중에 산봉우리, 섬 등 해도 상에 기재되어 있는 2개 이상의 고정된 뚜렷한 목표를 선정하여 거의 동시에 각각의 방위를 측정하여 선위를 구하는 방법은?

가 수평협각법

나 교차방위법

사 추정위치법

아 고도측정법

교차방위법은 2개 이상의 뚜렷한 물표를 선정하여 거의 동시에 각각의 방위를 재어 해도상에 방위선을 긋고 이들의 교점을 선위로 측정하는 방법이다.

08 레이더 화면에 그림과 같이 나타나는 원인은?

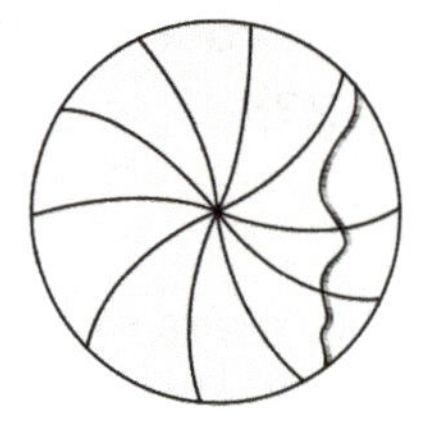

가 물표의 간접 반사

나 비나 눈 등에 의한 반사

사 해면의 파도에 의한 반사

아 다른 선박의 레이더 파에 의한 간섭

근거리에서 특정 파장의 두 발신기를 가까이 두고 같은 파장의 전파를 발사하게 하면 특정 방향에서는 더 센 전파로 합쳐지고 다른 방향에서는 약화되는 간섭효과가 일어날 수 있다.

09 레이더를 활용하는 방법으로 옳지 않은 것은?

가 야간에 연안항해 시 레이더 플로팅을 철저히 한다.

나 대양항해 시 통상적으로 레이더를 이용하여 선위를 구한다.

사 비나 안개 등으로 시계가 제한될 때 레이더 경계를 철저히 한다.

아 원양에서 연안으로 접근 시 레이더로 실측위치를 구하기 위해 노력한다.

대양항해 시 지구의 모양, 크기 및 선내에서 구하는 항정과 침로를 기초로 선위를 계산하는 추측항법을 활용한다.

10 (   )에 적합한 것은?

(   )는 위치를 알고 있는 기준국의 수신기로 각 위성에서 발사한 전파가 기준국까지 도달하는 시간에 대한 보정량을 구한 후 이를 규정된 데이터 포맷에 따라 사용자의 수신기에 보내면, 사용자의 수신기에서는 이 보정량을 가감하여 보다 정확한 위치를 측정하는 방식이다.

가 지피에스(GPS)

나 로란 씨(Loran C)

사 오메가(Omega)

아 디지피에스(DGPS)

디지피에스(DGPS)는 같은 위성으로부터 서로 다른 수신기로 전해져 오는 신호를 분석함으로써 오차를 상쇄시키고 더욱 정밀한 위치 정보를 획득하는 기술이다.

11 우리나라에서 발간하는 종이해도에 대한 설명으로 옳은 것은?

가 수심 단위는 피트(Feet)를 사용한다.

나 나침도의 바깥쪽에는 나침 방위권이 표시되어 있다.

사 항로의 지도 및 안내서의 역할을 하는 수로서지이다.

아 항박도는 항만, 정박지 좁은 수로 등 좁은 구역을 상세히 표시한 평면도이다.

항박도(1/5만 이상) : 항만, 정박지, 협수로 등 좁은 구역을 세부까지 상세하게 수록한 해도로 평면도법으로 제작

12 해도에 사용되는 특수한 기호와 약어는?

가 해도도식　　나 해도 제목

사 수로도지　　아 해도 목록

해도도식 : 해도상 여러 가지 사항들을 표시하기 위하여 사용되는 특수한 기호와 양식, 약어 등을 총칭한다.

13 다음 해도도식의 의미는?

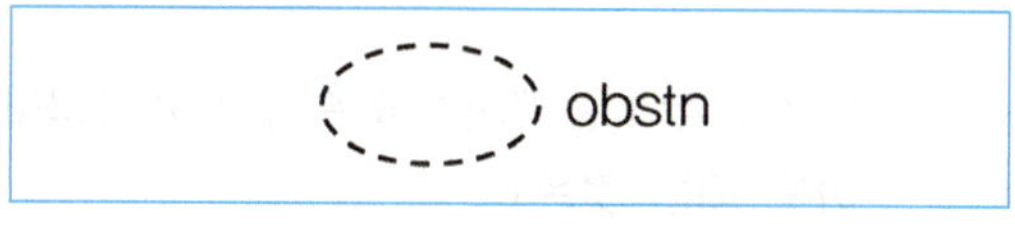

가 암암　　나 침선

사 간출암　　아 장애물

가. 암암-⊕, 나. WK-침선, 사. 간출암-⁎⁽²⁾

14 다음 중 항행통보가 제공하지 않는 정보는?

가 수심의 변화

나 조시 및 조고

사 위험물의 위치

아 항로표지의 신설 및 폐지

항행통보 : 위험물의 발견, 수심의 변화, 항로표지의 신설·폐지 등을 항해자에게 통보해 주는 것이다.

15 풍랑이나 조류 때문에 등부표를 설치하거나 관리하기가 어려운 모래 기둥이나 암초 등이 있는 위험한 지점으로부터 가까운 곳에 돌대가 있는 경우, 그 등대에 강력한 투광기를 설치하여 그 구역을 비추어 위험을 표시하는 것은?

가 도등　　　　나 조사등

사 지향등　　　아 분호등

조사등(부등) : 풍랑이나 조류 때문에 등부표를 설치하거나 관리하기가 곤란한 지점으로부터 가까운 등대가 있는 경우, 그 등대에 강력한 투광기를 설치하여 그 위험구역을 유색등(주로 홍색)으로 표시하는 등화

16 표체의 색상은 황색이며, 두표가 황색의 X자 모양인 항로표지는?

가 방위표지　　나 측방표지

사 특수표지　　아 안전수역표지

특수표지 : 공사구역 등 특별한 시설이 있음을 나타내는 표지로 두표(top mark)는 황색으로 된 X자 모양의 형상물이다. 표지 및 등화의 색상은 황색이다.

정답　**11** 아　**12** 가　**13** 아　**14** 나　**15** 나　**16** 사

17 선박의 레이더에서 발사된 전파를 받은 때에만 응답 전파를 발사하는 전파표지는?

가 레이콘(Racon)

나 레이마크(Ramark)

사 무선방향탐지기(ADF)

아 토킹 비컨(Talking beacon)

레이콘(Racon) : 선박 레이더에서 발사된 전파를 받은 때에만 응답하며, 일정한 형태의 신호가 나타날 수 있도록 전파를 발사하는 무지향성 송수신 장치이다.

18 점장도에 대한 설명으로 옳지 않은 것은?

가 항정선이 직선으로 표시된다.

나 경·위도에 의한 위치 표시는 직교 좌표이다.

사 두 지점 간의 거리는 경도를 나타내는 눈금의 길이와 같다.

아 한 두 지점 간 진방위는 두 지점의 연결선과 자오선과의 교각이다.

점장도는 항정선을 평면 위에 직선으로 나타내기 위해서 고안된 도법으로 거리를 측정할 때에는 위도 눈금으로 알 수 있다.

19 종이해도에서 찾을 수 없는 정보는?

가 나침도

나 간행연월일

사 일출 시간

아 해도의 출처

해도의 정보 : 수심, 저질, 암초와 다양한 수중 장애물, 섬의 위치와 모양, 항만시설, 각종 등부표, 해안의 여러 가지 목표물, 바다에서 일어나는 조석·조류·해류 등이 있다.

20 등광은 꺼지지 않고 등색만 바뀌는 등화는?

가 부동등

나 섬광등

사 명암등

아 호광등

호광등(Alt) : 색깔이 다른 종류의 빛을 교대로 내며, 그 사이에 등광은 꺼지는 일이 없는 등

21 우리나라 부근에 존재하는 기단이 아닌 것은?

가 적도 기단

나 시베리아 기단

사 북태평양 기단

아 오호츠크해 기단

적도 기단 : 적도 부근에서 발생한 기단으로 여름철에 발달하며 강한 바람과 비를 동반한다.

22 다음 설명이 의미하는 것은?

> 대기는 무게를 가지며 작용하는 압력은 지표면에서 크고, 고도가 증가함에 따라 감소한다.

가 습도

나 안개

사 기온

아 기압

기압 : 대기의 압력으로, $1cm^2$의 밑면적을 가지는 공기 기둥의 무게

23 연안수역의 항해계획을 수립할 때 고려하지 않아도 되는 것은?

가 선박의 조종 특성

나 당직항해사 면허급수

사 선박통합관제업무(VTS)

아 조타장치에 대한 신뢰성

항해계획은 항로의 선정, 출·입항 일시 및 항해 중 주요 지점의 통과 일시의 결정, 그리고 조선계획 등을 수립하는 것이다.

24 북반구에서 태풍의 피항방법에 대한 설명으로 옳지 않은 것은?

가 풍속이 증가하면 태풍의 중심에 접근 중이므로 신속히 벗어나야 한다.

나 풍향이 반시계 방향으로 변하면 위험반원에 있으므로 신속히 벗어나야 한다.

사 중규모의 태풍이라도 중심 부근은 9~10미터 정도의 파도가 발생하므로 신속히 벗어나야 한다.

아 풍향이 변하지 않고 폭풍우가 강해지고 있으면 태풍의 진로상에 위치하므로 영향을 신속히 벗어나야 한다.

북반구에서 태풍이 접근할 때 반시계 방향은 가항반원에 위치하므로 바람을 우현선미로 받으면서 항해하여 피항한다.

25 2개의 식별 가능한 목표를 하나의 선으로 연결한 선으로 항해계획을 수립할 때 해도의 해안이나 좁은 수로 부근의 목표에 표시하여 효과적으로 이용할 수 있는 것은?

가 유도선 　　　나 중시선
사 방위선 　　　아 항해 중지선

중시선 : 두 물표가 일직선상에 겹쳐 보일 때 그들 물표를 연결한 직선

제**2**과목　　운용

01 선측 상부가 바깥쪽으로 굽은 정도를 의미하는 명칭은?

가 캠버 　　　나 플레어
사 텀블 홈 　　　아 선수현호

플레어 : 상갑판 부근의 선층 상부가 선체 바깥쪽으로 굽은 형상

02 이중저의 용도가 아닌 것은?

가 청수 탱크로 사용
나 화물유 탱크로 사용
사 연료유 탱크로 사용
아 밸러스트 탱크로 사용

이중저 탱크는 선저 외판의 만곡부에서 내저판을 설치하여 선저를 이중으로 한 구조이다. 이중저는 선박의 구조를 견고하게 하고, 선저의 손상으로 인한 침수를 방지하며, 밸러스트 탱크, 청수 탱크, 연료유 탱크로 사용한다.

03 선체의 최하부 중심선에 있는 종강력재이며, 선체의 중심선을 따라 선수재에서 선미재까지의 종방향 힘을 구성하는 부분은?

가 보 　　　나 용골
사 라이더 　　　아 브래킷

용골(Keel) : 선저의 선체 중심선을 따라서 선수재로부터 선미 골재까지 길이 방향으로 관통하는 구조부재로 척추 역할

정답　24 나　25 나　/　01 나　02 나　03 나

04 타주가 없는 선박에서 계획만재흘수선상의 선수재 전면으로부터 타두 중심까지의 수평거리는?

가 전장
나 등록장
사 수신장
아 수선간장

수선간장은 계획만재흘수선상의 선수재의 전면으로부터 타주를 가진 선박은 타주 후면의 수선까지, 타주가 없는 선박은 타두 중심까지의 수평거리를 말한다.

05 (   )에 적합한 것은?

> 타(키)는 계획만재흘수에서 최대항해속력으로 전진하는 경우, 한쪽 현 타각 35도에서 다른쪽 현 타각 30도까지 돌아가는 데 (   )의 시간이 걸려야 한다.

가 30초 이내
나 35초 이내
사 28초 이내
아 25초 이내

SOLAS 협약 및 선박설비기준에서는 조타장치의 동작 요건으로 계획만재흘수에서 최대항해속력으로 전진하는 경우, 한쪽 현 타각 35도에서 다른 쪽 현 타각 30도까지 28초 이내에 조작할 수 있어야 한다고 규정하고 있다.

06 강선의 부식을 방지하는 방법으로 옳지 않은 것은?

가 아연판을 부착시켜 이온화 침식을 방지한다.
나 페인트나 시멘트를 발라서 습기의 접촉을 차단한다.
사 통풍을 차단하여 외기에 의한 습도 상승을 막는다.
아 유조선에서는 탱크 내에 불활성 가스를 주입하여 부식을 방지한다.

강선을 주재료로 한 선박은 해수에 의해 부식되는 것을 방지하기 위해 선체 외부에 아연판을 부착한다. 또 일반 화물선의 화물창 내에 강제 통풍 방식으로 건조한 공기를 불어 넣는다.

07 전기화재의 소화에 적합하고, 분사 가스가 매우 낮은 온도이므로 사람을 향해서 분사하여서는 아니 되며, 반드시 손잡이를 잡고 분사하여 동상을 입지 않도록 주의하여야 하는 휴대용 소화기는?

가 포말 소화기
나 분말 소화기
사 할론 소화기
아 이산화탄소 소화기

이산화탄소 소화기는 이산화탄소를 압축·액화한 소화기로 냉각 효과가 커 B급 화재 진압에도 사용하나 주로 C급 전기화재에 유리하다. 분무 시 낮은 온도로 동상의 위험이 있어 반드시 손잡이를 잡아야 한다.

08 시계가 양호한 주간에만 실시할 수 있으며 자선의 상태를 장시간 계속적으로 표시하는 경우에 적합한 신호는?

가 기류신호
나 발광신호
사 음향신호
아 수기신호

기류신호는 인명의 안전에 관한 여러 가지 상황이 발생하였을 경우를 대비하여, 특히 언어에 의사소통에 문제가 있을 경우 규정된 신호방법 중 기류(신호기)를 통한 방법이다. 사람이 직접 배의 마스터에 올리기 때문에 주간에만 가능한 방법이다.

정답　04 아　05 사　06 사　07 아　08 가

09 다음 중 국제신호서에서 사용되는 조난신호는?

가 H기 나 G기

사 B기 아 NC기

깃발(기류)신호 해석

H : 본선에 수로안내인을 태우고 있음
G : 본선, 수로안내인이 필요함
B : 위험물을 하역 중 또는 운반 중임
NC : 본선은 조난을 당했다.

10 본선이 침몰할 때 구명뗏목이 본선에서 이탈되어 자체 부력으로 부상하면서 규정 장력에 도달하면 끊어져 본선과 완전히 분리되도록 하는 장치는?

가 구명줄(Life line)

나 위크링크(Weak link)

사 자동줄(Release cord)

아 자동이탈장치(Hydraulic release unit)

위크링크(Weak link)는 본선이 침몰할 때 구명뗏목 자체의 부력으로 인하여 규정 장력에 도달하면 분리되어 본선과 함께 침몰하는 것을 막아 주는 장치이다.

11 초단파(VHF) 무선설비에서 '메이데이'라는 음성을 청취하였다면 이 신호는?

가 안전신호

나 긴급신호

사 조난신호

아 경보신호

조난신호

• 약 1분 간격으로 1회의 발포, 그 밖의 폭발에 의한 신호
• 짧은 간격으로 발하는 로켓 신호
• 무선전화에 의한 '메이데이' 3회
• 오렌지색 연기를 내는 발연부 신호
• 좌우로 팔을 벌려 천천히 올렸다 내렸다 하는 신호
• 타르, 기름 등을 태워서 표시하는 발연신호

12 아래 그림의 심벌 표시가 있는 곳에 비치된 조난 신호 장치는?

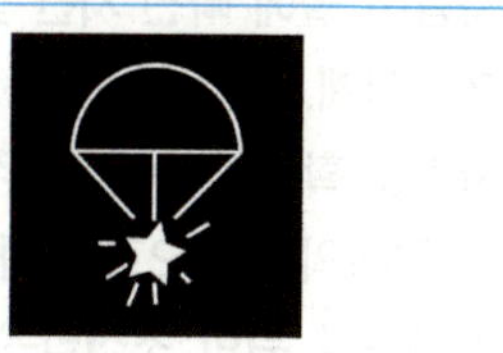

가 신호 홍염

나 구명줄 발사기

사 발연부 신호

아 로켓 낙하산 화염신호

로켓 낙하산 신호 : 높이 300m 이상의 장소에서 펴지고 또한 점화되며, 매초 5m 이하의 속도로 낙하하며 화염으로써 위치를 알린다(야간용).

13 잔잔한 바다에서 의식불명의 익수자를 발견하여 구조하려 할 때, 구조선의 안전한 접근방법은?

가 익수자의 풍하 쪽에서 접근한다.

나 익수자의 풍상 쪽에서 접근한다.

사 구조선의 좌현 쪽에서 바람을 받으면서 접근한다.

아 구조선의 우현 쪽에서 바람을 받으면서 접근한다.

정답 **09** 아 **10** 나 **11** 사 **12** 아 **13** 나

의식불명의 익수자를 발견하여 구조하려 할 때, 구조선은 익수자(조난선)의 풍상 측에서 접근하되, 바람에 의해 압류될 것을 고려해야 한다.

14 사람이 물에 빠진 시간 및 위치가 불명확하거나 제한시계, 어두운 밤 등으로 인하여 물에 빠진 사람을 확인할 수 없을 경우 그림과 같이 지나왔던 원래의 항적으로 돌아가고자 할 때 유효한 인명구조를 위한 조선법은?

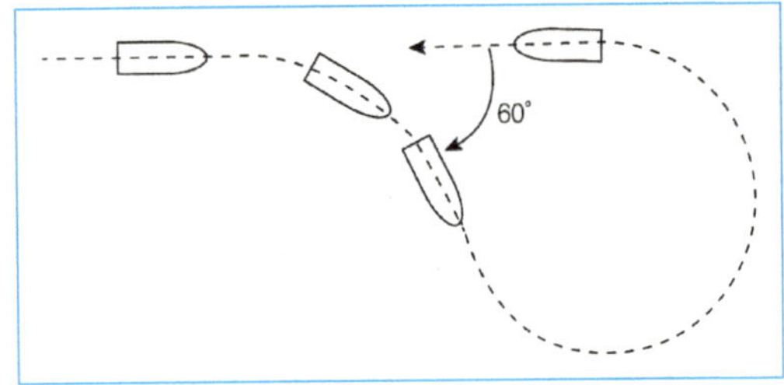

가 반원 2선회법(Double turn)

나 샤르노브 턴(Scharnow turn)

사 윌리암슨 턴(Williamson turn)

아 싱글 턴 또는 앤더슨 턴(Single turn or Anderson turn)

윌리암슨 턴 : 원래 이 조선법은 야간이나 제한된 시계 상태에서 추진력을 유지한 채 원래의 항적으로 되돌아가고자 할 때 사용하는 회항 조선법이다. 물에 빠진 사람을 수색하는 데 좋은 방법이지만 익수자를 보지 못하므로 선박이 사고지점과 멀어질 수 있고, 절차가 느리다는 단점이 있다.

15 천수효과(Shallow water effect)에 대한 설명으로 옳지 않은 것은?

가 선회성이 좋아진다.

나 트림의 변화가 생긴다.

사 선박의 속력이 감소한다.

아 선체 침하 현상이 발생한다.

수심이 얕은 수역의 영향(천수효과) : 선체의 침하, 수압의 저하, 흘수가 증가, 선속이 감소, 조종성의 저하 등

16 선박이 항진 중 타락을 주었을 때, 수류에 의하여 타에 작용하는 힘 중 방향이 선체 후방인 분력은?

가 양력   나 항력

사 마찰력   아 직압력

항력 : 타판에 작용하는 힘 중에서 그 작용하는 방향이 선수미선인 분력

17 전속으로 항행 중인 선박에서 최대 타각으로 전타하였을 때 나타나는 현상이 아닌 것은?

가 횡경사   나 선속의 증가

사 선체회두   아 선미 킥 현상

항력은 타판에 작용하는 힘 중에서 그 작용하는 방향이 선수미선인 분력을 말한다. 항행 중인 선박이 타를 사용하여 전타할 경우 타에는 선미 방향으로 항력이 발생하며, 이것은 전진 선속을 감소시키는 저항력으로 작용한다. 그러므로 선속은 감소하게 된다.

정답   **14** 사   **15** 가   **16** 나   **17** 나

18 이론상 선박의 최대 유효 타각은?

가 15도 나 25도
사 45도 아 60도

이론적인 선박의 최대 유효 타각은 45°이지만, 실제의 경우에는 항력 증가와 조타기의 마력 증가 때문에 보통 최대 유효 타각은 35° 정도이다.

19 다음 중 닻의 역할이 아닌 것은?

가 침로 유지에 사용된다.
나 좁은 수역에서 선회하는 경우에 이용된다.
사 선박을 임의의 수면에 정지 또는 정박시킨다.
아 선박의 수력을 급히 감소시키는 경우에 사용된다.

닻(anchor)은 선박을 정지 혹은 정박시키는 것이 주 역할이며 좁은 수역에서의 방향 변환, 선박의 속도 감소 등 선박 조종의 보조 등의 역할 등도 한다.

20 선박의 안정성에 대한 설명으로 옳지 않은 것은?

가 배의 중심은 적하상태에 따라 이동한다.
나 유동수로 인하여 복원력이 감소할 수 있다.
사 배의 무게중심이 낮은 배를 보통 헤비(Bottom heavy) 상태라 한다.
아 배의 무게중심이 높은 경우에는 파도를 옆에서 받고 조선하도록 한다.

배의 복원력은 무게중심 위치와 깊은 관계가 있다. 옆에서 큰 파도를 받는다든지 급속한 조타를 하면 전복될 위험이 크다.

21 황천항해에 대비하여 선제 준비 조치로 옳지 않은 것은?

가 닻 등을 철저히 고박한다.
나 선내 이동 물체들을 고박한다.
사 선체 외부의 개구부를 개방한다.
아 각종 탱크의 자유표면(Free surface)을 줄인다.

탱크 내의 기름이나 물은 가득(80% 이상) 채우거나 비워서 유동수에 의한 복원 감소를 막는다.

22 파도가 심한 해역에서 선속을 저하시키는 요인이 아닌 것은?

가 바람 나 풍랑
사 수온 아 너울

수온(기온)은 선박 조종에 영향을 주지 않는다.

23 황천 중에 항행이 곤란할 때의 조선상의 조치로 풍랑을 선미 쿼터(Quarter)에서 받으면서 파랑에 쫓기는 자세로 항주하는 방법은?

가 표주(Lie to)법
나 거주(Heave to)법
사 순주(Scudding)법
아 진파기름(Storm oil)의 살포

순주(scudding) : 풍향에 변화가 크게 일어나지 않고 풍력이 강해지며, 기압이 점점 하강하면 자선은 태풍의 진로상에 있다. 이때에는 풍랑을 우현 선미에 받으며, 가항반원으로 항주하는 피항 침로를 취해야 한다.

정답 18 사 19 가 20 아 21 아 22 사 23 사

24 해양에 오염물질이 배출되는 경우 방제조치로 옳지 않은 것은?

가 오염물질 배출 중지

나 배출된 오염물질의 분산

사 배출된 오염물질의 수거 및 처리

아 배출된 오염물질의 제거 및 확산방지

오염물질이 배출된 경우 방제의무자의 조치(법 제64조 제1항)

• 오염물질의 배출방지

• 배출된 오염물질의 확산방지 및 제거

• 배출된 오염물질의 수거 및 처리

25 시계가 제한된 경우의 조치로 옳지 않은 것은?

가 무신호를 울린다.

나 안전속력으로 항해한다.

사 전속으로 항해하여 안개지역을 빨리 벗어난다.

아 레이더를 사용하고 거리 범위를 자주 변경한다.

모든 선박은 자기 배의 침로를 유지하는 데 필요한 최소한으로 속력을 줄여야 한다.

제3과목 법규

01 해사안전법상 '조종제한선'이 아닌 선박은?

가 준설 작업을 하고 있는 선박

나 항로표지를 부실하고 있는 선박

사 주기관의 고장으로 인해 움직일 수 없는 선박

아 항행 중 어획물을 옮겨 싣고 있는 어선

조종제한선(해상교통안전법 제2조 제11호)

• 항로표지, 해저전선 또는 해저파이프라인의 부설·보수·인양 작업

• 준설(浚渫)·측량 또는 수중 작업

• 항행 중 보급, 사람 또는 화물의 이송 작업

• 항공기의 발착(發着)작업

• 기뢰(機雷)제거작업

• 진로에서 벗어날 수 있는 능력에 제한을 많이 받는 예인(曳引)작업

02 해사안전법의 목적으로 옳은 것은?

가 해상에서의 인명구조

나 우수한 해기사 양성과 해기인력 확보

사 해양주권의 행사 및 국인의 해양권 확보

아 해사안전 증진과 선박의 원활한 교통에 기여

해상교통안전법은 선박의 안전 운항을 위한 안전관리체제를 확립하고, 해상에서 일어나는 선박항행과 관련된 모든 위험과 장해를 제거하여 해상에서의 안전과 원활한 교통을 확보하는 것을 목적으로 한다.

정답 24 나 25 사 / 01 아 02 아

03 해사안전법상 술에 취한 상태에서 조타기를 조작하거나 조작을 지시한 경우 적용되는 규정에 대한 설명으로 옳은 것은?

가 해기사 면허가 취소되거나 정지될 수 있다.

나 술에 취한 상태에서는 음주 측정 요구에 따르지 않아도 된다.

사 술에 취한 선장이 조타기 조작을 지시만 하는 경우에는 처벌할 수 없다.

아 술에 취한 상태에서 조타기를 조작하여도 해양사고가 일어나지 않으면 처벌할 수 없다.

해기사 면허의 취소 · 정지 요청(해상교통안전법 제42조)
1. 술에 취한 상태에서 운항을 하기 위하여 조타기를 조작하거나 그 조작을 지시한 경우
2. 술에 취한 상태에서 조타기를 조작하거나 조작할 것을 지시하였다고 인정할 만한 상당한 이유가 있음에도 불구하고 해양경찰청 소속 경찰공무원의 측정 요구에 따르지 아니한 경우
3. 약물 · 환각물질의 영향으로 인하여 정상적으로 조타기를 조작하거나 그 조작을 지시하지 못할 우려가 있는 상태에서 조타기를 조작하거나 그 조작을 지시한 경우

04 해사안전법상 적절한 경계에 대한 설명으로 옳지 않은 것은?

가 이용할 수 있는 모든 수단을 이용한다.

나 청각을 이용하는 것이 가장 효과적이다.

사 선박 주위의 상황을 파악하기 위함이다.

아 다른 선박과 충돌할 위험성을 파악하기 위함이다.

경계(해상교통안전법 제70조)
선박은 주위의 상황 및 다른 선박과 충돌할 수 있는 위험성을 충분히 파악할 수 있도록 시각 · 청각 및 당시의 상황에 맞게 이용할 수 있는 모든 수단을 이용하여 항상 적절한 경계를 하여야 한다.

05 해사안전법상 충돌 위험의 판단에 대한 설명으로 옳지 않은 것은?

가 선박은 다른 선박과 충돌할 위험이 있는지를 판단하기 위하여 당시의 상황에 알맞은 모든 수단을 활용하여야 한다.

나 선박은 다른 선박과의 충돌 위험 여부를 판단하기 위하여 불충분한 레이더 정보나 그 밖의 불충분한 정보를 적극 활용하여야 한다.

사 선박은 접근하여 오는 다른 선박의 나침방위에 뚜렷한 변화가 일어나지 아니하면 충돌할 위험성이 있다고 보고 필요한 조치를 취하여야 한다.

아 레이더를 설치한 선박은 다른 선박과 충돌할 위험성 유무를 미리 파악하기 위하여 레이더를 이용하여 장거리 주사, 탐지된 물체에 대한 작도, 그 밖의 체계적인 관측을 하여야 한다.

충돌 위험(해상교통안전법 제72조 제3항)
선박은 불충분한 레이더 정보나 그 밖의 불충분한 정보에 의존하여 다른 선박과의 충돌 위험성 여부를 판단하여서는 아니 된다.

정답 **03** 가 **04** 나 **05** 나

06 해사안전법상 통항분리수역에서의 항법으로 옳지 않은 것은?

가 통항로는 어떠한 경우에도 횡단할 수 없다.

나 통항로의 출입구를 통하여 출입하는 것을 원칙으로 한다.

사 통항로 안에서는 정하여진 진행 방향으로 항행하여야 한다.

아 분리선이나 분리대에서 될 수 있으면 떨어져서 항행하여야 한다.

통항분리수역 항행 원칙
- 통항로 안에서는 정하여진 진행 방향으로 항행할 것
- 분리선이나 분리대에서 될 수 있으면 떨어져서 항행할 것
- 통항로의 출입구를 통하여 작은 각도로 출입
- 부득이한 사유로 그 통항로를 횡단하여야 하는 경우에는 그 통항로와 선수 방향이 직각에 가까운 각도로 횡단
- 길이 20미터 미만의 선박이나 범선은 통항로를 따라 항행하고 있는 다른 선박의 항행을 방해하여서는 안 됨
- 모든 선박은 통항분리수역의 출입구 부근에서는 특히 주의하여 항행
- 통항분리수역을 이용하지 아니하는 선박은 될 수 있으면 통항분리수역에서 멀리 떨어져서 항행

07 해사안전법상 유지선이 충돌을 피하기 위한 협력 동작을 하여야 할 시기로 옳은 것은?

가 피항선이 적절한 동작을 취하고 있을 때

나 먼 거리에서 충돌의 위험이 있다고 판단한 때

사 자선의 조종만으로 조기의 피항동작을 취한 직후

아 피항선의 동작만으로는 충돌을 피할 수 없다고 판단한 때

유지선의 동작(해상교통안전법 제82조 제3항)
유지선은 피항선과 매우 가깝게 접근하여 해당 피항선의 동작만으로는 충돌을 피할 수 없다고 판단하는 경우에는 충돌을 피하기 위하여 충분한 협력을 하여야 한다.

08 해사안전법상 2척의 동력선이 마주치는 상태로 볼 수 있는 경우가 아닌 것은?

가 선수 방향에 있는 다른 선박의 선미 등을 볼 수 있는 경우

나 선수 방향에 있는 다른 선박과 마주치는 상태에 있는지가 분명하지 아니한 경우

사 다른 선박을 선수 방향에서 볼 수 있는 경우, 낮에는 2척의 선박의 미스트가 선수에서 선미까지 일직선이 되거나 거의 일직선이 되는 경우

아 다른 선박을 선수 방향에서 볼 수 있는 경우, 밤에는 2개의 마스트 등을 일직선으로 또는 거의 일직선으로 볼 수 있거나 양쪽의 현등을 볼 수 있는 경우

마주치는 상태(해상교통안전법 제79조)
② 선박은 다른 선박을 선수 방향에서 볼 수 있는 경우로서 다음 각 호의 어느 하나에 해당하면 마주치는 상태에 있다고 보아야 한다.
1. 밤에는 2개의 마스트등을 일직선으로 또는 거의 일직선으로 볼 수 있거나 양쪽의 현등을 볼 수 있는 경우
2. 낮에는 2척의 선박의 마스트가 선수에서 선미(船尾)까지 일직선이 되거나 거의 일직선이 되는 경우
③ 선박은 마주치는 상태에 있는지가 분명하지 아니한 경우에는 마주치는 상태에 있다고 보고 필요한 조치를 취하여야 한다.

정답 **06** 가 **07** 아 **08** 가

09 해사안전법상 선박이 '서로 시계 안에 있는 상태'를 옳게 정의한 것은?

가 한 선박이 다른 선박을 횡단하는 상태

나 한 선박이 다른 선박과 교신 중인 상태

사 한 선박이 다른 선박을 눈으로 볼 수 있는 상태

아 한 선박이 다른 선박을 레이더만으로 확인할 수 있는 상태

해상교통안전법 제2절 선박이 서로 시계 안에 있는 때의 항법 제76조(적용) 이 절은 선박에서 다른 선박을 눈으로 볼 수 있는 상태에 있는 선박에 적용한다.

10 해사안전법상 제한된 시계에서 충돌할 위험성이 없다고 판단한 경우 외에 자기 선박의 양쪽 현의 정횡 앞쪽에 있는 다른 선박의 무중신호를 듣고 취할 조치로 옳은 것을 〈보기〉에서 모두 고른 것은?

| 보기 |
ㄱ. 최대 속력으로 항행하면서 경계를 한다.
ㄴ. 우현 쪽으로 침로 변경시키지 않는다.
ㄷ. 필요시 자기 선박의 진행을 완전히 멈춘다.
ㄹ. 충돌할 위험성이 사라질 때까지 주의하여 항행하여야 한다.

가 ㄴ, ㄷ

나 ㄷ, ㄹ

사 ㄱ, ㄴ, ㄹ

아 ㄴ, ㄷ, ㄹ

제한된 시계에서 선박의 항법(해상교통안전법 제84조 제6항)

충돌할 위험성이 없다고 판단한 경우 외에는 다음에 해당하는 경우 모든 선박은 자기 배의 침로를 유지하는 데에 필요한 최소한으로 속력을 줄여야 한다. 이 경우 필요하다고 인정되면 자기 선박의 진행을 완전히 멈추어야 하며, 어떠한 경우에도 충돌할 위험성이 사라질 때까지 주의하여 항행하여야 한다.

• 자기 선박의 양쪽 현의 정횡 앞쪽에 있는 다른 선박에서 무중신호(霧中信號)를 듣는 경우
• 자기 선박의 양쪽 현의 정횡으로부터 앞쪽에 있는 다른 선박과 매우 근접한 것을 피할 수 없는 경우

11 해사안전법상 '섬광등'의 정의는?

가 선수 쪽 225도에 걸치는 수평의 호를 비추는 등

나 360도에 걸치는 수평의 호를 비추는 등화로서 일정한 간격으로 1분에 30회 이상 섬광을 발하는 등

사 360도에 걸치는 수평의 호를 비추는 등화로서 일정한 간격으로 1분에 60회 이상 섬광을 발하는 등

아 360도에 걸치는 수평의 호를 비추는 등화로서 일정한 간격으로 1분에 120회 이상 섬광을 발하는 등

섬광등 : 360도에 걸치는 수평의 호를 비추는 등화로서 일정한 간격으로 1분에 120회 이상 섬광을 발하는 등(해상교통안전법 제86조)

정답　**09** 사　**10** 나　**11** 아

12 해사안전법상 야간에 가장 잘 보이는 곳에 붉은색 전주등 3개를 수직으로 표시하고 있는 선박은?

가 조종불능선

나 흘수제약선

사 어로에 종사하고 있는 선박

아 피예인선을 예인 중인 예인선

흘수제약선 : 붉은색 전주등 3개를 수직으로 표시하거나 원통형의 형상물 1개를 표시(해상교통안전법 제93조)

13 해사안전법상 선미등이 비추는 수평의 호의 범위와 등색은?

가 135도, 흰색

나 135도, 붉은색

사 225도, 흰색

아 225도, 붉은색

선미등 : 135도에 걸치는 수평의 호를 비추는 흰색 등으로서 그 불빛이 정선미 방향으로부터 양쪽 현의 67.5도까지 비출 수 있도록 선미 부분 가까이에 설치된 등(해상교통안전법 제86조)

14 해사안전법상 항행 중인 길이 12미터 이상인 동력선이 서로 상대의 시계 안에 있고, 침로를 왼쪽으로 변경하고 있는 경우 행하여야 하는 기적신호는?

가 단음 1회 나 단음 2회

사 장음 1회 아 장음 2회

조종신호와 경고신호(해상교통안전법 제99조 제1항) 항행 중인 동력선이 서로 상대의 시계 안에 있는 경우에 이 법에 따라 그 침로를 변경하거나 그 기관을 후진하여 사용할 때에는 다음의 구분에 따라 기적신호를 행하여야 한다.

• 침로를 오른쪽으로 변경하고 있는 경우 : 단음 1회
• 침로를 왼쪽으로 변경하고 있는 경우 : 단음 2회
• 기관을 후진하고 있는 경우 : 단음 3회

15 해사안전법상 제한된 시계 안에서 정박하여 어로 작업을 하고 있거나 작업 중인 조종제한선을 제외한 길이 20미터 이상 100미터 미만의 선박이 정박 중 1분을 넘지 아니하는 간격으로 올려야 하는 음향신호는?

가 단음 5회

나 10초 정도의 긴 장음

사 10초 정도의 호루라기

아 5초 정도 재빨리 울리는 호종

정박 중인 선박은 1분을 넘지 아니하는 간격으로 5초 정도 재빨리 호종을 울려야 한다. 다만, 정박하여 어로 작업을 하고 있거나 작업 중인 조종제한선은 제외(해상교통안전법 제100조)

16 선박의 입항 및 출항 등에 관한 법률상 무역의 수상구역 등에서 정박하거나 정류할 수 있는 경우가 아닌 것은?

가 인명을 구조하는 경우

나 해양사고를 피하기 위한 경우

사 선용품을 보급 받고 있는 경우

아 선박의 고장으로 선박을 조종할 수 없는 경우

정답 **12** 나 **13** 가 **14** 나 **15** 아 **16** 사

 **해설**

선박은 무역항의 수상구역 등에서 정박하거나 정류하지 못하나 다음의 경우에는 정박하거나 정류할 수 있다(법 제6조 제2항).
- 해양사고를 피하기 위한 경우
- 선박의 고장이나 그 밖의 사유로 선박을 조종할 수 없는 경우
- 인명을 구조하거나 급박한 위험이 있는 선박을 구조하는 경우
- 허가를 받은 공사 또는 작업에 사용하는 경우

17 선박의 입항 및 출항 등에 관한 법률상 총톤수 5톤인 내항선이 무역항의 수상구역 등을 출입할 때 하는 출입 신고에 대한 내용으로 옳은 것은?

　가　내항선이므로 출입 신고를 하지 않아도 된다.

　나　출항 일시가 이미 정하여진 경우에도 입항 신고와 출항 신고는 동시에 할 수 없다.

　사　무역항의 수상구역의 안으로 입항하는 경우 원칙적으로 입항하기 전에 입항 신고를 하여야 한다.

　아　무역항의 수상구역 등의 밖으로 출항하는 경우 통상적으로 출항 직후 즉시 출항 신고를 하여야 한다.

해설

내항선(국내에서만 운항하는 선박을 말한다)이 무역항의 수상구역 등의 안으로 입항하는 경우에는 입항 전에, 무역항의 수상구역 등의 밖으로 출항하려는 경우에는 출항 전에 해양수산부령으로 정하는 바에 따라 내항선 출입 신고서를 해양수산부장관에게 제출할 것(시행령 제2조 제1호)

18 선박의 입항 및 출항 등에 관한 법률상 무역의 수상구역 등에서 화재가 발생한 경우 기적이나 사이렌을 갖춘 선박이 울리는 경보는?

　가　기적이나 사이렌으로 장음 5회를 적당한 간격으로 반복

　나　기적이나 사이렌으로 장음 7회를 적당한 간격으로 반복

　사　기적이나 사이렌으로 단음 5회를 적당한 간격으로 반복

　아　기적이나 사이렌으로 단음 7회를 적당한 간격으로 반복

해설

화재 시 경보 방법 : 무역항의 수상구역 등에서 기적이나 사이렌을 갖춘 선박에 화재가 발생한 경우 그 선박은 기적이나 사이렌을 장음(4초에서 6초까지의 시간 동안 계속되는 울림)으로 5회 울려야 한다(법 제46조 제2항, 시행규칙 제26조).

19 선박의 입항 및 출항 등에 관한 법률상 우선피항선에 대한 규정으로 옳은 것은?

　가　우선피항선은 다른 선박의 항행에 방해가 될 우려가 있는 장소에 정박하거나 정류하여서는 아니 된다.

　나　무역항의 수상구역 등이나 무역항의 수상구역 부근에서 우선피항선은 다른 선박과 만나는 자세에 따라 유지선이 될 수 있다.

　사　총톤수 5톤 미만인 우선피항선이 무역항의 수상구역 등에 출입하려는 경우에는 통상적으로 대통령령으로 정하는 바에 따라 관리청에 신고하여야 한다.

　아　우선피항선은 무역항의 수상구역 등에 출입하는 경우 또는 무역항의 수상구역 등을 통과하는 경우에는 관리청에서 지정·고시한 항로를 따라 항행하여야 한다.

정답　**17** 사　**18** 가　**19** 가

정박지의 사용 등(법 제5조 제3항) : 우선피항선은 다른 선박의 항행에 방해가 될 우려가 있는 장소에 정박하거나 정류하여서는 아니 된다.

20 (   )에 적합한 것은?

> 선박의 입항 및 출항 등에 관한 법률상 항로에서 다른 선박과 마주칠 우려가 있는 경우에는 (   )으로 항행하여야 한다.

가 왼쪽
나 오른쪽
사 부두쪽
아 중앙

항로에서의 항법(제12조)
- 항로 밖에서 항로에 들어오거나 항로에서 항로 밖으로 나가는 선박은 항로를 항행하는 다른 선박의 진로를 피하여 항행할 것
- 항로에서 다른 선박과 나란히 항행하지 아니할 것
- 항로에서 다른 선박과 마주칠 우려가 있는 경우에는 오른쪽으로 항행할 것

21 선박의 입항 및 출항 등에 관한 법률상 무역항의 수상구역 등의 방파제 입구 등에서 입항하는 선박과 출항하는 선박이 서로 마주칠 우려가 있을 때의 항법은?

가 입항하는 선박이 방파제 밖에서 출항하는 선박의 진로를 피하여야 한다.
나 출항하는 선박은 방파제 안에서 입항하는 선박의 진로를 피하여야 한다.
사 입항하는 선박이 방파제 입구를 좌현 쪽으로 접근하여 통과하여야 한다.
아 출항하는 선박은 방파제 입구를 좌현 쪽으로 접근하여 통과하여야 한다.

방파제 부근에서의 항법 : 무역항의 수상구역등에 입항하는 선박이 방파제 입구 등에서 출항하는 선박과 마주칠 우려가 있는 경우에는 방파제 밖에서 출항하는 선박의 진로를 피하여야 한다(법 제13조).

22 다음 중 선박의 입항 및 출항 등에 관한 법률상 해양사고를 피하기 위한 경우 등 해양수산부령으로 정하는 사유가 아닌 경우 무역항의 수상구역 등을 통과할 때 지정·고시된 항로를 따라 항행하여야 하는 선박은?

가 예선
나 압항부선
사 주로 삿대로 운전하는 선박
아 예인선이 부선을 끌거나 밀고 있는 경우의 예인선 및 부선

항로 지정 및 준수(법 제10조 제2항) : 우선피항선 외의 선박은 무역항의 수상구역 등에 출입하는 경우 또는 무역항의 수상구역 등을 통과하는 경우에는 제1항에 따라 지정·고시된 항로를 따라 항행하여야 한다. 다만, 해양사고를 피하기 위한 경우 등 해양수산부령으로 정하는 사유가 있는 경우에는 그러하지 아니하다.

23 해양환경관리법상 선박의 방제의무자에 해당하는 사람은?

가 배출을 발견한 자
나 지방해양수산청장
사 배출된 오염물질이 적재되었던 선박의 선장
아 배출된 오염물질이 적재되었던 선박의 기관장

정답 20 나 21 가 22 나 23 사

해설

오염물질이 배출될 우려가 있는 경우의 조치 등(법 제65조 제1항) : 선박의 소유자 또는 선장, 해양시설의 소유자는 선박 또는 해양시설의 좌초·충돌·침몰·화재 등의 사고로 인하여 선박 또는 해양시설로부터 오염물질이 배출될 우려가 있는 경우에는 해양수산부령이 정하는 바에 따라 오염물질의 배출방지를 위한 조치를 하여야 한다. 방제의무자는 "선박의 소유자 또는 선장, 해양시설의 소유자"로 본다.

24 해양환경관리법상 선박의 밑바닥에 고인 액상 유성혼합물은?

가 석유 나 선저폐수

사 폐기물 아 잔류성 오염물질

- 기름 : 「석유 및 석유대체연료 사업법」에 따른 원유 및 석유제품(석유가스를 제외한다)과 이들을 함유하고 있는 액체상태의 유성혼합물
- 잔류성 오염물질 : 해양에 유입되어 생물체에 농축되는 경우 장기간 지속적으로 급성·만성의 독성 또는 발암성을 야기하는 화학물질

25 해양환경관리법상 해양오염방지설비 등을 선박에 최초로 설치하여 항해에 사용하고자 할 때 받는 검사는?

가 정기검사 나 임시검사

사 특별검사 아 제조검사

해설

정기검사(법 제49조 제1항) : 해양오염방지설비에는 폐기물오염방지설비, 기름오염방지설비, 유해액체물질오염방지설비, 대기오염방지설비 4가지가 있는데, 선박에 해양오염방지설비를 처음으로 설치하는 경우로 5년마다 실시

01 총톤수 10톤 정도의 소형 선박에서 가장 많이 이용하는 디젤 기관의 시동 방법은?

가 사람의 힘에 의한 수동시동

나 시동 기관에 의한 시동

사 시동 전동기에 의한 시동

아 압축공기에 의한 시동

해설

출력이 30kW 이상 되면 인력에 의한 시동은 곤란하다. 따라서, 시동 전동기를 설치하여 시동한다. 총톤수 10톤 정도의 소형 선박은 시동 전동기에 의한 시동 방법을 가장 많이 사용한다.

02 내연기관을 작동시키는 유체는?

가 증기 나 공기

사 연료유 아 연소가스

소형 디젤 기관의 경우 고온·고압의 연소가스를 이용해 터빈을 고속으로 회전시키고, 그 회전력으로 원심식 압출기를 구동하여 압축한 공기를 엔진 내부로 보낸다.

03 디젤 기관의 압축비에 해당하는 것은?

가 (압축 부피)/(실린더 부피)

나 (실린더 부피)/(압축 부피)

사 (행정 부피)/(압축 부피)

아 (압축 부피)/(행정 부피)

압축비 : 실린더 부피 / 압축 부피=(압축 부피 + 행정 부피) / 압축 부피

04 4행정 사이클 디젤 기관에서 실제로 동력을 발생 시키는 행정은?

가 흡입행정 나 압축행정
사 작동행정 아 배기행정

작동행정은 동력이 발생되기 때문에 동력행정이라고도 하며, 압축된 혼합기가 점화 플러그 또는 압축된 공기에 연료가 분사되어 폭발하면서 발생한 연소가스가 피스톤을 하강시켜 크랭크축을 회전시키면서 동력이 발생된다.

05 동일한 디젤 기관에서 크기가 가장 작은 것은?

가 과급기 나 연료분사 밸브
사 실린더 헤드 아 실린더 라이너

연료분사 밸브 : 보통 연료 밸브라고 하며, 실린더 헤드에 설치되어 연료분사 펌프에서 송출되는 연료유를 실린더 내에 분사시킨다.

06 소형기관에서 흡·배기 밸브의 운동에 대한 설명으로 옳은 것은?

가 흡기밸브는 스프링의 힘으로 열린다.
나 흡기밸브는 푸시로드에 의해 닫힌다.
사 배기밸브는 푸시로드에 의해 닫힌다.
아 배기밸브는 스프링의 힘으로 닫힌다.

밸브(valve)는 연소실의 흡·배기구를 직접 개폐하는 역할을 하며, 공기 또는 혼합기를 흡입하는 흡기밸브와 연소가스를 배출시키는 배기밸브가 있다. 밸브 스프링은 밸브가 닫혀 있는 동안에 밸브 페이스가 시트와 밀착하여 기밀을 유지하고, 밸브가 캠의 형상에 따라 개폐되도록 하기 위하여 사용하는 스프링이다.

07 디젤 기관에서 오일 스크레이퍼 링에 대한 설명으로 옳은 것은?

가 윤활유를 실린더 내벽에서 밑으로 긁어내린다.
나 피스톤의 열을 실린더에 전달한다.
사 피스톤의 회전운동을 원활하게 한다.
아 연소가스의 누설을 방지한다.

오일 스크레이퍼 링(피스톤 오일 링)은 실린더 벽의 윤활유를 긁어내는 역할을 하는데 오일 링의 하측 모서리가 날카롭게 되어 있다.

08 소형기관에서 피스톤과 연접봉을 연결하는 부품은?

가 로크 핀 나 피스톤 핀
사 크랭크 핀 아 크로스헤드 핀

피스톤 핀(piston pin) : 피스톤과 커넥팅 로드(연접봉, 연결봉)를 연결하는 핀이며, 내부가 비어 있는 중공(hollow) 방식으로 되어 있다.

09 소형기관에서 크랭크축의 구성 요소가 아닌 것은?

가 크랭크 암 나 크랭크 핀
사 크랭크 저널 아 크랭크 보스

크랭크축(crank shaft)은 크랭크 저널(crank journal), 크랭크 핀(crank pin) 및 크랭크 암(crank arm)으로 구성되는데 실린더에서 발생한 피스톤의 왕복운동을 커넥팅 로드를 거쳐 회전운동으로 바꾸어 동력을 전달한다.

정답 **04** 사 **05** 나 **06** 아 **07** 가 **08** 나 **09** 아

10 운전 중인 디젤 기관의 실린더 헤드와 실린더 라이너 사이에서 배기가스가 누설하는 경우의 가장 적절한 조치 방법은?

가 기관을 정지하여 구리개스킷을 교환한다.

나 기관을 정지하여 구리개스킷을 1개 더 추가로 삽입한다.

사 배기가스가 누설하지 않을 때까지 저속으로 운전한다.

아 실린더 헤드와 실린더 라이너 사이의 죄임 너트를 약간 풀어 준다.

실린더 헤드 볼트의 풀림을 검사하고 필요하면 개스킷을 새것으로 교환한다.

11 디젤 기관이 효율적으로 운전될 때의 배기가스 색깔은?

가 회색

나 백색

사 흑색

아 무색

정상적인 배기 색깔은 무색이다.

12 디젤 기관에서 디젤 노크를 방지하기 위한 방법으로 옳지 않은 것은?

가 착화지연을 길게 한다.

나 냉각수 온도를 높게 유지한다.

사 착화성이 좋은 연료유를 사용한다.

아 연소실 내 공기의 와류를 크게 한다.

디젤 기관에서 디젤 노크(흔들림)는 연소 초기에 일어난다. 이것을 방지하려면 착화지연(늦음)기간을 짧게 하여야 한다.

13 디젤 기관의 연료유관 계통에서 프라이밍이 완료된 상태는 어떻게 판단하는가?

가 연료유의 불순물만 나올 때

나 공기만 나올 때

사 연료유만 나올 때

아 연료유와 공기의 거품이 함께 나올 때

프라이밍은 내연기관을 시동할 때, 수동 펌프로 연료 공급관 내에 기름을 가득 채워 펌프나 관 내에 남아 있는 공기를 배출하는 일로, 연료유관 프라이밍은 연료유만 나올 때 완료된 것으로 판단한다.

14 10노트로 항해하는 선박의 속력에 대한 설명으로 옳은 것은?

가 1시간에 1마일을 항해하는 선박의 속력이다.

나 1시간에 5마일을 항해하는 선박의 속력이다.

사 10시간에 1마일을 항해하는 선박의 속력이다.

아 10시간에 100마일을 항해하는 선박의 속력이다.

선박의 속력(노트, knot) = 마일 ÷ 시간
그러므로, 10노트 = 100마일 ÷ 10시간

15 조타장치의 역할로 옳은 것은?

가 선박의 진행 속도 조정

나 선내 전원 공급

사 선박의 진행 방향 조정

아 디젤 기관에 윤활유 공급

정답 **10** 가 **11** 아 **12** 가 **13** 사 **14** 아 **15** 사

조타장치는 타의 회전 각도를 제어하고 타각을 유지하는 데 필요한 장치로 추종장치, 추구장치, 원동기 및 타장치로 구성된다.

16 송출측에 공기실을 설치하는 펌프는?

가 원심 펌프   나 축류 펌프
사 왕복 펌프   아 기어 펌프

왕복 펌프는 특성상 행정 중 피스톤의 위치에 따라 피스톤의 운동속도가 달라지므로 송출량에 맥동이 생기며, 순간 송출유량도 피스톤 위치에 따라 변하게 되므로 송출유량의 맥동을 줄이기 위해 펌프 송출측의 실린더에 공기실을 설치한다.

17 디젤 기관의 냉각수 펌프로 가장 적당한 펌프는?

가 기어 펌프   나 원심 펌프
사 이모 펌프   아 베인 펌프

냉각수 펌프는 주로 원심 펌프를 사용하며 펌프 몸체, 임펠러, 펌프축, 베어링 등으로 구성된다.

18 전동기의 기동반에 설치되는 표시등이 아닌 것은?

가 전원등   나 운전등
사 경보등   아 병렬등

전동기의 기동반에 설치되는 표시등에는 운전등, 전원등, 경보등이 있다.

19 전류의 흐름을 방해하는 성질인 저항의 단위는?

가 [V]   나 [A]
사 [Ω]   아 [kW]

저항의 기호는 R이고, 단위는 옴[Ω]을 사용한다.

20 교류 발전기 2대를 병렬운전 할 경우 동기검정기로 판단할 수 있는 것은?

가 두 발전기의 극수와 동기속도의 일치 여부
나 두 발전기의 부하전류와 전압의 일치 여부
사 두 발전기의 절연저항과 권선저항의 일치 여부
아 두 발전기의 주파수와 위상의 일치 여부

교류 발전기를 병렬운전 하려면 주파수가 일치되어야 하는데, 동기검정기를 보고 주파수와 위상이 일치되도록 병렬운전 하고자 하는 발전기의 속도를 조정한다.

21 운전 중인 디젤 기관에서 어느 한 실린더의 배기온도가 상승한 경우의 원인으로 가장 적절한 것은?

가 과부하 운전
나 조속기 고장
사 배기밸브의 누설
아 흡입공기의 냉각 불량

특정 실린더에서 배기가스의 온도가 상승하는 원인으로는 연료분사 밸브나 노즐의 결함 또는 배기밸브의 누설 등이 있다. 밸브나 노즐을 교체하거나 분해 점검하여야 한다.

정답   16 사   17 나   18 아   19 사   20 아   21 사

22 운전 중인 기관을 신속하게 정지시켜야 하는 경우는?

가 시동 배터리의 전압이 너무 낮을 때

나 냉각수 온도가 너무 높을 때

사 윤활유 온도가 규정값보다 낮을 때

아 냉각수 압력이 규정값보다 높을 때

기관을 정지시켜야 하는 경우
- 운동부에서 이상한 음향이나 진동이 발생할 때
- 베어링 윤활유, 실린더 냉각수, 피스톤 냉각수(유) 출구 온도가 이상 상승할 때
- 냉각수나 윤활유 공급 압력이 급격히 떨어졌으나 즉시 복구하지 못할 때
- 조속기, 연료분사 펌프, 연료분사 밸브의 고장으로 회전수가 급격히 변동할 때
- 회전수가 급격하게 떨어져 그 원인이 불분명하거나 배기온도가 급격히 상승할 때
- 어느 실린더의 음향이 특히 높거나 안전 밸브가 동작하여 가스가 분출될 때 등

23 소형 디젤 기관에서 실린더 라이너가 너무 많이 마멸되었을 경우에 대한 설명으로 옳지 않은 것은?

가 윤활유가 오손되기 쉽다.

나 윤활유가 많이 소모된다.

사 기관의 출력이 저하된다.

아 연료유 소비량이 줄어든다.

실린더 마모의 영향 : 출력 저하, 압축압력의 저하, 연료의 불완전 연소, 연료 소비량 증가, 윤활유 소비량 증가, 기관의 시동성 저하, 가스가 크랭크실로 누설 등이다.

24 연료유의 비중이란?

가 부피가 같은 연료유와 물의 무게 비이다.

나 압력이 같은 연료유와 물의 무게 비이다.

사 점도가 같은 연료와 물의 무게 비이다.

아 인화점이 같은 연료유와 물의 무게 비이다.

비중(specific gravity)은 부피가 같은 기름의 무게와 물의 무게의 비를 말한다.

25 연료유의 점도에 대한 설명으로 옳은 것은?

가 온도가 낮아질수록 점도는 높아진다.

나 온도가 높아질수록 점도는 높아진다.

사 대기 중 습도가 낮아질수록 점도는 높아진다.

아 대기 중 습도가 높아질수록 점도는 높아진다.

일반적으로 온도가 상승하면 연료유의 점도는 낮아지고, 온도가 낮아지면 점도는 높아진다.

정답 22 나 23 아 24 가 25 가

2023년 제2회 최신 기출문제

제1과목　　항해

01 자기 컴퍼스의 컴퍼스 카드에 부착되어 지북력을 갖게 하는 영구자석은?

가 피벗　　　나 부실
사 자침　　　아 짐벌즈

자침 : 2개의 영구자석으로 만들어진 부품으로 자이로 컴퍼스가 강한 지북력을 가지고 있게 한다.

02 기계식 자이로컴퍼스의 위도오차에 대한 설명으로 옳지 않은 것은?

가 위도가 높을수록 오차는 감소한다.
나 적도에서는 오차가 생기지 않는다.
사 북위도 지방에서는 편동오차가 된다.
아 경사 제진식 자이로컴퍼스에만 있는 오차이다.

위도오차 : 적도 지방(0°)에서는 오차가 발생하지 않으며, 위도가 높을수록 오차가 증가

03 선체가 수평일 때에는 자차가 0°이더라도 선체가 기울어지면 다시 자차가 생길 수 있는데, 이 때 생기는 자차는?

가 기차　　　나 경선차
사 편차　　　아 컴퍼스 오차

경선차 : 선체가 수평일 때는 자차가 0°였으나 선체가 기울어지면 생기는 자차

04 다음 중 레이더의 거짓상을 판독하기 위한 방법으로 가장 적절한 것은?

가 본선의 속력을 줄인다.
나 레이더의 전원을 껐다가 다시 켠다.
사 본선 침로를 약 10도 정도 좌우로 변침한다.
아 레이더와 가장 가까운 항해계기의 전원을 끈다.

선수 쪽에 나타난 영상이 허상으로 의심될 때 대개 간접 반사파의 영상은 변침하면 곧 사라진다.

05 자차 3°E, 편차 6°W일 때 나침의 오차(Compass error)는?

가 3°E　　　나 3°W
사 9°E　　　아 9°W

자차 3°E, 편차 6°W일 때 컴퍼스 오차는 큰 값에서 작은 값을 빼주고 큰 값의 부호를 붙인다(6°W−3°E=3°W).

06 레이더를 이용하여 알 수 없는 정보는?

가 본선과 다른 선박 사이의 거리
나 본선 주위에 있는 부표의 존재 여부
사 본선 주위에 있는 다른 선박의 선체 색깔
아 안개가 끼었을 때 다른 선박의 존재 여부

레이더는 거리 및 방향을 파악하는 계기로 선체 색깔을 파악할 수 없다.

정답　01 사　02 가　03 나　04 사　05 나　06 사

07 ( )에 순서대로 적합한 것은?

> 해상에서 일반적으로 추측위치를 디알[DR]위치라고도 부르며, 선박의 ( )와 ( )의 두 가지 요소를 이용하여 구하게 된다.

가 방위, 거리
나 경도, 위도
사 고도, 양각
아 침로, 속력

추측위치(DR위치, DRP) : 최근의 실측위치를 기준으로 하여 그 후에 조타한 진침로와 속력(또는 거리)를 이용하여 구하는 위치

08 레이더 화면을 12해리 거리 범위로 맞추어 놓은 상태에서 고정거리 눈금의 동심원과 동심원 사이 거리는?

가 0.1해리
나 0.5해리
사 1.0해리
아 2.0해리

레이더 범위 지정마다 달라지지만 보통 레이더가 6마일 레인지일 때 1마일이므로 12해리 스케일이면 동심원 사이 거리는 2해리마다 나온다.

09 노출암을 나타낸 해도도식에서 '4'가 의미하는 것은?

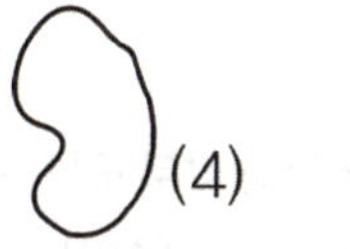

가 수심
나 암초 높이
사 파고
아 암초 크기

노출암 표시 옆의 숫자의 의미 : 해당 암초의 높이

10 다음 그림은 상대운동 표시방식 레이더 화면에서 본선 주변에 있는 4척의 선박을 플로팅한 것이다. 현재 상태에서 본선과 충돌할 가능성이 가장 큰 선박은?

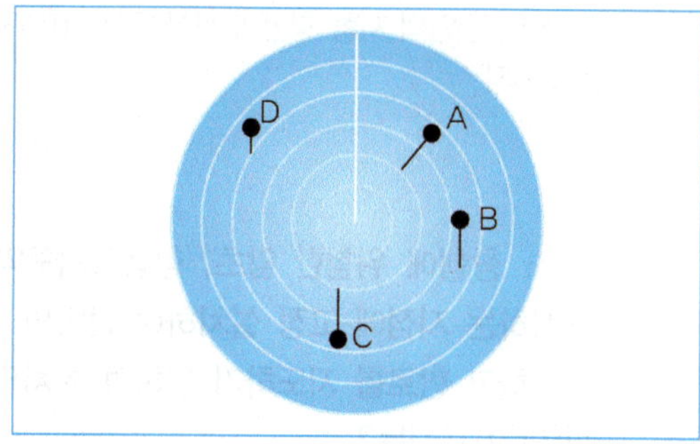

가 A
나 B
사 C
아 D

문제는 상대운동 표시방식의 레이더로 자선의 위치가 어느 한 점에 고정되어 있기 때문에 모든 물체는 자선의 움직임에 대하여 상대적인 움직임으로 표시된다. 문제의 A의 선박은 본선의 항로에 접근 가능한 위치가 되므로 충돌의 위험이 있다.

11 우리나라 종이해도에서 주로 사용하는 수심의 단위는?

가 미터(m)
나 인치(inch)
사 패덤(fm)
아 킬로미터(km)

수심의 측정 기준 : 기본수준면(약최저저조면)으로 수심의 단위는 미터(m)

정답 07 아 08 아 09 나 10 가 11 가

12 항로의 지도 및 안내서이며 해상에 있어서 기상, 해류, 조류 등의 여러 형상 및 항로의 상황 등을 상세히 기재한 수로서지는?

가 등대표　　나 조석표

사 천측력　　아 항로지

 **해설**

항로지 : 해상에 있어서의 기상, 해류, 조류 등의 여러 현상과 도선사, 검역, 항로표지 등의 일반기사 및 항로의 상황, 연안의 지형, 항만의 시설 등이 기재되어 있는 수로서지

13 항로, 항행에 위험한 암초, 항행금지구역 등을 표시하는 지점에 고정 설치하여 선박의 좌초를 예방하고 항로를 지도하기 위하여 설치되는 광파(야간)표지는?

가 등선　　나 등표

사 도등　　아 등부표

 **해설**

등표 : 항로, 암초, 항행금지구역 등을 표시하는 지점에 고정·설치하여 안전사고를 예방하는 표지

14 점등장치가 없고, 표지의 모양과 색깔로서 식별하는 표지는?

가 전파표지

나 형상(주간)표지

사 광파(야간)표지

아 음파(음향)표지

 **해설**

형상(주간)표지 : 점등장치가 없고, 형상과 색깔로 주간에 선위를 결정할 때 이용하며, 주표라고도 함

15 다음 중 시계가 나빠서 육지나 등화의 발견이 어려울 경우 사용하는 음향(음파)표지는?

가 육표　　나 등부표

사 레이콘　　아 다이어폰

 **해설**

다이어폰 : 압축공기에 의해서 발음체인 피스톤을 왕복시켜서 소리를 내는 장치

16 주로 하나의 항만, 어항, 좁은 수로 등 좁은 구역을 표시하는 해도에 많이 이용되는 도법은?

가 평면도법　　나 점장도법

사 대권도법　　아 다원추도법

 **해설**

평면도법 : 지구 표면의 좁은 구역을 평면으로 간주하고 그린 축척이 큰 해도로, 주로 항박도에 많이 이용

17 연안항해 시 종이해도의 선택 방법으로 옳지 않은 것은?

가 최신의 해도를 사용한다.

나 완전히 개보된 것이 좋다.

사 내용이 상세히 기록된 것이 좋다.

아 대축척 해도보다 소축척 해도가 좋다.

 **해설**

연안항해 시는 축척이 큰 대축척 해도를 이용한다.

18 다음 국제해상부표식의 종류 중 A, B 두 지역에 따라 등화의 색상이 다른 것은?

가 측방표지　　나 특수표지

사 방위표지　　아 고립장애(장해)표지

정답 12 아 13 나 14 나 15 아 16 가 17 아 18 가

측방표지 : 국제항로표지협회에서는 각국의 부표식의 형식과 적용 방법을 A방식과 B방식으로 구분하여 다르게 표시되도록 함

19 등질에 대한 설명으로 옳지 않은 것은?

가 모스 부호등은 모스 부호를 빛으로 발하는 등이다.

나 분호등은 3가지 등색을 바꾸어 가며 계속 빛을 내는 등이다.

사 섬광등은 빛을 비추는 시간이 꺼져 있는 시간보다 짧은 등이다.

아 호광등은 색깔이 다른 종류의 빛을 교대로 내며, 그 사이에 등광은 꺼지는 일이 없는 등이다.

분호등 : 서로 다른 지역을 다른 색상으로 비추는 등화로, 위험구역만을 주로 홍색광으로 비추는 등화

20 우리나라 부근의 고기압 중 아열대역에 동서로 길게 뻗쳐 있으며 오랫동안 지속되는 키가 큰 고기압은?

가 이동성 고기압

나 시베리아 고기압

사 북태평양 고기압

아 오오츠크해 고기압

북태평양 고기압 : 중심부의 온도가 둘레보다 높은 고기압으로, 대기 대순환에서 하강기류가 있는 곳에 생기며 상층부까지 고압대가 형성되는 키가 큰 고기압

21 고기압에 대하여 옳게 설명한 것은?

가 1기압보다 높은 것을 말한다.

나 상승기류가 있어 날씨가 좋다.

사 주위의 기압보다 높은 것을 말한다.

아 바람은 저기압 중심에서 고기압 쪽으로 분다.

고기압은 주위보다 상대적으로 기압이 높은 것으로 하강기류가 생겨 날씨는 비교적 좋다.

22 일기도의 종류와 내용을 나타내는 기호의 연결로 옳지 않은 것은?

가 A : 해석도   나 S : 지상 자료

사 F : 예상도   아 U : 불명확한 자료

일기도 표제 : A(Analysis, 해석도), F(Forecast, 예상도), W(Warning, 경보), S(Surface, 지상 자료), U(Upper air, 고층 자료)

23 소형선박에서 통항계획의 수립은 누가 하여야 하는가?

가 선주

나 선장

사 지방해양수산청장

아 선박교통관제(VTS)센터

소형선에서는 선장이 직접 통항계획을 수립한다. 연안 수역 통항계획 수립 시에는 항로지정제도, 선박보고제도, 선박교통관제 등을 고려해야 한다.

정답 19 나 20 사 21 사 22 아 23 나

24 선박의 항로지정제도(Ship's routeing)에 관한 설명으로 옳지 않은 것은?

가 국제해사기구(IMO)에서 지정할 수 있다.

나 특정 화물을 운송하는 선박에 대해서도 사용을 권고할 수 있다.

사 모든 선박 또는 일부 범위의 선박에 대하여 강제적으로 적용할 수 있다.

아 국제해사기구에서 정한 항로지정방식은 해도에 표시되지 않을 수도 있다.

항로지정제도(Ship's routeing) : 선박이 통항하는 항로, 속력 및 그 밖에 선박 운항에 관한 사항을 지정하는 제도로, 특히 전자해도의 경우 국제수로기구의 표준 규격에 따라 제작된다.

25 지축을 천구까지 연장한 선, 즉 천구의 회전대를 천의 축이라 하고, 천의 축이 천구와 만난 두 점을 무엇이라고 하는가?

가 수직권

나 천의 적도

사 천의 극

아 천의 자오선

지구상의 위치 요소

• 수직권(방위권) : 천정과 천저를 지나는 대권
• 천의 극(celestial pole) : 지축을 무한히 연장하여 천구와 만나는 점
• 천의 적도 : 지구의 적도면을 무한히 연장하여 천구와 만나 이루는 대권
• 천의 자오선 : 천의 양극을 지나는 대권

---

01 상갑판 아래의 공간을 선저에서 상갑판까지 종방향 또는 횡방향으로 선체를 구획하는 것은?

가 갑판　　　나 격벽

사 외판　　　아 이중저

격벽 : 선체의 내부를 몇 개의 구획으로 나누는 칸막이벽으로 선체의 강도 증가 등으로 활용

02 선박의 예비부력을 결정하는 요소로 선체가 침수되지 않은 부분의 수직 길이를 의미하는 것은?

가 흘수　　　나 깊이

사 수심　　　아 건현

건현 : 선체가 침수되지 않은 부분의 수직거리. 선박의 중앙부의 수면에서부터 건현갑판의 상면의 연장과 외판의 외면과의 교점까지의 수직거리

03 전진 또는 후진 시에 배를 임의의 방향으로 회두시키고 일정한 침로를 유지하는 역할을 하는 설비는?

가 키(타)　　　나 닻

사 양묘기　　　아 주기관

타(rudder, 키) : 타주의 후부 또는 타두재에 설치되어, 전진 또는 후진할 때 배를 원하는 방향으로 회전시키고, 침로를 일정하게 유지하는 장치

정답　24 아　25 사　/　01 나　02 아　03 가

04 선창 내에서 발생한 땀이나 각종 오수들이 흘러 들어가서 모이는 곳은?

가 해치

나 빌지 웰

사 코퍼댐

아 디프 탱크

 해설

선저에 고인 땀이나 각종 오수를 빌지라 하며, 이 빌지가 모이는 곳이 빌지 웰이다.

05 조타장치에 대한 설명으로 옳지 않은 것은?

가 자동 조타장치에서도 수동조타를 할 수 있다.

나 동력 조타장치는 작은 힘으로 타의 회전이 가능하다.

사 인력 조타장치는 소형선이나 범선 등에서 사용되어 왔다.

아 동력 조타장치는 조타실의 조타륜이 타와 기계적으로 직접 연결되어 비상조타를 할 수 없다.

 해설

동력 조타장치는 유압 펌프와 구동 전동기를 이용하는 조타장치로 조타륜과 타와 별도의 장치를 통해 연결되어 있으며, 비상조타는 조타장치의 종류와 관계없다.

06 나일론 로프의 장점이 아닌 것은?

가 열에 강하다.

나 흡습성이 낮다.

사 파단력이 크다.

아 충격에 대한 흡수율이 좋다.

 해설

나일론 로프의 단점 : 열이나 마찰에 약하고, 복원력이 늦으며, 물에 젖으면 강도가 변함

07 스톡 앵커의 각부 명칭을 나타낸 아래 그림에서 ㉠은?

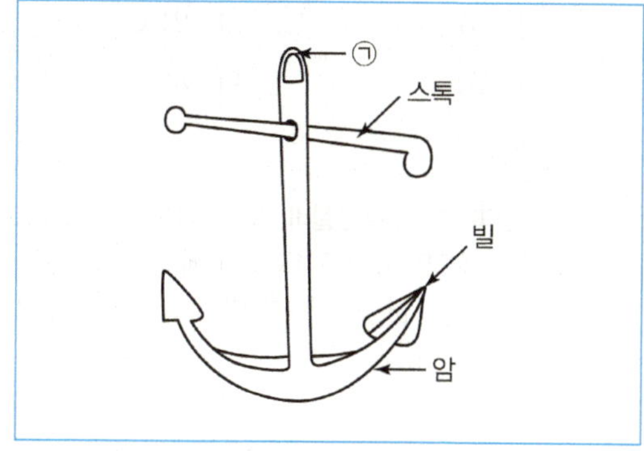

가 생크

나 크라운

사 플루크

아 앵커 링

 해설

스톡 앵커의 각부 명칭

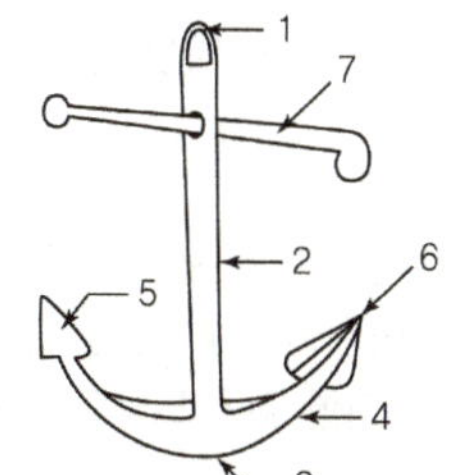

1. 앵커 링
2. 생크
3. 크라운
4. 암
5. 플루크
6. 빌
7. 스톡

08 열전도율이 낮은 방수 물질로 만들어진 포대기 또는 옷으로 방수복을 착용하지 않은 사람이 입는 것은?

가 보호복

나 노출 보호복

사 보온복

아 작업용 구명조끼

 해설

보온복 : 물이 스며들지 않아 수온이 낮은 물속에서 체온을 보호할 수 있는 옷으로 방수복과 달리 구명동의의 기능이 없다.

정답 **04** 나 **05** 아 **06** 가 **07** 아 **08** 사

09 초단파(VHF) 무선설비에서 디에스시(DSC)를 통한 조난 및 안전 통신 채널은?

가 16   나 21A
사 70   아 82

초단파(VHF) **무선설비** : VHF 채널 70(156.525MHz)에 의한 DSC와 채널 6, 13 및 16에 의한 무선전화 송수신을 하며, 조난경보신호를 발신할 수 있는 설비

10 나일론 등과 같은 합성섬유로 된 포지를 고무로 가공하여 제작되며, 긴급 시에 탄산가스나 질소가스로 팽창시켜 사용하는 구명설비는?

가 구명정   나 구명부기
사 구조정   아 구명뗏목

구명뗏목(구명벌) : 합성섬유로 된 포지를 뗏목 모양으로 제작한 것으로, 내부에는 탄산가스나 질소가스를 주입시켜 긴급 시에 팽창시키면 뗏목 모양으로 펼쳐지는 구명설비

11 손잡이를 잡고 불을 붙이면 붉은색의 불꽃을 1분 이상 내며, 10센티미터 깊이의 물속에 10초 동안 잠긴 후에도 계속 타는 조난신호 장치는?

가 신호 홍염   나 자기 점화등
사 발연부 신호   아 로켓 낙하산 신호

신호 홍염 : 홍색염을 1분 이상 연속하여 발할 수 있으며, 10cm 깊이의 물속에 10초 동안 잠긴 후에도 계속 타는 팽창식 구명뗏목의 의장품(야간용)

12 붕대 감는 방법 중 같은 부위에 전폭으로 감는 방법으로 붕대 사용의 가장 기초가 되는 것은?

가 나선대
나 환행대
사 사행대
아 절전대

환행대 : 앞서 감은 붕대 위에 다음 붕대를 올바르게 겹쳐서 감는 방법

13 선박안전법상 평수구역을 항해구역으로 하는 선박이 갖추어야 하는 무선설비는?

가 중파(MF) 무선설비
나 초단파(VHF) 무선설비
사 비상위치지시 무선표지(EPIRB)
아 수색구조용 레이더 트랜스폰더(SART)

초단파(VHF) **무선설비** : 선박과 선박, 선박과 육상국 사이의 통신에 주로 사용하며, 평수구역을 항해하는 총톤수 2톤 이상의 소형선박에 반드시 설치해야 하는 무선통신설비

14 선박용 초단파(VHF) 무선설비의 최대 출력은?

가 10W   나 15W
사 20W   아 25W

초단파(VHF) 무선설비의 최대 출력은 25W이다.

정답 09 사 10 아 11 가 12 나 13 나 14 아

15 선박 상호 간의 흡인 배척 작용에 대한 설명으로 옳지 않은 것은?

가 고속으로 항과할수록 크게 나타난다.

나 두 선박 간의 거리가 가까울수록 크게 나타난다.

사 선박이 추월할 때보다는 마주칠 때 영향이 크게 나타난다.

아 선박의 크기가 다를 때에는 소형선박이 영향을 크게 받는다.

선박이 추월할 때에는 마주칠 때보다도 상호 간섭작용이 크게 나타나므로 더 위험하다.

16 선체운동 중에서 선수미선을 기준으로 좌우 교대로 회전하려는 왕복운동은?

가 종동요　　　　나 전후운동

사 횡동요　　　　아 상하운동

횡동요(Rolling) : 선수미선을 기준으로 하여 좌우 교대로 회전하는 횡경사 운동으로 선박의 복원력과 밀접한 관계가 있다.

17 고정피치 스크루 프로펠러 1개를 설치한 선박에서 후진 시 선체회두에 가장 큰 영향을 미치는 수류는?

가 반류　　　　나 배출류

사 흡수류　　　　아 흡입류

배출류 : 프로펠러의 뒤쪽으로 흘러 나가는 수류로, 선박 후진 시 선수회두에 가장 큰 영향을 미치는 수류

18 운항 중인 선박에서 나타나는 타력의 종류가 아닌 것은?

가 발동타력　　　　나 정지타력

사 반전타력　　　　아 전속타력

운항 중인 선박에서 나타나는 타력 : 발동타력, 정지타력, 반전타력, 회두타력

19 복원력이 작은 선박을 조선할 때 적절한 조선 방법은?

가 순차적으로 타력을 증가시킴

나 전타 중 갑자기 타각을 감소시킴

사 높은 속력으로 항행 중 대각도 전타

아 전타 중 반대 현측으로 대각도 전타

복원력이 작으면 횡요주기가 길고 경사하면 경사된 채로 일어나기 힘들 때가 있으며 이 상태로 항해하면 전복의 위험이 있다. 따라서, 조타는 타각을 순차로 작게 하거나, 순차로 크게 하여야 한다.

20 좁은 수로를 항해할 때 유의할 사항으로 옳은 것은?

가 침로를 변경할 때는 대각도로 한번에 변경하는 것이 좋다.

나 선수미선과 조류의 유선이 직각을 이루도록 조종하는 것이 좋다.

사 언제든지 닻을 사용할 수 있도록 준비된 상태에서 항행하는 것이 좋다.

아 조류는 순조 때에는 정침이 잘 되지만, 역조 때에는 정침이 어려우므로 조종 시 유의하여야 한다.

정답　15 사　16 사　17 나　18 아　19 가　20 사

해설

좁은 수로의 항법 : 기관 사용 및 투묘 준비 상태를 계속 유지하면서 항행한다.

21 파장이 선박길이의 1~2배가 되고, 파랑을 선미로부터 받을 때 나타나기 쉬운 현상은?

가 러칭(Lurching)

나 슬래밍(Slamming)

사 브로칭(Broaching)

아 동조 횡동요(Synchronized rolling)

해설

브로칭 투(Broaching-to) : 파도를 선미에서 받으며 항주할 때 선체 중앙이 파도의 마루나 파도의 오르막 파면에 위치하면, 급격한 선수동요에 의해 선체가 파도와 평행하게 놓이는 현상

22 복원력에 관한 내용으로 옳지 않은 것은?

가 복원력의 크기는 배수량의 크기에 반비례한다.

나 무게중심의 위치를 낮추는 것이 복원력을 크게 하는 가장 좋은 방법이다.

사 황천항해 시 갑판에 올라온 해수가 즉시 배수되지 않으면 복원력이 감소할 수 있다.

아 항해의 경과로 연료유와 청수 등의 소비, 유동수의 발생으로 인해 복원력이 감소할 수 있다.

해설

초기 복원력은 동일 선박에서 배수량이 클수록, GM이 클수록, 경사각이 클수록 비례한다.

23 다음 중 태풍을 피항하는 가장 안전한 방법은?

가 가항반원으로 항해한다.

나 위험반원의 반대쪽으로 항해한다.

사 선미 바람이 되도록 항해한다.

아 미리 태풍의 중심으로부터 최대한 멀리 떨어진다.

해설

태풍 기상 예보에 유의하여, 미리 침로를 조정하여 태풍의 중심으로부터 멀리 떨어지도록 조종한다.

24 선박으로부터 해양오염물질이 해양에 배출된 경우 신고하여야 하는 사항이 아닌 것은?

가 해면상태 및 기상상태

나 사고선박의 선박소유자

사 배출된 오염물질의 추정량

아 오염사고 발생일시, 장소 및 원인

해설

선박으로부터 오염물질이 배출되는 경우 신고 사항

• 오염사고의 발생일시 · 장소 및 원인
• 사고선박 또는 시설의 명칭, 종류 및 규모
• 배출된 오염물질의 추정량 및 확산 상황과 응급조치 상황
• 해면상태 및 기상상태

25 전기장치에 의한 화재 원인이 아닌 것은?

가 산화된 금속의 불똥

나 과전류가 흐르는 전선

사 절연이 충분치 않은 전동기

아 불량한 전기접점 그리고 노출된 전구

해설

가. 금속물질에 의한 금속화재의 원인이다.

정답 **21** 사 **22** 가 **23** 아 **24** 나 **25** 가

제3과목 법규

01 해사안전법상 '어로에 종사하고 있는 선박'이 아닌 것은?

가 양승 중인 연승 어선
나 투망 중인 안강망 어선
사 양망 중인 저인망 어선
아 어장 이동을 위해 항행하는 통발 어선

어로에 종사하고 있는 선박 : 그물, 낚싯줄, 트롤망, 그 밖에 조종성능을 제한하는 어구를 사용하여 어로 작업을 하고 있는 선박(해상교통안전법 제2조).

02 해사안전법상 침몰·좌초된 선박으로부터 유실된 물건 등 선박항행에 장애가 되는 물건은?

가 침선
나 폐기물
사 구조물
아 항행장애물

항행장애물 : 선박으로부터 떨어진 물건, 침몰·좌초된 선박 또는 이로부터 유실된 물건 등 해양수산부령으로 정하는 것으로서 선박항행에 장애가 되는 물건(해상교통안전법 제2조).

03 해사안전법상 안전한 속력을 결정할 때 고려할 사항이 아닌 것은?

가 해상교통량의 밀도
나 레이더의 특성 및 성능
사 항해사의 야간 항해당직 경험
아 선박의 정지거리·선회성능, 그 밖의 조종성능

안전한 속력을 결정할 때 고려사항(해상교통안전법 제71조 제2항)
• 시계의 상태
• 해상교통량의 밀도
• 선박의 정지거리·선회성능, 그 밖의 조종성능
• 야간의 경우에는 항해에 지장을 주는 불빛의 유무
• 바람·해면 및 조류의 상태와 항행장애물의 근접 상태
• 선박의 흘수와 수심과의 관계
• 레이더의 특성 및 성능
• 해면상태·기상, 그 밖의 장애요인이 레이더 탐지에 미치는 영향
• 레이더로 탐지한 선박의 수·위치 및 동향

04 해사안전법상 법에서 정하는 바가 없는 경우 충돌을 피하기 위한 동작이 아닌 것은?

가 적극적인 동작
나 충분한 시간적 여유를 가지는 동작
사 선박을 적절하게 운용하는 관행에 따른 동작
아 침로나 속력을 소폭으로 연속적으로 변경하는 동작

충분히 크게 변경하여야 하며, 침로나 속력을 소폭으로 연속적으로 변경하여서는 아니 된다(해상교통안전법 제73조).

05 해사안전법상 2척의 동력선이 서로 시계 안에서 각 선박은 다른 선박을 선수 방향에서 볼 수 있는 경우로서 밤에는 양쪽의 현등을 볼 수 있는 경우의 상태는?

가 마주치는 상태
나 횡단하는 상태
사 통과하는 상태
아 앞지르기 하는 상태

정답 **01** 아 **02** 아 **03** 사 **04** 아 **05** 가

해설

마주치는 상태에 있다고 보는 경우(밤) : 2개의 마스트 등을 일직선으로 또는 거의 일직선으로 볼 수 있거나 양쪽의 현등을 볼 수 있는 경우(해상교통안전법 제79조).

06 해사안전법상 어로에 종사하고 있는 선박이 진로를 피하지 않아도 되는 선박은?

가 조종제한선

나 조종불능선

사 수상항공기

아 흘수제약선

해설

어로에 종사하고 있는 선박 중 항행 중인 선박이 진로를 피해야 할 경우 : 조종불능선, 조종제한선, 등화나 형상물을 표시하고 있는 흘수제약선의 통항을 방해 금지(해상교통안전법 제83조)

07 해사안전법상 제한된 시계에서 레이더만으로 다른 선박이 있는 것을 탐지한 선박의 피항동작이 침로를 변경하는 것만으로 이루어질 경우 선박이 취하여야 할 행위로 옳은 것은? (단, 앞지르기당하고 있는 선박에 대한 경우는 제외함)

가 자기 선박의 양쪽 현의 정횡에 있는 선박의 방향으로 침로를 변경하는 행위

나 자기 선박의 양쪽 현의 정횡 뒤쪽에 있는 선박의 방향으로 침로를 변경하는 행위

사 다른 선박이 자기 선박의 양쪽 현의 정횡 앞쪽에 있는 경우 우현 쪽으로 침로를 변경하는 행위

아 다른 선박이 자기 선박의 양쪽 현의 정횡 앞쪽에 있는 경우 좌현 쪽으로 침로를 변경하는 행위

해설

피항동작이 침로의 변경을 수반하는 경우 될 수 있으면 피해야 할 동작(해상교통안전법 제84조)

• 다른 선박이 자기 선박의 양쪽 현의 정횡 앞쪽에 있는 경우 좌현 쪽으로 침로를 변경하는 행위(앞지르기 당하고 있는 선박에 대한 경우는 제외)

• 자기 선박의 양쪽 현의 정횡 또는 그곳으로부터 뒤쪽에 있는 선박의 방향으로 침로를 변경하는 행위

08 (   )에 순서대로 적합한 것은?

> 해사안전법상 모든 선박은 시계가 제한된 그 당시의 (   )에 적합한 (   )으로 항행하여야 하며, (   )은 제한된 시계 안에 있는 경우 기관을 즉시 조작할 수 있도록 준비하고 있어야 한다.

가 시정, 최소한의 속력, 동력선

나 시정, 안전한 속력, 모든 선박

사 사정과 조건, 안전한 속력, 동력선

아 사정과 조건, 최소한의 속력, 모든 선박

해설

모든 선박은 시계가 제한된 그 당시의 사정과 조건에 적합한 안전한 속력으로 항행하여야 하며, 동력선은 제한된 시계 안에 있는 경우 기관을 즉시 조작할 수 있도록 준비하고 있어야 한다(해상교통안전법 제84조 제2항).

09 해사안전법상 원칙적으로 통항분리수역의 연안통항대를 이용할 수 없는 선박은?

가 길이 25미터인 범선

나 길이 25미터인 선박

사 어로에 종사하고 있는 선박

아 인접한 항구로 입항·출항하는 선박

정답 **06** 사 **07** 사 **08** 사 **09** 나

연안통항대 항행 금지의 예외 : 길이 20미터 미만의 선박, 범선, 어로에 종사하고 있는 선박, 인접한 항구로 입항·출항하는 선박, 연안통항대 안에 있는 해양시설 또는 도선사의 승하선 장소에 출입하는 선박, 급격한 위험을 피하기 위한 선박 등(해상교통안전법 제75조 제4항).

10 해사안전법상 가장 잘 보이는 곳에 수직으로 붉은색 전주등 2개, 좌현에 붉은색 등, 우현에 녹색 등, 선미에 흰색 등을 켜고 있는 선박은?

가 흘수제약선

나 어로에 종사하고 있는 선박

사 대수속력이 있는 조종제한선

아 대수속력이 있는 조종불능선

붉은색 전주등 2개를 표시한 선박은 조종불능선이다. 조종불능선이 대수속력이 있는 경우 이에 덧붙여 현등 1쌍과 선미등 1개를 추가한다(해상교통안전법 제92조).

11 (   )에 적합한 것은?

> 해사안전법상 섬광등은 360도에 걸치는 수평의 호를 비추는 등화로서 일정한 간격으로 1분에 (   ) 이상 섬광을 발하는 등이다.

가 60회 이상

나 120회 이상

사 180회 이상

아 240회 이상

섬광등 : 360도에 걸치는 수평의 호를 비추는 등화로서 일정한 간격으로 1분에 120회 이상 섬광을 발하는 등(해상교통안전법 제86조).

12 해사안전법상 등화에 사용되는 등색이 아닌 것은?

가 녹색

나 흰색

사 청색

아 붉은색

등화에 사용되는 등색 : 백색, 붉은색, 황색, 녹색(해상교통안전법 제86조).

13 (   )에 적합한 것은?

> 해사안전법상 항행 중인 동력선이 (   )에 있는 경우에 그 침로를 변경하거나 그 기관을 후진하여 사용할 때에는 기적신호를 행하여야 한다.

가 평수구역

나 서로 상대의 시계 안

사 제한된 시계

아 무역항의 수상구역 안

항행 중인 동력선이 서로 상대의 시계 안에 있는 경우에 그 침로를 변경하거나 그 기관을 후진하여 사용할 때에는 기적신호를 실시(해상교통안전법 제99조)

14 해사안전법상 제한된 시계 안에서 2분을 넘지 아니하는 간격으로 장음 2회의 기적신호를 들었다면 그 기적을 울린 선박은?

가 정박선

나 조종제한선

사 앉혀 있는 선박

아 대수속력이 없는 항행 중인 동력선

제한된 시계 안에서의 음향신호(해상교통안전법 제100조)

선박 구분		신호 간격	신호 내용
항행 중인 동력선	대수속력이 있는 경우	2분 이내	장음 1회
	대수속력이 없는 경우	2분 이내	장음 2회

15 ( )에 순서대로 적합한 것은?

> 해사안전법상 좁은 수로의 굽은 부분에 접근하는 선박은 ( )의 기적신호를 울리고, 그 기적신호를 들은 선박은 ( )의 기적신호를 울려 이에 응답하여야 한다.

가 단음 1회, 단음 2회

나 장음 1회, 단음 2회

사 단음 1회, 단음 1회

아 장음 1회, 장음 1회

좁은 수로 등의 굽은 부분이나 장애물 때문에 다른 선박을 볼 수 없는 수역에 접근하는 선박의 기적신호(경고신호) 및 응답신호 : 장음 1회(해상교통안전법 제99조)

16 선박의 입항 및 출항 등에 관한 법률상 무역항의 수상구역 등에 출입하는 선박 중 출입 신고 면제 대상 선박이 아닌 것은?

가 총톤수 10톤인 선박

나 해양사고구조에 사용되는 선박

사 국내항 간을 운항하는 동력요트

아 도선선, 예선 등 선박의 출입을 지원하는 선박

출입 신고의 면제 선박(법 제4조 제1항)
- 총톤수 5톤 미만의 선박
- 해양사고구조에 사용되는 선박
- 「수상레저안전법」에 따른 수상레저기구 중 국내항 간을 운항하는 모터보트 및 동력요트
- 관공선, 군함, 해양경찰함정 등 공공의 목적으로 운영하는 선박
- 선박의 출입을 지원하는 선박(도선선, 예선 등)
- 연안수역을 항행하는 정기여객선으로서 경유항에 출입하는 선박
- 피난을 위하여 긴급히 출항하여야 하는 선박

17 선박의 입항 및 출항 등에 관한 법률상 무역항의 수상구역 등에서 위험물운송선박이 아닌 선박이 불꽃이나 열이 발생하는 용접 등의 방법으로 수리하려고 하는 경우 관리청의 허가를 받아야 하는 선박의 크기 기준은?

가 총톤수 20톤 이상

나 총톤수 25톤 이상

사 총톤수 50톤

아 총톤수 100톤 이상

선장은 무역항의 수상구역 등에서 다음의 선박을 불꽃이나 열이 발생하는 용접 등의 방법으로 수리하려는 경우 해양수산부령으로 정하는 바에 따라 관리청의 허가를 받아야 한다. 다만, 제2호의 선박은 기관실, 연료탱크, 그 밖에 해양수산부령으로 정하는 선박 내 위험구역에서 수리작업을 하는 경우에만 허가를 받아야 한다.
- 위험물을 저장·운송하는 선박과 위험물을 하역한 후에도 인화성 물질 또는 폭발성 가스가 남아 있어 화재 또는 폭발의 위험이 있는 선박
- 총톤수 20톤 이상의 선박(위험물운송선박은 제외)

18 (   )에 적합한 것은?

> 선박의 입항 및 출항 등에 관한 법률상 해양
> 사고를 피하기 위한 경우 등이 아닌 경우 선
> 장은 항로에 선박을 정박 또는 정류시키거나
> 예인되는 선박 또는 (   )을 내버려두어서
> 는 아니 된다.

가 쓰레기
나 부유물
사 배설물
아 오염물질

선장은 항로에 선박을 정박 또는 정류시키거나 예인되
는 선박 또는 부유물을 방치하여서는 아니 된다(법 제11
조 제1항).

19 (   )에 적합한 것은?

> 선박의 입항 및 출항 등에 관한 법률상 관리
> 청은 무역항의 수상구역 등에서 선박교통의
> 안전을 위하여 필요한 경우에는 무역항과 무
> 역항의 수상구역 밖의 (   )를 항로로 지
> 정·고시할 수 있다.

가 수로
나 일방통항로
사 어로
아 통항분리대

관리청은 무역항의 수상구역 등에서 선박교통의 안전
을 위하여 필요한 경우에는 무역항과 무역항의 수상구
역 밖의 수로를 항로로 지정·고시할 수 있다(법 제10조
제1항).

20 선박의 입항 및 출항 등에 관한 법률상 선박이
무역항의 수상구역 등에서 항로를 따라 항행 중
다른 선박과 마주칠 우려가 있는 경우 항법으로
옳은 것은?

가 합의하여 항행할 것
나 오른쪽으로 항행할 것
사 항로를 빨리 벗어날 것
아 최대 속력으로 증속할 것

항로에서 다른 선박과 마주칠 우려가 있는 경우에는 오
른쪽으로 항행할 것(법 제12조 제1항)

21 (   )에 순서대로 적합한 것은?

> 선박의 입항 및 출항 등에 관한 법률상
> (   )은 (   )으로부터 최고속력의 지정
> 을 요청받은 경우 특별한 사유가 없으면 무역
> 항의 수상구역 등에서 선박 항행 최고속력을
> 지정·고시하여야 한다.

가 관리청, 해양경찰청장
나 지정청, 해양경찰청장
사 관리청, 지방해양수산청장
아 지정청, 지방해양수산청장

해양경찰청장은 다른 선박의 안전 운항에 지장을 초래
할 우려가 있다고 인정하는 경우 관리청에 무역항의 수
상구역 등에서의 선박 항행 최고속력을 지정할 것을 요
청할 수 있다. 요청을 받은 관리청은 특별한 사유가 없
으면 무역항의 수상구역 등에서 선박 항행 최고속력을
지정·고시하여야 한다(법 제17조 제2·3항).

22 (　　)에 적합한 것은?

> 선박의 입항 및 출항 등에 관한 법률상 (　　) 외의 선박은 무역항의 수상구역 등에 출입하는 경우 또는 무역항의 수상구역 등을 통과하는 경우에는 해양사고를 피하기 위한 경우 등 해양수산부령으로 정하는 사유가 있는 경우를 제외하고 지정·고시된 항로를 따라 항행하여야 한다.

가 예인선
나 우선피항선
사 조종불능선
아 흘수제약선

우선피항선 외의 선박은 무역항의 수상구역 등에 출입 또는 통과하는 경우에는 지정·고시된 항로를 따라 항행하여야 한다(법 제10조 제2항).

23 해양환경관리법상 선박에서 발생하는 폐기물 배출에 대한 설명으로 옳지 않은 것은?

가 플라스틱 그물은 해양에 배출할 수 없다.

나 음식찌꺼기는 어떠한 상황에서도 배출할 수 없다.

사 어업활동 중 폐사된 물고기는 해양에 배출할 수 있다.

아 해양환경에 유해하지 않은 화물잔류물은 영해기선으로부터 25해리 이상에서 해양에 배출할 수 있다.

음식찌꺼기는 영해기선으로부터 최소한 12해리 이상의 해역. 다만, 분쇄기 또는 연마기를 통하여 25mm 이하의 개구(開口)를 가진 스크린을 통과할 수 있도록 분쇄되거나 연마된 음식찌꺼기의 경우 영해기선으로부터 3해리 이상의 해역에 버릴 수 있다(「선박에서의 오염방지에 관한 규칙」 별표 3).

24 해양환경관리법의 적용 대상이 아닌 것은?

가 영해 내의 방사성 물질
나 영해 내의 대한민국선박
사 영해 내의 대한민국선박 외의 선박
아 배타적경계수역 내의 대한민국선박

방사성 물질과 관련한 해양환경관리 및 해양오염방지에 대하여는 「원자력안전법」이 정하는 바에 따른다(법 제3조).

25 해양환경관리법상 소형선박에 비치해야 하는 기관구역용 폐유저장용기에 관한 규정으로 옳지 않은 것은?

가 용기는 2개 이상으로 나누어 비치할 수 있다.

나 용기의 재질은 견고한 금속성 또는 플라스틱 재질이어야 한다.

사 총톤수 5톤 이상 10톤 미만의 선박은 30리터 저장용량의 용기를 비치하여야 한다.

아 총톤수 10톤 이상 30톤 미만의 선박은 60리터 저장용량의 용기 비치를 비치하여야 한다.

소형선박 기관구역용 폐유저장용기 비치기준(「선박에서의 오염방지에 관한 규칙」 별표 7)

대상선박	저장용량 (단위 : ℓ)
총톤수 5톤 이상 10톤 미만의 선박	20
총톤수 10톤 이상 30톤 미만의 선박	60
총톤수 30톤 이상 50톤 미만의 선박	100
총톤수 50톤 이상 100톤 미만으로서 유조선이 아닌 선박	200

정답　22 나　23 나　24 가　25 사

제4과목　기관

01 내연기관의 거버너에 대한 설명으로 옳은 것은?

가　기관의 회전속도가 일정하게 되도록 연료유의 공급량을 조절한다.

나　기관에 들어가는 연료유의 온도를 자동으로 조절한다.

사　배기가스 온도가 고온이 되는 것을 방지한다.

아　기관의 흡입 공기량을 효율적으로 조절한다.

해설

조속기(거버너) : 기관의 회전속도를 일정하게 유지하기 위해 기관에 공급되는 연료의 공급량을 가감하는 것

02 4행정 사이클 디젤 기관의 압축행정에 대한 설명으로 옳은 것을 모두 고른 것은?

> ① 가장 일을 많이 하는 행정이다.
> ② 연소실 내부 공기의 온도가 상승한다.
> ③ 연소실 내부 공기의 압력이 내려간다.
> ④ 흡기밸브와 배기밸브가 모두 닫혀 있다.
> ⑤ 피스톤이 상사점에서 하사점으로 내려간다.

가　②, ④　　　　나　②, ③, ④

사　②, ③, ④, ⑤　　아　①, ②, ③, ④, ⑤

해설

압축행정 : 흡입행정 중에 열려 있던 흡기밸브가 닫히고 피스톤이 하사점에서 상사점으로 올라가는 동안 흡입행정에서 실린더에 흡입된 공기는 점차 압축되어 공기의 압력과 온도는 급격히 상승

03 소형 내연기관에서 실린더 라이너가 너무 많이 마멸되었을 경우 일어나는 현상이 아닌 것은?

가　연소가스가 샌다.

나　출력이 낮아진다.

사　냉각수의 누설이 많아진다.

아　연료유의 소모량이 많아진다.

해설

실린더 라이너 마모의 영향 : 실린더 내 압축공기 누설로 출력 저하, 압축압력의 저하, 연료의 불완전 연소, 연료 소비량 증가, 윤활유 소비량 증가, 기관의 시동성 저하, 가스가 크랭크실로 누설

04 다음과 같은 습식 실린더 라이너에서 ④를 통과하는 유체는?

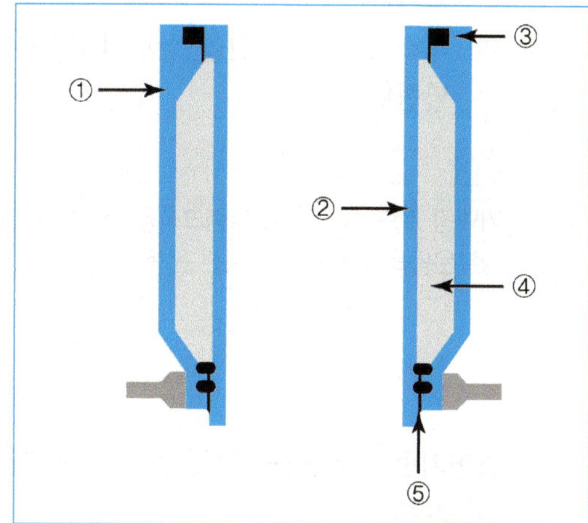

가　윤활유　　　　나　청수

사　연료유　　　　아　공기

해설

습식 라이너는 냉각수와 직접 접촉하는 라이너로 ④는 냉각수 통로이다.

정답　**01** 가　**02** 가　**03** 사　**04** 나

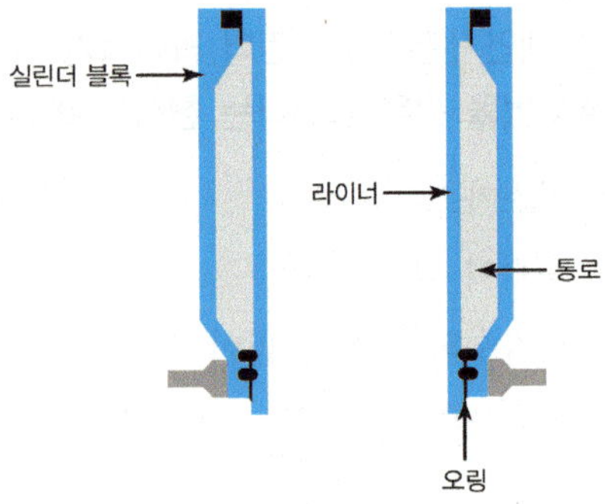

05 트렁크형 소형기관에서 커넥팅 로드의 역할로 옳은 것은?

가 피스톤이 받은 힘을 크랭크에 전달한다.

나 크랭크축의 회전운동을 왕복운동으로 바꾼다.

사 피스톤 로드가 받은 힘을 크랭크에 전달한다.

아 피스톤이 받은 열을 실린더 라이너에 전달한다.

커넥팅 로드 : 피스톤과 크랭크축을 연결하여 피스톤의 왕복운동을 크랭크축의 회전 운동으로 바꾸어 전달

06 소형기관의 운전 중 회전운동을 하는 부품이 아닌 것은?

가 평형추　　　나 피스톤

사 크랭크축　　아 플라이휠

피스톤은 회전운동을 하는 게 아니라 실린더 내에서 왕복운동을 한다.

07 크랭크축 구조에 대한 설명으로 옳은 것을 모두 고른 것은?

① 크랭크 핀은 커넥팅 로드 대단부와 연결된다.
② 크랭크 핀은 크랭크 저널과 크랭크 암을 연결한다.
③ 크랭크 저널은 크랭크 암과 크랭크 핀을 연결한다.
④ 크랭크 저널은 메인 베어링에 의해 지지되는 축이다.

가 ①, ③　　　나 ①, ④

사 ②, ③　　　아 ②, ④

크랭크축의 구성 : 크랭크 저널, 크랭크 핀, 크랭크 암 등
• **크랭크 저널** : 메인 베어링에 의해 상하가 지지되어 그 속에서 회전하는 부분
• **크랭크 핀** : 크랭크 저널의 중심에서 크랭크 반지름만큼 떨어진 곳에 있으며 저널과 평행하게 설치
• **크랭크 암** : 크랭크 저널과 크랭크 핀을 연결하는 부분으로 크랭크 핀 반대쪽 크랭크 암에는 평형추를 설치

08 디젤 기관에서 각부 마멸량을 계측하는 부위와 공구가 옳게 짝지어진 것은?

가 피스톤 링 두께 – 내측 마이크로미터

나 크랭크 암 디플렉션 – 버니어 캘리퍼스

사 흡기 및 배기밸브 틈새 – 필러 게이지

아 실린더 라이너 내경 – 외측 마이크로미터

필러 게이지 : 정확한 두께의 철편이 단계별로 되어 있는 측정용 게이지로, 두 부품 사이의 좁은 틈 및 간극을 측정하기 위한 기구

정답　05 가　06 나　07 나　08 사

09 선교에 설치되어 있는 주기관 연료 핸들의 역할은?

가 연료 공급 펌프의 회전수를 조정한다.

나 연료 공급 펌프의 압력을 조정한다.

사 거버너의 연료량 설정값을 조정한다.

아 거버너의 감도를 조정한다.

제어실의 연료 핸들을 움직이면 링크 기구를 통해 조속기(거버너)에 속도 설정 신호를 보내어 조속기의 속도 설정치를 조절할 수 있다.

10 소형 디젤 기관의 운전 중 윤활유 섬프탱크의 레벨이 비정상적으로 상승하는 주된 원인은?

가 연료분사 밸브에서 연료유가 누설된 경우

나 배기밸브에서 배기가스가 누설된 경우

사 피스톤 링의 마멸로 배기가스가 유입된 경우

아 실린더 라이너의 누수로 인해 물이 유입된 경우

윤활유 섬프탱크의 레벨이 비정상적으로 상승하는 원인 : 윤활유 냉각기의 누수, 실린더 내부를 통한 물의 유입, 실린더 라이너의 누수, 실린더 헤드의 플러그를 통한 물의 유입, 배기 밸브의 냉각수 연결 부위로부터의 누수 등

11 선박용 추진기관의 동력전달계통에 포함되지 않는 것은?

가 감속기　　　나 추진기

사 과급기　　　아 추진기축

동력전달장치 : 주기관의 동력을 추진기에 전달하기 위한 장치로 클러치, 변속기, 감속기, 추진축, 추진기, 역전장치 등

12 압축공기로 시동하는 디젤 기관에서 시동이 되지 않는 경우의 원인이 아닌 것은?

가 터닝기어가 연결되어 있는 경우

나 시동공기의 압력이 너무 낮은 경우

사 시동공기의 온도가 너무 낮은 경우

아 시동공기 분배기가 고장이거나 차단된 경우

시동이 안 되는 경우 원인 : 실린더 내의 온도가 낮을 때, 물이나 공기가 있는 불량한 연료유를 사용했을 때, 연료 노즐의 연료가 분사되지 않아 연료 공급이 안 될 때, 실린더 내 연료분사가 잘 되지 않거나 양이 극히 적을 때, 실린더 내 배기밸브가 심하게 누설되어 압축압력이 너무 낮을 때

13 소형선박에서 전진 및 후진을 하기 위해 필요하며 기관에서 발생한 동력을 추진기축으로 전달하거나 끊어 주는 장치는?

가 클러치　　　나 베어링

사 새프트　　　아 크랭크

클러치
- 선박의 기관에서 발생한 동력을 추진기축으로 전달하거나 끊어 주는 장치
- 내연기관에서 발생한 동력을 축계에 전달하거나 차단시키는 장치

정답　**09** 사　**10** 아　**11** 사　**12** 사　**13** 가

14 다음 그림과 같이 4개(1, 2, 3, 4)의 너트로 디젤 기관의 실린더 헤드를 조립할 때 너트의 조임 순서로 가장 적절한 것은?

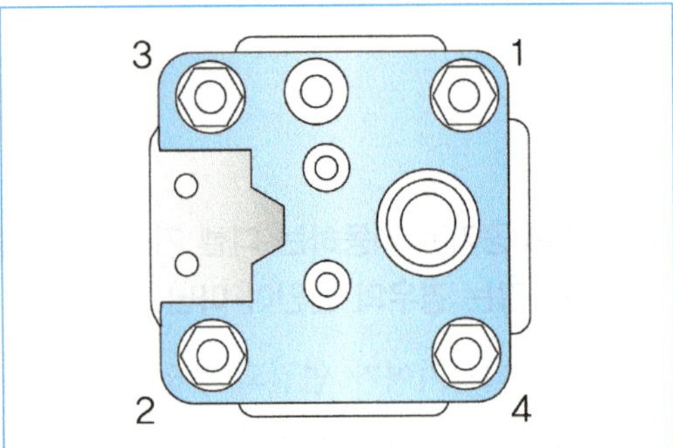

가 1→2→3→4→2→1→4→3

나 1→4→2→3→1→4→2→3

사 1→3→2→4→1→3→2→4

아 1→2→3→4→1→3→2→4

 **해설**

실린더 헤드 너트는 대각선으로 균일하게 조인다.

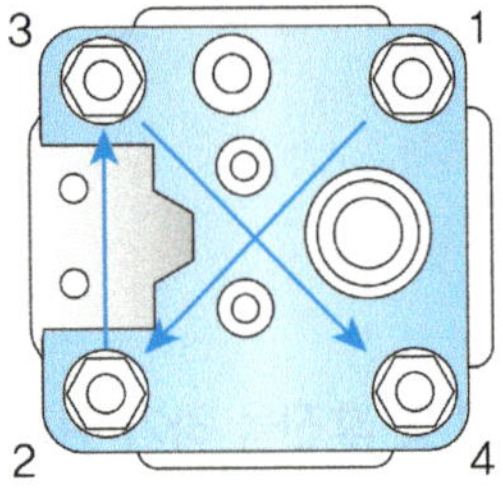

15 조타장치의 조종장치에 사용되는 방식이 아닌 것은?

가 전기식　　　나 공기식

사 유압식　　　아 기계식

 **해설**

동력 조타장치의 제어장치 종류
- 기계식 : 주로 소형선에 사용
- 유압식 또는 전기식 : 중대형선에 사용

16 다음 중 임펠러가 있는 펌프는?

가 연료유 펌프

나 해수 펌프

사 윤활유 펌프

아 연료분사 펌프

 **해설**

해수 펌프의 구성품 : 원심 펌프의 일종이므로 임펠러, 마우스 링, 케이싱, 안내깃, 와류실, 글랜드패킹, 체크 밸브, 축봉장치 등으로 구성

17 "윤활유 펌프는 주로 (　　)를 사용한다."에서 (　　)에 적합한 것은?

가 플런더 펌프　　　나 기어 펌프

사 원심 펌프　　　아 분사 펌프

 **해설**

윤활유 펌프 : 기어 펌프를 많이 사용하며, 부하에 관계 없이 압력을 일정하게 유지함

18 변압기의 정격 용량을 나타내는 단위는?

가 [A]　　　나 [Ah]

사 [kW]　　　아 [kVA]

 **해설**

변압기 : 교류의 전압이나 전류의 값을 변환(전압을 증감)시키는 장치로 정격 용량 단위로 [kVA]를 사용

정답 　14 가　15 나　16 나　17 나　18 아

19 발전기의 기중차단기를 나타내는 것은?

가 ACB   나 NFB

사 OCR   아 MCCB

해설

발전기의 기중차단기(ACB)
- 과전류 단락 및 지락사고 등 이상전류 발생 시 압축 공기를 이용하여 회로를 차단하는 전기개폐장치
- 부하 변동이 있는 교류 발전기에서 항상 일정하게 전압을 유지하는 장치

20 방전이 되면 다시 충전해서 계속 사용할 수 있는 전지는?

가 1차 전지

나 2차 전지

사 3차 전지

아 4차 전지

해설

전지의 종류
- **1차 전지** : 한 번 방전하면 다시 사용할 수 없는 전지
- **2차 전지** : 방전이 되면 다시 충전해서 계속 사용할 수 있는 전지

21 "정박 중 기관을 조정하거나 검사, 수리 등을 할 때 운전속도보다 훨씬 낮은 속도로 기관을 서서히 회전시키는 것을 ( )이라 한다."에서 ( )에 알맞은 것은?

가 워밍   나 시동

사 터닝   아 운전

해설

기관을 운전속도보다 훨씬 낮은 속도로 서서히 회전시키는 것을 터닝이라고 한다. 터닝은 기관을 조정하거나 검사, 수리 등을 할 때 실시한다.

22 디젤 기관에서 연료분사 밸브가 누설될 경우 발생하는 현상으로 옳은 것은?

가 배기온도가 내려가고 검은색 배기가 발생한다.

나 배기온도가 올라가고 검은색 배기가 발생한다.

사 배기온도가 내려가고 흰색 배기가 발생한다.

아 배기온도가 올라가고 흰색 배기가 발생한다.

해설

연료분사 밸브가 누설되면 배기온도가 높아지고 배기 색이 나빠져 검은색 배기가 발생한다.

23 디젤 기관을 정비하는 목적이 아닌 것은?

가 기관을 오랫동안 사용하기 위해

나 기관의 정격출력을 높이기 위해

사 기관의 고장을 예방하기 위해

아 기관의 운전효율이 낮아지는 것을 방지하기 위해

해설

정격출력은 정해진 운전 조건하에서 정해진 시간 동안의 운전을 보증하는 출력으로 정비 목적과는 관련이 없다.

정답   19 가   20 나   21 사   22 나   23 나

24 일정량의 연료유를 가열했을 때 그 값이 변하지 않는 것은?

가 점도　　　　나 부피

사 질량　　　　아 온도

연료유를 가열하면 온도는 상승하며, 점도는 낮아지고 부피는 커진다. 가열과 질량 사이에는 관련성이 없다.

25 연료유 탱크에 들어 있는 기름보다 비중이 더 큰 기름을 동일한 양으로 혼합한 경우 비중은 어떻게 변하는가?

가 혼합비중은 비중이 더 큰 기름보다 비중이 더 커진다.

나 혼합비중은 비중이 더 큰 기름의 비중과 동일하게 된다.

사 혼합비중은 비중이 더 작은 기름보다 비중이 더 작아진다.

아 혼합비중은 비중이 작은 기름과 비중이 큰 기름의 중간 정도로 된다.

같은 양의 비중이 작은 기름에 비중이 큰 기름을 혼합한 경우 혼합비중은 두 기름의 중간 정도로 된다.

정답 24 사　25 아

2023년 제3회 — 최신 기출문제

01 자기 컴퍼스에서 선박의 동요로 비너클이 기울어져도 볼은 항상 수평으로 유지하기 위한 것은?

　가 피벗　　　　나 섀도 핀
　사 짐벌즈　　　아 컴퍼스 액

해설

짐벌링(짐벌즈) : 목재 또는 비자성재로 만든 원통형의 지지대인 비너클(Binnacle)이 기울어져도 볼을 항상 수평으로 유지시켜 주는 장치

02 제진토크와 북탐토크가 동시에 일어나는 경사 제진식 자이로컴퍼스에만 있는 오차는?

　가 위도오차　　나 경도오차
　사 동요오차　　아 가속도오차

해설

위도오차(제진오차) : 제진 세차 운동과 지북 세차 운동이 동시에 일어나는 경사 제진식 제품에만 생기는 오차

03 음향측심기의 용도가 아닌 것은?

　가 어군의 존재 파악
　나 해저의 저질 상태 파악
　사 선박의 속력과 항주거리 측정
　아 수로 측량이 부정확한 곳의 수심 측정

해설

음향측심기 : 해저의 저질, 어군 존재 파악을 위한 것으로 초행인 수로 출입, 여울, 암초 등에 접근할 때 안전항해를 위하여 사용

04 풍향풍속계에서 지시하는 풍향과 풍속에 대한 설명으로 옳지 않은 것은?

　가 풍향은 바람이 불어오는 방향을 말한다.
　나 풍향이 반시계 방향으로 변하면 풍향이 반전이라 한다.
　사 풍속은 정시 관측 시각 전 15분간 풍속을 평균하여 구한다.
　아 어느 시간 내의 기록 중 가장 최대의 풍속을 순간 최대 풍속이라 한다.

해설

풍속 : 바람의 세기로 정시 관측 시각 전 10분간의 풍속을 평균하여 구한다.

05 자기 컴퍼스의 용도가 아닌 것은?

　가 선박의 침로 유지에 사용
　나 물표의 방위 측정에 사용
　사 다른 선박의 속력 측정에 사용
　아 다른 선박의 상대방위 변화 확인에 사용

해설

자기 컴퍼스 : 자석을 이용해 자침이 지구 자기의 방향을 지시하도록 만든 장치로, 선박의 침로를 알거나 물표의 방위를 관측하여 선위를 확인하는 계기

06 전파항법 장치 중 위성을 이용하는 것은?

　가 데카(DECCA)　　나 지피에스(GPS)
　사 알디에프(RDF)　아 로란(LORAN)

정답　01 사　02 가　03 사　04 사　05 사　06 나

지피에스(GPS) : 24개의 인공위성으로부터 오는 전파를 사용하여 본선의 위치를 계산하는 방식의 전파항법 장치

07 출발지에서 도착지까지의 항정선상의 거리 또는 두 지점을 잇는 대권상의 호의 길이를 해일로 표시한 것은?

가 항정
나 변경
사 소권
아 동서거

항정 : 지구 위의 모든 자오선과 같은 각으로 만나는 곡선으로 선박이 일정한 침로를 유지하면서 항행할 때 지구 표면에 그리는 항적

08 오차삼각형이 생길 수 있는 선위 결정법은?

가 4점방위법
나 수심연측법
사 양측방위법
아 교차방위법

오차삼각형 : 교차방위법으로 관측된 3개의 방위선이 서로 한 점에서 교차하지 않고 생기는 작은 삼각형

09 레이더를 작동하였을 때, 레이더 화면을 통하여 알 수 있는 정보가 아닌 것은?

가 암초의 종류
나 해안선의 윤곽
사 선박의 존재 여부
아 표류 중인 부피가 큰 장애물

레이더는 거리 및 방향을 파악하는 계기로 암초의 종류는 파악할 수 없다.

10 다음 그림은 상대운동 표시방식 레이더 화면에서 본선 주변에 있는 4척의 선박을 플로팅한 것이다. 현재 상태에서 본선과 충돌할 가능성이 가장 큰 선박은?

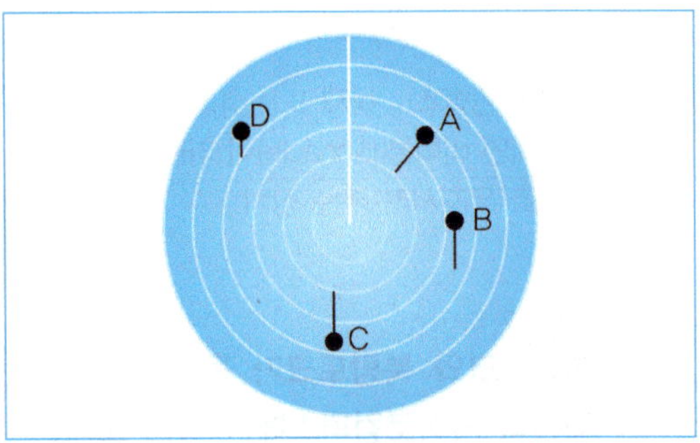

가 A
나 B
사 C
아 D

상대운동 표시방식의 레이더로 모든 물체는 자선의 움직임에 대하여 상대적인 움직임으로 표시된다. 충돌의 위험이 가장 큰 것은 본선의 항로에 접근 가능한 위치인 A선박이다.

11 (   )에 적합한 것은?

(   )은 지구의 중심에 시점을 두고 지구 표면 위의 한 점에 접하는 평면에 지구 표면을 투영하는 방법이다.

가 곡선도법
나 대권도법
사 점장도법
아 평면도법

정답 07 가   08 아   09 가   10 가   11 나

대권도법 : 대권(지구 중심을 가로지르는 선)을 이용한 도법으로 긴 항해를 계획할 때 유리

12 조석표에 대한 설명으로 옳지 않은 것은?

가 조석 용어의 해설도 포함하고 있다.

나 각 지역의 조석 및 조류에 대해 상세히 기술하고 있다.

사 표준항 이외에 항구에 대한 조시, 조고를 구할 수 있다.

아 국립해양조사원은 외국항 조석표는 발행하지 않는다.

국립해양조사원에서 한국연안조석표는 1년마다 간행하며, 태평양 및 인도양 연안의 조석표는 격년 간격으로 간행

13 해도에 사용되는 기호와 약어를 수록한 수로도서지는?

가 항로지   나 항행통보

사 해도도식   아 국제신호서

해도도식 : 해도상 여러 가지 사항들을 표시하기 위하여 사용되는 특수한 기호와 양식, 약어 등을 총칭

14 선박이 지향등을 보면서 좁은 수로를 안전하게 통과하려고 할 때 선박이 위치하여야 할 등의 색깔은?

가 녹색   나 홍색

사 백색   아 청색

지향등 : 선박의 통항이 곤란한 좁은 수로, 항구, 만 입구에서 안전 항로를 알려 주기 위해 항로의 연장선상 육지에 설치한 분호등으로 녹색, 적색, 백색이 있으며, 백색광이 안전구역이다.

15 황색의 'X' 모양 두표를 가진 표지는?

가 방위표지

나 안전수역표지

사 특수표지

아 고립장애(장해)표지

특수표지 : 공사구역 등 특별한 시설이 있음을 나타내는 표지로, 황색으로 된 ×자 모양의 형상물

16 항만, 정박지, 좁은 수로 등의 좁은 구역을 상세히 그린 종이해도는?

가 항양도   나 항해도

사 해안도   아 항박도

항해도 : 항만, 정박지, 협수로 등 좁은 구역을 세부까지 상세하게 수록한 해도(1/5만 이상의 대축척 해도)

17 해도상 두 지점 간의 거리를 잴 때 기준 눈금은?

가 위도의 눈금   나 경도의 눈금

사 나침도의 눈금   아 거등권상의 눈금

두 지점 간 거리는 위도를 나타내는 눈금의 길이와 같다.

정답 **12** 아 **13** 사 **14** 사 **15** 사 **16** 아 **17** 가

18 해저의 지형이나 기복상태를 판단할 수 있도록 수심이 동일한 지점을 가는 실선으로 연결하여 나타낸 것은?

가 등고선 나 등압선

사 등심선 아 등온선

등심선 : 해저의 기복상태를 알기 위해 같은 수심인 장소를 연결한 선으로 통상 2m, 5m, 20m, 200m의 선이 그려져 있다.

19 다음 등질 중 군섬광등은? (단, 색상은 고려하지 않고, 검은색으로 표시되지 않은 부분은 등광이 비추는 것을 나타냄)

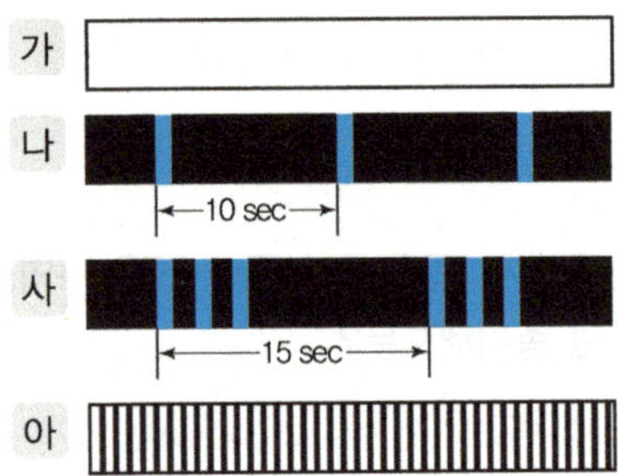

군섬광등(Fl)은 섬광등의 일종으로 1주기 동안 2회 이상의 섬광을 내는 등이다.
가. 부동등, 나. 섬광등, 사. 군섬광등, 아. 급성광등

20 다음 국제해상부표식의 종류 중 A와 B지역에 따라 등화의 색상이 다른 것은?

가 측방표지

나 특수표지

사 방위표지

아 고립장애(장해)표지

측방표지 : 국제해상부표시스템에서 A방식과 B방식을 이용하는 지역에서 서로 다르게 사용되는 항로표지로 선박이 항행하는 수로의 좌·우측 한계를 표시하기 위해 설치된 표지

21 선박에서 온도계로 기온을 관측하는 방법으로 옳지 않은 것은?

가 온도계가 직접 태양광선을 받도록 한다.

나 통풍이 잘 되는 풍상 측 장소를 선택한다.

사 빗물이나 해수가 온도계에 직접 닿지 않도록 한다.

아 체온이나 기타 열을 발생시키는 물질이 온도계에 영향을 주지 않도록 한다.

관측하는 온도계가 들어 있는 백엽상의 문은 햇빛의 영향을 적게 받도록 하기 위해 북쪽에 만든다.

22 고기압에 대하여 옳게 설명한 것은?

가 1기압보다 높은 것을 말한다.

나 상승기류가 있어 날씨가 좋다.

사 주위의 기압보다 높은 것을 말한다.

아 바람은 저기압 중심에서 고기압 쪽으로 분다.

고기압은 주위보다 상대적으로 기압이 높은 것으로 하강기류가 생겨 날씨는 비교적 좋다.

정답 **18** 사 **19** 사 **20** 가 **21** 가 **22** 사

23 열대 저기압의 분류 중 'TD'가 의미하는 것은?

가 태풍

나 열대 폭풍

사 열대 저기압

아 강한 열대 폭풍

열대 저압부(tropical depression, TD) : 열대 저기압 중 최대 풍속이 33노트(보퍼트 풍력 계급 7) 이하인 것

24 좁은 수로를 통과할 때나 항만을 출입할 때 선위 측정을 자주 하거나 예정 침로를 계속 유지하기가 어려운 경우에 대비하여 미리 해도를 보고 위험을 피할 수 있도록 준비하여 둔 예방선은?

가 중시선

나 피험선

사 방위선

아 변침선

피험선 : 협수로를 통과할 때나 출·입항할 때에 자주 변침하여 마주치는 선박을 적절히 피하고, 위험을 예방하며, 예정 침로를 유지하기 위한 위험 예방선

25 조류가 강한 좁은 수로를 통항하는 가장 좋은 시기는?

가 강한 순조가 있을 때

나 조류 시기와는 무관함

사 계류 또는 조류가 약한 때

아 타효가 좋은 강한 역조가 있을 때

조류가 강할 때에는 무리하게 항해하지 않아야 하며, 조류의 방향을 알고 가능한 정횡으로부터 받지 않아야 한다. 그리고 수역의 폭이 넓은 지역으로 진입한다.

제2과목 **운용**

01 갑판의 구조를 나타내는 그림에서 ②는?

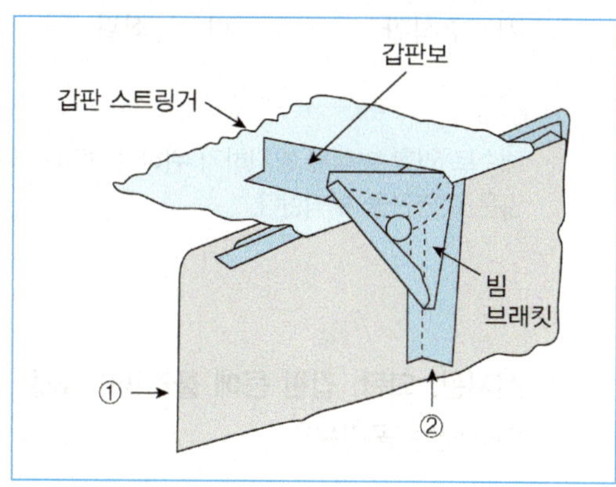

가 용골

나 외판

사 늑판

아 늑골

늑골(②) : 선측 외판을 보강하는 구조부재로서 선체의 갑판에서 선저 만곡부까지 용골에 대해 직각으로 설치하는 강재이다.
①은 외판이다.

02 선저부의 중심선에 배치되어 배의 등뼈 역할을 하며 선수미에 이르는 종강력재는?

가 외판

나 용골

사 늑골

아 종통재

용골 : 선저의 선체 중심선을 따라서 선수재로부터 선미 골재까지 길이 방향으로 관통하는 구조부재로 척추 역할을 한다.

정답 **23** 사 **24** 나 **25** 사 / **01** 아 **02** 나

03 강선 선저부의 선체나 타판이 부식되는 것을 방지하기 위해 선체 외부에 부착하는 것은?

가 동판   나 아연판

사 주석판   아 놋쇠판

해수로 인한 부식을 방지하기 위하여 선체의 외부에는 많은 아연판을 부착한다.

04 선저판, 외판, 갑판 등에 둘러싸여 화물 적재에 이용되는 공간은?

가 격벽

나 코퍼댐

사 선창

아 밸러스트 탱크

선창 : 내저판, 외판 및 늑골(frame), 격벽 등으로 구성되어 있으며, 화물 적재에 이용되는 공간

05 선박안전법에 의하여 선체 및 기관, 설비 및 속구, 만재흘수선, 무선설비 등에 대하여 5년마다 실행하는 정밀검사는?

가 임시검사

나 중간검사

사 정기검사

아 특수선검사

정기검사 : 선박을 최초로 항해에 사용하는 때 또는 선박검사증서의 유효기간이 만료된 때(5년)에는 선박시설과 만재흘수선에 대하여 실행하는 정밀검사

06 선박이 항행하는 구역 내에서 선박의 안전상 허용될 최대한의 흘수선은?

가 선수흘수선

나 만재흘수선

사 평균흘수선

아 선미흘수선

만재흘수선 : 안전 항해를 위해서 허용되는 최대 흘수선으로 계절, 해역, 선박의 종류에 따라 다름. 선체 중앙부 양현에 만재흘수선표를 표시

07 선박에서 사용되는 유류를 청정하는 방법이 아닌 것은?

가 원심적 청정법

나 여과기에 의한 청정법

사 전기분해에 의한 청정법

아 중력에 의한 분리 청정법

청정의 방법에는 중력에 의한 침전분리법, 여과기에 의한 분리법, 원심분리법 등이 있다. 최근의 선박은 비중차를 이용한 원심식 청정기를 주로 사용하고 있다.

08 열전도율이 낮은 방수 물질로 만들어진 포대기 또는 옷으로 방수복을 착용하지 않은 사람이 입는 것은?

가 방수복   나 구명조끼

사 보온복   아 구명부환

보온복 : 물이 스며들지 않아 수온이 낮은 물속에서 체온을 보호할 수 있는 옷으로 방수복과 달리 구명동의의 기능이 없다.

09 조난선박으로부터 수신된 조난신호의 해상이동 업무식별번호(MMSI number)에서 앞의 3자리가 '441'이라고 표시되어 있다면 조난 선박의 국적은?

가 한국　　　　나 일본
사 중국　　　　아 러시아

해상이동업무식별부호(MMSI) : 선박국, 해안국 및 집단호출을 유일하게 식별하기 위해 사용되는 부호로서, 9개의 숫자로 구성(우리나라의 경우 440, 441로 시작)

10 구명뗏목의 자동이탈장치가 작동되어야 하는 수심의 기준은?

가 약 1미터
나 약 4미터
사 약 10미터
아 약 30미터

자동이탈장치(수압이탈장치)의 작동 수심 기준은 수면 아래 4m 이내이다.

11 406MHz의 조난주파수에 부호화된 메시지의 전송 이외에 121.5MHz의 호밍 주파수의 발신으로 구조선박 또는 항공기가 무선방향탐지기에 의하여 위치 탐색이 가능하여 수색과 구조 활동에 이용되는 설비는?

가 비컨(beacon)
나 양방향 VHF 무선전화 장치
사 비상위치지시 무선표지설비(EPIRB)
아 수색구조용 레이더 트랜스폰더(SART)

비상위치지시용 무선표지(EPIRB) : 선박이 조난상태에 있고 수신시설도 이용할 수 없음을 표시하는 것으로, 수색과 구조 작업 시 생존자의 위치결정을 용이하게 하도록 무선표지신호를 발신하는 무선설비

12 선박의 초단파(VHF) 무선설비에서 다른 선박과의 교신에 사용할 수 있는 채널에 대한 설명으로 옳은 것은?

가 단신채널만 선박 간 교신이 가능하다.
나 복신채널만 선박 간 교신이 가능하다.
사 단신채널과 복신채널 모두 선박 간 교신이 가능하다.
아 단신채널과 복신채널 모두 선박 간 교신이 불가능하다.

양방향 VHF 무선전화 장치 : 조난 현장에서 생존정과 구조정 상호 간 현장 통신을 위해 준비된 무선설비로 채널 16번을 포함하여 최소 2개 이상의 주파수를 사용할 수 있도록 규정되어 있으나, 대부분의 단신채널은 사용할 수 있도록 구성되어 있다.

13 선박안전법상 평수구역을 항해구역으로 하는 선박이 갖추어야 하는 무선설비는?

가 중파(MF) 무선설비
나 초단파(VHF) 무선설비
사 비상위치지시 무선표지(EPIRB)
아 수색구조용 레이더 트랜스폰더(SART)

정답　09 가　10 나　11 사　12 가　13 나

 해설

초단파(VHF) 무선설비 : 선박과 선박, 선박과 육상국 사이의 통신에 주로 사용하며, 평수구역을 항해하는 총톤수 2톤 이상의 소형선박에 반드시 설치해야 하는 무선통신 설비

14 선박용 초단파(VHF) 무선설비의 최대 출력은?

가 10W 나 15W

사 20W 아 25W

 해설

초단파(VHF) 무선설비의 최대 출력은 25W이다.

15 근접하여 운항하는 두 선박의 상호 간섭작용에 대한 설명으로 옳지 않은 것은?

가 선속을 감속하면 영향이 줄어든다.

나 두 선박 사이의 거리가 멀어지면 영향이 줄어든다.

사 소형선은 선체가 작아 영향을 거의 받지 않는다.

아 마주칠 때보다 추월할 때 상호 간섭작용이 오래 지속되어 위험하다.

 해설

두 선박이 접근하여 운항할 경우 대형선에 비해 소형선의 상호 간섭작용이 크게 나타나므로 더 위험하다.

16 다음 중 선박 조종에 미치는 영향이 가장 작은 요소는?

가 바람 나 파도

사 조류 아 기온

해설

수온(기온)은 선박 조종에 영향을 주지 않는다.

17 (   )에 순서대로 적합한 것은?

단추진기 선박을 (   )으로 보아서, 전진할 때 스크루 프로펠러가 (   )으로 회전하면 우선회 스크루 프로펠러라고 한다.

가 선미에서 선수 방향, 왼쪽

나 선수에서 선미 방향, 오른쪽

사 선수에서 선미 방향, 시계 방향

아 선미에서 선수 방향, 시계 방향

 해설

선미에서 선수를 바라볼 때 추진기가 시계 방향으로 돌아가는 것을 우회전, 반시계 방향으로 돌아가는 것을 좌회전이라 한다. 추진기가 1개인 선박은 보통 전진할 때 추진기는 우회전한다.

18 (   )에 순서대로 적합한 것은?

선속을 전속 전진상태에서 감속하면서 선회를 하면 선회권은 (   ), 정지상태에서 선속을 증가하면서 선회하면 선회경은 (   ).

가 감소하고, 감소한다

나 증가하고, 감소한다

사 감소하고, 증가한다

아 증가하고, 증가한다

 해설

선속의 크기는 이론적 해석에 의하면 선회권에 영향을 미치지 않으나, 선속을 전속 전진상태에서 감속하면서 선회를 하면 선회권은 증가하고, 정지상태에서 선속을 증가하면서 선회를 하면 선회권이 감소한다.

정답 **14** 아 **15** 사 **16** 아 **17** 아 **18** 나

19 좁은 수로(항내 등)에서 조선 중 주의해야 할 사항으로 옳지 않은 것은?

가 전후방, 좌우방향을 잘 감시하면서 운항해야 한다.

나 속력은 조선에 필요한 정도로 지속 운항하고 과속 운항을 피해야 한다.

사 다른 선박과 충돌의 위험이 있으면 침로를 유지하고 경고 신호를 울려야 한다.

아 충돌의 위험이 있을 때는 조타, 기관조작, 투묘하여 정지시키는 등 조치를 취해야 한다.

다른 선박과 충돌의 위험이 있으면 필요시 속력을 줄이거나 기관의 작동을 정지, 후진하여 선박의 진행을 완전히 멈춘다.

20 강한 조류가 있을 경우 선박을 조종하는 방법으로 옳지 않은 것은?

가 유향, 유속을 잘 알 수 있는 시간에 항행한다.

나 가능한 한 선수를 유향에 직각 방향으로 향하게 한다.

사 유속이 있을 때 계류작업을 할 경우 유속에 대등한 타력을 유지한다.

아 조류가 흘러가는 쪽에 장애물이 있는 경우에는 충분한 공간을 두고 조종한다.

강한 조류가 있을 경우 선박을 조종하는 방법 : 선속을 낮추고 조타 시 소각도로 조금씩 변침

21 배의 운항 시 충분한 건현이 필요한 이유는?

가 배의 속력을 줄이기 위해서

나 배의 부력을 확보하기 위해서

사 배의 조종성능을 알기 위해서

아 항행 가능한 수심을 알기 위해서

선박이 안전하게 항행하기 위해서는 어느 정도의 예비부력을 가져야 한다. 이 예비부력은 선체가 침수되지 않은 부분의 수직거리로써 결정되는데, 이것을 건현이라고 한다.

22 히브 투(Heave to) 방법의 경우 선수로부터 좌·우현 몇 도 정도 방향에서 풍랑을 받아야 하는가?

가 5~10도　　나 10~15도

사 25~35도　　아 45~50도

거주(히브 투, heave to) : 일반적으로 풍랑을 선수로부터 좌·우현으로 25°~35° 방향에서 받아 선수를 풍랑 쪽으로 향하게 하여 조타가 가능한 최소의 속력으로 전진하는 방법

23 북반구에서 본선이 태풍의 진로상에 있다면 피항방법으로 옳은 것은?

가 풍랑을 정선수에서 받으며 피항한다.

나 풍랑을 좌현 선미에서 받으며 피항한다.

사 풍랑을 좌현 선수에서 받으며 피항한다.

아 풍랑을 우현 선미에 받으며 최대 선속으로 피항한다.

정답　**19** 사　**20** 나　**21** 나　**22** 사　**23** 아

북반구에서 태풍이 접근할 때 반시계 방향은 가항반원에 위치하므로 바람을 우현 선미로 받으면서 항해하여 피항한다.

24 연안에서 좌초 사고가 발생하여 인명피해가 발생하였거나 침몰위험에 처한 경우 구조요청을 하여야 하는 곳은?

가 선주
나 관할 해양수산청
사 대리점
아 가까운 해양경찰서

화재, 충돌, 좌초, 익수, 기관 고장, 표류, 환자발생, 해양오염, 밀수, 밀입국, 선상폭행, 불법조업 등 해양에서 발생하는 모든 사건 사고는 해양경찰서 해양긴급신고 번호(122번)로 신고해야 한다.

25 선박 간 충돌사고의 직접적인 원인이 아닌 것은?

가 계류삭 정비 불량
나 항해사의 선박 조종술 미숙
사 항해장비의 불량과 운용 미숙
아 승무원의 주의태만으로 인한 과실

충돌사고의 주요 원인 : 승무원의 항법 미숙과 경계 소홀, 당직자의 당직 소홀과 조선 미숙, 협수로나 항만 등에 관한 항해 정보의 부족, 정비 불량과 운용 미숙, 잘못된 위치 판단과 돌발적인 기상의 변화

제3과목　**법규**

01 〈보기〉에서 해사안전법상 교통안전특정해역이 설정된 구역을 모두 고른 것은?

┤보기├
ㄱ. 동해구역　　ㄴ. 부산구역
ㄷ. 여수구역　　ㄹ. 목포구역

가 ㄴ
나 ㄴ, ㄷ
사 ㄴ, ㄷ, ㄹ
아 ㄱ, ㄴ, ㄷ, ㄹ

교통안전특정해역의 범위 : 인천, 부산, 울산, 포항, 여수 구역(해상교통안전법 시행령 제5조 별표 1)

02 해사안전법상 선박이 항행 중인 상태는?

가 정박 상태
나 얹혀 있는 상태
사 고장으로 표류하고 있는 상태
아 항만의 안벽 등 계류시설에 매어 놓은 상태

항행 중이란 선박이 정박, 얹혀 있는 상태, 항만의 안벽 등 계류시설에 매어 놓은 상태에 해당하지 아니하는 상태를 말한다(해상교통안전법 제2조 제19호).

03 해사안전법상 '조종제한선'이 아닌 것은?

가 준설 작업을 하고 있는 선박
나 항로표지를 부설하고 있는 선박
사 기뢰제거작업에 종사하고 있는 선박
아 조타기 고장으로 수리 중인 선박

정답 **24** 아 **25** 가 / **01** 나 **02** 사 **03** 아

 **해설**

조종제한선 : 다음의 작업과 그 밖에 선박의 조종성능을 제한하는 작업에 종사하고 있어 다른 선박의 진로를 피할 수 없는 선박(해상교통안전법 제2조 제11호).

• 항로표지, 해저전선 또는 해저파이프라인의 부설·보수·인양 작업
• 준설(浚渫)·측량 또는 수중 작업
• 항행 중 보급, 사람 또는 화물의 이송 작업
• 항공기의 발착(發着)작업
• 기뢰제거작업
• 진로에서 벗어날 수 있는 능력에 제한을 많이 받는 예인작업

04 해사안전법상 선박의 항행안전에 필요한 항행보조시설을 〈보기〉에서 모두 고른 것은?

> ┤ 보기 ├
> ㄱ. 신호　　　　ㄴ. 해양관측 설비
> ㄷ. 조명　　　　ㄹ. 항로표지

가 ㄱ, ㄴ, ㄷ　　　나 ㄱ, ㄷ, ㄹ
사 ㄴ, ㄷ, ㄹ　　　아 ㄱ, ㄴ, ㄹ

 **해설**

항행보조시설 : 해양수산부장관은 선박의 항행안전에 필요한 항로표지·신호·조명 등 항행보조시설을 설치하고 관리·운영하여야 한다(해상교통안전법 제44조).

05 해사안전법상 국제항해에 종사하지 않는 여객선에 대한 출항통제권자는?

가 시·도지사　　　나 해양수산부장관
사 해양경찰서장　　아 지방해양수산청장

해설

국제항해에 종사하지 않는 여객선 및 여객용 수면비행선박의 출항통제권자 : 해양경찰서장(해상교통안전법 시행규칙 제33조 관련 별표 10)

06 해사안전법상 항로를 지정하는 목적은?

가 해양사고 방지를 위해
나 항로외 구역을 개발하기 위해
사 통항하는 선박들의 완벽한 통제를 위해
아 항로 주변의 부가가치를 창출하기 위해

 **해설**

항로의 지정 : 해양사고가 일어날 우려가 있다고 인정하면 선박의 항행안전에 필요한 사항을 해양수산부령으로 정하는 바에 따라 고시(해상교통안전법 제30조)

07 해사안전법상 법에서 정하는 바가 없는 경우 충돌을 피하기 위한 동작이 아닌 것은?

가 적극적인 동작
나 충분한 시간적 여유를 가지는 동작
사 선박을 적절하게 운용하는 관행에 따른 동작
아 침로나 속력을 소폭으로 연속적으로 변경하는 동작

 **해설**

충분히 크게 변경하여야 하며, 침로나 속력을 소폭으로 연속적으로 변경하여서는 아니 된다(해상교통안전법 제73조).

08 (　　)에 적합한 것은?

> 해사안전법상 통항분리수역에서 부득이한 사유로 통항로를 횡단하여야 하는 경우에는 그 통항로와 선수 방향이 (　　)에 가까운 각도로 횡단하여야 한다.

가 직각　　　　나 예각
사 둔각　　　　아 소각

정답 **04** 나　**05** 사　**06** 가　**07** 아　**08** 가

부득이한 사유로 그 통항로를 횡단하여야 하는 경우에는 그 통항로와 선수 방향이 직각에 가까운 각도로 횡단하여야 한다(해상교통안전법 제75조 제3항).

09 (   )에 순서대로 적합한 것은?

해사안전법상 선박은 접근하여 오는 다른 선박의 (   )에 뚜렷한 변화가 일어나지 아니하면 (   )이 있다고 보고 필요한 조치를 하여야 한다.

가 나침방위, 통과할 가능성
나 나침방위, 충돌할 위험성
사 선수 방위, 통과할 가능성
아 선수 방위, 충돌할 위험성

선박은 접근하여 오는 다른 선박의 나침방위에 뚜렷한 변화가 일어나지 아니하면 충돌할 위험성이 있다고 보고 필요한 조치를 하여야 함(해상교통안전법 제72조).

10 (   )에 순서대로 적합한 것은?

해사안전법상 밤에는 다른 선박의 (   )만을 볼 수 있고 어느 쪽의 (   )도 볼 수 없는 위치에서 그 선박을 앞지르는 선박은 앞지르기 하는 배로 보고 필요한 조치를 취하여야 한다.

가 선수등, 현등
나 선수등, 전주등
사 선미등, 현등
아 선미등, 전주등

다른 선박의 양쪽 현의 정횡으로부터 22.5도를 넘는 뒤쪽(밤에는 다른 선박의 선미등만을 볼 수 있고 어느 쪽의 현등도 볼 수 없는 위치)에서 그 선박을 앞지르는 선박은 앞지르기 하는 배로 보고 필요한 조치를 취하여야 수행(해상교통안전법 제78조 제2항).

11 해사안전법상 서로 시계 안에 있는 2척의 동력선이 마주치는 상태로 충돌의 위험이 있을 때의 항법으로 옳은 것은?

가 큰 배가 작은 배를 피한다.
나 작은 배가 큰 배를 피한다.
사 서로 좌현 쪽으로 변침하여 피한다.
아 서로 우현 쪽으로 변침하여 피한다.

2척의 동력선이 마주치거나 거의 마주치게 되어 충돌의 위험이 있을 때에는 각 동력선은 서로 다른 선박의 좌현 쪽을 지나갈 수 있도록 침로를 우현 쪽으로 변경(해상교통안전법 제79조 제1항).

12 해사안전법상 충돌의 위험이 있는 2척의 동력선이 상대의 진로를 횡단하는 경우 피항선이 피항 동작을 취하고 있지 아니하다고 판단되었을 때 침로와 속력을 유지하여야 하는 선박의 조치로 옳은 것은?

가 피항 동작
나 침로와 속력의 유지
사 증속하여 피항선 선수 방향 횡단
아 좌현 쪽에 있는 피항선을 향하여 침로를 왼쪽으로 변경

정답 09 나 10 사 11 아 12 가

횡단하는 상태(해상교통안전법 제80조)
- 2척의 동력선이 상대의 진로를 횡단하는 경우로서 충돌의 위험이 있을 때에는 다른 선박을 우현 쪽에 두고 있는 선박이 그 다른 선박의 진로를 회피
- 다른 선박의 진로를 피하여야 하는 선박은 부득이한 경우 외에는 그 다른 선박의 선수 방향을 횡단 금지

13 (   )에 순서대로 적합한 것은?

> 해사안전법상 모든 선박은 시계가 제한된 그 당시의 (   )에 적합한 (   )으로 항행하여야 하며, (   )은 제한된 시계 안에 있는 경우 기관을 즉시 조작할 수 있도록 준비하고 있어야 한다.

가 시정, 최소한의 속력, 동력선

나 시정, 안전한 속력, 모든 선박

사 사정과 조건, 안전한 속력, 동력선

아 사정과 조건, 최소한의 속력, 모든 선박

모든 선박은 시계가 제한된 그 당시의 사정과 조건에 적합한 안전한 속력으로 항행하여야 하며, 동력선은 제한된 시계 안에 있는 경우 기관을 즉시 조작할 수 있도록 준비하고 있어야 한다(해상교통안전법 제84조 제2항).

14 해사안전법상 선수와 선미의 중심선상에 설치된 붉은색과 녹색의 두 부분으로 된 등화로서 그 붉은색과 녹색 부분이 각각 현등의 붉은색 등 및 녹색 등과 같은 특성을 가진 등은?

가 삼색등

나 전주등

사 선미등

아 양색등

양색등 : 선수와 선미의 중심선상에 설치된 붉은색과 녹색의 두 부분으로 된 등화로서 그 붉은색과 녹색 부분이 각각 현등의 붉은색 등 및 녹색 등과 같은 특성을 가진 등(해상교통안전법 제86조)

15 해사안전법상 단음은 몇 초 정도 계속되는 고동 소리인가?

가 1초

나 2초

사 4초

아 6초

기적의 종류(해상교통안전법 제97조)
- 단음 : 1초 정도 계속되는 고동소리
- 장음 : 4초부터 6초까지의 시간 동안 계속되는 고동소리

16 (   )에 적합한 것은?

> 선박의 입항 및 출항 등에 관한 법률상 무역항의 수상구역 등에서 예인선이 다른 선박을 끌고 항행할 경우, 예인선의 선수로부터 피예인선의 선미까지의 길이는 (   )미터를 초과할 수 없다.

가 50

나 100

사 150

아 200

예인선의 선수로부터 피예인선의 선미까지의 길이는 200미터를 초과하지 않을 것(법 제5조 제1항, 시행규칙 제9조 제1항).

정답   13 사   14 아   15 가   16 아

17 선박의 입항 및 출항 등에 관한 법률상 무역항의 수상구역 등에서 선박수리 허가를 받아야 하는 선박 내 위험구역이 아닌 곳은?

가 선교 　　　　나 축전지실

사 코퍼댐 　　　아 페인트 창고

선박 내 위험구역 : 윤활유탱크, 코퍼댐(coffer dam), 공소(空所), 축전지실, 페인트 창고, 가연성 액체를 보관하는 창고, 폐위된 차량구역(시행규칙 제21조)

18 (　　)에 적합한 것은?

> 선박의 입항 및 출항 등에 관한 법률상 무역항의 수상구역 등이나 무역항의 수상구역 밖 (　　) 이내의 수면에 선박의 안전운항을 해칠 우려가 있는 폐기물을 버려서는 아니 된다.

가 10킬로미터 　　나 15킬로미터

사 20킬로미터 　　아 25킬로미터

누구든지 무역항의 수상구역 등이나 무역항의 수상구역 밖 10킬로미터 이내의 수면에 선박의 안전운항을 해칠 우려가 있는 흙·돌·나무·어구(漁具) 등 폐기물을 버려서는 아니 된다(법 제38조 제1항).

19 (　　)에 적합한 것은?

> 선박의 입항 및 출항 등에 관한 법률상 총톤수 (　　)톤 미만의 선박은 무역항의 수상구역에서 다른 선박의 진로를 피하여야 한다.

가 20톤 　　　　나 30톤

사 50톤 　　　　아 100톤

우선피항선 : 주로 무역항의 수상구역에서 운항하는 선박으로서 다른 선박의 진로를 피하여야 하는 선박으로 총톤수 20톤 미만의 선박(법 제2조 제5호)

20 (　　)에 적합한 것은?

> 선박의 입항 및 출항 등에 관한 법률상 우선피항선 외의 선박은 무역항의 수상구역 등에 (　　)하는 경우 또는 무역항의 수상구역 등을 (　　)하는 경우에는 원칙적으로 지정·고시된 항로를 따라 항행하여야 한다.

가 입거, 우회 　　나 입거, 통과

사 출입, 통과 　　아 출입, 우회

우선피항선 외의 선박은 무역항의 수상구역 등에 출입 또는 통과하는 경우에는 지정·고시된 항로를 따라 항행하여야 한다(법 제10조 제2항).

21 (　　)에 공통으로 적합한 것은?

> 선박의 입항 및 출항 등에 관한 법률상 선박이 무역항의 수상구역 등에서 해안으로 길게 뻗어 나온 육지 부분, 부두, 방파제 등 인공시설물의 튀어나온 부분 또는 정박 중인 선박(이하 (　　)이라 한다)을 오른쪽 뱃전에 두고 항행할 때에는 (　　)에 접근하여 항행하고, (　　)을 왼쪽 뱃전에 두고 항행할 때에는 멀리 떨어져서 항행하여야 한다.

가 위험물 　　　나 항행장애물

사 부두등 　　　아 항만구역등

정답　**17** 가　**18** 가　**19** 가　**20** 사　**21** 사

선박이 무역항의 수상구역 등에서 해안으로 길게 뻗어 나온 육지 부분, 부두, 방파제 등 인공시설물의 튀어나온 부분 또는 정박 중인 선박을 오른쪽 뱃전에 두고 항행할 때에는 부두등에 접근하여 항행하고, 부두등을 왼쪽 뱃전에 두고 항행할 때에는 멀리 떨어져서 항행하여야 한다(법 제14조).

22 (   )에 적합하지 않은 것은?

> 선박의 입항 및 출항 등에 관한 법률상 무역항의 수상구역 등에 정박하는 (   )에 따른 정박구역 또는 정박지를 지정·고시할 수 있다.

가 선박의 톤수   나 선박의 종류

사 선박의 국적   아 적재물의 종류

관리청이 무역항의 수상구역 등에 정박하는 정박구역 또는 정박지를 지정·고시하는 기준 : 선박의 종류·톤수·흘수 또는 적재물의 종류(법 제5조).

23 해양환경관리법상 배출기준을 초과하는 오염물질이 해양에 배출된 경우 누구에게 신고하여야 하는가?

가 환경부장관

나 해양경찰청장 또는 해양경찰서장

사 시·도지사 또는 관할 시장·군수·구청장

아 해양수산부장관 또는 지방해양수산청

대통령령이 정하는 배출기준을 초과하는 오염물질이 해양에 배출되거나 배출될 우려가 있다고 예상되는 경우 해당하는 자는 지체 없이 해양경찰청장 또는 해양경찰서장에게 이를 신고하여야 한다(법 제63조 제1항).

24 해양환경관리법상 소형선박에 비치해야 하는 기관구역용 폐유저장용기에 관한 규정으로 옳지 않은 것은?

가 용기는 2개 이상으로 나누어 비치할 수 있다.

나 용기의 재질은 견고한 금속성 또는 플라스틱 재질이어야 한다.

사 총톤수 5톤 이상 10톤 미만의 선박은 30리터 저장용량의 용기를 비치하여야 한다.

아 총톤수 10톤 이상 30톤 미만의 선박은 60리터 저장용량의 용기 비치를 비치해야 한다.

소형선박 기관구역용 폐유저장용기 비치기준(「선박에서의 오염방지에 관한 규칙」 별표 7)

대상선박	저장용량
총톤수 5톤 이상 10톤 미만의 선박	20(ℓ)
총톤수 10톤 이상 30톤 미만의 선박	60(ℓ)
총톤수 30톤 이상 50톤 미만의 선박	100(ℓ)
총톤수 50톤 이상 100톤 미만으로서 유조선이 아닌 선박	200(ℓ)

- 폐유저장용기는 2개 이상으로 나누어 비치할 수 있다.
- 폐유저장용기는 견고한 금속성 재질 또는 플라스틱 재질로서 폐유가 새지 아니하도록 제작되어야 하고, 해당 용기의 표면에는 선명 및 선박번호를 기재하고 그 내용물이 폐유임을 표시하여야 한다.
- 폐유저장용기 대신에 소형선박용 기름여과장치를 설치할 수 있다.

25 해양환경관리법상 기름오염방제와 관련된 설비와 자재가 아닌 것은?

가 유겔화제   나 유처리제

사 오일펜스   아 유수분리기

자재 및 약제의 비치(시행규칙 제32조 및 별표 11)
유겔화제(기름을 굳게 하는 물질), 유처리제, 유흡착재, 오일펜스(해상에 울타리를 치듯이 막는 방제자재)

정답   **22** 사 **23** 나 **24** 사 **25** 아

제4과목 기관

01 디젤 기관의 연료분사 조건 중 분사되는 연료유가 극히 미세화되는 것을 무엇이라 하는가?

가 무화
나 관통
사 분산
아 분포

연료분사 조건
- **무화** : 분사되는 연료유의 미립화
- **관통** : 노즐에서 피스톤까지 도달할 수 있는 관통력
- **분산** : 연료유가 원뿔형으로 분사되어 퍼지는 상태
- **분포** : 실린더 내에 분사된 연료유가 공기와 균등하게 혼합된 상태

02 4행정 사이클 내연기관의 흡·배기 밸브에서 밸브겹침을 두는 주된 이유는?

가 윤활유의 소비량을 줄이기 위해
나 흡기온도와 배기온도를 낮추기 위해
사 기관의 진동을 줄이고 원활하게 회전시키기 위해
아 흡기작용과 배기작용을 돕고 밸브와 연소실을 냉각시키기 위해

흡·배기 밸브는 상사점 부근에서 크랭크 각도 40° 동안 흡기밸브와 배기밸브가 동시에 열려 있는데, 이 기간을 밸브겹침(valve overlap)이라 한다. 밸브겹침을 두는 이유는 실린더 내의 소기작용을 돕고, 밸브와 연소실의 냉각을 돕기 위해서이다.

03 디젤 기관에서 실린더 내의 연소압력이 피스톤에 작용하여 발생하는 동력은?

가 전달마력
나 유효마력
사 제동마력
아 지시마력

도시마력(지시마력, 실마력)
- 디젤 기관에서 실린더 내의 연소압력이 피스톤에 작용하여 발생하는 동력
- 실린더 내에서 발생하는 출력을 폭발압력으로부터 직접 측정하는 마력

04 선박용 디젤 기관의 요구 조건이 아닌 것은?

가 효율이 좋을 것
나 고장이 적을 것
사 시동이 용이할 것
아 운전회전수가 가능한 높을 것

선박용 기관이 갖추어야 할 조건
- 효율이 좋고, 시동이 용이할 것
- 흡입공기에서 습기와 염분을 분리하는 장치가 필요하며, 냉각을 위해서 해수를 사용하기 때문에 부식에 강한 재료를 사용해야 함
- 수명이 길고 잦은 고장 없이 작동에 대한 신뢰성이 높아야 함
- 좁고 밀폐된 공간에 설치되므로 흡기와 배기가 원활해야 함
- 역회전 및 저속 운전이 가능하며, 과부하에도 견딜 수 있어야 함

정답 01 가 02 아 03 아 04 아

05 4행정 사이클 디젤 기관에서 실린더 내의 압력이 가장 높은 행정은?

가 흡입행정
나 압축행정
사 작동행정
아 배기행정

작동행정(폭발행정)
- 흡기밸브와 배기밸브가 닫혀 있는 상태에서 피스톤이 상사점에 도달하기 전에 연료가 분사되어 연소하고 이때 발생한 연소가스의 팽창으로 피스톤을 하사점까지 하강하여 동력을 발생
- 4행정 사이클 디젤 기관에서 실제로 동력을 발생시키는 행정

06 디젤 기관의 메인 베어링에 대한 설명으로 옳지 않은 것은?

가 볼베어링이 많이 사용된다.
나 윤활유가 공급되어 윤활시킨다.
사 베어링 틈새가 너무 크면 윤활유가 누설이 많아진다.
아 베어링 틈새가 너무 작으면 냉각이 불량해져서 열이 발생한다.

메인 베어링 : 크랭크축을 회전시키며 주로 평면 베어링을 사용

07 디젤 기관에서 실린더 라이너와 실린더 헤드 사이의 개스킷 재료로 많이 사용되는 것은?

가 구리
나 아연
사 고무
아 석면

개스킷 재료로 많이 사용되는 것 : 연강이나 구리

08 디젤 기관에서 피스톤 링을 피스톤에 조립할 경우의 주의사항으로 옳지 않은 것은?

가 링의 상하면 방향이 바뀌지 않도록 조립한다.
나 가장 아래에 있는 링부터 차례로 조립한다.
사 링이 링 홈 안에서 잘 움직이는지를 확인한다.
아 링의 절구틈이 모두 같은 방향이 되도록 조립한다.

피스톤 링의 조립 피스톤 링을 피스톤에 조립할 때는 각인된 쪽이 실린더 헤드 쪽으로 향하도록 하고, 링 이음부는 크랭크축 방향과 축의 직각 방향(측압쪽)을 피해서 120°~180° 방향으로 서로 엇갈리게 조립한다.

09 디젤 기관에서 플라이휠을 설치하는 주된 목적은?

가 소음을 방지하기 위해
나 과속도를 방지하기 위해
사 회전을 균일하게 하기 위해
아 고속 회전을 가능하게 하기 위해

플라이휠의 역할
- 크랭크축이 일정한 속도로 회전할 수 있도록 함
- 기동전동기를 통해 기관 시동을 걸고, 클러치를 통해 동력을 전달하는 기능
- 기관의 시동을 쉽게 해 주고 저속 회전을 가능하게 해 줌
- 크랭크 각도가 표시되어 있어 밸브의 조정을 편리하게 함

정답 05 사 06 가 07 가 08 아 09 사

10 디젤 기관에서 연료분사량을 조절하는 연료래크와 연결되는 것은?

가 연료분사 밸브
나 연료분사 펌프
사 연료이송 펌프
아 연료가열기

연료분사 펌프(연료 펌프) : 분사 시기 및 분사량을 조정하며, 연료분사에 필요한 고압을 만드는 장치로 연료분사량을 조절하는 연료래크와 연결되어 있음

11 디젤 기관에서 과급기를 작동시키는 것은?

가 흡입공기의 압력
나 배기가스의 압력
사 연료유의 분사 압력
아 윤활유 펌프의 출구 압력

소형 디젤 기관에서 과급기를 운전하는 작동 유체 : 고온·고압의 연소가스 압력

12 디젤 기관에서 각부 마멸량을 계측하는 부위와 공구가 옳게 짝지어진 것은?

가 피스톤 링 두께 – 내측 마이크로미터
나 크랭크 암 디플렉션 – 버니어 캘리퍼스
사 흡기 및 배기밸브 틈 – 필러 게이지
아 실린더 라이너 내경 – 외측 마이크로미터

필러 게이지 : 정확한 두께의 철편이 단계별로 되어 있는 측정용 게이지로, 두 부품 사이의 좁은 틈 및 간극을 측정하기 위한 기구

13 프로펠러가 전진으로 회전하는 경우 물을 미는 압력이 생기는 면을 (   )이라 하고 후진할 때에 물을 미는 압력이 생기는 면을 (   )이라 한다. (   )에 각각 순서대로 알맞은 것은?

가 앞면, 뒷면
나 뒷면, 앞면
사 흡입면, 압력면
아 뒷날면, 앞날면

프로펠러가 전진 회전을 하는 경우 낮은 유속으로 압력이 커지는 압력면을 앞면, 빠른 유속 때문에 압력이 작아지는 흡입면을 뒷면이라고 한다.

14 프로펠러의 피치가 1m이고 매초 2회전 하는 선박이 1시간 동안 프로펠러에 의해 나아가는 거리는 몇 km인가?

가 0.36km
나 0.72km
사 3.6km
아 7.2km

프로펠러에 의해 나아가는 거리 계산
• 피치 : 선박에서 스크루 프로펠러가 360도 1회전 하면 전진하는 거리
• 분당 이동거리 : 60초 × 2회전 = 120m
• 1시간 동안 이동한 거리 :
　60분 × 120m = 7,200m(7.2km)

15 양묘기의 구성 요소가 아닌 것은?

가 구동 전동기
나 회전 드럼
사 제동장치
아 데릭 포스트

양묘기의 구성 요소 : 체인 드럼, 클러치, 마찰 브레이크(제동장치), 워핑 드럼, 원동기(구동 전동기), 치차(Gear, 기어) 등

16 기관실 바닥의 선저폐수를 배출하는 펌프는?

가 청수 펌프 나 빌지 펌프
사 해수 펌프 아 유압 펌프

빌지 펌프 : 기관실 바닥에 고인 물이나 해수 펌프에서 누설한 물을 배출하는 전용 펌프

17 운전 중인 해수 펌프에 대한 설명으로 옳은 것은?

가 출구밸브를 조금 잠그면 송출압력이 올라간다.
나 출구밸브를 조금 잠그면 송출압력이 내려간다.
사 입구밸브를 조금 잠그면 송출압력이 많아진다.
아 입구밸브를 조금 잠그면 송출 유속이 커진다.

해수 펌프는 대부분 원심 펌프로 송출밸브는 펌프의 송출량을 조절하는 밸브이다. 원심 펌프의 입구밸브는 열고 출구밸브를 잠그면 송출압력이 올라간다.

18 5kW 이하의 소형 유도전동기에 많이 이용되는 기동법은?

가 직접 기동법 나 간접 기동법
사 기동 보상기법 아 리액터 기동법

직접 기동법 : 직접 정격전압을 인가하여 기동하는 방법으로 5kW 이하의 소형 유도전동기에 적용

19 변압기의 역할은?

가 전압의 변환 나 전력의 변환
사 압력의 변환 아 저항의 변환

변압기 : 교류의 전압이나 전류의 값을 변환(전압을 증감)시키는 장치로 정격 용량 단위로 [kVA]를 사용

20 2V 단전지 6개를 연결하여 12V가 되게 하려면 어떻게 연결해야 하는가?

가 2V 단전지 6개를 병렬 연결한다.
나 2V 단전지 6개를 직렬 연결한다.
사 2V 단전지 3개를 병렬 연결하여 나머지 3개와 직렬 연결한다.
아 2V 단전지 2개를 병렬 연결하여 나머지 4개와 직렬 연결한다.

직렬접속 : 각각의 저항을 일렬로 접속하는 것으로 직렬 연결 시 총 전압은 각 전압의 합으로 2V 단전지 6개를 직렬 연결하면 2 × 6 = 12V가 됨

21 디젤 기관의 시동 전동기에 대한 설명으로 옳은 것은?

가 시동 전동기에 교류 전기를 공급한다.
나 시동 전동기에 직류 전기를 공급한다.
사 시동 전동기는 유도전동기이다.
아 시동 전동기는 교류전동기이다.

주로 소형기관에 설치된 디젤 기관의 시동 전동기는 직류전동기를 사용한다.

정답 16 나 17 가 18 가 19 가 20 나 21 나

22 1마력(PS)이란 1초 동안에 얼마의 일을 하는가?

가 25kgf · m

나 50kgf · m

사 75kgf · m

아 102kgf · m

동력의 단위 : 1마력(PS) = 75kgf · m/s ≒ 0.735kW

23 운전 중인 디젤 기관의 진동 원인이 아닌 것은?

가 위험 회전수로 운전하고 있을 때

나 윤활유가 실린더 내에서 연소하고 있을 때

사 각 실린더의 최고압력이 심하게 차이가 날 때

아 여러 개의 기관 베드 설치 볼트가 절손되었을 때

운전 중 기관의 심한 진동이 일어나는 경우 원인 : 위험 회전수에서 운전, 각 실린더의 최고압력이 고르지 않음, 기관 베드의 설치 볼트가 이완 또는 절손, 각 베어링의 큰 틈새, 기관의 노킹현상 등

24 연료유의 점도에 대한 설명으로 옳은 것은?

가 무거운 정도를 나타낸다.

나 끈적임의 정도를 나타낸다.

사 수분이 포함된 정도를 나타낸다.

아 발열량이 큰 정도를 나타낸다.

점도 : 유체가 이동하기 어려움의 정도로, 즉 끈적거림의 정도

25 연료유의 저장 시 연료유의 성질 중 무엇이 낮으면 화재위험이 높은가?

가 인화점

나 임계점

사 유동점

아 응고점

인화점
- 연료유를 서서히 가열할 때 나오는 유증기에 불꽃을 가까이했을 때 불이 붙는 온도
- 연료유의 저장 시 인화점이 낮으연 화재의 위험성이 높은 것으로 중유가 가장 큼

정답 22 사 23 나 24 나 25 가

2023년 제4회 최신 기출문제

01 자기 컴퍼스에서 SW의 나침방위는?

가 90도
나 135도
사 180도
아 225도

 **해설**

가. 90도(E), 나. 135도(SE), 사. 180도(S), 아. 225도 (SW)

02 (   )에 적합한 것은?

> 자이로컴퍼스에서 지지부는 선체의 요동, 충격 등의 영향이 추종부에 거의 전달되지 않도록 (   ) 구조로 추종부를 지지하게 되며, 그 자체는 비너클에 지지되어 있다.

가 짐벌즈
나 인버터
사 로터
아 토커

 **해설**

짐벌즈 : 목재 또는 비자성재로 만든 원통형의 지지대인 비너클(Binnacle)이 기울어져도 볼을 항상 수평으로 유지시켜 주는 장치

03 자기 컴퍼스의 용도가 아닌 것은?

가 선박의 침로 유지에 사용
나 물표의 방위 측정에 사용
사 선박의 속력 측정에 사용
아 타선의 방위 변화 확인에 사용

사. **선속계** : 선박의 속력과 항주거리 등을 측정하는 계기

04 어느 선박과 다른 선박 상호 간에 선박의 명세, 위치, 침로, 속력 등의 선박 관련 정보와 항해 안전 정보들을 폴 주파수로 송신 및 수신하는 시스템은?

가 지피에스(GPS)
나 선박자동식별장치(AIS)
사 전자해도표시장치(ECDIS)
아 지피에스 플로터(GPS plotter)

 **해설**

선박자동식별장치(AIS) : 무선전파 송수신기를 이용하여 선박의 제원, 종류, 위치, 침로, 항해 상태 등을 자동으로 송수신하는 시스템으로, 선박과 선박 간, 선박과 연안기지국 간 항해 관련 통신장치

05 프리즘을 사용하여 목표물과 카드 눈금을 광학적으로 중첩시켜 방위를 읽을 수 있는 방위 측정 기구는?

가 쌍안경
나 방위경
사 섀도 핀
아 컴퍼지션 링

 **해설**

방위경
• 컴퍼스 볼 위에 장착하여 고도가 높은 천체나 물표의 방위를 정밀하게 방위 측정하는 데 사용
• 고도가 높은 천체는 화살표를 위쪽으로, 고도가 낮은 천체는 화살표를 아래쪽으로 하여 측정

정답 01 아 02 가 03 사 04 나 05 나

06 다음 중 지피에스(GPS)를 이용하여 얻을 수 있는 정보는?

 가 자기 선박의 위치

나 자기 선박의 국적

사 다른 선박의 존재 여부

아 다른 선박과 충돌 위험성

지피에스(GPS) : 24개의 인공위성으로부터 오는 전파를 사용하여 자기 선박의 위치를 계산하는 방식으로 위성마다 서로 다른 PN코드를 사용

07 용어에 대한 설명으로 옳은 것은?

가 전위선은 추측위치와 추정위치의 교점이다.

나 중시선은 교각이 90도인 두 물표를 연결한 선이다.

사 추측위치란 선박의 침로, 속력 및 풍압차를 고려하여 예상한 위치이다.

아 위치선은 관측을 실시한 시점에 선박이 그 선위에 있다고 생각되는 특정한 선을 말한다.

위치선 : 선박이 그 자취 위에 존재한다고 생각되는 특정한 선

08 45해리 떨어진 두 지점 사이를 대지속력 10노트로 항해할 때 걸리는 시간은? (단, 외력은 없음)

가 3시간

나 3시간 30분

사 4시간

아 4시간 30분

속력＝거리/시간
시간＝거리/속력＝45/10＝4.5시간(4시간 30분)

09 선박 주위에 있는 높은 건물로 인해 레이더 화면에 나타나는 거짓상은?

 가 맹목구간에 의한 거짓상

나 간접 반사에 의한 거짓상

사 다중 반사에 의한 거짓상

아 거울면 반사에 의한 거짓상

거울면 반사(경면반사) : 안벽, 부두, 방파제 등에 의해서 대칭으로 생기는 허상

10 작동 중인 레이더 화면에서 'A' 점은?

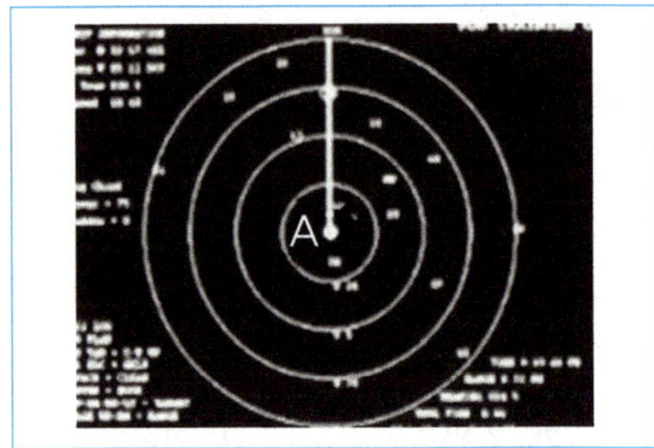

가 섬

나 자기 선박

사 육지

아 다른 선박

작동 중인 레이더는 상대운동 표시방식의 레이더로 자선(본선)의 위치가 어느 한 점(주로 PPI의 중심)에 고정되어 있기 때문에, 모든 물체는 자선의 움직임에 대하여 상대적인 움직임으로 표시된다.

11 해저의 기복상태를 알기 위해 같은 수심인 장소를 연결하는 가는 실선으로 나타낸 것은?

가 등심선

나 경계선

사 위험선

아 해안선

정답 06 가 07 아 08 아 09 아 10 나 11 가

등심선 : 해저의 지형이나 기복상태를 판단할 수 있도록 수심이 동일한 지점을 연결한 가는 실선

12 다음 중 항행통보가 제공하지 않는 정보는?

가 수심의 변화

나 조시 및 조고

사 위험물의 위치

아 항로표지의 신설 및 폐지

항행통보 : 위험물의 발견, 수심의 변화, 항로표지의 신설·폐지 등을 항해자에게 통보해 주는 것

13 다음 중 등색이나 광력이 바뀌지 않고 일정하게 빛을 내는 야간(광파)표지는?

가 명암등   나 호광등

사 부동등   아 섬광등

부동등(F) : 등색이나 등력(광력)이 바뀌지 않고 일정하게 계속 빛을 내는 등

14 풍랑이나 조류 때문에 등부표를 설치하거나 관리하기가 어려운 모래 기둥이나 암초 등이 있는 위험한 지점으로부터 가까운 곳에 등대가 있는 경우, 그 등대에 강력한 투광기를 설치하여 그 구역을 비추어 위험을 표시하는 것은?

가 도등   나 조사등

사 지향등   아 분호등

조사등 : 투광기를 통해 등표 등의 설치가 어려운 위험 지역을 직접 비추는 등화시설

15 레이더 트랜스폰더에 대한 설명으로 옳은 것은?

가 음성신호를 방송하여 방위 측정이 가능하다.

나 송신 내용에 부호화된 식별신호 및 데이터가 들어 있다.

사 선박의 레이더 영상에 송신국의 방향이 숫자로 표시된다.

아 좁은 수로 또는 항만에서 선박을 유도할 목적으로 사용한다.

레이더 트랜스폰더 : 정확한 질문을 받거나 송신이 국부 명령으로 이루어질 때 응답 전파를 발사하여 레이더의 표시기상에 그 위치가 표시되도록 하는 장치

16 점장도의 특징으로 옳지 않은 것은?

가 항정선이 직선으로 표시된다.

나 자오선은 남북 방향의 평행선이다.

사 거등권은 동서 방향의 평행선이다.

아 적도에서 남북으로 멀어질수록 면적이 축소되는 단점이 있다.

적도에서 남북으로 멀어질수록 면적이 확대되는 단점이 있다.

정답 12 나   13 사   14 나   15 나   16 아

17 해도를 제작하는 데 이용되는 도법이 아닌 것은?

가 평면도법　　나 점장도법

사 반원도법　　아 대권도법

제작법(도법)에 의한 해도의 분류 : 평면도법, 점장도법, 대권도법 등

18 종이해도를 사용할 때 주의사항으로 옳은 것은?

가 여백에 낙서를 해도 무방하다.

나 연필 끝은 둥글게 깎아서 사용한다.

사 반드시 해도의 소개정을 할 필요는 없다.

아 가장 최근에 발행된 해도를 사용해야 한다.

해도 사용 시 주의사항
- 보관 시 반드시 펴서 넣고 20매 이내로 유지
- 항상 발행 기관별 번호 순서 또는 사용 순서대로 보관
- 서랍 앞면에는 그 속에 들어 있는 해도번호, 내용물을 표시
- 운반 시 반드시 말아서 비에 젖지 않도록 풍하 쪽으로 이동
- 연필은 2B나 4B를 이용하되 끝을 납작하게 깎아서 사용
- 해도에는 필요한 선만 그을 것

19 해도상 등부표에 표시된 'Al.RG.10s20M'에 대한 설명으로 옳지 않은 것은?

가 분호등이다.

나 주기는 10초이다.

사 광달거리는 20해리이다.

아 적색과 녹색을 교대로 표시한다.

'Al.RG.10s20M'에서 Al은 호광등(Alt)으로 등광은 꺼지지 않고 등색만 바뀌는 등이다. RG는 적색과 녹색을 교대로 표시한다는 뜻이며, 10s20M은 10초 간격으로 광달거리가 20해리라는 의미이다.

20 표지가 설치된 모든 주위가 가항수역임을 알려주는 항로표지로서 주로 수로의 중앙에 설치하는 항로표지는?

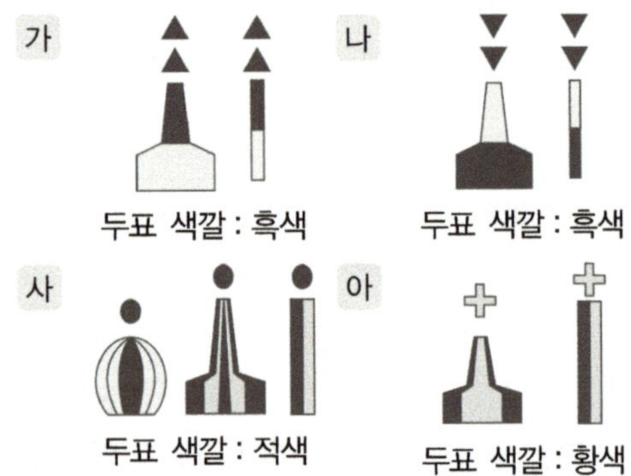

안전수역표지 : 설치 위치 주변의 모든 주위가 가항수역임을 표시하는 데 사용하는 표지로, 중앙선이나 수로의 중앙을 나타냄. 두표(적색의 구 1개), 등화(백색), 적색과 백색의 세로 방향 줄무늬

21 저기압의 특징에 대한 설명으로 옳지 않은 것은?

가 저기압 내에서는 날씨가 맑다.

나 주위로부터 바람이 불어 들어온다.

사 중심 부근에서는 상승기류가 있다.

아 중심으로 갈수록 기압경도가 커서 바람이 강해진다.

저기압 구역 내에서는 상승기류가 형성되어 구름과 강수를 일으키고 악천후의 원인이 된다.

정답 **17** 사　**18** 아　**19** 가　**20** 사　**21** 가

22 중심이 주위보다 따뜻하고, 여름철 대륙 내에서 발생하는 저기압으로, 상층으로 갈수록 저기압성 순환이 줄어들면서 어느 고도 이상에서 사라지는 키가 작은 저기압은?

가 전선 저기압
나 한랭 저기압
사 온난 저기압
아 비전선 저기압

온난 저기압 : 중심이 주위보다 온난한 저기압으로 상층에 갈수록 저기압성 순환이 감쇠하여 어느 고도에서는 소멸하는 저기압

23 피험선에 대한 설명으로 옳은 것은?

가 위험구역을 표시하는 등심선이다.
나 선박이 존재한다고 생각하는 특정한 선이다.
사 항의 입구 등에서 자선의 위치를 구할 때 사용한다.
아 항해 중에 위험물에 접근하는 것을 쉽게 탐지할 수 있다.

피험선 : 협수로를 통과할 때나 출·입항할 때에 자주 변침하여 마주치는 선박을 적절히 피하여 위험을 예방하고 여러 가지 위치선을 이용해 예정 침로를 유지하기 위한 위험 예방선

24 한랭전선과 온난전선이 서로 겹쳐져 나타나는 전선은?

가 한랭전선　　　나 온난전선
사 폐색전선　　　아 정체전선

폐색전선 : 한랭전선과 온난전선이 서로 겹쳐진 전선으로 기호 사용 시 색은 적색과 청색을 사용

25 입항항로를 선정할 때 고려사항이 아닌 것은?

가 항만관계 법규
나 항만의 상황 및 지형
사 묘박지의 수심, 저질
아 선원의 교육훈련 상태

입항항로 선정 시 고려사항 : 항만관계 법규, 항만의 상황 및 지형, 묘박지의 수심과 저질, 정박선의 동정, 다른 선박의 통항, 자기 선박의 성능 등

정답 22 사　23 아　24 사　25 아

제2과목   운용

01 대형 선박의 건조에 많이 사용되는 선체 재료는?

가 목재   나 플라스틱

사 강재   아 알루미늄

강재 : 강괴를 가공한 강철로 대형 선박의 건조에 주로 쓰임

02 갑판 개구 중에서 화물창에 화물을 적재 또는 양하하기 위한 개구는?

가 탈출구   나 해치(Hatch)

사 승강구   아 맨홀(Manhole)

해치(Hatch) : 화물창 상부의 개구를 개폐하는 장치로, 갑판 위에 적재되는 화물의 하중에도 견딜 수 있도록 충분한 강도를 가져야 한다.

03 (   )에 적합한 것은?

> 타(키)는 최대흘수 상태에서 전진 전속 시 한쪽 현 타각 35도에서 다른 쪽 현 타각 30도까지 돌아가는 데 (   )의 시간이 걸려야 한다.

가 28초 이내   나 30초 이내

사 32초 이내   아 35초 이내

국제해상인명안전협약(SOLAOS 협약)에 의하면 타는 만선 상태에서 전진 전속 시 한쪽 현 타각 35도에서 현 타각 30도까지 돌아가는 데 28초 이내에 조작할 수 있는 것이어야 한다.

04 트림의 종류가 아닌 것은?

가 등흘수   나 중앙트림

사 선수트림   아 선미트림

트림의 종류 : 등흘수, 선수트림, 선미트림

05 강선구조기준, 선박만재흘수선규정, 선박구획기준 및 선체 운동의 계산 등에 사용되는 길이는?

가 전장   나 등록장

사 수선장   아 수선간장

수선간장 : 계획만재흘수선상의 선수재의 전면으로부터 타주 후면까지의 수평거리

06 조타장치에 대한 설명으로 옳지 않은 것은?

가 자동 조타장치에서도 수동조타를 할 수 있다.

나 동력 조타장치는 작은 힘으로 타의 회전이 가능하다.

사 인력 조타장치는 소형선이나 범선 등에서 사용되어 왔다.

아 동력 조타장치는 조타실의 조타륜이 타와 기계적으로 직접 연결되어 비상조타를 할 수 없다.

동력 조타장치는 원동기의 기계적 에너지를 축, 기어, 유압 등에 의하여 타에 전달하는 장치로 조타륜과 키가 별도의 장치를 통해 연결되어 있으며, 비상조타는 조타장치의 종류와 관계없이 가능하다.

정답 01 사 **02** 나 **03** 가 **04** 나 **05** 아 **06** 아

07 스톡 앵커의 각부 명칭을 나타낸 아래 그림에서 ㉠은?

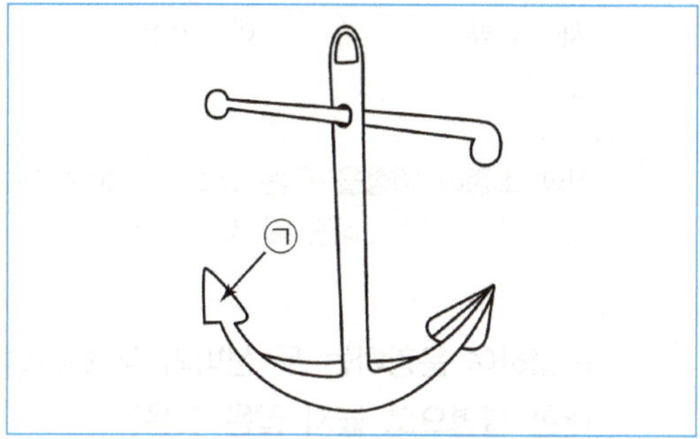

가 생크
나 크라운
사 앵커 링
아 플루크

[해설]

앵커의 각부 명칭

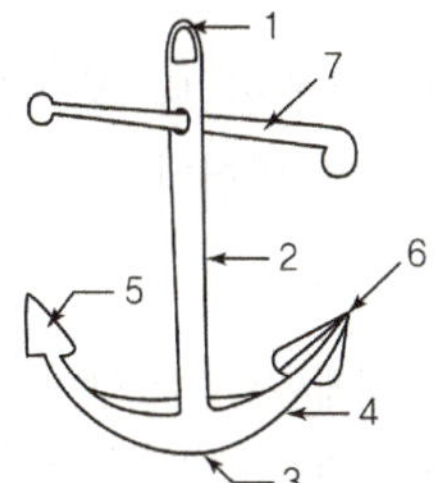

1. 앵커 링
2. 생크
3. 크라운
4. 암
5. 플루크
6. 빌
7. 스톡

08 구명설비 중에서 체온을 유지할 수 있도록 열전도율이 낮은 방수 물질로 만들어진 포대기 또는 옷은?

가 방수복
나 구명조끼
사 보온복
아 구명부환

[해설]

보온복 : 열전도율이 낮은 방수 물질로 만들어진 포대기 또는 옷으로 구명동의 위에 착용하여 전신을 덮을 수 있어야 한다.

09 해상에서 사용되는 신호 중 시각에 의한 통신이 아닌 것은?

가 수기신호
나 기류신호
사 기적신호
아 발광신호

[해설]

기적신호는 음향신호의 종류이다.

10 선박이 침몰하여 수면 아래 4미터 정도에 이르면 수압에 의하여 선박에서 자동 이탈되어 조난자가 탈 수 있도록 압축가스에 의해 펼쳐지는 구명설비는?

가 구명정
나 구명뗏목
사 구조정
아 구명부기

[해설]

구명뗏목(구명벌, Life raft) : 나일론 등과 같은 합성섬유로 된 포지를 고무로 가공해서 뗏목 모양으로 제작한 것으로, 내부에는 탄산가스나 질소가스를 주입시켜 긴급 시에 팽창시키면 뗏목 모양으로 펼쳐지는 구명설비

11 다음 그림과 같이 표시되는 장치는?

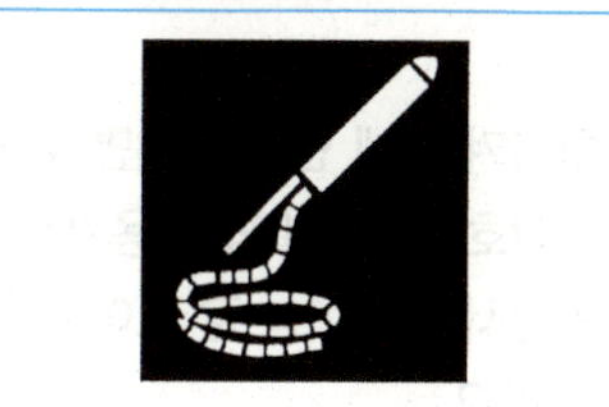

가 신호 홍염
나 구명줄 발사기
사 줄사다리
아 자기 발연 신호

[해설]

구명줄 발사기 : 선박이 조난을 당한 경우 조난선과 구조선 또는 육상과 연락하는 구명줄을 보낼 때 사용하는 장치로 수평에서 45˚ 각도로 발사

정답 **07** 아 **08** 사 **09** 사 **10** 나 **11** 나

12 선박 조난 시 구조를 기다릴 때 사람이 올라타지 않고 손으로 밧줄을 붙잡을 수 있도록 만든 구명설비는?

가 구명정
나 구명조끼
사 구명부기
아 구명뗏목

구명부기 : 구조를 기다릴 때 여러 명이 붙잡아 떠 있을 수 있도록 제작된 부체

13 선박이 침몰할 경우 자동으로 조난신호를 발신할 수 있는 무선설비는?

가 레이더(Rader)
나 초단파(VHF) 무선설비
사 나브텍스(NAVTEX) 수신기
아 비상위치지시 무선표지(EPIRB)

비상위치지시용 무선표지(EPIRB) : 선박이 비상상황으로 침몰 등의 일을 당하게 되었을 때 자동적으로 본선으로부터 이탈 부유하며 사고지점을 포함한 선명 등의 무선표지신호를 자동적으로 발신하는 설비

14 점화시켜 물에 던지면 해면 위에서 연기를 내는 조난신호장비로서 방수 용기로 포장되어 잔잔한 해면에서 3분 이상 잘 보이는 색깔의 연기를 내는 것은?

가 신호 홍염
나 자기 점화등
사 신호 거울
아 발연부 신호

자기 발연부 신호 : 주간 신호로서 구명부환과 함께 수면에 투하되면 자동으로 오렌지색 연기를 연속으로 내는 것

15 선박 조종에 미치는 영향이 가장 작은 요소는?

가 바람
나 파도
사 조류
아 기온

선박 조종에 영향을 주는 요소 : 방형비척계수, 흘수, 트림, 속력, 파도, 바람 및 조류의 영향 등

16 근접하여 운항하는 두 선박의 상호 간섭작용에 대한 설명으로 옳지 않은 것은?

가 선속을 감속하면 영향이 줄어든다.
나 두 선박 사이의 거리가 멀어지면 영향이 줄어든다.
사 소형선은 선체가 작아 영향을 거의 받지 않는다.
아 마주칠 때보다 추월할 때 상호간섭 작용이 오래 지속되어 위험하다.

크기가 다른 선박의 사이에서는 작은 선박이 훨씬 큰 영향을 받고, 소형 선박이 대형 선박 쪽으로 끌려 들어가는 경향이 크다.

17 (   )에 순서대로 적합한 것은?

> 수심이 얕은 수역에서는 타의 효과가 나빠지고, 선체 저항이 (   )하여 선회권이 (   ).

가 감소, 작아진다
나 감소, 커진다
사 증가, 작아진다
아 증가, 커진다

수심이 얕은 수역에서 항해 중인 선박은 선체의 침하, 속력 감소, 선회권 크기의 증가가 나타나며, 타효가 나빠져 조종성능의 저하가 나타난다.

18 복원력이 작은 선박을 조선할 때 적절한 조선 방법은?

가 순차적으로 타각을 높임

나 전타 중 갑자기 타각을 감소시킴

사 높은 속력으로 항행 중 대각도 전타

아 전타 중 반대 현측으로 대각도 전타

복원성이 작은 선박은 큰 속력으로 대각도 전타하거나, 전타 중 갑자기 타각을 줄인다든가, 전타 중 반대 현측으로 대각도 전타 등을 하게 되면 자칫 전복의 위험성이 커지므로, 순차적으로 타각을 높이는 조선법을 해야 한다.

19 좁은 수로를 항해할 때 유의사항으로 옳은 것은?

가 침로를 변경할 때는 대각도로 한번에 변침하는 것이 좋다.

나 언제든지 닻을 사용할 수 있도록 준비된 상태에서 항행하는 것이 좋다.

사 선수미선과 조류의 유선이 직각을 이루도록 조종하는 것이 좋다.

아 조류는 순조 때에는 정침이 잘 되지만, 역조 때에는 정침이 어려우므로 조종 시 유의하여야 한다.

좁은 수로의 항법 : 기관 사용 및 투묘 준비 상태를 계속 유지하면서 항행한다.

20 익수자 구조를 위한 표준 윌리암슨 턴은 초기 침로에서 몇 도 선회하였을 때 반대 반향으로 전타하여야 하는가?

가 35도

나 60도

사 90도

아 115도

윌리암슨 턴 : 한쪽으로 전타하여 원침로에서 약 60° 정도 벗어날 때까지 선회한 다음, 반대쪽으로 전타하여 원침로부터 180° 선회하여 전 항로로 돌아가는 방법

21 물에 빠진 익수자를 구조하는 조선법이 아닌 것은?

가 표준 턴

나 샤르노브 턴

사 싱글 턴

아 윌리암슨 턴

구조 조선법 : 윌리암슨 턴, 원턴(싱글 턴 또는 앤더슨 턴), 샤르노브 턴 등

22 황천항해를 대비하여 선박에 화물을 실을 때 주의사항으로 옳은 것은?

가 선체의 중앙부에 화물을 많이 싣는다.

나 선수부에 화물을 많이 싣는 것이 좋다.

사 화물의 무게 분포가 한 곳에 집중되지 않도록 한다.

아 상갑판보다 높은 위치에 최대한으로 많은 화물을 싣는다.

선체 화물의 배치 계획을 세울 때에는 화물의 무게 분포가 전후부 선창에 집중되는 호깅(hogging)이나, 중앙 선창에 집중되는 새깅(sagging) 상태가 되지 않도록 해야 한다.

정답 **18** 가 **19** 나 **20** 나 **21** 가 **22** 사

23 황천 조선법인 히브 투(Heave to)의 장점으로 옳지 않은 것은?

 가 선체의 동요를 줄일 수 있다.

나 풍랑에 대하여 일정한 자세를 취하기 쉽다.

사 감속이 심하더라도 보침성에는 큰 영향이 없다.

아 풍하 측으로 표류가 일어나지 않아서 풍하측 여유수역이 없어도 선택할 수 있는 방법이다.

해설

거주(히브 투, heave to) : 선체의 동요를 줄이고 파도에 대하여 자세를 취하기 쉬우며 풍하 측으로의 표류가 적은 황천 조선법

24 화재의 종류 중 전기화재가 속하는 것은?

 가 A급 화재   나 B급 화재

사 C급 화재   아 D급 화재

해설

전기화재(C급) : 청색으로 분류. 전기 에너지가 불로 전이 되는 화재

25 기관손상 사고의 원인 중 인적 과실이 아닌 것은?

 가 기관의 노후

나 기기조작 미숙

사 부적절한 취급

아 일상적인 점검 소홀

해설

인적 과실은 기계를 조작하는 사람의 조작 미숙 등으로 인한 과실이므로, 기관의 노후는 인적 과실과 관계가 없다.

제3과목 법규

01 다음 중 해사안전법상 선박이 항행 중인 상태는?

 가 정박 상태

나 얹혀 있는 상태

사 고장으로 표류하고 있는 상태

아 항만의 안벽 등 계류시설에 매어 놓은 상태

해설

항행 중 : 정박, 얹혀 있는 상태, 항만의 안벽 등 계류시설에 매어 놓은 상태에 해당하지 아니하는 상태(해상교통안전법 제2조 제19호)

02 (   )에 적합한 것은?

해사안전법상 고속여객선이란 속력 (   ) 이상으로 항행하는 여객선을 말한다.

 가 10노트   나 15노트

사 20노트   아 30노트

해설

고속여객선 : 시속 15노트 이상으로 항행하는 여객선 (해상교통안전법 제2조 제6호)

03 해사안전법상 항행장애물제거책임자가 항행장애물 발생과 관련하여 보고하여야 할 사항이 아닌 것은?

가 선박의 명세에 관한 사항

나 항행장애물의 위치에 관한 사항

사 항행장애물이 발생한 수역을 관할하는 해양관청의 명칭

아 선박소유자 및 선박운항자의 성명(명칭) 및 주소에 관한 사항

정답 **23** 사 **24** 사 **25** 가 / **01** 사 **02** 나 **03** 사

 **해설**

항행장애물을 발생시킨 선박의 선장, 선박소유자 또는 선박운항자가 보고하여야 하는 사항(해상교통안전법 제24조 제1항)

- 선박의 명세에 관한 사항
- 선박소유자 및 선박운항자의 성명(명칭) 및 주소에 관한 사항
- 항행장애물의 위치에 관한 사항
- 항행장애물의 크기·형태 및 구조에 관한 사항
- 항행장애물의 상태 및 손상의 형태에 관한 사항
- 선박에 선적된 화물의 양과 성질에 관한 사항(항행장애물이 선박인 경우만 해당)
- 선박에 선적된 연료유 및 윤활유를 포함한 기름의 종류와 양에 관한 사항(항행장애물이 선박인 경우만 해당)

04 해사안전법상 술에 취한 상태를 판별하는 기준은?

가 체온

나 걸음걸이

사 혈중알코올농도

아 실제 섭취한 알코올 양

 **해설**

술에 취한 상태의 기준 : 혈중알코올농도 0.03퍼센트 이상(해상교통안전법 제39조 제4항)

05 해사안전법상 국제항해에 종사하지 않는 여객선에 대한 출항통제권자는?

가 시·도지사 나 해양수산부장관

사 해양경찰서장 아 지방해양수산청장

해설

국제항해에 종사하지 않는 여객선 및 여객용 수면비행선박의 출항통제권자 : 해양경찰서장(해상교통안전법 시행규칙 제33조 관련 별표 10)

06 해사안전법상 안전한 속력을 결정할 때 고려할 사항이 아닌 것은?

가 시계의 상태

나 컴퍼스의 오차

사 해상교통량의 밀도

아 선박의 흘수와 수심과의 관계

 **해설**

안전한 속력을 결정할 때에는 다음 각 호(레이더를 사용하고 있지 아니한 선박의 경우에는 제1호부터 제6호까지)의 사항을 고려하여야 한다(해상교통안전법 제71조).

1. 시계의 상태
2. 해상교통량의 밀도
3. 선박의 정지거리·선회성능, 그 밖의 조종성능
4. 야간의 경우에는 항해에 지장을 주는 불빛의 유무
5. 바람·해면 및 조류의 상태와 항행장애물의 근접 상태
6. 선박의 흘수와 수심과의 관계
7. 레이더의 특성 및 성능
8. 해면상태·기상, 그 밖의 장애요인이 레이더 탐지에 미치는 영향
9. 레이더로 탐지한 선박의 수·위치 및 동향

07 해사안전법상 선박에서 하여야 하는 '적절한 경계'에 관한 설명으로 옳지 않은 것은?

가 이용할 수 있는 모든 수단을 이용한다.

나 청각을 이용하는 것이 가장 효과적이다.

사 선박 주위의 상황을 파악하기 위함이다.

아 다른 선박과 충돌할 위험성을 파악하기 위함이다.

 **해설**

경계(해상교통안전법 제70조) : 선박은 주위의 상황 및 다른 선박과 충돌할 수 있는 위험성을 충분히 파악할 수 있도록 시각·청각 및 당시의 상황에 맞게 이용할 수 있는 모든 수단을 이용하여 항상 적절한 경계를 하여야 한다.

정답 **04** 사 **05** 사 **06** 나 **07** 나

08 해사안전법상 서로 시계 안에서 항행 중인 범선과 동력선이 마주치는 상태일 경우에 피항방법으로 옳은 것은?

가 동력선만 침로를 변침한다.

나 각각 우현 쪽으로 침로를 변경한다.

사 각각 좌현 쪽으로 침로를 변경한다.

아 좌현에 바람을 받고 있는 선박이 우현 쪽으로 침로를 변경한다.

항행 중인 동력선이 선박의 진로를 피해야 할 경우 : 조종불능선, 조종제한선, 어로에 종사하고 있는 선박, 범선(해상교통안전법 제83조 제2항)

09 (   )에 적합한 것은?

> 해사안전법상 선박이 서로 시계 안에 있을 때 2척의 동력선이 상대의 진로를 횡단하는 경우로서 충돌의 위험이 있을 때에는 다른 선박을 (   ) 쪽에 두고 있는 선박이 그 다른 선박의 진로를 피하여야 한다.

가 선수   나 좌현

사 우현   아 선미

2척의 동력선이 마주치거나 거의 마주치게 되어 충돌의 위험이 있을 때에는 각 동력선은 서로 다른 선박의 좌현 쪽을 지나갈 수 있도록 침로를 우현 쪽으로 변경하여야 한다(해상교통안전법 제79조 제1항).

10 해사안전법상 어로에 종사하고 있는 선박 중 항행 중인 선박이 원칙적으로 진로를 피하거나 통항을 방해하여서는 아니 되는 선박이 아닌 것은?

가 조종제한선   나 조종불능선

사 수상항공기   아 흘수제약선

선박 사이의 책무(해상교통안전법 제83조 제4·5항)
- 어로에 종사하고 있는 선박 중 항행 중인 선박이 진로를 피해야 할 경우 : 조종불능선, 조종제한선
- 조종불능선이나 조종제한선이 아닌 선박은 부득이하다고 인정하는 경우 외에는 등화나 형상물을 표시하고 있는 흘수제약선의 통항을 방해 금지

11 해사안전법상 앞쪽에, 선미나 그 부근에 각각 흰색의 전주등 1개씩과 수직으로 붉은색 전주등 2개를 표시하고 있는 선박의 상태는?

가 정박 중인 상태

나 조종불능인 상태

사 얹혀 있는 상태

아 조종제한인 상태

정박선과 얹혀 있는 선박(해상교통안전법 제95조)
① 정박 중인 선박
  1. 앞쪽에 흰색의 전주등 1개 또는 둥근꼴의 형상물 1개
  2. 선미나 그 부근에 1.에 따른 등화보다 낮은 위치에 흰색 전주등 1개
② 길이 50m 미만인 선박 : ①에 따른 등화를 대신하여 흰색 전주등 1개
③ 얹혀 있는 선박은 ①이나 ②에 따른 등화를 표시하여야 하며, 이에 덧붙여 수직으로 붉은색의 전주등 2개 또는 수직으로 둥근꼴의 형상물 3개

정답 08 가   09 사   10 사   11 사

12 해사안전법상 제한된 시계에서 레이더만으로 다른 선박이 있는 것을 탐지한 선박의 피항동작이 침로를 변경하는 것만으로 이루어질 경우 선박이 취하여야 할 행위로 옳은 것은? (다만, 앞지르기당하고 있는 선박의 경우는 제외한다.)

가 자기 선박의 양쪽 현의 정횡에 있는 선박의 방향으로 침로를 변경하는 행위

나 자기 선박의 양쪽 현의 정횡 뒤쪽에 있는 선박의 방향으로 침로를 변경하는 행위

사 다른 선박이 자기 선박의 양쪽 현의 정횡 앞쪽에 있는 경우 우현 쪽으로 침로를 변경하는 행위

아 다른 선박이 자기 선박의 양쪽 현의 정횡 앞쪽에 있는 경우 좌현 쪽으로 침로를 변경하는 행위

피항동작이 침로의 변경을 수반하는 경우 될 수 있으면 피해야 할 동작(해상교통안전법 제84조 제5항)
- 다른 선박이 자기 선박의 양쪽 현의 정횡 앞쪽에 있는 경우 좌현 쪽으로 침로를 변경하는 행위(앞지르기당하고 있는 선박에 대한 경우는 제외)
- 자기 선박의 양쪽 현의 정횡 또는 그곳으로부터 뒤쪽에 있는 선박의 방향으로 침로를 변경하는 행위

13 해사안전법상 길이 12미터 이상인 어선이 투묘하여 정박하였을 때 낮 동안에 표시하여야 하는 것은?

가 어선은 특별히 표시할 필요가 없다.

나 잘 보이도록 황색기 1개를 표시하여야 한다.

사 앞쪽에 둥근꼴의 형상물 1개를 표시하여야 한다.

아 둥근꼴의 형상물 2개를 가장 잘 보이는 곳에 수직으로 표시하여야 한다.

정박 중인 선박은 가장 잘 보이는 곳에 다음의 등화나 형상물을 표시하여야 한다(해상교통안전법 제89조 제1항).
- 앞쪽에 흰색의 전주등 1개 또는 둥근꼴의 형상물 1개
- 선미나 그 부근에 제1호에 따른 등화보다 낮은 위치에 흰색 전주등 1개

14 해사안전법상 선박의 등화에 사용되는 등색이 아닌 것은?

가 녹색 　　　나 흰색

사 청색 　　　아 붉은색

등화에 사용되는 등색(해상교통안전법 제86조) : 백색, 붉은색, 황색, 녹색

15 해사안전법상 선미등이 비추는 수평의 호의 범위와 동색은?

가 135도, 흰색

나 135도, 붉은색

사 225도, 흰색

아 225도, 붉은색

선미등 : 135도에 걸치는 수평의 호를 비추는 흰색 등으로서 그 불빛이 정선미 방향으로부터 양쪽 현의 67.5도까지 비출 수 있도록 선미 부분 가까이에 설치된 등(해상교통안전법 제86조)

16 선박의 입항 및 출항 등에 관한 법률상 총톤수 5톤인 내항선이 무역항의 수상구역 등을 출입할 때, 출입 신고에 대한 설명으로 옳은 것은?

가 내항선이므로 출입 신고를 하지 않아도 된다.

나 출항 일시가 이미 정하여진 경우에도 입항 신고와 출항 신고는 동시에 할 수 없다.

사 무역항의 수상구역 등의 밖으로 출항하는 경우 원칙적으로 출항 직후 출항 신고를 하여야 한다.

아 무역항의 수상구역 등의 안으로 입항하는 경우 통상적으로 입항하기 전에 출입 신고를 하여야 한다.

내항선(국내에서만 운항하는 선박을 말한다)이 무역항의 수상구역 등의 안으로 입항하는 경우에는 입항 전에, 무역항의 수상구역 등의 밖으로 출항하려는 경우에는 출항 전에 해양수산부령으로 정하는 바에 따라 내항선 출입 신고서를 해양수산부장관에게 제출할 것(시행령 제2조 제1호)

17 (   )에 순서대로 적합한 것은?

> 선박의 입항 및 출항 등에 관한 법률상 무역항의 수상구역 등에서 기적이나 사이렌을 갖춘 선박에 (   )이/가 발생한 경우, 이를 알리는 경보로 기적이나 사이렌을 (   )으로 (   ) 울려야 하고, 적당한 간격을 두고 반복하여야 한다.

가 화재, 장음, 5회

나 침몰, 장음, 5회

사 화재, 단음, 5회

아 침몰, 단음, 5회

화재 시 경보 방법 : 무역항의 수상구역 등에서 기적이나 사이렌을 갖춘 선박에 화재가 발생한 경우 그 선박은 기적이나 사이렌을 장음(4초에서 6초까지의 시간 동안 계속되는 울림)으로 5회 울려야 한다(법 제46조 제2항, 시행규칙 제29조).

18 선박의 입항 및 출항 등에 관한 법률상 무역항의 수상구역 등에서 예인선의 항법으로 옳지 않은 것은?

가 예인선은 한꺼번에 3척 이상의 피예인선을 끌지 아니하여야 한다.

나 원칙적으로 예인선의 선미로부터 피예인선의 선미까지 길이는 100미터를 초과하지 못한다.

사 다른 선박의 입항과 출항을 보조하는 경우에 한하여 예인선의 길이가 200미터를 초과할 수 있다.

아 지방해양수산청장 또는 시·도지사는 해당 무역항의 특수성 등을 고려하여 특히 필요한 경우 예인선의 항법을 조정할 수 있다.

예인선의 선수로부터 피예인선의 선미까지의 길이는 200미터를 초과하지 않을 것. 다만, 다른 선박의 출입을 보조하는 경우에는 그러하지 아니하다(법 제15조 제1항, 시행규칙 제9조 제1항).

정답 **16** 아 **17** 가 **18** 나

19 선박의 입항 및 출항 등에 관한 법률상 무역항의 수상구역 등에서 입항하는 선박이 방파제 입구에서 출항하는 선박과 마주칠 우려가 있는 경우의 항법에 대한 설명으로 옳은 것은?

가 출항하는 선박은 입항하는 선박이 방파제를 통과한 후 통과한다.

나 입항하는 선박은 방파제 밖에서 출항하는 선박의 진로를 피한다.

사 입항하는 선박은 방파제 사이의 가운데 부분으로 먼저 통과한다.

아 출항하는 선박은 방파제 입구를 왼쪽으로 접근하여 통과한다.

방파제 부근에서의 항법 : 무역항의 수상구역 등에 입항하는 선박이 방파제 입구 등에서 출항하는 선박과 마주칠 우려가 있는 경우에는 방파제 밖에서 출항하는 선박의 진로를 피하여야 한다(법 제13조).

20 선박의 입항 및 출항 등에 관한 법률상 선박이 무역항인 항로에서 다른 선박과 마주칠 우려가 있는 경우 항법으로 옳은 것은?

가 항로의 중앙으로 항행한다.

나 항로의 왼쪽으로 항행한다.

사 항로를 횡단하여 항행한다.

아 항로의 오른쪽으로 항행한다.

항로에서 다른 선박과 마주칠 우려가 있는 경우에는 오른쪽으로 항행할 것(법 제12조 제1항)

21 (   )에 순서대로 적합한 것은?

> 선박의 입항 및 출항 등에 관한 법률상 (   )은 (   )으로부터 최고속력의 지정을 요청받은 경우 특별한 사유가 없으면 무역항의 수상구역 등에서 선박 항행 최고속력을 지정·고시하여야 한다.

가 관리청, 해양경찰청장

나 지정청, 해양경찰청장

사 관리청, 지방해양수산청장

아 지정청, 지방해양수산청장

관리청은 해양경찰청장으로부터 최고속력의 지정을 요청받은 경우 특별한 사유가 없으면 무역항의 수상구역 등에서 선박 항행 최고속력을 지정·고시하여야 한다. 이 경우 선박은 고시된 항행 최고속력의 범위에서 항행하여야 한다(법 제17조 제2·3항).

22 선박의 입항 및 출항 등에 관한 법률상 주로 무역항의 수상구역에서 운항하는 선박으로서 다른 선박의 진로를 피하여야 하는 우선피항선이 아닌 것은?

가 예선

나 총톤수 20톤인 여객선

사 압항부선을 제외한 부선

아 주로 노와 삿대로 운전하는 선박

우선피항선(법 제2조 제5호) : 부선(압항부선 제외)과 예선, 주로 노와 삿대로 운전하는 선박, 총톤수 20톤 미만의 선박, 그 외에 항만의 운항을 위해서 운항하는 선박 등

23 해양환경관리법상 선박에서 발생하는 폐기물 배출에 관한 설명으로 옳지 않은 것은?

가 플라스틱 재질의 합성어망은 해양에 배출이 금지된다.

나 어업활동 중 폐사된 수산동식물은 해양에 배출이 가능하다.

사 해양환경에 유해하지 않은 화물잔류물은 해양에 배출이 금지된다.

아 분쇄 또는 연마되지 않은 음식찌꺼기는 영해기선으로부터 12해리 이상에서 배출이 가능하다.

폐기물의 배출을 허용하는 경우 : 음식찌꺼기, 해양환경에 유해하지 않은 화물잔류물, 선박 내 거주구역에서 목욕, 세탁, 설거지 등으로 발생하는 중수(화장실 및 화물구역 오수 제외), 어업활동 중 혼획된 수산동식물(폐사된 어류 포함) 또는 어업활동으로 인하여 선박으로 유입된 자연기원물질

24 해양환경관리법상 해양오염방지설비를 선박에 최초로 설치하는 때 받아야 하는 검사는?

가 정기검사

나 임시검사

사 특별검사

아 제조검사

검사대상선박의 소유자가 해양오염방지설비등을 선박에 최초로 설치하여 항해에 사용하려는 때에는 정기검사를 받아야 한다(법 제49조).

25 해양환경관리법상 총톤수 25톤 미만의 선박에서 기름의 배출을 방지하기 위한 설비로 폐유저장을 위한 용기를 비치하지 아니한 경우 과태료 기준은?

가 100만원 이하

나 300만원 이하

사 500만원 이하

아 1,000만원 이하

기름의 배출을 방지하기 위한 설비로 폐유저장을 위한 용기를 비치하지 아니한 자는 100만원 이하의 과태료를 부과한다(법 제132조 제4항).

제**4**과목　기관

제**4**과목　기관

01 디젤 기관의 점화 방식은?

　가　전기점화　　나　불꽃점화
　사　소구점화　　아　압축점화

디젤 기관 : 점화장치가 없기 때문에 실린더 내에서 분사된 연료가 압축공기의 온도에 의해서 자연 발화

02 과급기에 대한 설명으로 옳은 것은?

　가　연소가스가 지나가는 고온부를 냉각시키는 장치이다.
　나　기관의 운동 부분에 마찰을 줄이기 위해 윤활유를 공급하는 장치이다.
　사　기관의 회전수를 일정하게 유지시키기 위해 연료분사량을 자동으로 조절하는 장치이다.
　아　기관의 연소에 필요한 공기를 대기압 이상으로 압축하여 밀도가 높은 공기를 실린더 내로 공급하는 장치이다.

과급기 : 공급공기의 압력을 높여 실린더 내에 공급하는 장치

03 4행정 사이클 기관의 작동 순서로 옳은 것은?

　가　흡입 → 압축 → 작동 → 배기
　나　흡입 → 작동 → 압축 → 배기
　사　흡입 → 배기 → 압축 → 작동
　아　흡입 → 압축 → 배기 → 작동

4행정 사이클 디젤 기관의 작동 순서 : 흡입, 압축, 작동(폭발), 배기 행정

04 4행정 사이클 6실린더 기관에서는 운전 중 크랭크 각 몇 도마다 폭발이 일어나는가?

　가　60˚　　　나　90˚
　사　120˚　　아　180˚

4행정 사이클 6실린더 기관에서 폭발 크랭크 각도 : 크랭크축이 2회전 하므로 720 ÷ 6 = 120(120˚마다 폭발)

05 압축공기로 시동하는 소형기관에서 실린더 헤드를 분해할 경우 준비사항이 아닌 것은?

　가　시동공기를 차단한다.
　나　연료유를 차단한다.
　사　냉각수를 차단하고 배출한다.
　아　공기압축기를 정지한다.

엔진 내부의 윤활유를 모두 빼내고, 냉각수의 드레인을 배출시킨다. 시동공기 분배밸브는 실린더 헤드가 아닌 별도의 위치에 설치되므로 공기압축기를 정지하지는 않는다.

06 디젤 기관에서 실린더 라이너의 마멸 원인이 아닌 것은?

　가　연접봉의 경사로 생긴 피스톤의 측압이 너무 클 때
　나　피스톤 링의 장력이 너무 클 때
　사　흡입공기 압력이 너무 높을 때
　아　사용 윤활유가 부적당하거나 부족할 때

디젤 기관에서 실린더 라이너의 마멸 원인 : 연접봉의 경사로 생긴 피스톤의 측압, 피스톤 링의 장력이 너무 강하거나 재질이 불량할 때, 사용 윤활유가 부적당하거나 과부족일 때, 흡입공기 중의 먼지나 이물질 등에 의한 마모 등

정답　**01** 아　**02** 아　**03** 가　**04** 사　**05** 아　**06** 사

07 디젤 기관의 메인 베어링에 대한 설명으로 옳지 않은 것은?

 가 크랭크축을 지지한다.

나 크랭크축의 중심을 잡아 준다.

사 윤활유로 윤활시킨다.

아 볼베어링을 주로 사용한다.

해설

메인 베어링 : 주로 평면 베어링을 사용

08 다음 그림과 같이 디젤 기관의 실린더 헤드를 들어 올리기 위해 사용하는 공구 ①의 명칭은?

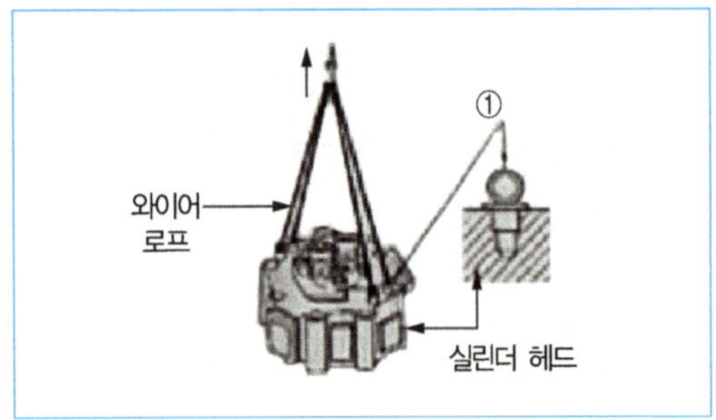

 가 인장볼트   나 아이볼트

사 타이볼트   아 스터드볼트

해설

아이볼트 : 머리 부분이 링 모양인 볼트로 실린더 헤드를 들어 올리기 위해 사용

09 소형기관의 운전 중 회전운동을 하는 부품이 아닌 것은?

 가 평형추   나 피스톤

사 크랭크축   아 플라이휠

해설

피스톤은 실린더 라이더, 실린더 헤드 등과 연소실을 구성하는 왕복운동부이다.

10 동일 운전 조건에서 연료유의 질이 나쁘면 디젤 주기관에 나타나는 증상으로 옳은 것은?

 가 배기온도가 내려가고 배기색이 검어진다.

나 배기온도가 내려가고 배기색이 밝아진다.

사 배기온도가 올라가고 배기색이 밝아진다.

아 배기온도가 올라가고 배기색이 검어진다.

해설

연료유의 질이 떨어지면 불완전 연소가 발생하게 되며, 배기온도가 올라가고 검은색 배기가 발생한다.

11 디젤 기관의 운전 중 윤활유 계통에서 주의해서 관찰해야 하는 것은?

 가 기관의 입구 온도와 기관의 입구 압력

나 기관의 출구 온도와 기관의 출구 압력

사 기관의 입구 온도와 기관의 출구 압력

아 기관의 출구 온도와 기관의 입구 압력

해설

윤활유의 온도는 기관의 입구 온도 및 기관의 입구 압력을 주의 깊게 관찰해 조절한다.

12 내연기관의 연료유에 대한 설명으로 옳지 않은 것은?

 가 발열량이 클수록 좋다.

나 점도가 높을수록 좋다.

사 유황분이 적을수록 좋다.

아 물이 적게 함유되어 있을수록 좋다.

해설

내연기관에 사용되는 연료유는 점도가 적정한 수준이어야 하며, 침전물도 많아서도 안 된다.

정답 **07** 아 **08** 나 **09** 나 **10** 아 **11** 가 **12** 나

13 추진기의 회전속도가 어느 한도를 넘으면 추진기 배면의 압력이 낮아지며 물의 흐름이 표면으로부터 떨어져 기포가 발생하여 추진기 표면을 두드리는 현상은?

가 슬립현상

나 공동현상

사 명음현상

아 수격현상

프로펠러 공동현상(캐비테이션) : 스크루 프로펠러의 회전속도가 어느 한도를 넘으면 프로펠러 날개의 배면에 기포가 발생하여 날개에 침식이 발생하는 현상

14 프로펠러에 의한 선체 진동의 원인이 아닌 것은?

가 프로펠러의 날개가 절손된 경우

나 프로펠러의 날개수가 많은 경우

사 프로펠러의 날개가 수면에 노출된 경우

아 프로펠러의 날개가 휘어진 경우

프로펠러의 날개 절손이나 휘어짐 등과 같은 자체 손상, 날개의 수면 노출 등은 선체 진동의 원인이 되나 날개수는 선체 진동과 전혀 관련이 없다.

15 갑판보기가 아닌 것은?

가 양묘기

나 계선기

사 청정기

아 양화기

갑판보기(갑판 보조기계)의 종류 : 조타장치, 하역장치, 계선장치, 양묘장치 등

16 낮은 곳에 있는 액체를 흡입하여 압력을 가한 후 높은 곳으로 이송하는 장치는?

가 발전기

나 보일러

사 조수기

아 펌프

펌프 : 낮은 곳의 액체를 흡입하여 압력을 주어서 높은 곳으로 액체를 보내는 장치로, 주로 해수 공급이나 오폐수 배출 등의 목적으로 사용

17 전동기의 운전 중 주의사항으로 옳지 않은 것은?

가 발열되는 곳이 있는지를 점검한다.

나 이상한 소리, 냄새 등이 발생하는지를 점검한다.

사 전류계의 지시값에 주의한다.

아 절연저항을 자주 측정한다.

전동기 운전 시 주의사항 : 전원과 전동기의 결선 확인, 이상한 소리·진동, 냄새·각부의 발열 등의 확인, 조임 볼트와 전류계의 지시치 확인

18 교류 발전기 2대를 병렬운전 할 경우 동기검정기로 판단할 수 있는 것은?

가 두 발전기의 극수와 동기속도의 일치 여부

나 두 발전기의 부하전류와 전압의 일치 여부

사 두 발전기의 절연저항과 권선저항의 일치 여부

아 두 발전기의 주파수와 위상의 일치 여부

동기검정기의 바늘과 램프를 확인하여 위상이 같아질 때 병렬운전을 한다.

정답 13 나　14 나　15 사　16 아　17 아　18 아

19 기관실의 연료유 펌프로 가장 적합한 것은?

가 기어 펌프 나 왕복 펌프
사 축류 펌프 아 원심 펌프

기관실의 연료유 펌프로 가장 적합한 것 : 기관의 축에 의해 구동하는 기어 펌프로 기어와 축봉장치가 있음

20 ( )에 적합한 것은?

> 선박이 일정시간 항해 시 필요한 연료 소비량은 선박 속력의 ( )에 비례한다.

가 제곱 나 세제곱
사 네제곱 아 다섯제곱

선박에서 일정시간 항해 시 연료 소비량은 선박 속력의 세제곱에 비례한다.

21 운전 중인 디젤 기관에서 진동이 심한 경우의 원인으로 옳은 것은?

가 디젤 노킹이 발생할 때
나 정격부하로 운전 중일 때
사 배기밸브의 틈새가 작아졌을 때
아 윤활유의 압력이 규정치보다 높아졌을 때

기관의 운전 중 진동이 심해지는 경우
• 기관대의 설치 볼트가 여러 개 풀렸거나 부러졌을 때
• 기관이 노킹을 일으킬 때와 각 실린더의 최고압력이 고르지 않을 때
• 기관이 위험 회전수로 운전을 하고 있을 때
• 크랭크 핀 베어링, 메인 베어링, 스러스트 베어링 등의 틈새가 너무 클 때

22 납축전지의 용량을 나타내는 단위는?

가 [Ah] 나 [A]
사 [V] 아 [kW]

납축전지의 용량을 나타내는 단위 : [Ah : 암페어시]

23 디젤 기관을 장기간 정지할 경우의 주의사항으로 옳지 않은 것은?

가 동파를 방지한다.
나 부식을 방지한다.
사 주기적으로 터닝을 시켜 준다.
아 중요 부품은 분해하여 보관한다.

기관을 장기간 휴지할 때의 주의사항 : 동파 및 부식 방지, 정기적인 터닝, 각 밸브 및 콕을 모두 잠금 등

24 경유의 비중으로 옳은 것은?

가 0.61 ~ 0.69 나 0.71 ~ 0.79
사 0.81 ~ 0.89 아 0.91 ~ 0.99

경유 : 주로 디젤 기관의 연료유로 사용, 비중이 0.84~0.89로 점도가 낮아 가열하지 않고 사용할 수 있다.

25 15℃ 비중이 0.9인 연료유 200리터의 무게는?

가 180kgf 나 200kgf
사 220kgf 아 240kgf

무게＝비중 × 부피＝0.9 × 200리터＝180kgf

정답 19 가 20 나 21 가 22 가 23 아 24 사 25 가

2024년 제1회 · 최신 기출문제

제1과목 항해

01 기계식 자이로컴퍼스의 위도오차에 관한 설명으로 옳지 않은 것은?

가 위도가 높을수록 오차는 감소한다.
나 적도에서는 오차가 생기지 않는다.
사 북위도 지방에서는 편동오차가 된다.
아 경사 제진식 자이로 컴퍼스에만 있는 오차이다.

기계식 자이로컴퍼스의 위도오차는 위도가 높을수록 증가한다.

02 전자식 선속계의 검출부 전극의 부식방지를 위하여 전극부근에 부착하는 것은?

가 핀 　　　　나 도관
사 자석 　　　아 아연판

전자식 선속계의 검출부에 있는 전극이 부식되는 것을 방지하기 위하여 검출부 부근에는 아연판을 부착한다. 아연은 도금재로 사용되어 부식을 방지하는 역할을 한다.

03 다음 중 대수속력을 측정할 수 있는 항해계기는?

가 레이더 　　　나 자기컴퍼스
사 도플러 로그 　아 지피에스(GPS)

도플러 선속계(Doppler log)는 도플러 효과를 이용하여 선속을 측정하는 계기로, 수심 200m 이상은 대수속력, 200m 이하는 대지속력을 측정할 수 있다.

04 자북이 진북의 왼쪽에 있을 때의 오차는?

가 편서편차 　　나 편동자차
사 편동편차 　　아 지방자기

어느 지점에서의 편차는 자침이 가리키는 북(자북)이 진자오선(진북)의 오른쪽에 있을 때를 편동편차, 왼쪽에 있을 때를 편서편차로 구별하며, 각각 E 또는 W를 붙여 표시한다.

05 자기컴퍼스가 선체나 선내 철기류 등의 영향을 받아 생기는 오차는?

가 기차 　　　　나 자차
사 편차 　　　　아 수직차

자차(deviation, 自差) : 자기자오선(자북)과 선내 나침의 남북선(나북)이 이루는 교각(철기류 등의 영향을 받아 생기는 오차)

06 전파항법 장치 중 위성을 이용하는 것은?

가 데카(DECCA)
나 지피에스(GPS)
사 알디에프(RDF)
아 로란 C(LORAN C)

지피에스(GPS) : 24개의 인공위성으로부터 오는 전파를 사용하여 본선의 위치를 계산하는 방식으로, 위성마다 서로 다른 PN코드를 사용

정답 01 가 02 아 03 사 04 가 05 나 06 나

07 출발지에서 도착지까지의 항정선상의 거리 또는 두 지점을 잇는 대권상의 호의 길이를 해리로 표시한 것은?

가 항정 나 변경
사 소권 아 동서거

항정(Distance, D) : '출발지에서 도착지에 이르는 항정선상의 거리' 또는 '양 지점을 잇는 대권상의 호의 길이'를 해리(마일)로 표시한 것

08 45해리 떨어진 두 지점 사이를 대지속력 10노트로 항해할 때 걸리는 시간은? (단, 외력은 없음)

가 3시간 나 3시간 30분
사 4시간 아 4시간 30분

속력 = 거리/시간, 시간 = 거리/속력 = 45/10 = 4.5시간 (4시간 30분)

09 천구상의 남반구에 있는 지점은?

가 춘분점 나 하지점
사 추분점 아 동지점

동지점(winter solstice) : 지구의 자전축이 태양에서 가장 멀어지는 점으로 천의 적도 남쪽에 있는 지점

10 지피에스(GPS)와 디지피에스(DGPS)에 관한 설명으로 옳지 않은 것은?

가 선박에서 활용하는 대표적인 위성항법장치이다.

나 지피에스(GPS)는 위성으로부터 오는 전파를 사용한다.

사 지피에스(GPS)와 디지피에스(DGPS)는 서로 다른 위성을 사용한다.

아 디지피에스(DGPS)는 지피에스(GPS)의 위치오차를 줄이기 위해서 위치보정 기준국을 이용한다.

지피에스(GPS)와 디지피에스(DGPS)는 같은 위성을 사용하는 위성항법장치이다.

11 해도상에 표시된 해저 저질의 기호에 관한 의미로 옳지 않은 것은?

가 S – 자갈 나 M – 머드
사 R – 암반 아 Co – 산호

해저 저질(Quality of the Bottom)

S	모래	Sand	G	자갈	Gravel

12 (   )에 적합한 것은?

> "선박에서는 국립해양조사원에서 매주 간행되는 (   )을/를 이용하여 종이해도의 소개정을 한다."

가 항행일정 나 항행통보
사 개정통보 아 항행개정

정답 07 가 08 아 09 아 10 사 11 가 12 나

항행통보
- 수심의 변화, 위험물의 위치, 항로표지의 신설·폐지 등의 정보를 항해자에게 통보해주는 것
- 우리나라의 항행통보는 해양조사원에서 매주 발행

13 선박을 안전하게 유도하고 선위 측정에 도움을 주는 형상(주간)표지, 광파(야간)표지, 음파(음향)표지, 전파표지가 상세하게 수록된 수로서지는?

가 등대표 나 항행통보

사 항로지 아 해도도식

등대표
- 선박을 안전하게 유도하고 선위 측정에 도움을 주는 주간, 야간, 음향, 무선표지를 상세하게 수록
- 항로표지의 명칭과 위치, 등질, 등고, 광달거리, 색상 등을 자세히 기록

14 형상(주간)표지에 관한 설명으로 옳지 않은 것은?

가 모양과 색깔로써 식별한다.

나 형상표지에는 무종이 포함된다.

사 형상표지는 점등 장치가 없는 표지이다.

아 암초, 침선 등을 표시하여 항로를 유도하는 역할을 한다.

무종(Fog Bell) : 가스의 압력 또는 기계장치로 타종하는 것으로 음향표지이다.

15 황색의 'X' 모양 두표를 가진 표지는?

가 방위표지

나 안전수역표지

사 특수표지

아 고립장애(장해)표지

특수표지
- 정의 : 공사구역 등 특별한 시설이 있음을 나타내는 표지
- 두표 및 등화 : 두표(황색으로 된 ×자 모양의 형상물), 표지 및 등화(황색)

16 악천후와 무관하게 항상 이용 가능하고, 넓은 지역에 걸쳐 이용할 수 있는 항로표지는?

가 전파표지 나 광파(야간)표지

사 형상(주간)표지 아 음파(음향)표지

전파표지는 전파의 3가지 특징인 직진성, 반사성, 등속성을 이용하여 선박의 위치를 파악하기 위해 만들어진 표지이다. 전파를 이용하여 기상과 관계없이 항상 이용이 가능하고, 넓은 지역에 걸쳐서 이용이 가능하다.

17 전파의 반사가 잘 되도록 하는 장치로서 부표, 등표 등에 설치하는 경금속으로 된 반사판은?

가 레이콘 나 레이더 리플렉터

사 레이마크 아 레이더 트랜스폰더

레이더 리플렉터 : 전파의 반사효과를 높이기 위한 장치로, 부표·등표 등에 설치하는 경금속으로 된 반사판이며, 최대 탐지거리가 2배 가량 증가한다.

정답 **13** 가 **14** 나 **15** 사 **16** 가 **17** 나

18 항만, 정박지, 좁은 수로 등의 좁은 구역을 상세히 그린 종이해도는?

가 항양도 나 항해도
사 해안도 아 항박도

 해설

항박도는 항만, 투묘지, 어항, 해협과 같은 좁은 구역을 상세히 표시한 해도로서, 축척 1/5만 이상의 대축척 해도이다.

19 광파(야간)표지에 사용되는 등화의 등질이 아닌 것은?

가 부동등 나 명암등
사 섬광등 아 교차등

 해설

광파(야간)표지에 사용되는 등화의 등질에는 부동등(F), 명암등(Oc), 군명암등[Gp.Oc(*)], 섬광등(Fl), 군섬광등[Gp.Fl(*)] 등이 있다.

20 IALA 해상부표식에서 지역에 따라 입항 시 좌·우현의 색상이 달라지는 표지는?

가 측방표지 나 방위표지
사 특수표지 아 안전수역표지

 해설

측방표지는 선박이 항행하는 수로의 좌·우측 한계를 표시하기 위해 설치된 표지로 국제해상부표시스템의 B 지역에서 사용된다. 좌현 녹색, 우현 적색

21 저기압의 특징에 관한 설명으로 옳지 않은 것은?

가 저기압 내에서는 날씨가 맑다.
나 주위로부터 바람이 불어 들어온다.
사 중심 부근에서는 상승기류가 있다.
아 중심으로 갈수록 기압경도가 커서 바람이 강해진다.

 해설

저기압 내에서 공기가 상승하면 압력이 낮아져 상승기류가 발달하므로, 대기가 불안정해져 폭풍우나 태풍이 발생할 수 있다.

22 고기압에 관한 설명으로 옳은 것은?

가 1기압보다 높은 것을 말한다.
나 상승기류가 있어 날씨가 좋다.
사 주위의 기압보다 높은 것을 말한다.
아 바람은 저기압 중심에서 고기압 쪽으로 분다.

 해설

고기압은 주위보다 상대적으로 기압이 높은 것으로 하강기류가 생겨 날씨는 비교적 좋다. 공기의 이동은 중심 → 바깥쪽, 고기압의 중심 → 저기압의 중심으로 움직인다.

23 태풍의 접근 징후를 설명한 것으로 옳지 않은 것은?

가 아침, 저녁 노을의 색깔이 변한다.
나 털구름이 나타나 온 하늘로 퍼진다.
사 기압이 급격히 높아지며 폭풍우가 온다.
아 구름이 빨리 흐르며 습기가 많고 무덥다.

정답 **18** 아 **19** 아 **20** 가 **21** 가 **22** 사 **23** 사

태풍의 접근 징후
- 아침, 저녁 노을의 색깔이 변함
- 털구름이 나타나 온 하늘로 퍼짐
- 구름이 빨리 흐르며 습기가 많고 무더워짐
- 바람이 갑자기 멈추고 해륙풍이 사라짐
- 일교차가 없어지고 기압이 하강

24 육안으로 자기 선박이 계획한 침로를 따라서 항해하고 있는지를 감시하는 가장 효과적인 방법은?

가 전방에 있는 중시선을 이용한다.

나 정횡 방향의 중시선을 이용한다.

사 선박 후부의 물줄기를 보고 확인한다.

아 레이더 화면에서 선수 방위각을 확인한다.

중시선에 의한 위치선 : 두 물표가 일직선상에 겹쳐 보일 관측자와 가까운 물표 사이의 거리가 두 물표 사이의 거리의 3배 이내이면 매우 정확한 위치선이 된다. 중시선은 두 물표가 일직선상에 겹쳐 보일 때 이 물표를 연결한 선으로 선위, 피험선, 컴퍼스 오차의 측정, 변침점, 선속측정 등에 이용된다.

25 (   )에 적합한 것은?

"수로지, 항로지, 해도 등에 (   )가 설정되어 있으면, 특별한 이유가 없는 한 그 항로를 따르도록 한다."

가 우회 항로

나 추천 항로

사 연안 항로

아 최단 항로

수로지, 항로지, 해도 등에 추천 항로가 설정되어 있으면 특별한 이유가 없는 한 그 항로를 선정해야 한다.

---

01 선수를 측면과 정면에서 바라본 모양이 아래 그림과 같은 선수 형상의 명칭은?

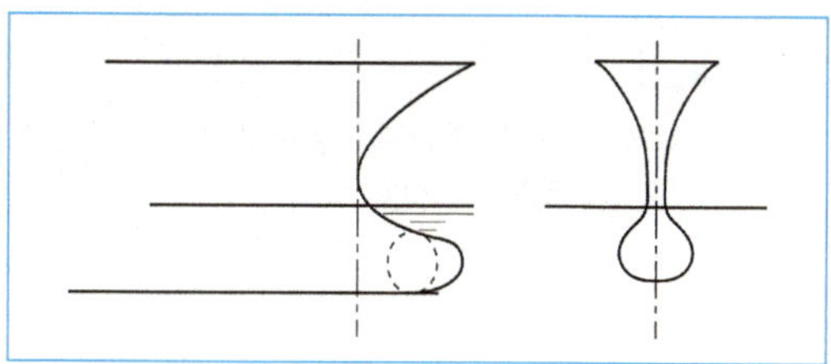

가 직립형

나 경사형

사 구상형

아 클립퍼형

구상형 선수는 선수의 수선 아래가 둥근 공처럼 되어 있어 부분적으로 선수파를 감소시킴에 따라 조파 저항을 감소시킨다.

02 건현 갑판의 현측선 중앙부위에서 가장 낮고 선수부와 선미부를 높게 하여 예비부력과 능파성을 향상시키는 것은?

가 현호

나 캠버

사 빌지

아 선체

현호는 건현 갑판(freeboard deck)의 현측선이 선체의 전후 방향으로 휘어진 것을 말하며, 선박을 선미에서 선수를 향하여 바라볼 때, 선체 길이 방향의 중심선인 선수미선 우측을 우현, 좌측을 좌현이라고 한다.

03 강선 선저부의 선체나 타판이 부식되는 것을 방지하기 위해 선체 외부에 부착하는 것은?

가 동판
나 아연판
사 주석판
아 놋쇠판

프로펠러나 키 주위에는 철보다 이온화 경향이 큰 아연판을 부착하여 부식을 방지한다.

04 선박의 예비부력을 결정하는 요소로 선체가 침수되지 않은 부분의 수직거리를 의미하는 것은?

가 흘수
나 깊이
사 수심
아 건현

건현 : 선체가 침수되지 않은 부분의 수직거리, 선박의 중앙부의 수면에서부터 건현갑판의 상면의 연장과 외판의 외면과의 교점까지의 수직거리

05 선박이 항행하는 구역 내에서 선박의 안전상 허용된 최대의 흘수선은?

가 선수흘수선
나 만재흘수선
사 평균흘수선
아 선미흘수선

수면과 선체가 만나는 선을 흘수선(load line)이라 하고, 만재흘수에 있어서의 흘수선을 만재흘수선이라 한다. 이는 선박이 화물을 탑재하거나 적재하고 안전하게 항행할 수 있는 최대한도의 선을 나타낸다.

06 선박의 트림을 옳게 설명한 것은?

가 선박흘수와 선미흘수의 곱
나 선수흘수와 선미흘수의 비
사 선수흘수와 선미흘수의 차
아 선수흘수와 선미흘수의 합

트림(trim) : 선수흘수와 선미흘수의 차로 선박 길이 방향의 경사

07 선박국적증서 및 선적증서에 기재되는 선박의 길이는?

가 전장
나 등록장
사 수선장
아 수선간장

등록장 : 상갑판 보(Beam) 위의 선수재 전면으로부터 선미재 후면까지의 수평거리로 선박원부에 등록되고 선박국적증서에 기재되는 길이

08 선박이 조난을 당한 경우 조난선과 구조선 또는 육상간에 연결용 줄을 보내는 데 사용되며, 줄을 230미터 이상 보낼 수 있는 것은?

가 페인터
나 신호 거울
사 구명부기
아 구명줄 발사기

구명줄 발사기 : 선박이 조난을 당한 경우 조난선과 구조선 또는 육상과 연락하는 구명줄을 보낼 때 사용하는 장치로 수평에서 45° 각도로 발사하여 230m 이상 보낼 수 있다.

정답 03 나 04 아 05 나 06 사 07 나 08 아

09 체온을 유지할 수 있도록 열전도율이 낮은 방수 물질로 만들어진 포대기 또는 옷을 의미하는 구명설비는?

가 방수복　　　　나 구명조끼

사 보온복　　　　아 구명부환

보온복은 물이 스며들지 않아 수온이 낮은 물속에서 체온을 유지할 수 있는 옷으로 방수복과 달리 구명동의의 기능이 없다.

10 조난신호를 위한 구명뗏목의 의장품이 아닌 것은?

가 신호 홍염

나 신호용 호각

사 신호 거울

아 중파(MF) 무선설비

조난신호를 위한 구명뗏목의 의장품으로는 신호용 호각, 응급의료구, 신호 홍염, 신호 거울 등이 있다.

11 퇴선 시 여러 사람이 붙들고 떠 있을 수 있는 부체는?

가 페인터

나 구명부기

사 구명줄

아 부양성 구조고리

구명부기 : 선박 조난시 구조를 기다릴 때 사용하는 인명 구조 장비로, 사람이 타지 않고 손으로 밧줄을 붙잡고 떠 있도록 만든 것이다.

12 선박이 침몰하여 수면 아래 4미터 정도에 이르면 수압에 의하여 선박에서 자동 이탈되어 조난자가 탈 수 있도록 압축가스에 의해 펼쳐지는 구명설비는?

가 구명정　　　　나 구명뗏목

사 구조정　　　　아 구명부기

구명뗏목(구명벌, Life raft) : 나일론 등과 같은 합성섬유로 된 포지를 고무로 가공해서 뗏목 모양으로 제작한 것으로, 내부에는 탄산가스나 질소가스를 주입시켜 긴급시에 팽창시키면 뗏목 모양으로 펼쳐지는 구명 설비

13 자기 점화등과 같은 목적의 주간 신호이며 물에 들어가면 자동으로 오렌지색 연기를 발생시키는 것은?

가 신호 홍염

나 자기 발연 신호

사 구명줄 발사기

아 로켓 낙하산 화염신호

자기 발연 신호 : 주간 신호로서 물에 들어가면 자동으로 오렌지색 연기를 연속 발생시킨다.

14 잔잔한 바다에서 의식불명의 익수자를 발견하여 구조하려 할 때, 구조선의 안전한 접근방법은?

가 익수자의 풍하 쪽에서 접근한다.

나 익수자의 풍상 쪽에서 접근한다.

사 구조선의 좌현 쪽에서 바람을 받으면서 접근한다.

아 구조선의 우현 쪽에서 바람을 받으면서 접근한다.

정답　**09** 사　**10** 아　**11** 나　**12** 나　**13** 나　**14** 나

의식불명의 익수자를 구조하고자 할 때는 익수자가 풍하에 오도록 침로를 유지하여 익수자의 풍상에서 접근하여야 한다.

15 선박이 외력에 의하여 선수미선이 정해진 침로에서 벗어났을 때에도 곧바로 원래의 침로에 복귀하는 성능은?

가 정지성　　　나 선회성
사 추종성　　　아 침로안정성

침로안정성은 선박이 정해진 침로를 따라 직진하는 성질로 항행 거리에 영향을 끼치며, 선박의 경제적인 운용을 위하여 필요한 요소이다.

16 타판에 작용하는 힘 중에서 정횡 방향의 분력은?

가 항력　　　나 마찰력
사 양력　　　아 직압력

해설

양력
- 타판에 작용하는 힘 중에서 그 작용하는 방향이 정횡 방향인 성분으로 선체를 회두시키는 우력의 성분
- 선회 우력은 양력과 선체의 무게중심에서 키의 작용 중심까지의 거리를 곱한 것이 됨

17 다음 중 선박 조종에 미치는 영향이 가장 작은 요소는?

가 바람　　　나 파도
사 조류　　　아 기온

해설

선박 조종, 특히 선회권의 크기에 영향을 주는 요소에는 방형 비척 계수, 흘수, 트림, 속력, 파도, 바람 및 조류의 영향 등을 들 수 있다. 기온은 선박 조종에 영향을 주는 요소가 아니다.

18 선박의 충돌 시 더 큰 손상을 예방하기 위해 취해야 할 조치사항으로 옳지 않은 것은?

가 가능한 한 빨리 전진속력을 줄이기 위해 기관을 정지한다.
나 승객과 선원의 상해와 선박과 화물의 손상에 대해 조사한다.
사 전복이나 침몰의 위험이 있더라도 임의 좌주를 시켜서는 아니 된다.
아 침수가 발생하는 경우, 침수구역 배출을 포함한 침수 방지를 위한 대응조치를 취한다.

해설

선박의 충돌로 전복이나 침몰의 위험이 있을 경우 사람을 우선 대피시킨 후 수심이 낮은 곳에 좌초시키는 임의 좌주를 해야 한다.

19 (　　)에 순서대로 적합한 것은?

> "우선회 고정피치 스크루 프로펠러 한 개가 장착되어 있는 선박이 정지상태에서 후진할 때, 타가 중앙이면 횡압력과 배출류의 측압작용이 선미를 (　　　)으로 밀기 때문에 선수는 (　　　)한다."

가 우현 쪽, 우회두
나 우현 쪽, 좌회두
사 좌현 쪽, 우회두
아 좌현 쪽, 좌회두

정답 **15** 아　**16** 사　**17** 아　**18** 사　**19** 사

우선회 고정피치 스크루 프로펠러 한 개가 장착되어 있는 선박이 정지상태에서 후진할 때, 타가 중앙이면 횡압력과 배출류의 측압작용이 선미를 좌현 쪽으로 밀기 때문에 선수는 우회두한다.

20 항해 중 선수 부근에서 사람이 선외로 추락한 경우 즉시 취하여야 하는 조치로 옳지 않은 것은?

가 익수자가 발생한 반대 현측으로 즉시 전타한다.

나 인명구조 조선법을 이용하여 익수자 위치로 되돌아간다.

사 선외로 추락한 사람이 시야에서 벗어나지 않도록 계속 주시한다.

아 선외로 추락한 사람을 발견한 사람은 익수자에게 구명부환을 던져주어야 한다.

익수자가 발생한 반대 현측이 아니라, 익수자 현측으로 즉시 최대 전타한다.

21 선박의 좌초 시 취해야 할 조치사항으로 옳지 않은 것은?

가 기관 사용 시 좌초된 부분의 손상이 커지지 않도록 한다.

나 자력으로 재부양하는 것이 불가능한 경우 추가 원조를 요청한다.

사 해수면 상승 시에는 재부양을 위하여 어떠한 조치도 취하지 않는다.

아 즉시 기관을 정지하고 침수, 선박의 손상 여부, 수심, 저질 등을 확인한다.

좌초시의 조치
- 즉시 기관을 정지한다.
- 손상 부위와 그 정도를 파악하고, 선저부의 손상 정도는 확인하기 어려우므로 빌지와 탱크를 측심하여 추정한다.
- 후진기관의 사용으로 손상 부위가 확대될 수 있으므로 신중하게 판단한다.
- 본선의 기관을 사용하여 이초가 가능한지를 파악하고, 자력 이초가 불가능하면 가까운 육상 당국에 협조를 요청한다.
- 해수면 상승시 재부양 위해 화물을 선체 밖으로 투하하는 등의 안전조치를 취하여야 한다.

22 히브 투(Heave to) 방법의 경우 선수로부터 좌우현 몇 도 정도 방향에서 풍랑을 받아야 하는가?

가 5~10도   나 10~15도

사 25~35도   아 45~50도

거주법(히브 투, heave to)
- 선수를 풍랑 쪽으로 향하게 하여 조타가 가능한 최소의 속력으로 전진하는 방법
- 일반적으로 풍랑을 선수로부터 좌우현으로 25~35° 방향에서 받도록 하는 것이 좋음

23 황천항해 중 침로선정 방법으로 옳지 않은 것은?

가 타효가 충분하고 조종이 쉽도록 침로를 선정할 것

나 추진기의 공회전이 감소하도록 침로를 선정할 것

사 선체의 동요가 너무 심하지 않도록 침로를 선정할 것

아 목적지를 향하여 최단 거리가 되도록 침로를 선정할 것

정답 **20** 가 **21** 사 **22** 사 **23** 아

해설

황천항해 중 침로선정은 최단 거리가 아니라 선미 흘수를 증가시키고 종동요를 줄일 수 있도록 침로를 변경해야 한다. 기관의 회전수를 낮추는 등 선박의 속력을 감속하고 침로를 변경한다.

24 선박 내에서 화재 발생 시 조치사항으로 옳지 않은 것은?

가 필요 시 화재 구역의 전기를 차단한다.
나 바람의 방향이 앞바람이 되도록 배를 돌린다.
사 불의 확산방지를 위하여 인접한 격벽에 물을 뿌린다.
아 어떤 물질이 타고 있는지를 확인하여 적합한 소화 방법을 강구한다.

해설

화재 발생 시 화재 발생원이 풍하측에 있도록, 즉 순풍이 되도록 배를 돌려야 한다.

25 퇴선 후 해상에서 저체온에 의한 사망을 방지하기 위한 방법으로 옳지 않은 것은?

가 불필요한 수영은 하지 않는다.
나 퇴선 전에 여러 벌의 옷을 겹쳐서 입는다.
사 적당한 알코올을 섭취하여 체열을 유지한다.
아 멀미약을 복용하여 멀미로 인한 체온 저하를 예방한다.

해설

술을 마시면 체내에서 알코올이 분해되면서 일시적으로 체온이 올라가지만 결국 피부를 통해 다시 열이 발산되기 때문에 체온이 떨어지게 되어 저체온증이 발생한다.

제3과목　**법규**

01 해상교통안전법상 항행장애물에 해당하는 것은?

가 적조
나 암초
사 운항 중인 선박
아 선박에서 떨어져 떠다니는 자재

해설

항행장애물(법 제2조) : 선박으로부터 떨어진 물건, 침몰·좌초된 선박 또는 이로부터 유실된 물건 등 해양수산부령으로 정하는 것으로서 선박항행에 장애가 되는 물건

02 해상교통안전법상 '어로에 종사하고 있는 선박'이 아닌 것은?

가 양승 중인 연승 어선
나 투망 중인 안강망 어선
사 양망 중인 저인망 어선
아 어장 이동을 위해 항행하는 통발 어선

해설

어로에 종사하고 있는 선박(법 제2조) : 그물, 낚싯줄, 트롤망, 그 밖에 조종성능을 제한하는 어구를 사용하여 어로 작업을 하고 있는 선박

03 해상교통안전법상 '거대선'의 정의는?

가 길이 100미터 이상인 선박
나 길이 200미터 이상인 선박
사 총톤수 100,000톤 이상인 선박
아 총톤수 200,000톤 이상인 선박

해설

거대선(법 제2조) : 길이 200미터 이상의 선박

정답　24 나　25 사 / 01 아　02 아　03 나

04 해상교통안전법상 항행장애물의 처리에 관한 설명으로 옳지 않은 것은?

가 항행장애물제거책임자는 항행장애물을 제거하여야 한다.

나 항행장애물제거책임자는 항행장애물을 발생시킨 선박의 기관장이다.

사 항행장애물제거책임자는 항행장애물이 다른 선박의 항행안전을 저해할 우려가 있는 경우 항행장애물에 위험성을 나타내는 표시를 하여야 한다.

아 항행장애물제거책임자는 항행장애물이 외국의 배타적 경제수역에서 발생되었을 경우 그 해역을 관할하는 외국 정부에 지체없이 보고하여야 한다.

항행장애물제거책임자는 항행장애물을 발생시킨 선박의 선장, 선박소유자 또는 선박운항자(법 제24조)

05 해상교통안전법상 선박운항과 관련하여 술에 취한 상태에 있는 사람의 행동으로 옳은 것은?

가 선박의 조타기를 조작하지 않는다.

나 운항에 무리가 없다고 판단되면 조타기를 조작하여 운항한다.

사 선박의 조타기를 자동조타 상태로 두고, 조타수에게 조타 명령을 내린다.

아 술에 취하지 않은 사람에게 조타기를 조작하도록 하고, 조타 명령을 내린다.

술에 취한 상태에 있는 사람은 운항을 하기 위하여 조타기를 조작하거나 조작할 것을 지시하는 행위 또는 도선을 하여서는 아니 된다(법 제39조).

06 해상교통안전법상 안전한 속력을 결정할 때 고려하여야 할 사항이 아닌 것은?

가 시계의 상태

나 선박 설비의 구조

사 선박의 조종 성능

아 해상교통량의 밀도

안전속력의 고려사항(법 제71조) : 시계의 상태, 해상교통량의 밀도, 선박의 정지거리·선회성능, 야간의 경우 항해에 지장을 주는 불빛의 유무, 바람·해면 및 조류의 상태와 항행장애물의 근접상태, 선박의 흘수와 수심과의 관계, 레이더의 특성 및 성능, 해면상태·기상 등

07 해상교통안전법상 통항분리수역에서 통항로를 따라 항행하는 선박의 통항을 방해하지 아니할 의무가 있는 선박은?

가 흘수제약선

나 길이 20미터 미만의 선박

사 해저전선을 부설하고 있는 선박

아 준설작업에 종사하고 있는 선박

길이 20미터 미만의 선박이나 범선은 통항로를 따라 항행하고 있는 다른 선박의 항행을 방해하여서는 아니 된다(법 제75조 제10항).

정답   **04** 나   **05** 가   **06** 나   **07** 나

08 (   )에 적합한 것은?

> "해상교통안전법상 통항분리수역에서 부득이한 사유로 통항로를 횡단하여야 하는 경우에는 그 통항로와 선수 방향이 (   )에 가까운 각도로 횡단하여야 한다."

가 직각

나 예각

사 둔각

아 소각

선박은 통항로를 횡단하여서는 아니 된다. 다만, 부득이한 사유로 그 통항로를 횡단하여야 하는 경우에는 그 통항로와 선수방향이 직각에 가까운 각도로 횡단하여야 한다(법 제75조 제3항).

09 해상교통안전법상 통항분리수역에서의 항법으로 옳지 않은 것은?

가 통항로는 어떠한 경우에도 횡단하여서는 아니 된다.

나 통항로의 출입구를 통하여 출입하는 것을 원칙으로 한다.

사 통항로 안에서는 정하여진 진행방향으로 항행하여야 한다.

아 분리선이나 분리대에서 될 수 있으면 떨어져서 항행하여야 한다.

통항분리수역(법 제75조)

- 통항로 안에서는 정하여진 진행 방향으로 항행할 것
- 통항로의 출입구를 통하여 출입하는 것을 원칙으로 함
- 분리선이나 분리대에서 될 수 있으면 떨어져서 항행할 것
- 통항로의 옆쪽으로 출입하는 경우 작은 각도로 출입할 것
- 통항분리수역에서 통항로의 횡단은 원칙적으로 금지되나 부득이한 사유로 인한 경우는 횡단이 가능

10 (   )에 순서대로 적합한 것은?

> "해상교통안전법상 서로 시계 안에서 2척의 동력선이 마주치거나 거의 마주치게 되어 충돌의 위험이 있을 때에는 각 동력선은 서로 다른 선박의 (   ) 쪽을 지나갈 수 있도록 침로를 (   ) 쪽으로 변경하여야 한다."

가 우현, 우현

나 좌현, 우현

사 우현, 좌현

아 좌현, 좌현

마주치는 상태(법 제79조 제1항) : 2척의 동력선이 마주치거나 거의 마주치게 되어 충돌의 위험이 있을 때에는 각 동력선은 서로 다른 선박의 좌현 쪽을 지나갈 수 있도록 침로를 우현 쪽으로 변경

11 (   )에 적합한 것은?

> "해상교통안전법상 다른 선박의 양쪽 현의 정횡으로부터 (   )를 넘는 뒤쪽에서 그 선박을 앞지르는 선박은 앞지르기 하는 배로 보고 필요한 조치를 취하여야 한다."

가 22.5도

나 45도

사 60도

아 90도

다른 선박의 양쪽 현의 정횡으로부터 22.5도를 넘는 뒤쪽[밤에는 다른 선박의 선미등만을 볼 수 있고 어느 쪽의 현등도 볼 수 없는 위치]에서 그 선박을 앞지르는 선박은 앞지르기 하는 배로 보고 필요한 조치를 취하여야 한다(법 제78조 제2항).

12 해상교통안전법상 서로 시계 안에서 항행 중인 범선이 진로를 피하지 않아도 되는 선박은?

가 조종제한선

나 조종불능선

사 수상항공기

아 어로에 종사하고 있는 선박

항행 중인 범선이 선박의 진로를 피해야 할 경우(법 제83조 제3항) : 조종불능선, 조종제한선, 어로에 종사하고 있는 선박

13 해상교통안전법상 제한된 시계에서 충돌할 위험성이 없다고 판단한 경우 외에 자기 선박의 양쪽 현의 정횡 앞쪽에 있는 다른 선박의 무중신호를 듣고 취할 조치로 옳은 것을 〈보기〉에서 모두 고른 것은?

┤ 보기 ├

ㄱ. 최대 속력으로 항행하면서 경계를 한다.
ㄴ. 우현 쪽으로 침로를 변경시키지 않는다.
ㄷ. 필요 시 자기 선박의 진행을 완전히 멈춘다.
ㄹ. 충돌할 위험성이 사라질 때까지 주의하여 항행하여야 한다.

가 ㄴ, ㄷ   나 ㄷ, ㄹ

사 ㄱ, ㄴ, ㄹ   아 ㄴ, ㄷ, ㄹ

충돌할 위험성이 없다고 판단한 경우 외에는 다음의 어느 하나에 해당하는 경우 모든 선박은 자기 배의 침로를 유지하는 데 필요한 최소한으로 속력을 줄일 것, 필요하다고 인정되면 자기 선박의 진행을 완전히 중지하고, 충돌 위험이 사라질 때까지 주의하여 항행(법 제84조)
• 자기 선박의 양쪽 현의 정횡 앞쪽에 있는 다른 선박에서 무중신호를 듣는 경우
• 자기 선박의 양쪽 현의 정횡으로부터 앞쪽에 있는 다른 선박과 매우 근접한 것을 피할 수 없는 경우

14 해상교통안전법상 '섬광등'의 정의는?

가 선수 쪽 225도에 걸치는 수평의 호를 비추는 등

나 360도에 걸치는 수평의 호를 비추는 등화로서 일정한 간격으로 1분에 30회 이상 섬광을 발하는 등

사 360도에 걸치는 수평의 호를 비추는 등화로서 일정한 간격으로 1분에 60회 이상 섬광을 발하는 등

아 360도에 걸치는 수평의 호를 비추는 등화로서 일정한 간격으로 1분에 120회 이상 섬광을 발하는 등

섬광등(법 제86조) : 360도에 걸치는 수평의 호를 비추는 등화로서 일정한 간격으로 1분에 120회 이상 섬광을 발하는 등

15 해상교통안전법상 안개로 시계가 제한된 수역을 항행 중인 길이 12미터 이상인 동력선이 대수속력이 있는 경우 울려야 하는 음향신호는?

가 2분을 넘지 아니하는 간격으로 단음 4회

나 2분을 넘지 아니하는 간격으로 장음 1회

사 2분을 넘지 아니하는 간격으로 단음 1회, 장음 1회, 단음 1회

아 2분을 넘지 아니하는 간격으로 장음 1회에 이어 단음 3회

제한된 시계 안에서의 음향신호(법 제100조)

선박 구분		신호 간격	신호 내용
항행 중인 동력선	대수속력이 있는 경우	2분 이내	장음 1회
	대수속력이 없는 경우	2분 이내	장음 2회

정답 **12** 사 **13** 나 **14** 아 **15** 나

16 선박의 입항 및 출항 등에 관한 법률상 무역항의 수상구역 등으로 위험물을 반입하려고 하는 선박에서 준수하여야 할 사항에 관한 설명으로 옳은 것은?

가 무역항의 수상구역 어디든지 정박할 수 있다.

나 하역 시 자체안전관리계획을 수립할 필요는 없다.

사 관리청에 위험물 반입 신고를 생략할 수 있다.

아 위험물 취급 시 위험물 안전관리자를 배치하여야 한다.

위험물 취급시의 안전조치(법 제35조) : 위험물 취급에 관한 안전관리자의 확보 및 배치(안전관리 전문업체로 하여금 안전관리 업무를 대행하는 경우에는 예외)

17 선박의 입항 및 출항 등에 관한 법률상 선박이 지정·고시된 정박지가 아닌 곳에 정박할 수 있는 경우가 아닌 것은?

가 해양오염 확산을 방지하기 위한 경우

나 선박을 부두에 빨리 접안시키기 위한 경우

사 급박한 위험이 있는 선박을 구조하는 경우

아 선박의 고장으로 선박을 조종할 수 없는 경우

정박·정류 등의 제한(금지) 예외(법 제6조 제2항)

• 해양사고(해양오염 확산을 방지 등)를 피하기 위한 경우

• 선박의 고장이나 그 밖의 사유로 선박을 조종할 수 없는 경우

• 인명을 구조하거나 급박한 위험이 있는 선박을 구조하는 경우

• 허가를 받은 공사 또는 작업에 사용하는 경우

18 선박의 입항 및 출항 등에 관한 법률상 항로에 관한 설명으로 옳은 것은?

가 대형 선박만 항로를 따라 항행하여야 한다.

나 무역항의 수상구역 등에서는 지정된 항로가 없다.

사 위험물운송선박은 지정된 항로를 따르지 않아도 된다.

아 무역항의 수상구역 등에 출입하는 선박은 원칙적으로 지정된 항로를 따라 항행하여야 한다.

항로 지정 및 준수(법 제10조)

① 관리청은 무역항의 수상구역 등에서 선박교통의 안전을 위하여 필요한 경우에는 무역항과 무역항의 수상구역 밖의 수로를 항로로 지정·고시할 수 있음

② 우선피항선 외의 선박은 무역항의 수상구역 등에 출입 또는 통과하는 경우에는 ①에 따라 지정·고시된 항로를 따라 항행

③ 지정·고시된 항로 항행의 예외 : 해양사고를 피하기 위한 경우, 선박 조종 불가, 인명이나 선박 구조, 해양오염 확산 방지 등

19 (   )에 적합한 것은?

"선박의 입항 및 출항 등에 관한 법률상 항로에서 다른 선박과 마주칠 우려가 있는 경우에는 (   )으로 항행하여야 한다."

가 왼쪽   나 오른쪽

사 부두쪽   아 중앙

항로에서 다른 선박과 마주칠 우려가 있는 경우에는 오른쪽으로 항행할 것(법 제12조 제1항 제3호)

정답 **16** 아 **17** 나 **18** 아 **19** 나

20 (   )에 적합한 것은?

> '선박의 입항 및 출항 등에 관한 법률상 무역항의
> 수상구역 등에서 예인선은 한꺼번에 (   ) 이상
> 의 피예인선을 끌지 못한다.'

가 1척 　　　나 3척

사 5척 　　　아 10척

예인선이 무역항의 수상구역 등에서 다른 선박을 끌고
항행할 때에는 해양수산부령으로 정하는 방법에 따를
것(시행규칙 제9조)
- 예인선의 선수로부터 피예인선의 선미까지의 길이는
  200미터를 초과하지 않을 것(다른 선박의 출입을 보
  조하는 경우에는 예외)
- 예인선은 한꺼번에 3척 이상의 피예인선을 끌지 않을 것

21 선박의 입항 및 출항 등에 관한 법률상 무역항에
출입하려고 할 때 출입신고를 하여야 하는 선박은?

가 군함

나 해양경찰함정

사 총톤수 100톤인 선박

아 해양사고 구조에 사용되는 선박

출입신고의 면제 선박(법 제4조)
- 총톤수 5톤 미만의 선박
- 해양사고 구조에 사용되는 선박
- 「수상레저안전법」에 따른 수상레저기구 중 국내항 간
  을 운항하는 모터보트 및 동력요트
- 출입항 신고 대상이 되는 어선
- 관공선, 군함, 해양경찰함정 등 공공의 목적으로 운영
  하는 선박
- 선박의 출입을 지원하는 선박(도선선, 예선 등)과 연
  안수역을 항해하는 정기여객선(내항 정기 여객운송사
  업에 종사하는 선박)으로 경유항에 출입하는 선박
- 피난을 위하여 긴급히 출항하여야 하는 선박

22 선박의 입항 및 출항 등에 관한 법률상 우선피항
선이 아닌 것은?

가 예선

나 총톤수 25톤인 어선

사 항만운송관련사업을 등록한 자가 소유한
선박

아 자력항행능력이 없어 다른 선박에 의하여
끌리거나 밀려서 항행되는 부선

우선피항선(법 제2조 제5호) : 주로 무역항의 수상구역에
서 운항하는 선박으로서 다른 선박의 진로를 피하여야
하는 선박
- 부선(예인선이 부선을 끌거나 밀고 있는 경우의 예인
  선 및 부선을 포함하되, 예인선에 결합되어 운항하는
  압항부선은 제외)
- 주로 노와 삿대로 운전하는 선박
- 예선
- 항만운송관련사업을 등록한 자가 소유한 선박
- 해양환경관리업을 등록한 자가 소유한 선박(폐기물해
  양배출업으로 등록한 선박은 제외)
- 위 규정에 해당하지 아니하는 총톤수 20톤 미만의 선박

23 해양환경관리법상 선박의 밑바닥에 고인 액상
유성혼합물은?

가 석유

나 선저폐수

사 폐기물

아 잔류성 오염물질

선저폐수(법 제2조) : 선박의 밑바닥에 고인 액상유성
혼합물

정답 **20** 나 **21** 사 **22** 나 **23** 나

24 해양환경관리법에 의해 규제되는 해양오염물질
이 아닌 것은?

가 기름

나 방사성 물질

사 폐기물

아 유해액체물질

해설

오염물질(법 제2조 제11호) : 해양에 유입 또는 해양으
로 배출되어 해양환경에 해로운 결과를 미치거나 미칠
우려가 있는 폐기물·기름·유해액체물질 및 포장유해
물질

25 해양환경관리법상 선박으로부터 오염물질이 배
출되는 경우 신고할 사항이 아닌 것은?

가 사고선박의 명칭

나 해양오염사고의 발생장소

사 해양오염사고의 발생일시

아 해양오염방지관리인의 승선여부

해설

해양시설로부터의 오염물질 배출신고(시행규칙 제29
조) : 해양시설로부터의 오염물질 배출을 신고하려는 자
는 서면·구술·전화 또는 무선통신 등을 이용하여 신
속하게 하여야 하며, 그 신고사항은 다음과 같다.
• 해양오염사고의 발생일시·장소 및 원인
• 배출된 오염물질의 종류, 추정량 및 확산상황과 응급
  조치상황
• 사고선박 또는 시설의 명칭, 종류 및 규모
• 해면상태 및 기상상태

 **제4과목** **기관**

01 실린더 내에서 연료를 직접 연소시켜 그 연소가스
의 팽창으로 동력을 발생시키는 왕복동식 기관은?

가 디젤기관   나 가스터빈기관

사 증기왕복동기관   아 증기터빈기관

해설

디젤기관은 경유(diesel)를 연료로 사용하는 기관으로, 공
기를 고압으로 압축한 뒤 경유를 분사하여 공기의 압축열
로 자연 착화시켜서 동력을 얻는 왕복동 내연기관이다.

02 디젤기관의 실린더 라이너를 분해하는 순서로
옳게 짝지어진 것은?

① 실린더 헤드는 아이 볼트를 이용하여 들어
   올린다.
② 실린더 라이너의 리프팅 공구를 이용하여
   라이너를 들어 올린다.
③ 실린더 헤드에 연결되어 있는 각종 파이프
   를 분해한다.
④ 커넥팅 로드의 대단부를 분해하고 피스톤
   을 들어 올린다.

가 ① → ③ → ④ → ②

나 ① → ④ → ③ → ②

사 ③ → ① → ④ → ②

아 ③ → ④ → ① → ②

해설

실린더 라이너를 분해하는 순서
실린더 헤드에 연결되어 있는 각종 파이프를 분해한다.
→ 실린더 헤드는 아이 볼트를 이용하여 들어올린다.
→ 커넥팅 로드의 대단부를 분해한 후 피스톤을 들어올
린다. → 실린더 라이너 리프팅 공구를 사용하여 라이너
를 들어 올린다.

정답 **24** 나 **25** 아 / **01** 가 **02** 사

03 소형 디젤기관의 실린더 헤드에서 발생할 수 있는 고장에 대한 설명으로 옳지 않은 것은?

가 각 부의 온도차에 의한 열응력이 발생한다.

나 실린더 헤드 볼트의 풀림으로 가스 누설이 발생한다.

사 배기밸브가 누설하면 배기가스 온도가 상승한다.

아 흡입밸브의 밸브틈새가 너무 크면 배기밸브가 손상된다.

해설

실린더 헤드는 고온에 견딜 수 있도록 물로 냉각하기 때문에 가스 쪽과 냉각수 쪽의 온도 차이에 의한 열응력으로 인하여 균열(crack)이 일어나기 쉽다. 이 외에도 실린더 헤드 볼트 풀림으로 인한 가스 누설, 실린더 내의 고온·고압 상태 불량으로 인해 너트가 풀려 가스 누설 등이 발생한다.

04 다음과 같은 습식 라이너에 대한 설명으로 옳지 않은 것은?

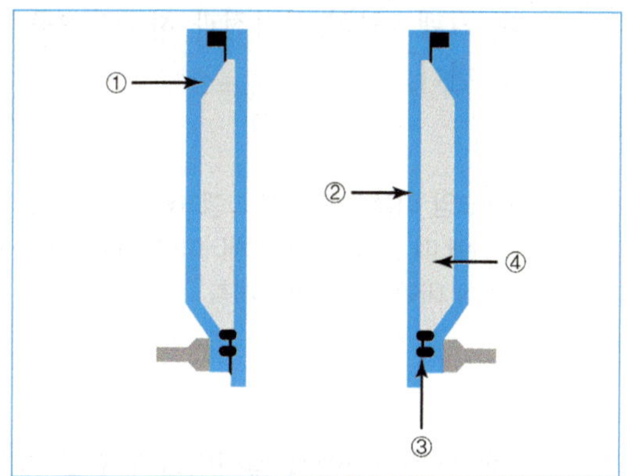

가 ①은 실린더 블록이다.

나 ②는 실린더 헤드이다.

사 ③은 냉각수 누설을 방지하는 오링이다.

아 ④는 냉각수가 통과하는 통로이다.

해설

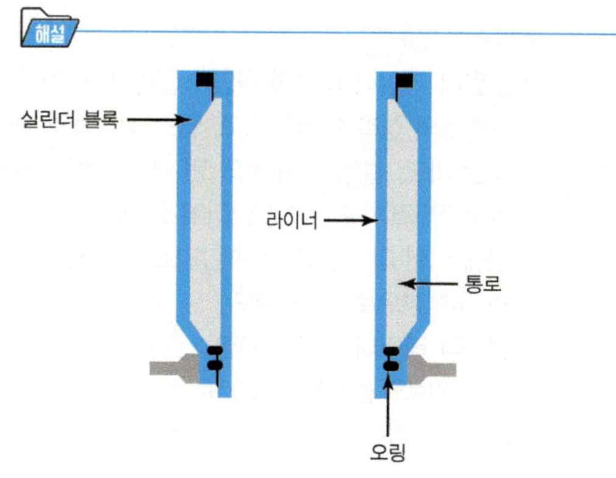

05 소형기관에서 흡·배기밸브의 운동에 대한 설명으로 옳은 것은?

가 흡기밸브는 스프링의 힘으로 열린다.

나 흡기밸브는 푸시로드에 의해 닫힌다.

사 배기밸브는 푸시로드에 의해 닫힌다.

아 배기밸브는 스프링의 힘으로 닫힌다.

해설

소형기관의 흡·배기 밸브는 캠에 의해 열리고, 스프링에 의해 닫힌다.

06 소형 디젤기관에서 실린더 라이너의 심한 마멸에 의한 영향이 아닌 것은?

가 압축 불량

나 불완전 연소

사 착화 시기가 빨라짐

아 연소가스가 크랭크실로 누설

정답 **03** 아 **04** 나 **05** 아 **06** 사

• 실린더 라이너 마모의 원인 : 실린더와 피스톤 및 피스톤링의 접촉에 의한 마모, 연소 생성물인 카본 등에 의한 마모, 흡입 공기 중의 먼지나 이물질 등에 의한 마모, 연료나 수분이 실린더에 응결되어 발생하는 부식에 의한 마모, 농후한 혼합기로 인한 실린더 윤활막의 미형성으로 인한 마모
• 실린더 라이너 마모의 영향 : 출력 저하, 압축 압력의 저하, 연료의 불완전 연소, 연료 소비량 증가, 윤활유 소비량 증가, 기관의 시동성 저하, 가스가 크랭크실로 누설

07 다음과 같은 트렁크형 피스톤에서 ①, ②, ③, ④의 명칭으로 옳은 것은?

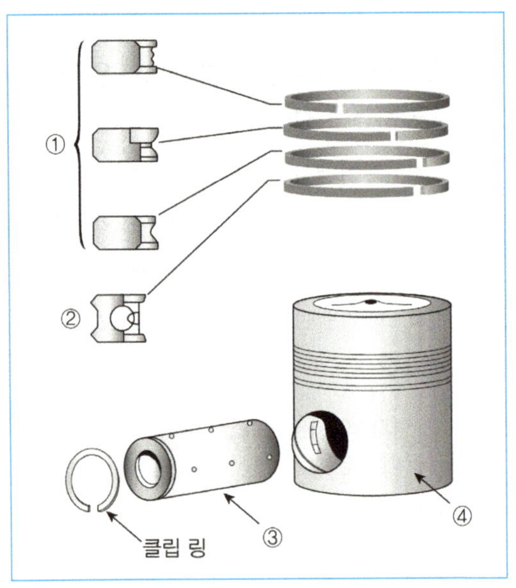

가 ①은 압축링, ②는 오일 스크레이퍼링, ③은 피스톤핀, ④는 피스톤이다.

나 ①은 오일 스크레이퍼링, ②는 압축링, ③은 피스톤, ④는 피스톤핀이다.

사 ①은 압축링, ②는 피스톤핀, ③은 오일 스크레이퍼링, ④는 피스톤이다.

아 ①은 오일 스크레이퍼링, ②는 압축링, ③은 피스톤핀, ④는 피스톤이다.

트렁크형 피스톤

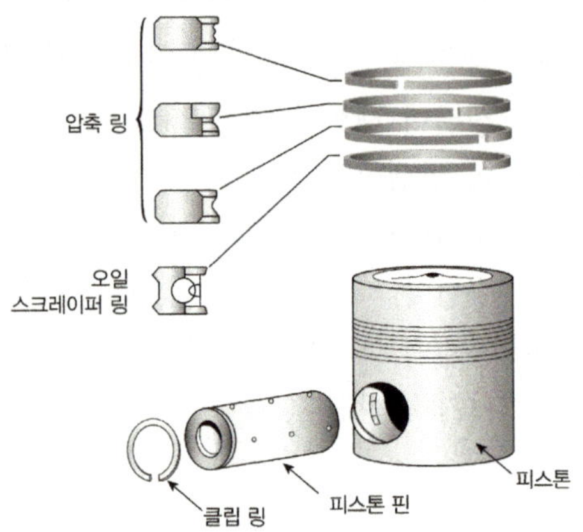

08 디젤기관에서 크랭크암 디플렉션의 측정에 대한 설명으로 옳은 것은?

가 흘수를 변화시켜 가면서 측정한다.

나 선박이 물 위에 떠 있을 때 측정한다.

사 크링크축을 육상으로 이동하여 측정한다.

아 크랭크암의 상사점과 하사점 2곳을 측정한다.

크랭크암 디플렉션 측정(크랭크암 개폐 계측) : 선박이 물 위에 떠 있을 때 각 실린더마다 정해진 여러 곳을 다이얼식 마이크로미터로 계측

09 소형 내연기관에서 플라이휠의 주된 역할은?

가 크랭크암의 개폐작용을 방지한다.

나 크랭크축의 회전을 균일하게 해준다.

사 스러스트 베어링의 마멸을 방지한다.

아 기관의 고속 회전을 용이하게 해준다.

정답 **07** 가 **08** 나 **09** 나

플라이휠(Flywheel) 역할
- 축적된 운동 에너지를 관성력으로 제공하여 균일한 회전이 되도록 한다.
- 크랭크축의 전단부 또는 후단부에 설치하며, 기관의 시동을 쉽게 해주고, 저속 회전을 가능하게 해준다.
- 플라이휠의 림 부분에는 크랭크 각도가 표시되어 있어 밸브의 조정이나 기관 정비 작업을 편리하게 해준다.

10 소형선박에서 축계의 기능에 대한 설명으로 옳지 않은 것은?

가 주기관의 회전 동력을 추진기에 전달한다.

나 푸시로드를 밀어 올려 배기밸브를 작동시킨다.

사 주기관과 추진기를 연결하여 추진기를 지지한다.

아 추진기에서 얻어진 추력을 선체에 전달한다.

축계의 기능
- 주기관의 회전동력을 프로펠러에 전달
- 프로펠러를 지지
- 프로펠러가 발생시킨 추력을 선체에 전달

11 디젤기관 운전 중 배출되는 배기가스가 청백색일 경우의 조치방법으로 옳은 것은?

가 배기밸브를 교환한다.

나 오일 스크레이퍼링을 교환한다.

사 연료분사밸브를 교환한다.

아 실린더 헤드의 개스킷을 교환한다.

운전 중 배출되는 배기가스가 청백색일 경우 연료실로의 윤활유 혼입 상황이므로 오일 스크레이퍼링을 교환한다.

12 디젤기관의 운전 중 냉각수 계통에서 가장 주의하여 관찰해야 하는 것은?

가 기관의 입구 온도와 입구 압력

나 기관의 출구 압력과 출구 온도

사 기관의 입구 온도와 출구 압력

아 기관의 입구 압력과 출구 온도

실린더 헤드나 실린더에 공급되는 냉각수 계통에서 기관 입구의 압력과 입·출구 온도가 정상적인 값을 나타내는지 점검한다.

13 1시간에 1,852미터를 항해하는 선박은 10시간 동안 몇 해리를 항해하는가?

가 1해리   나 2해리

사 5해리   아 10해리

1해리는 1,852m이므로, 1시간에 1,852m를 항해하는 선박이 10시간 항해한 거리는 10해리가 된다.

14 나선형 추진기 날개의 한 개가 절손되었을 때 일어나는 현상으로 옳은 것은?

가 출력이 높아진다.

나 진동이 증가한다.

사 선속이 증가한다.

아 추진기 효율이 증가한다.

나선형 추진기 날개의 일부가 절손되었을 경우 진동이 심해지고 출력이 낮아지며, 속력이 감소하는 등의 현상이 나타난다.

정답 **10** 나 **11** 나 **12** 아 **13** 아 **14** 나

15 닻을 감아올리는 데 사용하는 갑판기기는?

가 조타기　　　나 양묘기
사 계선기　　　아 양화기

양묘기(windlass)는 닻(anchor)을 감아올리거나 내리는 작업을 할 때 이용한다. 또는 선박을 부두에 접안시킬 때 계선줄을 감는 데 사용되는 갑판보조기계이다.

16 "기관실 해수 흡입측 여과기가 막혀 있으면 먼저 (　　)를 잠근 후에 여과기를 소제한다."에서 (　　)에 알맞은 것은?

가 청수 밸브　　　나 연료유 밸브
사 선저 밸브　　　아 윤활유 밸브

소형 기관에서는 운전 중에도 불순물을 여과할 수 있는 자동 여과기를 사용하고, 중형 이상의 기관에서는 2개의 여과기를 복식으로 사용하는데 기관실 해수 흡입측 여과기가 막혀있으면 선저 밸브를 잠근 후에 청소가 될 수 있도록 하고 있다.

17 낮은 곳에 있는 액체를 흡입하여 압력을 가한 후 높은 곳으로 이송하는 장치는?

가 발전기　　　나 보일러
사 조수기　　　아 펌프

펌프 : 낮은 곳의 액체를 흡입하여 압력을 주어서 높은 곳으로 액체를 보내는 장치

18 납축전지 전해액 주입에 대한 설명으로 옳은 것은?

가 넘칠 때까지 보충한다.
나 격리판 중간 위치까지 보충한다.
사 격리판보다 약간 위에까지 보충한다.
아 격리판보다 약간 아래에까지 보충한다.

납축전지의 점검 및 관리 방법
• 축전지는 직사광선을 피해 서늘하고 통풍이 잘 되는 곳에 보관
• 전해액을 보충할 때 증류수를 전극판의 약간 위까지 보충
• 전해액 보충시에는 증류수로 보충하며, 비중을 맞춤
• 충전할 때는 완전히 충전하고, 과방전이 발생하지 않도록 주의

19 납축전지의 전해액으로 많이 사용되는 것은?

가 묽은황산 용액　　　나 알칼리 용액
사 가성소다 용액　　　아 청산가리 용액

납축전지의 구조
• 극판 : 여러 장의 음극판과 양극판
• 격리판 : 각각의 극판을 격리시킴
• 전해액 : 묽은 황산(진한 황산과 증류수를 혼합, 비중은 1.2 내외)

20 용량이 120[Ah]인 납축전지를 부하전류 12[A]로 사용할 수 있는 최대 시간은? (단, 용량의 감소는 없는 것으로 한다.)

가 10분　　　나 120분
사 10시간　　　아 120시간

$12[A] \times x = 120[Ah]$　　　$\therefore x = 10$시간

21 디젤기관에서 실린더 라이너의 마멸량을 계측하는 공구는?

가 틈새 게이지

나 서피스 게이지

사 내경 마이크로미터

아 외경 마이크로미터

해설

내경 마이크로미터는 실린더 내경을 측정하는 도구로 디젤기관에서 실린더 라이너의 마멸량을 계측하는 공구이다. 내경 마이크로미터는 기계 가공, 조립, 품질 관리 등의 분야에서 중요한 역할을 하는 정밀 측정 기기이다.

22 디젤기관을 정비하는 목적이 아닌 것은?

가 기관을 오랫 동안 사용하기 위해

나 기관의 정격 출력을 높이기 위해

사 기관의 고장을 예방하기 위해

아 기관의 운전효율이 낮아지는 것을 방지하기 위해

해설

정격 출력은 정해진 운전 조건으로 정해진 시간 동안의 운전을 보증하는 출력이다. 어떤 장비의 출력을 나타낼 때, 안전하게 계속 내보낼 수 있는 출력의 상한선을 의미한다.

23 겨울철에 디젤기관을 장기간 정지할 경우의 주의사항으로 옳지 않은 것은?

가 동파를 방지한다.

나 부식을 방지한다.

사 주기적으로 터닝을 시켜준다.

아 중요 부품은 분해하여 보관한다.

해설

기관을 장기간 휴지할 때의 주의 사항 : 동파 및 부식 방지, 정기적으로 터닝을 시켜 줌, 각 밸브 및 콕을 모두 잠금 등

24 주기관의 연료유인 경유와 윤활유를 비교한 설명으로 옳은 것은?

가 경유의 점도가 윤활유의 점도보다 훨씬 낮다.

나 경유의 점도와 윤활유의 점도는 같다.

사 경유의 점도가 윤활유의 점도보다 훨씬 높다.

아 경유의 점도는 온도가 증가하는 경우 윤활유 점도보다 높아진다.

해설

윤활유는 기계 또는 장비의 움직이는 부품 간 마찰과 마모를 줄이기 위해 사용되는 유체로 경유의 점도가 윤활유의 점도보다 훨씬 낮다.

＊ **연료유의 비중, 점도, 유동점, 발열량의 크기**
　가솔린(휘발유) < 등유 < 경유 < 중유

25 연료유 탱크의 기름보다 비중이 더 큰 기름을 동일한 양으로 혼합한 경우 비중은 어떻게 변하는가?

가 혼합비중은 비중이 더 큰 기름보다 더 커진다.

나 혼합비중은 비중이 더 큰 기름과 동일하게 된다.

사 혼합비중은 비중이 더 작은 기름보다 더 작아진다.

아 혼합비중은 비중이 작은 기름과 큰 기름의 중간 정도로 된다.

해설

같은 양의 비중이 작은 기름에 비중이 큰 기름을 혼합한 경우 혼합비중은 두 기름의 중간 정도로 된다.

정답 　21 사　22 나　23 아　24 가　25 아

2024년 제2회 최신 기출문제

제1과목 **항해**

01 자기컴퍼스에서 선박의 동요로 비너클이 기울어져 볼(Bowl)을 항상 수평으로 유지하기 위한 것은?

가 자침 　나 피벗

사 기선 　아 짐벌즈

 **해설**

짐벌즈 : 목재 또는 비자성재로 만든 원통형의 지지대인 비너클이 기울어져도 볼을 항상 수평으로 유지시켜 주는 장치

02 자기컴퍼스의 컴퍼스 액에서 증류수와 에틸알코올의 혼합비율은?

가 약 2 : 8 　나 약 4 : 6

사 약 6 : 4 　아 약 8 : 2

 **해설**

컴퍼스 액 : 알코올과 증류수를 4 : 6의 비율로 혼합하여 비중이 약 0.95인 액

03 수심이 얕은 곳에서 수심을 측정하거나 투묘할 때 배의 진행방향 및 타력 또는 정박 중 닻의 끌림을 알기 위한 기구는?

가 핸드 레드 　나 트랜스듀서

사 시운딩자 　아 풍향풍속계

 **해설**

핸드 레드 : 수심이 얕은 곳에서 수심과 저질을 측정하는 측심의로, 3~7kg의 레드와 45~70m 정도의 레드라인으로 구성된다.

04 선박자동식별장치(AIS)에서 얻을 수 있는 다른 선박의 정보가 아닌 것은?

가 호출부호

나 선박의 명칭

사 선박의 종류

아 사용 중인 통신채널

 **해설**

선박자동식별장치(AIS) : 무선전파 송수신기를 이용하여 선박의 제원, 선박의 종류 및 명칭, 위치, 침로, 호출부호, 항해 상태 등을 자동으로 송수신하는 시스템으로, 선박과 선박 간, 선박과 연안기지국 간 항해 관련 통신장치

05 다음 중 레이더의 거짓상을 판독하기 위한 방법으로 가장 적절한 것은?

가 자기 선박의 속력을 줄인다.

나 레이더의 전원을 껐다가 다시 켠다.

사 레이더와 기장 가까운 항해 계기의 전원을 끈다.

아 자기 선박의 침로를 약 10도 좌우로 변경한다.

 **해설**

선수 쪽에 나타난 영상에 대해서 거짓상의 여부가 의심스러울 때에는 일단 약 10도 정도 약간 변침해 보는 것이 좋으며, 대개의 간접 반사파는 변침하면 곧 사라지게 된다.

정답 **01** 아 **02** 사 **03** 가 **04** 아 **05** 아

06 자기컴퍼스가 선체나 선내 철기류 등의 영향을 받아 생기는 오차는?

가 기차
나 자차
사 편차
아 수직차

자차 : 자기자오선(자북)과 선내 나침의 남북선(나북)이 이루는 교각(철기류 등의 영향을 받아 생기는 오차)

07 다음 용어에 관한 설명으로 옳지 않은 것은?

가 지구의 자전축을 지축이라 한다.
나 자오선은 대권이며, 적도와 직교한다.
사 적도와 직교하는 소권을 거등권이라 한다.
아 어느 지점을 지나는 거등권과 적도 사이의 자오선상의 호의 길이를 위도라 한다.

적도와 평행한 소권을 거등권이라고 한다.

08 선박에서 사용하는 속력의 단위인 노트(Knot)에 관한 설명으로 옳은 것은?

가 1시간당 항주한 육리이다.
나 1시간당 항주한 해리이다.
사 시간을 거리로 나눈 값이다.
아 시간과 속력을 곱한 값이다.

노트(Knot) : 선박 속력의 단위로 1노트는 1시간에 1해리를 항주(속력 = 거리 / 시간)

09 교차방위법에서 물표 선정 시 주의사항으로 옳지 않은 것은?

가 가능하면 멀리 있는 물표를 선택하여야 한다.
나 해도상의 위치가 명확하고 뚜렷한 물표를 선정한다.
사 물표가 많을 때에는 2개보다 3개를 선정하는 것이 정확도가 높다.
아 물표 상호 간의 각도는 가능한 한 30~150도인 것을 선정한다.

교차방위법에서 물표 선정시에는 먼 물표보다 가까운 물표를 선택한다.

10 지피에스(GPS)와 디지피에스(DGPS)에 관한 설명으로 옳지 않은 것은?

가 선박에서 활용하는 대표적인 위성항법장치이다.
나 지피에스(GPS)는 위성으로부터 오는 전파를 사용한다.
사 지피에스(GPS)와 디지피에스(DGPS)는 서로 다른 위성을 사용한다.
아 디지피에스(DGPS)는 지피에스(GPS)의 위치 오차를 줄이기 위해서 위치보정 기준국을 이용한다.

지피에스(GPS)와 디지피에스(DGPS)는 같은 위성을 사용하는 위성항법장치이다.

정답 06 나 07 사 08 나 09 가 10 사

11 종이해도에서 간출암을 나타내는 해도도식은?

가  (4) 나  (2)

사  obstn 아 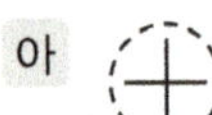

간출암 : 수면 위에 나타났다 수중에 감추어졌다 하는 바위
가. 노출암
사. 장애물
아. 항해에 위험한 암암

12 종이해도에서 침선을 나타내는 영문 기호는?

가 Bk 나 Wk
사 Sh 아 Rf

저질(Quality of the Bottom) : S(모래), Sn(조약돌), M(펄), P(둥근자갈), G(자갈), Rk·rky(바위), Oz(연니), Co(산호), Cl(점토) Sh(조개껍질), Oys(굴), Wd(해초), WK(침선)

13 조석과 관련된 용어에 관한 설명으로 옳지 않은 것은?

가 조석은 해면의 주기적 승강운동을 말한다.
나 고조는 조석으로 인하여 해면이 높아진 상태를 말한다.
사 게류는 저조시에서 고조시까지 흐르는 조류를 말한다.
아 대조승은 대조에 있어서의 고조의 평균 조고를 말한다.

게류 : 창조류에서 낙조류로, 또는 반대로 흐름 방향이 변하는 것을 전류라고 하는데, 이때 흐름이 잠시 정지하는 현상

14 다음 중 특수서지가 아닌 것은?

가 등대표 나 조석표
사 천측력 아 항로지

수로서지 중 특수서지는 항로지 이외의 서적을 말한다.

15 광파(야간)표지의 대표적인 것으로 해양으로 돌출된 곳(갑), 섬 등 항해하는 선박의 위치를 확인하는 물표가 되기에 알맞은 장소에 설치된 탑과 같은 구조물은?

가 등대 나 등부표
사 등선 아 등주

등대 : 야간표지의 대표적인 것으로, 해양으로 돌출된 곳이나 섬 등 선박의 물표가 되기에 알맞은 위치에 설치된 탑과 같이 생긴 구조물이다.

16 형상(주간)표지의 종류가 아닌 것은?

가 부표 나 입표
사 도표 아 등주

형상(주간)표지의 종류에는 입표, 부표, 육표, 도표 등이 있다.

정답 **11** 나 **12** 나 **13** 사 **14** 아 **15** 가 **16** 아

17 레이더에서 발사된 전파를 받을 때에만 응답하며, 일정한 형태의 신호가 나타날 수 있도록 전파를 발사하는 전파표지는?

 가 레이콘(Racon)

나 레이마크(Ramark)

사 코스 비컨(Course beacon)

아 레이더 리플렉터(Radar reflector)

해설

레이콘(Racon) : 선박 레이더에서 발사된 전파를 받을 때에만 응답하며, 일정한 형태의 신호가 나타날 수 있도록 전파를 발사하는 무지향성 송수신 장치

18 다음 중 가장 축척이 큰 종이해도는?

 가 총도   나 항양도

사 항해도   아 항박도

해설

항박도는 항만, 투묘지, 어항, 해협과 같은 좁은 구역을 상세히 표시한 해도로서, 축척 $\frac{1}{5만}$ 이상의 대축척 해도이다.

19 빛을 비추는 시간이 꺼져 있는 시간보다 짧은 것으로 일정한 간격으로 섬광을 내는 등은?

 가 부동등   나 섬광등

사 명암등   아 호광등

해설

섬광등(Fl) : 빛을 비추는 시간이 꺼져 있는 시간보다 짧은 것으로, 일정 시간마다 1회의 섬광을 내는 등

20 표지의 동쪽에 가항수역이 있음을 나타내는 표지는? (단, 두표의 형상으로만 판단함)

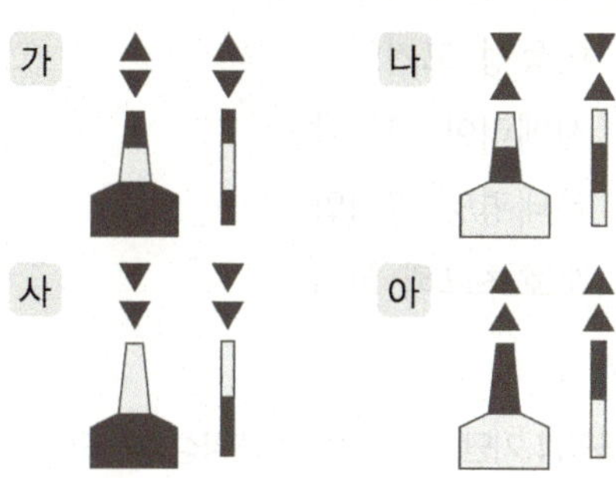

해설

동방위 표지(◆), 서방위 표지(✕), 남방위 표지(▼), 북방위 표지(▲)

동방위 표지는 동쪽으로, 서방위 표지는 서쪽으로, 남방위 표지는 남쪽으로, 북방위 표지는 북쪽으로 항해하라는 의미이다.

21 온도계의 어는점(빙점)의 온도를 32°, 끓는점(비등점)의 눈금을 212°로 하여 그 사이를 180 등분하여 만든 눈금은?

 가 자기 온도   나 화씨 온도

사 섭씨 온도   아 알코올 온도

해설

기온의 측정 단위

• 섭씨 온도(℃) : 1기압에서 물의 어는점을 0℃, 끓는점을 100℃로 하여 그 사이를 100등분한 온도

• 화씨 온도(℉) : 1기압에서 물의 어는점을 32℉, 끓는점을 212℉로 정하고 두 점 사이를 180등분한 온도

정답   17 가   18 아   19 나   20 가   21 나

22 우리나라의 여름철 남동 및 남서 계절풍의 가장 큰 원인이 되는 고기압은?

가 이동성 고기압

나 시베리아 고기압

사 북태평양 고기압

아 오호츠크해 고기압

북태평양 기단 : 고온다습한 해양성 기단으로, 우리나라 한여름의 무더위 현상을 일으킴

23 따뜻한 공기가 찬 공기 쪽으로 이동해 가서 만나게 되면, 따뜻한 공기가 찬공기 위로 올라가면서 형성되는 전선은?

가 한랭전선 나 온난전선

사 폐색전선 아 정체전선

온난전선 : 따뜻한 공기가 찬 공기 위로 올라가면서 전선을 형성한다.

24 항해계획 수립에 관한 설명으로 옳지 않은 것은?

가 일차적으로 안전한 항해가 목적이다.

나 항해 일수의 단축과 경제성도 고려해야 한다.

사 항해계획 시 가장 중요한 것은 항로 선정이다.

아 기상과 해상 상태는 계절마다 다르므로 고려사항이 아니다.

항해계획을 수립할 때 고려해야 할 사항 : 안전한 항해를 위한 항해할 수역의 상황, 항해 일수의 단축, 경제, 기상과 해상 상태 등

25 연안항로 선정에 관한 설명으로 옳지 않은 것은?

가 복잡한 해역이나 위험물이 많은 연안을 항해할 경우에는 최단항로를 항해하는 것이 좋다.

나 연안에서 뚜렷한 물표가 없는 해안을 항해하는 경우 해안선과 평행한 항로를 선정하는 것이 좋다.

사 항로지, 해도 등에 추천항로가 설정되어 있으면, 특별한 이유가 없는 한 그 항로를 따르는 것이 좋다.

아 야간의 경우 조류나 바람이 심할 때는 해안선과 평행한 항로보다 바다쪽으로 벗어나는 항로를 선정하는 것이 좋다.

복잡한 해역이나 위험물이 많은 연안을 항해하거나, 또는 조종성능에 제한이 있는 상태에서는 해안선에 근접하지 말고 다소 우회하더라도 안전한 항로를 선정하는 것이 좋다.

정답 22 사 23 나 24 아 25 가

제2과목 운용

01 선체의 좌우 선측을 구성하는 뼈대로서 용골에 직각으로 배치되고, 갑판보와 늑판에 양쪽 끝이 연결되어 선체 횡강도의 주체가 되는 부재는?

가 늑골
나 기둥
사 거더
아 브래킷

늑골(frame) : 선체의 좌우 선측을 구성하는 뼈대로서 용골에 직각으로 배치되고, 갑판보와 늑판에 양 끝이 연결되어 선체 횡강도의 주체가 되는 것

02 갑판의 배수 및 선체의 횡강력을 위하여 갑판 중앙부를 양현의 현측보다 높게 하는 구조는?

가 현호
나 캠버
사 빌지
아 선체

캠버(camber)는 갑판상의 물이 선체 폭 방향으로 걸쳐 양쪽 선측을 향해 잘 흘러가도록 선박의 중앙부를 높게 한 것을 말한다.

03 선박이 항행하는 구역 내에서 선박의 안전상 허용된 최대의 흘수선은?

가 선수흘수선
나 만재흘수선
사 평균흘수선
아 선미흘수선

만재흘수선 : 선박이 항행하는 구역 내에서 선박의 항행 안전을 위해 예비 부력을 확보할 수 있는 상태에서 허락된 최대의 흘수선

04 (   )에 적합한 것은?

> SOLAS 협약상 타(키)는 최대흘수 상태에서 전속 전진 시 한쪽 현 타각 35도에서 다른 쪽 현 타각 30도까지 돌아가는데 (   )의 시간이 걸려야 한다.

가 28초 이내
나 30초 이내
사 32초 이내
아 35초 이내

SOLAS 협약 및 선박설비기준에서는 조타 장치의 동작 요건으로 계획만재흘수에서 최대항해속력으로 전진하는 경우, 한쪽 현 타각 35도에서 다른 쪽 현 타각 30도까지 28초 이내에 조작할 수 있어야 한다고 규정하고 있다.

05 키(Rudder)의 실제 회전 각도를 표시해 주는 장치이며, 조타위치에서 잘 보이는 곳에 설치되어 있는 것은?

가 경사계
나 선회율 지시기
사 타각 지시기
아 회전수 지시기

타각 지시기 : 키의 실제 회전량을 표시해 주는 지시기로, 조타대에서 잘 보이는 곳에 설치되어 있다. 조선자가 조타실 외부에서 볼 수 있도록 좌우현 조타실 외관에도 설치되어 있다.

정답 01 가 02 나 03 나 04 가 05 사

06 스톡 앵커의 각부 명칭을 나타낸 아래 그림에서 ㉠은?

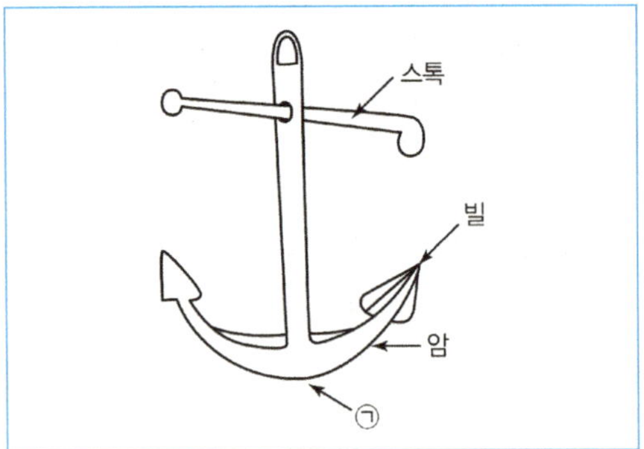

가 생크
나 크라운
사 앵커 링
아 플루크

 **해설**

스톡 앵커의 각부 명칭

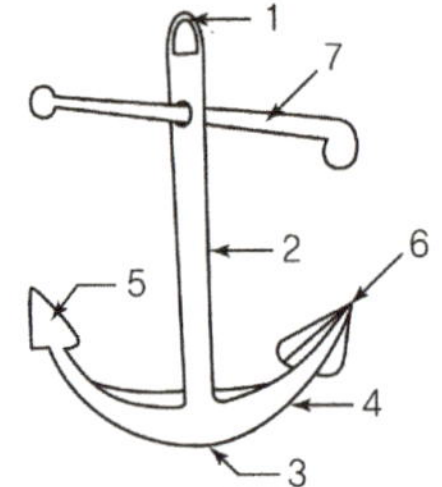

1. 앵커 링
2. 생크
3. 크라운
4. 암
5. 플루크
6. 빌
7. 스톡

07 다음 소화장치 중 화재가 발생하면 자동으로 작동하여 물을 분사하는 장치는?

가 고정식 포말 소화장치
나 자동 스프링클러 장치
사 고정식 분말 소화장치
아 고정식 이산화탄소 소화장치

 **해설**

자동 스프링클러 장치 : 소화장치 중 화재가 발생하면 자동으로 작동하여 물을 분사하는 장치

08 아래 그림의 구명설비는?

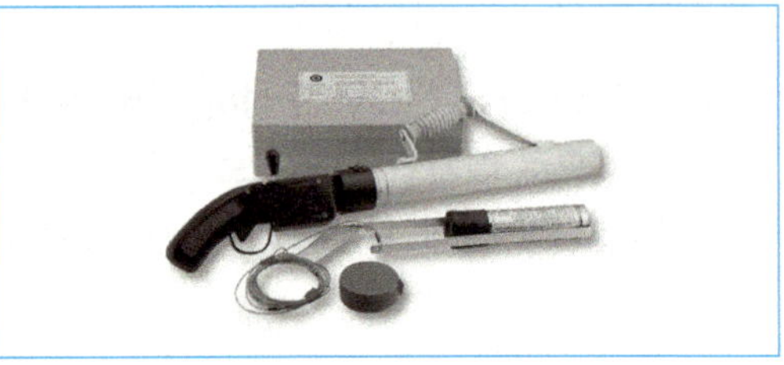

가 구명조끼
나 구명부환
사 구명부기
아 구명줄 발사기

 **해설**

구명줄 발사기 : 선박이 조난을 당한 경우 조난선과 구조선 또는 육상과 연락하는 구명줄을 보낼 때 사용하는 장치로 수평에서 45° 각도로 발사

09 해상이동업무식별번호(MMSI)에 관한 설명으로 옳은 것은?

가 5자리 숫자로 구성된다.
나 9자리 숫자로 구성된다.
사 국제 항해 선박에만 사용된다.
아 국내 항해 선박에만 사용된다.

 **해설**

MMSI(해상이동업무식별부호)
- 선박국, 해안국 및 집단호출을 유일하게 식별하기 위해 사용되는 부호로서, 9개의 숫자로 구성
- MMSI는 주로 디지털선택호출(DSC), 선박자동식별장치(AIS), 비상위치표시전파표지(EPIRB)에서 선박 식별부호로 사용
- 초단파 무선설비에도 입력되어 있으며, 소형선박에도 부여
- 우리나라의 경우 440, 441로 시작

정답 06 나 07 나 08 아 09 나

10 점화시켜 물에 던지면 해면 위에서 연기를 내는 것으로 잔잔한 해면에서 3분 이상 동안 잘 보이는 색깔의 연기를 분출하는 조난신호 장비는?

가 신호 홍염

나 발연부 신호

사 자기 점화등

아 로켓 낙하산 화염신호

자기 발연부 신호 : 주간 신호로서 구명부환과 함께 수면에 투하되면 자동으로 오렌지색 연기를 연속으로 내는 것

11 잔잔한 바다에서 의식불명의 익수자를 발견하여 구조하려 할 때, 구조선의 안전한 접근 방법은?

가 익수자의 풍하 쪽에서 접근한다.

나 익수자의 풍상 쪽에서 접근한다.

사 구조선의 좌현 쪽에서 바람을 받으면서 접근한다.

아 구조선의 우현 쪽에서 바람을 받으면서 접근한다.

의식불명의 익수자를 구조하고자 할 때는 익수자의 풍상측에서 접근하여 선박의 풍하측에서 구조한다.

12 평수구역을 항해하는 총톤수 2톤 이상의 선박에 반드시 설치하여야 하는 무선통신 설비는?

가 위성통신설비

나 단파(HF) 무선설비

사 중파(MF) 무선설비

아 초단파(VHF) 무선설비

초단파 무선설비(VHF)는 선박과 선박, 선박과 육상국 사이의 통신에 주로 사용하며, 평수구역을 항해하는 총톤수 2톤 이상의 소형선박에 반드시 설치해야 하는 무선통신 설비이다.

13 초단파(VHF) 무선설비의 조난통신 채널은?

가 채널 06번　　나 채널 16번

사 채널 09번　　아 채널 19번

초단파대 무선전화(VHF)는 조난, 긴급 및 안전에 관한 통신에만 이용하거나 상대국의 호출용으로만 사용되는데, 156.8MHz(VHF 채널 16)이다.

14 선박용 초단파(VHF) 무선설비의 최대 출력은?

가 10W　　나 15W

사 20W　　아 25W

초단파(VHF) 무선설비는 VHF 채널 70(156.525MHz)에 의한 DSC와 채널 6, 13 및 16에 의한 무선전화 송수신을 하며, 조난 경보신호를 발신할 수 있는 설비로, 최대 출력은 25W이다.

15 다음 중 선박 조종에 미치는 영향이 가장 작은 요소는?

가 바람　　나 파도

사 조류　　아 기온

선박 조종, 특히 선회권의 크기에 영향을 주는 요소에는 방형 비척 계수, 흘수, 트림, 속력, 파도, 바람 및 조류의 영향 등을 들 수 있다. 기온은 선박 조종에 영향을 주는 요소가 아니다.

정답　**10** 나　**11** 나　**12** 아　**13** 나　**14** 아　**15** 아

16 선체가 항주할 때 수면 하의 선체가 받는 저항이 아닌 것은?

가 공기저항　　나 마찰저항

사 조파저항　　아 조와저항

선박이 항주할 때에 받는 저항은 수면 위의 선체 구조물이 받는 공기저항과, 수면 아래의 선체가 물로부터 받게 되는 마찰저항, 조파저항 및 조와저항 등이 있다.

17 전속 항해 중 선수 전방의 위험물을 선회동작으로 피하기 위하여 알아야 하는 선회권의 요소는?

가 선회 횡거(Transfer)

나 선회 종거(Advance)

사 전심(Pivoting point)

아 선회지름(Tactical diameter)

선회 종거 : 전타를 시작한 위치에서 선수가 원침로로부터 90° 회두했을 때, 원침로상의 종 이동한 거리를 선회 종거라고 하고, 횡 이동한 거리를 선회 횡거라고 한다.

18 스크루 프로펠러가 1회전(360도)하여 선박이 전진하는 거리는?

가 킥　　　　나 롤

사 피치　　　아 트림

피치는 선박에서 스크루 프로펠러가 360도 1회전하면 전진하는 거리를 말한다. 즉, 나선형 프로펠러가 1회전 할 때 날개 위의 어떤 점이 축방향으로 이동하는 거리를 말한다.

19 좁은 수로를 항해할 때 유의사항으로 옳은 것은?

가 침로를 변경할 때는 대각도로 한번에 변경하는 것이 좋다.

나 선수·미선과 조류의 유선이 직각을 이루도록 조종하는 것이 좋다.

사 언제든지 닻을 사용할 수 있도록 준비된 상태에서 항행하는 것이 좋다.

아 조류는 순조 때에는 정침이 잘 되지만, 역조 때에는 정침이 어려우므로 조종 시 유의하여야 한다.

협수로(좁은 수로)에서의 선박 운용
- 침로를 변경할 때는 소각도로 여러 차례 변침
- 기관 사용 및 언제든지 닻을 사용할 수 있도록 투묘 준비 상태를 계속 유지하면서 항행
- 협수로를 통과할 때는 가능한 한 수로의 오른쪽으로 붙어 항해
- 타효가 잘 나타나는 안전한 속력(대략 유속보다 3노트 정도 빠른 속력에 해당)을 유지
- 선수·미선과 조류의 유선이 조류의 방향과 같도록 조종하는 것이 좋다.
- 조류는 역조 때에는 정침이 잘 되지만, 순조 때에는 정침이 어려우므로 조종 시 유의하여야 한다.

20 선박에서 최대 한도까지 화물을 적재한 상태는?

가 공선 상태　　나 만재 상태

사 경하 상태　　아 선미트림 상태

선박의 안전 항해를 위해서 허용되는 최대 한도까지 화물을 적재한 상태를 만재 상태라 한다.

정답　16 가　17 나　18 사　19 사　20 나

21 항해 중 복원력에 관한 설명으로 옳은 것은?

가 선수 갑판이 결빙되면 복원력은 증가한다.

나 연료유, 청수가 소비되면 복원력은 증가한다.

사 원목 또는 각재 같은 갑판적 화물이 수분을 흡습하면 복원력은 증가한다.

아 탱크 내 유동수의 영향으로 무게중심의 위치가 상승하면 복원력은 감소한다.

- 선체의 횡동요에 따라 유동수가 많이 발생하면 무게중심의 위치가 상승하여 복원력이 감소한다.
- 탱크 내의 기름이나 물을 가득(80% 이상) 채우거나 비우는 것은 유동수에 의한 복원 감소를 막기 위함이다.

22 풍향이 일정하고 풍력이 증가하며 기압이 계속 하강한다면 자기 선박과 태풍의 상대적 위치는?

가 자기 선박은 가항반원에 있다.

나 자기 선박은 태풍 중심에 있다.

사 자기 선박은 위험반원 내에 있다.

아 자기 선박은 태풍의 진로상에 있다.

풍향이 변하지 않고 폭풍우가 강해지고 있으면 자기 선박은 태풍의 진로상에 위치하므로 영향권을 신속히 벗어나는 것이 좋다.

23 황천 중 슬래밍(Slamming) 현상과 함께 추진기 공회전이 발생할 경우 조치할 사항은?

가 대각도 선회하여 정횡 방향에서 파를 받도록 한다.

나 기관을 정지하고 선미 쪽에서 바람을 받도록 한다.

사 풍향을 정선수로부터 받고 선속을 증가시켜 황천을 빨리 벗어난다.

아 풍랑을 정선수로부터 2~3점 정도의 방향으로 받고 타효를 가질 수 있는 최소한의 속력을 유지한다.

슬래밍(slamming) : 선체가 파를 선수에서 받으면서 항해할 때 선수 선저부가 강한 파의 충격을 받는 경우 선체가 짧은 주기로 급격한 진동을 하게 되는 현상으로, 이 현상이 나타나면 풍랑을 정선수로부터 2~3점 정도의 방향으로 받는 자세가 좋다. 이것은 선수를 풍랑에 향하게 하여 타효를 가질 수 있는 최소의 속력을 가지고 전진하는 방법이다.

24 C급 화재를 진화하기 위해서 가장 적합한 소화제는?

가 물 나 이산화탄소

사 스팀 아 포말소화제

전기화재(C급) : 청색으로 분류. 전기에너지가 불로 전이되는 화재로, 이산화탄소나 특수소화기를 사용해야 한다.

정답 **21** 아 **22** 아 **23** 아 **24** 나

25 항해 중 당직항해사가 선장에게 즉시 보고하여야 하는 경우가 아닌 것은?

가 침로의 유지가 어려울 경우
나 예기치 않은 항로표지를 발견한 경우
사 예정된 변침지점에서 침로를 변경한 경우
아 시계가 제한되거나 제한될 것으로 예상될 경우

항해 당직 중 선장에게 즉시 보고해야 하는 경우
• 제한 시계의 조우 또는 예상됨.
• 다른 선박들의 동정이 불안함.
• 침로 유지가 불안함.
• 예정 시간에 육지나 항로표지를 발견하지 못함.
• 주기관, 조타 장치, 중요한 항해 장비의 고장
• 황천에 생길 수 있는 손상이 우려됨.

제3과목 **법규**

01 해상교통안전법상 자기 선박의 우현 후방에서 들려온 장음 2회, 단음 1회에 대한 동의의사를 표시할 때의 기적신호로 옳은 것은?

가 장음 1회, 단음 1회의 순서로 1회
나 장음 1회, 단음 1회의 순서로 2회
사 장음 1회, 단음 2회의 순서로 1회
아 장음 1회, 단음 2회의 순서로 2회

좁은 수로 등에서 서로 상대의 시계 안에 있는 경우의 기적신호(법 제99조 제4항)
• 우현 쪽으로 앞지르기 : 장음 2회와 단음 1회
• 좌현 쪽으로 앞지르기 : 장음 2회와 단음 2회
• 앞지르기에 동의할 경우 : 장음 1회, 단음 1회의 순서로 2회 반복

02 해상교통안전법상 접근하여 오는 다른 선박의 방위에 뚜렷한 변화가 있더라도 충돌의 위험이 있다고 보고 필요한 조치를 취해야 할 선박을 〈보기〉에서 모두 고른 것은?

┌─ 보기 ┐
ㄱ. 범선
ㄴ. 거대선
ㄷ. 고속선
ㄹ. 예인 작업에 종사하는 선박
└─────┘

가 ㄱ, ㄴ   나 ㄱ, ㄷ
사 ㄴ, ㄹ   아 ㄴ, ㄷ, ㄹ

정답 25 사 / 01 나 02 사

 **해설**

충돌 위험시의 조치(법 제72조)
- 선박은 접근하여 오는 다른 선박의 나침방위에 뚜렷한 변화가 일어나지 아니하면 충돌할 위험성이 있다고 보고 필요한 조치를 하여야 한다.
- 접근하여 오는 다른 선박의 나침방위에 뚜렷한 변화가 있더라도 거대선 또는 예인작업에 종사하고 있는 선박에 접근하거나, 가까이 있는 다른 선박에 접근하는 경우에는 충돌을 방지하기 위하여 필요한 조치를 하여야 한다.

03 해상교통안전법상 해상교통량이 아주 많은 해역 등 대형 해양사고가 발생할 우려가 있어 해양수산부장관이 설정하는 해역은?

가 항로

나 교통안전특정해역

사 통항분리수역

아 유조선통항금지해역

 **해설**

교통안전특정해역의 설정 등(법 제7조) : 해양수산부장관은 대형 해양사고가 발생할 우려가 있는 해역을 교통안전특정해역으로 설정할 수 있다.

04 해상교통안전법상 조종불능선이 아닌 선박은?

가 추진기관 고장으로 표류 중인 선박

나 항공기의 발착작업에 종사 중인 선박

사 발전기 고장으로 기관이 정지된 선박

아 조타기 고장으로 침로 변경이 불가능한 선박

 **해설**

조종불능선(법 제2조) : 선박의 조종성능을 제한하는 고장이나, 그 밖의 사유로 조종을 할 수 없게 되어 다른 선박의 진로를 피할 수 없는 선박

05 (   )에 적합한 것은?

> "해상교통안전법상 통항분리수역을 항행하는 경우에 선박이 부득이한 사유로 그 통항로를 횡단하여야 하는 경우 그 통항로와 선수방향이 (   )에 가까운 각도로 횡단하여야 한다."

가 둔각

나 직각

사 예각

아 평형

 **해설**

선박은 통항로를 횡단하여서는 아니 된다. 다만, 부득이한 사유로 그 통항로를 횡단하여야 하는 경우에는 그 통항로와 선수방향이 직각에 가까운 각도로 횡단하여야 한다(법 제75조).

06 해상교통안전법상 선박에서 술에 취한 상태에서 조타기를 조작하였다는 충분한 이유가 있는 경우 해양경찰청 소속 경찰공무원이 할 수 있는 일은?

가 선박 나포

나 선박 출항통제

사 음주 측정

아 해기사 면허 취소

 **해설**

해양경찰청 소속 경찰공무원의 음주측정(법 제39조)
- 다른 선박의 안전운항을 해칠 우려가 있는 경우에 측정할 수 있다.
- 술에 취한 상태에서 조타기를 조작하거나 조작할 것을 지시하였다는 충분한 이유가 있을 경우 측정할 수 있다.
- 측정 결과에 불복하는 경우 동의를 받아 혈액 채취 등의 방법으로 다시 측정할 수 있다.
- 해양사고가 발생한 경우에는 반드시 측정해야 한다.

정답 **03** 나 **04** 나 **05** 나 **06** 사

07 해상교통안전법상 술에 취한 상태의 기준은?

가 혈중알코올농도 0.01퍼센트 이상

나 혈중알코올농도 0.03퍼센트 이상

사 혈중알코올농도 0.05퍼센트 이상

아 혈중알코올농도 0.10퍼센트 이상

술에 취한 상태의 기준(법 제39조) : 혈중알코올농도 0.03 퍼센트 이상

08 (　)에 적합한 것은?

> "해상교통안전법상 선박은 다른 선박과 충돌할 위험성이 있는지 판단하기 위하여 당시의 상황에 알맞은 (　)을 활용하여야 한다."

가 모든 수단

나 직감적인 수단

사 후각적인 수단

아 공감적인 수단

선박은 주위의 상황 및 다른 선박과 충돌할 수 있는 위험성을 충분히 파악할 수 있도록 시각·청각 및 당시의 상황에 맞게 이용할 수 있는 모든 수단을 이용하여 항상 적절한 경계를 하여야 한다(법 제70조).

09 해상교통안전법상 안전한 속력을 결정할 때 고려하여야 할 사항이 아닌 것은?

가 시계의 상태

나 선박 설비의 구조

사 선박의 조종성능

아 해상교통량의 밀도

안전속력의 고려 사항(법 제71조) : 시계의 상태, 해상교통량의 밀도, 선박의 정지거리·선회성능, 야간의 경우 항해에 지장을 주는 불빛의 유무, 바람·해면 및 조류의 상태와 항행장애물의 근접상태, 선박의 흘수와 수심과의 관계, 레이더의 특성 및 성능, 해면상태·기상 등

10 해상교통안전법상 서로 시계 안에서 2척의 동력선이 거의 마주치게 되어 충돌의 위험이 있는 경우와 그 피항 방법에 관한 설명으로 옳지 않은 것은?

가 두 선박은 서로 대등한 피항 의무를 가진다.

나 우현 대 우현으로 지나갈 수 있도록 침로를 변경한다.

사 다른 선박을 선수 방향에서 볼 수 있는 경우로서 낮에는 2척의 선박의 마스트가 선수에서 선미까지 일직선이 되거나 거의 일직선이 되는 경우이다.

아 다른 선박을 선수 방향에서 볼 수 있는 경우로서 밤에는 2개의 마스트 등을 일직선 또는 거의 일직선으로 볼 수 있거나 양쪽의 현등을 볼 수 있는 경우이다.

마주치는 상태(법 제79조) : 2척의 동력선이 마주치거나 거의 마주치게 되어 충돌의 위험이 있을 때에는 각 동력선은 서로 다른 선박의 좌현 쪽을 지나갈 수 있도록 침로를 우현 쪽으로 변경

11 해상교통안전법상 서로 시계 안에서 범선과 동력선이 서로 마주치는 경우 항법으로 옳은 것은?

가 동력선이 침로를 변경한다.

나 각각 침로를 좌현 쪽으로 변경한다.

사 각각 침로를 우현 쪽으로 변경한다.

아 동력선은 침로를 우현 쪽으로, 범선은 침로를 바람이 불어가는 쪽으로 변경한다.

정답　**07** 나　**08** 가　**09** 나　**10** 나　**11** 가

항행 중인 동력선이 선박의 진로를 피해야 할 경우(법 제83조) : 조종불능선, 조종제한선, 어로에 종사하고 있는 선박, 범선

12 해상교통안전법상 동력선이 시계가 제한된 수역을 항행할 때의 항법으로 옳은 것은?

가 가급적 속력 증가

나 기관 즉시 조작준비

사 후진기관 사용 금지

아 레이더만으로 다른 선박이 있는 것을 탐지하고 침로 변경만으로 피항동작을 할 경우 선수 방향에 있는 선박에 대하여 좌현쪽으로 침로를 변경하여 충돌 회피

제한된 시계에서 선박의 항법(법 제84조 제2항)
- 당시의 사정과 조건에 적합한 안전한 속력으로 항행
- 동력선은 제한된 시계 안에 있는 경우 기관을 즉시 조작할 수 있도록 준비

13 해상교통안전법상 선미등이 비추는 수평의 호의 범위와 동색은?

가 135도, 흰색 나 135도, 붉은색

사 225도, 흰색 아 225도, 붉은색

선미등(법 제86조 제3호) : 135도에 걸치는 수평의 호를 비추는 흰색 등으로서, 그 불빛이 정선미 방향으로부터 양쪽 현의 67.5도까지 비출 수 있도록 선미 부분 가까이에 설치된 등

14 해상교통안전법상 제한된 시계 안에서 2분을 넘지 아니하는 간격으로 장음 2회의 기적 신호를 들었다면 그 기적을 울린 선박은?

가 정박선

나 조종제한선

사 얹혀 있는 선박

아 대수속력이 없는 항행 중인 동력선

제한된 시계 안에서의 음향신호(법 제100조)

선박 구분		신호 간격	신호 내용
항행 중인 동력선	대수속력이 있는 경우	2분 이내	장음 1회
	대수속력이 없는 경우	2분 이내	장음 2회

15 해상교통안전법상 서로 상대의 시계 안에 선박이 접근하고 있을 경우, 하나의 선박이 다른 선박의 의도 또는 동작을 이해할 수 없을 때 울리는 기적 신호는?

가 단음 3회 이상

나 단음 5회 이상

사 장음 3회 이상

아 장음 5회 이상

서로 상대의 시계 안에 있는 선박이 접근하고 있을 경우에는 하나의 선박이 다른 선박의 의도 또는 동작을 이해할 수 없거나 다른 선박이 충돌을 피하기 위하여 충분한 동작을 취하고 있는지 분명하지 아니한 경우에는 그 사실을 안 선박이 즉시 기적으로 단음을 5회 이상 재빨리 울려 그 사실을 표시하여야 한다(법 제99조).

정답 **12** 나 **13** 가 **14** 아 **15** 나

16 선박의 입항 및 출항 등에 관한 법률상 무역항에 출입하려고 할 때 출입신고를 하여야 하는 선박은?

가 군함

나 해양경찰함정

사 총톤수 100톤인 선박

아 해양사고구조에 사용되는 선박

출입신고(법 제4조)

① 무역항의 수상구역 등에 출입하려는 선박의 선장은 관리청에 신고하여야 함.

② 출입신고의 면제 선박

- 총톤수 5톤 미만의 선박
- 해양사고 구조에 사용되는 선박
- 「수상레저안전법」에 따른 수상레저기구 중 국내항 간을 운항하는 모터보트 및 동력요트
- 관공선, 군함, 해양경찰함정 등 공공의 목적으로 운영하는 선박
- 선박의 출입을 지원하는 선박(도선선, 예선 등)과 연안수역을 항해하는 정기여객선(내항 정기 여객 운송사업에 종사하는 선박)으로 경유항에 출입하는 선박
- 피난을 위하여 긴급히 출항하여야 하는 선박
- 출입항 신고 대상이 되는 어선

17 (   )에 순서대로 적합한 것은?

> "선박의 입항 및 출항 등에 관한 법률상 무역항의 수상구역 등에서 기적이나 사이렌을 갖춘 선박에 화재가 발생한 경우 그 선박은 기적이나 사이렌을 (   )으로 (   ) 울려야 한다."

가 단음, 4회 나 장음, 5회

사 장음, 4회 아 단음, 5회

기적 등의 제한(시행규칙 제29조)

① 무역항의 수상구역 등에서 특별한 사유 없이 기적이나 사이렌을 울려서는 안 됨

② 화재 시 경보 방법(①의 예외) : 무역항의 수상구역 등에서 기적이나 사이렌을 갖춘 선박에 화재가 발생한 경우 기적이나 사이렌을 장음(4초에서 6초까지의 시간 동안 계속되는 울림)으로 5회 울려야 함

18 (   )에 순서대로 적합한 것은?

> "선박의 입항 및 출항 등에 관한 법률상 무역항의 수상구역등에 (   )하는 선박이 방파제 입구 등에서 (   )하는 선박과 마주칠 우려가 있는 경우에는 방파제 밖에서 (   )하는 선박의 진로를 피하여야 한다."

가 통과, 출항, 입항

나 통과, 입항, 출항

사 출항, 입항, 입항

아 입항, 출항, 출항

방파제 부근에서의 항법(법 제13조) : 무역항의 수상구역등에 입항하는 선박이 방파제 입구 등에서 출항하는 선박과 마주칠 우려가 있는 경우에는 방파제 밖에서 출항하는 선박의 진로를 피하여야 한다.

정답   16 사   17 나   18 아

19 (   )에 순서대로 적합한 것은?

> "선박의 입항 및 출항 등에 관한 법률상 항로
> 상의 모든 선박은 항로를 항행하는 (   ) 또
> 는 (   )의 진로를 항해하지 아니하여야 한
> 다. 다만, 항만운송관련사업을 등록한 자가
> 소유한 급유선은 제외한다."

가 어선, 범선

나 흘수제약선, 범선

사 위험물운송선박, 대형선

아 위험불운송선박, 흘수제약선

[해설]

항로에서의 항법(법 제12조) : 항로를 항행하는 위험물운
송선박(선박 중 급유선은 제외) 또는 흘수제약선의 진로를
방해하지 않을 것

20 선박의 입항 및 출항 등에 관한 법률상 무역항의
수상구역 등에서 하천, 운하 및 그 밖의 좁은 수
로와 계류장 입구의 부근 수역에 정박이나 정류
가 허용되는 경우는?

가 어선이 조업 중인 경우

나 선박 조종이 불가능한 경우

사 실습선이 해양훈련 중인 경우

아 여객선이 입항시간을 조정할 경우

[해설]

정박·정류 등의 제한(금지) 예외(법 제6조)
- 해양사고(해양오염 확산을 방지 등)를 피하기 위한 경우
- 선박의 고장이나 그 밖의 사유로 선박을 조종할 수 없
  는 경우
- 인명을 구조하거나 급박한 위험이 있는 선박을 구조
  하는 경우
- 허가를 받은 공사 또는 작업에 사용하는 경우

21 (   )에 순서대로 적합한 것은?

> "선박의 입항 및 출항 등에 관한 법률상 (   )
> 외의 선박은 무역항의 수상구역 등에 출입하
> 는 경우 또는 무역항의 수상구역 등을 통과
> 하는 경우에는 해양사고를 피하기 위한 경우
> 등 해양수산부령으로 정하는 사유가 있는 경
> 우를 제외하고 지정·고시된 항로를 따라 항
> 행하여야 한다."

가 고속선   나 우선피항선

사 조종불능선   아 흘수제약선

[해설]

항로 지정 및 준수(법 제10조)
① 관리청은 무역항의 수상구역 등에서 선박교통의 안
   전을 위하여 필요한 경우에는 무역항과 무역항의 수
   상구역 밖의 수로를 항로로 지정·고시할 수 있음
② 우선피항선 외의 선박은 무역항의 수상구역 등에 출
   입 또는 통과하는 경우에는 ①에 따라 지정·고시된
   항로를 따라 항행
③ 지정·고시된 항로 항행의 예외 : 해양사고를 피하기
   위한 경우, 선박 조종 불가, 인명이나 선박 구조, 해
   양오염 확산 방지 등

22 선박의 입항 및 출항 등에 관한 법률상 우선피항
선이 아닌 선박은?

가 예선

나 총톤수 20톤 미만인 어선

사 주로 노와 삿대로 운전하는 선박

아 예인선에 결합되어 운항하는 압항부선

정답 19 아 20 나 21 나 22 아

우선피항선(법 제2조) : 주로 무역항의 수상구역에서 운항하는 선박으로서 다른 선박의 진로를 피하여야 하는 선박
- 부선(예인선이 부선을 끌거나 밀고 있는 경우의 예인선 및 부선을 포함하되, 예인선에 결합되어 운항하는 압항부선은 제외)
- 주로 노와 삿대로 운전하는 선박
- 예선
- 항만운송관련사업을 등록한 자가 소유한 선박
- 해양환경관리업을 등록한 자가 소유한 선박(폐기물해양배출업으로 등록한 선박은 제외)
- 위 규정에 해당하지 아니하는 총톤수 20톤 미만의 선박

23 해양환경관리법이 적용되는 오염물질이 아닌 것은?

  가 기름   나 음식쓰레기

  사 선저폐수   아 방사성물질

오염물질(법 제2조) : 해양에 유입 또는 해양으로 배출되어 해양환경에 해로운 결과를 미치거나 미칠 우려가 있는 폐기물·기름·유해액체물질 및 포장유해물질

24 해양환경관리법상 선박의 밑바닥에 고인 액상유성혼합물은?

  가 윤활유   나 선저폐수

  사 선저유류   아 선저세정수

선저폐수(법 제2조) : 선박의 밑바닥에 고인 액상유성혼합물

25 해양환경관리법상 피예인선의 기름기록부 보관 장소는?

  가 예인선의 선내

  나 피예인선의 선내

  사 지방해양수산청

  아 선박소유자의 사무실

선박오염물질기록부의 관리(법 제30조) : 선박의 선장(피예인선의 경우에는 선박의 소유자)은 그 선박에서 사용하거나 운반·처리하는 폐기물·기름 및 유해액체물질에 대한 선박오염물질기록부를 그 선박(피예인선의 경우에는 선박의 소유자의 사무실) 안에 비치하고 그 사용량·운반량 및 처리량 등을 기록하여야 한다.

정답   **23** 아   **24** 나   **25** 아

제4과목 기관

01 회전수가 1,200[rpm]인 디젤기관에서 크랭크축이 1회전하는 동안 걸리는 시간은?

가 (1/20)초   나 (1/3)초
사 2초   아 20초

해설

기관의 회전수
- R.P.M(Revolution Per Minute, 1분간 기관 회전수)은 크랭크축이 1분 동안 몇 번의 회전을 하는지 나타내는 단위
- 60초/1,200회 = (1/20)초

02 디젤기관의 압축비에 대한 설명으로 옳은 것을 모두 고른 것은?

> ① 가솔린기관보다 압축비가 크다.
> ② 실린더 부피를 압축 부피로 나눈 값이다.
> ③ 압축비가 클수록 압축압력은 높아진다.

가 ①, ②   나 ①, ③
사 ②, ③   아 ①, ②, ③

해설

① **일반적인 내연기관의 압축비** : 디젤기관(11~25 정도), 가솔린기관(5~11 정도)
② **압축비** : 실린더 부피/압축 부피=(압축 부피+행정 부피)/압축 부피
③ 압축비가 클수록 당연히 압축압력은 높아진다.

03 내연기관의 거버너에 대한 설명으로 옳은 것은?

가 기관의 회전 속도가 일정하게 되도록 연료유의 공급량을 조절한다.
나 기관에 들어가는 연료유의 온도를 자동으로 조절한다.
사 윤활유의 온도를 자동으로 조절한다.
아 기관에 흡입되는 공기량을 자동으로 조절한다.

해설

조속기(거버너, governor) : 지정된 위치에서 기관속도를 측정하여 부하 변동에 따른 주기관의 속도를 조절함으로써 기관속도를 일정하게 유지하는 장치이다.

04 "소형 디젤기관의 커넥팅로드 내부에는 (   )가 통하는 구멍이 뚫려있다."에서 (   )에 적합한 것은?

가 연료유   나 윤활유
사 냉각수   아 배기기스

해설

커넥팅 로드(연접봉) : 피스톤과 크랭크축을 연결하여 피스톤의 왕복운동을 크랭크축의 회전운동으로 바꾸어 전달한다. 내부에는 윤활유가 통하는 구멍이 뚫려있다.

05 디젤기관에서 플라이휠을 설치하는 주된 목적은?

가 소음을 방지하기 위해
나 과속도를 방지하기 위해
사 회전을 균일하게 하기 위해
아 고속회전을 가능하게 하기 위해

정답 01 가   02 아   03 가   04 나   05 사

 **해설**

플라이휠 역할
- 크랭크축이 일정한 속도로 회전할 수 있도록 한다.
- 기동전동기를 통해 기관 시동을 걸고, 클러치를 통해 동력을 전달하는 기능을 한다.
- 기관의 시동을 쉽게 해주고 저속 회전을 가능하게 해 줌
- 크랭크 각도가 표시되어 있어 밸브의 조정을 편리하게 한다.

06 다음과 같은 크랭크축에서 ①에 대한 설명으로 옳은 것은?

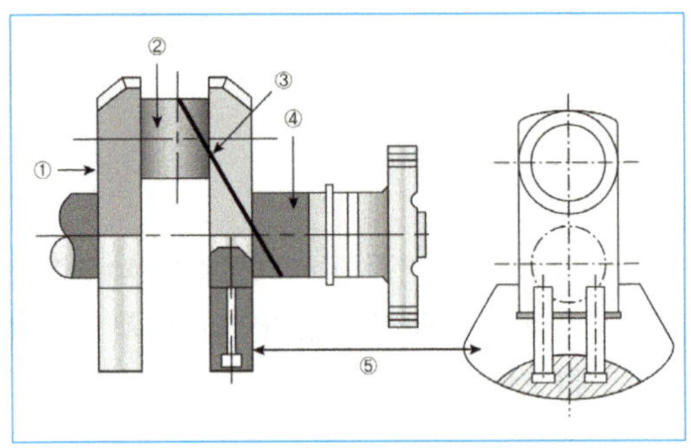

가 밸브의 조정을 편리하게 한다.

나 디젤기관의 착화순서를 조정한다.

사 크랭크 저널과 크랭크핀을 연결한다.

아 크랭크축의 형상에 따른 불균형을 보정한다.

 **해설**

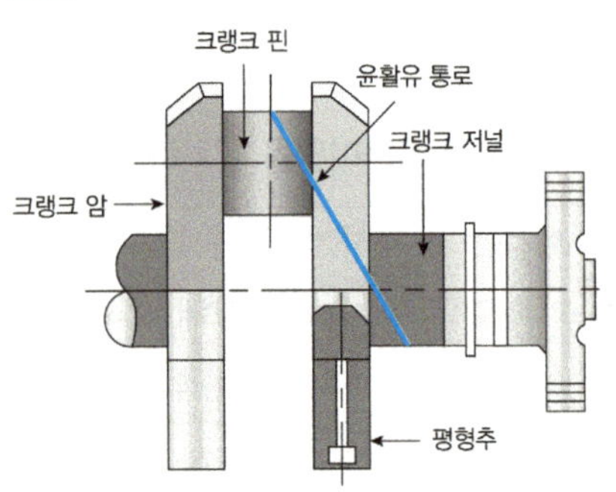

07 디젤기관의 시동 전 준비사항으로 옳지 않은 것은?

가 연료유 계통을 점검한다.

나 윤활유 계통을 점검한다.

사 시동공기 계통을 점검한다.

아 테스트 콕을 닫고 터닝기어를 연결한다.

 **해설**

시동 전에 점검해야 할 사항

연료유 계통	연료분사밸브의 분사 압력 및 분무 상태, 탱크 내 연료유의 양
압축 공기 계통	탱크 내에 공기의 압력이 소정의 압력까지 충전되었는가를 확인
윤활유 계통	윤활유 프라이밍 펌프를 작동, 윤활유 상태 및 윤활유량을 확인
냉각수 계통	냉각수의 온도가 20℃ 이하이면 예열기를 작동
작동 이상 유무 확인	기관을 터닝해서 잘 돌아가는지를 점검, 피스톤링 마멸량 확인
각종 밸브 확인	윤활유, 냉각수, 연료유, 시동 공기 등 각종 밸브와 콕(cock)을 작동 위치로 둠

08 디젤기관에서 배기가스 온도가 상승하는 경우의 원인이 아닌 것은?

가 배기밸브의 누설

나 과급기의 작동 불량

사 윤활유 압력의 저하

아 흡입공기의 냉각 불량

 **해설**

배기가스의 온도가 상승하는 원인 : 연료 분사량이 많았을 때, 과부하, 과급기 작동 불량, 흡입공기의 냉각 불량, 배기밸브의 누설이나 배기밸브가 빨리 열렸을 때 등

정답 **06** 사 **07** 아 **08** 사

09 디젤기관의 연료유관 계통에서 프라이밍이 완료된 상태는 어떻게 판단하는가?

가 연료유의 불순물만 나올 때

나 공기만 나올 때

사 연료유만 나올 때

아 연료유와 공기의 거품이 함께 나올 때

해설

프라이밍(priming)은 비등이 심한 경우나 급히 주증기 밸브를 열 때 기포가 급히 상승하여 수면에서 파괴되면서 수분이 증기와 함께 배출되는 현상으로, 프라이밍이 일단 발생하면 어느 정도는 연속해서 발생한다. 연료유만 나온다면 프라이밍이 완료된 상태이다.

10 다음 그림에서 부식 방지를 위해 ①에 부착하는 것은?

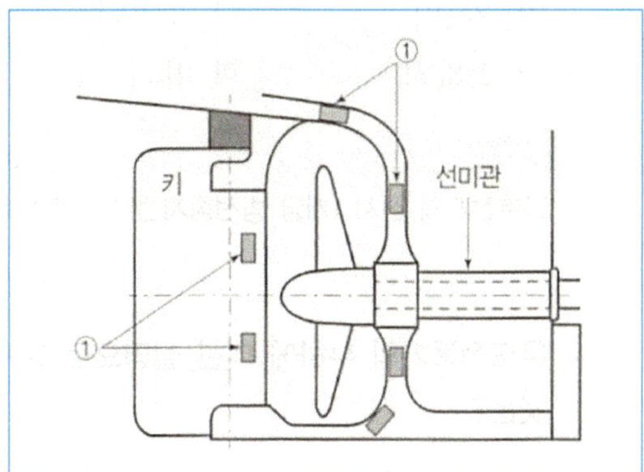

가 구리

나 니켈

사 주석

아 아연

해설

프로펠러나 키 주위에는 철보다 이온화 경향이 큰 아연판을 부착하여 부식을 방지한다.

11 다음과 같은 동력전달장치 계통도에서 ⑨의 명칭은?

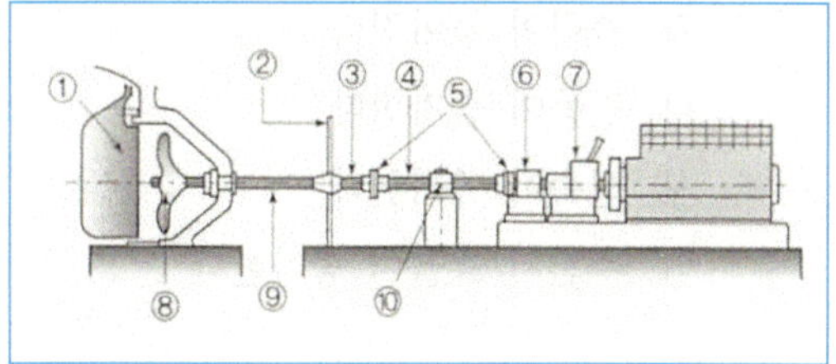

가 캠축

나 크랭크축

사 추진기축

아 추력축

해설

계통도에서 ⑨는 추진기축(프로펠러 축)으로 프로펠러에 연결되어 프로펠러에 회전력을 전달하는 축이다.

12 10노트로 항해하는 선박의 속력에 대한 설명으로 옳은 것은?

가 1시간에 1마일을 항해하는 선박의 속력이다.

나 1시간에 5마일을 항해하는 선박의 속력이다.

사 10시간에 1마일을 항해하는 선박의 속력이다.

아 10시간에 100마일을 항해하는 선박의 속력이다.

해설

• **노트**(Knot) : 선박 속력의 단위로 1노트는 1시간에 1해리(마일)를 항주(속력＝거리/시간)

• 10노트는 1시간에 10마일을 항주하는 속력이다. 10시간이므로 10시간에 100마일을 항해하는 선박의 속력이다.

정답 **09** 사 **10** 아 **11** 사 **12** 아

13 나선형 추진기 날개의 한 개가 절손되었을 때 발생하는 현상으로 옳은 것은?

가 출력이 높아진다.

나 진동이 증가한다.

사 선속이 증가한다.

아 추진기 효율이 증가한다.

나선형 추진기 날개의 일부가 절손되었을 경우 진동이 심해지고 출력이 낮아지며, 속력이 감소하는 등의 현상이 나타난다.

14 선박이 항해할 때 발생하는 선체저항을 모두 고른 것은?

① 공기저항	② 권선저항
③ 기계저항	④ 마찰저항
⑤ 와류저항	⑥ 조파저항

가 ①, ②, ④, ⑤ 나 ①, ④, ⑤, ⑥

사 ②, ④, ⑤, ⑥ 아 ③. ④, ⑤, ⑥

선박이 항주할 때에 받는 저항은 수면 위의 선체 구조물이 받는 공기저항과 수면 아래의 선체가 물로부터 받게 되는 마찰저항, 조파저항 및 조와저항 등이 있다.

15 닻을 감아올리는 데 사용하는 갑판기기는?

가 조타기 나 양묘기

사 계선기 아 양화기

양묘기(windlass)는 닻(anchor)을 감아올리거나 내리는 작업을 할 때 이용한다. 또는 선박을 부두에 접안시킬 때 계선줄을 감는 데 사용되는 갑판보조기계이다.

16 원심펌프의 기동 전 점검사항에 대한 설명으로 옳지 않은 것은?

가 흡입밸브를 열고 송출밸브를 잠근다.

나 에어벤트 콕을 이용하여 공기를 배출한다.

사 전류계 지시치가 최대치에 있는지를 확인한다.

아 손으로 축을 돌리면서 각 부의 이상 유무를 확인한다.

원심펌프 운전(기동) 전의 점검사항
- 각 베어링의 주유 상태와 전동기의 절연저항을 점검
- 공기 빼기와 프라이밍을 실시
- 펌프의 축을 손으로 돌려서 회전하는지를 확인
- 원동기와 펌프 사이의 축심이 일직선에 있는지 확인
- 흡입밸브 및 송출밸브의 개폐 점검

17 납축전지의 방전종지전압은 단전지 당 약 몇 [V]인가?

가 25[V] 나 2.2[V]

사 1.8[V] 아 1[V]

납축전지의 전지 1개당 방전종지전압 : 약 1.8[V]

18 유도전동기의 부하에 대한 설명으로 옳지 않은 것은?

가 정상운전 시보다 기동 시의 부하전류가 더 크다.

나 부하의 대소는 전류계로 판단한다.

사 부하가 증가하면 전동기의 회전수는 올라간다.

아 부하가 감소하면 전동기의 온도는 내려간다.

정답 **13** 나 **14** 나 **15** 나 **16** 사 **17** 사 **18** 사

 **해설**

유도전동기의 부하가 증가하면 전동기의 회전수는 내려간다.

19 다음 그림과 같은 퓨즈를 아날로그 멀티테스터를 이용하여 정상 여부를 판단하는 방법으로 가장 적절한 것은?

가 레인지 선택 스위치를 저항 레인지에 놓고 퓨즈 양단에 빨간색 리드봉과 검은색 리드봉을 접촉하여 0[Ω]이 나오면 퓨즈는 정상이다.

나 레인지 선택 스위치를 저항 레인지에 놓고 퓨즈 양단에 빨간색 리드봉과 검은색 리드봉을 접촉하여 ∞[Ω]이 나오면 퓨즈는 정상이다.

사 레인지 선택 스위치를 DCmA 레인지에 놓고 퓨즈 양단에 빨간색 리드봉과 검은색 리드봉을 접촉하여 0[Ω]이 나오면 퓨즈는 정상이다.

아 레인지 선택 스위치를 DCmA 레인지에 놓고 퓨즈 양단에 빨간색 리드봉과 검은색 리드봉을 접촉하여 ∞[Ω]이 나오면 퓨즈는 정상이다.

 **해설**

메거 테스터(절연저항 측정기)는 절연저항을 측정하는 기기로 누전작업 내지 평상시 절연저항 측정기록을 목적으로 사용하는 기기이다. 레인지 선택 스위치를 저항 레인지에 놓고 퓨즈 양단에 빨간색 리드봉과 검은색 리드봉을 접촉하여 0[Ω]이 나오면 퓨즈는 정상이다.

20 납축전지의 구성 요소가 아닌 것은?

가 극판   나 충전판
사 격리판   아 전해액

 **해설**

납축전지의 구조
• **극판** : 여러 장의 음극판과 양극판
• **격리판** : 각각의 극판을 격리시킴
• **전해액** : 묽은 황산(진한 황산과 증류수를 혼합, 비중은 1.2 내외)

21 충격하중이나 고하중을 받고 급유가 곤란한 장소에 주로 사용되는 윤활제는?

가 그리스   나 터빈유
사 기계유   아 유압유

 **해설**

그리스(grease)는 점성이 있는 반고체 형태의 윤활제로 윤활유를 주입하기 어려운 장소에 사용되는 윤활유이다.

22 디젤기관을 정비하는 목적이 아닌 것은?

가 기관을 오랫동안 사용하기 위해
나 기관의 정격 출력을 높이기 위해
사 기관의 고장을 예방하기 위해
아 기관의 운전효율이 낮아지는 것을 방지하기 위해

 **해설**

정격 출력은 정해진 운전 조건으로 정해진 시간 동안의 운전을 보증하는 출력이다. 어떤 장비의 출력을 나타낼 때, 안전하게 계속 내보낼 수 있는 출력의 상한선을 의미한다. 따라서 디젤기관을 정비하는 목적과 거리가 멀다.

정답 **19** 가   **20** 나   **21** 가   **22** 나

23 겨울철에 디젤기관을 장기간 정지할 경우의 주의사항으로 옳지 않은 것은?

가 동파를 방지한다.

나 부식을 방지한다.

사 터닝을 주기적으로 실시한다.

아 중요 부품은 분해하여 육상에 보관한다.

기관을 장기간 휴지할 때의 주의 사항 : 동파 및 부식 방지, 정기적으로 터닝을 시켜 줌, 각 밸브 및 콕을 모두 잠금 등

24 경유의 비중에 대한 설명으로 옳은 것은?

가 경유의 비중은 휘발유와 중유보다 더 작다.

나 경유의 비중은 휘발유보다 크고 중유보다 작다.

사 경유의 비중은 중유보다 크고 휘발유보다 작다.

아 경유의 비중은 휘발유와 중유보다 더 크다.

연료유의 종류
- **가솔린**(휘발유) : 가솔린기관에 적합한 연료유, 비중이 0.69~0.77이며, 기화하기 쉽고, 인화점이 낮아서 화재의 위험이 크므로 운반 및 취급에 주의해야 함
- **등유** : 비중이 0.78~0.84로 난방용, 석유기관, 항공기의 가스터빈 연료로 사용
- **경유** : 주로 디젤기관의 연료유로 사용되고, 비중이 0.84~0.89로 점도가 낮아 가열하지 않고 사용할 수 있으며, 중유보다는 가격이 높음
- **중유** : 연료유 중 색깔이 가장 검으며, 비중은 0.91~0.99이며 대형 디젤기관 및 보일러의 연료로 많이 사용

25 "연료유를 가열하면 점도는 (   )."에서 (   )에 알맞은 것은?

가 낮아진다

나 높아진다

사 관계가 없다

아 연료유에 따라 높아지기도 하고 낮아지기도 한다

일정량의 연료유를 가열하면 점도는 낮아지고, 부피는 커지며, 온도는 올라간다.

2024년 제3회 최신 기출문제

제1과목 항해

01 기계식 자이로컴퍼스의 위도오차에 관한 설명으로 옳지 않은 것은?

가 위도가 높을수록 오차는 감소한다.

나 적도에서는 오차가 생기지 않는다.

사 북위도 지방에서는 편동오차가 된다.

아 경사 제진식 자이로컴퍼스에만 있는 오차이다.

해설

기계식 자이로컴퍼스의 위도오차는 위도가 높을수록 증가한다.

02 레이더의 거짓상을 판독하기 위한 방법으로 다음 중 옳은 것은?

가 자기 선박의 속력을 줄인다.

나 레이더의 전원을 껐다가 다시 켠다.

사 레이더와 가장 가까운 항해계기의 전원을 끈다.

아 자기 선박의 침로를 약 10도 좌우로 변경한다.

해설

선수 쪽에 나타난 영상에 대해서 거짓상의 여부가 의심스러울 때에는 일단 약 10도 정도 약간 변침해 보는 것이 좋으며, 대개의 간접 반사파는 변침하면 곧 사라지게 된다.

03 수심이 얕은 곳에서 수심을 측정하거나 투묘할 때 배의 진행 방향 및 타력 또는 정박 중 닻의 끌림을 알기 위한 기구는?

가 핸드 레드   나 트랜스듀서

사 사운딩 자   아 풍향풍속계

 **해설**

핸드 레드 : 수심이 얕은 곳에서 수심과 저질을 측정하는 측심의로, 3~7kg의 레드와 45~70m 정도의 레드라인으로 구성된다.

04 대지속력을 측정할 수 있는 계기가 아닌 것은?

가 레이더(RADAR)

나 지피에스(GPS)

사 디지페이스(DGPS)

아 도플러 로그(Doppler log)

 **해설**

선박이 물 위에 떠서 항해하므로 바람이나 조류 및 해류의 영향을 받아 물 위에서 항주한 속력과 육지에서의 속력이 차이가 나는 경우가 있는데, 전자를 대수속력, 후자를 대지속력이라 한다. 레이더(RADAR)는 일반적인 선박의 속력인 대수속력을 측정하는 계기이다.

05 자기컴퍼스가 선체나 선내 철기류 등의 영향을 받아 생기는 오차는?

가 기차   나 자차

사 편차   아 수직차

정답 01 가 02 아 03 가 04 가 05 나

자차(deviation, 自差) : 자기자오선(자북)과 선내 나침의 남북선(나북)이 이루는 교각(철기류 등의 영향을 받아 생기는 오차)

06 선박과 선박 간, 선박과 연안기지국 간의 항해 관련 데이터 통신을 하는 시스템은?

가 항해기록장치

나 선박자동식별장치

사 전자해도표시장치

아 선박보안경보장치

선박자동식별장치(AIS) : 무선전파 송수신기를 이용하여 선박의 제원, 종류, 위치, 침로, 항해 상태 등을 자동으로 송수신하는 시스템으로, 선박과 선박 간, 선박과 연안기지국 간 항해 관련 통신장치

07 45해리 떨어진 두 지점 사이를 대지속력 10노트로 항해할 때 걸리는 시간은? (단, 외력은 없다고 가정함)

가 3시간

나 3시간 30분

사 4시간

아 4시간 30분

속력 = 거리/시간, 시간 = 거리/속력 = 45/10 = 4.5시간 (4시간 30분)

08 (　　)에 적합한 것은?

> "생소한 해역을 처음 항해할 때에는 수로지, 항로지, 해도 등에 (　　)가 설정되어 있으면 특별한 이유가 없는 한 그 항로를 따르도록 한다."

가 추천항로

나 우회항로

사 평행항로

아 심흘수 전용항로

수로지, 항로지, 해도 등에 추천항로가 설정되어 있으면 특별한 이유가 없는 한 그 항로를 선정해야 한다.

09 다음 그림은 상대운동 표시방식 레이더 화면에서 자기 선박 주변에 있는 4척의 선박을 플로팅한 것이다. 현재 상태에서 자기 선박과 충돌할 가능성이 가장 큰 선박은?

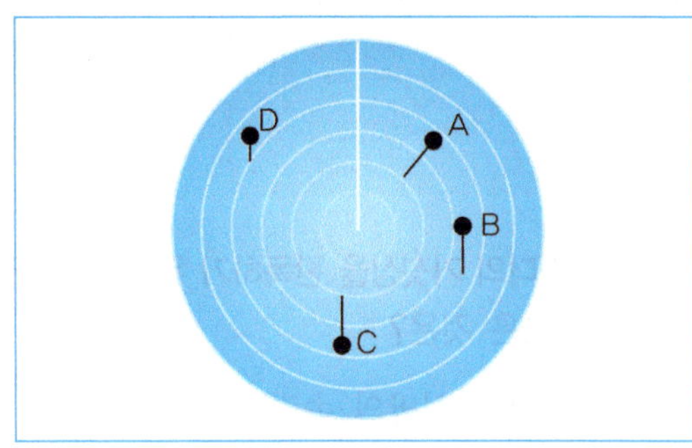

가 A

나 B

사 C

아 D

상대운동 표시방식의 레이더는 자선의 위치가 PPI상의 한 점에 고정되어 있기 때문에 모든 물체는 자선의 움직임에 대하여 상대적인 움직임으로 표시된다. 문제의 그림상 수직선으로 표시된 직선이 본선의 항로이며, 점 A의 선박은 본선의 항로에 접근가능한 위치가 되므로 충돌의 위험이 있다.

정답 06 나　07 아　08 가　09 가

10 레이더의 해면반사 억제기에 관한 설명으로 옳지 않은 것은?

가 전체 화면에 영향을 끼친다.

나 자기 선박 위주의 반사판 수신 감도를 떨어뜨린다.

사 과하게 사용하면 작은 물표가 화면에 나타나지 않는다.

아 자기 선박 주위에 해면반사에 의한 방해 현상이 나타나면 사용한다.

해면반사 억제기(STC)는 자선 주위의 해면이 바람 등으로 거칠어지면 해면반사에 의해 화면의 중심부근이 밝게 나타나게 되어 근거리에 있는 소형 물체의 식별이 어려워질 때 근거리에 대한 반사파의 수신감도를 떨어뜨려 방해현상을 줄이는 조정기이다. 따라서 전체 화면에 영향을 끼치지 않고 화면 중심부에 영향을 끼친다.

11 우리나라 종이해도에서 주로 사용하는 수심의 단위는?

가 미터(m) 나 인치(inch)

사 패덤(fm) 아 킬로미터(km)

수심의 측정 기준
- 기본 수준면(약최저 저조면)으로 수심의 단위는 미터(m)
- 기본 수준면 : 연중 해면이 그 이상으로 낮아지는 일이 거의 없다고 생각되는 수면

12 항로의 지도 및 안내서이며 해상에 있어서 기상, 해류, 조류 등의 여러 현상 및 항로의 상황 등을 상세히 기재한 수로서지는?

가 등대표 나 조석표

사 천측력 아 항로지

항로지 : 해상에 있어서의 기상, 해류, 조류 등의 여러 현상과 도선사, 검역, 항로표지 등의 일반기사 및 항로의 상황, 연안의 지형, 항만의 시설 등이 기재되어 있는 수로서지

13 조석과 관련된 용어에 관한 설명으로 옳지 않은 것은?

가 조석은 해면의 주기적 승강 운동을 말한다.

나 고조는 조석으로 인하여 해면이 높아진 상태를 말한다.

사 게류는 저조시에서 고조시까지 흐르는 조류를 말한다.

아 대조승은 대조에 있어서의 고조의 평균조고를 말한다.

게류 : 창조류에서 낙조류로, 또는 반대로 흐름 방향이 변하는 것을 전류라고 하는데, 이때 흐름이 잠시 정지하는 현상

14 〈보기〉에서 설명하는 광파(야간)표지는?

| 보기 |
- 등대와 함께 널리 쓰인다.
- 암초 등의 위험을 알리거나 항행금지 지점을 표시한다.
- 항로의 입구, 폭 등을 표시한다.
- 해면에 떠 있는 구조물이다.

가 등주 나 등표

사 등선 아 등부표

정답 **10** 가 **11** 가 **12** 아 **13** 사 **14** 아

 **해설**

등부표
- 위험한 장소·항로의 입구·폭·변침점 등을 표시하기 위해 설치
- 해저의 일정한 지점에 체인으로 연결되어 수면에 떠 있는 구조물
- 강한 파랑이나 조류에 의해 유실되는 경우도 있으며, 등대표에 기록

15 선박의 통항이 곤란한 좁은 수로, 항구, 만의 입구 등에서 선박에게 안전한 항로를 알려주기 위하여 항로 연장선상의 육지에 설치하는 분호등은?

가 도등   나 조사등
사 지향등   아 호광등

 **해설**

지향등 : 선박의 통항이 곤란한 좁은 수로, 항구, 만의 입구 등에서 선박에게 안전한 항로를 알려주기 위하여 항로 연장선상의 육지에 설치한 분호등(백색광이 안전구역)

16 주로 등대나 다른 항로표지에 부설되어 있으며, 시계가 불량할 때 이용되는 항로표지는?

가 교량표지
나 광파(야간)표지
사 신위험표지
아 음파(음향)표지

 **해설**

음향표지(무중신호, 무신호) : 안개, 눈 또는 비 등으로 시계가 나빠서 육지나 등화를 발견하기 어려울 때 부근을 항해하는 선박에게 그 위치를 알리는 표지

17 레이더에서 발사된 전파를 받을 때에만 응답하며, 일정한 형태의 신호가 나타날 수 있도록 전파를 발사하는 전파표지는?

가 레이콘(Racon)
나 레이마크(Ramark)
사 코스 비컨(Course beacon)
아 레이더 리플렉터(Rader reflector)

 **해설**

레이콘 : 레이더에서 발사된 전파를 받을 때에만 응답하며, 일정한 형태의 신호가 나타날 수 있도록 전파를 발사하는 표지

18 주로 하나의 항만, 어항, 좁은 수로 등 좁은 구역을 표시하는 해도에 많이 이용되는 도법은?

가 평면도법   나 점장도법
사 대권도법   아 다원추도법

 **해설**

평면도법 : 지구 표면의 좁은 구역을 평면으로 간주하고 그린 축척이 큰 해도로, 주로 항박도에 많이 이용

19 빛을 비추는 시간이 꺼져 있는 시간보다 짧은 것으로 일정한 간격으로 섬광을 내는 등은?

가 부동등   나 섬광등
사 명암등   아 호광등

 **해설**

섬광등(Fl) : 빛을 비추는 시간이 꺼져 있는 시간보다 짧은 것으로, 일정 시간마다 1회의 섬광을 내는 등

정답   **15** 사   **16** 아   **17** 가   **18** 가   **19** 나

20 다음 그림의 항로표지에 관한 설명으로 옳은 것은?

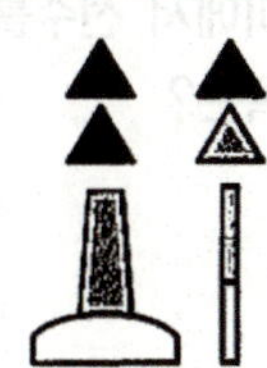

가 표지의 동쪽에 가항수역이 있다.
나 표지의 서쪽에 가항수역이 있다.
사 표지의 남쪽에 가항수역이 있다.
아 표지의 북쪽에 가항수역이 있다.

북방위표지로 표지의 북쪽에 그 구역의 최심부, 가항수역 또는 항로가 있음을 의미한다.

21 고기압에 관한 설명으로 옳은 것은?

가 1기압보다 높은 것을 말한다.
나 상승기류가 있어 날씨가 좋다.
사 주위의 기압보다 높은 것을 말한다.
아 바람은 저기압 중심에서 고기압 쪽으로 분다.

고기압의 특징
• 주위보다 상대적으로 기압이 높은 것
• 공기의 이동 : 중심 → 바깥쪽, 고기압의 중심 → 저기압의 중심
• 하강 기류가 생겨 날씨는 비교적 좋다.

22 일기도상 아래의 기호에 관한 설명으로 옳은 것은?

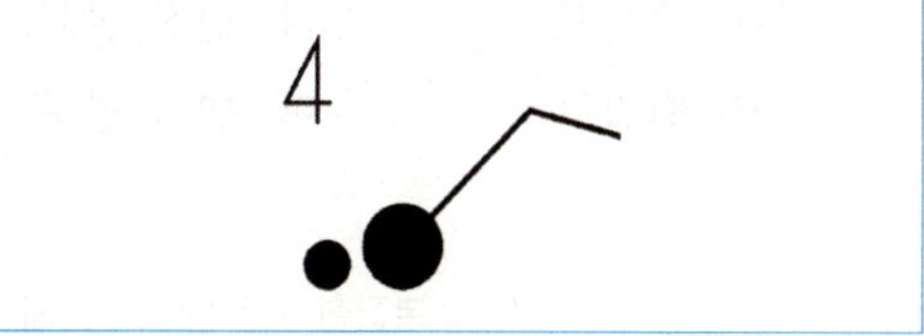

가 풍향은 남서풍이다.
나 비가 오는 날씨이다.
사 평균 풍속은 15노트이다.
아 현재의 기압은 3시간 전의 기압보다 낮다.

가. 풍향은 북동풍이다.
나. 구름이 많고 비가 오는 날씨이다.
사. 평균 풍속은 알 수 없다.
아. 현재의 기압은 알 수 없다.

23 열대 저기압의 분류 중 'TD'가 의미하는 것은?

가 태풍
나 열대 저기압
사 열대폭풍
아 강한 열대폭풍

열대 저기압의 분류

17㎧ 미만 (34kt 미만)	열대저압부 (TD : Tropical Depression)	열대 저압부
17㎧ ～ 24㎧ (34–47kt)	열대폭풍 (TS : Tropical Storm)	태풍
25㎧ ～ 32㎧ (48–63kt)	강한 열대폭풍 (STS : Severe Tropical Storm)	태풍
33㎧ 이상 (64kt 이상)	태풍(TY : Typhoon)	태풍

정답 **20** 아 **21** 사 **22** 나 **23** 나

24 연안항해에서 변침하여야 할 지점을 확인하기 위하여 미리 선정하여 둔 것은?

가 중시선　　나 변침 물표
사 변침로　　아 변침 항로

연안 항해에 있어서 복잡한 해안선으로 인해 잦은 변침이 필요한데, 예정된 항로를 벗어나지 않고 안전한 항해를 이루기 위해서는 변침 지점과 변침 물표를 미리 선정해 두어야 한다.

25 통항계획을 수립할 때 선박의 통항량이 많아 선위 확인에 집중할 수 없는 수역에서 선박이 침로를 벗어나는 상황을 감시하는 데 도움을 얻기 위하여 해도에 표시하는 것은?

가 침로 이탈(Deviation)
나 평행방위선법(Parallel indexing)
사 안전을 위한 여유(Margins of safety)
아 선저 여유수심(Under-keel clearance)

평행 방위선법(PI, Parallel Indexing)의 작도 순서는 물표에 접하는 선을 항로와 평행하게 작도하고 수직거리를 기입한다. 이 방법은 시정이 나쁘거나, 선박의 통항량이 많을 때, 폭이 좁은 협수로를 통과할 때 선박이 침로에서 이탈하는 경향을 감시하는 유익한 방법으로 항로 계획을 수립할 때 해도에 표시해 두는 것이 필요하다.

01 선박의 선미에서 선수를 향해서 보았을 때, 선체의 오른쪽은?

가 갑판　　나 선루
사 우현　　아 좌현

우현(starboard), **좌현**(port) : 선박을 선미에서 선수를 향하여 바라볼 때, 선체 길이 방향의 중심선인 선수미선 우측을 우현, 좌측을 좌현이라고 함

02 갑판의 배수 및 선체의 횡강력을 위하여 갑판 중앙부를 양현의 현측보다 높게 하는 구조는?

가 현회　　나 캠버
사 빌지　　아 선체

캠버(camber)는 선체의 횡강력을 보강하며, 또한 갑판 상의 물이 선체 폭 방향으로 걸쳐 양쪽 선측을 향해 잘 흘러가도록 선박의 중앙부를 높게 한 것을 말한다.

03 아래 흘수표를 보고, A에 해당하는 흘수로 옳은 것은?

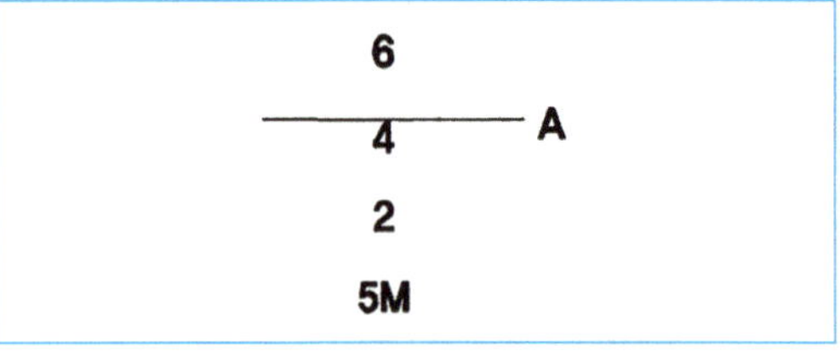

가 5m 40cm　　나 5m 45cm
사 5m 50cm　　아 5m 55cm

흘수표는 선체가 물속에 얼마나 잠겨있는가를 나타내기 위하여 선수(船首) 및 선미(船尾) 외측에 표시되어 있는 눈금을 말한다. 선저(船底)부터 최대 흘수 이상까지 미터(m)법에 의할 경우 매 20cm마다 10cm의 아라비아 짝수로 표시하며, 피트(ft)법에 의할 경우 매 1ft마다 6inch의 아라비아 또는 로마숫자로 표시한다. 따라서 A의 흘수는 5m 50cm이다.

04 각 흘수선상 물에 잠긴 선체의 선수재 전면에서 선미 후단까지의 수평거리는?

가 전장　　　　　나 등록장
사 수선장　　　　아 수선간장

수선장 : 각 흘수선상의 물에 잠긴 선체의 선수재 전면에서 선미 후단까지의 수평거리. 배의 저항, 추진력 계산 등에 사용

05 (　　)에 적합한 것은?

"SOLAS협약상 타(키)는 최대흘수 상태에서 전속 전진 시 한쪽 현 타각 35도에서 다른쪽 현 타각 30도까지 돌아가는 데 (　　)의 시간이 걸려야 한다."

가 28초 이내　　　나 30초 이내
사 32초 이내　　　아 35초 이내

SOLAS 협약 및 선박설비기준에서는 조타 장치의 동작 요건으로 계획만재흘수에서 최대항해속력으로 전진하는 경우, 한쪽 현 타각 35도에서 다른 쪽 현 타각 30도까지 28초 이내에 조작할 수 있어야 한다고 규정하고 있다.

06 타(키)의 구조를 나타낸 아래 그림에서 ②는?

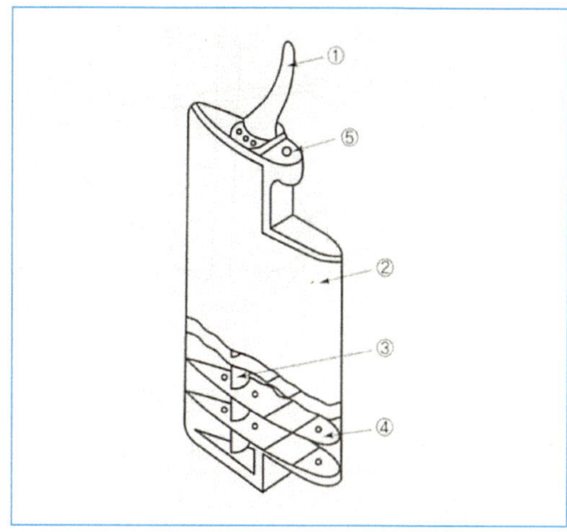

가 타판　　　　　나 핀틀
사 거전　　　　　아 타두재

타의 구조

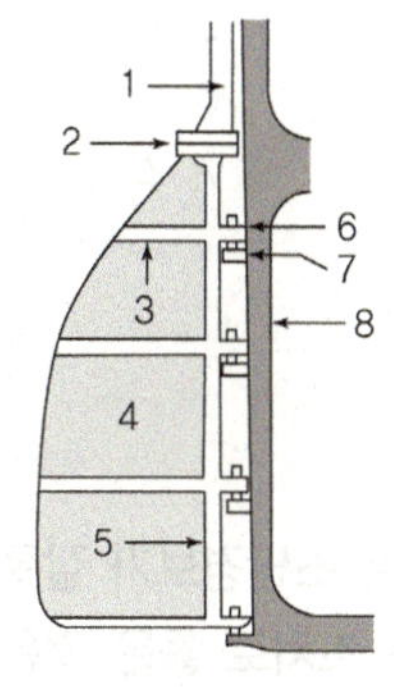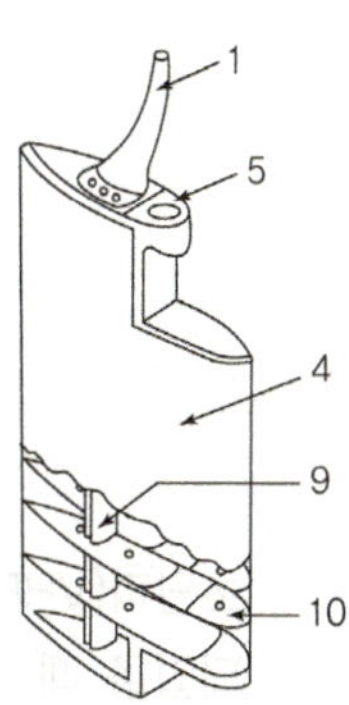

1. 타두재(rudder stock)
2. 러더 커플링
3. 러더 암
4. 타판
5. 타심재(main piece)
6. 핀틀
7. 거전
8. 타주
9. 수직 골재
10. 수평 골재

정답　04 사　05 가　06 가

07 닻을 나타낸 아래 그림에서 ㉠은?

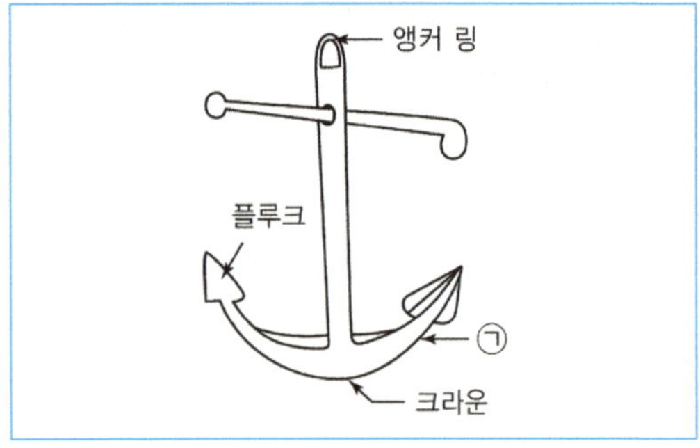

가 암

나 빌

사 생크

아 스톡

 해설

스톡 앵커의 각부 명칭

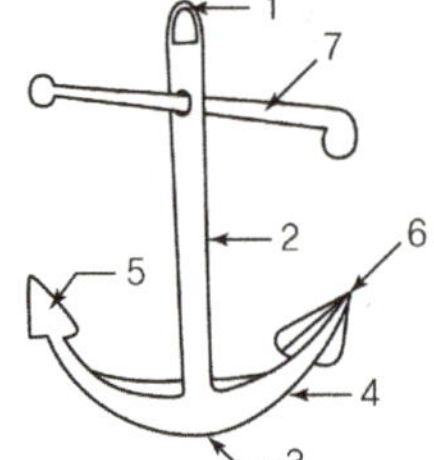

1. 앵커 링
2. 생크
3. 크라운
4. 암
5. 플루크
6. 빌
7. 스톡

08 초단파(VHF) 무선설비로 조난경보가 잘못 발신되었을 때 취해야 하는 조치로 옳은 것은?

가 장비를 끄고 둔다.

나 조난경보 버튼을 다시 누른다.

사 무선설비로 취소 통보를 발신해야 한다.

아 조난경보 버튼을 세 번 연속으로 누른다.

 해설

초단파(VHF) 무선설비를 운용하는 과정에서 조작 미숙으로 인한 실수로 조난경보가 발송될시 즉시 취소 조치를 취해야 한다.

09 체온을 유지할 수 있도록 열전도율이 낮은 방수물질로 만들어진 포대기 또는 옷을 의미하는 구명설비는?

가 방수복

나 구명조끼

사 보온복

아 구명부환

 해설

보온복은 물이 스며들지 않아 수온이 낮은 물속에서 체온을 유지할 수 있는 옷으로 방수복과 달리 구명동의의 기능이 없다.

10 조난선박으로부터 수신된 조난신호의 해상이동업무식별번호(MMSI number)에서 앞의 3자리가 '441'이라고 표시되어 있다면 해당 조난선박의 국적은?

가 한국

나 일본

사 중국

아 러시아

 해설

해상이동업무식별부호(MMSI)는 선박국, 해안국 및 집단호출을 유일하게 식별하기 위해 사용되는 부호로서, 9개의 숫자로 구성되어 있다(우리나라의 경우 440, 441로 지정). 국내 및 국제 항해 모두 사용되며, 소형선박에도 부여된다.

11 406MHz의 조난주파수에 부호화된 메시지의 전송 이외에 121.5MHz의 호밍 주파수의 발신으로 구조선박 또는 항공기가 무선방향탐지기에 의하여 위치 탐색이 가능하여 수색과 구조 활동에 이용되는 설비는?

가 비콘(Beacon)

나 양방향 VHF 무선전화장치

사 비상위치지시 무선표지(EPIRB)

아 수색구조용 레이더 트랜스폰더(SART)

정답 **07** 가 **08** 사 **09** 사 **10** 가 **11** 사

비상위치지시용 무선표지(EPIRB) : 선박이 조난 상태에 있고 수신시설도 이용할 수 없음을 표시하는 것으로, 수색과 구조 작업시 생존자의 위치 결정을 용이하게 하도록 무선표지 신호를 발신하는 무선설비

12 점화시켜 물에 던지면 해면 위에서 연기를 내는 조난신호장비로서 방수용기로 포장되어 잔잔한 해면에서 3분 이상 잘 보이는 색깔의 연기를 내는 것은?

가 신호 홍염   나 자기 점화등
사 신호 거울   아 발연부 신호

자기 발연부 신호 : 주간 신호로서 구명부환과 함께 수면에 투하되면 자동으로 오렌지색 연기를 연속으로 내는 것

13 선박안전법상 평수구역을 항해구역으로 하는 선박이 갖추어야 하는 무전설비는?

가 중파(MF) 무선설비
나 초단파(VHF) 무선설비
사 비상위치지시 무선표지(EPIRB)
아 수색구조용 레이더 트랜스폰더(SART)

초단파 무선설비(VHF)는 선박과 선박, 선박과 육상국 사이의 통신에 주로 사용하며, 평수구역을 항해하는 총톤수 2톤 이상의 소형선박에 반드시 설치해야 하는 무선통신 설비이다.

14 초단파(VHF) 무선설비로 상대 선박을 호출할 때의 호출절차에 관한 설명으로 옳은 것은?

가 '상대 선박 선명', '여기는 자기 선박 선명' 순으로 호출한다.
나 '상대 선박 선명', '여기는 상대 선박 선명' 순으로 호출한다.
사 '자기 선박 선명', '여기는 상대 선박 선명' 순으로 호출한다.
아 '자기 선박 선명', '여기는 자기 선박 선명' 순으로 호출한다.

선박 간에 호출하는 방법은 먼저 호출 상대 선박명을 말하고, 본선의 선박명을 말하면서 감도 상태를 물어본다. 예를 들어, 본선이 '동해호'이고 상대 선박명이 '서해호'라면, '서해호, 여기는 동해호, 감도 있습니까'로 호출한다.

15 선박의 선회권에서 선체가 원침로로부터 180도 회두된 곳까지 원침로에서 직각 방향으로 잰 거리는?

가 킥   나 선회경
사 심거   아 선회횡거

선회지름(선회경) : 선박의 선회권에서 선체가 원침로로부터 180도 회두된 곳까지 원침로에서 직각 방향으로 잰 거리로 전타 후 선수가 원침로로부터 180° 회두하였을 때, 원침로에서 횡 이동한 거리

16 선박이 항진 중에 타각을 주었을 때, 수류에 의하여 타에 작용하는 압력으로 타판에 작용하는 여러 종류의 힘의 기본력은?

가 양력   나 항력
사 마찰력   아 직압력

 **해설**

직압력
- 타각을 주면 수류가 타판에 부딪힐 때 타판을 미는 힘
- 변화 요소 : 키판의 면적, 키판이 수류에 받는 각도, 선박의 전진속도 등

17 다음 중 선박 조종에 미치는 영향이 가장 작은 요소는?

가 바람
나 파도
사 조류
아 기온

 **해설**

선박 조종, 특히 선회권의 크기에 영향을 주는 요소에는 방형 비척 계수, 흘수, 트림, 속력, 파도, 바람 및 조류의 영향 등을 들 수 있다. 기온은 선박 조종에 영향을 주는 요소가 아니다.

18 (　　)에 순서대로 적합한 것은?

> "(　　)는 선체의 뚱뚱한 정도를 나타내는 계수로서, 이 값이 큰 비대형의 선박은 이 값이 작은 비슷한 길이의 홀쭉한 선박보다 선회권이 (　　)"

가 방형계수, 커진다.
나 방형계수, 작아진다.
사 파주계수, 커진다.
아 파주계수, 작아진다.

 **해설**

방형계수는 선체의 뚱뚱한 정도를 나타내는 계수로서, 이 값이 큰 비대형의 선박은 이 값이 작은 홀쭉한 선박보다 선회권이 작아진다.

19 다음 중 수심이 얕은 수역을 선박이 항해할 때 나타나는 현상이 아닌 것은?

가 타효 증가
나 선체 침하
사 속력 감소
아 조종성 저하

 **해설**

천수효과 : 수심이 낮은 천수지역에서는 전반적으로 선체 침하와 트림 변경효과가 발생하며, 선박의 속력이 감소한다. 또한 조종성(타효)이 저하하여 선회성이 나빠진다.

20 항해 중 선수 부근에서 사람이 선외로 추락한 경우 즉시 취하여야 하는 조치로 옳지 않은 것은?

가 익수자가 발생한 반대 현측으로 즉시 전타한다.
나 인명구조 조선법을 이용하여 익수자 위치로 되돌아간다.
사 선외로 추락한 사람이 시야에서 벗어나지 않도록 계속 주시한다.
아 선외로 추락한 사람을 발견한 사람은 익수자에게 구명부환을 던져주어야 한다.

 **해설**

사람이 물에 빠졌을 때의 조치
- 먼저 본 사람은 상황을 전파하고, 익수자에게 구명부환을 던져 줌
- 항해사에게 알리는 동시에 선내 비상소집을 행하여 구조작업 실시
- 익수자가 발생한 방향으로 즉시 전타하여 익수자가 프로펠러에 휘말리지 않도록 조종
- 익수자가 시야에서 벗어나지 않도록 계속 주시
- 익수자의 풍상측에서 접근하여 선박의 풍하측에서 구조

정답 17 아　18 나　19 가　20 가

21 선박이 물에 떠 있는 상태에서 외부로부터 힘을 받아서 경사할 때, 저항 또는 외력을 제거하면 원래의 상태로 되돌아오려고 하는 힘은?

가 중력　　　　나 복원력

사 구심력　　　아 원심력

복원성과 복원력
- **복원성**(Stability) : 선박이 파도나 바람 등의 외력에 의하여 어느 한쪽으로 기울었을 때 원래의 위치로 되돌아오려는 성질이다.
- **복원력** : 복원성이 나타날 때 작용하는 힘이다.

22 황천항해 중 침로선정 방법으로 옳지 않은 것은?

가 타효가 충분하고 조종이 쉽도록 침로를 선정할 것

나 추진기의 공회전이 감소하도록 침로를 선정할 것

사 선체의 동요가 너무 심하지 않도록 침로를 선정할 것

아 목적지를 향하여 최단 거리가 되도록 침로를 선정할 것

황천항해 중 침로선정은 최단 거리가 아니라 선미 흘수를 증가시키고 종동요를 줄일 수 있도록 침로를 변경해야 한다. 기관의 회전수를 낮추는 등 선박의 속력을 감속하고 침로를 변경한다.

23 다음 중 태풍을 피항하는 가장 안전한 방법은?

가 가항반원으로 항해한다.

나 위험반원의 반대쪽으로 항해한다.

사 선미 쪽에서 바람을 받도록 항해한다.

아 미리 태풍의 중심으로부터 최대한 멀리 떨어진다.

태풍으로부터 피항하는 가장 좋은 방법은 미리 태풍 중심으로부터 최대한 멀리 벗어나는 것이다.

24 좌초 후 선장이 시행해야 할 후속조치가 아닌 것은?

가 복원성 평가

나 조종제한선 등화 표시

사 선내 모든 탱크의 측심

아 고조·저조 시간 및 조고 계산

좌초시의 조치
- 즉시 기관을 정지한다.
- 손상 부위와 그 정도를 파악하고, 선저부의 손상 정도는 확인하기 어려우므로 빌지와 탱크를 측심하여 추정한다.
- 후진기관의 사용으로 손상 부위가 확대될 수 있으므로 신중하게 판단한다.
- 본선의 기관을 사용하여 이초가 가능한지를 파악하고, 자력 이초가 불가능하면 가까운 육상 당국에 협조를 요청한다.
- 복원성 평가 및 고조·저조 시간과 조고 계산

정답　**21** 나　**22** 아　**23** 아　**24** 나

25 해양에 오염물질이 배출되는 경우 방제조치로 옳지 않은 것은?

가 오염물질의 배출 중지

나 배출된 오염물질의 분산

사 배출된 오염물질의 수거 및 처리

아 배출된 오염물질의 제거 및 확산방지

오염물질(예를들어 기름 등 폐기물)이 배출된 경우의 방제조치(해양환경관리법 제64조)
• 오염물질의 배출방지
• 배출된 오염물질의 확산방지 및 제거
• 배출된 오염물질의 수거 및 처리

제3과목　**법규**

01 해상교통안전법상 거대선의 기준은?

가 길이 100미터 이상

나 길이 150미터 이상

사 길이 200미터 이상

아 길이 300미터 이상

거대선(법 제2조) : 길이 200미터 이상의 선박

02 해상교통안전법상 항행장애물제거책임자가 항행장애물 발생과 관련하여 보고하여야 할 사항이 아닌 것은?

가 선박의 명세에 관한 사항

나 그 항행장애물의 위치에 관한 사항

사 항행장애물이 발생한 수역을 관할하는 해양관청의 명칭

아 선박소유자 및 선박운항자의 성명(명칭) 및 주소에 관한 사항

항행장애물제거책임자가 해양수산부장관에게 보고해야 하는 사항(시행규칙 제23조)
• 선박의 명세에 관한 사항
• 선박소유자 및 선박운항자의 성명(명칭) 및 주소에 관한 사항
• 항행장애물의 위치에 관한 사항
• 항행장애물의 크기·형태 및 구조에 관한 사항
• 항행장애물의 상태 및 손상의 형태에 관한 사항
• 선박에 선적된 화물의 양과 성질에 관한 사항(항행장애물이 선박인 경우만 해당한다)
• 선박에 선적된 연료유 및 윤활유를 포함한 기름의 종류와 양에 관한 사항(항행장애물이 선박인 경우만 해당)

정답　**25** 나 / **01** 사　**02** 사

03 해상교통안전법상 선박에서 하여야 하는 적절한 경계에 관한 설명으로 옳지 않은 것은?

가 이용할 수 있는 모든 수단을 이용한다.

나 청각을 이용하는 것이 가장 효과적이다.

사 선박 주위의 상황을 파악하기 위함이다.

아 다른 선박과 충돌할 위험성을 충분히 파악하기 위함이다.

경계(법 제70조) : 선박은 주위의 상황 및 다른 선박과 충돌할 수 있는 위험성을 충분히 파악할 수 있도록 시각·청각 및 당시의 상황에 맞게 이용할 수 있는 모든 수단을 이용하여 항상 적절한 경계를 하여야 한다.

04 해상교통안전법상 통항분리수역에서 통항로를 따라 항행하는 선박의 통항을 방해하지 아니할 의무가 있는 선박은?

가 흘수제약선

나 길이 20미터 미만의 선박

사 해저전선을 부설하고 있는 선박

아 준설작업에 종사하고 있는 선박

길이 20미터 미만의 선박이나 범선은 통항로를 따라 항행하고 있는 다른 선박의 항행을 방해하여서는 아니 된다(법 제75조 제10항).

05 해상교통안전법상 2척의 범선이 서로 접근하여 충돌할 위험이 있고, 각 범선이 다른 쪽 현에 바람을 받고 있는 경우의 항법으로 옳은 것은?

가 대형 범선이 소형 범선을 피한다.

나 우현에서 바람을 받는 범선이 피항선이다.

사 좌현에 바람을 받고 있는 범선이 다른 범선의 진로를 피한다.

아 바람이 불어오는 쪽의 범선이 바람이 불어가는 쪽의 범선의 진로를 피한다.

2척의 범선이 서로 접근하여 충돌할 위험이 있는 경우(법 제77조) : 각 범선이 다른 쪽 현(舷)에 바람을 받고 있는 경우에는 좌현(左舷)에 바람을 받고 있는 범선이 다른 범선의 진로를 피한다.

06 (　　)에 적합한 것은?

> "해상교통안전법상 2척의 동력선이 상대의 진로를 횡단하는 경우로서 충돌의 위험이 있을 때에는 다른 선박을 (　　) 쪽에 두고 있는 선박이 그 다른 선박의 진로를 피해야 한다.

가 좌현　　　　나 우현

사 정횡　　　　아 정면

횡단하는 상태(법 제80조)

• 2척의 동력선이 상대의 진로를 횡단하는 경우로서 충돌의 위험이 있을 때에는 다른 선박을 우현 쪽에 두고 있는 선박이 그 다른 선박의 진로를 회피

• 다른 선박의 진로를 피하여야 하는 선박은 부득이한 경우 외에는 그 다른 선박의 선수 방향을 횡단 금지

정답　03 나　04 나　05 사　06 나

07 (   )에 순서대로 적합한 것은?

> "해상교통안전법상 제한된 시계에서 레이더만으로 다른 선박이 있는 것을 탐지한 선박은 (   )과 얼마나 가까이 있는지 또는 (   )이 있는지를 판단하여야 한다. 이 경우 해당 선박과 매우 가까이 있거나 그 선박과 충돌할 위험이 있다고 판단한 경우에는 충분한 시간적 여유를 두고 (   )을 취하여야 한다."

가 해당 선박, 충돌할 위험, 피항동작

나 해당 선박, 충돌할 위험, 피항협력동작

사 다른 선박, 근접상태의 상황, 피항동작

아 다른 선박, 근접상태의 상황, 피항협력동작

제한된 시계에서 선박의 항법(법 제84조)
- 레이더만으로 다른 선박이 있는 것을 탐지한 선박은 해당 선박과 얼마나 가까이 있는지 또는 충돌할 위험이 있는지를 판단
- 충돌할 위험이 있다고 판단한 경우에는 충분한 시간적 여유를 두고 피항동작 실시

08 (   )에 순서대로 적합한 것은?

> "해상교통안전법상 모든 선박은 시계가 제한된 그 당시의 (   )에 적합한 (   )으로 항행하여야 하며, (   )은 제한된 시계 안에 있는 경우 기관을 즉시 조작할 수 있도록 준비하고 있어야 한다."

가 사정, 최소한의 속력, 동력선

나 사정, 안전한 속력, 모든 선박

사 사정과 조건, 안전한 속력, 동력선

아 사정과 조건, 최소한의 속력 모든 선박

제한된 시계에서 선박의 항법(법 제84조)
- 당시의 사정과 조건에 적합한 안전한 속력으로 항행
- 동력선은 제한된 시계 안에 있는 경우 기관을 즉시 조작할 수 있도록 준비

09 해상교통안전법상 현등 1쌍 대신에 양색등으로 표시할 수 있는 선박의 길이 기준은?

가 길이 12미터 미만

나 길이 20미터 미만

사 길이 24미터 미만

아 길이 45미터 미만

항행 중인 동력선(법 제88조)
- 앞쪽에 마스트등 1개와 그 마스트등보다 뒤쪽의 높은 위치에 마스트등 1개, 현등 1쌍, 선미등 1개
- 길이 50미터 미만의 동력선은 뒤쪽의 마스트등 생략 가능
- 길이 20미터 미만의 선박은 이를 대신하여 양색등 표시 가능

10 해상교통안전법상 전주등은 몇 도에 걸치는 수평의 호를 비추는가?

가 112.5°

나 135°

사 225°

아 360°

전주등(법 제86조) : 360도에 걸치는 수평의 호를 비추는 등화(섬광등은 제외)

정답 07 가 08 사 09 나 10 아

11 해상교통안전법상 항망(桁網)이나 그 밖의 어구를 수중에서 끄는 트롤망어로에 종사하는 50미터 미만의 선박의 등화 표시로 옳은 것은?

가 수직선 위쪽에는 붉은색, 그 아래쪽에는 흰색 전주등 각 1개, 대수속력이 있는 경우에는 덧붙여 현등 1쌍과 선미등 1개

나 수직선 위쪽에는 녹색, 그 아래쪽에는 붉은색 전주등 각 1개, 대수속력이 있는 경우에는 덧붙여 현등 1쌍과 선미등 1개

사 수직선 위쪽에는 붉은색, 그 아래쪽에는 녹색 전주등 각 1개, 대수속력이 있는 경우에는 덧붙여 현등 1쌍과 선미등 1개

아 수직선 위쪽에는 녹색, 그 아래쪽에는 흰색 전주등 각 1개, 대수속력이 있는 경우에는 덧붙여 현등 1쌍과 선미등 1개

 **해설**

어선의 등화 및 형상물(법 제91조) : 항망이나 그 밖의 어구를 수중에서 끄는 트롤망어로에 종사하는 선박

- 수직선 위쪽에는 녹색, 그 아래쪽에는 흰색 전주등 각 1개 또는 수직선 위에 2개의 원뿔을 그 꼭대기에서 위아래로 결합한 형상물 1개
- 위의 녹색 전주등보다 뒤쪽의 높은 위치에 마스트등 1개(길이 50미터 미만의 선박은 생략 가능)
- 대수속력이 있는 경우 : 현등 1쌍과 선미등 1개 추가

12 해상교통안전법상 선미등이 비추는 수평의 호의 범위와 등색은?

가 135도, 흰색   나 135도, 붉은색

사 225도, 흰색   아 225도, 붉은색

 **해설**

선미등(법 제86조) : 135도에 걸치는 수평의 호를 비추는 흰색 등으로서, 그 불빛이 정선미 방향으로부터 양쪽 현의 67.5도까지 비출 수 있도록 선미 부분 가까이에 설치된 등

13 (   )에 순리대로 적합한 것은?

> "해상교통안전법상 좁은 수로 등의 굽은 부분에 접근하는 선박은 (   )의 기적신호를 울리고, 그 기적신호를 들은 다른 선박은 (   )의 기적신호를 울려 이에 응답하여야 한다.

가 단음 1회, 단음 2회

나 장음 1회, 단음 2회

사 단음 1회, 단음 1회

아 장음 1회, 장음 1회

 **해설**

좁은 수로 등의 굽은 부분이나 장애물 때문에 다른 선박을 볼 수 없는 수역에 접근하는 선박의 기적신호(경고신호) 및 응답신호는 장음 1회이다(법 제99조).

14 해상교통안전법상 서로 상대의 시계 안에 있는 선박이 접근하고 있을 경우, 하나의 선박이 다른 선박의 의도 또는 동작을 이해할 수 없을 때 울리는 기적신호는?

가 단음 3회 이상

나 단음 5회 이상

사 장음 3회 이상

아 장음 5회 이상

 **해설**

시계 안에 있는 선박이 접근할 때 다른 선박의 의도 또는 동작을 이해할 수 없거나, 충돌을 피하기 위하여 충분한 동작을 취하고 있는지 분명하지 아니한 경우 단음 5회 이상, 섬광 5회 이상(법 제99조)

정답 **11** 아 **12** 가 **13** 아 **14** 나

15 (   )에 순서대로 적합한 것은?

> "해상교통안전법상 제한된 시계 안에서 항행 중인 길이 12미터 이상의 동력선은 정지하여 대수속력이 없는 경우에는 장음 사이의 간격을 2초 정도로 연속하여 장음을 (   ) 울리되, (   )을 넘지 아니하는 간격으로 울려야 한다."

가 1회, 1분 **나** 2회, 2분

사 1회, 2분 **아** 2회 1분

제한된 시계 안에서의 음향신호(법 제100조)

선박 구분		신호 간격	신호 내용
항행 중인 동력선	대수속력이 있는 경우	2분 이내	장음 1회
	대수속력이 없는 경우	2분 이내	장음 2회

16 선박의 입항 및 출항 등에 관한 법률상 특별한 경우가 아니면 무역항의 수상구역 등에 출입하는 경우 항로를 따라 항행하여야 하는 선박은?

가 예선

나 총톤수 30톤인 선박

사 압항부선을 제외한 부선

아 주로 노로 운전하는 선박

항로 지정 및 준수(법 제10조)

① 관리청은 무역항의 수상구역 등에서 선박교통의 안전을 위하여 필요한 경우에는 무역항과 무역항의 수상구역 밖의 수로를 항로로 지정·고시할 수 있음

② 우선피항선 외의 선박은 무역항의 수상구역 등에 출입 또는 통과하는 경우에는 ①에 따라 지정·고시된 항로를 따라 항행

③ 지정·고시된 항로 항행의 예외 : 해양사고를 피하기 위한 경우, 선박 조종 불가, 인명이나 선박 구조, 해양오염 확산 방지

* **우선피항선** : 부선과 예선, 주로 노와 삿대로 운전하는 선박, 총톤수 20톤 미만의 선박, 그 외에 항만의 운항을 위해서 운항하는 선박 등(압항부선 제외)

17 선박의 입항 및 출항 등에 관한 법률상 무역항의 수상구역 등에서 선박이 원칙적으로 정박할 수 없는 장소는?

가 지정된 정박지

나 지정된 항로의 수역

사 해양사고를 피하기 위한 경우 운하 입구 부근 수역

아 선박 고장으로 조종이 불가능한 경우 부두 부근 수역

무역항의 수상구역 등에 정박하려는 선박은 지정된 정박구역 또는 정박지에 정박하여야 한다(법 제5조).

* **정박·정류 등의 제한(금지) 예외**(법 제6조)

- 해양사고(해양오염 확산을 방지 등)를 피하기 위한 경우
- 선박의 고장이나 그 밖의 사유로 선박을 조종할 수 없는 경우
- 인명을 구조하거나 급박한 위험이 있는 선박을 구조하는 경우
- 허가를 받은 공사 또는 작업에 사용하는 경우

정답 15 나 16 나 17 나

18 선박의 입항 및 출항 등에 관한 법률상 무역항의 수상구역 등에 출입하는 경우 관리청에 출입신고서를 제출하여야 하는 선박은?

가 연안수역을 항행하는 정기 여객선

나 예선 등 선박의 출입을 지원하는 선박

사 피난을 위하여 긴급히 출항하여야 하는 선박

아 관공선, 군함, 해양경찰함정 등 공공의 목적으로 운영하는 선박

출입신고의 면제 선박(법 제4조)
• 총톤수 5톤 미만의 선박
• 해양사고 구조에 사용되는 선박
• 「수상레저안전법」에 따른 수상레저기구 중 국내항 간을 운항하는 모터보트 및 동력요트
• 관공선, 군함, 해양경찰함정 등 공공의 목적으로 운영하는 선박
• 선박의 출입을 지원하는 선박(도선선, 예선 등)과 연안수역을 항해하는 정기여객선(내항 정기 여객운송사업에 종사하는 선박)으로 경유항에 출입하는 선박
• 피난을 위하여 긴급히 출항하여야 하는 선박
• 출입항 신고 대상이 되는 어선

19 선박의 입항 및 출항 등에 관한 법률상 관리청이 무역항의 수상구역 등에서 선박교통의 안전을 위하여 필요하다고 인정하여 항로 또는 구역을 지정한 경우 공고하여야 하는 내용이 아닌 것은?

가 금지 기간

나 제한 기간

사 대상 선박

아 항로 또는 구역의 위치

선박교통의 제한(법 제9조)
① 관리청은 무역항의 수상구역 등에서 선박교통의 안전을 위하여 필요하다고 인정하는 경우에는 항로 또는 구역을 지정하여 선박교통을 제한하거나 금지

② 관리청은 ①에 따라 항로 또는 구역을 지정한 경우에는 항로 또는 구역의 위치, 제한·금지 기간을 정하여 공고

20 선박의 입항 및 출항 등에 관한 법률상 항로에 관한 설명으로 옳은 것은?

가 대형 선박만 항로를 따라 항행하여야 한다.

나 무역항의 수상구역 등에서는 지정된 항로가 없다.

사 위험물운송선박은 지정된 항로를 따르지 않아도 된다.

아 무역항의 수상구역 등에 출입하는 선박은 원칙적으로 지정된 항로를 따라 항행하여야 한다.

항로 지정 및 준수(법 제10조)
① 관리청은 무역항의 수상구역 등에서 선박교통의 안전을 위하여 필요한 경우에는 무역항과 무역항의 수상구역 밖의 수로를 항로로 지정·고시할 수 있음
② 우선피항선 외의 선박은 무역항의 수상구역 등에 출입 또는 통과하는 경우에는 ①에 따라 지정·고시된 항로를 따라 항행

21 선박의 입항 및 출항 등에 관한 법률상 무역항의 수상구역 등에서 예인선의 항법으로 옳지 않은 것은?

가 예인선은 한꺼번에 3척 이상의 피예인선을 끌지 아니하여야 한다.

나 원칙적으로 예인선의 선미로부터 피예인선의 선미까지 길이는 100미터를 초과하지 못한다.

사 다른 선박의 출입을 보조하는 경우에 한하여 예인선의 선수로부터 피예인선의 선미까지의 길이는 200미터를 초과할 수 있다.

아 지방해양수산청장 또는 시·도지사는 해당 무역항의 특수성 등을 고려하여 특히 필요한 경우에는 예인선의 항법을 조정할 수 있다.

정답 18 가 19 사 20 아 21 나

예인선 등의 항법(시행규칙 제9조) : 예인선이 무역항의 수상구역 등에서 다른 선박을 끌고 항행할 때에는 해양수산부령으로 정하는 방법에 따를 것

• 예인선의 선수로부터 피예인선의 선미까지의 길이는 200미터를 초과하지 않을 것(다른 선박의 출입을 보조하는 경우에는 예외)
• 예인선은 한꺼번에 3척 이상의 피예인선을 끌지 않을 것
• 지방해양수산청장 또는 시·도지사는 해당 무역항의 특수성 등을 고려하여 특히 필요한 경우에는 항법을 조정할 수 있다.

22 (   )에 순서대로 적합한 것은?

> "선박의 입항 및 출항 등에 관한 법률상 무역항의 수상구역 등에 (   )하는 선박이 방파제 입구 등에서 (   )하는 선박과 마주칠 우려가 있는 경우에는 방파제 밖에서 (   )하는 선박의 진로를 피하여야 한다."

가 통과, 출항, 입항
나 통과, 입항, 출항
사 출항, 입항, 입항
아 입항, 출항, 출항

방파제 부근에서의 항법(법 제13조) : 무역항의 수상구역 등에 입항하는 선박이 방파제 입구 등에서 출항하는 선박과 마주칠 우려가 있는 경우에는 방파제 밖에서 출항하는 선박의 진로를 피할 것

23 해양환경관리법상 선박에서 기름이 배출되었을 경우에 취할 조치로서 옳지 않은 것은?

가 유출된 기름을 회수하기 위해 흡착포를 사용한다.
나 관할 해양경찰서에 기름이 배출된 사실을 알린다.
사 가장 먼저 선박소유자에게 알리고 지시를 기다린다.
아 기름의 배출을 최소화하기 위해 탱크의 밸브를 잠근다.

기름이 배출되었을 경우 방제의무자는 지체없이 관할 해양경찰청장 또는 해양경찰서장에게 신고하여야 하고, 방제조치로 오염물질의 배출방지를 위해 탱크의 밸브를 잠그고, 배출된 기름의 확산방지 및 제거와 배출된 기름의 수거 및 처리의 조치를 하여야 한다(법 제63~64조).

24 해양환경관리법상 선박에서 배출할 수 있는 오염물질의 배출 방법으로 옳지 않은 것은?

가 빗물이 섞인 폐유를 전량 육상에 양륙한다.
나 저장용기에 선저 폐수를 저장해서 육상에 양륙한다.
사 플라스틱 용기를 분류해서 저장한 후 육상에 양륙한다.
아 정박 중 발생한 음식 찌꺼기를 선박이 출항 후 즉시 투기한다.

정답 22 아   23 사   24 아

 **해설**

다음의 폐기물을 제외한 모든 폐기물 해양 배출금지(선박에서의 오염방지에 관한 규칙 제8조 별표 3)

- 선박 안에서 발생하는 폐기물 중 음식찌꺼기(정박 중 발생한 음식찌꺼기는 제외)
- 해양환경에 유해하지 않은 화물잔류물
- 목욕, 세탁, 설거지 등으로 발생하는 중수[화장실 오수 및 화물구역 오수는 제외]
- 수산업법에 따른 어업활동 중 혼획된 수산동식물(폐사된 것을 포함) 등

25 해양환경관리법상 해양오염방지설비를 선박에 최초로 설치하는 때 받아야 하는 검사는?

가 정기검사 나 임시검사

사 특별검사 아 제조검사

해설

해양오염방지설비를 설치하거나 화물창을 설치·유지하여야 하는 선박의 소유자가 해양오염방지설비, 선체 및 화물창을 선박에 최초로 설치하여 항해에 사용하려는 때 또는 유효기간이 만료한 때에는 해양수산부령이 정하는 바에 따라 해양수산부장관의 검사(정기검사)를 받아야 한다(법 제49조).

제**4**과목 **기관**

01 기관의 회전수가 정해진 값보다 더 증가 또는 감소하였을 때 연료유의 공급량을 자동으로 조절하여 정해진 회전수로 유지시키는 장치는?

가 평형추 나 주유기

사 조속기 아 플라이휠

 **해설**

조속기(거버너) : 기관의 회전 속도를 일정하게 유지하기 위해 기관에 공급되는 연료의 공급량을 가감하는 장치

02 4행정 사이클 디젤기관의 흡·배기밸브에서 밸브겹침을 두는 주된 이유는?

가 윤활유의 소비량을 줄이기 위해

나 흡기온도와 배기온도를 낮추기 위해

사 기관의 진동을 줄이고 원활하게 회전시키기 위해

아 흡기작용과 배기작용을 돕고 밸브와 연소실을 냉각시키기 위해

 **해설**

밸브겹침(valve overlap)

- 상사점 부근에서 크랭크 각도 40°동안 흡기밸브와 배기밸브가 동시에 열려 있는 구간
- **밸브겹침을 두는 주된 이유** : 흡기작용과 배기작용을 돕고 밸브와 연소실을 냉각시키기 위해서

03 소형 디젤기관에서 실린더 라이너의 심한 마멸에 의한 영향이 아닌 것은?

가 압축불량

나 불완전 연소

사 착화 시기가 빨라짐

아 연소가스가 크랭크실로 누설

- **실린더 라이너 마모의 원인** : 실린더와 피스톤 및 피스톤링의 접촉에 의한 마모, 연소 생성물인 카본 등에 의한 마모, 흡입 공기 중의 먼지나 이물질 등에 의한 마모, 연료나 수분이 실린더에 응결되어 발생하는 부식에 의한 마모, 농후한 혼합기로 인한 실린더 윤활막의 미형성으로 인한 마모
- **실린더 라이너 마모의 영향** : 출력 저하, 압축 압력의 저하, 연료의 불완전 연소, 연료 소비량 증가, 윤활유 소비량 증가, 기관의 시동성 저하, 가스가 크랭크실로 누설

04 왕복동식 기관의 연소실 구성 요소가 아닌 것은?

가 피스톤

나 크랭크축

사 실린더 헤드

아 실린더 라이너

디젤기관은 경유(diesel)를 연료로 사용하는 기관으로, 공기를 고압으로 압축한 뒤 경유를 분사하여 공기의 압축열로 자연 착화시켜서 동력을 얻는 왕복동 내연기관이다. 왕복동 내연기관의 실린더는 실린더 라이너, 실린더 블록, 실린더 헤드 등으로 구성되는데 내부에서 피스톤이 왕복운동하면서 피스톤과 연소실을 형성한다.

05 소형기관에서 흡·배기밸브의 운동에 대한 설명으로 옳은 것은?

가 흡기밸브는 스프링의 힘으로 열린다.

나 흡기밸브는 푸시로드에 의해 닫힌다.

사 배기밸브는 푸시로드에 의해 닫힌다.

아 배기밸브는 스프링의 힘으로 닫힌다.

소형기관의 흡·배기 밸브는 캠에 의해 열리고, 스프링에 의해 닫힌다.

06 트렁크 피스톤형 기관에서 커넥팅로드의 역할로 옳은 것은?

가 피스톤이 받은 힘을 크랭크축에 전달한다.

나 크랭크축의 회전운동을 왕복운동으로 바꾼다.

사 피스톤로드가 받은 힘을 크랭크축에 전달한다.

아 피스톤이 받은 열을 실린더 라이너에 전달한다.

디젤기관에서 피스톤의 왕복운동을 크랭크에 전달해주는 부품을 커넥팅로드(연접봉)라고 한다.

07 소형 내연기관에서 플라이휠의 주된 역할은?

가 크랭크암의 개폐작용을 방지한다.

나 크랭크축의 회전을 균일하게 해준다.

사 스러스트 베어링의 마멸을 방지한다.

아 기관의 고속 회전을 용이하게 해준다.

정답 **03** 사 **04** 나 **05** 아 **06** 가 **07** 나

플라이휠 역할
- 크랭크축이 일정한 속도로 회전할 수 있도록 함.
- 기동전동기를 통해 기관 시동을 걸고, 클러치를 통해 동력을 전달하는 기능
- 기관의 시동을 쉽게 해주고 저속 회전을 가능하게 해 줌.
- 크랭크 각도가 표시되어 있어 밸브의 조정을 편리하게 함.

08 다음 그림과 같이 디젤기관에서 흡·배기밸브 틈새를 조정하는 기구 ①의 명칭은?

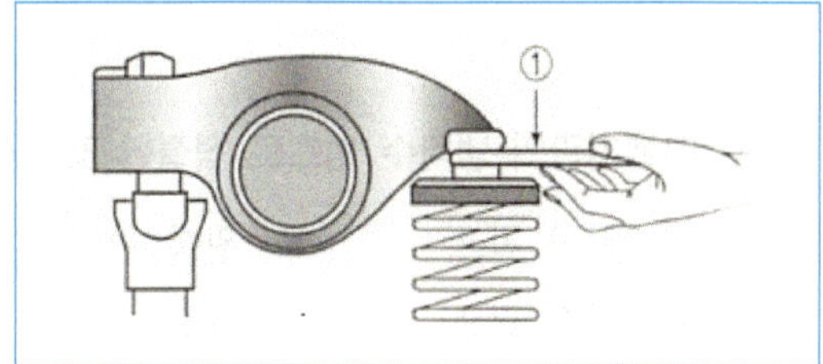

가 필러 게이지　　나 다이얼 게이지
사 실린더 게이지　아 버니어 캘리퍼스

필러 게이지 : 정확한 두께의 철편이 단계별로 되어 있는 측정용 게이지로, 두 부품 사이의 좁은 틈 및 간극을 측정하기 위한 기구

09 디젤기관에서 과급기를 작동시키는 것은?

가 흡입공기의 압력
나 배기가스의 압력
사 연료유의 분사 압력
아 윤활유 펌프의 출구 압력

과급기(Turbocharger) : 급기를 압축하는 장치로서 실린더에서 나오는 배기가스로 가스터빈을 돌리고, 가스터빈이 돌면서 같은 축에 연결된 송풍기를 회전시켜 강제로 새 공기를 실린더 안에 불어넣는 장치이다.

10 디젤기관의 연료유 계통에 포함되지 않는 것은?

가 펌프　　　　나 여과기
사 응축기　　　아 저장탱크

디젤기관의 연료유 계통은 연료 탱크, 연료 펌프, 여과기, 연료 분사장치 등이 있으며, 응축기는 증기를 냉각해서 응축 액화시키는 장치로 연료유 계통이 아니다.

11 소형 고속기관에서 추진기의 효율을 높이기 위해 기관과 추진기 사이에 설치하는 장치는?

가 조속 장치　　나 과급 장치
사 감속 장치　　아 밀봉 장치

감속 장치 : 기관의 크랭크축으로부터 회전수를 감속시켜서 추진장치에 전달하여주는 장치이다.

12 소형선박에서 사용하는 클러치의 종류가 아닌 것은?

가 마찰 클러치　　나 공기 클러치
사 유체 클러치　　아 전자 클러치

소형선박에서 사용하는 클러치는 마찰 클러치, 유체 클러치, 전자 클러치 등이다.

정답 08 가　09 나　10 사　11 사　12 나

13 선박용 추진기관의 동력전달계통에 포함되지 않는 것은?

가 감속기
나 추진기
사 과급기
아 추진기축

과급기는 디젤기관의 부속장치로 추진기관의 동력전달 계통에 속하지 않는다. 과급기는 급기를 압축하는 장치로서 실린더에서 나오는 배기가스로 가스 터빈을 돌리고, 가스 터빈이 돌면서 같은 축에 연결된 송풍기를 회전시켜 강제로 새 공기를 실린더 안에 불어넣는 장치이다.

14 1시간에 1,852미터를 항해하는 선박은 10시간 동안 몇 해리를 항해하는가?

가 1해리
나 2해리
사 5해리
아 10해리

1해리는 1,852m이므로 1시간에 1,852m를 항해하는 선박이 10시간 항해한 거리는 10해리가 된다.

15 선박 보조기계에 대한 설명으로 옳은 것은?

가 기관실 밖에 설치된 기계를 말한다.
나 직접 선박을 움직이는 기계를 말한다.
사 주기관을 제외한 선내의 모든 기계를 말한다.
아 갑판기계를 제외한 기관실의 모든 기계를 말한다.

선박의 주기관은 직접 선박을 추진하는 기관을 말하고, 보조기계는 주기관과 주 보일러를 제외한 모든 기계를 총칭하며, 간단하게 줄여서 '보기'라고 부르기도 한다.

16 원심 펌프의 운전 중 심한 진동이나 이상음이 발생하는 경우의 원인이 아닌 것은?

가 축이 심하게 변형된 경우
나 베어링이 심하게 손상된 경우
사 축의 중심이 일치하지 않는 경우
아 흡입되는 유체의 온도가 낮은 경우

원심 펌프의 운전 중 심한 진동이나 이상음은 베어링의 심한 손상, 축의 심한 변형, 축의 중심이 불일치하는 경우 등에 발생한다. 흡입되는 유체의 온도가 낮은 경우는 진동이나 이상음의 발생과 관계가 없다.

17 디젤기관의 냉각수 펌프로 적절한 것은?

가 원심 펌프
나 왕복 펌프
사 회전 펌프
아 제트 펌프

원심 펌프(centrifugal pump)는 액체 속에서 임펠러(impeller)를 고속으로 회전시켜, 그 원심력으로 액체를 임펠러의 중심부로부터 원주 방향으로 유동시켜 에너지를 주어 분출시키는 펌프로, 청수 이송에 적합하다.

18 변압기의 역할은?

가 전압의 변환
나 전력의 변환
사 압력의 변환
아 저항의 변환

변압기는 교류 전압을 전자 유도작용에 의해 효율적으로 전압을 변환할 수 있는 전기기기로, 선박 내에서 발전기로부터 발생한 전압과 서로 상이한 전압의 장비용에 주로 사용된다.

정답 13 사 14 아 15 사 16 아 17 가 18 가

19 다음과 같은 회로시험기로 소형선박의 기관 시동용 배터리 전압을 측정할 때 선택스위치를 어디에 두고 측정하여야 하는가?

가 ACV 50
나 DCV 50
사 ACV 250
아 DCmA 250

멀티 테스터(회로시험기)
• 전압(직류 전압, 교류 전압), 전류, 저항을 하나의 기기로 측정할 수 있도록 만든 전자계측기이다.
• **사용 방법** : 멀티 테스터의 선택스위치를 저항 레인지에 놓고 저항을 측정해서 확인한다.
• ACV는 교류 전압 측정이며, 직류 전압을 측정할 때 선택스위치는 DCV 50에 두고 측정한다.

20 선박용 mf 납축전지의 극성에서 양극을 나타내는 것이 아닌 것은?

가 +표시
나 P표시
사 흑색 표시
아 적색 표시

납축전지에서 전극단자에 (+)표시와 'P'표시가 있는 붉은 쪽은 양극이고, (-)표시와 'N'표시, 그리고 검은 쪽은 음극이다.

21 전동기로 시동하는 디젤기관에서 시동을 위해 가장 필요한 것은?

가 축전지와 직류전동기
나 축전지와 교류전동기
사 직류발전기와 직류전동기
아 교류발전기와 교류전동기

소형기관에 설치된 시동용 전동기는 주로 직류전동기를 사용한다. 축전지로부터 전원을 공급받아 기관에 회전력을 주어 기관을 시동한다.

22 디젤기관을 정비하는 목적이 아닌 것은?

가 기관의 고장을 예방하기 위해
나 기관을 오랫동안 사용하기 위해
사 기관의 정격 출력을 높이기 위해
아 기관의 운전효율이 낮아지는 것을 방지하기 위해

정격 출력은 정해진 운전 조건으로 정해진 시간 동안의 운전을 보증하는 출력이다. 어떤 장비의 출력을 나타낼 때, 안전하게 계속 내보낼 수 있는 출력의 상한선을 의미한다.

23 겨울철에 디젤기관을 장기간 정지할 경우의 주의사항으로 옳지 않은 것은?

가 동파를 방지한다.
나 부식을 방지한다.
사 터닝을 주기적으로 실시한다.
아 중요 부품은 분해하여 육상에 보관한다.

기관을 장기간 휴지할 때의 주의 사항 : 동파 및 부식 방지, 정기적으로 터닝을 시켜 줌, 각 밸브 및 콕을 모두 잠금 등

정답 **19** 나 **20** 사 **21** 가 **22** 사 **23** 아

24 디젤기관에 사용되는 연료유에 대한 설명으로 옳은 것은?

가 비중이 클수록 좋다.

나 점도가 클수록 좋다.

사 착화성이 클수록 좋다.

아 침전물이 많을수록 좋다.

디젤기관에 사용되는 연료유는 비중이나 점도가 커서는 안 되고, 침전물도 많아서도 안 된다.

25 연료유 수급 시 확인해야 할 내용이 아닌 것은?

가 연료유의 양

나 연료유의 점도

사 연료유의 비중

아 연료유의 유효기간

• **연료유 수급 시 확인 사항** : 연료유의 양이나 점도, 비중 등

• **연료유 수급 시 주의 사항** : 연료유 수급 중 선박의 흘수 변화에 주의, 주기적으로 측심하여 수급량 계산, 주기적으로 누유되는 곳 점검, 가능한 한 탱크에 가득 적재할 것, 해양오염사고나 화재의 주의 등

정답 24 사   25 아

2024년 제4회 최신 기출문제

제1과목 항해

01 육안으로 물표의 방위를 측정할 때 사용하는 계기는?

가 로란
나 항해기록장치
사 자기컴퍼스
아 무선방향탐지기

자기컴퍼스 : 자석을 이용해 자침이 지구 자기의 방향을 지시하도록 만든 장치이다(전원 불필요).
가. **로란**(LORAN) : 장거리 무선항법시스템의 하나로 해상, 육상, 항공기 등의 폭넓은 이용범위와 정확도로 위치 측정을 할 수 있는 시스템

02 자기컴퍼스에서 선박의 동요로 비너클이 기울어져도 볼(Bowl)을 항상 수평으로 유지하기 위한 것은?

가 자침
나 피벗
사 기선
아 짐벌즈

짐벌즈 : 목재 또는 비자성재로 만든 원통형의 지지대인 비너클(Binnacle)이 기울어져도 볼을 항상 수평으로 유지시켜 주는 장치이다.

03 자이로컴퍼스에 관한 설명으로 옳지 않은 것은?

가 자차와 편차의 수정이 필요 없다.
나 자기컴퍼스에 비해 지북력이 약하다.
사 방위를 간단히 전기신호로 바꿀 수 있다.
아 고속으로 돌고 있는 로터를 이용하여 지구상의 북을 가리키는 장치이다.

자이로컴퍼스(전륜 나침의)는 고속으로 돌고 있는 로터를 이용하여 지구상의 북을 가리키는 장치로, 자기컴퍼스에서 나타나는 편차나 자차가 없고 지북력도 강하다.

04 전자식 선속계의 검출부 전극의 부식방지를 위하여 전극 부근에 부착하는 것은?

가 핀
나 도관
사 자석
아 아연판

전자식 선속계의 검출부에는 전극의 부식 방지를 위해 전극 부근에 아연판을 부착한다.

05 수심이 얕은 곳에서 수심을 측정하거나 투묘할 때 배의 진행 방향 및 타력 또는 정박 중 닻의 끌림을 알기 위한 기구는?

가 핸드 레드
나 트랜스듀서
사 사운딩 자
아 풍향풍속계

핸드 레드 : 수심이 얕은 곳에서 수심과 저질을 측정하는 측심의로, 3~7kg의 레드와 45~70m 정도의 레드라인으로 구성된다.

06 자북이 진북의 왼쪽에 있을 때의 오차는?

가 편서편차
나 편동자차
사 편동편차
아 지방자기

정답 01 사 02 아 03 나 04 아 05 가 06 가

해설

어느 지점에서의 편차는, 자침이 가리키는 북(자북)이 진자오선(진북)의 오른쪽에 있을 때를 편동편차, 왼쪽에 있을 때를 편서편차로 구별하며, 각각 E 또는 W를 붙여 표시한다.

07 ( )에 순서대로 적합한 것은?

> "해상에서 일반적으로 추측위치를 디알[DR]위치라고도 부르며, 선박의 ( )와 ( )의 두 가지 요소를 이용하여 구하게 된다."

가 방위, 거리
나 경도, 위도
사 고도, 앙각
아 침로, 속력

해설

추측위치(D.R) : 가장 최근에 얻은 실측 위치를 기준으로 그 후에 조타한 진침로와 속력 또는 주기관의 회전수로 구한 항정에 의하여 결정된 선위로, 선박의 침로와 속력의 두 가지 요소를 이용하여 구하게 된다.

08 10노트의 속력으로 45분 항해하였을 때 항주한 거리는? (단, 외력은 무시함)

가 약 2.5해리
나 약 5해리
사 약 7.5해리
아 약 10해리

해설

• 노트 × 시간 = 마일, 마일/노트 = 시간, 마일/시간 = 노트
• 10노트 × (45/60)시간 = 7.5해리

09 한 나라 또는 한 지방에서 특정한 자오선을 표준 자오선으로 정하고, 이를 기준으로 정한 평시는?

가 세계시
나 항성시
사 태양시
아 지방 표준시

해설

지방 표준시 : 한 나라 또는 한 지방에서 특정한 자오선을 표준 자오선으로 정하고, 이를 기준으로 정한 평시로 각각의 위치에 따라 시간도 달라지는 불편을 해소하기 위해 사용한다.

10 레이더에서 한 물표의 영상이 거의 같은 거리에 서로 다른 방향으로 두 개 나타나는 현상은?

가 간접 반사에 의한 거짓상
나 다중 반사에 의한 거짓상
사 맹목 구간에 의한 거짓상
아 거울면 반사에 의한 거짓상

해설

간접 반사에 의한 거짓상 : 마스트나 연돌 등 선체의 구조물에 반사되어 거의 같은 거리에 서로 다른 방향으로 두 개 생기는 거짓상으로 맹목구간이나 차영구간에서 나타난다.

11 종이해도에서 간출암을 나타내는 해도도식은?

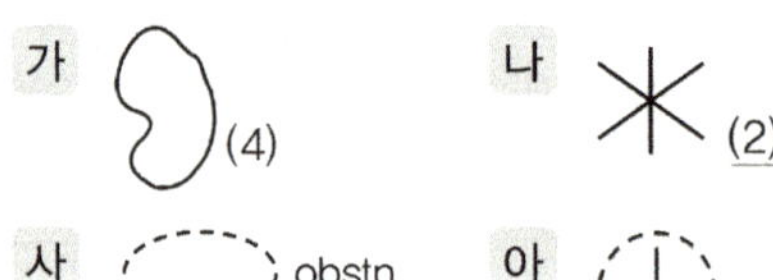

해설

간출암 : 수면 위에 나타났다 수중에 감추어졌다 하는 바위
가. 노출암
사. 장애물
아. 항해에 위험한 암암

12 다음 중 항행통보가 제공하지 않는 정보는?

가 수심의 변화

나 조시 및 조고

사 위험물의 위치

아 항로표지의 신설 및 폐지

항행통보 : 위험물의 발견, 수심의 변화, 항로표지의 신설·폐지 등을 항해자에게 통보해주는 것이다.

13 다음 중 항로지에 관한 설명으로 옳지 않은 것은?

가 해도에 표현할 수 없는 사항을 설명하는 안내서이다.

나 항로의 상황, 연안의 지형, 항만의 시설 등이 기재되어 있다.

사 국립해양조사원에서는 외국 항만에 대한 항로지는 발행하지 않는다.

아 항로지는 총기, 연안기, 항만기로 크게 3편으로 나누어 기술되어 있다.

우리나라의 발간 항로지 : 국립해양조사원에서는 연안항로지, 근해항로지, 원양항로지, 중국연안항로지 및 말라카해협항로지 등을 간행한다.

14 형상(주간)표지에 관한 설명으로 옳지 않은 것은?

가 모양과 색깔로써 식별한다.

나 형상표지에는 무종이 포함된다.

사 형상표지는 점등 장치가 없는 표지이다.

아 암초, 침선 등을 표시하여 항로를 유도하는 역할을 한다.

무종(Fog Bell) : 음향표지의 하나로 가스의 압력 또는 기계장치로 타종하는 것

15 다음 그림의 항로표지에 관한 설명으로 옳은 것은? (단, 표체 및 두표 색깔은 녹색임)

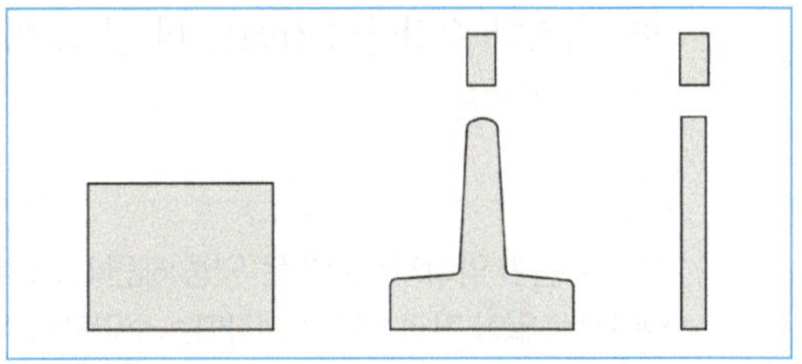

가 우리나라에서는 통상 방파제 위에 육표로 설치한다.

나 항로의 분기점에서 표지의 좌측에 우선항로가 있다.

사 표지의 모든 주위가 안전하게 항해할 수 있는 수역에 설치한다.

아 우리나라에서는 입항할 때를 기준으로 표지의 우측에 가항수역이 있다.

좌현표지 : 녹색, 머리표지(두표)는 원통형, 오른쪽이 가항수역

16 연안 항해에 사용되며, 연안의 상황이 상세하게 표시된 항해용 종이해도는?

가 항양도

나 항해도

사 해안도

아 항박도

해안도(1/5만 이하) : 연안 항해에 사용하는 해도로서 연안의 여러 가지 물표나 지형이 매우 상세히 표시되어 있다.

정답 **12** 나 **13** 사 **14** 나 **15** 아 **16** 사

17 일반적으로 해상에서 측심한 수치를 해도상의 수심과 비교하면?

가 해도의 수심보다 측정한 수심이 더 얕다.

나 측정한 수심과 해도의 수심은 항상 같다.

사 해도의 수심과 같거나 측정한 수심이 더 깊다.

아 측정한 수심이 주간에는 더 깊고, 야간에는 더 얕다.

기본 수준면(약최저저조면)은 연중 해면이 그 이상으로 낮아지는 일이 거의 없다고 생각되는 수면으로, 우리나라 해도의 수심은 이 수면을 기준으로 하여 나타낸다. 따라서 측심한 수심은 해도상의 수심과 같거나 약간 깊다.

18 다음 중 종이해도의 취급 및 사용에 관한 설명으로 옳은 것은?

가 해도는 오래된 것일수록 좋다.

나 해도는 항행통보를 이용하여 소개정하여야 한다.

사 해도작업 시 가능하면 진한 볼펜을 사용하여야 한다.

아 해도는 되도록 접어서 해수에 젖지 않도록 한다.

항해에 필요한 해도는 사전에 미리 각 해도의 최근 소개정 일자 및 최신판 해도의 확보 유무를 확인하고, 필요한 경우에는 새로운 해도를 구입하거나 항로 고시를 참고하여 소개정을 해야 한다.

19 우리나라에서 사용되는 항로표지와 등색이 옳은 것은?

가 우현표지 : 녹색

나 특수표지 : 황색

사 안전수역표지 : 녹색

아 고립장애(장해)표지 : 붉은색

특수표지
- **정의** : 공사구역 등 특별한 시설이 있음을 나타내는 표지
- **두표 및 등화** : 두표(황색으로 된 ×자 모양의 형상물), 표지 및 등화(황색)

가. **우현표지** : 적색

사. **안전수역표지** : 백색

아. **고립장애**(장해)**표지** : 백색

20 다음 그림의 항로표지에 관한 설명으로 옳은 것은?

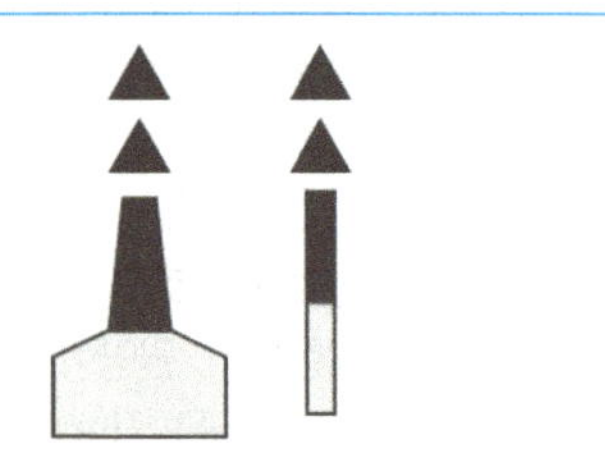

가 표지의 동쪽에 가항수역이 있다.

나 표지의 서쪽에 가항수역이 있다.

사 표지의 남쪽에 가항수역이 있다.

아 표지의 북쪽에 가항수역이 있다.

북방위표지로 표지의 북쪽에 그 구역의 최심부, 가항수역 또는 항로가 있음을 의미한다.

정답 **17** 사 **18** 나 **19** 나 **20** 아

21 우리나라 부근에 존재하는 기단이 아닌 것은?

가 적도기단

나 시베리아기단

사 북태평양기단

아 오호츠크해기단

우리나라 주변의 기단

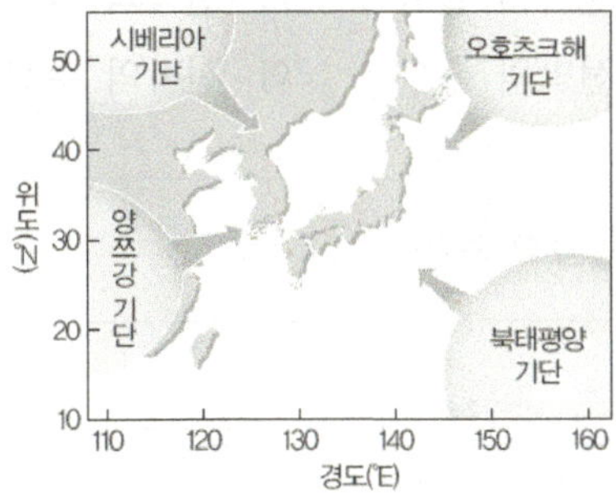

22 고기압에 관한 설명으로 옳은 것은?

가 1기압보다 높은 것을 말한다.

나 상승기류가 있어 날씨가 좋다.

사 주위의 기압보다 높은 것을 말한다.

아 바람은 저기압 중심에서 고기압 쪽으로 분다.

고기압의 특징

• 주위보다 상대적으로 기압이 높은 것

• 공기의 이동 : 중심 → 바깥쪽, 고기압의 중심 → 저기압의 중심

• 하강 기류가 생겨 날씨는 비교적 좋다.

23 지상일기도에서 확인할 수 있는 정보가 아닌 것은?

가 구름의 양　　나 현재의 날씨

사 파도의 높이　　아 풍향 및 풍속

지상일기도는 평균해면고도면에서 대기의 상태를 나타내는 일기도로, 현재 날씨와 관련된 구름의 양이나 풍향 및 풍속 등을 나타내준다. 그러나 파도의 높이는 지상일기도에서 확인할 수 없다.

24 통항계획 수립에 관한 설명으로 옳지 않은 것은?

가 소형선에서는 선장이 직접 통항계획을 수립한다.

나 도선구역에서의 통항계획 수립은 도선사가 한다.

사 통항계획의 수립에는 공식적인 항해용 해도 및 서적들을 사용하여야 한다.

아 계획 수립 전에 필요한 모든 것을 한 장소에 모으고 내용을 검토하는 것이 필요하다.

도선구역에서의 통항계획 수립은 본선 선장이 한다. 선장이 도선사에게 본선의 운항 정보를 자세히 제공하여 안전한 선박 운용이 이루어지도록 노력해야 한다.

25 선저 여유 수심(Under-keel-clearance)이 충분하지 않은 수역을 항해하려고 할 때 고려할 요소가 아닌 것은?

가 선박의 속력

나 자기 선박의 최대 흘수

사 자기 선박의 적재 화물

아 조석을 고려한 선저 여유 수심

선저 여유 수심이 충분하지 않은 수역에 대한 항해계획을 수립할 때는 본선의 최대 흘수와 선박의 속력, 조석 등을 고려한 선저 여유 수심을 고려해야 한다. 그러나 자기 선박의 적재 화물은 고려할 요소가 아니다.

정답　21 가　22 사　23 사　24 나　25 사

제2과목 운용

01 불워크(Bulwark)에 관한 설명으로 옳은 것은?

가 선내의 오수(Bilge)가 모이는 곳이다.

나 이물질을 걸러내는 망의 역할을 한다.

사 갑판에 고인물을 현측으로 흘려보낸다.

아 갑판에 파도가 올라오는 것을 방지한다.

불워크(Bulwark)는 선박의 상갑판 및 선루 갑판의 폭로된 부분의 선측에 파도가 갑판 위로 직접 올라오는 것을 방지하고, 선창 입구 등의 갑판구를 보호하며, 갑판 위의 안전한 통행을 위하여 설치하는 구조물을 말한다.

02 기관실과 일반선창이 접하는 장소 사이에 설치하는 이중수밀격벽으로 방화벽의 역할을 하는 것은?

가 해치

나 디프 탱크

사 코퍼댐

아 빌지 용골

코퍼댐(cofferdam) : 기관실과 일반 선창이 접하는 장소 사이에 설치하는 이중수밀격벽으로 방화벽의 역할을 하며, 기름 유출에 의한 해양환경 피해를 방지하기 위한 것이다.

03 아래 그림에서 ㉠은?

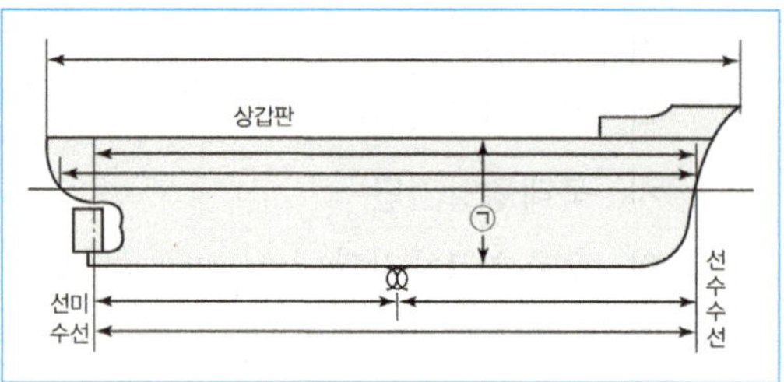

가 선박의 길이

나 선박의 깊이

사 선박의 흘수

아 선박의 수심

선박의 주요 치수

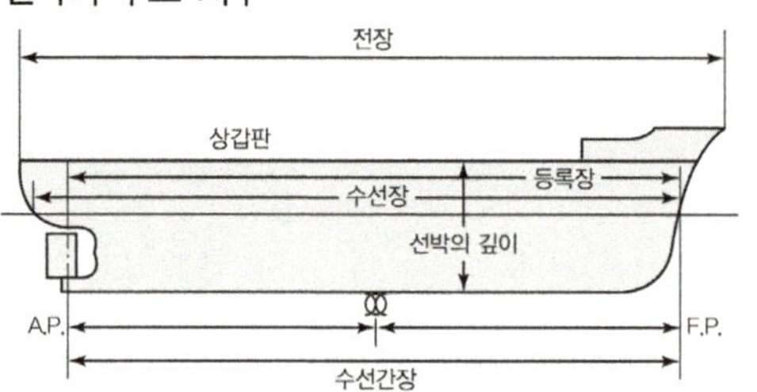

04 선체에 고정적으로 부속된 모든 돌출물을 포함하여 선수의 최전단으로부터 선미의 최후단까지의 수평 거리는?

가 전장

나 등록장

사 수선장

아 수선간장

전장 : 선체에 고정적으로 부속된 모든 돌출물을 포함하여 선수의 최전단으로부터 선미의 최후단까지의 수평 거리로 선박의 저항 및 추진력의 계산에 사용

정답 01 아 02 사 03 나 04 가

05 충분한 건현을 유지하여야 하는 가장 큰 이유는?

　가　선속을 빠르게 하기 위해서

　나　선박의 부력을 줄이기 위해서

　사　예비 부력을 확보하기 위해서

　아　화물의 적재를 쉽게 하기 위해서

적당한 폭과 GM을 가지고 있는 선박이라도 예비 부력을 증대시키기 위해 충분한 건현을 가지고 있어야 한다.

06 선박이 항행하는 구역 내에서 선박의 안전상 허용된 최대의 흘수선은?

　가　선수흘수선　　　나　만재흘수선

　사　평균흘수선　　　아　선미흘수선

만재흘수선 : 선박이 항행하는 구역 내에서 선박의 항행 안전을 위해 예비 부력을 확보할 수 있는 상태에서 허락된 최대의 흘수선

07 스톡이 있는 닻으로 묘박할 때 격납이 불편하지만, 파주력이 커서 주로 소형선에서 사용되는 것은?

　가　스톡 앵커　　　나　스톡리스 앵커

　사　머시룸 앵커　　　아　그래프널 앵커

스톡 앵커 : 스톡(닻채)이 있는 앵커로 투묘할 때 파주력은 크나 격납이 불편하여 소형선에서 이용

08 초단파(VHF) 무선설비로 조난경보가 잘못 발신되었을 때 취해야 하는 조치로 옳은 것은?

　가　장비를 끄고 그냥 둔다.

　나　조난경보 버튼을 다시 누른다.

　사　무선설비로 취소 통보를 발신해야 한다.

　아　조난경보 버튼을 세 번 연속으로 누른다.

초단파(VHF) 무선설비를 운용하는 과정에서 조작 미숙으로 인한 실수로 조난경보가 발송될시 즉시 취소 조치를 취해야 한다.

09 체온을 유지할 수 있도록 열전도율이 낮은 방수물질로 만들어진 포대기 또는 옷을 의미하는 구명설비는?

　가　방수복　　　나　구명조끼

　사　보온복　　　아　구명부환

보온복은 물이 스며들지 않아 수온이 낮은 물속에서 체온을 유지할 수 있는 옷으로 방수복과 달리 구명동의의 기능이 없다.

10 조난선박으로부터 수신된 조난신호의 해상이동업무식별번호(MMSI number)에서 앞의 3자리가 '441'이라고 표시되어 있다면 해당 조난선박의 국적은?

　가　한국　　　나　일본

　사　중국　　　아　러시아

해상이동업무식별부호(MMSI)는 선박국, 해안국 및 집단 호출을 유일하게 식별하기 위해 사용되는 부호로서, 9개의 숫자로 구성되어 있다(우리나라의 경우 440, 441로 지정). 국내 및 국제 항해 모두 사용되며, 소형선박에도 부여된다.

정답　**05** 사　**06** 나　**07** 가　**08** 사　**09** 사　**10** 가

11 "본선에 위험물을 적재 중이다."라는 의미의 기류신호는?

가 B기
나 C기
사 L기
아 T기

B기 : 위험물을 하역 중 또는 운반 중임.
나. C기 : 그렇다
사. L기 : 귀선, 정선하라
아. T기 : 본선을 피하라

12 아래 그림의 구명설비는?

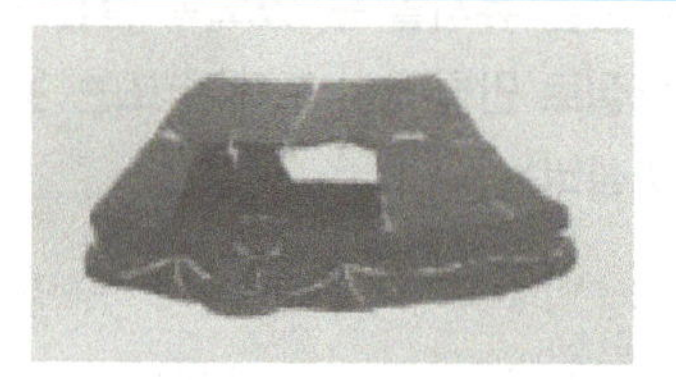

가 구명조끼
나 구명부환
사 구명부기
아 구명뗏목

구명뗏목(구명벌, Life raft) : 나일론 등과 같은 합성섬유로 된 포지를 고무로 가공해서 뗏목 모양으로 제작한 것으로, 내부에는 탄산가스나 질소가스를 주입시켜 긴급시에 팽창시키면 뗏목 모양으로 펼쳐지는 구명 설비

13 선박이 침몰할 경우 자동으로 조난신호를 발신할 수 있는 무선설비는?

가 레이더(Rader)
나 초단파(VHF) 무선설비
사 나브텍스(NAVTEX) 수신기
아 비상위치지시 무선표지(EPIRB)

비상위치지시용 무선표지(EPIRB) : 선박이 조난 상태에 있고 수신시설도 이용할 수 없음을 표시하는 것으로, 선박 침몰시 수심 1.5~4m의 수압에서 자동으로 수면 위로 떠올라 신호를 발신한다.

14 다음 조난신호 용구 중 시인거리가 가장 긴 것은?

가 호각
나 신호 홍염
사 발연부 신호
아 로켓 낙하산 화염신호

로켓 낙하산 신호
- 높이 300m 이상의 장소에서 펴지고 또한 점화되며, 매초 5m 이하의 속도로 낙하하며 화염으로서 위치를 알린다(야간용)
- 조난신호 중 수면상 가장 멀리서 볼 수 있음

15 선박이 공기와 물의 경계면에서 움직일 때, 선수와 선미 부근, 선체 중앙 부근의 압력차에 의해 발생하는 저항은?

가 마찰저항
나 공기저항
사 조파저항
아 조와저항

조파저항 : 선체가 공기와 물의 경계면에서 운동을 할 때 발생하는 수면 하의 저항

16 전속 전진 중에 기관을 후진 전속으로 걸어서 선체가 물에 대하여 정지할 때까지 진출한 거리는?

가 횡거
나 종거
사 신침로거리
아 최단정지거리

정답   11 가   12 아   13 아   14 아   15 사   16 아

최단 정지거리는 전속 전진 중에 기관을 후진 전속으로 걸어서 선체가 정지할 때까지의 거리로 반전타력을 나타내는 척도가 된다.

17 지엠($\overline{GM}$)이 작은 선박이 선회 중 나타나는 현상과 그 조치사항으로 옳지 않은 것은?

가 선속이 빠를수록 경사가 커진다.

나 타각을 크게 할수록 경사가 커진다.

사 내방경사보다 외방경사가 크게 나타난다.

아 경사가 커지면 즉시 타를 반대로 돌린다.

지엠이 작으면 경사각이 커지는데 경사각은 선회반경에 반비례하므로, 지엠이 작은 배는 복원력이 작아 전복 위험이 있으므로 타각을 많이 주어서는 안된다. 또한 경사가 커지더라도 즉시 타를 반대로 돌려서도 안된다. 한편, 배가 똑바로 떠 있을 때 부력의 작용선과 경사된 때 부력의 작용선이 만나는 점을 메타센터(경심)라 하는데, 무게중심에서 이 메타센터까지의 높이를 지엠이라 한다.

18 근접하여 운항하는 두 선박의 상호 간섭작용에 관한 설명으로 옳지 않은 것은?

가 선속을 감속하면 영향이 줄어든다.

나 두 선박 사이의 거리가 멀어지면 영향이 줄어든다.

사 소형선은 선체가 작아 영향을 거의 받지 않는다.

아 마주칠 때보다 추월할 때 상호 간섭작용이 오래 지속되어 위험하다.

두 선박의 속력과 배수량의 차이가 클 때나 수심이 얕은 곳을 항주할 때 뚜렷이 나타난다. 특히, 크기가 다른 선박의 사이에서는 작은 선박이 훨씬 큰 영향을 받고, 소형선박이 대형선박 쪽으로 끌려 들어가는 경향이 크다.

19 (   )에 순서대로 적합한 것은?

"단추진기 선박을 (   )으로 보아서, 전진할 때 스쿠루 프로펠러가 (   )으로 회전하면 우선회 스쿠루 프로펠러라고 한다."

가 선미에서 선수방향, 왼쪽

나 선수에서 선미방향, 오른쪽

사 선수에서 선미방향, 시계방향

아 선미에서 선수방향, 시계방향

단추진기 선박을 선미에서 선수방향으로 보아서 전진할 때 스쿠루 프로펠러가 시계방향으로 회전하면 우선회 스쿠루 프로펠러라고 한다. 군함이나 어선의 경우는 그렇지 않은 경우가 있지만 대부분의 상선은 스쿠루가 오른쪽 방향으로 회전을 하고 하나의 스쿠루로 추진하게 된다. 그러면 배가 전진이나 후진을 할 경우 모두 배가 왼쪽이 아닌 오른쪽으로 회두하면서 항해를 하는 특성이 있다.

20 다음 중 수심이 얕은 수역을 선박이 항해할 때 나타나는 현상이 아닌 것은?

가 타효 증가   나 선체 침하

사 속력 감소   아 조종성 저하

천수효과 : 수심이 낮은 천수지역에서는 전반적으로 선체 침하와 트림 변경효과가 발생하며, 선박의 속력이 감소한다. 또한 조종성(타효)이 저하하여 선회성이 나빠진다.

정답 **17** 아 **18** 사 **19** 아 **20** 가

21 강한 조류가 있을 경우 선박을 조종하는 방법으로 옳지 않은 것은?

가 유향, 유속을 잘 알 수 있는 시간에 항행한다.

나 가능한 한 선수를 유향에 직각 방향으로 향하게 한다.

사 유속이 있을 때 계류작업을 할 경우 유속에 대등한 타력을 유지한다.

아 조류가 흘러가는 쪽에 장애물이 있는 경우에는 충분한 공간을 두고 조종한다.

해설

강한 조류가 흐르는 곳은 되도록 멀리 돌아가더라도 피하고 부득이한 경우에는 선수를 조류의 유선과 일치하도록 한다.

22 황천항해 시 사용하는 방법으로 선체가 받는 충격이 작고, 상당한 속력을 유지할 수 있으나 선미 추종파에 의하여 해수가 선미 갑판을 덮칠 수 있고, 브로칭(Broaching) 현상이 일어날 수 있는 조선법은?

가 러칭(Lurching)   나 스커딩(Scudding)

사 라이 투(Lie to)   아 히브 투(Heave to)

해설

순주법(스커딩, scudding)
* 황천항해 방법 중 풍랑을 선미 쿼터(선미 사면, Quarter)에서 받으며, 파에 쫓기는 자세로 항주하는 방법
* 장점 : 선체가 받는 파의 충격작용이 현저히 감소하고, 상당한 속력을 유지할 수 있으므로 태풍의 가항반원 내에서는 적극적으로 태풍권으로부터 탈출하는 데 유리
* 단점 : 선미 추파에 의하여 해수가 선미 갑판을 덮칠 수 있으며, 보침성이 저하되어 브로칭(broaching) 현상이 일어날 수도 있음

23 다음 중 태풍을 피항하는 가장 안전한 방법은?

가 가항반원으로 항해한다.

나 위험반원의 반대쪽으로 항해한다.

사 선미 쪽에서 바람을 받도록 항해한다.

아 미리 태풍의 중심으로부터 최대한 멀리 떨어진다.

해설

태풍을 피항하는 가장 안전한 방법은 기상 예보에 따라 태풍의 중심에서 벗어나는 방법이다. 태풍의 진로상에 선박이 있을 경우 북반구의 경우 풍랑을 우현 선미에 받으며, 가항반원으로 선박을 유도한다.

24 선박간 충돌사고의 직접적인 원인이 아닌 것은?

가 계류삭 정비 불량

나 항해사의 선박 조종술 미숙

사 항해장비의 불량과 운용 미숙

아 승무원의 주의태만으로 인한 과실

해설

계류삭(계류색)은 선박을 계류하기 위해 선박에 설치한 로프로 나일론 로프, 섬유로프, wire rope 등을 말한다. 따라서 충돌사고의 직접적인 원인으로 볼 수 없다.

25 황천에 의한 해양사고를 방지하기 위한 조치가 아닌 것은?

가 모든 배수구 폐쇄

나 노천 갑판 개구부 폐쇄

사 선박평형수를 주입하여 선박의 복원성 향상

아 모든 화물, 특히 갑판 위에 있는 화물의 고박

해설

항해 중의 황천대응 준비로는 선체의 개구부를 밀폐하고 하역장치와 이동물(화물)을 고박, 중량물은 최대한 낮은 위치로 이동 적재, 선체의 트림과 흘수를 표준상태로 유지 등이 있다. 배수설비는 복원력 감소 방지를 위해 청소한다.

정답   **21** 나   **22** 나   **23** 아   **24** 가   **25** 가

제3과목 **법규**

01 해상교통안전법상 조종불능선이 아닌 선박은?

가 추진기관 고장으로 표류 중인 선박

나 항공기의 발착작업에 종사 중인 선박

사 발전기 고장으로 기관이 정지된 선박

아 조타기 고장으로 침로 변경이 불가능한 선박

조종불능선(법 제2조) : 선박의 조종성능을 제한하는 고장이나, 그 밖의 사유로 조종을 할 수 없게 되어 다른 선박의 진로를 피할 수 없는 선박

02 해상교통안전법상 술에 취한 상태의 기준은?

가 혈중알코올농도 0.01퍼센트 이상

나 혈중알코올농도 0.03퍼센트 이상

사 혈중알코올농도 0.05퍼센트 이상

아 혈중알코올농도 0.10퍼센트 이상

술에 취한 상태의 기준(법 제39조) : 혈중알코올농도 0.03퍼센트 이상

03 해상교통안전법상 통항분리수역에서의 항법으로 옳지 않은 것은?

가 통항로는 어떠한 경우에도 횡단하여서는 아니된다.

나 통항로의 출입구를 통하여 출입하는 것을 원칙으로 한다.

사 통항로 안에서는 정하여진 진행방향으로 항행하여야 한다.

아 분리선이나 분리대에서 될 수 있으면 떨어져서 항행하여야 한다.

통항분리수역에서의 항법(법 제75조)
- 통항로 안에서는 정하여진 진행 방향으로 항행할 것
- 통항로의 출입구를 통하여 출입하는 것을 원칙으로 함
- 분리선이나 분리대에서 될 수 있으면 떨어져서 항행할 것
- 통항로의 옆쪽으로 출입하는 경우 작은 각도로 출입할 것
- 통항분리수역에서 통항로의 횡단은 원칙적으로 금지되나 부득이한 사유로 인한 경우는 횡단이 가능

04 해상교통안전법상 선박에서 하여야 하는 적절한 경계에 관한 설명으로 옳지 않은 것은?

가 이용할 수 있는 모든 수단을 이용한다.

나 청각을 이용하는 것이 가장 효과적이다.

사 선박 주위의 상황을 파악하기 위함이다.

아 다른 선박과 충돌할 위험성을 충분히 파악하기 위함이다.

선박은 주위의 상황 및 다른 선박과 충돌할 수 있는 위험성을 충분히 파악할 수 있도록 시각·청각 및 당시의 상황에 맞게 이용할 수 있는 모든 수단을 이용하여 항상 적절한 경계를 하여야 한다(법 제70조).

05 해상교통안전법상 선박이 다른 선박을 선수 방향에서 볼 수 있는 경우로서 밤에는 양쪽의 현등을 볼 수 있는 경우의 상태는?

가 안전한 상태

나 횡단하는 상태

사 마주치는 상태

아 앞지르기 하는 상태

정답 **01** 나 **02** 나 **03** 가 **04** 나 **05** 사

[해설]

마주치는 상태에 있는 경우(법 제79조)
- 밤에는 2개의 마스트등을 일직선으로, 또는 거의 일직선으로 볼 수 있거나 양쪽의 현등을 볼 수 있는 경우
- 낮에는 2척의 선박의 마스트가 선수에서 선미까지 일직선이 되거나 거의 일직선이 되는 경우
- 선박은 마주치는 상태에 있는지가 분명하지 아니한 경우에는 마주치는 상태에 있다고 보고 필요한 조치를 취하여야 한다.

[해설]

모든 선박은 시계가 제한된 그 당시의 사정과 조건에 적합한 안전한 속력으로 항행하여야 하며, 동력선은 제한된 시계 안에 있는 경우 기관을 즉시 조작할 수 있도록 준비하고 있어야 한다(법 제84조).

06 ( )에 순서대로 적합한 것은?

> "해상교통안전법상 밤에는 다른 선박의 ( )만을 볼 수 있고 어느 쪽의 ( )도 볼 수 없는 위치에서 그 선박을 앞지르는 선박은 앞지르기 하는 배로 보고 필요한 조치를 취하여야 한다."

가 선수등, 현등   나 선수등, 전주등
사 선미등, 현등   아 선미등, 전주등

[해설]

다른 선박의 양쪽 현의 정횡으로부터 22.5도를 넘는 뒤쪽[밤에는 다른 선박의 선미등 만을 볼 수 있고 어느 쪽의 현등도 볼 수 없는 위치]에서 그 선박을 앞지르는 선박은 앞지르기 하는 배로 보고 필요한 조치를 취하여야 한다(법 제78조).

07 해상교통안전법상 제한된 시계에서 선박의 항법으로 옳은 것을 〈보기〉에서 모두 고른 것은?

> ┤ 보기 ├
> ㄱ. 레이더 가동을 중단한다.
> ㄴ. 안전한 속력으로 항행한다.
> ㄷ. 기관을 즉시 조작할 수 있도록 준비하여야 한다.

가 ㄱ, ㄴ   나 ㄱ, ㄷ
사 ㄴ, ㄷ   아 ㄱ, ㄴ, ㄷ

08 해상교통안전법상 제한된 시계에서 레이더만으로 다른 선박이 있는 것을 탐지한 선박의 피항동작이 침로를 변경하는 것만으로 이루어질 경우 선박이 취하여야 할 행위로 옳은 것은? (단, 앞지르기 당하고 있는 선박의 경우는 제외함)

가 자기 선박의 양쪽 현의 정횡에 있는 선박의 방향으로 침로를 변경하는 행위

나 자기 선박의 양쪽 현의 정횡 뒤쪽에 있는 선박의 방향으로 침로를 변경하는 행위

사 다른 선박이 자기 선박의 양쪽 현의 정횡 앞쪽에 있는 경우 우현 쪽으로 침로를 변경하는 행위

아 다른 선박이 자기 선박의 양쪽 현의 정횡 앞쪽에 있는 경우 좌현 쪽으로 침로를 변경하는 행위

[해설]

제한된 시계에서 선박의 항법(법 제84조)
- 레이더만으로 다른 선박이 있는 것을 탐지한 선박은 해당 선박과 얼마나 가까이 있는지 또는 충돌할 위험이 있는지를 판단
- 충돌할 위험이 있다고 판단한 경우에는 충분한 시간적 여유를 두고 피항동작 실시
- 다른 선박이 자기 선박의 양쪽 현의 정횡 앞쪽에 있는 경우 좌현 쪽으로 침로를 변경하는 행위(앞지르기 당하고 있는 선박에 대한 경우는 제외)

정답 06 사   07 사   08 사

09 해상교통안전법상 길이 12미터 이상인 선박이 항행 중 기관 고장으로 조종을 할 수 없게 되었을 때 대수속력이 없는 경우 표시하여야 하는 등화는?

가 선수부에 붉은색 전주등 1개

나 선미부에 붉은색 전주등 1개

사 가장 잘 보이는 곳에 수직으로 붉은색 전주등 2개

아 가장 잘 보이는 곳에 수직으로 붉은색 전주등 3개

조종불능선(법 제92조) : 가장 잘 보이는 곳에 수직으로 붉은색 전주등 2개 혹은 수직으로 둥근꼴이나 그와 비슷한 형상물 2개

10 해상교통안전법상 정선수 방향에서 양쪽 현으로 각각 112.5도에 걸치는 수평의 호를 비추는 등화는?

가 현등　　　나 전주등

사 선미등　　아 예선등

현등(법 제86조)
- 정선수 방향에서 양쪽 현으로 각각 112.5도에 걸치는 수평의 호를 비추는 등화
- 정선수 방향에서 좌현 정횡으로부터 뒤쪽 22.5도까지 비출 수 있도록 좌현에 설치된 붉은색 등
- 정선수 방향에서 우현 정횡으로부터 뒤쪽 22.5도까지 비출 수 있도록 우현에 설치된 녹색 등

11 해상교통안전법상 선박의 등화에 사용되는 등색이 아닌 것은?

가 녹색　　　나 흰색

사 청색　　　아 붉은색

등화에 사용되는 등색 : 백색, 붉은색, 황색, 녹색

12 해상교통안전법상 선미등이 비추는 수평의 호의 범위와 등색은?

가 135도, 흰색

나 135도, 붉은색

사 225도, 흰색

아 225도, 붉은색

선미등(법 제86조) : 135도에 걸치는 수평의 호를 비추는 흰색 등으로서, 그 불빛이 정선미 방향으로부터 양쪽 현의 67.5도까지 비출 수 있도록 선미 부분 가까이에 설치된 등

13 (　　)에 적합한 것은?

> "해상교통안전법상 항행 중인 동력선이 (　　)에 있는 경우에 그 침로를 변경하거나 그 기관을 후진하여 사용할 때에는 기적신호를 행하여야 한다."

가 평수구역

나 서로 상대의 시계 안

사 제한된 시계

아 무역항의 수상구역 안

항행 중인 동력선이 서로 상대의 시계 안에 있는 경우에 이 법에 따라 그 침로를 변경하거나 그 기관을 후진하여 사용할 때에는 기적신호를 행하여야 한다(법 제99조 제1항).

정답　**09** 사　**10** 가　**11** 사　**12** 가　**13** 나

14 ( )에 순서대로 적합한 것은?

> "해상교통안전법상 제한된 시계 안에서 항행 중인 길이 12미터 이상의 동력선은 정지하여 대수속력이 없는 경우에는 장음 사이의 간격을 2초 정도로 연속하여 장음을 ( ) 울리되, ( )을 넘지 아니하는 간격으로 울려야 한다."

가 1회, 1분 　　　나 2회, 2분

사 1회, 2분 　　　아 2회, 1분

제한된 시계 안에서의 음향신호(법 제100조)

선박 구분		신호 간격	신호 내용
항행 중인 동력선	대수속력이 있는 경우	2분 이내	장음 1회
	대수속력이 없는 경우	2분 이내	장음 2회

15 해상교통안전법상 육안으로 보이고, 가까이 있는 다른 선박으로부터 단음 2회의 기적신호를 들었을 때 그 선박이 취하고 있는 동작은?

가 감속 중

나 침로 유지 중

사 우현 쪽으로 침로 변경 중

아 좌현 쪽으로 침로 변경 중

조종신호와 경고신호(법 제99조)
항행 중인 동력선이 서로 상대의 시계 안에 있는 경우에 이 법에 따라 그 침로를 변경하거나 그 기관을 후진하여 사용할 때에는 다음 구분에 따라 기적신호를 행하여야 한다.
- 침로를 오른쪽으로 변경하고 있는 경우 : 단음 1회
- 침로를 왼쪽으로 변경하고 있는 경우 : 단음 2회
- 기관을 후진하고 있는 경우 : 단음 3회

16 선박의 입항 및 출항 등에 관한 법률상 총톤수 5톤인 내항선이 무역항의 수상구역등을 출입할 때 하는 출입신고에 관한 내용으로 옳은 것은?

가 내항선이므로 출입신고를 하지 않아도 된다.

나 출항 일시가 이미 정하여진 경우에도 입항신고와 출항신고는 동시에 할 수 없다.

사 무역항의 수상구역 등의 밖으로 출항하려는 경우 원칙적으로 출항 직후 출항신고를 하여야 한다.

아 무역항의 수상구역 등의 안으로 입항하는 경우 원칙적으로 입항하기 전에 출입신고를 하여야 한다.

출입신고(법 제4조)
① 무역항의 수상구역 등에 출입하려는 선박의 선장은 관리청에 신고하여야 함
② 출입신고의 면제 선박
- 총톤수 5톤 미만의 선박
- 해양사고 구조에 사용되는 선박
- 「수상레저안전법」에 따른 수상레저기구 중 국내항 간을 운항하는 모터보트 및 동력요트
- 출입항 신고 대상인 어선
- 관공선, 군함, 해양경찰함정 등 공공의 목적으로 운영하는 선박
- 선박의 출입을 지원하는 선박(도선선, 예선 등)과 연안수역을 항해하는 정기여객선(내항 정기 여객 운송사업에 종사하는 선박)으로 경유항에 출입하는 선박
- 피난을 위하여 긴급히 출항하여야 하는 선박

17 선박의 입항 및 출항 등에 관한 법률상 선박이 해상에서 닻을 바다 밑바닥에 내려놓고 운항을 멈출 수 있는 장소는?

가 부두 　　　나 항계

사 항로 　　　아 정박지

정답 14 나 15 아 16 아 17 아

- 정박지(법 제2조) : 선박이 정박할 수 있는 장소
- 정박(법 제2조) : 선박이 해상에서 닻을 바다 밑바닥에 내려놓고 운항을 멈추는 것

18 선박의 입항 및 출항 등에 관한 법률상 무역항의 수상구역 등에서 정박하거나 정류하지 못하도록 하는 장소가 아닌 것은?

가 하천　　　　나 잔교 부근 수역
사 좁은 수로　　아 수심이 깊은 곳

정박·정류 등을 제한(금지)하는 장소(법 제6조)
- 부두·잔교·안벽·계선부표·돌핀 및 선거(船渠)의 부근 수역
- 하천, 운하 및 그 밖의 좁은 수로와 계류장 입구의 부근 수역

19 선박의 입항 및 출항 등에 관한 법률상 방파제 부근에서 입·출항 선박이 마주칠 우려가 있는 경우의 항법에 관한 설명으로 옳은 것은?

가 소형선이 대형선의 진로를 피한다.
나 방파제 입구에는 동시에 진입해도 상관없다.
사 선속이 빠른 선박이 선속이 느린 선박의 진로를 피한다.
아 입항하는 선박은 방파제 밖에서 출항하는 선박의 진로를 피한다.

방파제 부근에서의 항법(법 제13조) : 입항하는 선박이 방파제 입구 등에서 출항하는 선박과 마주칠 우려가 있는 경우에는 방파제 밖에서 출항하는 선박의 진로를 피할 것

20 선박의 입항 및 출항 등에 관한 법률상 무역항의 수상구역 등에서 예인선의 항법으로 옳지 않은 것은?

가 예인선은 한꺼번에 3척 이상의 피예인선을 끌지 아니하여야 한다.
나 원칙적으로 예인선의 선미로부터 피예인선의 선미까지 길이는 100미터를 초과하지 못한다.
사 다른 선박의 출입을 보조하는 경우에 한하여 예인선의 선미까지의 길이는 200미터를 초과할 수 있다.
아 지방해양수산청장 또는 시·도지사는 해당 무역항의 특수성 등을 고려하여 특히 필요한 경우에는 예인선의 항법을 조정할 수 있다.

예인선 등의 항법(시행규칙 제9조) : 예인선이 무역항의 수상구역 등에서 다른 선박을 끌고 항행할 때에는 해양수산부령으로 정하는 방법에 따를 것
- 예인선의 선수로부터 피예인선의 선미까지의 길이는 200미터를 초과하지 않을 것(다른 선박의 출입을 보조하는 경우에는 예외)
- 예인선은 한꺼번에 3척 이상의 피예인선을 끌지 않을 것

21 (　　)에 적합한 것은?

> "선박의 입항 및 출항 등에 관한 법률상 선박이 무역항의 수상구역 등이나 무역항의 수상구역 부근을 항행할 때에는 다른 선박에 위험을 주지 아니할 정도의 (　　)로/으로 항행하여야 한다."

가 타력　　　　나 속력
사 침로　　　　아 선수방위

정답 **18** 아　**19** 아　**20** 나　**21** 나

속력 등의 제한(법 제17조) : 선박이 무역항의 수상구역 등이나 무역항의 수상구역 부근을 항행할 때에는 다른 선박에 위험을 주지 아니할 정도의 속력으로 항행하여야 한다.

22 선박의 입항 및 출항 등에 관한 법률상 우선피항선에 관한 규정으로 옳은 것은?

가 우선피항선은 다른 선박의 항행에 방해가 될 우려가 있는 장소에 정박하거나 정류하여서는 아니 된다.

나 무역항의 수상구역 등이나 무역항의 수상구역 부근에서 우선피항선은 다른 선박과 만나는 자세에 따라 유지선이 될 수 있다.

사 총톤수 5톤 미만인 우선피항선이 무역항의 수상구역 등에 출입하려는 경우에는 통상적으로 대통령령으로 정하는 바에 따라 관리청에 신고하여야 한다.

아 우선피항선은 무역항의 수상구역 등에 출입하는 경우 또는 무역항의 수상구역 등을 통과하는 경우에는 관리청에서 지정·고시한 항로를 따라 항행하여야 한다.

정박지의 사용 등(법 제5조) : 우선피항선은 다른 선박의 항행에 방해가 될 우려가 있는 장소에 정박하거나 정류하여서는 아니 된다.

23 해양환경관리법상 선박의 밑바닥에 고인 액상유성혼합물은?

가 윤활유　　　나 선저폐수

사 선저 유류　　아 선저 세정수

선저폐수(법 제2조) : 선박의 밑바닥에 고인 액상유성혼합물

24 해양환경관리법상 선박에서 오염물질을 배출할 수 없는 경우는?

가 인명구조를 위하여 부득이하게 오염물질을 배출하는 경우

나 선박의 손상으로 인하여 부득이하게 오염물질이 배출되는 경우

사 선박의 속력을 증가시키기 위하여 오염물질을 배출하는 경우

아 선박의 안전 확보를 위하여 부득이하게 오염물질을 배출하는 경우

오염물질의 배출금지의 적용 예외(법 제22조 제3항)
- 선박 또는 해양시설 등의 안전확보나 인명구조를 위하여 부득이하게 오염물질을 배출하는 경우
- 선박 또는 해양시설 등의 손상 등으로 인하여 부득이하게 오염물질이 배출되는 경우
- 선박 또는 해양시설 등의 오염사고에 있어 해양수산부령이 정하는 방법에 따라 오염피해를 최소화하는 과정에서 부득이하게 오염물질이 배출되는 경우

25 해양환경관리법상 기름오염방제와 관련된 설비와 자재가 아닌 것은?

가 유겔화제　　　나 유처리제

사 오일펜스　　　아 유수분리기

기름오염방제와 관련된 설비 및 자재로는 해양유류오염확산차단장치(오일펜스), 유처리제, 유흡착재, 유겔화제 등이 있다(시행규칙 별표 11).

정답　**22** 가　**23** 나　**24** 사　**25** 아

제4과목　기관

01 디젤기관에서 실린더 내의 공기를 압축시키는 이유는?

가　공기의 온도를 높이기 위해
나　공기의 온도를 낮추기 위해
사　연료유의 온도를 낮추기 위해
아　연료유의 공급을 차단하기 위해

해설

디젤기관은 실린더 내의 공기를 압축하여 온도를 상승시켜 연료유가 점화될 수 있도록 해야 하므로 높은 압축비가 요구된다.

02 4행정 사이클 디젤기관의 행정이 아닌 것은?

가　흡입 행정　　나　분사 행정
사　배기 행정　　아　압축 행정

해설

4행정 사이클 기관의 작동 순서
흡입 → 압축 → 작동(폭발) → 배기

03 소형기관에서 메인 베어링의 발열 원인 중 〈보기〉에서 옳은 것을 모두 고른 것은?

┤ 보기 ├
① 베어링의 하중이 너무 클 때
② 베어링 메탈의 재질이 불량할 때
③ 베어링의 틈새가 적당할 때
④ 베어링의 냉각이 적당할 때

가　①, ②　　　　나　②, ③
사　③, ④　　　　아　①, ④

해설

메인 베어링의 발열
• 원인 : 베어링의 틈새 불량, 윤활유 부족 및 불량, 크랭크축의 중심선 불일치, 베어링 하중이 클 때 등
• 대책 : 윤활유를 공급하면서 기관을 냉각시킴, 베어링의 틈새를 적절히 조절

04 소형기관에서 피스톤링의 마멸 정도를 계측하는 공구로 적합한 것은?

가　다이얼 게이지
나　한계 게이지
사　내경 마이크로미터
아　외경 마이크로미터

해설

피스톤 링의 점검
• 기관 정지 중에 정기적으로 점검하고 틈새를 계측하여 교체 여부를 확인
• 피스톤 링의 마멸량은 외경 마이크로미터로 측정

05 소형기관에서 피스톤링의 절구틈에 대한 설명으로 옳은 것은?

가　기관의 운전시간이 많을수록 절구틈은 커진다.
나　기관의 운전시간이 많을수록 절구틈은 작아진다.
사　절구틈이 커질수록 기관의 효율이 좋아진다.
아　절구틈이 작을수록 연소가스의 누설이 많아진다.

해설

피스톤 링 절구의 틈(엔드 클리어런스)은 기관의 운전시간이 많을수록 커진다. 따라서 피스톤 링이 고착되지 않도록 점검해 주어야 한다.

정답　01 가　02 나　03 가　04 아　05 가

06 소형기관의 피스톤 재질에 대한 설명으로 옳지 않은 것은?

 가 강도가 큰 것이 좋다.

나 무게가 무거운 것이 좋다.

사 열전도가 잘 되는 것이 좋다.

아 마멸에 잘 견디는 것이 좋다.

해설

피스톤의 재료 : 중·대형 기관의 피스톤은 보통 주철이나 주강으로 제작하며, 소형 고속 기관에서는 무게가 가볍고 열전도가 좋은 알루미늄 피스톤을 사용

07 크랭크축의 구성 요소가 아닌 것은?

 가 저널　　　　나 암

사 핀　　　　아 헤드

해설

크랭크축의 구성 : 크랭크 저널, 크랭크 핀, 크랭크 암 등
- **크랭크 저널** : 메인 베어링에 의해 상하가 지지되어 그 속에서 회전하는 부분
- **크랭크 핀** : 크랭크 저널의 중심에서 크랭크 반지름만큼 떨어진 곳에 있으며 저널과 평행하게 설치
- **크랭크 암** : 크랭크 저널과 크랭크 핀을 연결하는 부분으로 크랭크 핀 반대쪽 크랭크 암에는 평형 추를 설치

08 다음 그림과 같은 디젤기관의 크랭크축에서 커넥팅로드가 연결되는 곳은?

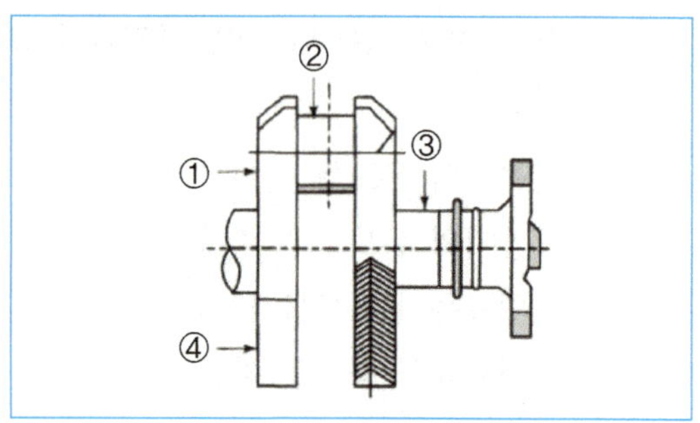

 가 ①　　　　나 ②

사 ③　　　　아 ④

해설

그림의 ②는 크랭크 핀으로 크랭크 저널의 중심에서 크랭크 반지름만큼 떨어진 곳에 있으며 저널과 평행하게 설치한다. 트렁크형 기관에서 커넥팅로드의 대단부와 연결된다.

09 운전 중인 디젤기관의 실린더 헤드와 실린더 라이너 사이에서 배기가스가 누설하는 경우의 가장 적절한 조치 방법은?

 가 기관을 정지하여 구리 개스킷을 교환한다.

나 기관을 정지하여 구리 개스킷을 1개 더 추가로 삽입한다.

사 배기가스가 누설하지 않을 때까지 저속으로 운전한다.

아 실린더 헤드와 실린더 라이너 사이의 죄임 너트를 약간 풀어준다.

해설

실린더 헤드 개스킷 부분에서의 가스 누출 : 기관을 정지하여 실린더 헤드의 풀림을 점검하고, 필요하면 개스킷을 교환

정답　06 나　07 아　08 나　09 가

10 소형기관에서 윤활유를 장시간 사용했을 경우에 나타나는 현상으로 옳지 않은 것은?

가 색상이 검게 변한다.

나 점도가 증가한다.

사 침전물이 증가한다.

아 혼입수분이 감소한다.

윤활유는 사용할수록 점차 변질, 열화되므로 혼입수분의 증가 등 윤활유의 성능이 저하된다. 윤활유는 고온과 고압에 노출되므로 온도에 의한 점도 변화가 적어야 한다.

11 디젤기관에서 시동용 압축공기의 최고압력은 약 몇 [kgf/cm^2]인가?

가 10[kgf/cm^2]　　　나 20[kgf/cm^2]

사 30[kgf/cm^2]　　　아 40[kgf/cm^2]

공기압 제어장치를 통해 주기관의 정지, 시동, 전진, 후진 등의 동작을 수행할 수 있고, 사용되는 공기에는 시동용 압축공기(starting air, 25~30[kgf/cm^2]), 제어장치 작동용 제어공기(7[kgf/cm^2]), 안전장치 작동용 공기(7[kgf/cm^2])가 있다.

12 축계장치의 조건으로 옳지 않은 것은?

가 역회전에 잘 견딜 수 있어야 한다.

나 고속 운전에 잘 견딜 수 있어야 한다.

사 주기관의 운전에 신속하게 반응해야 한다.

아 축계의 진동을 크게 하여 선체의 진동을 증폭시킬 수 있어야 한다.

축계(축계장치)는 주기관으로부터 추진기에 이르기까지 동력을 전달하고 추진기의 회전에 의하여 발생된 추력을 추력베어링을 통하여 선체에 전달하는 장치이다. 따라서 비틀림이나 진동, 응력 등을 견딜 수 있도록 충분한 강도를 갖추어야 한다.

13 다음 그림에서 부식 방지를 위해 ①에 부착하는 것은?

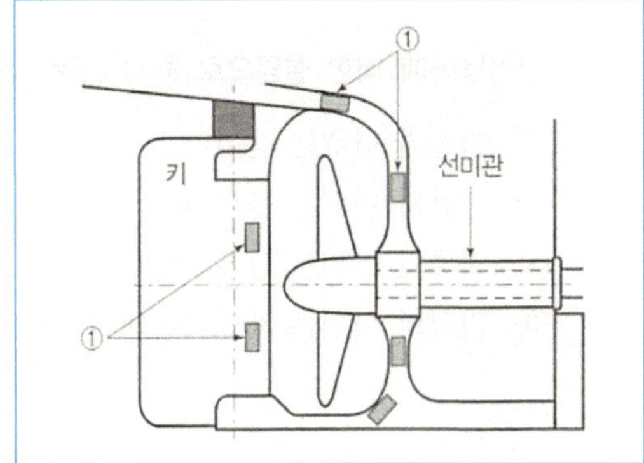

가 구리　　　나 니켈

사 주석　　　아 아연

부식이 심한 장소의 파이프는 아연을 도금한 것을 사용한다.

14 선체 저항의 종류가 아닌 것은?

가 마찰저항　　　나 전기저항

사 조파저항　　　아 공기저항

선박이 항주할 때에 받는 저항은 수면 위의 선체 구조물이 받는 공기저항과, 수면 아래의 선체가 물로부터 받게 되는 마찰저항, 조파저항 및 조와저항 등이 있다.

정답　**10** 아　**11** 사　**12** 아　**13** 아　**14** 나

15 연료유가 연소할 때 발생하는 열로 증기를 발생시키는 장치는?

 가 보일러　　나 기화기
사 압축기　　아 냉동기

보일러는 연료를 연소할 때 발생하는 열을 이용하여 물을 가압하여 대기압 이상의 증기를 발생시키는 장치이다.

16 전기용어에 대한 설명으로 옳지 않은 것은?

 가 저항의 단위는 옴이다.
나 전압의 단위는 볼트이다.
사 전류의 단위는 암페어이다.
아 전력의 단위는 헤르츠이다.

전력은 전류가 단위 시간에 행하는 일, 또는 단위 시간에 사용되는 에너지의 양으로, 와트(W)나 킬로와트(kW)를 단위로 사용한다.

17 유도전동기의 부하 전류계에서 지침이 가장 크게 움직이는 경우는?

 가 전동기의 정지 직후
나 전동기의 기동 직후
사 전동기가 정속도로 운전 중일 때
아 전동기 기동 후 10분이 경과되었을 때

유도전동기가 정지한 상태에서 기동을 하기 위하여 전 전압(full voltage)을 인가하면 기동 전류는 정상 상태 운전 시보다 전류가 5~8배나 많이 흐르게 된다.

18 우리나라 기준으로 납축전지가 완전 충전 상태일때 20[℃]에서 전해액의 표준 비중값은?

 가 1.24　　나 1.26
사 1.28　　아 1.30

납축전지가 완전 충전 상태일 때 전해액의 비중은 20℃에서 1.280이며, 정제수와 황산의 혼합비율은 약 6(정제수) : 4(황산)로 되어 있다.

19 다음과 같은 납축전지 회로에서 합성전압과 합성용량은?

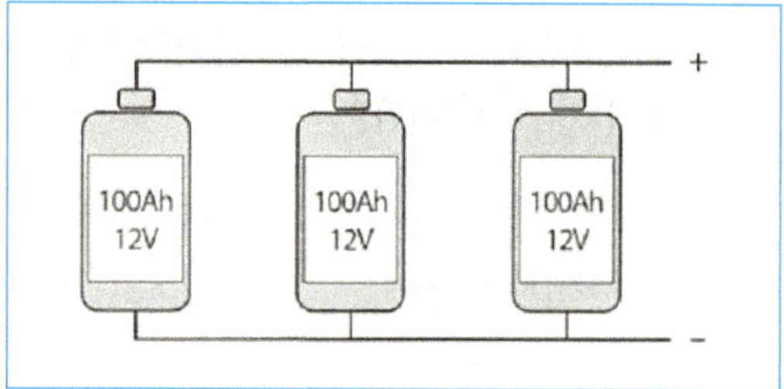

가 12[V], 100[Ah]
나 12[V], 300[Ah]
사 36[V], 100[Ah]
아 36[V], 300[Ah]

 납축전지 회로는 병렬 연결로 전압은 12[V]이며, 전류는 100 × 3 = 300[Ah]이다.

20 납축전지의 전해액으로 많이 사용되는 것은?

가 묽은황산 용액　　나 알칼리 용액
사 가성소다 용액　　아 청산가리 용액

정답　15 가　16 아　17 나　18 사　19 나　20 가

전해액 : 묽은 황산(H_2SO_4)이 전해액이며, 이는 증류수에 진한 황산을 첨가한 것이다. 황산과 증류수의 비중은 1.2 내외이다.

21 볼트나 너트를 풀고 조이기 위한 렌치나 스패너의 일반적인 사용 방법으로 옳은 것은?

가 풀거나 조일 때 미는 방향으로 힘을 준다.

나 당길 때나 밀 때에는 자기 체중을 실어서 최대한 힘을 준다.

사 쉽게 풀거나 조이기 위해 렌치에 파이프를 끼워서 최대한 힘을 준다.

아 풀거나 조일 때 가능한 한 자기 앞쪽으로 당기는 방향으로 힘을 준다.

풀거나 조일 때 가능한 한 자기 앞쪽으로 당기는 방향으로 힘을 주며, 파이프를 끼워서 힘을 주거나 자기 체중을 실어서 힘을 줘서는 안 된다.

22 운전 중인 디젤 주기관에서 윤활유 펌프의 압력에 대한 설명으로 옳은 것은?

가 출력이 커지면 압력을 더 낮춘다.

나 기관의 속도가 증가하면 압력을 더 높여준다.

사 부하에 관계없이 압력을 일정하게 유지한다.

아 배기가스 온도가 올라가면 압력을 더 높여준다.

윤활유 펌프의 압력은 부하와 상관없이 일정하게 유지해야 한다.

23 운전 중인 디젤기관이 갑자기 정지되는 경우가 아닌 것은?

가 연료유가 공급되지 않는 경우

나 윤활유의 압력이 너무 낮은 경우

사 냉각수의 온도가 너무 낮은 경우

아 기관의 회전수가 과속도 설정값에 도달된 경우

냉각수 온도가 너무 낮은 경우는 기관이 갑자기 정지되는 사유는 아니다.

＊ 운전 중인 디젤기관이 갑자기 정지되었을 경우
- 과속도 장치의 작동
- **연료유 계통 문제** : 연료유 여과기의 막힘, 연료유 수분 과다 혼입, 연료탱크에 기름이 없을 경우 등
- 조속기의 고장에 의해 연료유가 공급되지 않았을 경우
- 윤활유의 압력이 너무 낮아졌을 경우
- 기관의 회전수가 규정치보다 너무 높아졌을 경우

24 중유와 경유에 대한 설명으로 옳지 않은 것은?

가 경유는 중유에 비해 가격이 저렴하다.

나 경유의 비중은 0.81~0.89 정도이다.

사 중유의 비중은 0.91~0.99 정도이다.

아 경유는 점도가 낮아 가열하지 않고 사용할 수 있다.

경유와 중유
- **경유** : 비중이 0.84~0.89로 원유의 증류 과정에서 등유 다음으로 얻어지며, 고속 디젤기관에 주로 사용되므로 디젤유(diesel oil)라고도 한다. 점도가 낮아 가열하지 않고 사용할 수 있으며, 중유보다는 가격이 높다.
- **중유** : 비중은 0.91~0.99, 발열량은 9,720~10,000 kcal/kg으로 흑갈색의 고점성 연료로 대형 디젤기관 및 보일러의 연료로 많이 사용된다.

정답 **21** 아 **22** 사 **23** 사 **24** 가

25 연료유 수급 시 확인해야 할 내용이 아닌 것은?

가 연료유의 양

나 연료유의 점도

사 연료유의 비중

아 연료유의 유효기간

해설

• **연료유 수급 시 확인 사항** : 연료유의 양이나 점도, 비중 등

• **연료유 수급 시 주의 사항** : 연료유 수급 중 선박의 흘수 변화에 주의, 주기적으로 측심하여 수급량 계산, 주기적으로 누유되는 곳 점검, 가능한 한 탱크에 가득 적재할 것, 해양오염사고나 화재의 주의 등

정답 **25** 아

2025년 제1회 최신 기출문제

<table><tr><td>제1과목</td><td>항해</td></tr></table>

01 지구 자기장의 복각이 0°가 되는 지점을 연결한 선은?

가 지자극

나 자기적도

사 지방자기

아 북회귀선

 **해설**

지구 자기장의 자기력선이 수평면과 이루는 각인 복각이 0°라는 것은 자기력선이 지표면과 수평을 이루는 지점을 뜻한다. 이러한 지점을 연결한 선을 자기적도라 한다.

02 자이로컴퍼스에서 선박의 속도 또는 침로가 변경되면 생기는 오차는?

가 위도오차

나 속도오차

사 동요오차

아 가속도오차

 **해설**

가속도오차 : 항해 중 선박의 속도가 변경(증속, 감속)되거나 침로가 변경되면, 그 가속력이 컴퍼스에 작용하는데, 이때 발생하는 오차이다.
가. 위도오차는 위도에 따라 발생하며, 나. 속도오차는 일정한 속도로 항해할 때 생기는 오차이다.

03 자이로컴퍼스에 관한 설명으로 옳지 않은 것은?

가 자차와 편차의 수정이 필요 없다.

나 자기 컴퍼스에 비해 지북력이 약하다.

사 방위를 간단히 전기신호로 바꿀 수 있다.

아 고속으로 돌고 있는 로터를 이용하여 지구상의 북을 가리키는 장치이다.

 **해설**

자이로컴퍼스 : 고속으로 돌고 있는 로터를 이용하여 지구상의 북을 가리키는 장치로 철물의 영향을 받지 않아 자차와 편차가 없으며 방위를 전기신호로 변환할 수 있다는 장점이 있다. 고속 회전하는 로터와 지구 자전에 의해 강한 지북력을 가지므로 자기 컴퍼스에 비해 지북력이 약하다는 설명은 옳지 않다.

04 자기 컴퍼스가 선체나 선내 철기류 등의 영향을 받아 생기는 오차는?

가 기차

나 자차

사 편차

아 수직차

 **해설**

자차는 자기 컴퍼스의 북(나북)이 자북과 이루는 차이이다.
＊ **자차의 변화 요인**
선수 방위가 바뀔 때, 지구상 위치의 변화, 선체의 경사, 적하물의 이동, 선수를 동일한 방향으로 장시간 두었을 때, 선체가 심한 충격을 받았을 때, 동일한 침로로 장시간 항행 후 변침할 때, 선체가 열적인 변화를 받았을 때, 나침의 부근의 구조 변경 및 나침의의 위치 변경, 지방자기의 영향을 받을 때 등

<table><tr><td>정답</td><td>01 나　02 아　03 나　04 나</td></tr></table>

05 레이더를 이용하여 알 수 없는 정보는?

가 자기 선박과 다른 선박 사이의 거리

나 자기 선박 주위에 있는 부표의 존재 여부

사 안개가 끼었을 때 다른 선박의 존재 여부

아 자기 선박 주위에 있는 다른 선박의 선체 색깔

레이더 : 전자파를 발사하여 그 반사파를 측정함으로써 물표까지의 거리와 방향을 파악하는 계기로, 시계가 나쁜 경우에도 다른 선박이나 부표의 존재 여부는 알 수 있으나 색깔과 같은 시각적 정보는 파악할 수 없다.

06 전자해도표시장치(ECDIS)의 기능이 아닌 것은?

가 자동으로 선박의 속력을 유지한다.

나 선박의 항해와 관련된 주요 정보들을 나타낸다.

사 자동조타장치와 연동하면 조타장치를 제어할 수 있다.

아 자동레이더플로팅장치(ARPA)와 연동하여 충돌 위험 선박을 표시할 수 있다.

전자해도표시장치(ECDIS) : 전자해도를 기반으로 선박의 위치와 항로 등 항해 정보를 표시하는 장치로, 자동조타장치와 연동하여 조타장치를 제어할 수 있으며 자동레이더플로팅장치(ARPA)와 연동해 충돌 위험 선박을 표시할 수 있으나 선박의 속력을 자동으로 유지하는 기능은 없다.

07 항로지에 관한 설명으로 옳지 않은 것은?

가 해도에 표현할 수 없는 사항을 설명하는 안내서이다.

나 항로의 상황, 연안의 지형, 항만의 시설 등이 기재되어 있다.

사 국립해양조사원에서는 외국 항만에 대한 항로지는 발행하지 않는다.

아 항로지는 크게 총기, 연안기, 항만기 3편으로 나누어 기술하고 있다.

항로지 : 해도에 표현하기 어려운 항로의 상황, 연안의 지형, 항만의 시설 등 항해에 필요한 정보를 수록한 수로서지로, 총기, 연안기, 항만기의 3편으로 나누어 기술하고 있다. 국립해양조사원에서는 연안·근해·원양항로지는 물론 중국연안항로지와 말라카해협항로지 등의 외국 항만에 관한 항로지를 발행한다.

08 (   )에 적합한 것은?

> "생소한 해역을 처음 항해할 때에는 항로지, 해도 등에 (   )가 설정되어 있으면 특별한 이유가 없는 한 그 항로를 따르도록 한다."

가 추천항로

나 우회항로

사 평행항로

아 심흘수 전용항로

추천항로 : 수로지·항로지·해도 등에 설정된 항로로, 생소한 해역을 항행할 때에는 특별한 사유가 없는 한 해당 항로를 선정하여 항해한다. 이는 좌초나 충돌 등의 위험을 줄이기 위한 항해 원칙에 해당한다.

정답 **05** 아   **06** 가   **07** 사   **08** 가

09 (   )에 순서대로 적합한 것은?

> "해상에서 일반적으로 추측위치를 디알[DR]
> 위치라고도 부르며, 선박의 (   )와 (   )의
> 두 가지 요소를 이용하여 구하게 된다."

가 방위, 거리
나 경도, 위도
사 고도, 앙각
아 침로, 속력

추측위치(DR위치) : 최근의 실측위치를 기준으로 하여
진침로와 선속계 또는 기관 회전수로 산정한 항정에
따라 계산한 선위이다.

10 자기 선박 주위의 모든 물표들에 대하여 자동으
로 플로팅하여 그 정보를 화면상에 숫자 및 영
상으로 표시하는 장치는?

가 종합항법장치(INS)
나 선박자동식별장치(AIS)
사 자동조타장치(Auto-pilot)
아 자동레이더플로팅장치(ARPA)

자동레이더플로팅장치(ARPA) : 레이더로 탐지된 다수
의 목표물을 자동으로 추적·플로팅하여 거리, 방위,
침로, 속력 등을 화면상에 숫자 및 영상으로 표시하는
장치로, 목표물의 상대 운동을 분석해 충돌 위험이 있을
경우 경보를 제공한다.
나. AIS는 선박이 송신한 정보만 표시하므로 모든 물표
　를 자동 플로팅하지는 않는다.

11 조석에 따라 수면 위로 보였다가 수면 아래로
잠겼다가 하는 바위는?

가 세암
나 암암
사 간출암
아 노출암

간출암 : 조석의 변화에 따라 수면 위로 드러났다가
수면 아래로 잠기는 바위이다. 간조 시에는 노출되고
만조 시에는 잠길 수 있어 항해 시 충돌 위험에 주의가
필요하다.
가. **세암** : 간조일 때 수면과 거의 같아서 해수에 봉우리
　가 씻기는 바위
나. **암암** : 간조일 때도 수면 위에 나타나지 않는 바위
아. **노출암** : 간조시나 만조시에 항상 보이는 바위(3.5m)

12 조석과 관련된 용어에 관한 설명으로 옳지 않은
것은?

가 조석은 해면의 주기적 승강 운동을 말한다.
나 고조는 조석으로 인하여 해면이 높아진
　상태를 말한다.
사 게류는 저조시에서 고조시까지 흐르는 조
　류를 말한다.
아 대조승은 대조에 있어서의 고조의 평균조
　고를 말한다.

창조류에서 낙조류로, 또는 반대로 흐름 방향이 변하는
것을 전류라 하는데, 이때 흐름이 잠시 정지하는 현상을
게류라 한다. 저조시에서 고조시까지 흐르는 조류는 창
조류이며, 반대로 고조시에서 저조시로 흐르는 조류는
낙조류이다.

13 다음 중 조석표에 기재되는 내용이 아닌 것은?

가 조고 나 조시

사 개정수 아 박명시

박명시는 일출·일몰과 관련된 시간으로, 조석표의 기재 사항에는 해당하지 않는다.

＊ **조석표** : 각 지역의 조석 및 조류 시각과 수면 높이에 대해 상세하게 기술한 것으로 수록된 지역(항만·연안)의 개수(개정수)를 알 수 있으며 표준항 이외에 항구에 대한 조시, 조고를 구할 수 있다.

14 항로, 항행에 위험한 암초, 항행 금지 구역 등을 표시하는 지점에 고정 설치되며, 선박의 좌초를 예방하고 항로를 지도하기 위하여 설치되는 광파(야간)표지는?

가 등선 나 등표

사 도등 아 등부표

등표 : 항로, 암초, 항행 금지 구역 등을 표시하는 지점에 고정 설치하여 안전사고를 예방하는 표지이다. 주로 야간에 등화를 이용해 선박의 항해를 돕고 좌초를 예방한다.

아. **등부표** : 수면에 떠 있는 표지라는 점에서 구별된다.

15 해도상에 표시된 등대의 등질 'Fl.2s10m20M'에 관한 설명으로 옳지 않은 것은?

가 섬광등이다.

나 주기는 2초이다.

사 등고는 10미터이다.

아 광달거리는 20킬로미터이다.

'Fl'은 섬광등, '2s'는 주기 2초, '10m'는 등고 10미터, '20M'는 광달거리 20해리(Mile)를 의미한다. 광달거리의 단위는 해리이므로 20킬로미터로 설명한 것은 옳지 않다.

16 항박도 이외의 거의 모든 해도를 작성하는 도법으로서, 항정선을 평면 위에 직선으로 나타내기 위해 고안된 해도의 도법은?

가 점장도법 나 평면도법

사 대권도법 아 중분위도법

점장도법 : 항정선을 평면 위에 직선으로 나타낼 수 있도록 고안된 해도의 도법이다. 항해 시 일정한 침로를 직선으로 그릴 수 있어 편리하고 풍향, 해류 등 방향성이 중요한 데이터 표현에 적합하다.

17 다음 중 종이해도의 취급 및 사용에 관한 설명으로 옳은 것은?

가 해도는 오래된 것일수록 좋다.

나 해도는 항행통보를 이용하여 소개정하여야 한다.

사 해도는 되도록 접어서 해수에 젖지 않도록 한다.

아 해도작업 시 가능하면 진한 볼펜을 사용하여야 한다.

종이해도 : 2B나 4B 연필로 기입·수정하여 사용하는 해도로, 간행연월일·해도의 표제기사·나침도·해도상 수심 기준 등의 정보가 표시되며 항행통보에 따라 지속적으로 소개정하여 사용한다. 오래된 해도는 정보가 부정확해 위험하며, 접지 않고 펼쳐서 건조하게 보관하여야 한다.

정답 13 아 14 나 15 아 16 가 17 나

18 급섬광등의 해도도식은?

가 F   나 Q

사 Fl   아 Oc

급섬광등 : 해도 도식에서는 Q로 표시되며 짧은 간격으로 빠르게 섬광을 반복하는 등화이다. 1분간 60회 이상 80회 이하의 섬광을 낸다.

가. F는 부동등, 사. Fl은 섬광등, 아. Oc는 명암등을 나타낸다.

19 ( )에 공통으로 적합한 것은?

> "안전수역표지는 설치위치 주변 모두가 가항수역임을 표시한다. 두표는 ( ) 구형 1개이며, 도색은 ( ) 백색 수직 줄무늬로 되어 있다."

가 녹색   나 흑색

사 황색   아 홍색

안전수역표지 : 설치위치 주변의 모든 주위가 가항수역임을 표시하는 표지로, 중앙선이나 수로의 중앙을 나타내며 두표는 적색 구형 1개, 표체는 적색과 백색의 세로 줄무늬로 도색된다.

20 항로의 좌우측 한계를 표시하기 위하여 설치된 표지는?

가 특수표지

나 안전수역표지

사 측방표지

아 고립장애(장해)표지

측방표지(B지역) : 항행하는 수로의 좌·우측 한계를 표시하기 위해 설치된 표지로, 좌현표지는 녹색 원통형 두표를 사용하고 우현표지는 적색 원추형 두표를 사용하여 가항수역을 구분한다.

21 겨울철에 발생하는 열적 고기압으로 지면으로부터 약 3킬로미터 고도까지 영향을 미치는 키가 작은 고기압은?

가 온난 고기압

나 이동성 고기압

사 한랭 고기압

아 지형성 고기압

한랭 고기압 : 중심부의 온도가 주위보다 낮고 지면의 공기가 냉각·퇴적되어 형성된 고기압으로, 시베리아 고기압과 같이 겨울철에 발달하는 대륙성 고기압이다. 지면으로부터 약 3킬로미터 이하까지 영향을 미치는 키가 작은 고기압이다.

22 우리나라의 일기도 중 항로 부근의 파고, 지역별 파고를 알 수 있는 기상도는?

가 지상 일기도

나 지역 예상도

사 해양 예상도

아 고층 일기도

해양 예상도 : 해양에서 항로 파고와 지역별 파고를 알 수 있도록 작성된 기상도로, 항해자가 항로 부근의 해상 상태를 파악하는 데 사용된다.

정답   **18** 나   **19** 아   **20** 사   **21** 사   **22** 사

23 지상 일기도의 관측자료 기입 방법에 관한 내용으로 옳지 않은 것은?

가 풍향은 8방위로 표시한다.

나 풍속은 풍향축의 우측에 표시한다.

사 날씨는 날씨를 나타내는 기호로 표시한다.

아 과거의 날씨는 주관측 시에는 과거 6시간 내의 날씨를 나타낸다.

지상 일기도 : 특정 시각에 지상에서 관측한 기상 요소(기압, 풍향·풍속, 구름, 강수 등)를 지도 위에 기호와 등압선으로 표시한 기상도이다.

지상 일기도의 풍향은 16방위로 표시하며 풍향축의 방향으로 나타낸다. 풍속은 풍향축의 우측에 깃발 모양으로 표시하고, 날씨는 기호로 나타낸다. 또한 과거의 날씨는 주관측 시에는 이전 6시간 동안의 날씨를 나타낸다.

24 소형선박에서 통항계획을 수립하는 자는?

가 선주

나 선장

사 지방해양수산청장

아 선박교통관제(VTS) 센터장

소형선박에서는 선장이 직접 통항계획을 수립한다. 계획 수립 전에 필요한 모든 것을 한 장소에 모으고 내용을 검토하며, 공식적인 항해용 해도 및 서적들을 사용한다.

25 통항계획을 수립할 때 선박의 통항량이 많아 선위 확인에 집중할 수 없는 수역에서 선박이 침로를 벗어나는 상황을 감시하는 데 도움을 얻기 위하여 해도에 표시하는 것은?

가 침로 이탈(Deviation)

나 평행방위선법(Parallel indexing)

사 안전을 위한 여유(Margins of safety)

아 선저 여유수심(Under-keel clearance)

평행방위선법(Parallel Indexing) : 통항량이 많은 수역에서 침로 이탈 여부를 감시하기 위해 레이더 화면에 기준 방위선을 설정하고 이를 평행 이동시켜 활용하는 방법으로, 선박이 설정한 침로를 유지하고 있는지를 지속적으로 확인할 수 있다.

정답 23 가 24 나 25 나

제2과목 운용

01 타(Rudder)의 구조를 나타낸 그림에서 ①은?

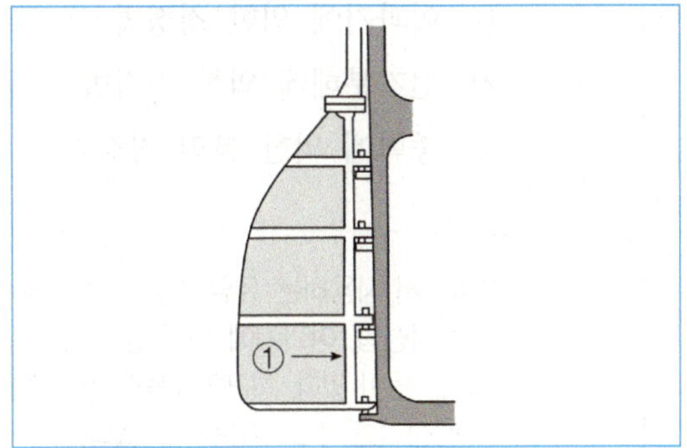

가 타판
나 핀틀
사 거전
아 타심재

 해설

그림에서 ①은 타심재(Main Piece)로 단판키의 회전축이자 타의 중심이 되는 부분이다. 타의 내부 중심부를 이루는 주구조재로써 타판과 보강재를 지지하여 타의 강도를 유지하는 부재이다.

02 상갑판 아래의 공간을 선저에서 상갑판까지 종방향 또는 횡방향으로 선체를 구획하는 것은?

가 갑판
나 격벽
사 외판
아 이중저

 해설

격벽 : 선저에서 갑판까지 가로나 세로로 선체를 구획하는 것으로 선체의 강도 증가, 구획 구분을 통한 다른 공간으로의 활용 등의 역할을 한다.

03 선저판, 외판, 갑판 등에 둘러싸여 화물 적재에 이용되는 공간은?

가 격벽
나 코퍼댐
사 선창
아 밸러스트 탱크

 해설

선창 : 선저판, 외판, 갑판 등에 둘러싸여 화물 적재에 이용되는 선체 내부의 공간으로 일반 화물이나 벌크 화물을 적재하는 데 사용된다.
가. **격벽** : 공간을 구획하는 구조물
나. **코퍼댐** : 기관실과 일반 선창이 접하는 장소 사이에 설치하는 이중수밀격벽(방화벽의 역할)
아. **밸러스트 탱크** : 선박평형수를 저장하는 탱크

04 갑판의 배수 및 선체의 횡강력을 위하여 갑판 중앙부를 양현의 현측보다 높게 하는 구조는?

가 현호
나 캠버
사 빌지
아 선체

 해설

캠버 : 갑판상의 빗물이나 해수가 선체 폭 방향으로 걸쳐 양쪽 선측을 향해 잘 흘러가도록 선박의 중앙부를 높게 한 것으로, 선체의 횡강력을 높이는 역할도 한다.

정답 01 아 02 나 03 사 04 나

05 아래 홀수표를 보고, A에 해당하는 홀수로 옳은 것은?

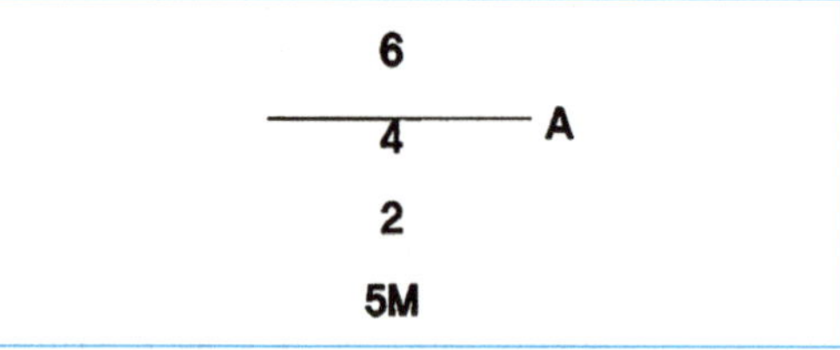

 가 5m 40cm

나 5m 45cm

사 5m 50cm

아 5m 55cm

해설

홀수 : 물속에 잠긴 선체의 깊이이다. 미터법 또는 피트법으로 선수 및 선미 외관에 표시한다(중대형선의 경우 선체 중앙부에 표시). 일반적으로 10cm 높이의 숫자를 20cm 간격으로 새겨 넣는다. A에 해당하는 홀수는 5m 50cm이다.

06 선박의 트림이란?

가 선수흘수와 선미흘수의 곱

나 선수흘수와 선미흘수의 비

사 선수흘수와 선미흘수의 합

아 선수흘수와 선미흘수의 차

 해설

트림(Trim) : 선수흘수와 선미흘수의 차이로, 선박이 선수나 선미 쪽으로 얼마나 기울어져 있는지를 판단할 수 있다.

07 선박에서 사용되는 유류를 청정하는 방법이 아닌 것은?

 가 원심적 청정법

나 여과기에 의한 청정법

사 전기분해에 의한 청정법

아 중력에 의한 분리 청정법

해설

선박에서 사용하는 유류의 청정 방법에는 원심력을 이용한 청정법, 여과기에 의한 청정법, 중력에 의한 분리 청정법 등이 있다. 최근의 선박은 비중차를 이용한 원심식 청정기를 주로 사용하고 있다.

08 그림과 같이 표시된 곳에 보관된 구명설비는?

가 방수복

나 구명조끼

사 구명부환

아 구명뗏목

 해설

해당 표지는 사람 모양의 아이콘이 조끼를 입고 있는 그림으로, 구명조끼를 상징하는 국제 표준 표지이다. 비상시 신속하게 착용할 수 있도록 지정된 장소에 구명조끼가 보관되어 있음을 나타낸다.

09 자기 선박의 선명은 '동해호'이다. 다른 선박 '서해호'로부터 호출을 받았을 때 응답하는 방법으로 옳은 것은?

가 동해호, 여기는 서해호, 감도 양호합니다.
나 동해호, 여기는 서해호, 조도 양호합니다.
사 서해호, 여기는 동해호, 감도 양호합니다.
아 서해호, 여기는 동해호, 조도 양호합니다.

초단파(VHF) 무선설비 호출 방법
먼저 호출 상대 선박명을 부른 뒤 "여기는" 다음에 본선 선박명을 말하고 감도 상태를 묻는다. 예를 들어 "서해호, 여기는 동해호, 감도 있습니까"로 호출한다.

10 안개가 끼었을 때 사용할 수 없는 것은?

가 사이렌
나 타종신호
사 기류신호
아 기적신호

안개 등으로 시계 불량 시에는 사이렌, 기적신호, 타종 신호와 같은 음향 신호를 사용한다. 기류(깃발)신호는 안개 시 사용하는 신호로 적당하지 않다.

11 구명정에 비하여 항해능력은 떨어지지만 손쉽게 강하시킬 수 있고, 선박의 침몰 시 자동으로 이탈되어 조난자가 탈 수 있는 구명설비는?

가 구조정
나 구명부기
사 구명뗏목
아 고속구조정

구명뗏목 : 나일론 등과 같은 합성섬유로 된 포지를 고무로 가공해서 뗏목 모양으로 제작한 것으로 30일 동안 떠 있어도 견딜 수 있도록 제작되어야 하며, 구명정에 비해 항해능력은 떨어지지만 손쉽게 강하할 수 있다. 수압이탈장치(자동이탈장치)를 통해 선박이 수면 아래 2~4m 정도에 이르면 자동으로 이탈되어 조난자가 탈 수 있다.

12 수면에 투하하면 자동으로 빛을 내는 신호등으로, 구명부환에 부착되어 최소 2시간 이상 빛을 내는 것은?

가 신호 홍염
나 자기 발연 신호
사 자기 점화등
아 로켓 낙하산 신호

자기 점화등 : 야간에 구명부환의 위치를 알려주는 신호등으로, 구명부환과 함께 수면에 투하되면 자동으로 점등된다.

13 선박의 조난 시 생존자의 위치를 주위 선박의 엑스밴드(X-Band) 레이더 화면에 표시해 주는 무선설비는?

가 레이더 반사기
나 양방향 VHF 무선전화장치
사 비상위치지시 무선표지(EPIRB)
아 수색구조용 레이더 트랜스폰더(SART)

수색구조용 레이더 트랜스폰더(SART) : 조난 시 근처 선박의 9GHz(X-Band) 주파수대 레이더 화면에 조난자의 위치를 표시해 주는 무선설비이다. 송신 내용에는 부호화된 식별신호 및 데이터가 들어 있으며, 레이더 전파 발사와 함께 가청경보음을 울려 생존자에게 수색팀의 접근을 알리기도 한다.

정답 **09** 사 **10** 사 **11** 사 **12** 사 **13** 아

14 초단파(VHF) 무선설비의 조난통신 채널은?

가 채널 06번

나 채널 16번

사 채널 09번

아 채널 19번

초단파(VHF) 무선설비 : 연안에서 약 50km 이내의 해역에서 주로 사용되는 무선설비로, 조난경보 버튼은 가청음과 불빛 신호가 안정될 때까지 누르면 조난신호가 발신된다. 국제적으로 지정된 조난·긴급·호출 통신 채널은 16번으로 선박은 항해 중 항상 채널 16번을 청취해야 한다.

15 선체가 항주할 때 수면하의 선체가 받는 저항이 아닌 것은?

가 공기저항

나 마찰저항

사 조파저항

아 조와저항

수면 아래의 선체가 물로부터 받게 되는 저항엔 마찰저항, 조파저항, 조와저항이 있다.

가. 공기저항은 선박이 항진 중에 수면 상부의 선체 및 갑판 상부의 구조물이 공기의 흐름과 부딪쳐서 생기는 저항이다.

16 전타를 시작한 최초의 위치에서 최종 선회지름의 중심까지의 거리를 원침로상에서 잰 거리는?

가 킥

나 리치

사 선회경

아 신침로거리

가. 킥 : 원침로에서 횡방향으로 무게중심이 이동한 거리

사. 선회경 : 전타 후 선수가 원침로로부터 180˚ 회두하였을 때 원침로에서 횡 이동한 거리

아. 신침로거리 : 전타한 위치에서 신·구침로의 교차점까지 원침로상에서 잰 거리

17 선체운동 중에서 선·수미선을 기준으로 좌·우 교대로 회전하려는 왕복운동은?

가 종동요

나 전후운동

사 횡동요

아 상하운동

횡동요(롤링, Rolling) : 선체운동 중에서 선수미선(X축)을 중심으로 좌·우현이 교대로 횡경사를 일으키는 운동으로, 파랑 등의 영향에 의해 발생하며 유동수가 있는 경우 복원력 감소로 전복 위험이 있다.

18 스크루 프로펠러로 추진되는 선박을 조종할 때 천수의 영향에 관한 대책으로 옳지 않은 것은?

가 천수역을 고속으로 통과한다.

나 가능하면 흘수를 얕게 조정한다.

사 천수역 통항에 필요한 여유수심을 확보한다.

아 가능한 한 고조 상태일 때 천수역을 통과한다.

천수의 영향 대책
- 가능하면 흘수를 얕게 조정
- 천수역을 저속으로 통과
- 천수역 통항에 필요한 여유수심을 확보
- 수심이 깊어지는 고조시 항행

정답 **14** 나 **15** 가 **16** 나 **17** 사 **18** 가

19 선박이 얕은 곳을 항행할 때 일어나는 현상이 아닌 것은?

가 속력이 감소한다.　나 선체가 침하한다.
사 흘수가 감소한다.　아 선회성이 나빠진다.

수심이 얕은 수역, 즉 천수 항행 시 유속 변화로 조파저항(선체저항)이 증가해 속력이 감소하고 스쿼트 현상으로 선체가 침하되어 흘수가 증가하며, 와류 영향으로 타효(키의 효과)가 저하되어 선회성이 나빠진다.

20 선회권의 중심으로부터 선박의 선·수미선에 수선을 내려서 만나는 점은?

가 부심　　　　나 전심
사 경심　　　　아 무게중심

전심(Pivoting Point) : 선회권의 중심으로부터 선박의 선수미선에 수선을 내려 만나는 점으로, 선회 시 외관상 선체의 회전중심이 된다.

21 액체가 탱크 내에 비워져 있지도, 가득 채워져 있지도 않을 경우 선체 동요 시 복원력의 변화로 옳은 것은?

가 증가한다.
나 감소한다.
사 증가하는 경우가 많다.
아 아무런 영향을 받지 않는다.

탱크 내 액체가 가득 차거나 비어 있지 않고 일부만 채워진 경우, 선체 동요 시 자유수면 효과가 발생한다. 이로 인해 액체가 이동하면서 복원 모멘트가 줄어들어 선체의 복원력은 감소한다.

22 파장이 선박길이의 1～2배가 되고, 파랑을 선미로부터 받을 때 나타나기 쉬운 현상은?

가 러칭(Lurching)
나 슬래밍(Slamming)
사 브로칭(Broaching)
아 동조 횡동요(Synchronized rolling)

브로칭(Broaching) : 파도를 선미에서 받으며 항주할 때 급격한 선수동요로 선체가 파도와 평행하게 놓이는 현상으로, 선박 뒷부분에서 발생하는 선미 추월파에 의해 조종성이 급격히 저하되어 급선회가 발생한다.

23 태풍을 피항하는 가장 안전한 방법은?

가 가항반원으로 항해한다.
나 위험반원의 반대쪽으로 항해한다.
사 선미 쪽에서 바람을 받도록 항해한다.
아 미리 태풍의 중심으로부터 최대한 멀리 떨어진다.

태풍의 피항법 중 제일 먼저 하여야 할 일은 태풍의 중심 위치를 추정하여 태풍의 중심으로부터 가능한 한 조기에 최대한 멀리 떨어지는 것이다.

＊ 태풍 피항 조종
• RRR 법칙(3R 법칙) : 북반구에서 태풍이 접근할 때 풍향이 오른쪽으로 변화를 하는 경우 풍랑을 우현 선수에서 받도록 선박을 조종해야 하는 방법
• LLS 법칙 : 풍향이 좌전(L) 변화를 하면, 자선은 태풍 진로의 좌반원(L)에 있으므로, 풍랑을 우현 선미(Right Stern)로 받도록 선박을 조종하여 태풍의 중심에서 벗어나는 방법
• 태풍의 진로상에 선박이 있을 경우 : 북반구의 경우 풍랑을 우현 선미에 받으며, 가항반원으로 선박을 유도

정답　19 사　20 나　21 나　22 사　23 아

24 선박 간 충돌 시 일반적인 대처방법으로 옳지 않은 것은?

가 충돌 직후에는 즉시 기관을 정지한다.

나 급박한 위험이 있을 경우 구조를 요청한다.

사 충돌 직후 기관을 후진하여 두 선박을 분리한다.

아 충돌 후 침몰이 예상될 경우 사람을 먼저 대피시킨다.

충돌 시 운용

• 충돌 직후에는 전진속력을 줄이기 위해 기관을 정지
• 침수 발생 시, 침수구역 배출을 포함한 침수 방지를 위한 대응조치 실시
• 급박한 위험이 있을 경우 구조를 요청
• 충돌 후 침몰이 예상될 경우 사람을 먼저 대피시키고 수심이 낮은 곳에 좌초시킴
• 승객과 선원의 상해와 선박과 화물의 손상에 대해 조사

25 좌초 후 선장이 시행해야 할 후속 조치가 아닌 것은?

가 복원성 평가

나 조종제한선 등화 표시

사 선내 모든 탱크의 측심

아 고조/저조 시간 및 조고 계산

좌초 후에는 복원성 평가를 실시하고, 선내 모든 탱크의 측심과 고조·저조 시간 및 조고를 계산하여 이탈 가능성을 판단해야 하며, 조종제한선 등화가 아니라 좌초 신호를 표시해야 한다.

01 해상교통안전법상 '거대선'이란?

가 폭 30미터 이상의 선박

나 길이 200미터 이상의 선박

사 만재흘수 8미터 이상의 선박

아 총톤수 20,000톤 이상의 선박

거대선 : 길이 200미터 이상의 선박을 말한다(법 제2조). 항로 통항 시 다른 선박에 큰 영향을 미칠 수 있어 별도의 안전 관리가 필요한 선박이다.

02 해상교통안전법상 술에 취한 상태의 기준은?

가 혈중알코올농도 0.01퍼센트 이상

나 혈중알코올농도 0.03퍼센트 이상

사 혈중알코올농도 0.05퍼센트 이상

아 혈중알코올농도 0.10퍼센트 이상

술에 취한 상태의 기준 : 혈중알코올농도 0.03퍼센트 이상인 상태로, 이 기준을 초과하면 선박의 조종이나 당직 수행이 금지된다(법 제39조).

정답 **24** 사 **25** 나 / **01** 나 **02** 나

03 해상교통안전법상 안전한 속력에 관한 설명으로 옳은 것은?

가 안전한 속력에는 절대적 수치는 없다.

나 그 당시에 처한 상황을 판단하여 최저 속력으로 항행하여야 한다.

사 선장이 선교 당직 업무를 수행하는 경우 5노트 이하를 유지하여야 한다.

아 선박의 조정성능이 우수한 선박은 최근접 거리를 1해리 이상 유지하여야 한다.

안전한 속력 : 선박이 다른 선박과의 충돌을 피하기 위하여 당시의 상황에 알맞은 거리에서 선박을 멈출 수 있는 속력을 말한다. 따라서 정해진 절대적인 수치는 없다(법 제71조).

04 (　)에 적합한 것은?

"해상교통안전법상 통항분리수역을 항행하는 경우에 선박이 부득이한 사유로 그 통항로를 횡단하여야 하는 경우 그 통항로와 선수방향이 (　)에 가까운 각도로 횡단하여야 한다."

가 둔각

나 직각

사 예각

아 평형

통항분리수역 횡단 방법 : 선박은 통항분리수역을 항행하는 경우에는 지정된 통항로를 따라 항행하여야 한다. 다만, 부득이한 사유로 통항로를 횡단하여야 하는 경우에는 그 통항로와 선수방향이 직각에 가까운 각도로 횡단하여야 한다(법 제75조).

05 해상교통안전법상 마주치는 상태에 해당하는 경우를 〈보기〉에서 모두 고른 것은?

| 보기 |

ㄱ. 선미등만이 보이는 경우

ㄴ. 붉은색 등이 보이는 경우

ㄷ. 양쪽의 현등을 볼 수 있는 경우

ㄹ. 2개의 마스트등이 일직선으로 보이는 경우

가 ㄱ, ㄴ　　　　나 ㄱ, ㄹ

사 ㄴ, ㄷ　　　　아 ㄷ, ㄹ

마주치는 상태 : 두 동력선이 서로 정면 또는 거의 정면으로 접근하여 충돌의 위험이 있는 상태를 말하며, 이 경우에는 상대 선박의 양쪽 현등을 모두 볼 수 있거나 상대 선박의 두 개의 마스트등이 일직선으로 보이는 경우를 포함한다(법 제79조).

06 (　)에 적합한 것은?

"해상교통안전법상 다른 선박의 양쪽 현의 정횡으로부터 (　)를 넘는 뒤쪽에서 그 선박을 앞지르는 선박은 앞지르기하는 배로 보고 필요한 조치를 취하여야 한다."

가 12.5도　　　　나 22.5도

사 25도　　　　아 45도

앞지르기 상태의 기준 : '앞지르기 하는 선박'이란 다른 선박의 양쪽 현의 정횡으로부터 22.5도를 넘는 뒤쪽에서 접근하여 그 선박을 앞지르려는 선박을 말한다(법 제78조).

정답 03 가　04 나　05 아　06 나

07 해상교통안전법상 제한된 시계에서 레이더만으로 다른 선박이 있는 것을 탐지한 선박의 피항동작이 침로를 변경하는 것만으로 이루어질 경우 선박이 취하여야 할 행위로 옳은 것은? (단, 앞지르기당하고 있는 선박의 경우는 제외함)

가 자기 선박의 양쪽 현의 정횡에 있는 선박의 방향으로 침로를 변경하는 행위

나 자기 선박의 양쪽 현의 정횡 뒤쪽에 있는 선박의 방향으로 침로를 변경하는 행위

사 다른 선박이 자기 선박의 양쪽 현의 정횡 앞쪽에 있는 경우 우현 쪽으로 침로를 변경하는 행위

아 다른 선박이 자기 선박의 양쪽 현의 정횡 앞쪽에 있는 경우 좌현 쪽으로 침로를 변경하는 행위

해설

제한된 시계에서의 피항동작 : 제한된 시계에서 레이더만으로 다른 선박의 존재를 탐지한 선박은 앞지르기당하고 있는 선박의 경우를 제외하고 피항동작이 침로의 변경만으로 이루어질 때에는 다른 선박이 자기 선박의 양쪽 현의 정횡 앞쪽에 있는 경우 우현 쪽으로 침로를 변경하여야 하며, 좌현 쪽으로의 침로 변경은 피하여야 한다(법 제84조 제5항).

08 (   )에 순서대로 적합한 것은?

> "해상교통안전법상 제한된 시계에서 레이더만으로 다른 선박이 있는 것을 탐지한 선박은 (   )과 얼마나 가까이 있는지 또는 (   )이 있는지를 판단하여야 한다. 이 경우 해당 선박과 매우 가까이 있거나 그 선박과 충돌할 위험이 있다고 판단한 경우에는 충분한 시간적 여유를 두고 (   )을 취하여야 한다."

가 해당 선박, 충돌할 위험, 피항동작

나 해당 선박, 충돌할 위험, 피항협력동작

사 다른 선박, 근접상태의 상황, 피항동작

아 다른 선박, 근접상태의 상황, 피항협력동작

해설

제한된 시계에서의 레이더 항법 : 제한된 시계에서 레이더만으로 다른 선박이 있는 것을 탐지한 선박은 해당 선박과 얼마나 가까이 있는지 또는 충돌할 위험이 있는지를 판단하여야 하며, 해당 선박과 매우 가까이 있거나 충돌할 위험이 있다고 판단되는 경우에는 충분한 시간적 여유를 두고 피항동작을 취하여야 한다(법 제84조 제4항).

09 해상교통안전법상 '섬광등'의 정의는?

가 선수 쪽 225도에 걸치는 수평의 호를 비추는 등

나 360도에 걸치는 수평의 호를 비추는 등화로서 일정한 간격으로 1분에 30회 이상 섬광을 발하는 등

사 360도에 걸치는 수평의 호를 비추는 등화로서 일정한 간격으로 1분에 60회 이상 섬광을 발하는 등

아 360도에 걸치는 수평의 호를 비추는 등화로서 일정한 간격으로 1분에 120회 이상 섬광을 발하는 등

해설

섬광등 : '섬광등'이란 360도에 걸치는 수평의 호를 비추는 등화로서 일정한 간격으로 1분에 120회 이상의 섬광을 발하는 등을 말한다(법 제86조).

정답 **07** 사 **08** 가 **09** 아

10 (   )에 적합한 것은?

> "해상교통안전법상 길이 12미터 미만의 동력
> 선은 항행 중인 동력선에 따른 등화를 대신하
> 여 (   ) 1개와 현등 1쌍을 표시할 수 있다."

가 황색 전주등 　 나 흰색 전주등
사 녹색 전주등 　 아 붉은색 전주등

길이 12미터 미만 동력선의 등화 : 길이 12미터 미만의
동력선은 항행 중인 동력선에 따른 등화를 대신하여 흰
색 전주등 1개와 현등 1쌍을 표시할 수 있다(법 제88조
제4항).

11 해상교통안전법상 도선업무에 종사하고 있는
선박이 항행 중 표시하여야 하는 등화로 옳은
것은?

가 마스트의 꼭대기나 그 부근에 수직선 위
　 쪽에는 붉은색 전주등, 아래쪽에는 흰색
　 전주등 각 1개

나 마스트의 꼭대기나 그 부근에 수직선 위
　 쪽에는 흰색 전주등, 아래쪽에는 붉은색
　 전주등 각 1개

사 현등 1쌍과 선미등 1개, 마스트의 꼭대기
　 나 그 부근에 수직선 위쪽에는 흰색 전주
　 등, 아래쪽에는 붉은색 전주등 각 1개

아 현등 1쌍과 선미등 1개, 마스트의 꼭대기
　 나 그 부근에 수직선 위쪽에는 붉은색 전
　 주등, 아래쪽에는 흰색 전주등 각 1개

도선선의 등화 : 도선업무에 종사하고 있는 선박은 마
스트의 꼭대기나 그 부근의 수직선 위쪽에 흰색 전주등
1개, 아래쪽에 붉은색 전주등 1개를 표시하여야 하며,
항행 중에는 이에 더하여 현등 1쌍과 선미등 1개를 함
께 표시하여야 한다(법 제94조 제1항).

12 해상교통안전법상 길이 12미터 이상의 선박이
항행 중 기관 고장으로 조종을 할 수 없게 되었
을 때 대수 속력이 없는 경우 표시하여야 하는
등화는?

가 선수부에 붉은색 전주등 1개
나 선미부에 붉은색 전주등 1개
사 가장 잘 보이는 곳에 수직으로 붉은색 전
　 주등 2개
아 가장 잘 보이는 곳에 수직으로 붉은색 전
　 주등 3개

조종불능선의 등화 : 길이 12미터 이상의 선박이 항행
중 기관의 고장 등으로 조종할 수 없게 되어 대수 속력
이 없는 경우에는 가장 잘 보이는 곳에 수직으로 붉은색
전주등 2개를 표시하여야 한다(법 제92조 제1항).

13 해상교통안전법상 안개 속에서 2분을 넘지 아
니하는 간격으로 장음 1회의 기적을 들었을 때
기적을 울린 선박은?

가 조종불능선
나 피예인선을 예인 중인 예인선
사 대수속력이 있는 항행 중인 동력선
아 대수속력이 없는 항행 중인 동력선

제한된 시계 안에서의 음향신호 : 항행 중인 동력선으
로서 대수속력이 있는 선박은 시계가 제한된 상태에서
2분을 넘지 아니하는 간격으로 장음 1회의 기적을 울려
야 한다(법 제100조 제1항 제1호).

정답　10 나　11 사　12 사　13 사

14 해상교통안전법상 서로 상대의 시계 안에 있는 항행 중인 동력선이 기관을 '후진 극미속'으로 사용할 때에 행하여야 하는 기적신호는?

가 단음 1회
나 단음 2회
사 단음 3회
아 장음 1회

후진 시 기적신호 : 서로 상대의 시계 안에 있는 항행 중인 동력선이 기관을 후진하여 사용하는 경우에는 단음 3회의 기적신호를 하여야 한다(법 제99조 제1항).

15 (   )에 순서대로 적합한 것은?

"해상교통안전법상 좁은 수로등의 굽은 부분에 접근하는 선박은 (   )의 기적신호를 울리고, 그 기적신호를 들은 다른 선박은 (   )의 기적신호를 울려 이에 응답하여야 한다."

가 단음 1회, 단음 2회
나 장음 1회, 단음 2회
사 단음 1회, 단음 1회
아 장음 1회, 장음 1회

좁은 수로 굽은 부분의 기적신호 : 좁은 수로등의 굽은 부분이나 장애물로 인하여 다른 선박을 볼 수 없는 수역에 접근하는 선박은 장음 1회의 기적신호를 울려야 하며, 그 기적신호를 들은 다른 선박은 장음 1회의 기적신호로 이에 응답하여야 한다(법 제99조 제6항).

16 (   )에 적합한 것은?

"선박의 입항 및 출항 등에 관한 법률상 (   )의 선박을 무역항의 수상구역등에 계선하려는 자는 해양수산부령으로 정하는 바에 따라 관리청에 신고하여야 한다."

가 총톤수 5톤 미만
나 배수톤수 5톤 미만
사 총톤수 20톤 이상
아 배수톤수 20톤 이상

계선 신고 대상 선박 : 무역항의 수상구역등에 선박을 계선하려는 자는 그 선박이 총톤수 20톤 이상인 경우에는 해양수산부령으로 정하는 바에 따라 관리청에 신고하여야 한다(법 제7조 제1항).

17 선박의 입항 및 출항 등에 관한 법률상 무역항의 수상구역등에서 하천, 운하 및 그 밖의 좁은 수로와 계류장 입구의 부근 수역에 정박이나 정류가 허용되는 경우는?

가 어선이 조업 중인 경우
나 실습선이 해양훈련 중인 경우
사 여객선이 입항시간을 조정할 경우
아 선박의 고장으로 선박을 조종할 수 없는 경우

정박·정류 허용 예외 : 무역항의 수상구역등에서 하천, 운하, 그 밖의 좁은 수로 및 계류장 입구의 부근 수역에서는 선박을 정박하거나 정류시켜서는 아니 된다. 다만, 선박의 고장 등으로 선박을 조종할 수 없는 부득이한 사유가 있는 경우에는 그러하지 아니하다(법 제6조 제2항).

정답 **14** 사 **15** 아 **16** 사 **17** 아

18 (   )에 적합하지 않은 것은?

> "선박의 입항 및 출항 등에 관한 법률상 관리청은 무역항의 수상구역등에 정박하는 (   )에 따른 정박구역 또는 정박지를 지정·고시할 수 있다."

가 선박의 종류

나 선박의 길이

사 선박의 흘수

아 선박의 톤수

정박구역·정박지 지정 기준 : 관리청은 무역항의 수상구역등에 정박하는 선박의 종류, 톤수, 흘수 또는 적재물의 종류에 따른 정박구역 또는 정박지를 지정하여 고시할 수 있다(법 제5조 제1항).

19 (   )에 순서대로 적합한 것은?

> "선박의 입항 및 출항 등에 관한 법률상 (   )에서 2척 이상의 선박이 항행할 때에는 서로 충돌을 예방할 수 있는 (   )를 유지하여야 한다."

가 무역항의 수상구역, 충분한 거리

나 무역항의 수상구역, 상당한 거리

사 무역항의 수상구역 등, 상당한 거리

아 무역항의 수상구역 등, 충분한 거리

항행 선박 간의 거리 : 무역항의 수상구역등에서 2척 이상의 선박이 항행할 때에는 서로 충돌을 예방할 수 있는 상당한 거리를 유지하여야 한다(법 제18조).

20 (   )에 순서대로 적합한 것은?

> "선박의 입항 및 출항 등에 관한 법률상 (   )은 (   )으로부터 선박 항행 최고속력의 지정을 요청받은 경우 특별한 사유가 없으면 무역항의 수상구역등에서 선박 항행 최고속력을 지정·고시하여야 한다."

가 관리청, 해양경찰청장

나 지정청, 해양경찰청장

사 관리청, 지방해양수산청장

아 지정청, 지방해양수산청장

선박 항행 최고속력 지정 : 해양경찰청장은 무역항의 수상구역등에서 선박의 항행 최고속력의 지정이 필요하다고 인정하는 경우에는 관리청에 그 지정을 요청할 수 있다. 이 경우 관리청은 특별한 사유가 없으면 무역항의 수상구역등에서 선박의 항행 최고속력을 지정하여 고시하여야 한다(법 제17조).

21 선박의 입항 및 출항 등에 관한 법률상 예인선의 항법으로 옳은 것은?

가 예인선은 한꺼번에 3척 이상의 피예인선을 끌지 아니할 것

나 항로를 항행하는 모든 선박은 부선을 끌고 있는 예인선을 피할 것

사 길이가 20미터 이상인 동력선은 범선을 끌고 있는 예인선을 피할 것

아 예인선의 선미로부터 피예인선의 선미까지의 길이는 250미터를 초과하지 아니할 것

예인선의 항법 : 무역항의 수상구역등에서 예인선은 한꺼번에 3척 이상의 선박을 예인하여서는 아니 된다(법 제15조, 시행규칙 제9조).

정답 **18** 나   **19** 사   **20** 가   **21** 가

22 선박의 입항 및 출항 등에 관한 법률상 우선피항선이 아닌 것은?

가 예선

나 총톤수 25톤인 어선

사 항만운송관련사업을 등록한 자가 소유한 선박

아 자력항행능력이 없어 다른 선박에 의하여 끌리거나 밀려서 항행되는 부선

우선피항선의 범위(법 제2조)
- 예선
- 「항만운송사업법」에 따라 등록한 항만운송관련사업 자가 소유한 선박
- 자력으로 항행할 수 없어 다른 선박에 의하여 끌리거나 밀려서 항행되는 부선

23 해양환경관리법상 선박에서 기름이 배출되었을 경우에 취할 조치로서 옳지 않은 것은?

가 유출된 기름을 회수하기 위해 흡착포를 사용한다.

나 관할 해양경찰서에 기름이 배출된 사실을 알린다.

사 가장 먼저 선박소유자에게 알리고 지시를 기다린다.

아 기름의 배출을 최소화하기 위해 탱크의 밸브를 잠근다.

선박소유자의 지시를 기다리는 행위는 제64조에서 정한 방제 조치에 해당하지 않는다.
* **기름 배출 시 방제 조치**(법 제64조)
  - 오염물질이 배출된 경우 방제의무자는 배출방지, 확산방지 및 제거, 수거 및 처리의 방제 조치를 하여야 함
  - 선박에서 배출된 경우에도 즉시 배출을 중지하고 확산방지 및 제거 조치를 우선 시행하여야 함
  - 흡착포 등 방제 자재를 사용하여 배출된 오염물질을 수거·처리하여야 함

24 해양환경관리법상 선박에서 오염물질을 배출할 수 없는 경우는?

가 인명구조를 위하여 부득이하게 오염물질을 배출하는 경우

나 선박의 손상으로 인하여 부득이하게 오염물질이 배출되는 경우

사 선박의 속력을 증가시키기 위하여 오염물질을 배출하는 경우

아 선박의 안전 확보를 위하여 부득이하게 오염물질을 배출하는 경우

오염물질 배출 금지의 예외(법 제22조 제3항)
- 선박 또는 해양시설 등의 안전을 확보하거나 인명을 구조하기 위하여 부득이한 경우
- 선박 또는 해양시설 등의 손상 등으로 인하여 부득이하게 배출되는 경우
- 오염사고가 발생한 경우 해양수산부령으로 정하는 방법에 따라 오염피해를 최소화하기 위하여 부득이한 경우

25 해양환경관리법상 해양오염방지설비 등을 교체·개조 또는 수리를 하였을 때 행하는 검사는?

가 특별검사

나 임시검사

사 중간검사

아 임시항해검사

해양오염방지설비 등의 검사 : 검사대상선박의 소유자가 해양오염방지설비등을 교체·개조 또는 수리하고자 하는 경우에는 해양수산부령으로 정하는 바에 따라 해양수산부장관의 임시검사를 받아야 한다(법 제51조 제1항).

정답　**22** 나　**23** 사　**24** 사　**25** 나

01 디젤기관에서 실린더 라이너의 마멸이 가장 심한 곳은?

가 상사점 부위

나 하사점 부위

사 상사점과 하사점 중간 부위

아 실린더 헤드와 접촉되는 부위

실린더 라이너의 마멸 특성

- 디젤기관에서 실린더 라이너의 마멸은 상사점 부위에서 가장 크게 발생함
- 상사점 부위는 연소 압력과 온도가 가장 높고 윤활 조건이 가장 불리함
- 피스톤 링의 왕복운동이 반복되며 국부적인 측압과 마찰이 집중됨

02 4행정 사이클 디젤기관의 흡·배기밸브에서 밸브겹침을 두는 주된 이유는?

가 윤활유의 소비량을 줄이기 위해

나 흡기온도와 배기온도를 낮추기 위해

사 기관의 진동을 줄이고 원활하게 회전시키기 위해

아 흡기작용과 배기작용을 돕고 흡·배기밸브와 연소실을 냉각시키기 위해

밸브겹침의 목적

- 상사점 부근에서 흡기밸브와 배기밸브를 동시에 열어 흡기작용과 배기작용을 돕기 위함
- 배기가스의 관성으로 신선한 공기의 유입을 촉진하고 흡·배기밸브 및 연소실을 냉각함

03 내연기관에서 행정 부피에 대한 설명으로 옳은 것은?

가 피스톤이 상사점에 있을 때의 부피이다.

나 피스톤의 단면적에 행정을 곱한 값이다.

사 피스톤이 하사점에 있을 때의 부피이다.

아 행정 부피는 피스톤의 위치에 따라 변한다.

행정 부피의 정의

- 피스톤이 상사점에서 하사점까지 이동하며 쓸어내는 부피
- 피스톤의 단면적에 행정을 곱한 값으로 산출됨
- 피스톤 위치에 따라 변하는 것은 순간 체적이며, 행정 부피는 일정함

04 디젤기관의 실린더 라이너가 마멸된 경우에 발생하는 현상으로 옳은 것은?

가 실린더 내 압축공기가 누설된다.

나 피스톤에 작용하는 압력이 증가한다.

사 최고 폭발압력이 상승한다.

아 간접 역전장치의 사용이 곤란하게 된다.

실린더 라이너 마멸의 영향

- 실린더 라이너가 마멸되면 압축압력이 불량해져 출력이 저하되고 연료 소비가 증가함
- 압축공기 누설로 연소 상태가 불량해지며 불완전 연소가 발생함
- 이로 인해 시동이 곤란해지고 실린더 내에 카본이 형성됨
- 가스 누설로 윤활유 소비가 증가하고 윤활유가 열화됨

정답 01 가   02 아   03 나   04 가

05 디젤기관의 실린더 헤드 분해작업에 대한 설명으로 옳지 않은 것은?

 가 시동공기밸브를 잠근 후 실린더 헤드를 분해한다.

나 피스톤을 뺀 후 실린더 헤드를 분해한다.

사 연료유의 공급 밸브를 잠근 후 실린더 헤드를 분해한다.

아 냉각수 입·출구 밸브를 잠그고 드레인을 배출한 후 실린더 헤드를 분해한다.

실린더 헤드 분해작업 절차
- 분해 전 연료유 공급밸브와 시동공기밸브를 잠가 오조작에 의한 시동을 방지함
- 냉각수 입·출구 밸브를 잠그고 드레인을 개방하여 냉각수를 완전히 배출함
- 실린더 헤드는 피스톤을 분해하기 전에 먼저 분해함

06 트렁크형 기관에서 커넥팅로드의 대단부와 연결되는 부품의 명칭은?

 가 크랭크암

나 피스톤핀

사 크랭크핀

아 크로스헤드

트렁크형 기관에서 커넥팅로드의 대단부가 크랭크축에 직접 연결되는 결합 부위는 크랭크핀이다.

나. **피스톤핀** : 커넥팅로드 소단부와 피스톤을 연결하는 부품

아. **크로스헤드** : 피스톤로드와 커넥팅로드 사이에서 피스톤의 측면력을 제거해 동력을 전달하는 핵심 부품으로, 트렁크형 기관에는 사용되지 않는다.

07 디젤기관의 피스톤링 재료로 주철을 사용하는 주된 이유는?

 가 기관의 출력을 증가시켜 주기 때문에

나 연료유의 소모량을 줄여 주기 때문에

사 고온에서 탄력을 증가시켜 주기 때문에

아 윤활유의 유막 형성을 좋게 하기 때문에

피스톤링은 실린더 라이너와 접촉하여 기밀과 윤활을 유지하는 부품이다. 재료로 주철을 많이 사용하는데, 주철은 흑연 성분을 함유하고 있어 자기윤활성이 우수하여 윤활유의 유막 형성을 좋게 하기 때문이다.

08 소형기관의 운전 중 회전운동을 하는 부품이 아닌 것은?

 가 평형추

나 피스톤

사 크랭크축

아 플라이휠

피스톤은 실린더 내에서 연소 가스의 압력을 받아 왕복운동을 한다. 반면 크랭크축과 플라이휠, 평형추는 회전운동을 하며 기관의 회전력을 전달하고 진동을 완화하는 역할을 한다.

정답 05 나 06 사 07 아 08 나

09 소형기관에서 윤활유를 장시간 사용했을 경우에 발생하는 현상으로 옳지 않은 것은?

가 점도가 증가한다.

나 색상이 검게 변한다.

사 침전물이 증가한다.

아 혼입수분이 감소한다.

윤활유를 오래 사용했을 경우 산화와 열화로 점도가 증가하고 색상이 검게 변하며, 연소 생성물과 불순물 혼입으로 슬러지·카본 등 침전물이 증가한다.

10 디젤기관의 연료유에 대한 설명으로 옳지 않은 것은?

가 발열량이 클수록 좋다.

나 점도가 높을수록 좋다.

사 유황분이 적을수록 좋다.

아 물이 적게 함유되어 있을수록 좋다.

연료유의 구비 조건으로는 발열량과 내폭성이 클 것, 비중과 점도가 적당할 것, 착화성이 좋을 것, 물과 같은 불순물이나 유황 성분이 적을 것, 값이 싸고 화재의 위험이 없을 것, 슬러지가 생기기 어려울 것 등이 있다.

11 추진 축계장치에서 추력베어링의 주된 역할은?

가 축의 진동을 방지한다.

나 축의 마멸을 방지한다.

사 프로펠러의 추력을 선체에 전달한다.

아 선체의 추력을 프로펠러에 전달한다.

추력베어링은 추력 칼라의 앞과 뒤에 설치되어 추력축을 받치고 있는 베어링이다. 프로펠러 회전에 의해 발생한 추력을 축계를 통해 선체로 전달하는 역할을 하며, 축 방향 하중을 지지하여 기관과 축계의 손상을 방지한다.

12 소형 선박에서 추진 축계의 배치 순서로 옳은 것은?

가 크랭크축 → 추력축 → 프로펠러축

나 크랭크축 → 프로펠러축 → 추력축

사 추력축 → 크랭크축 → 프로펠러축

아 추력축 → 프로펠러축 → 크랭크축

소형 선박 추진 축계의 배치 순서
기관의 출력은 크랭크축에서 발생하여 회전력과 추력이 전달됨 → 크랭크축에서 전달된 회전력과 추력은 추력축으로 전달되어 선체에 전달됨 → 그 후 프로펠러축을 거쳐 프로펠러로 전달됨

13 다음 그림에서 부식 방지를 위해 ①에 부착하는 것은?

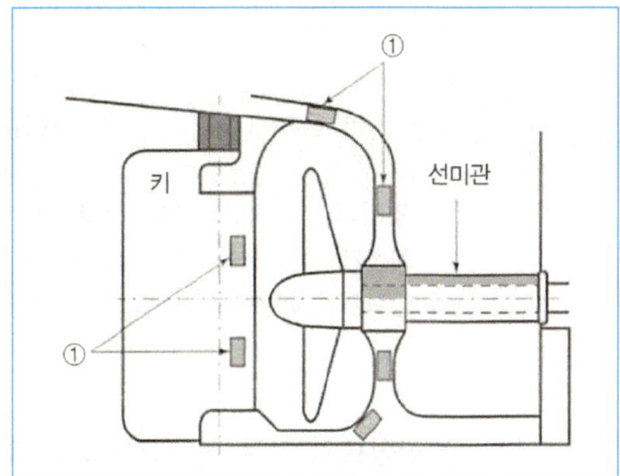

가 구리

나 니켈

사 주석

아 아연

프로펠러나 키 주위에는 철보다 이온화 경향이 큰 아연 판을 부착하여 부식을 방지한다.

14 고정 피치 프로펠러가 설치되어 있는 항해 중인 선박에 대한 설명으로 옳은 것은?

가 항해 속도를 높여도 프로펠러의 피치는 일정하다.

나 항해 속도를 높이면 프로펠러의 피치가 증가한다.

사 피치를 증가시키면 항해 속도가 빨라진다.

아 피치를 증가시키면 항해 속도가 느려진다.

고정 피치 프로펠러는 날개가 보스(Boss)에 고정되어 있어 피치를 변화시킬 수 없다. 따라서 항해 속도가 변해도 프로펠러의 피치는 항상 일정하다.
피치를 변화시켜 속도를 조절하는 것은 가변 피치 프로펠러의 특성이다.

15 닻을 감아올리는 데 사용하는 갑판기기는?

가 조타기 나 양묘기

사 계선기 아 양화기

닻을 감아 올리거나 내리는 데 사용하는 갑판기기는 양묘기이다.
가. **조타기** : 선박의 침로를 조종하는 장치
사. **계선기** : 계류줄을 감아 계류 작업에 사용하는 장치
아. **양화기** : 화물을 적재·하역하는 데 사용하는 장치

16 원심펌프의 기동 전 점검사항이 아닌 것은?

가 흡입밸브의 개폐 상태를 확인한다.

나 송출밸브의 개폐 상태를 확인한다.

사 피스톤과 케이싱 사이의 간극을 확인한다.

아 펌프의 축을 손으로 돌려서 잘 회전하는지를 확인한다.

원심펌프 기동 전 점검사항
• 각 베어링의 주유 상태와 전동기의 절연저항을 점검
• 공기 빼기와 프라이밍을 실시
• 펌프의 축을 손으로 돌려서 회전하는지를 확인
• 원동기와 펌프 사이의 축심이 일직선에 있는지 확인
• 흡입밸브 및 송출밸브의 개폐 점검

17 농형 유도전동기의 개방점검 시 점검하는 항목이 아닌 것은?

가 회전자의 이상 유무를 점검한다.

나 고정자의 이상 유무를 점검한다.

사 여자기의 이상 유무를 점검한다.

아 볼베어링의 이상 유무를 점검한다.

농형 유도전동기는 여자기를 사용하지 않으며, 여자기는 동기전동기나 발전기에 사용되는 장치이다.
＊ **농형 유도전동기 개방점검 항목**
• 회전자와 고정자의 손상·변형·마모 여부
• 볼베어링의 마모, 소음 및 윤활 상태

18 변압기의 역할은?

가 전압의 변환

나 전력의 변환

사 압력의 변환

아 저항의 변환

변압기는 교류 전원의 전압을 높이거나 낮추는 장치로, 전압은 변환되나 주파수는 변하지 않는다. 이상적인 변압기에서는 전력의 크기는 변하지 않으며, 압력이나 저항을 변환하는 기능은 없다.

정답 **14** 가 **15** 나 **16** 사 **17** 사 **18** 가

19 전동기의 운전 중 주의사항으로 옳지 않은 것은?

가 절연저항을 자주 측정한다.

나 전류계의 지시값에 주의한다.

사 발열되는 곳이 있는지를 점검한다.

아 이상한 소리와 냄새 등이 발생하는지를 점검한다.

절연저항 측정은 정지 상태에서 실시하는 점검사항이므로 운전 중 주의사항에 해당되지 않는다.

＊ **전동기 운전 중 주의사항**
- 전원과 전동기의 결선을 확인
- 조임벨트와 전류계 지시값을 확인하여 과전류 여부를 감시
- 이상 발열 부위와 이상한 소음·진동·냄새 발생 여부를 수시로 확인

20 납축전지의 구성 요소가 아닌 것은?

가 극판 나 충전판

사 격리판 아 전해액

납축전지의 구성 요소
- **극판** : 여러 장의 음극판과 양극판
- **격리판** : 각각의 극판을 격리시킴
- **전해액** : 묽은 황산(진한 황산과 증류수를 혼합, 비중은 1.2 내외)

21 마이크로미터로 측정할 수 없는 것은?

가 폭 나 무게

사 두께 아 바깥지름

마이크로미터는 길이 치수를 정밀하게 측정하는 공구로 폭, 두께, 바깥지름 등의 치수 측정에 사용된다.
나. **무게** : 질량 측정 기구로 측정하므로 마이크로미터로 측정할 수 없다.

22 운전 중인 디젤기관에서 윤활유의 압력이 낮아진 경우의 점검사항으로 옳지 않은 것은?

가 윤활유의 양이 부족한지를 확인한다.

나 윤활유 냉각기로 누유되는지를 확인한다.

사 파이프에서 누설되는 곳이 있는지를 점검한다.

아 윤활유 청정기가 정상적으로 운전되는지를 확인한다.

윤활유 청정기는 정화 장치이므로 운전 중 압력 저하의 직접적인 점검 대상은 아니다.

＊ **디젤기관 윤활유 압력 저하 시 점검사항**
- 윤활유의 양이 부족하면 압력이 저하되므로 우선 확인
- 윤활유 냉각기의 누유 및 배관·이음부에서의 누설 여부를 점검

23 운전 중인 디젤기관에서 어느 한 실린더의 최고 압력이 다른 실린더에 비해 낮은 경우의 원인으로 옳지 않은 것은?

가 해당 실린더의 배기밸브가 누설할 때

나 해당 실린더의 피스톤링을 신환했을 때

사 해당 실린더의 연료분사밸브가 막혔을 때

아 해당 실린더의 실린더 라이너의 마멸이 심할 때

실린더 최고압력 저하 원인
- 배기밸브 누설 시 압축 및 연소 압력이 낮아짐
- 연료분사밸브가 막혀 연료 분사가 불량해지면 연소 압력이 저하됨
- 실린더 라이너의 마멸이 심하면 압축공기 누설로 최고압력이 낮아짐

정답 **19** 가 **20** 나 **21** 나 **22** 아 **23** 나

24 다음 중 동일한 온도에서 무게가 같을 때 부피가 가장 큰 것은?

가 경유

나 휘발유

사 A 중유

아 C 중유

 **해설**

같은 무게일 때는 밀도가 낮을수록 큰 부피를 차지하게 된다.

가. **경유** : 휘발유보다 밀도가 높아 부피가 작다.

나. **휘발유** : 경유 및 중유류보다 밀도가 가장 낮아 부피가 가장 크다.

사. **A 중유** : 경유보다 밀도가 높아 부피가 더 작다.

아. **C 중유** : 밀도가 높아 동일 무게에서 부피가 가장 작다.

25 "연료유를 가열하면 점도는 (   )."에서 (   )에 알맞은 것은?

가 낮아진다.

나 높아진다.

사 관계가 없다.

아 연료유에 따라 높아지기도 하고 낮아지기도 한다.

 **해설**

연료유의 온도와 점도는 반비례한다. 즉, 온도가 높을수록 점도는 낮아지고, 반대로 온도가 낮아질수록 점도는 높아진다.

2025년 제2회 최신 기출문제

01 지구 자기장의 복각이 0°가 되는 지점을 연결한 선은?

가 지자극
나 자기 적도
사 북회귀선
아 지방 자기

 **해설**

지구 자기장의 자기력선이 수평면과 이루는 각인 복각이 0°라는 것은 자기력선이 지표면과 수평을 이루는 지점을 뜻한다. 이러한 지점을 연결한 선을 자기 적도라 한다.

02 자기 컴퍼스의 용도로 옳지 않은 것은?

가 선박의 침로 유지
나 물표의 방위 측정
사 다른 선박의 속력 측정
아 다른 선박의 상대방위 변화 확인

해설

자기 컴퍼스의 용도 : 선박의 침로를 알거나 물표의 방위를 관측하고, 다른 선박의 속력을 측정하여 상대방위의 변화를 확인하는 데 사용된다.

03 전자식 선속계가 표시하는 속력은?

가 대수 속력
나 대지 속력
사 대공 속력
아 평균 속력

 **해설**

전자식 선속계의 표시 속력은 선박이 물에 대하여 항주하는 속력을 나타내는 대수 속력이다. 대수 속력은 자기 선박 또는 다른 선박의 추진 장치의 작용이나 그로 인한 선박의 타력에 의하여 생긴다.

04 풍향풍속계에서 지시하는 풍향과 풍속에 관한 설명으로 옳지 않은 것은?

가 풍향은 바람이 불어오는 방향을 말한다.
나 풍향이 반시계 방향으로 변하면 풍향반전이라 한다.
사 풍속은 정시 관측 시각 전 15분간 풍속을 평균하여 구한다.
아 어느 시간 내의 기록 중 가장 최대의 풍속을 순간 최대 풍속이라 한다.

 **해설**

풍향은 바람이 불어오는 방향을 말하며, 풍속은 바람의 세기로 정시 관측 시각 전 10분간의 풍속을 평균하여 구한다.

05 자북이 진북의 왼쪽에 있을 때의 오차는?

가 편서 편차
나 편동 자차
사 편동 편차
아 지방 자기

해설

어느 지점에서의 편차는 자침이 가리키는 북(자북)이 진자오선(진북)의 오른쪽에 있을 때를 편동 편차, 왼쪽에 있을 때를 편서 편차로 구별하며, 각각 E 또는 W를 붙여 표시한다.

정답   01 나   02 사   03 가   04 사   05 가

06 레이더를 이용하여 얻을 수 없는 정보는?

가 등대의 방위

나 육지와의 거리

사 자기 선박의 위치

아 자기 선박 주변의 수심

레이더 : 전자파를 발사하여 그 반사파를 측정함으로써 물표까지의 거리와 방위를 파악하는 계기로, 다른 선박 및 육지와의 상대적 위치를 파악할 수 있으나 수심은 알 수 없다.

07 좁은 수로를 통과할 때 뚜렷한 물표의 방위, 거리, 수평 협각 등에 의한 위치선을 이용하여 작도하는 위험 예방선은?

가 중시선 나 예방선

사 피험선 아 수평선

피험선 : 좁은 수로를 통과할 때 뚜렷한 물표의 방위, 거리, 수평 협각 등에 의한 위치선을 이용, 작도하여 위험을 예방하고 예정 침로를 유지하기 위한 위험 예방선이다.

08 연안 해역에서의 항해에 관한 설명으로 옳지 않은 것은?

가 선박의 위치는 짧은 간격으로 측정한다.

나 항해용 물표들은 사용하기 전 확인한다.

사 해도는 가장 적합한 소축척 해도를 사용한다.

아 가능할 때마다 시각적 위치 측정과 레이더 위치 측정 및 감시 기술을 사용한다.

연안 해역 항해 시에는 선위 확인을 자주 실시하고 항해용 물표를 사전에 확인하며, 대축척 해도를 사용하여 시각 및 레이더를 병행해 항해해야 한다. 대축척 해도는 좁은 지역을 상세하게 표시한 해도이다. 반면 소축척 해도는 넓은 지역을 작게 나타낸 해도를 말한다.

09 선박 주위에 있는 높은 건물로 인해 레이더 화면에 나타나는 거짓상은?

가 맹목 구간에 의한 거짓상

나 간접 반사에 의한 거짓상

사 다중 반사에 의한 거짓상

아 거울면 반사에 의한 거짓상

거울면 반사에 의한 거짓상 : 안벽이나 높은 건물처럼 반사율이 높은 구조물에 의해 레이더 전파가 반사되어 실제 물표와 대칭된 위치에 허상이 나타나는 형상이다.

10 다음 그림은 상대운동 표시방식 레이더 화면에서 자기 선박 주변에 있는 4척의 선박을 플로팅한 것이다. 현재 상태에서 자기 선박과 충돌할 가능성이 가장 큰 선박은?

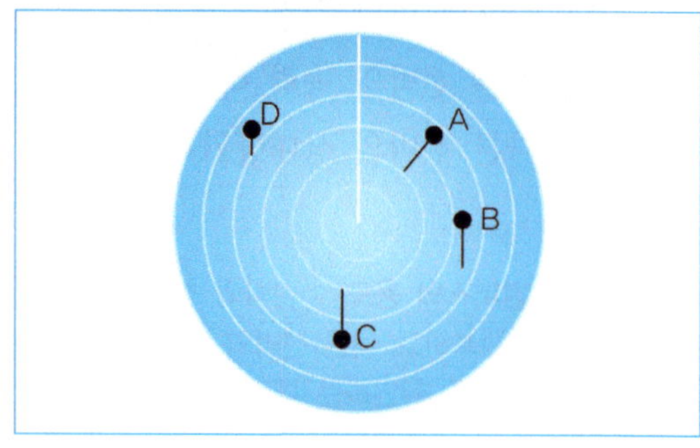

가 A 나 B

사 C 아 D

상대운동 표시에서는 표적이 중심을 향해 직선으로 접근하면 충돌 위험이 크다.

가. A는 상대운동 궤적이 자기 선박 중심을 향하고 있어 충돌 가능성이 가장 크다.

11 조석과 관련된 용어에 관한 설명으로 옳지 않은 것은?

가 조석은 해면의 주기적 승강 운동을 말한다.

나 고조는 조석으로 인하여 해면이 높아진 상태를 말한다.

사 계류는 저조시에서 고조시까지 흐르는 조류를 말한다.

아 대조승은 대조에 있어서의 고조의 평균 조고를 말한다.

창조류에서 낙조류로, 또는 반대로 흐름 방향이 변하는 것을 전류라 하는데, 이때 흐름이 잠시 정지하는 현상을 게류라 한다. 저조시에서 고조시까지 흐르는 조류는 창조류이며, 반대로 고조시에서 저조시로 흐르는 조류는 낙조류이다.

12 해도에 사용되는 기호와 약어를 수록한 수로도서지는?

가 항로지

나 항행통보

사 해도도식

아 국제신호서

가. **항로지** : 항해 안내서

나. **항행통보** : 해도 개정 사항을 알리는 문서

사. **해도도식** : 해도에 사용되는 각종 특수 기호와 양식, 약어 등을 수록한 수로도서지

아. **국제신호서** : 해상에서 선박과 인명의 안전에 관한 언어적 장해가 있을 때의 신호방법과 수단을 규정하는 신호서

13 다음 수로서지 중 특수서지가 아닌 것은?

가 등대표

나 조석표

사 천측력

아 항로지

수로특수서지 : 등대표, 조석표, 국제신호서, 해상거리표, 천측력, 해도도식

14 점등 장치가 없는 표지로서 모양과 색깔로 선박의 위치를 결정할 때 이용되는 것은?

가 전파표지

나 음파(음향)표지

사 광파(야간)표지

아 형상(주간)표지

항로표지

가. **전파표지**(무선표지) : 전파의 특징을 이용하여 선박의 위치를 파악하는 항로표지

나. **음파표지**(음향표지, 무신호) : 시계가 나빠서 육지나 등화를 발견하기 어려울 때 부근을 항해하는 선박에게 그 위치를 알리는 표지

사. **광파표지**(야간표지, 야표) : 등화에 의하여 그 위치를 나타내며, 주로 야간의 목표가 되지만 주간에도 물표로 이용되는 표지

15 항만 내의 좁은 구역을 상세하게 표시하는 대축척 해도는?

가 총도

나 항양도

사 항해도

아 항박도

- **대축척 해도** : 좁은 지역을 상세하게 표시한 해도(항박도)
- **소축척 해도** : 넓은 지역을 작게 나타낸 해도(총도, 항양도)

정답　**11** 사　**12** 사　**13** 아　**14** 아　**15** 아

16 일반적으로 해상에서 측정한 수심과 해도상의 수심을 비교하면?

가 해도의 수심보다 측정한 수심이 더 얕다.

나 측정한 수심과 해도의 수심은 항상 같다.

사 해도의 수심과 같거나 측정한 수심이 더 깊다.

아 측정한 수심이 주간에는 더 깊고, 야간에는 더 얕다.

 해설

해도상의 수심은 기본수준면(연중 해면이 그 이상으로 낮아지는 일이 거의 없다고 생각되는 수면)을 기준으로 표시한 값이다. 실제 해상에서 측정한 수심은 조위의 영향으로 기본수준면보다 수면이 높을 경우 해도 수심보다 더 깊게 나타날 수 있다.

17 연안항해 시 종이해도의 선택 방법으로 옳지 않은 것은?

가 최신의 해도를 사용한다.

나 완전히 개보된 것이 좋다.

사 내용이 상세히 기록된 것이 좋다.

아 대축척 해도보다 소축척 해도가 좋다.

 해설

연안항해는 대양보다 사고 위험이 높기 때문에 최신으로 개보된 대축척 해도를 사용하여 상세한 항해 정보를 확인하는 것이 원칙이다.

18 항해 중 종이해도를 이용할 때 필요한 기본적인 도구가 아닌 것은?

가 볼펜

나 삼각자

사 연필

아 디바이더

 해설

종이해도 작업에는 삼각자, 디바이더, 연필(2B나 4B) 등을 사용하며, 수정이 어려운 볼펜은 사용하지 않는다.

19 〈보기〉와 같은 두표를 가진 IALA 해상부표식의 항로표지는?

가 방위표지

나 안전수역표지

사 특수표지

아 고립장애(장해)표지

 해설

고립장애표지 : 주변 해역이 가항수역인 암초나 침선 등의 고립된 장애물 위에 설치 또는 계류하는 표지로, 두표는 2개의 흑구를 수직으로 배열한다.

20 표지의 북쪽에 가항수역이 있음을 나타내는 표지는? (단, 두표의 모양만 고려함)

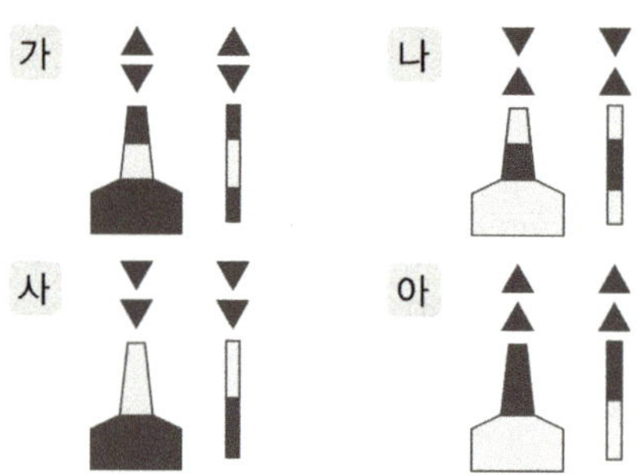

 해설

방위표지 : 장애물을 중심으로 하여 주위를 4개의 상한으로 나누고, 그 각각의 상한에 설치된 항로표지이다. 동방위 표지(◆), 서방위 표지(✕), 남방위 표지(▼), 북방위 표지(▲) 쪽으로 항해하면 안전하다.

정답 **16** 사 **17** 아 **18** 가 **19** 아 **20** 아

21 북반구에서 태풍과 태풍의 피항에 관한 설명으로 옳지 않은 것은?

가 태풍역 내의 풍속은 육상에서보다 해상에서 강하다.

나 선박에서 관측되는 태풍역 내의 풍속 분포는 비대칭이다.

사 태풍역 내는 모두 강한 바람이 불기 때문에 위험하다.

아 태풍 진행 방향에 대해 오른쪽 반원을 가항반원이라 한다.

태풍 진행 방향에 대해 오른쪽 반원을 위험반원, 왼쪽 반원을 가항반원이라 한다. 위험반원은 왼쪽 반원에 비해 기압경도가 크며 풍파가 심하고 폭풍우가 일며, 시정이 좋지 않다.

22 일기도상 〈보기〉의 기호에 관한 설명으로 옳은 것은?

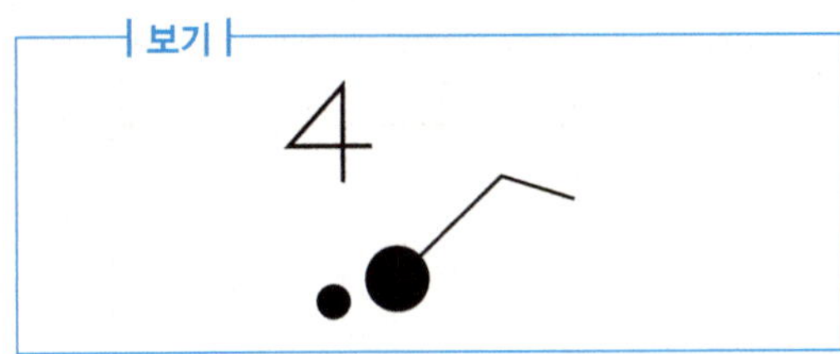

가 풍향은 남서풍이다.

나 비가 오는 날씨이다.

사 평균 풍속은 15노트이다.

아 현재의 기압은 3시간 전의 기압보다 낮다.

보기의 기호에서 검은 원(●)은 강수를 나타내며, 두 개의 검은 원은 비를 의미하므로 현재 비가 내리고 있음을 나타낸다.

23 북반구의 저기압 역내에서 관측자가 바람을 등으로 받고 두 팔을 수평으로 올리면, 왼팔의 앞쪽 몇 도 정도에 저기압의 중심이 있는가?

가 5~10°

나 20~30°

사 50~60°

아 70~80°

북반구 저기압에서는 바람이 반시계 방향으로 중심을 향해 분다. 바람을 등지고 서면 저기압의 중심은 왼쪽 전방에 위치하는데, 그 각도는 약 20~30° 정도이다.

24 입항 항로를 선정할 때 주의사항으로 옳지 않은 것은?

가 추천 항로가 있으면 이것을 따른다.

나 수심이 고르지 못한 지역은 가급적 멀리 피한다.

사 정박지로 들어갈 때 선수 방향의 물표는 필요하지 않다.

아 투묘 시기를 알기 위해서 정횡 방향 물표의 방위각을 미리 구해둔다.

입항 항로 선정 시 주의사항
- 지정된 항로, 추천 항로를 따르는 것이 안전
- 수심이 얕거나 고르지 못할 때 암초, 침선 등은 가급적 피함
- 선수 목표와 투묘 물표를 미리 설정

정답 **21** 아 **22** 나 **23** 나 **24** 사

25 통항계획을 수립할 때 선박의 통항량이 많아 선위 확인에 집중할 수 없는 수역에서 선박이 침로를 벗어나는 상황을 감시하는 데 도움을 얻기 위하여 해도에 표시하는 것은?

가 침로 이탈(Deviation)
나 평행방위선법(Parallel indexing)
사 안전을 위한 여유(Margins of safety)
아 선저 여유수심(Under-keel clearance)

평행방위선법(Parallel Indexing) : 통항량이 많은 수역에서 침로 이탈 여부를 감시하기 위해 레이더 화면에 기준 방위선을 설정하고 이를 평행 이동시켜 활용하는 방법으로, 선박이 설정한 침로를 유지하고 있는지를 지속적으로 확인할 수 있다.

---

01 갑판의 구조물을 나타낸 아래 그림에서 ①의 명칭은?

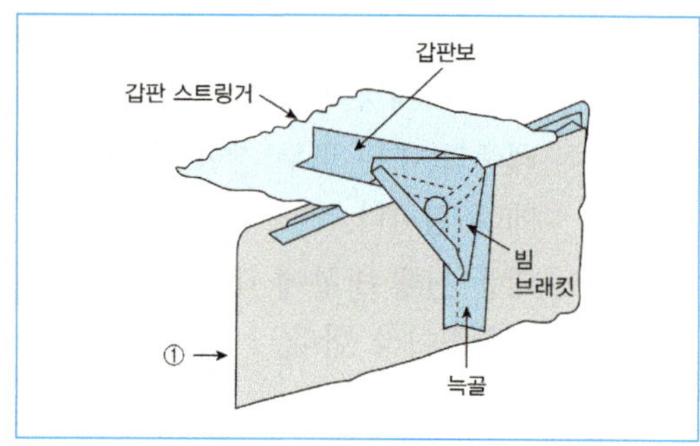

가 갑판
나 외판
사 늑판
아 내저판

외판 : 선체의 외부를 이루는 판재로, 선체의 형상을 형성하고 해수로부터 선체를 보호하는 구조 부재이다.

02 아래 그림에서 ㉠은?

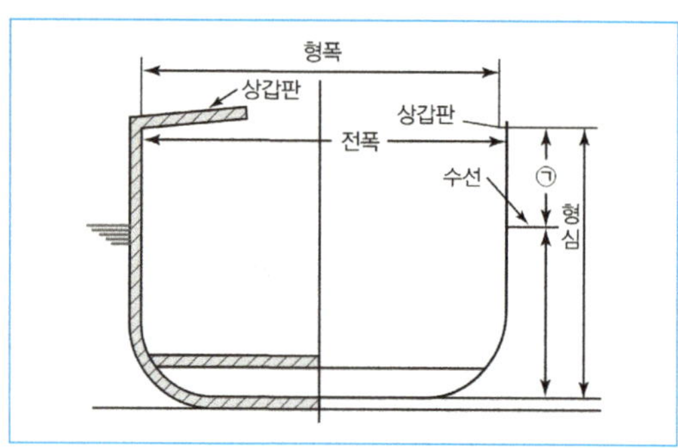

가 전심
나 깊이
사 수심
아 건현

건현 : 선체 중앙부 상갑판의 선측 상면에서 만재흘수선까지의 수직거리로 선체가 침수되지 않는 부분이다. 선박의 예비부력 확보라는 측면에서 매우 중요하다.

정답 25 나 / 01 나 02 아

03 선박에서 선체 중앙을 기준으로 해서 앞쪽 부분을 무엇이라고 하는가?

가 선체

나 선미

사 선수

아 선각

해설

선수 : 선박에서 선체 중앙을 기준으로 앞쪽 끝부분에 해당하는 부분으로, 항해 시 진행 방향의 전면에 위치하며 파랑을 먼저 받는다.

04 (   )에 적합한 것은?

> "SOLAS 협약상 타(키)는 최대흘수 상태에서 전속 전진 시 한쪽 현 타각 35도에서 다른 쪽 현 타각 30도까지 돌아가는 데 (   )의 시간이 걸려야 한다."

가 28초 이내

나 30초 이내

사 32초 이내

아 35초 이내

해설

SOLAS 협약의 조타장치의 동적 요건 : 타의 조종 성능에 대한 최소 기준을 규정한 것으로, 최대흘수 상태에서 전속 전진 시 한쪽 현 타각 35도에서 반대 현 타각 30도까지 돌아가는 데 28초 이내에 조작할 수 있어야 한다.

05 타의 구조에서 ④는?

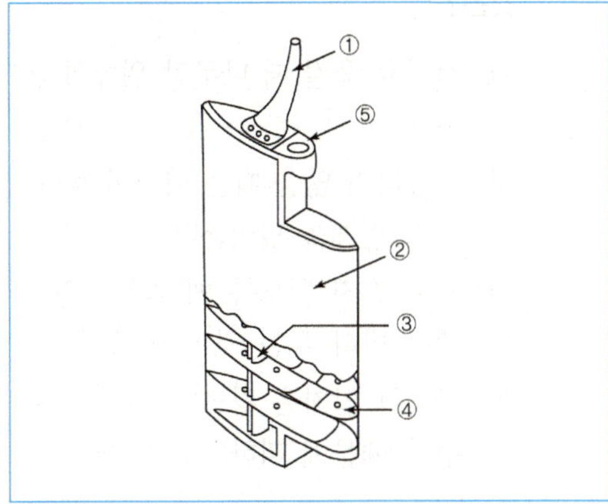

가 타판   나 수직골재

사 핀틀   아 수평골재

해설

수평골재 : 선체 구조를 지탱하는 횡방향 보강재이다. 선체의 횡강도(가로 방향 강도)를 확보하고 갑판·외판에 작용하는 하중을 분산시키는 핵심 구조 요소이다. ①은 타두재, ②는 타판, ③은 수직골재, ⑤는 타심재이다.

06 열분해 작용 시 유독가스가 발생되어 선박에 비치하지 아니하는 소화기는?

가 포말 소화기

나 분말 소화기

사 할론 소화기

아 이산화탄소 소화기

해설

할론 소화기 : 할로겐 화합물 가스를 약재로 사용하는 소화기로, 열분해 작용 시 유독가스 발생으로 선박에 비치하지 않는다.

정답 **03** 사 **04** 가 **05** 아 **06** 사

07 와이어 로프의 취급에 관한 설명으로 옳지 않은 것은?

가 사리를 옮길 때 나무판 위에서 굴리면 안 된다.

나 사용하지 않을 때는 와이어 릴에 감고 캔버스 덮개를 덮어둔다.

사 녹이 슬지 않도록 백납과 그리스의 혼합액을 발라 두는 것이 좋다.

아 급격한 압착은 킹크와 거의 같은 피해를 주기 때문에 피하도록 한다.

해설

와이어 로프를 사리(코일) 상태로 옮길 때 나무판 위에서 굴리는 것은 일반적으로 허용된다. 그러나 나무판 표면이 매끄럽고 못·돌출물이 없어야 하고 굴리는 과정에서 로프가 꼬이지 않도록 주의해야 한다.

08 초단파(VHF) 무선설비로 조난경보가 잘못 발신되었을 때 취해야 하는 조치로 옳은 것은?

가 장비를 끄고 그냥 둔다.

나 조난경보 버튼을 다시 누른다.

사 무선설비로 취소 통보를 발신해야 한다.

아 조난경보 버튼을 세 번 연속으로 누른다.

해설

초단파(VHF) 무선설비로 조난경보가 잘못 발신된 경우 즉시 취소 조치를 해야 한다. 즉, 무선설비를 사용하여 조난경보 취소 통보를 발신함으로써 혼선을 방지해야 한다. 단순 전원 차단이나 버튼 재조작 등은 적절한 조치가 아니다.

09 선박이 침몰하여 수면 아래 4미터 정도에 이르면 수압에 의하여 선박에서 자동 이탈되어 조난자가 탈 수 있도록 압축가스에 의해 펼쳐지는 구명설비는?

가 구명정

나 구명뗏목

사 구조정

아 구명부기

해설

구명뗏목 : 나일론 등과 같은 합성섬유로 된 포지를 고무로 가공해서 뗏목 모양으로 제작한 것으로 30일 동안 떠 있어도 견딜 수 있도록 제작되어야 하며, 구명정에 비해 항해능력은 떨어지지만 손쉽게 강하할 수 있다. 수압이탈장치(자동이탈장치)를 통해 선박이 수면 아래 2~4m 정도에 이르면 자동으로 이탈되어 조난자가 탈 수 있다.

10 조난선박으로부터 수신된 조난신호의 해상이동업무식별번호(MMSI number)에서 앞의 3자리가 '441'이라고 표시되어 있다면 해당 조난선박의 국적은?

가 한국

나 일본

사 중국

아 러시아

해설

해상이동업무식별번호(MMSI)의 앞 3자리는 국가 식별번호로, 우리나라의 경우 440, 441로 시작된다.

11 야간에 구명부환의 위치를 알려주는 것으로 구명부환과 함께 수면에 투하되면 자동으로 점등되는 것은?

가 탐조등

나 발연부 신호

사 자기 점화등

아 레이더 반사기

자기 점화등 : 야간에 구명부환의 위치를 알려주는 것으로 구명부환과 함께 수면에 투하되면 자동으로 점등되는 신호등이다. 야간에 조난자의 위치를 시각적으로 표시하는 역할을 하며, 전원 조작 없이 물에 닿으면 작동하도록 설계되어 있다.

12 지혈의 방법으로 옳지 않은 것은?

가 환부를 압박한다.

나 환부를 안정시킨다.

사 환부를 온열시킨다.

아 환부를 심장부위보다 높게 올린다.

온열은 혈관을 확장시켜 출혈을 증가시킬 수 있다.
* **지혈 방법** : 직접 압박, 혈관 압박, 지혈대 사용 등의 방법이 있다. 출혈이 심한 경우 출혈 부위를 심장보다 높게 하여 안정되게 눕히는 것이 좋다.

13 조난신호장비 중 손잡이를 잡고 불을 붙이면 붉은색의 불꽃을 내면서 1분 이상 연소되는 것은?

가 신호 홍염

나 발연부 신호

사 자기 점화등

아 로켓 낙하산 화염신호

신호 홍염 : 손잡이를 잡고 불을 붙이면 붉은색의 불꽃을 1분 이상 내며, 10cm 깊이의 물속에 10초 동안 잠긴 후에도 계속 타는 야간용 조난신호장치이다.

14 선박용 초단파(VHF) 무선설비의 최대 출력은?

가 10W　　나 15W

사 20W　　아 25W

선박용 초단파(VHF) 무선설비의 최대 출력은 25W이다. 이는 통신 거리 확보를 위한 최대치이다.

15 빠른 기동력을 필요로 하는 군함이 일반화물선보다 중요시하는 성능은?

가 정지성

나 선회성

사 후진성

아 침로안정성

선회성 : 일정한 타각을 주었을 때 선박이 어떠한 각속도로 움직이는지를 나타내는 것으로 군함이나 어선들과 같이 빠른 기동력을 필요로 하는 선박들은 빠른 선회성이 요구된다.

정답　11 사　12 사　13 가　14 아　15 나

16 선박 상호 간의 흡인 배척 작용에 관한 설명으로 옳지 않은 것은?

가 고속으로 항과할수록 크게 나타난다.

나 두 선박 사이의 거리가 가까울수록 크게 나타난다.

사 선박이 추월할 때보다는 마주칠 때 영향이 크게 나타난다.

아 선박의 크기가 다를 때에는 소형선박이 영향을 크게 받는다.

선박이 추월할 때에는 마주칠 때보다도 상호 간섭작용이 오래 지속되므로 더 위험하다.

17 전진 중 타각을 주어 침로를 변경할 때, 선박의 속력을 감소시키는 힘은?

가 양력

나 항력

사 마찰력

아 직압력

항력 : 타판에 작용하는 힘 중에서 그 작용하는 방향이 선체 후방(선수미선)인 분력으로, 직진 중 선회를 하게 되면 속력이 떨어지는 원인이 되는 주된 힘이다. 타각이 커지면 항력도 증가한다.

18 (   )에 순서대로 적합한 것은?

> "우선회 고정피치 스크루 프로펠러 1개가 장착된 선박이 정지상태에서 전진할 때, 타가 중앙이면 추진기가 회전을 시작하는 초기에는 횡압력이 커서 선수가 (   )하고, 전진속력이 증가하면 배출류가 강해져서 선수가 (   )하려는 경향이 있다."

가 우회두, 우회두

나 우회두, 좌회두

사 좌회두, 좌회두

아 좌회두, 우회두

추진기가 회전을 시작하는 초기에는 횡압력이 커서 선수가 좌회두를 하고, 전진속력이 증가하면 배출류가 강해져서 선수가 우회두하려는 경향을 나타낸다.

19 좁은 수로를 항해할 때 유의할 사항으로 옳지 않은 것은?

가 타효가 유지되는 안전한 속력을 유지하도록 한다.

나 침로 변경 시의 조타는 소각도로 여러 차례 걸쳐서 행한다.

사 기관사용 및 투묘 준비 상태를 계속 유지하면서 항행한다.

아 통항시기는 게류 때나 조류가 약한 때를 택하고, 만곡이 급한 수로는 순조 시 통항하여야 한다.

통항시기는 게류 때나 조류가 약한 때를 택하고, 만곡이 급한 수로는 순조 시 통항을 피한다.

정답 16 사 17 나 18 아 19 아

20 강한 조류가 있을 경우 선박을 조종하는 방법으로 옳지 않은 것은?

　가　유향, 유속을 잘 알 수 있는 시간에 항행한다.

　나　가능한 한 선수를 유향에 직각 방향으로 향하게 한다.

　사　유속이 있을 때 계류작업을 할 경우 유속에 대등한 타력을 유지한다.

　아　조류가 흘러가는 쪽에 장애물이 있는 경우에는 충분한 공간을 두고 조종한다.

강한 조류가 있을 경우 선박을 조종하는 방법 : 선속을 낮추고 조타 시 소각도로 조금씩 변침한다.

21 경사된 선박이 원위치로 되돌아가려는 성질은?

　가　감항성

　나　추종성

　사　선회성

　아　복원성

복원성 : 선박이 파도나 바람 등의 외력에 의하여 어느 한쪽으로 기울었을 때 원래의 위치로 되돌아오려는 성질이다.

22 황천 항해 시 프로펠러의 공회전(Racing)으로 인한 손상을 줄이기 위한 방법이 아닌 것은?

　가　피칭 운동을 줄인다.

　나　선미 흘수를 증가시킨다.

　사　기관의 회전수를 줄인다.

　아　파도를 선수에서 받도록 침로를 변경한다.

프로펠러 공회전으로 인한 손상은 선미가 들리며 프로펠러가 수면 밖으로 노출될 때 주로 발생한다. 이를 줄이기 위해선 피칭을 줄이고 선미 흘수를 늘려 프로펠러 잠김을 유지하고, 기관 회전수를 낮추어 충격과 손상을 완화시켜야 한다.
아. 파도를 선수에서 받으면 피칭이 커져 공회전 위험이 오히려 증가한다.

23 황천 속에서 기관이 정지하게 되면 선체는 일반적으로 어떤 자세가 되는가?

　가　선수는 파랑이 오는 방향으로 향하게 된다.

　나　선미가 파랑이 오는 방향으로 향하게 된다.

　사　선수미선이 파랑이 진행하는 방향과 직각이 된다.

　아　선수미선이 파랑의 진행 방향과 약 45도 정도로 된다.

황천 속에서 기관이 정지하면 선체는 추진력과 조타 능력을 잃고, 바람과 파랑에 의해 자연스럽게 떠밀리게 된다. 이때 선체는 선수미선이 파랑의 진행 방향과 직각으로 놓이는 경우가 많다.

24 해상에서 충돌사고가 발생한 직후 선장이 취해야 할 조치가 아닌 것은?

　가　선위의 파악

　나　수밀문의 개방

　사　선박의 직접 지휘

　아　충돌 부위 근처 탱크의 측심

해설

수밀문은 침수 확산을 막기 위해 즉시 폐쇄해야 한다.

정답　**20** 나　**21** 아　**22** 아　**23** 사　**24** 나

25 해양사고 예방을 위한 일반적인 유의사항으로 옳지 않은 것은?

가 높은 안전의식을 갖는다.

나 과로를 피하도록 노력한다.

사 안전한 당직 근무를 위해 충분한 휴식을 취한다.

아 스트레스를 풀기 위하여 당직 시간이라도 상륙을 한다.

선박은 항해 중이든 정박 중이든 항상 당직자가 필요하다. 기관·항해·갑판 당직은 선박 안전과 사고 예방을 위한 필수 요소이므로, 당직 시간에 무단 상륙하는 것은 안전 규정 위반이다.

제3과목 **법규**

01 해상교통안전법상 해양시설 부근 해역에서 선박의 안전항행과 해양시설의 보호를 위해 설정한 수역은?

가 접속수역

나 보호수역

사 허가수역

아 배타적경제수역

해양시설 부근 보호수역의 설정 : 해양수산부장관은 해양시설의 부근해역에서 선박의 안전한 항행과 해양시설의 보호를 위하여 필요하다고 인정하면 대통령령으로 정하는 바에 따라 보호수역을 설정할 수 있다(법 제5조).

02 해상교통안전법상 제한된 시계에서 선박의 항법으로 옳은 것을 〈보기〉에서 모두 고른 것은?

┤ 보기 ├

ㄱ. 레이더 가동을 중단한다.

ㄴ. 안전한 속력으로 항행한다.

ㄷ. 기관을 즉시 조작할 수 있도록 준비하여야 한다.

가 ㄱ, ㄴ

나 ㄱ, ㄷ

사 ㄴ, ㄷ

아 ㄱ, ㄴ, ㄷ

제한된 시계에서 선박의 항법 : 모든 선박은 시계가 제한된 그 당시의 사정과 조건에 적합한 안전한 속력으로 항행하여야 하며, 동력선은 제한된 시계 안에 있는 경우 기관을 즉시 조작할 수 있도록 준비하고 있어야 한다(법 제84조 제2항).

정답 **25** 아 / **01** 나 **02** 사

03 해상교통안전법상 해양사고가 발생한 경우의 조치사항으로 옳은 것은?

가 좌초 시 즉시 기관을 사용하여 이초한다.

나 충돌 시 즉시 기관을 후진시켜 두 선박을 분리한다.

사 무선통신으로 인근 선박에 알린 후 즉시 퇴선한다.

아 신속하게 필요한 조치를 취하고, 해양경찰서장이나 지방해양수산청장에게 신고한다.

해양사고 발생 시 조치 : 선장 또는 선박소유자는 해양사고가 발생한 경우에는 신속하게 필요한 조치를 취하고, 그 사실과 조치사항을 관할 해양경찰서장 또는 지방해양수산청장에게 지체 없이 신고하여야 한다(법 제43조 제1항).

04 해상교통안전접법상 안전관리체제의 수립 · 시행에 관한 사항을 확인하기 위하여 처음으로 하는 인증심사는?

가 갱신인증심사

나 수시인증심사

사 중간인증심사

아 최초인증심사

안전관리체제 최초인증심사 : 안전관리체제의 수립 · 시행에 관한 사항을 확인하기 위하여 처음으로 하는 인증심사(법 제49조)

05 해상교통안전법상 법에서 정하는 바가 없는 경우 충돌을 피하기 위한 동작이 아닌 것은?

가 적극적인 동작

나 충분한 시간적 여유를 가지는 동작

사 선박을 적절하게 운용하는 관행에 따른 동작

아 침로나 속력을 소폭으로 연속적으로 변경하는 동작

충돌을 피하기 위한 동작의 원칙 : 이 법에서 정하는 바가 없는 경우 선박은 충돌을 피하기 위하여 충분한 시간적 여유를 두고 적극적인 동작을 취하여야 하며, 선박을 적절하게 운용하는 관행에 따라 그 동작을 하여야 한다. 이 경우 침로나 속력의 변경은 다른 선박이 쉽게 인지할 수 있도록 크게 하여야 한다(법 제73조).

06 해상교통안전법상 충돌의 위험이 있는 2척의 동력선이 상대의 진로를 횡단한 경우 피항선이 피항동작을 취하고 있지 아니하다고 판단되었을 때 유지선의 조치로 옳은 것은?

가 피항 동작

나 침로와 속력 계속 유지

사 증속하여 피항선 선수 방향 횡단

아 좌현 쪽에 있는 피항선을 향하여 침로를 왼쪽으로 변경

유지선의 조치 : 유지선은 피항선이 이 법에 따라 적절한 동작을 취하고 있지 아니하다고 판단되는 경우에는 자기 선박의 조종만으로 충돌을 피하기 위한 동작을 취할 수 있다(법 제82조 제2항).

정답 03 아 04 아 05 아 06 가

07 해상교통안전법상 선박이 '서로 시계 안에 있는 상태'를 옳게 정의한 것은?

가 한 선박이 다른 선박을 횡단하는 상태

나 한 선박이 다른 선박과 교신 중인 상태

사 한 선박이 다른 선박을 눈으로 볼 수 있는 상태

아 한 선박이 다른 선박을 레이더만으로 확인할 수 있는 상태

서로 시계 안에 있는 상태 : 한 선박이 다른 선박을 눈으로 볼 수 있는 상태에 있는 경우에 적용한다(법 제76조).

08 해상교통안전법상 서로 시계 안에 있는 2척의 동력선이 마주치는 상태로 충돌의 위험이 있을 때의 항법으로 옳은 것은?

가 큰 배가 작은 배를 피한다.

나 작은 배가 큰 배를 피한다.

사 서로 좌현 쪽으로 침로를 변경하여 피한다.

아 서로 우현 쪽으로 침로를 변경하여 피한다.

마주치는 상태에서의 항법 : 서로 시계 안에 있는 2척의 동력선이 마주치는 상태로 충돌의 위험이 있는 경우에는 각 동력선은 우현 쪽으로 침로를 변경하여 서로 충분히 떨어져 지나가야 한다(법 제79조 제1항).

09 해상교통안전법상 항행 중인 동력선이 원칙적으로 진로를 피하지 않아도 되는 선박은? (단, 좁은 수로, 통항분리제도 및 앞지르기하는 경우는 제외함)

가 조종제한선

나 조종불능선

사 수상항공기

아 어로에 종사하고 있는 선박

선박 사이의 책무(법 제83조 제2항)
항행 중인 동력선은 다음에 따른 선박의 진로를 피하여야 한다.
• 조종불능선
• 조종제한선
• 어로에 종사하고 있는 선박
• 범선

10 해상교통안전법상 서로 시계 안에서 항행 중인 범선과 동력선이 마주치는 상태일 경우에 피항 방법으로 옳은 것은? (단, 좁은 수로, 통항분리제도 및 앞지르기하는 경우는 제외함)

가 동력선만 침로를 변경한다.

나 각각 우현 쪽으로 침로를 변경한다.

사 각각 좌현 쪽으로 침로를 변경한다.

아 좌현에 바람을 받고 있는 선박이 우현 쪽으로 침로를 변경한다.

범선과 동력선의 피항 관계 : 항행 중인 동력선은 범선의 진로를 피하여야 한다(법 제83조 제2항).

정답 **07** 사 **08** 아 **09** 사 **10** 가

11 (　　)에 적합한 것은?

> "해상교통안전법상 흘수제약선은 동력선의 등화에 덧붙여 가장 잘 보이는 곳에 (　　)를 수직으로 표시하여야 한다."

가 붉은색 전주등 1개

나 붉은색 전주등 2개

사 붉은색 전주등 3개

아 붉은색 전주등 4개

흘수제약선의 등화 : 흘수제약선은 제88조에 따른 동력선의 등화에 덧붙여 가장 잘 보이는 곳에 붉은색 전주등 3개를 수직으로 표시하거나 원통형의 형상물 1개를 표시할 수 있다(법 제93조).

12 해상교통안전법상 제한된 시계 안에서 2분을 넘지 아니하는 간격으로 장음 2회의 기적신호를 들었다면 그 기적을 울린 선박은?

가 정박선

나 조종제한선

사 얹혀 있는 선박

아 대수속력이 없는 항행 중인 동력선

제한된 시계에서의 음향신호 : 제한된 시계에서 항행 중인 동력선은 2분을 넘지 아니하는 간격으로 장음 1회의 기적신호를 울려야 한다. 다만, 항행 중 정지하여 대수속력이 없는 동력선은 2분을 넘지 아니하는 간격으로 장음 2회의 기적신호를 울려야 한다(법 제100조).

13 해상교통안전법상 장음 1회의 기적신호는 몇 초 동안 계속되는 고동소리인가?

가 1초

나 2~3초

사 4~6초

아 7~9초

장음의 정의(법 제97조)
• 단음이란 약 1초 동안 계속되는 고동소리를 말한다.
• 장음이란 4초부터 6초까지 계속되는 고동소리를 말한다.

14 해상교통안전법상 안개로 시계가 제한된 수역을 항행 중인 길이 12미터 이상인 동력선이 대수속력이 있는 경우 울려야 하는 음향신호는?

가 2분을 넘지 아니하는 간격으로 단음 4회

나 2분을 넘지 아니하는 간격으로 장음 1회

사 2분을 넘지 아니하는 간격으로 단음 1회, 장음 1회, 단음 1회

아 2분을 넘지 아니하는 간격으로 장음 1회에 이어 단음 3회

제한된 시계에서 동력선의 음향신호 : 시계가 제한된 수역이나 그 부근에서 항행 중인 길이 12미터 이상의 동력선은 2분을 넘지 아니하는 간격으로 장음 1회의 기적신호를 울려야 한다(법 제100조).

정답 　11 사　12 아　13 사　14 나

15 ( )에 순서대로 적합한 것은?

"해상교통안전법상 항행 중인 동력선이 기적
신호에 보충하여 사용하는 발광신호는 섬광
의 지속시간 및 섬광과 섬광 사이의 간격은
( ) 정도로 하되, 반복되는 신호 사이의 간
격은 ( ) 이상으로 하여야 한다."

가 1초, 5초
나 1초, 10초
사 5초, 5초
아 5초, 10초

발광신호의 사용 기준 : 항행 중인 동력선은 기적신호
를 보충하기 위하여 발광신호를 사용할 수 있다. 이 경
우 섬광의 지속시간 및 섬광과 섬광 사이의 간격은 약
1초로 하여야 하며, 반복되는 신호 사이의 간격은 10초
이상으로 하여야 한다(법 제99조 제3항).

16 ( )에 적합한 것은?

"선박의 입항 및 출항 등에 관한 법률상
( )란 선박이 해상에서 일시적으로 운항을
멈추는 것을 말한다."

가 계류
나 정류
사 계선
아 정박지

정류의 정의(법 제2조 제8호)
정류란 선박이 해상에서 일시적으로 운항을 멈추는 것
을 말한다(항해 중 잠시 속력을 줄이거나 멈춘 상태를
포함함).

17 선박의 입항 및 출항 등에 관한 법률상 방파제 부근에서 입·출항 선박이 마주칠 우려가 있는 경우의 항법에 관한 설명으로 옳은 것은?

가 소형선이 대형선의 진로를 피한다.
나 방파제 입구에는 동시에 진입해도 상관없다.
사 선속이 빠른 선박이 선속이 느린 선박의
　진로를 피한다.
아 입항하는 선박은 방파제 밖에서 출항하는
　선박의 진로를 피한다.

방파제 부근의 항법 : 방파제 부근에서 입항하는 선박
과 출항하는 선박이 서로 마주칠 우려가 있는 경우에는
입항하는 선박은 방파제 밖에서 출항하는 선박의 진로
를 피하여야 한다(법 제13조).

18 ( )에 적합하지 않은 것은?

"선박의 입항 및 출항 등에 관한 법률상 관리
청은 무역항의 수상구역등에서 선박 교통의
안전을 위하여 필요하다고 인정하여 항로 또
는 구역을 지정한 경우에는 ( )을/를 정하
여 공고하여야 한다."

가 제한 기간
나 관할 해양경찰서
사 금지 기간
아 항로 또는 구역의 위치

항로·구역 지정 시 공고사항 : 관리청은 무역항의 수
상구역등에서 선박 교통의 안전을 위하여 필요하다고
인정하여 항로 또는 구역을 지정한 경우에는 항로 또는
구역의 위치와 제한 기간 또는 금지 기간을 정하여 공고
하여야 한다(법 제9조).

정답 15 나 16 나 17 아 18 나

19 선박의 입항 및 출항 등에 관한 법률상 무역항의 항로에서의 항법으로 옳지 않은 것은?

가 항로에서 다른 선박과 나란히 항행하지 아니할 것

나 항로에서 다른 선박과 마주칠 우려가 있는 경우에는 항로의 왼쪽으로 항행할 것

사 항로 밖에서 항로에 들어오는 선박은 항로를 항행하는 다른 선박의 진로를 피하여 항행할 것

아 항로에서 다른 선박을 추월하지 아니할 것. 다만, 추월하려는 선박을 눈으로 볼 수 있고 안전하게 추월할 수 있다고 판단되는 경우에는 해상교통안전법에 따른 방법으로 추월할 것

항로에서의 항법(법 제12조)

무역항의 항로에서는 다음의 항법에 따라 항행하여야 한다.

• 항로에서 다른 선박과 마주칠 우려가 있는 경우에는 항로의 오른쪽으로 항행할 것
• 항로에서 다른 선박과 나란히 항행하지 아니할 것
• 항로 밖에서 항로에 들어오거나 항로에서 항로 밖으로 나가는 선박은 항로를 항행하는 다른 선박의 진로를 피하여 항행할 것
• 항로에서 다른 선박을 추월하지 아니할 것 다만, 추월하려는 선박을 눈으로 볼 수 있고 안전하게 추월할 수 있다고 판단되는 경우에는 해상교통안전법에 따른 방법으로 추월할 것

20 선박의 입항 및 출항 등에 관한 법률상 무역항의 수상구역등에서 예인선의 항법으로 옳지 않은 것은?

가 예인선은 한꺼번에 3척 이상의 피예인선을 끌지 아니하여야 한다.

나 원칙적으로 예인선의 선미로부터 피예인선의 선미까지 길이는 100미터를 초과하지 못한다.

사 다른 선박의 출입을 보조하는 경우에 한하여 예인선의 선수로부터 피예인선의 선미까지의 길이는 200미터를 초과할 수 있다.

아 지방해양수산청장 또는 시·도지사는 해당 무역항의 특수성 등을 고려하여 특히 필요한 경우에는 예인선의 항법을 조정할 수 있다.

예인선의 항법(시행규칙 제9조)

• 예인선은 무역항의 수상구역 등에서 한꺼번에 3척 이상의 피예인선을 끌지 아니하여야 하며, 예인선의 선수로부터 피예인선의 선미까지의 길이는 200미터를 초과하지 아니하여야 한다. 다만, 다른 선박의 출입을 보조하는 경우에는 그러하지 아니하다.
• 지방해양수산청장 또는 시·도지사는 해당 무역항의 특수성 등을 고려하여 특히 필요하다고 인정하는 경우에는 예인선의 항법을 조정할 수 있다.

정답 19 나 20 나

21 (   )에 순서대로 적합한 것은?

> "선박의 입항 및 출항 등에 관한 법률상 선박이 무역항의 수상구역등에서 해안으로 길게 뻗어 나온 육지 부분, 부두, 방파제 등 인공시설물의 튀어나온 부분 또는 정박 중인 선박을 오른쪽 뱃전에 두고 항행할 때에는 부두등에 (   ) 항행하고, 부두등을 왼쪽 뱃전에 두고 항행할 때에는 (   ) 항행하여야 한다."

가 멀리 돌아서, 나란하게
나 나란하게, 멀리 돌아서
사 멀리 떨어져서, 접근하여
아 접근하여, 멀리 떨어져서

부두 등 부근에서의 항법 : 무역항의 수상구역등에서 선박이 해안으로 길게 뻗어 나온 육지 부분, 부두, 방파제 등 인공시설물의 튀어나온 부분 또는 정박 중인 선박을 오른쪽 뱃전에 두고 항행할 때에는 그 부두등에 접근하여 항행하여야 하며, 이를 왼쪽 뱃전에 두고 항행할 때에는 그 부두등에서 멀리 떨어져서 항행하여야 한다(법 제14조).

22 선박의 입항 및 출항 등에 관한 법률상 우선피항선이 아닌 것은?

가 예선
나 총톤수 25톤인 어선
사 항만운송관련사업을 등록한 자가 소유한 선박
아 자력항행능력이 없어 다른 선박에 의하여 끌리거나 밀려서 항행되는 부선

우선피항선의 범위(법 제2조 제5호)
우선피항선이란 무역항의 수상구역에서 다른 선박의 진로를 피하여야 하는 선박으로서 다음의 선박을 말한다.
• 예선
• 항만운송관련사업을 등록한 자가 소유한 선박
• 자력항행능력이 없어 다른 선박에 의하여 끌리거나 밀려서 항행되는 부선
• 총톤수 20톤 미만의 선박

23 해양환경관리법상 기름에 포함되지 않는 것은?

가 등유
나 윤활유
사 경유
아 석유가스

기름의 정의 : 기름이란 원유 및 석유제품(석유가스 제외)과 이들을 함유하고 있는 액체 상태의 유성혼합물 및 폐유를 말한다(법 제2조).

정답 **21** 아 **22** 나 **23** 아

24 해양환경관리법상 선박의 밑바닥에 고인 액상 유성혼합물은?

가 윤활유

나 선저폐수

사 선저 유류

아 선저 세정수

선저폐수의 정의 : 선저폐수란 선박의 밑바닥에 고인 액상유성혼합물을 말한다(법 제2조 제18호).

25 해양환경관리법상 규정을 준수하여 해상에 배출할 수 있는 폐기물이 아닌 것은?

가 선박 안에서 발생한 화물구역 오수

나 수산업법에 따른 어업활동 중 혼획된 수산동식물

사 선박 안에서 발생한 해양환경에 유해하지 않은 화물잔류물

아 선박 내 거주구역에서 목욕, 세탁, 설거지 등으로 발생하는 중수

해상에 배출할 수 있는 폐기물의 범위(법 제22조, 시행규칙 제11조 및 별표 4)
- 어업활동 중 혼획된 수산동식물, 해양환경에 유해하지 않은 화물잔류물, 선박 거주구역에서 발생한 중수는 기준 충족 시 배출 가능함
- 선박 안에서 발생한 화물구역 오수는 허용 대상에 포함되지 않아 해상 배출 불가

---

01 4행정 사이클 디젤기관에서 실린더 내 연소가스의 압력이 크랭크에 전달되는 과정으로 옳은 것은?

가 피스톤 → 크로스헤드 → 크랭크축

나 피스톤 → 피스톤로드 → 크랭크축

사 피스톤 → 크랭크축 → 피스톤로드

아 피스톤 → 커넥팅로드 → 크랭크축

실린더 내 연소가스 압력은 먼저 피스톤에 작용한 후, 피스톤의 왕복운동은 커넥팅로드를 통해 회전운동으로 변환되고, 이 변환된 힘이 크랭크축에 전달되어 출력이 발생한다.

02 회전수가 1,200[rpm]인 디젤기관에서 크랭크축이 1회전하는 동안 걸리는 시간은?

가 (1/20)초

나 (1/3)초

사 2초

아 20초

회전수 1,200rpm은 1분에 1,200회전함을 의미한다. 따라서 1초당 회전수는 1,200 ÷ 60 = 20회전이므로 크랭크축 1회전 시간은 1/20초이다.

정답 **24** 나 **25** 가 / **01** 아 **02** 가

03 선박용 디젤기관의 요구 조건이 아닌 것은?

가 효율이 좋을 것

나 고장이 적을 것

사 시동이 용이할 것

아 운전회전수가 가능한 한 높을 것

선박용 디젤기관의 요구 조건
- 흡입공기에서 습기와 염분을 분리하는 장치가 필요하며, 냉각을 위해서 해수를 사용하기 때문에 부식에 강한 재료를 사용해야 한다.
- 운동하는 부품과 윤활 계통 설계는 횡동요와 종동요 등 선박의 운동에 잘 적응하도록 배려해야 한다.
- 좁고 밀폐된 공간에 설치되므로 흡기와 배기가 원활해야 한다.
- 수명이 길고 잦은 고장 없이 작동에 대한 신뢰성이 높아야 한다.
- 역회전 및 저속 운전이 가능하며, 과부하에도 견딜 수 있어야 한다.
- 효율이 좋고, 시동이 용이해야 한다.

04 4행정 사이클 디젤기관의 흡·배기밸브에서 밸브겹침을 두는 주된 이유는?

가 윤활유의 소비량을 줄이기 위해

나 흡기온도와 배기온도를 낮추기 위해

사 기관의 진동을 줄이고 원활하게 회전시키기 위해

아 흡기작용과 배기작용을 돕고 흡·배기밸브와 연소실을 냉각시키기 위해

밸브겹침 : 상사점 부근에서 크랭크 각도 40° 동안 흡기밸브와 배기밸브가 동시에 열려 있는 기간으로, 밸브 겹침을 두는 주된 이유는 흡기작용과 배기작용을 돕고 밸브와 연소실을 냉각시키기 위함이다.

05 디젤기관에서 연소실을 형성하는 부품이 아닌 것은?

가 크랭크 저널　　나 실린더 헤드

사 실린더 라이너　　아 피스톤

디젤기관의 연소실 구성 : 피스톤, 피스톤 헤드, 실린더 상부의 실린더 헤드, 실린더 라이너 등

06 디젤기관에서 실린더 헤드와 실린더 블록을 체결하는 데 사용되는 볼트는?

가 아이 볼트

나 스터드 볼트

사 접시머리 볼트

아 육각머리 볼트

스터드 볼트 : 실린더 헤드와 실린더 블록을 체결할 때 사용되는 볼트로, 실린더 블록 상부에 삽입되어 실린더 헤드를 고정한다.

07 디젤기관의 피스톤에 대한 설명으로 옳은 것은?

가 실린더 내를 왕복 운동한다.

나 흡기 및 배기 밸브가 설치된다.

사 크랭크축의 회전력을 균일하게 한다.

아 크랭크축을 지지한다.

피스톤의 역할 : 실린더 내에서 연소가스의 압력을 받아 왕복 운동하면서 커넥팅로드를 거쳐 크랭크축에 회전력을 전달한다.

정답　03 아　04 아　05 가　06 나　07 가

08 소형기관에서 커넥팅로드의 소단부에 연결되는 부품의 명칭은?

가 크랭크암

나 피스톤핀

사 크랭크핀

아 크랭크저널

피스톤핀의 역할과 구조 : 피스톤과 커넥팅로드(연접봉)의 소단부를 연결하는 부품으로 소형 디젤기관에서 윤활유가 공급되는 곳이다.

09 "소형 디젤기관의 커넥팅로드 내부에는 (   )가 통하는 구멍이 뚫려 있다."에서 (   )에 알맞은 것은?

가 연료유

나 윤활유

사 냉각수

아 배기가스

소형 디젤기관의 커넥팅로드 내부에는 피스톤핀과 연결되는 구멍을 통해 윤활유가 공급된다. 윤활유는 피스톤핀과 커넥팅로드의 접촉 부위를 윤활하여 마찰과 마멸을 방지한다.

10 디젤기관의 운전 중 진동이 증가하는 원인이 아닌 것은?

가 노킹 현상이 심할 때

나 윤활유 압력이 높을 때

사 기관이 위험회전수로 운전될 때

아 기관의 베드 볼트가 여러 개 절손되었을 때

디젤기관 운전 중 진동 증가 원인
- 기관의 베드 볼트가 여러 개 풀렸거나 부러졌을 때
- 기관이 노킹을 일으킬 때와 각 실린더의 최고압력이 고르지 않을 때
- 기관이 위험회전수로 운전을 하고 있을 때
- 크랭크핀 베어링, 메인 베어링, 스러스트 베어링 등의 틈새가 너무 클 때

11 디젤기관에서 윤활유의 온도는 어디의 온도를 기준으로 조절하는가?

가 기관의 입구 온도

나 기관의 출구 온도

사 윤활유 펌프의 입구 온도

아 윤활유 펌프의 출구 온도

윤활유 온도는 기관 입구 온도를 기준으로 조절하며, 입구 온도가 적정 범위를 벗어나면 발열이나 마멸 방지 조치를 시행한다.

12 선미에서 프로펠러 부근에 아연판을 붙이는 주된 이유는?

가 선체 부식 방지

나 선체 효율 증가

사 기관 출력 증가

아 선체 마찰저항 감소

선미 프로펠러 부근에는 해수와 접촉하는 금속 부품이 있어 전기화학적 부식이 발생하는데, 이를 방지하기 위해 선체보다 이온화 경향이 큰 아연판을 희생 양극으로 부착한다. 아연판이 먼저 부식되면서 프로펠러축과 선체를 보호하게 된다.

13 소형선박에서 전진 및 후진을 하기 위해 필요하며 기관에서 발생한 동력을 추진기축으로 전달하거나 끊어주는 장치는?

가 클러치

나 베어링

사 샤프트

아 크랭크

클러치 : 선박의 기관에서 발생한 동력을 추진기축으로 전달하거나 끊어주는 장치이며, 내연기관에서 발생한 동력을 축계에 전달하거나 차단시키는 장치이다.

14 나선형 프로펠러가 1회전할 때 날개 위의 어떤 점이 축방향으로 이동하는 거리를 무엇이라 하는가?

가 경사

나 간극

사 피치

아 슬립

피치 : 선박에서 스크루 프로펠러가 360° 1회전할 때 전진하는 거리를 말한다. 즉, 나선형 프로펠러가 1회전할 때 날개 위의 특정 점이 축방향으로 이동하는 거리를 의미한다.

15 양묘기의 구성 요소가 아닌 것은?

가 클러치

나 플라이휠

사 마찰브레이크

아 체인드럼

양묘기 : 앵커(닻)를 바닷속으로 투하하거나 감아올릴 때 사용하는 갑판기기로, 체인드럼, 클러치, 마찰브레이크(제동장치), 워핑드럼, 구동 전동기 등으로 구성된다.

16 증기 압축식 냉동장치에서 냉매 흐름의 순서로 옳은 것은?

가 압축기 → 응축기 → 팽창밸브 → 증발기

나 압축기 → 팽창밸브 → 응축기 → 증발기

사 압축기 → 증발기 → 응축기 → 팽창밸브

아 압축기 → 증발기 → 팽창밸브 → 응축기

증기 압축식 냉동장치 : 압축기, 응축기, 팽창밸브, 증발기로 구성된다. 냉매는 압축기에서 압축되어 고온·고압 상태로 응축기로 이동하고 응축기에서 열을 방출한 냉매는 팽창밸브를 통해 압력이 낮아지고 증발기로 유입되어 주변의 열을 흡수한다.

17 기관실 바닥에 고인 물이나 해수펌프에서 누설한 물을 배출하는 전용 펌프는?

가 빌지펌프

나 잡용수펌프

사 슬러지펌프

아 위생수펌프

빌지펌프 : 기관실 바닥에 고인 물이나 해수펌프에서 누설한 물을 배출하는 전용 펌프이다. 기관실의 빌지펌프로 가장 많이 사용되는 펌프는 왕복 펌프이다.

정답 **13** 가 **14** 사 **15** 나 **16** 가 **17** 가

18 전동기의 운전 중 주의사항으로 옳지 않은 것은?

가 절연저항을 자주 측정한다.

나 전류계의 지시값에 주의한다.

사 발열되는 곳이 있는지를 점검한다.

아 이상한 소리와 냄새 등이 발생하는지를 점검한다.

전동기 운전 중 주의사항 : 전원과 전동기의 결선 확인, 이상한 소리·진동, 냄새·각부의 발열 등의 확인, 조임 볼트와 전류계의 지시치 확인 등

19 전기용어에 대한 설명으로 옳지 않은 것은?

가 저항의 단위는 옴이다.

나 전압의 단위는 볼트이다.

사 전류의 단위는 암페어이다.

아 전력의 단위는 헤르츠이다.

전력의 단위는 와트(W)이며, 헤르츠(Hz)는 주파수를 나타내는 국제단위이다.

＊ **전기용어의 기본 단위**

• **암페어**(A) : 자유전자가 도체 속을 연속적으로 이동하는 현상인 전류의 단위

• **볼트**(V) : 전류가 흐를 때 발생되는 전위의 차이인 전압의 단위

• **옴**(Ω) : 전기의 흐름을 방해하려는 성질인 저항의 단위

20 용량이 120[Ah]인 납축전지를 부하전류 12[A]로 사용할 수 있는 최대 시간은? (단, 용량의 감소는 없다.)

가 10분

나 120분

사 10시간

아 120시간

축전지 용량 120Ah(암페어아우어)는 1시간에 120A를 공급할 수 있음을 의미하는 것으로 용량(Ah) ÷ 부하전류(A)로 계산한다. 부하전류가 12A이므로 사용 시간은 120Ah ÷ 12A로 계산하면 최대 사용 시간은 10시간이다.

21 디젤기관에서 실린더 라이너를 분해하기 위한 작업내용과 관련이 없는 것은?

가 피스톤을 들어 올린다.

나 메인베어링을 빼낸다.

사 실린더 헤드를 들어 올린다.

아 실린더 라이너의 냉각수를 배출한다.

실린더 라이너 분해를 위해 먼저 실린더 헤드를 들어 올리고, 피스톤을 들어 올려 접근하고, 분해 과정에서 라이너 내부 냉각수를 배출하여 작업 환경을 안전하게 유지한다.

정답 **18** 가 **19** 아 **20** 사 **21** 나

22 소형기관의 피스톤링에 대한 설명으로 옳지 않은 것은?

가 적절한 장력을 가져야 한다.

나 압축링과 오일 스크레이퍼링으로 나누어 진다.

사 압축링의 수가 오일 스크레이퍼링의 수보 다 더 많다.

아 피스톤의 위쪽에 오일 스크레이퍼링이, 아래쪽에 압축링이 설치된다.

피스톤링의 특징

• 압축링과 오일 스크레이퍼링으로 나누어진다.

• 압축링의 수가 오일 스크레이퍼링의 수보다 더 많다.

• 피스톤의 위쪽에 압축링, 아래쪽에 오일 스크레이퍼 링이 설치되어야 한다.

23 기관출력의 감소 시 점검 및 조치사항으로 옳지 않은 것은?

가 연료분사펌프를 확인하고 고장 발견 시 수리한다.

나 시동 전동기를 확인하고 고장 발견 시 수 리한다.

사 연료유 여과기를 확인하고 필요시 소제 한다.

아 조속기를 확인하고 고장 발견 시 수리한다.

기관출력이 감소하면 연료분사펌프와 조속기 등의 작동 상태를 확인하고, 이상이 있으면 수리 또는 조정한다. 연료유 여과기가 막히면 여과기의 압력차를 점검하고 필요시 소제하여 연료 공급 상태를 정상화한다.

나. 시동 전동기는 시동 관련 장치로, 출력 저하와 직접적인 관련이 없다.

24 연료유 탱크에 설치되어 있는 것이 아닌 것은?

가 레벨게이지

나 보충 밸브

사 드레인 밸브

아 릴리프 밸브

연료유 탱크에는 연료 수준을 확인하는 레벨게이지, 연료를 보충하는 보충 밸브, 탱크 내부의 불필요한 연료를 배출하는 드레인 밸브 등이 설치되어 있다.

아. 릴리프 밸브는 펌프나 고압 배관에 설치되어 압력 상승 시 일부 유체를 배출하는 장치로, 연료유 탱크 자체에는 설치되지 않는다.

25 연료유 수급 시 주의사항으로 옳지 않은 것은?

가 연료유 수급 중 선박의 흘수 변화에 주의 한다.

나 수급 초기에는 연료유 공급 압력을 최대 로 높여서 수급한다.

사 주기적으로 측심하여 수급량을 계산한다.

아 주기적으로 누유되는 곳이 있는지를 점검 한다.

연료유 수급 시 주의사항

• 선박의 흘수 변화에 주의

• 주기적으로 측심하여 실제 수급량을 계산

• 주기적으로 누유되는 곳을 점검

• 가능한 한 탱크에 가득 적재할 것

• 해양오염 사고나 화재에 주의할 것

2025년 제3회 최신 기출문제

제1과목 항해

01 지구 자기장의 복각이 0°가 되는 지점을 연결한 선은?

가 지자극
나 자기 적도
사 북회귀선
아 지방 자기

 **해설**

지구 자기장의 자기력선이 수평면과 이루는 각인 복각이 0°라는 것은 자기력선이 지표면과 수평을 이루는 지점을 뜻한다. 이러한 지점을 연결한 선을 자기 적도라 한다.

02 프리 자이로스코프를 경사지게 하더라도 로터축이 처음 지시했던 방향을 그대로 유지하려고 하는 특성은?

가 세차운동성
나 경사운동성
사 방향보존성
아 침로안정성

 **해설**

방향보존성 : 프리 자이로스코프에서 외력이 작용하더라도 로터축이 처음 지시하던 방향을 그대로 유지하려는 성질이다.

03 기계식 자이로컴퍼스에서 동요오차 발생을 예방하기 위하여 NS축 상에 부착되어 있는 것은?

가 적분기
나 오차 수정기
사 보정 추
아 추종 전동기

 **해설**

동요오차는 선박이 동요하면 생기는 오차로, 기계식 자이로컴퍼스에서 선박의 동요로 인한 동요오차 발생을 예방하기 위하여 NS축 상에 보정 추가 부착된다.

04 (   )에 적합한 것은?

> "일반적으로 자이로컴퍼스는 수평 세차 운동을 톱 헤비 방식으로 하는 경우에 제진 세차 운동은 (   )을 채택한다."

가 방위 제진식
나 경사 제진식
사 수평 제진식
아 수직 제진식

 **해설**

수평 세차 운동을 톱 헤비 방식으로 하는 자이로컴퍼스에서는 제진 세차 운동으로 경사 제진식을 채택한다.

05 수심이 얕은 곳에서 수심을 측정하거나 투묘할 때 배의 진행 방향 및 타력 또는 정박 중 닻의 끌림을 알기 위한 기구는?

가 핸드 레드
나 트랜스듀서
사 사운딩 자
아 풍향풍속계

해설

핸드 레드 : 줄 끝에 납추를 매달아 수심이 얕은 곳에서 수심과 저질(저층 퇴적물)을 측정하고 배의 진행 방향, 타력 및 정박 중 닻의 끌림을 알기 위해 사용하는 기구이다.

정답 01 나 02 사 03 사 04 나 05 가

06 침로를 045°로 유지한 상태에서 자차계수 D를 수정할 때 이용하는 것은?

가 C자석

나 연철구

사 E자석

아 플린더즈 바

자차계수 D의 수정법 : 자차계수 D는 상한차 자차로서 침로가 동서남북일 때는 자차가 없다. 침로를 045°로 유지한 상태에서 연철구를 이용하여 수정한다.

07 45해리 떨어진 두 지점 사이를 대지속력 10노트로 항해할 때 걸리는 시간은? (단, 외력은 없다고 가정함)

가 약 3시간

나 약 3시간 30분

사 약 4시간

아 약 4시간 30분

대지속력은 육상에서 배를 바라볼 때 속력으로, 대지속력 10노트는 1시간에 10해리를 항해함을 의미한다. 45해리를 항해하는 데 걸리는 시간은 45 ÷ 10으로 계산되어 약 4.5시간(4시간 30분)이 된다.

08 물표의 방위와 거리를 동시에 측정하여 선위를 결정하는 방법에 관한 설명으로 옳지 않은 것은?

가 거리를 정확히 측정해야 이용할 수 있다.

나 물표가 1개밖에 없을 때 유용하게 사용할 수 있는 방법이다.

사 거리 측정은 레이더에 의한 방법과 앙각에 의한 방법 등이 있다.

아 선박에서는 실무적으로 소리의 전파 속도에 의하여 거리를 측정하는 방법을 가장 많이 사용한다.

선박에서 실무적으로 가장 많이 사용하는 선위 측정 방법은 교차방위법과 수평협각법이다.

＊ **방위거리법** : 물표의 방위와 거리를 동시에 측정하여 그 장위에 의한 위치선과 수평거리에 의한 위치선의 교점을 선위로 정하는 방법이다. 거리 측정은 주로 레이더나 앙각에 의한 방법을 사용한다.

09 관측자의 천의 자오선과 천체 시권이 극에서 이루는 각 또는 그들 사이에 낀 적도의 호는?

가 지방시각

나 본초시각

사 항성시각

아 출몰방위각

지방시각 : 관측자의 천의 자오선과 천체의 시권이 극에서 이루는 각 또는 그들 사이에 끼인 적도의 호로 나타낸 시각이다. 즉, 관측자의 자오선을 기준으로 천체가 서쪽으로 얼마나 떨어져 있는지를 나타낸다.

10 (   )에 적합한 것은?

"(   )는 레이더 국부 발진기의 발진 주파수를 조정하는 것으로 국부 발진기의 발진 주파수가 적절히 조정되면 물표의 반사에 의한 지시기의 화면이 선명하게 된다."

가 동조 조정기

나 해면 반사 억제기

사 감도 조정기

아 비·눈 반사 억제기

나. **해면 반사 억제기** : 근거리에 대한 반사파의 수신 감도를 떨어뜨리도록 하여 방해 연상을 줄임

사. **감도 조정기** : 수신기의 감도를 조종하는 것

아. **비·눈 반사 억제기** : 비·눈 등의 영향으로 화면상에 방해 현상이 많아져서 물체의 식별이 곤란할 때 방해 현상을 줄여 주는 조정기

정답 06 나 07 아 08 아 09 가 10 가

11 조석과 관련된 용어에 관한 설명으로 옳지 않은 것은?

가 조석은 해면의 주기적 승강 운동을 말한다.

나 고조는 조석으로 인하여 해면이 높아진 상태를 말한다.

사 게류는 저조시에서 고조시까지 흐르는 조류를 말한다.

아 대조승은 대조에 있어서의 고조의 평균 조고를 말한다.

창조류에서 낙조류로, 또는 반대로 흐름 방향이 변하는 것을 전류라 하는데, 이때 흐름이 잠시 정지하는 현상을 게류라 한다. 저조시에서 고조시까지 흐르는 조류는 창조류이며, 반대로 고조시에서 저조시로 흐르는 조류는 낙조류이다.

12 항행 통보가 제공하지 않는 정보는?

가 수심의 변화

나 조시 및 조고

사 위험물의 위치

아 항로표지의 신설 및 폐지

항행 통보 : 위험물의 위치, 수심의 변화, 항로표지의 신설·폐지 등을 항해자에게 통보해 주는 것이다.

13 높이가 거의 일정하여 해도상의 등질에 등고를 표시하지 않는 항로표지는?

가 등대 나 등표

사 등선 아 등부표

등부표 : 해저의 일정한 지점에 체인으로 연결되어 수면에 떠 있는 표지로 위험한 장소·항로의 입구·폭·변침점 등을 표시하기 위해 설치한다. 높이가 거의 일정하므로 해도상의 등질 표시에 등고를 기재하지 않는다.

14 등대의 개축 공사 중에 임시로 가설하는 등은?

가 도등 나 가등

사 임시등 아 조사등

가. **도등** : 통항이 곤란한 좁은 수로, 항만 입구 등에서 항로의 연장선 위에 높고 낮은 2~3개의 등화를 앞뒤로 설치

사. **임시등** : 출·입항선이 빈번한 계절에만 임시로 점등하는 등화

아. **조사등** : 투광기를 통해 등표 등의 설치가 어려운 위험지역을 직접 비추는 등화시설(주로 홍색)

15 좁은 수로의 항로를 표시하기 위하여 항로의 연장선 위에 앞뒤로 2개 이상의 표지를 설치하여 선박을 인도하는 형상(주간)표지는?

가 도표 나 부표

사 육표 아 입표

나. **부표** : 선박에 암초, 얕은 여울 등의 존재를 알리고 항로를 표시하기 위하여 바다 위에 뜨게 한 구조물

사. **육표** : 입표의 설치가 곤란한 경우에 육상에 마련한 간단한 항로표지

아. **입표** : 암초, 노출암, 사주(모래톱) 등의 위치를 표시하기 위하여 그 위에 세워진 경계표

정답 **11** 사 **12** 나 **13** 아 **14** 나 **15** 가

16 선박의 레이더 영상에 송신국의 방향이 휘선으로 나타나도록 전파를 발사하는 것으로 표지국의 방향을 쉽게 알 수 있어 편리한 전파표지는?

 가 레이콘(Racon)

나 레이마크(Ramark)

사 유도 비컨(Course beacon)

아 레이더 반사기(Radar reflector)

레이마크 : 일정한 지점에서 레이더 파를 계속 발사하는 것으로 송신국의 방향이 밝은 선(휘선)으로 나타나도록 전파가 발사되는 표지이다.

17 해도를 제작하는 데 이용되는 도법이 아닌 것은?

 가 평면도법　　나 점장도법

사 반원도법　　아 대권도법

해도는 항해에 사용할 목적으로 광범위한 정보를 기재하여 만든 지도로, 필요한 거리·방위 표현을 위해 평면도법, 점장도법, 대권도법 등이 이용된다.

18 위도 45도에서 지리위도 1분에 대한 자오선의 길이는?

 가 약 1,000미터

나 약 1,545미터

사 약 1,852미터

아 약 2,142미터

위도 1분은 지구 어디에서나 자오선상 약 1해리에 해당한다. 1해리는 국제적으로 1,852미터로 정의되어 위도 45도에서도 동일하게 적용된다.

19 종이해도의 여러 곳에 표시되어 있는 것으로 방위를 읽을 수 있고, 편차가 표시되어 있는 것은?

 가 경계도　　나 항해도

사 나침도　　아 편차도

나침도 : 종이해도상에 표시되어 방위를 판독할 수 있으며, 중앙에는 자침편차와 1년간의 변화량인 연차가 함께 기재되어 있는 도식이다.

20 홍색과 백색의 수직 줄무늬로 도색되어 있으며, 두표는 홍색 구형 형상물 1개를 표시하는 항로표지는?

 가 방위표지

나 고립장애표지

사 특수표지

아 안전수역표지

안전수역표지 : 설치 위치 주변의 모든 주위가 가항수역임을 표시하는 표지로, 중앙선이나 수로의 중앙을 나타내며 두표는 홍색 구형 1개, 표체는 홍색과 백색의 수직 줄무늬로 도색된다.

21 일기도의 날씨 기호 중 '═'가 의미하는 것은?

 가 눈　　나 비

사 안개　　아 우박

일기도에서 '═' 기호는 공기 중에 미세한 물방울이 떠 있어 시정이 나빠지는 안개를 나타낸다.

가. 눈(＊)

나. 비(●)

아. 우박(▲ 또는 △)

점답　16 나　17 사　18 사　19 사　20 아　21 사

22 열대저기압의 분류 중 'TD'가 의미하는 것은?

가 태풍
나 열대저기압
사 열대폭풍
아 강한 열대폭풍

열대저압부(Tropical Depression, TD)를 의미하며, 열대저기압 중 최대풍속이 17m/s 미만인 것이다.

23 ( )에 순서대로 적합한 것은?

> "기상도에서 등압선의 간격이 ( ) 기압경도가 커져서 바람이 ( )."

가 넓을수록, 강하다
나 넓을수록, 약하다
사 좁을수록, 강하다
아 좁을수록, 약하다

등압선 간격과 바람의 세기 : 등압선의 간격이 좁을수록 기압경도가 커져서 바람이 강하다. 반대로 등압선의 간격이 넓을수록 기압경도가 작아서 바람이 약하다.

24 ( )에 적합한 것은?

> "항정을 단축하고 항로표지나 자연의 물표를 충분히 이용할 수 있도록 육안에 접근한 항로를 선정하는 것이 원칙이지만, 지나치게 육안에 접근하는 것은 위험을 동반하기 때문에 항로를 선정할 때 ( )을/를 결정하는 것이 필요하다."

가 피험선
나 위치선
사 중시선
아 이안거리

이안거리 : 해안선으로부터 떨어진 거리로, 육안 항해 시 위험을 피하기 위하여 연안이나 장애물로부터 일정한 안전거리를 두도록 항로를 계획하는 기준이다.

25 묘박 중인 선박 주위를 항해할 때 주의하여야 할 사항으로 옳지 않은 것은?

가 충분한 거리를 유지한다.
나 최대한 빠른 속력으로 지나간다.
사 바람이 강하게 부는 경우 풍하측으로 통항한다.
아 묘박 중인 선박의 선수 방향으로 접근하여 지나가지 않는다.

묘박은 선박이 해상에서 닻을 내리고 운항을 정지하는 것으로, 묘박 중인 선박 주위에서는 충분한 거리를 유지하고 저속으로 통항하며, 바람이 강하게 부는 경우 풍하측을 이용하고 묘박 중인 선박의 선수 방향 접근을 피하여야 한다.

정답 **22** 나 **23** 사 **24** 아 **25** 나

01 선수를 측면에서 바라본 모양이 다음 그림과 같을 때 선수 형상의 명칭은?

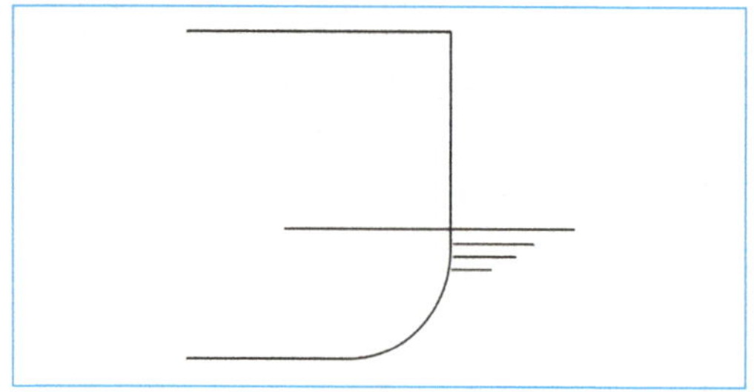

가 직립형

나 경사형

사 구사형

아 클리퍼형

해설

가. **직립형** : 선수의 전면이 직립해 있는 형상

나. **경사형** : 선수의 전면이 직선이면서 앞으로 경사진 형상

사. **구사형** : 선수부의 수선(Water Line) 아래의 부분을 둥근 모양, 즉 큰 혹을 붙인 형상

아. **클리퍼형** : 상부가 앞으로 휘어져서 튀어나온 형상

02 타(Rudder)의 구조를 나타낸 다음 그림에서 ①은?

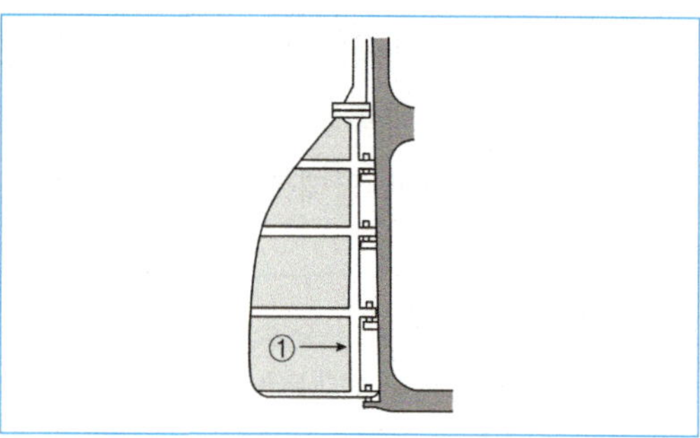

가 타판

나 핀틀

사 거전

아 타심재

해설

그림에서 ①은 타심재(Main Piece)로 단판키의 회전축이자 타의 중심이 되는 부분이다. 타의 내부 중심부를 이루는 주구조재로써 타판과 보강재를 지지하여 타의 강도를 유지하는 부재이다.

03 선체의 외곽을 이루어 수밀을 유지하고 부력을 형성하는 것으로서 종강력을 구성하는 주요 부재는?

가 늑판

나 외판

사 익판

아 내저판

해설

외판 : 선체의 외곽을 구성하는 강판으로 종강도와 횡강도를 담당한다.

정답　01 가　02 아　03 나

04 사람이 선박 밖으로 떨어지지 않게 하거나 손잡이 역할을 하는 것은?

가 대빗
나 배수구
사 구명줄
아 핸드레일

핸드레일 : 선박 갑판이나 통로에 설치되어 사람이 이동 중 균형을 잡고 안전하게 통행하도록 돕는 설비이다.

05 충분한 건현을 유지하여야 하는 가장 큰 이유는?

가 선속을 빠르게 하기 위해서
나 선박의 부력을 줄이기 위해서
사 예비 부력을 확보하기 위해서
아 화물의 적재를 쉽게 하기 위해서

건현 : 선체 중앙부 상갑판의 선측 상면에서 만재흘수선까지의 수직거리로 선체가 침수되지 않은 부분을 말한다. 선박의 예비 부력 확보라는 측면에서 매우 중요하다.

06 여객이나 화물을 운송하기 위하여 쓰이는 용적을 나타내는 톤수는?

가 순톤수
나 배수톤수
사 총톤수
아 재화중량톤수

순톤수 : 총톤수에서 선원 거주 공간, 해도실, 기관실, 계단, 각종 창고 등 직접적으로 상행위에 사용되지 않는 공간의 용적을 공제한 용적을 톤수로 나타낸 것이다.

07 상갑판 보(Beam) 위의 선수재 전면으로부터 선미재 후면까지의 수평거리로 선박원부 및 선박국적증서에 기재되는 길이는?

가 전장
나 수선장
사 등록장
아 수선간장

등록장 : 상갑판 보(Beam) 위의 선수재 전면으로부터 선미재 후면까지의 수평거리로 선박원부에 등록되고 선박국적증서에 기재되는 길이이다.

08 사람이 물에 빠졌을 때 던져주어 구조될 때까지 떠 있게 하는 1인용 구명설비는?

가 보온복
나 구명부환
사 방수복
아 구명줄 발사기

구명부환 : 1인용의 둥근 형태의 부기로 잘 보이고 쉽게 꺼낼 수 있는 장소에 보관한다. 구명부환에는 선적항과 선명이 표시되어 있다.

09 차가운 물속에서 사람의 체온을 유지할 수 있도록 하는 구명설비는?

가 방수복
나 구명부환
사 구명부기
아 발연부 신호

방수복 : 물이 스며들지 않아 수온이 낮은 물속에서 체온을 보호할 수 있는 옷으로, 2분 이내에 도움 없이 착용할 수 있어야 한다.

정답 04 아 05 사 06 가 07 사 08 나 09 가

10 선박안전법상 선원 외의 자가 13인 이상 승선하지 않는 제4종선이 갖추어야 하는 구명조끼의 수량으로 옳은 것은?

가 최대 승선 인원의 50%

나 최대 승선 인원의 75%

사 최대 승선 인원의 100%

아 최대 승선 인원의 125%

「선박안전법」에 따라 제4종선은 선원 외 승선 인원이 13인 미만인 경우에도 최대 승선 인원 전원에 대해 구명조끼를 갖추어야 한다. 따라서 구명조끼 수량은 최대 승선 인원의 100%가 기준이 된다.

11 초단파(VHF) 무선설비에서 디에스씨(DSC)를 통한 조난 및 안전 통신 채널은?

가 16

나 21A

사 70

아 82

VHF – DSC 조난 · 안전 통신 채널 : 초단파 무선설비에서 DSC에 의한 조난 및 안전 통신은 채널 70을 사용한다.

12 국제신호서에서 사용되는 조난신호는?

가 H기

나 G기

사 B기

아 NC기

가. H기 : 본선에 수로안내인을 태우고 있음

나. G기 : 본선, 수로안내인이 필요함

사. B기 : 위험물을 하역 중 또는 운반 중임

아. NC기 : "나는 곤경에 처해 있으며 즉각적인 도움이 필요하다."는 조난 의미를 가지며, 두 기를 함께 게양하여 시각적으로 조난 상황을 명확히 전달한다.

13 국제신호기를 이용하여 방위신호를 할 때 최상부에 게양하는 기류는?

가 A기

나 B기

사 C기

아 D기

국제기류신호기의 사용

• 방위신호를 할 때 최상부에 게양하는 기류 : A기

• 시각신호를 할 때 최상부에 게양하는 기류 : T기

14 선박이 조난 시 위치표시를 위하여 사용하는 조난신호 중 1회용인 것을 〈보기〉에서 모두 고른 것은?

| 보기 |
ㄱ. 신호 홍염
ㄴ. 신호 거울
ㄷ. 발연부 신호

가 ㄱ

나 ㄴ

사 ㄱ, ㄷ

아 ㄴ, ㄷ

ㄱ. 신호 홍염은 점화 후 일정 시간 연소되며 재사용이 불가능한 1회용 조난신호이다.

ㄷ. 발연부 신호는 연기를 발생시켜 위치를 표시하는 소모성 신호로 1회 사용 후 소진된다.

정답 **10** 사 **11** 사 **12** 아 **13** 가 **14** 사

15 천수효과(Shallow water effect)에 관한 설명으로 옳지 않은 것은?

가 선회성이 좋아진다.

나 트림의 변화가 생긴다.

사 선박의 속력이 감소한다.

아 선체 침하 현상이 발생한다.

해설

천수효과 : 천수지역에서는 전반적으로 선체 침하와 트림 변경 효과가 발생하며, 선박의 속력이 감소한다. 선회성은 오히려 나빠진다.

16 전속 전진 중 후진 전속을 걸어서 선체가 정지할 때까지의 타력은?

가 발동타력　　나 회두타력

사 반전타력　　아 정지타력

해설

반전타력 : 전진 속력으로 항진 중에 기관을 후진 전속으로 하였을 때 선체가 정지할 때까지의 타력(최단 정지 거리와 관계됨)이다.

17 (　　)에 순서대로 적합한 것은?

> "우선회 가변피치 스크루 프로펠러 1개가 장착된 선박이 정지상태에서 후진할 때, 타가 중앙이면 (　) 및 (　)가 작용하여 선수는 좌회두한다."

가 직압력, 배출류

나 횡압력, 배출류

사 직압력, 흡입류

아 횡압력, 흡입류

해설

정지상태에서 후진할 때 키가 중앙일 경우 가변피치 프로펠러는 배출류가 좌현 선미에 측압작용으로 하여 선수가 좌회두한다.

18 항행 중 안개가 끼어 앞이 보이지 않을 때 선박에서 취할 조치로 옳은 것은?

가 컴퍼스를 이용하여 선위를 구한다.

나 최고 속력으로 빨리 항구에 입항한다.

사 안전한 속력으로 항행하며 무중신호를 울린다.

아 다른 선박은 모두 레이더를 가지고 있으므로 우리 선박을 피할 것으로 보고 계속 항행한다.

해설

안개로 시계가 제한될 때에는 충돌 위험이 급격히 증가하므로 안전한 속력을 유지하며 국제규칙에 따른 무중신호를 울려 주변 선박에 존재를 알려야 한다.

19 항해 중 선수 부근에서 사람이 선외로 추락한 경우 즉시 취하여야 하는 조치로 옳지 않은 것은?

가 익수자가 발생한 반대 현측으로 즉시 전타한다.

나 인명구조 조선법을 이용하여 익수자 위치로 되돌아간다.

사 선외로 추락한 사람이 시야에서 벗어나지 않도록 계속 주시한다.

아 선외로 추락한 사람을 발견한 사람은 익수자에게 구명부환을 던져주어야 한다.

해설

익수자가 발생한 반대 현측이 아니라, 익수자 현측으로 즉시 최대 전타한다.

정답 **15** 가　**16** 사　**17** 나　**18** 사　**19** 가

20 황천항해에 대비하여 선창에 화물을 실을 때 주의사항으로 옳지 않은 것은?

가 먼저 양하할 화물부터 싣는다.

나 선적 후 갑판 개구부의 폐쇄를 확인한다.

사 무거운 것은 밑에 실어 무게중심을 낮춘다.

아 화물의 이동에 대한 방지 대책을 세워야 한다.

황천항해 대비 화물 적재 시 주의사항
- 먼저 양하할 화물은 나중에 싣는다.
- 갑판 개구부의 폐쇄를 확인한다.
- 화물의 이동에 대한 방지책을 세워야 한다.
- 무거운 것은 밑에 실어 무게중심을 낮춘다.
- 화물의 무게 분포가 한 곳에 집중되지 않도록 한다.

21 선박에서 최대 한도까지 화물을 적재한 상태는?

가 공선 상태

나 만재 상태

사 경하 상태

아 선미트림 상태

만재 상태 : 선박의 안전 항해를 위해 허용된 최대 한도까지 화물을 적재하여 홀수가 만재홀수에 도달한 상태를 말한다.

22 황천 시 파도에 의한 선수부 충격을 줄이기 위한 조선법으로 속력을 너무 줄이면 보침이 어려운 조종법은?

가 러칭(Lurching)

나 레이싱(Racing)

사 라이 투(Lie to)

아 히브 투(Heave to)

히브 투(Heave to) : 황천 시 선수부 충격을 줄이기 위하여 속력을 크게 낮추고 풍파에 대해 일정한 자세를 유지하는 조종법으로, 속력이 지나치게 감소하면 보침이 어려워진다.

23 황천항해에 대비한 선박의 안정성을 판단하는 데 있어서 가장 중요한 기준은?

가 중력

나 복원력

사 선체의 중량

아 배수량

복원력 : 선박이 물에 떠 있는 상태에서 외부로부터 힘을 받아서 경사할 때, 저항 또는 외력을 제거하면 원래의 상태로 되돌아오려고 하는 힘으로, 황천항해 시 선박의 안정성을 판단하는 가장 중요한 기준이다.

24 선박의 침몰 방지를 위하여 선체를 해안에 고의적으로 얹히는 것은?

가 전복

나 접촉

사 충돌

아 임의 좌주

임의 좌주 : 선박의 침몰을 방지하기 위하여 선체를 해안이나 얕은 곳에 의도적으로 얹히는 조치로, 임의 좌주로 적합한 장소로는 강한 조류나 너울이 없는 곳, 모래나 자갈로 된 지역, 간만의 차가 큰 곳 등을 들 수 있다.

25 선박 화재사고 발생의 직접적인 원인이 아닌 것은?

가 전선 단락

나 절연상태 불량

사 조타기 고장

아 인화성 물질 관리 소홀

선박 화재사고 발생의 직접적인 원인 : 절연상태 불량, 인화성 물질 관리 소홀, 전선 단락 등

정답 **20** 가 **21** 나 **22** 아 **23** 나 **24** 아 **25** 사

01 해상교통안전법상 '조종제한선'이 아닌 선박은?

가 준설 작업을 하고 있는 선박

나 항로표지를 부설하고 있는 선박

사 항행 중 어획물을 옮겨 싣고 있는 어선

아 주기관의 고장으로 인해 움직일 수 없는 선박

조종제한선 : 다음의 작업과 그 밖에 선박의 조종성능을 제한하는 작업에 종사하고 있어 다른 선박의 진로를 피할 수 없는 선박(법 제2조 제11호)
- 항로표지, 해저전선 또는 해저파이프라인의 부설·보수·인양 작업
- 준설(浚渫)·측량 또는 수중 작업
- 항행 중 보급, 사람 또는 화물의 이송 작업
- 항공기의 발착(發着)작업
- 기뢰 제거작업
- 진로에서 벗어날 수 있는 능력에 제한을 많이 받는 예인작업

02 해상교통안전법상 해양경찰청 소속 경찰공무원의 음주 측정에 관한 설명으로 옳지 않은 것은?

가 다른 선박의 안전운항을 해칠 우려가 있는 경우 측정할 수 있다.

나 술에 취한 상태의 기준은 혈중알코올농도 0.01퍼센트 이상으로 한다.

사 술에 취한 상태에서 조타기를 조작할 것을 지시하였을 경우 측정할 수 있다.

아 측정결과에 불복하는 경우 동의를 받아 혈액채취 등의 방법으로 다시 측정할 수 있다.

해설

술에 취한 상태에서의 조타기 조작 등 금지(법 제39조)
- 누구든지 술에 취한 상태에서 조타기를 조작하거나 조작할 것을 지시하여서는 아니 된다.
- 해양경찰청 소속 경찰공무원은 술에 취한 상태에서 조타기를 조작하거나 조작할 것을 지시한 경우, 다른 선박의 안전운항을 해치거나 해칠 우려가 있는 경우 또는 해양사고가 발생한 경우에는 호흡조사 등의 방법으로 술에 취한 상태인지 여부를 측정할 수 있다.
- 이 경우 측정결과에 불복하는 사람에 대하여는 그 동의를 받아 혈액채취 등의 방법으로 다시 측정할 수 있다.
- 이 법에서 '술에 취한 상태'란 혈중알코올농도 0.03퍼센트 이상인 상태를 말한다.

03 (　　)에 적합한 것은?

> "해상교통안전법상 길이 20미터 미만의 선박이나 (　　)은 좁은 수로등의 안쪽에서만 안전하게 항행할 수 있는 다른 선박의 통행을 방해하여서는 아니 된다."

가 어선

나 범선

사 소형선

아 작업선

좁은 수로 등에서의 항법 : 길이 20미터 미만의 선박이나 범선은 좁은 수로 등의 안쪽에서만 안전하게 항행할 수 있는 다른 선박의 통행을 방해하여서는 아니 된다(법 제74조 제2항).

정답　**01** 아　**02** 나　**03** 나

04 해상교통안전법상 통항분리수역을 항행하는 경우 준수해야 할 사항이 아닌 것은?

가 통항로 안에서는 정해진 진행 방향으로 항행할 것

나 원칙적으로 통항로의 출입구를 통하여 출입할 것

사 통항로 옆쪽으로 출입하는 경우 대각도로 출입할 것

아 분리선이나 분리대에서 될 수 있으면 떨어져 항행할 것

통항분리수역에서의 항법(법 제75조)
- 통항로 안에서는 정해진 진행 방향으로 항행할 것
- 통항로에는 원칙적으로 그 출입구를 통하여 출입할 것
- 통항로의 옆쪽으로 출입하는 경우에는 그 통항로에 대하여 정하여진 선박의 진행 방향에 대하여 될 수 있으면 작은 각도로 출입할 것
- 분리선이나 분리대에서 될 수 있으면 떨어져 항행할 것

05 해상교통안전법상 충돌의 위험이 있는 2척의 동력선이 상대의 진로를 횡단하는 경우 피항선이 피항동작을 취하고 있지 아니하다고 판단되었을 때 유지선의 조치로 옳은 것은?

가 피항 동작

나 침로와 속력 계속 유지

사 증속하여 피항선 선수 방향 횡단

아 좌현 쪽에 있는 피항선을 향하여 침로를 왼쪽으로 변경

유지선의 동작 : 충돌의 위험이 있는 경우 이 법에 따라 피항선이 아닌 선박은 그 침로와 속력을 유지하여야 한다. 다만, 피항선이 적절한 피항동작을 취하고 있지 아니하다고 판단되는 경우에는 충돌을 피하기 위하여 스스로 피항동작을 취하여야 한다(법 제82조 제2항).

06 해상교통안전법상 서로 시계 안에서 항행 중인 범선과 동력선이 마주치는 상태일 경우에 피항 방법으로 옳은 것은? (단, 좁은 수로, 통항분리제도 및 앞지르기하는 경우는 제외함)

가 동력선만 침로를 변경한다.

나 각각 우현 쪽으로 침로를 변경한다.

사 각각 좌현 쪽으로 침로를 변경한다.

아 좌현에 바람을 받고 있는 선박이 우현 쪽으로 침로를 변경한다.

선박 사이의 책무 : 서로 시계 안에서 항행 중인 선박이 서로 다른 종류의 선박인 경우에는 이 법에서 따로 규정한 경우를 제외하고는 동력선은 범선의 진로를 피하여야 한다(법 제83조 제2항).

07 해상교통안전법상 동력선이 시계가 제한된 수역을 항행할 때의 항법으로 옳은 것은?

가 가급적 속력 증가

나 기관 즉시 조작 준비

사 후진 기관 사용 금지

아 레이더만으로 다른 선박이 있는 것을 탐지하고 침로 변경만으로 피항동작을 할 경우 선수방향에 있는 선박에 대하여 좌현 쪽으로 침로를 변경하여 충돌 회피

제한된 시계에서의 항법 : 시계가 제한된 수역이나 그 부근에서 항행하는 모든 선박은 그 당시의 사정과 조건에 적합한 안전한 속력으로 항행하여야 하며, 동력선은 기관을 즉시 조작할 수 있도록 준비하고 있어야 한다(법 제84조 제2항).

정답 **04** 사 **05** 가 **06** 가 **07** 나

08 해상교통안전법상 제한된 시계에서 충돌의 위험성이 없다고 판단한 경우 외에 자기 선박의 양쪽 현의 정횡 앞쪽에 있는 다른 선박의 무중신호를 듣고 취할 조치에 관한 설명으로 옳은 것을 〈보기〉에서 모두 고른 것은?

> **┤ 보기 ├**
> ㄱ. 최대 속력으로 항행하면서 경계를 한다.
> ㄴ. 우현 쪽으로 침로를 변경시키지 않는다.
> ㄷ. 필요시 자기 선박의 진행을 완전히 멈춘다.
> ㄹ. 충돌의 위험성이 사라질 때까지 주의하여 항행하여야 한다.

가 ㄴ, ㄷ   나 ㄷ, ㄹ
사 ㄱ, ㄴ, ㄹ   아 ㄴ, ㄷ, ㄹ

제한된 시계에서 무중신호를 들은 경우의 조치 : 시계가 제한된 수역이나 그 부근에서 항행하는 선박은 다른 선박의 무중신호를 들었을 때에는 충돌의 위험성이 없다고 판단한 경우 외에는 속력을 줄여야 하며, 필요하다고 인정되면 자기 선박의 진행을 완전히 멈추어야 한다. 이 경우 어떠한 경우에도 충돌의 위험성이 사라질 때까지 주의하여 항행하여야 한다(법 제84조 제6항).

09 해상교통안전법상 현등 1쌍 대신에 양색등으로 표시할 수 있는 선박의 길이 기준은?

가 12미터 미만   나 20미터 미만
사 24미터 미만   아 45미터 미만

양색등으로 현등을 대신할 수 있는 기준 : 항행 중인 길이 20미터 미만의 선박은 좌현에는 적색, 우현에는 녹색의 현등 1쌍을 표시하는 대신에 양색등 1개를 표시할 수 있다(법 제88조).

10 해상교통안전법상 조타기가 고장이 나서 다른 선박의 진로를 피할 수 없는 길이 12미터 이상인 선박이 대수속력이 없는 경우에 표시하여야 하는 등화나 형상물은?

가 가장 잘 보이는 곳에 수직으로 흰색 전주등 2개
나 가장 잘 보이는 곳에 수직으로 붉은색 전주등 2개
사 가장 잘 보이는 곳에 둥근꼴이나 그와 비슷한 형상물 1개
아 가장 잘 보이는 곳에 마름모꼴이나 그와 비슷한 형상물 1개

조종불능선의 등화 : 조종불능선은 가장 잘 보이는 곳에 수직으로 붉은색 전주등 2개 또는 둥근꼴이나 그와 비슷한 형상물 2개를 표시하여야 한다. 다만, 대수속력이 없는 길이 12미터 미만의 선박은 그러하지 아니하다(법 제92조).

11 해상교통안전법상 360도에 걸치는 수평의 호를 비추는 등화로서 일정한 간격으로 1분에 120회 이상 섬광을 발하는 등은?

가 현등
나 전주등
사 선미등
아 섬광등

등화의 종류 : 섬광등이란 360도에 걸치는 수평의 호를 비추는 등화로서 일정한 간격으로 1분에 120회 이상 섬광을 발하는 등을 말한다(법 제86조 제6호).

정답   **08** 나   **09** 나   **10** 나   **11** 아

12 해상교통안전법상 길이 12미터 이상인 어선이 투묘하여 정박하였을 때 낮 동안에 표시하여야 하는 것은?

가 어선은 특별히 표시할 필요가 없다.

나 잘 보이도록 황색기 1개를 표시하여야 한다.

사 앞쪽에 둥근꼴의 형상물 1개를 표시하여야 한다.

아 둥근꼴의 형상물 2개를 가장 잘 보이는 곳에 수직으로 표시하여야 한다.

정박 중인 선박의 형상물 : 길이 12미터 이상인 선박이 투묘하여 정박한 경우에는 낮 동안에 앞쪽에 둥근꼴의 형상물 1개를 표시하여야 한다(법 제95조).

13 해상교통안전법상 항행 중인 동력선이 서로 상대의 시계 안에 있을 때 침로를 오른쪽으로 변경하고 있는 경우 행하는 조종신호는?

가 단음 1회

나 단음 2회

사 장음 1회

아 장음 2회

조종신호 : 서로 상대의 시계 안에 있는 항행 중인 동력선이 침로를 오른쪽으로 변경하고 있음을 알리려는 경우에는 단음 1회의 기적신호를 울려야 한다(법 제99조).

14 해상교통안전법상 제한된 시계 안에서 정박하여 어로작업을 하고 있거나 작업 중인 조종제한선을 제외한 길이 20미터 이상 100미터 미만의 선박이 정박 중 1분을 넘지 아니하는 간격으로 울려야 하는 음향신호는?

가 단음 5회

나 10초 정도의 긴 장음

사 10초 정도의 호루라기

아 5초 정도 재빨리 울리는 호종

제한된 시계에서 정박 중인 선박의 음향신호 : 시계가 제한된 수역이나 그 부근에서 정박 중인 길이 20미터 이상 100미터 미만의 선박은 1분을 넘지 아니하는 간격으로 약 5초 정도 재빨리 호종을 울려야 한다(법 제100조 제1항 제5호).

15 해상교통안전법상 제한된 시계 안에서 2분을 넘지 아니하는 간격으로 장음 2회의 기적신호를 들었다면 그 기적을 울린 선박은?

가 정박선

나 조종제한선

사 얹혀 있는 선박

아 대수속력이 없는 항행 중인 동력선

제한된 시계에서의 음향신호 : 시계가 제한된 수역이나 그 부근에서 항행 중인 동력선은 2분을 넘지 아니하는 간격으로 장음 1회의 기적신호를 울려야 한다. 다만, 항행 중 정지하여 대수속력이 없는 동력선은 2분을 넘지 아니하는 간격으로 장음 2회의 기적신호를 울려야 한다(법 제100조).

정답 12 사 13 가 14 아 15 아

16 (　　)에 순서대로 적합한 것은?

> "선박의 입항 및 출항 등에 관한 법률상 (　　)은 무역항의 수상구역등에서 (　　)을 위하여 필요하다고 인정하는 경우에는 항로 또는 구역을 지정하여 선박교통을 제한하거나 금지할 수 있다."

가 관리청, 선박 교통의 안전

나 관리청, 안전한 항행구역

사 해양경찰서장, 안전한 항행구역

아 해양경찰서장, 선박 교통의 안전

선박 교통의 제한·금지 : 관리청은 무역항의 수상구역 등에서 선박 교통의 안전을 위하여 필요하다고 인정하는 경우에는 항로 또는 구역을 지정하여 선박 교통을 제한하거나 금지할 수 있다(법 제9조 제1항).

17 (　　)에 적합한 것은?

> "선박의 입항 및 출항 등에 관한 법률상 (　　)의 선박을 무역항의 수상구역 등에 계선하려는 자는 해양수산부령으로 정하는 바에 따라 관리청에 신고하여야 한다."

가 총톤수 5톤 미만

나 배수톤수 5톤 미만

사 총톤수 20톤 이상

아 배수톤수 20톤 이상

계선 신고 대상 선박 : 총톤수 20톤 이상의 선박을 무역항의 수상구역등에 계선하려는 자는 해양수산부령으로 정하는 바에 따라 관리청에 신고하여야 한다(법 제7조 제1항).

18 선박의 입항 및 출항 등에 관한 법률상 무역항에 출입하려고 할 때 출입신고를 하여야 하는 선박은?

가 군함

나 해양경찰함정

사 총톤수 100톤인 선박

아 해양사고구조에 사용되는 선박

무역항 출입신고 대상 : 무역항의 수상구역 등에 출입하려는 선박은 대통령령으로 정하는 바에 따라 관리청에 신고하여야 한다. 다만, 총톤수 5톤 미만의 선박, 군함, 해양경찰함정 및 해양사고의 구조에 사용되는 선박 등은 그러하지 아니하다(법 제4조 제1항, 시행규칙 제4조).

19 선박의 입항 및 출항 등에 관한 법률상 무역항의 수상구역등의 방파제 입구 등에서 입항하는 선박과 출항하는 선박이 서로 마주칠 우려가 있을 때의 항법은?

가 입항하는 선박이 방파제 밖에서 출항하는 선박의 진로를 피하여야 한다.

나 출항하는 선박은 방파제 안에서 입항하는 선박의 진로를 피하여야 한다.

사 입항하는 선박이 방파제 입구를 좌현 쪽으로 접근하여 통과하여야 한다.

아 출항하는 선박은 방파제 입구를 좌현 쪽으로 접근하여 통과하여야 한다.

방파제 입구 등에서의 항법 : 무역항의 수상구역등의 방파제 입구 등에서 입항하는 선박과 출항하는 선박이 서로 마주칠 우려가 있는 경우에는 입항하는 선박은 방파제 밖에서 출항하는 선박의 진로를 피하여야 한다(법 제13조).

정답　16 가　17 사　18 사　19 가

20 선박의 입항 및 출항 등에 관한 법률상 무역항의 수상구역 등에 출입하는 경우에 항로를 따라 항행하지 않아도 되는 선박은?

가 총톤수 10톤인 화물선
나 총톤수 20톤인 병원선
사 총톤수 50톤인 여객선
아 총톤수 100톤인 실습선

항로 준수의 예외 : 무역항의 수상구역 등에 출입하는 선박은 우선피항선을 제외하고 지정·고시된 항로를 따라 항행하여야 한다(법 제10조 제2항).
가. 총톤수 20톤 미만의 선박은 다른 선박의 진로를 피하여야 하는 우선피항선이다.

21 (   )에 순서대로 적합한 것은?

> "선박의 입항 및 출항 등에 관한 법률상 (   ) 에서 2척 이상의 선박이 항행할 때에는 서로 충돌을 예방할 수 있는 (   )를 유지하여야 한다."

가 무역항의 수상구역 밖, 적당한 거리
나 무역항의 수상구역 밖, 상당한 거리
사 무역항의 수상구역 등, 상당한 거리
아 무역항의 수상구역 등, 적당한 거리

항행 선박 간의 거리 유지 : 무역항의 수상구역 등에서 2척 이상의 선박이 항행할 때에는 서로 충돌을 예방할 수 있는 상당한 거리를 유지하여야 한다(법 제18조).

22 선박의 입항 및 출항 등에 관한 법률상 우선피항선이 아닌 것은?

가 예선
나 총톤수 20톤인 여객선
사 압항부선을 제외한 부선
아 주로 노와 삿대로 운전하는 선박

우선피항선의 범위(법 제2조 제5호)
'우선피항선'이란 무역항의 수상구역 등에서 다른 선박의 진로를 피하여야 하는 선박으로서 다음의 선박을 말한다.
• 예선
• 압항부선을 제외한 부선
• 주로 노와 삿대로 운전하는 선박
• 총톤수 20톤 미만의 선박

23 해양환경관리법상 선박의 밑바닥에 고인 액상 유성혼합물은?

가 석유
나 선저폐수
사 폐기물
아 잔류성 오염물질

선저폐수의 정의 : 선저폐수란 선박의 밑바닥에 고인 액상의 유성혼합물을 말한다(법 제2조 제18호).

정답 **20** 가 **21** 사 **22** 나 **23** 나

24 해양환경관리법상 선박에서 배출할 수 있는 오염물질의 배출 방법으로 옳지 않은 것은?

가 빗물이 섞인 폐유를 전량 육상에 양륙한다.

나 저장용기에 선저폐수를 저장해서 육상에 양륙한다.

사 플라스틱 용기를 분류해서 저장한 후 육상에 양륙한다.

아 정박 중 발생한 음식찌꺼기를 선박이 출항 후 즉시 투기한다.

선박에서의 오염물질 배출 방법(법 제22조)
- 폐유·선저폐수 등은 저장용기에 보관하여 육상으로 양륙하여 처리하여야 함
- 플라스틱류 폐기물은 분리·보관 후 육상 처리 대상임
- 음식찌꺼기는 정박 중이든 출항 직후이든 해상 투기가 허용되지 아니함

25 해양환경관리법상 소형 선박에 비치하여야 하는 기관구역용 폐유저장용기에 관한 규정으로 옳지 않은 것은?

가 용기는 2개 이상으로 나누어 비치할 수 있다.

나 용기는 견고한 금속성 재질 또는 플라스틱 재질이어야 한다.

사 총톤수 5톤 이상 10톤 미만의 선박은 30리터 저장용량의 용기를 비치하여야 한다.

아 총톤수 10톤 이상 30톤 미만의 선박은 60리터 저장용량의 용기를 비치하여야 한다.

기관구역용 폐유저장용기 기준 : 소형 선박에는 기관구역에서 발생하는 폐유를 저장하기 위한 저장용기를 비치하여야 하며, 저장용기는 1개 또는 2개 이상으로 나누어 비치할 수 있다. 저장용기의 재질은 견고한 금속 또는 플라스틱으로 하여야 한다. 총톤수 5톤 이상 10톤 미만의 선박은 저장용량 20리터 이상, 총톤수 10톤 이상 30톤 미만의 선박은 저장용량 60리터 이상의 저장용기를 비치하여야 한다(선박에서 오염방지시설에 관한 규정 – 해양수산부 고시).

제4과목 기관

01 내연기관의 거버너에 대한 설명으로 옳은 것은?

가 윤활유의 온도를 자동으로 조절한다.

나 기관에 흡입되는 공기량을 자동으로 조절한다.

사 기관에 들어가는 연료유의 온도를 자동으로 조절한다.

아 기관의 회전 속도가 일정하게 되도록 연료유의 공급량을 조절한다.

거버너 : 기관의 회전 속도를 일정하게 유지하기 위해 기관에 공급되는 연료의 공급량을 가감하는 장치이다.

02 내연기관의 실린더부피에 대한 설명으로 옳은 것은?

가 행정부피와 항상 같다.

나 행정부피보다 항상 작다.

사 행정부피보다 항상 크다.

아 행정부피에서 압축부피를 뺀 부피이다.

실린더부피는 실린더 내부의 전체 공간, 즉 피스톤이 움직일 수 있는 체적을 의미하며, 행정부피는 피스톤이 상사점에서 하사점까지 이동할 때 실제로 변하는 체적으로 실린더부피 중에서 피스톤이 실제로 쓸 수 있는 공간이다. 따라서 실린더부피가 더 크고 행정부피는 그 일부이다(실린더부피 ≥ 행정부피).

03 디젤기관에서 실린더 라이너의 마멸 원인이 아닌 것은?

가 피스톤링의 장력이 너무 클 때

나 흡입공기 압력이 너무 높을 때

사 연접봉의 경사로 생긴 피스톤의 측압이 너무 클 때

아 사용 중인 윤활유의 품질이 부적당하거나 부족할 때

실린더 라이너의 마멸 원인
• 연접봉의 경사로 생긴 피스톤의 측압
• 피스톤링의 장력이 너무 강하거나 재질이 불량할 때
• **실린더 라이너의 윤활 불량** : 사용 윤활유가 부적당하거나 과부족일 때
• **실린더의 고온** : 실린더 라이너의 냉각이 불량할 때
• 연소상태의 불량, 저질 연료 사용
• 수분 등의 유입으로 유막 형성이 불량
• 흡입 공기 중의 먼지나 이물질 등에 의한 마모

04 내연기관에서 피스톤링의 주된 역할이 아닌 것은?

가 실린더 라이너의 마멸을 방지한다.

나 실린더 내벽의 윤활유를 고르게 분포시킨다.

사 피스톤에서 받은 열을 실린더 라이너로 전달한다.

아 피스톤과 실린더 라이너 사이의 기밀을 유지한다.

피스톤링의 3대 작용 : 기밀 작용(가스 누설을 방지, 절구틈이 작아야 함), 열 전달 작용(피스톤이 받은 열을 실린더로 전달), 오일 제어 작용(실린더 벽면에 유막 형성 및 여분의 오일을 제어)

정답 01 아   02 사   03 나   04 가

05 소형기관의 피스톤 재질에 대한 설명으로 옳지 않은 것은?

가 강도가 큰 것이 좋다.

나 무게가 무거운 것이 좋다.

사 열전도가 잘 되는 것이 좋다.

아 마멸에 잘 견디는 것이 좋다.

소형기관 피스톤 재질의 요구 조건 : 고온·고압의 연소 가스에 노출되어 내열성과 열전도성이 우수해야 하며 고속으로 왕복운동을 하므로 가벼우면서 충분한 강도를 가져야 한다.

06 소형 디젤기관에서 플라이휠의 주된 역할은?

가 크랭크암의 개폐작용을 방지한다.

나 크랭크축의 회전을 균일하게 해준다.

사 스러스트 베어링의 마멸을 방지한다.

아 기관의 고속 회전을 용이하게 해준다.

플라이휠의 역할
- 크랭크축이 일정한 속도로 회전할 수 있도록 함
- 기동전동기를 통해 기관 시동을 걸고, 클러치를 통해 동력을 전달하는 기능
- 기관의 시동을 쉽게 해 주고 저속 회전을 가능하게 해 줌
- 크랭크 각도가 표시되어 있어 밸브의 조정을 편리하게 함

07 디젤기관에서 윤활유가 열화 변질되는 원인으로 옳지 않은 것은?

가 연소가스가 혼입된 경우

나 윤활유 온도가 너무 높은 경우

사 윤활유 냉각기로부터 해수가 혼입된 경우

아 윤활유 냉각기의 냉각수 온도가 너무 낮은 경우

윤활유 열화 변질 원인 : 윤활유는 사용 중 점차 변질되어 성능이 저하되는데, 이를 윤활유의 열화라고 한다. 열화의 주된 원인은 공기 중 산소에 의한 산화 및 연소 생성물 혼입, 고온으로 인한 잔류 탄소 발생, 수분의 혼입, 금속 마모분이나 먼지의 혼입 등이 있다.

08 디젤기관의 운전 중 진동이 증가하는 원인이 아닌 것은?

가 노킹 현상이 심할 때

나 윤활유 압력이 높을 때

사 기관이 위험 회전수로 운전될 때

아 기관의 베드 볼트가 여러 개 절손되었을 때

디젤기관 운전 중 진동 증가 원인 : 위험 회전수에서 운전, 각 실린더의 최고압력이 고르지 않음, 기관 베드의 설치 볼트가 이완 또는 절손, 각 베어링의 큰 틈새, 기관의 노킹 현상 등

정답 05 나 06 나 07 아 08 나

09 소형 디젤기관에서 시동 전동기에 의해 크랭크축이 회전 후 연소실에서 폭발이 일어나지 않는 주된 원인은?

가 축전기가 방전된 경우

나 시동 스위치가 고장 난 경우

사 연료유의 공급이 매우 부족한 경우

아 시동 전동기의 마그네틱 스위치가 고장 난 경우

시동 후 폭발이 일어나지 않는 원인
- 연료분사펌프의 래크가 고착되거나 인덱스가 너무 낮음
- 연료유 공급 불량
- 연료펌프로부터 연료 밸브까지의 배관에 공기가 유입됨
- 노즐의 구멍이 막힘

10 운전 중인 소형기관에서 흰색의 배기가스가 배출되는 경우의 원인으로 옳은 것은?

가 과부하로 운전되는 경우

나 윤활유의 압력이 낮은 경우

사 냉각수가 연소실로 누설되는 경우

아 흡입되는 공기의 압력이 낮은 경우

디젤기관에서 배기가스가 흰색으로 보일 때는 연소실에 냉각수나 수분이 누설되거나 연료에 수분이 혼입된 경우이다.

11 디젤기관의 시동 전 준비사항으로 옳지 않은 것은?

가 연료유 계통을 점검한다.

나 윤활유 계통을 점검한다.

사 시동공기 계통을 점검한다.

아 테스트 콕을 닫고 터닝기어를 연결한다.

터닝기어는 시동 전 준비사항으로 직접 연결하는 것이 아니라, 필요시 시동 후 또는 점검용으로 제한적으로 사용된다.

＊ **디젤기관 시동 전 준비사항**
- 시동 전에는 연료유, 윤활유, 냉각수, 시동공기 등의 계통을 점검하여 정상 상태인지 확인함
- 여과기, 밸브, 펌프 등 주요 장치의 이상 여부를 점검하고 필요시 보충 또는 조정함
- 실린더 내부의 잔류 가스를 배출하고 압축 공기가 충분히 공급되는지 확인함

12 소형 고속기관에서 추진기의 효율을 높이기 위해 기관과 추진기 사이에 설치하는 장치는?

가 조속 장치

나 과급 장치

사 감속 장치

아 밀봉 장치

감속 장치 : 기관의 크랭크축으로부터 회전수를 감속시켜서 추진 장치에 전달하여 주는 장치이다. 이 장치를 설치하면 프로펠러축의 회전수가 적정 수준으로 유지되어 추진 효율이 향상된다.

정답 09 사 10 사 11 아 12 사

13 나선형 추진기의 날개 한 개가 절손되었을 때 발생하는 현상으로 옳은 것은?

가 출력이 높아진다.
나 진동이 증가한다.
사 선속이 증가한다.
아 추진기 효율이 증가한다.

해설 

나선형 추진기(스크루 프로펠러)는 축계를 통해 전달된 기관의 동력으로 배를 추진하는 장치로, 프로펠러 날개가 절손되면 회전 시 불균형이 발생하여 추진기의 진동이 증가한다. 또한 추진 효율이 저하되고 선속이 감소하며, 출력도 안정적으로 전달되지 않는다.

14 다음 그림에서 ①과 같이 프로펠러와 선체의 부식을 방지하기 위해 설치되는 것은?

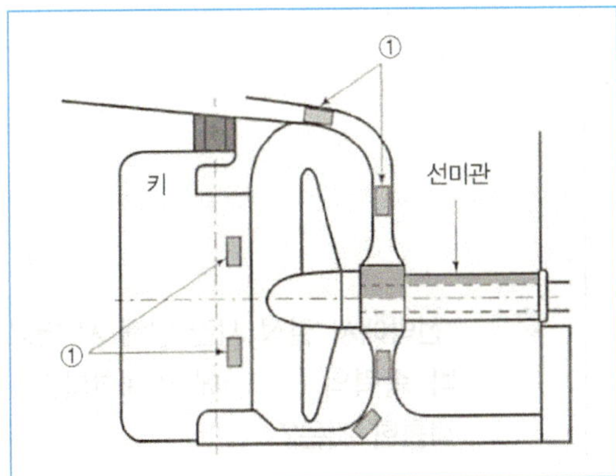

가 구리
나 니켈
사 아연
아 주석

해설

프로펠러나 키 주위에는 철보다 이온화 경향이 큰 아연판을 부착하여 부식을 방지한다.

15 임펠러를 회전시켜 액체를 이송하는 펌프는?

가 원심펌프
나 왕복펌프
사 기어펌프
아 제트펌프

해설 

가. **원심펌프** : 액체 속에서 임펠러(회전차)를 고속으로 회전시켜, 그 원심력으로 액체를 임펠러의 중심부로부터 원주 방향으로 유동시켜 에너지를 주어 분출시키는 펌프이다.
나. **왕복펌프** : 실린더 속의 피스톤 또는 플런저(Plunger)가 왕복운동을 함으로써 액체에 직접 압력을 주어 필요한 곳으로 유체를 보내는 펌프이다.
사. **기어펌프** : 2개의 기어가 케이싱 속에서 서로 맞물려 회전하여 기름을 흡입측에서 송출측으로 밀어내는 펌프이다.

16 원심펌프에서 축이 케이싱을 관통하는 곳에 기밀 유지를 위해 설치하는 것은?

가 오일링
나 구리패킹
사 피스톤링
아 글랜드패킹

해설 

글랜드패킹 : 원심펌프의 축이 케이싱을 관통하는 곳에 기밀 유지를 위해 설치하는 것으로, 축의 운동 부분으로부터 유체가 새는 것을 방지하기 위해 사용한다.

정답 **13** 나 **14** 사 **15** 가 **16** 아

17 유체를 한 방향으로만 흐르게 하고 반대 방향으로의 흐름을 차단하는 밸브는?

가 나비밸브 나 체크밸브
사 슬루스밸브 아 글러브밸브

체크밸브 : 유체를 어느 한 방향으로만 흐르게 하고, 반대 방향으로 역류하는 것을 방지하는 밸브이다. 원심 펌프나 기타 펌프 계통에서 정전 또는 급정지 시 발생할 수 있는 유체의 역류로 장치가 손상되는 것을 예방하고 구조가 단순하며, 설치와 유지가 용이하여 소형 선박의 배관 계통에서 널리 사용된다.

18 왕복펌프에 공기실을 설치하는 주된 목적은?

가 펌프의 발열을 방지하기 위해
나 송출유량을 균일하게 하기 위해
사 발생되는 공기를 모아 제거시키기 위해
아 공기의 유입이나 액체의 누설을 막기 위해

피스톤의 운동에 따라 유체를 송출하므로 송출량에 맥동이 생기는데, 송출유량을 균일하게 하기 위해 송출관 측의 실린더에 공기실을 설치한다.

19 변압기의 역할은?

가 전압의 변환
나 전력의 변환
사 압력의 변환
아 저항의 변환

변압기 : 교류의 전압이나 전류의 값을 변환(전압을 증감)시키는 장치로, 예를 들어 교류 440V를 220V로 낮추고자 할 때 필요하다.

20 교류 220[V]의 전압을 아날로그 회로 시험기로 계측할 경우 레인지 선택 스위치의 위치로 가장 적절한 것은?

가 ACV 50
나 DCV 50
사 ACV 250
아 DCV 250

교류 전압 계측 시 레인지 선택
• 아날로그 멀티테스터(회로 시험기)를 사용하여 전압을 측정할 때는 측정하려는 전압보다 큰 레인지로 설정한 후 점차 낮은 레인지로 조정하며 측정해야 함
• 220[V] 교류 전압을 계측할 경우, 50[V] 레인지로는 측정이 불가능하므로, 250[V] 이상의 교류 전압용 레인지를 선택해야 함
• 전압 계측 시 교류(AC)와 직류(DC)를 구분하고, 계측기의 지침이 '0점'에 위치하는지 확인한 후 측정해야 함

21 "선박에서 일정 시간 항해 시 연료소비량은 선박 속력의 (   )에 비례한다."에서 (   )에 적합한 것은?

가 제곱
나 세제곱
사 네제곱
아 다섯제곱

선박에서 일정 시간 항해 시 연료소비량은 속력의 세제곱에 비례하고, 일정 거리 항해 시 연료소비량은 속력의 제곱에 비례한다.

정답 **17** 나 **18** 나 **19** 가 **20** 사 **21** 나

22 압력의 단위가 아닌 것은?

가 bar

나 Pa(파스칼)

사 kcal

아 kgf/cm^2

압력은 단위 면적당 작용하는 힘으로 bar, Pa(파스칼), kgf/cm^{2}로 표현된다.
사. kcal는 에너지(열량)의 단위이다.

23 운전 중인 디젤기관이 갑자기 정지되는 경우가 아닌 것은?

가 연료유가 공급되지 않는 경우

나 윤활유의 압력이 너무 낮은 경우

사 냉각수의 온도가 너무 낮은 경우

아 기관의 회전수가 과속도 설정값에 도달된 경우

운전 중인 디젤기관이 갑자기 정지되었을 경우
- 과속도 장치의 작동
- **연료유 계통 문제** : 연료유 여과기의 막힘, 연료유 수분 과다 혼입, 연료 탱크에 기름이 없을 경우 등
- 조속기의 고장에 의해 연료유가 공급되지 않았을 경우
- 윤활유의 압력이 너무 낮아졌을 경우
- 기관의 회전수가 규정치보다 너무 높아졌을 경우

24 연료유의 끈적끈적한 성질의 정도를 나타내는 용어는?

가 점도

나 비중

사 밀도

아 융점

점도 : 유체가 이동하기 어려움의 정도, 즉 끈적거림의 정도이다. 연료분사 밸브의 연료분사 상태에 가장 영향을 많이 주는 연료유의 성질로, 연료유의 온도가 낮을수록 점도가 높아진다. 점도가 너무 높으면 연료의 유동이 어려워 펌프 동력 손실이 커지고, 점도가 너무 낮으면 연소상태가 좋지 않다.

25 연료유의 수급 시 주의사항으로 옳지 않은 것은?

가 수급 시 감시자를 배치한다.

나 가능한 한 탱크에 가득 적재한다.

사 탱크 내의 잔량을 사전에 확인한다.

아 해양오염사고가 발생하지 않도록 주의한다.

탱크에 가능한 한 가득 적재하는 것이 원칙은 아니다. 오히려 안전과 운항 효율을 위해 적절한 여유 공간을 두는 것이 중요하다.

정답 **22** 사 **23** 사 **24** 가 **25** 나

2025년 제4회 최신 기출문제

01 액체식 자기 컴퍼스의 컴퍼스액을 구성하는 성분은?

가 증류수와 해수의 혼합액

나 증류수와 염산의 혼합액

사 에틸알코올과 염산의 혼합액

아 에틸알코올과 증류수의 혼합액

액체식 자기 컴퍼스의 컴퍼스액은 에틸알코올과 증류수의 혼합액으로 구성된다. 이는 온도 변화에 따른 팽창·수축을 완화하고, 기포 발생을 줄여 지침의 안정성을 유지하기 위함이다.

02 기계식 자이로컴퍼스의 위도오차에 관한 설명으로 옳지 않은 것은?

가 위도가 높을수록 오차는 감소한다.

나 북위도 지방에서는 편동오차가 된다.

사 적도 지방에서는 오차가 생기지 않는다.

아 경사 제진식 자이로컴퍼스에만 있는 오차이다.

위도오차는 제진 세차 운동과 지북 세차 운동이 동시에 일어나는 경사 제진식 제품에만 발생한다.
적도 지방에서는 오차가 발생하지 않으며, 위도가 높을수록 오차가 증가한다.

03 전자식 선속계의 검출부 전극의 부식방지를 위하여 전극 부근에 부착하는 것은?

가 핀

나 도관

사 자석

아 아연판

검출부 전극의 부식을 방지하기 위하여 희생 양극 역할을 하는 아연판을 전극 부근에 부착한다.

04 선박자동식별장치(AIS)의 정적 정보가 아닌 것은?

가 선명

나 선박의 속력

사 호출부호

아 아이엠오(IMO) 번호

선명, 호출부호, IMO 번호 등은 정적 정보에 해당한다.
나. 선박의 속력은 항해 중 변하는 동적 정보에 해당한다.

05 진자오선과 자기 자오선이 이루는 교각은?

가 자차

나 편차

사 자침로

아 나침로

편차 : 진자오선과 자기 자오선이 이루는 각으로, 지구 자기장의 분포에 따라 지역별로 다르게 나타난다.

정답　01 아　02 가　03 아　04 나　05 나

06 인공위성을 이용하여 선위를 구하는 기기는?

가 지피에스(GPS)

나 로란(LORAN)

사 레이더(RADAR)

아 데카(DECCA)

해설

지피에스(GPS) : 24개의 인공위성으로부터 오는 전파를 사용하여 본선의 위치를 계산하는 방식으로 위성마다 서로 다른 PN코드를 사용한다.

07 교차방위법으로 물표를 선정하는 방법으로 옳지 않은 것은?

가 적당히 가까운 물표일 것

나 2개보다 3개를 선정할 것

사 물표 사이의 교각은 150°~300°일 것

아 해도상 위치가 명확한 물표를 선정할 것

해설

교차방위법으로 물표를 선정하는 방법
- 해도상의 위치가 정확하고 뚜렷한 목표를 선정
- 먼 물표보다는 적당히 가까운 물표를 선택
- 물표 상호 간의 각도는 될 수 있는 한 30°~ 150°인 것을 선정
- 두 물표일 때에는 90°, 세 물표일 때는 60°가 가장 좋음
- 물표가 많을 때는 2개보다 3개 이상을 선정하는 것이 좋음

08 다음 중 종이해도에서 수심으로 선위를 결정할 때 반드시 필요한 것은?

가 망원경

나 컴퍼스

사 천측력

아 핸드 레드

해설

핸드 레드 : 수심이 얕은 곳에서 수심과 저질을 측정하는 측심의로, 3~7kg의 레드와 45~70m 정도의 레드 라인으로 구성된다.

09 태양이 남반구에서 북반구로 넘어올 때 지나는 분점은?

가 춘분점

나 하지점

사 추분점

아 동지점

해설

춘분점 : 태양이 남반구에서 북반구로 이동하면서 천구의 적도를 통과하는 지점이다.

10 선박 주위에 있는 높은 건물로 인해 레이더 화면에 나타나는 거짓상은?

가 맹목 구간에 의한 거짓상

나 간접 반사에 의한 거짓상

사 다중 반사에 의한 거짓상

아 거울면 반사에 의한 거짓상

해설

거울면 반사에 의한 거짓상 : 안벽이나 높은 건물처럼 반사율이 높은 구조물에 의해 레이더 전파가 반사되어 실제 물표와 대칭된 위치에 허상이 나타나는 형상이다.

정답 **06** 가 **07** 사 **08** 아 **09** 가 **10** 아

11 종이해도에서 개략적인 위치를 나타내는 해도 도식은?

가 PA
나 Rep
사 Cov
아 Uncov

종이해도에서 개략적인 위치를 나타내는 도식은 PA (Plotting Aid)이다. 정밀한 선위가 아닌 대략적 위치 파악에 사용된다.

나. Rep, 사. Cov, 아. Uncov는 해도의 갱신·보정 상태를 나타내는 표기이다.

12 한국 해도(Korean chart)는 어느 기관에서 발간하는가?

가 국방부
나 한국해양수산연수원
사 국립해양조사원
아 한국해양교통안전공단

우리나라 해도는 국가 수로조사 업무를 담당하는 국립해양조사원에서 제작·발간한다.

13 조석과 관련된 용어에 관한 설명으로 옳지 않은 것은?

가 조석은 해면의 주기적 승강 운동을 말한다.
나 고조는 조석으로 인하여 해면이 높아진 상태를 말한다.
사 게류는 저조시에서 고조시까지 흐르는 조류를 말한다.
아 대조승은 대조에 있어서의 고조의 평균 조고를 말한다.

창조류에서 낙조류로, 또는 반대로 흐름 방향이 변하는 것을 전류라 하는데, 이때 흐름이 잠시 정지하는 현상을 게류라 한다. 저조시에서 고조시까지 흐르는 조류는 창조류이며, 반대로 고조시에서 저조시로 흐르는 조류는 낙조류이다.

14 좁은 수로의 항로를 표시하기 위하여 항로의 연장선 위에 앞뒤로 2개 이상의 표지를 설치하여 선박을 인도하는 형상(주간)표지는?

가 도표
나 부표
사 육표
아 입표

도표 : 좁은 수로의 항로 연장선 위에 2개 이상의 표지를 전후로 설치하여 선박이 안전한 항로를 따라 항해하도록 인도하는 형상(주간)표지이다. 등광을 함께 설치하면 도등이 된다.

15 레이더에서 발사된 전파를 받을 때에만 응답하며, 일정한 형태의 신호가 나타날 수 있도록 전파를 발사하는 전파표지는?

가 레이콘(Racon)
나 레이마크(Ramark)
사 코스 비컨(Course beacon)
아 레이더 리플렉터(Radar reflector)

나. **레이마크(Ramark)** : 일정한 지점에서 레이더를 계속 발사하는 것으로 송신국의 방향이 밝은 선(휘선)으로 나타나도록 전파를 발사하는 표지

사. **코스 비컨(Course beacon)** : 특정 항로(코스)를 따라 항해하도록 신호를 송출하는 비컨

아. **레이더 리플렉터(Radar reflector)** : 전파의 반사효과를 잘 되게 하기 위한 장치로, 부표·등표 등에 설치하는 경금속으로 된 반사판

정답 11 가 12 사 13 사 14 가 15 가

16 다음 중 가장 축척이 큰 종이해도는?

가 총도

나 항양도

사 항해도

아 항박도

항박도 : 항만, 정박지, 협수로 등 좁은 구역을 상세하게 수록한 해도(1/5만 이상의 대축척 해도)이다.

17 해저의 지형이나 기복 상태를 판단할 수 있도록 수심이 동일한 지점을 가는 실선으로 연결하여 나타낸 것은?

가 등고선

나 등압선

사 등심선

아 등온선

등심선 : 해저의 지형과 기복 상태를 알 수 있도록 수심이 같은 지점을 연결하여 표시한 선으로 해저의 경사·융기·골짜기 등을 파악하는 데 활용되어 안전 항해 판단에 중요하다.
가. **등고선** : 지표의 높이가 같은 지점을 연결한 선
나. **등압선** : 기압이 같은 지점을 연결한 선
아. **등온선** : 기온이 같은 지점을 연결한 선

18 등광은 꺼지지 않고 등색만 바뀌는 등화는?

가 부동등

나 섬광등

사 명암등

아 호광등

가. **부동등** : 등색이나 등력(광력)이 바뀌지 않고 일정하게 계속 빛을 내는 등
나. **섬광등** : 빛을 비추는 시간이 꺼져 있는 시간보다 짧은 것으로, 일정 시간마다 1회의 섬광을 내는 등
사. **명암등** : 빛을 비추는 시간이 꺼져 있는 시간보다 긴 등
아. **호광등** : 등광은 꺼지지 않고 등색만 바뀌는 등이다.

19 종이해도 위에 표시되어 있는 등질 중 'Fl(3)20s'의 의미는?

가 군섬광으로 3초간 발광하고, 20초간 쉰다.

나 군섬광으로 20초간 발광하고, 3초간 쉰다.

사 군섬광으로 3초에 20회 이하로 섬광을 반복한다.

아 군섬광으로 20초 간격으로 연속적인 3번의 섬광을 반복한다.

등질 표기 'Fl(3)20s'의 의미
• Fl은 섬광등을 의미하며, (3)은 한 주기 내에서 섬광이 3회 발생함을 나타냄
• 20s는 전체 주기가 20초임을 뜻하므로, 20초 간격으로 3회의 연속 섬광이 반복됨

정답 **16** 아 **17** 사 **18** 아 **19** 아

20 해도상에 표시되는 항로표지의 광달거리에 관한 설명으로 옳지 않은 것은?

가 시계가 나쁘면 광달거리는 현저히 감소한다.

나 광력이 약한 등광일수록 광달거리가 불규칙하다.

사 일출 때나 비가 온 후 광달거리가 커지는 경우가 있다.

아 광학적 광달거리는 수온과 기온의 차에 따라 변화한다.

광달거리 : 등광을 알아볼 수 있는 최대거리로 해도상에서는 해리(M)로 표시한다. 안고, 시계, 등화의 밝기, 광원의 높이 등에 영향을 받으며, 시계 불량 시 현저히 감소한다. 일출이나 비가 온 뒤에는 대기 투명도가 좋아져 광달거리가 커질 수가 있으며, 수온과 기온의 차는 지리적 광달거리에 영향을 주지만 광학적 광달거리에는 해당하지 않는다.

21 수평 방향으로 물리적 성질이 균일한 거대한 공기덩어리는?

가 안개

나 구름

사 대기

아 기단

기단 : 수평 방향으로 물리적 성질(기온, 습도 등)이 균일한 거대한 공기덩어리를 말한다. 시베리아 기단, 오호츠크해 기단, 북태평양 기단, 양쯔강 기단, 적도 기단 등이 있다.

22 우리나라 부근의 고기압 중 아열대역에 동서로 길게 뻗쳐 있으며, 오랫동안 지속되는 키가 큰 고기압은?

가 이동성 고기압

나 시베리아 고기압

사 북태평양 고기압

아 오호츠크해 고기압

북태평양 고기압 : 아열대 해상에서 발달하여 동서로 길게 확장되며 장기간 지속되는 키가 큰 고기압이다. 여름철 장기간 우리나라 부근에 영향을 미치어 고온다습한 날씨를 유발한다.

가. 이동성 고기압은 규모가 작고 지속 기간이 짧다.

23 (   )에 순서대로 적합한 것은?

"기상도에서 등압선의 간격이 (   ) 기압경도가 커져서 바람이 (   )."

가 넓을수록, 강하다

나 넓을수록, 약하다

사 좁을수록, 강하다

아 좁을수록, 약하다

등압선 : 기압이 같은 지점을 연결한 선으로, 등압선의 간격이 좁을수록 기압경도력이 커져서 바람이 강해진다.

정답 **20** 아 **21** 아 **22** 사 **23** 사

24 연안항해를 할 때 해안선으로부터 떨어진 거리는?

가 안전 거리

나 항해 거리

사 이안 거리

아 접근 거리

이안 거리 : 해안선으로부터 떨어진 거리를 말하며, 좌초 위험을 줄이고 안전한 항로를 확보하기 위해 항로 선정 시 미리 결정한다.

25 연안항로 선정에 관한 설명으로 옳지 않은 것은?

가 복잡한 해역이나 위험물이 많은 연안을 항해할 경우에는 최단항로를 항해하는 것이 좋다.

나 연안에서 뚜렷한 물표가 없는 해안을 항해하는 경우 해안선과 평행한 항로를 선정하는 것이 좋다.

사 항로지, 해도 등에 추천항로가 설정되어 있으면, 특별한 이유가 없는 한 그 항로를 따르는 것이 좋다.

아 야간의 경우 조류나 바람이 심할 때는 해안선과 평행한 항로보다 바다 쪽으로 벗어나는 항로를 선정하는 것이 좋다.

복잡한 해역이나 위험물이 많은 연안을 항해할 때 해안선에 근접한 항로를 선정하거나, 장애물이 많은 지름길을 선정하지 말고 다소 우회하더라도 안전한 항로를 선택하여야 한다.

제2과목 **운용**

01 아래 그림에서 ㉠의 명칭은?

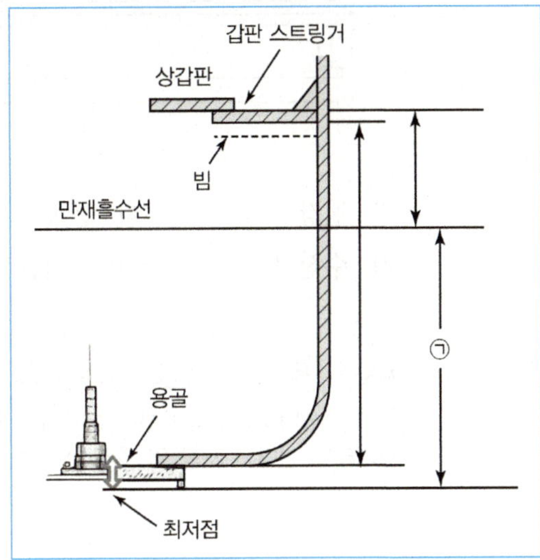

가 전심

나 깊이

사 수심

아 흘수

흘수 : 흘수는 물속에 잠긴 선체의 깊이로, 미터법 또는 피트법으로 선수 및 선미 외판에 표시하거나 중대형선의 경우 선체 중앙부에 표시한다.

02 선저판, 외판, 갑판 등에 둘러싸여 화물 적재에 이용되는 공간은?

가 격벽

나 코퍼댐

사 화물창

아 밸러스트 탱크

화물창 : 선저판, 외판, 갑판 등에 둘러싸여 화물 적재에 이용되는 공간으로 선창이라고도 한다.

정답 **24** 사 **25** 가 / **01** 아 **02** 사

03 아래 그림에서 ㉠의 명칭은?

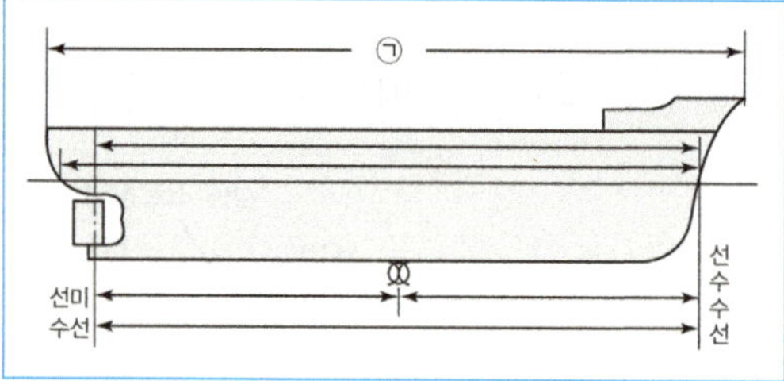

가 전장　　　나 등록장

사 수선장　　아 수선간장

 **해설**

전장 : 선체에 고정적으로 부속된 모든 돌출물을 포함하여 선수의 최전단으로부터 선미의 최후단까지의 수평거리로 선박의 저항 및 추진력의 계산에 사용된다.

04 선박의 주요치수에 관한 설명으로 옳지 않은 것은?

가 선박의 특성을 표시하거나 크기의 비교 등을 결정하는 요소이다.

나 선박설비규정에서 정하는 선박의 복원력을 계산하는 데 사용된다.

사 선박등록이나 보험에 가입할 때 선박의 크기를 결정하는 기준이 된다.

아 선박의 길이, 폭, 깊이 등으로 흘수를 포함하지 않는 주요치수이다.

 **해설**

선박의 주요치수에는 길이, 폭, 깊이, 흘수, 건현, 톤수가 포함되며, 각각은 선박의 성능·안전·규제 준수에 직접적인 영향을 준다.

05 타(키)의 구조를 나타낸 아래 그림에서 ㉠의 명칭은?

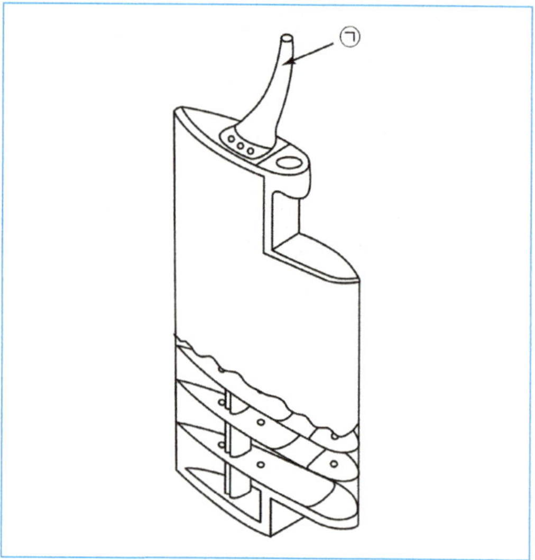

가 타판

나 핀틀

사 거전

아 타두재

 **해설**

타두재 : 타와 선미부를 연결하는 부분으로 조타기에 의한 회전을 타에 전달한다.

06 스톡앵커의 각부 명칭을 나타낸 아래 그림에서 ㉠의 명칭은?

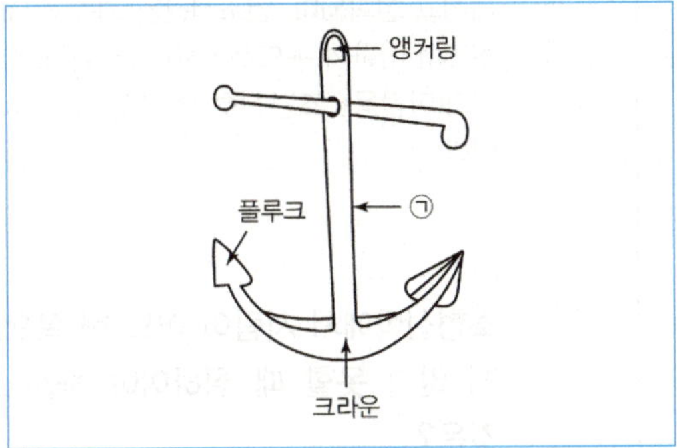

가 암

나 빌

사 생크

아 스톡

생크(Shank) : 닻의 중심축 역할을 하며, 암(Arm), 크라운(Crown), 스톡(Stock) 등을 연결한다.

＊ 스톡앵커의 각부 명칭

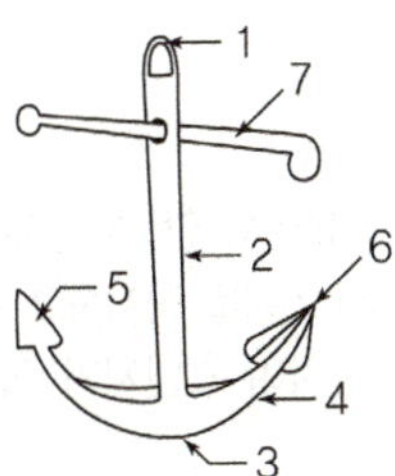

1. 앵커링
2. 생크
3. 크라운
4. 암
5. 플루크
6. 빌
7. 닻채

07 강선의 선체 외판을 도장하는 목적이 아닌 것은?

가 장식

나 방식

사 방염

아 방오

도장의 목적 : 방식(물과 공기를 차단하는 도막을 형성하여 부식방지), 방오(해중 생물의 부착을 방지), 장식(선박을 아름답게 유지), 청결 등

08 구명정에 비하여 항해능력은 떨어지지만 손쉽게 강하시킬 수 있고, 선박의 침몰 시 자동으로 이탈되어 조난자가 탈 수 있는 구명설비는?

가 구조정

나 구명부기

사 구명뗏목

아 고속구조정

구명뗏목 : 나일론 등과 같은 합성섬유로 된 포지를 고무로 가공해서 뗏목 모양으로 제작한 것으로 30일 동안 떠 있어도 견딜 수 있도록 제작되어야 하며, 구명정에 비해 항해능력은 떨어지지만 손쉽게 강하할 수 있다. 수압이탈장치(자동이탈장치)를 통해 선박이 수면 아래 2~4m 정도에 이르면 자동으로 이탈되어 조난자가 탈 수 있다.

정답 **06** 사 **07** 사 **08** 사

09 선박의 갑작스런 침몰 시 자동으로 수면 위로 떠올라서 조난신호를 발신할 수 있는 무선설비는?

가 초단파(VHF) 무선설비
나 선박자동식별장치(AIS)
사 비상위치지시용 무선표지(EPIRB)
아 수색구조용 레이더 트랜스폰더(SART)

해설

비상위치지시용 무선표지(EPIRB) : 선박이 비상상황으로 침몰 등의 일을 당하게 되었을 때 자동적으로 본선으로부터 이탈 부유하며 사고지점을 포함한 선명 등의 무선표지신호를 자동적으로 발신하는 설비이다.

10 초단파(VHF) 무선설비에서 '메이데이'라는 음성을 청취하였다면 이 신호는?

가 안전신호
나 긴급신호
사 조난신호
아 경보신호

해설

'메이데이'는 국제적으로 통용되는 무선 조난신호로, 생명이 위급한 상황을 알릴 때 사용한다.

11 로켓 낙하산 화염신호에 관한 설명으로 옳은 것은?

가 연소시간은 30초 이하여야 한다.
나 화염신호는 초당 5미터 이상의 속도로 낙하하여야 한다.
사 공중에 발사되면 낙하산이 펴져 천천히 떨어지면서 불꽃을 낸다.
아 로켓은 수직으로 쏘아 올릴 때 고도 500미터 이상 올라가야 한다.

해설

로켓 낙하산 화염신호 : 높이 300m 이상의 장소에서 펴지고 점화되며, 연소시간은 최소 40초 이상이다. 매초 5m 이하의 속도로 낙하하며 화염으로써 위치를 알린다(야간용). 조난신호 중 수면상 가장 멀리서 볼 수 있다.

12 소형선박에서 사람이 어느 현 쪽으로 떨어졌는지 알지 못할 때 취하여야 하는 조치로 옳은 것은?

가 즉시 엔진을 반대로 후진한다.
나 어느 쪽으로든 한 쪽 방향으로 전타한다.
사 즉시 기관을 정지하고, 선박 좌·우현 양쪽으로 구명부환을 던진다.
아 선박이 그 사람으로부터 벗어나기 위하여 속력을 전속으로 증가시킨다.

해설

인명 추락 시 초기 조치
어느 현 쪽으로 떨어졌는지 알 수 없을 때에는 추가 사고 방지를 위해 즉시 기관을 정지하고, 좌·우현 양쪽으로 구명부환을 투하하여 조난자가 잡을 수 있도록 한다.
'가, 나, 아'와 같이 무리한 변침이나 후진 증속은 오히려 위험을 키울 수 있다.

13 선박용 초단파(VHF) 무선설비의 최대 출력은?

가 10W   나 15W
사 20W   아 25W

해설

선박에 설치되는 VHF 무선설비의 최대 송신 출력은 25W이다. 통신 시 상황에 따라 1W나 2W 등으로 낮추어 조절하여 사용한다.

정답   09 사   10 사   11 사   12 사   13 아

14 초단파(VHF) 무선설비의 조난경보 버튼을 눌렀을 때 조난신호가 발신되는 채널은?

가 VHF 채널 09번

나 VHF 채널 16번

사 VHF 채널 70번

아 VHF 채널 86번

초단파(VHF) 무선설비에서 조난경보 버튼(DSC Distress Alert Button)을 누르면 조난신호는 VHF 채널 70 (156.525MHz)을 통해 발신된다.

15 천수효과(Shallow water effect)에 관한 설명으로 옳지 않은 것은?

가 선회성이 좋아진다.

나 트림의 변화가 생긴다.

사 선박의 속력이 감소한다.

아 선체 침하 현상이 발생한다.

천수효과(Shallow Water Effect)
- 흐름이 빨라진 선저 부근의 수압은 낮아지고, 선수·선미 부근의 수압은 높아짐
- 전반적으로 선체가 침하되어 흘수가 증가하고, 트림이 변화됨
- 선수와 선미에서 발생한 파도로 조파저항(선체저항)이 커져 선속이 감소
- 와류의 영향으로 타효(키의 효과)가 나빠짐. 선회권의 크기 증가

16 선체운동을 나타낸 아래 그림에서 ㉠은?

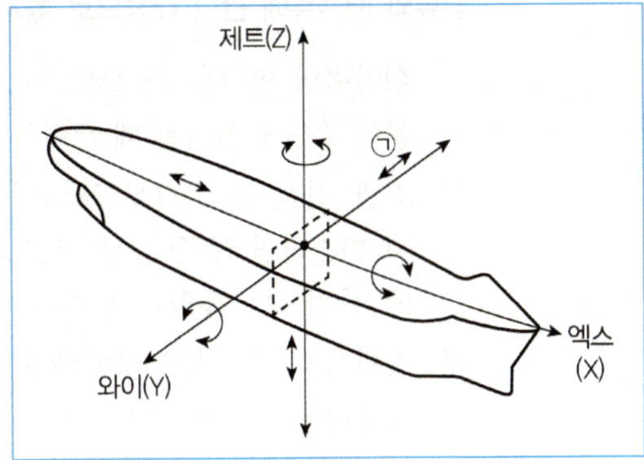

가 전후동요

나 좌우동요

사 상하동요

아 선미동요

선체의 좌우동요(Sway)
- 선체운동 중에서 강한 횡방향의 파랑으로 인하여 선체가 좌현 및 우현 방향으로 이동하는 직선 왕복운동
- Y축을 기준으로 하여 선체가 이 축을 따라서 좌우로 평행이동을 되풀이하는 동요

17 다음 중 선회권이 작아지는 경우는?

가 회두 중 타각을 크게 한다.

나 회두 중 선박의 속력을 낮춘다.

사 얕은 수역으로 진입하여 회두한다.

아 선미의 타를 수면 위로 노출시킨다.

타각이 크면 키(타)에 작용하는 압력이 크므로 선회 우력(회전시키는 힘)이 커져서 선회권이 작아진다.

정답 **14** 사 **15** 가 **16** 나 **17** 가

18 우선회 고정피치 단추진기를 설치한 선박에서 흡입류와 배출류에 관한 내용으로 옳지 않은 것은?

가 횡압력의 영향은 스크루 프로펠러의 윗부분이 수면에 가까울 때 뚜렷하게 나타난다.

나 기관 전진 중 스크루 프로펠러가 수중에서 회전하면 앞쪽에서는 스크루 프로펠러에 빨려드는 흡입류가 있다.

사 기관을 전진상태로 작동하면 타의 하부에 작용하는 수류는 수면 부근에 위치한 상부에 작용하는 수류보다 강하여 선미를 좌현 쪽으로 밀게 된다.

아 기관을 후진상태로 작동시키면 선체의 우현 쪽으로 흘러가는 배출류는 우현 선미 측벽에 부딪치면서 측압을 형성하며, 이 측압작용은 현저하게 커서 선미를 우현 쪽으로 밀게 되므로 선수는 좌현 쪽으로 회두한다.

기관을 후진상태로 작동시키면 선체의 우현 쪽으로 흘러가는 배출류는 우현 선미 측벽에 부딪치면서 측압을 형성하며, 이 측압작용은 현저하게 커서 선미를 좌현 쪽으로 밀게 되므로 선수는 우현 쪽으로 회두한다.

19 스크루 프로펠러가 회전할 때 물속에 깊이 잠긴 날개에 걸리는 반작용력이 수면 부근의 날개에 걸리는 반작용력보다 크게 되어 그 힘의 크기 차이로 발생하는 것은?

가 측압력   나 횡압력

사 종압력   아 역압력

스크루 프로펠러가 회전할 때 수면 아래 깊이 잠긴 날개는 밀도가 큰 물의 영향을 받아 반작용력이 더 크게 작용한다. 이로 인해 수면 부근 날개와의 힘의 차이가 발생하며, 선체를 좌우로 미는 횡압력이 생긴다.

20 물에 빠진 사람을 구조하는 조선법이 아닌 것은?

가 표준 턴   나 샤르노브 턴

사 싱글 턴   아 윌리암슨 턴

구조 조선법

• **샤르노브 턴**(Scharnow Turn) : 타를 전타하여 원침로에서 약 240° 정도 벗어난 후 반대쪽으로 다시 전타하여 선수가 침로 반대 방향 20° 전일 때 선박을 반대 침로로 선회시키는 방법

• **원턴**(싱글 턴 또는 앤더슨 턴) : 주간에 물에 빠진 사람을 눈으로 확인하면서 270° 변침하여 가장 신속하게 구조작업을 할 수 있는 인명구조법

• **윌리암슨 턴** : 한쪽으로 전타하여 원침로에서 약 60° 정도 벗어날 때까지 선회한 다음, 반대쪽으로 전타하여 원침로부터 180° 선회하여 전 항로로 돌아가는 방법

21 복원력에 관한 내용으로 옳지 않은 것은?

가 복원력의 크기는 배수량의 크기에 반비례한다.

나 무게중심의 위치를 낮추는 것이 복원력을 크게 하는 가장 좋은 방법이다.

사 황천항해 시 갑판에 올라온 해수가 즉시 배수되지 않으면 복원력이 감소될 수 있다.

아 항해의 경과로 연료유와 청수 등의 소비, 유동수의 발생으로 인해 복원력이 감소될 수 있다.

선박의 복원력 : 선박이 물에 떠 있는 상태에서 외부로부터 힘을 받아서 경사할 때, 저항 또는 외력을 제거하면 원래의 상태로 되돌아오려고 하는 힘이다. 배수량의 크기에 비례, 즉 배수량이 크면 복원력이 증가한다. 선폭을 증가시키거나 무게중심의 위치를 낮춰도 복원력이 증가한다.

정답   **18** 아   **19** 나   **20** 가   **21** 가

22 황천 시 파도에 의한 선수부 충격을 줄이기 위한 조선법으로 속력을 너무 줄이면 보침이 어려운 것은?

가 러칭(Lurching)

나 레이싱(Racing)

사 라이 투(Lie to)

아 히브 투(Heave to)

히브 투(Heave to) : 황천으로 항행이 곤란할 때 선수를 풍랑 쪽으로 향하게 하여 조타가 가능한 최소의 속력으로 전진하는 방법으로, 일반적으로 풍랑을 선수로부터 좌·우현으로 25°∼35° 방향에서 받도록 하는 것이 좋다.

23 태풍을 피항하는 가장 안전한 방법은?

가 가항반원으로 항해한다.

나 위험반원의 반대쪽으로 항행한다.

사 선미 쪽에서 바람을 받도록 항행한다.

아 미리 태풍의 중심으로부터 최대한 멀리 떨어진다.

태풍의 피항법 중 제일 먼저 하여야 할 일은 태풍의 중심 위치를 추정하여 태풍의 중심으로부터 가능한 한 조기에 최대한 멀리 떨어지는 것이다.

＊ 태풍 피항 조종
- RRR 법칙(3R 법칙) : 북반구에서 태풍이 접근할 때 풍향이 오른쪽으로 변화를 하는 경우 풍랑을 우현 선수에서 받도록 선박을 조종해야 하는 방법
- LLS 법칙 : 풍향이 좌전(L) 변화를 하면, 자선은 태풍 진로의 좌반원(L)에 있으므로, 풍랑을 우현 선미(Right Stern)로 받도록 선박을 조종하여 태풍의 중심에서 벗어나는 방법
- 태풍의 진로상에 선박이 있을 경우 : 북반구의 경우 풍랑을 우현 선미에 받으며, 가항반원으로 선박을 유도

24 A급 화재를 진화하기 위해서 가장 적합한 소화제는?

가 스팀

나 분말 소화제

사 이산화탄소

아 물, 포말 소화제

A급 화재(일반화재)는 일반 가연성 물질에 의한 화재로, 물로 소화가 가능하며 타고난 후 재가 남는다.

25 항해안전을 위한 조치로 옳지 않은 것은?

가 좁은 수로에서는 양현 투묘의 준비를 한다.

나 GPS 플로터의 전자해도 데이터는 최신화할 필요가 없다.

사 새로 발행한 해도 및 개정해도는 즉시 구입하여 사용한다.

아 사방이 잘 보이지 않는 만곡부에 진입하기 전에 장음 1회의 기적을 울린다.

전자해도에는 수심, 항로, 암초, 항로표지, 항만시설 등 항해에 필수적인 정보가 담겨 있다. 이 정보가 오래되면 실제 해상 상황과 맞지 않아 사고 위험이 커진다. 따라서 GPS 플로터의 전자해도는 단순한 지도라기보다 항해안전을 위한 실시간 데이터베이스이므로 최신화가 필요하다.

정답 **22** 아 **23** 아 **24** 아 **25** 나

제3과목 법규

01 해상교통안전법상 '조종제한선'이 아닌 선박은?

가 준설 작업에 종사하고 있는 선박

나 항로표지의 부설 작업에 종사하고 있는 선박

사 주기관의 고장으로 인해 움직일 수 없는 선박

아 항행 중 어획물의 이송 작업에 종사하고 있는 선박

조종제한선 : 다음의 작업과 그 밖에 선박의 조종성능을 제한하는 작업에 종사하고 있어 다른 선박의 진로를 피할 수 없는 선박(법 제2조 제11호)
- 항로표지, 해저전선 또는 해저파이프라인의 부설·보수·인양 작업
- 준설(浚渫)·측량 또는 수중 작업
- 항행 중 보급, 사람 또는 화물의 이송 작업
- 항공기의 발착(發着)작업
- 기뢰 제거작업
- 진로에서 벗어날 수 있는 능력에 제한을 많이 받는 예인작업

02 해상교통안전법상 항행장애물 보고 시 포함되어야 하는 사항을 〈보기〉에서 모두 고른 것은?

| 보기 |
ㄱ. 항행장애물의 크기
ㄴ. 항행장애물의 상태
ㄷ. 항행장애물의 가치

가 ㄱ

나 ㄱ, ㄴ

사 ㄴ, ㄷ

아 ㄱ, ㄷ

항행장애물 보고 사항 : 법 제24조에 따른 항행장애물의 보고에는 항행장애물의 위치, 크기, 형태·구조, 상태 및 손상 형태 등이 포함되어야 한다(시행규칙 제23조).

03 (   )에 순서대로 적합한 것은?

"선박은 다른 선박과의 충돌을 피하기 위하여 적절하고 효과적인 (   )을 취하거나 당시의 (   )에 알맞은 거리에서 선박을 멈출 수 있도록 항상 안전한 속력으로 항행하여야 한다."

가 행동, 조건   나 동작, 조건

사 행동, 상황   아 동작, 상황

안전한 속력의 의무 : 선박은 다른 선박과의 충돌을 피하기 위하여 적절하고 효과적인 동작을 취하거나 당시의 상황에 알맞은 거리에서 선박을 멈출 수 있도록 항상 안전한 속력으로 항행하여야 한다(법 제71조 제1항).

04 (   )에 적합한 것은?

"해상교통안전법상 좁은 수로등을 따라 항행하는 선박은 항행의 안전을 고려하여 될 수 있으면 좁은 수로등의 (   ) 쪽에서 항행하여야 한다."

가 중간   나 오른편 끝

사 왼편 끝   아 왼편 시작점

좁은 수로 등을 따라 항행하는 선박의 항법 : 좁은 수로나 항로를 따라 항행하는 선박은 항행의 안전을 고려하여 될 수 있으면 그 좁은 수로나 항로의 오른편 끝 쪽에서 항행하여야 한다(법 제74조 제1항).

정답 01 사 02 나 03 아 04 나

05 해상교통안전법상 서로 시계 안에 있는 두 척의 동력선이 마주치는 상태로 충돌의 위험이 있을 때의 항법으로 옳은 것은?

가 큰 배가 작은 배를 피한다.

나 작은 배가 큰 배를 피한다.

사 서로 좌현 쪽으로 침로를 변경하여 피한다.

아 서로 우현 쪽으로 침로를 변경하여 피한다.

해설

마주치는 상태의 항법 : 서로 시계 안에 있는 두 척의 동력선이 마주치거나 거의 마주치게 되어 충돌의 위험이 있는 경우에는 각 동력선은 서로 다른 선박의 좌현 쪽을 지나갈 수 있도록 침로를 우현 쪽으로 변경하여야 한다(법 제79조 제1항).

06 (   )에 순서대로 적합한 것은?

> "해상교통안전법상 밤에는 다른 선박의 (   )만을 볼 수 있고 어느 쪽의 (   )도 볼 수 없는 위치에서 그 선박을 앞지르는 선박은 앞지르기하는 배로 보고 필요한 조치를 취하여야 한다."

가 선수등, 현등

나 선수등, 전주등

사 선미등, 현등

아 선미등, 전주등

해설

앞지르기하는 배의 판단 : 밤에는 다른 선박의 선미등만을 볼 수 있고 어느 쪽의 현등도 볼 수 없는 위치에서 그 선박을 앞지르는 선박은 앞지르기하는 배로 본다(법 제78조 제2항).

07 (   )에 순서대로 적합한 것은?

> "해상교통안전법상 모든 선박은 시계가 제한된 그 당시의 (   )에 적합한 (   )으로 항행하여야 하며, (   )은 제한된 시계 안에 있는 경우 기관을 즉시 조작할 수 있도록 준비하고 있어야 한다."

가 시정, 최소한의 속력, 동력선

나 시정, 안전한 속력, 모든 선박

사 사정과 조건, 안전한 속력, 동력선

아 사정과 조건, 최소한의 속력, 모든 선박

해설

제한된 시계에서의 항행 원칙 : 모든 선박은 시계가 제한된 수역이나 그 부근에서 그 당시의 사정과 조건에 적합한 안전한 속력으로 항행하여야 하며, 동력선은 제한된 시계 안에 있는 경우 기관을 즉시 조작할 수 있도록 준비하고 있어야 한다(법 제84조 제2항).

08 (   )에 순서대로 적합한 것은?

> "해상교통안전법상 제한된 시계에서 레이더만으로 다른 선박이 있는 것을 탐지한 선박은 (   )과 얼마나 가까이 있는지 또는 (   )이 있는지를 판단하여야 한다. 이 경우 해당 선박과 매우 가까이 있거나 그 선박과 충돌할 위험이 있다고 판단한 경우에는 충분한 시간적 여유를 두고 (   )을 취하여야 한다."

가 해당 선박, 충돌할 위험, 피항동작

나 해당 선박, 충돌할 위험, 피항협력동작

사 다른 선박, 근접상태의 상황, 피항동작

아 다른 선박, 근접상태의 상황, 피항협력동작

정답 05 아 06 사 07 사 08 가

제한된 시계에서 레이더 탐지 시 조치 : 시계가 제한된 수역이나 그 부근에서 레이더만으로 다른 선박이 있는 것을 탐지한 선박은 해당 선박과 얼마나 가까이 있는지 또는 충돌할 위험이 있는지를 판단하여야 한다. 이 경우 해당 선박과 매우 가까이 있거나 충돌할 위험이 있다고 판단한 경우에는 충분한 시간적 여유를 두고 피항동작을 취하여야 한다(법 제84조 제4항).

09 해상교통안전법상 낮 동안에는 항망(桁網)이나 그 밖의 어구를 수중에서 끄는 트롤망어로에 종사하는 선박 외에 어로에 종사하는 선박이 항행 여부에 관계없이 표시하여야 하는 형상물은?

가 수직선 위에 둥근꼴의 형상물 2개

나 수직선 위에 2개의 원통형을 위아래로 결합한 형상물 1개

사 수직선 위에 2개의 원뿔과 원통형을 결합한 형상물 1개

아 수직선 위에 2개의 원뿔을 그 꼭대기에서 위아래로 결합한 형상물 1개

어로에 종사하는 선박의 형상물 표시 : 항망이나 그 밖의 어구를 수중에서 끄는 트롤망어로에 종사하는 선박 외의 어로에 종사하는 선박은 항행 여부와 관계없이 수직선 위에 두 개의 원뿔을 그 꼭대기에서 위아래로 결합한 형상물 1개를 표시하여야 한다(법 제91조 제2항).

10 (   )에 적합한 것은?

> "해상교통안전법상 길이 12미터 이상의 조종 불능선은 해지는 시각부터 해뜨는 시각까지 가장 잘 보이는 곳에 수직으로 (   )의 등화를 표시하여야 한다."

가 황색 전주등 1개

나 붉은색 전주등 1개

사 황색 전주등 2개

아 붉은색 전주등 2개

조종불능선의 등화 표시 : 길이 12미터 이상의 조종불능선은 해지는 시각부터 해뜨는 시각까지 가장 잘 보이는 곳에 수직으로 붉은색 전주등 2개를 표시하여야 한다(법 제92조 제1항).

11 해상교통안전법상 선미등이 비추는 수평의 호의 범위와 등색은?

가 135도, 흰색　　나 135도, 붉은색

사 225도, 흰색　　아 225도, 붉은색

선미등의 범위와 등색 : 선미등이란 선미 방향을 향하여 135도의 수평의 호를 비추는 흰색 등화를 말한다(법 제86조 제3호).

12 해상교통안전법상 삼색등을 구성하는 색이 아닌 것은?

가 흰색　　나 황색

사 녹색　　아 붉은색

삼색등의 구성 색 : 삼색등이란 선수와 선미의 중심선상에 설치되는 등화로서 붉은색·녹색 및 흰색의 등화를 결합한 것을 말한다(법 제86조 제8호).

정답 **09** 아　**10** 아　**11** 가　**12** 나

13 (   )에 적합한 것은?

"해상교통안전법상 서로 상대의 시계 안에 있는 선박이 접근하고 있을 경우에는 하나의 선박이 다른 선박의 의도 또는 동작을 이해할 수 없거나 다른 선박이 충돌을 피하기 위하여 충분한 동작을 취하고 있는지 분명하지 아니한 경우에는 그 사실을 안 선박이 즉시 기적으로 단음을 (   ) 이상 재빨리 울려 그 사실을 표시하여야 한다."

가 2회 　　나 3회
사 4회 　　아 5회

의문신호의 기적 사용 : 서로 상대의 시계 안에 있는 선박이 접근하고 있을 경우에 어느 한 선박이 다른 선박의 의도 또는 동작을 이해할 수 없거나 다른 선박이 충돌을 피하기 위하여 충분한 동작을 취하고 있는지 분명하지 아니한 경우에는 그 사실을 안 선박은 즉시 기적으로 단음을 5회 이상 재빨리 울려 그 사실을 표시하여야 한다(법 제99조 제5항).

14 해상교통안전법상 항행 중인 동력선이 서로 상대의 시계 안에 있을 때 침로를 오른쪽으로 변경하고 있는 경우 행하는 조종신호는?

가 단음 1회 　　나 단음 2회
사 장음 1회 　　아 장음 2회

침로 변경 시 조종신호 : 항행 중인 동력선이 서로 상대의 시계 안에 있을 때 침로를 오른쪽으로 변경하고 있음을 알리려는 경우에는 기적으로 단음 1회의 신호를 울려야 한다(법 제99조 제1항).

15 해상교통안전법상 제한된 시계 안에서 2분을 넘지 아니하는 간격으로 장음 2회의 기적신호를 들었다면 그 기적을 울린 선박은?

가 정박선
나 조종제한선
사 얹혀 있는 선박
아 대수속력이 없는 항행 중인 동력선

제한된 시계에서의 기적신호 : 시계가 제한된 수역이나 그 부근에서 항행 중인 동력선은 2분을 넘지 아니하는 간격으로 장음 1회의 기적신호를 울려야 한다. 다만, 항행 중 정지하여 대수속력이 없는 동력선은 2분을 넘지 아니하는 간격으로 장음 2회의 기적신호를 울려야 한다(법 제100조 제1항).

16 선박의 입항 및 출항 등에 관한 법률상 선박이 해상에서 닻을 바다 밑바닥에 내려놓고 운항을 멈출 수 있는 장소는?

가 부두
나 항계
사 항로
아 정박지

정박지 : 선박이 해상에서 닻을 바다 밑바닥에 내려놓고 운항을 멈출 수 있도록 지정된 수역을 말한다(법 제2조 제7호).

정답 **13** 아 **14** 가 **15** 아 **16** 아

17 ( )에 순서대로 적합한 것은?

"선박의 입항 및 출항 등에 관한 법률상 무역항의 수상구역등에 정박하는 선박은 지체 없이 ( )을 내릴 수 있도록 ( )를 해제하고, ( )은 즉시 운항할 수 있도록 기관의 상태를 유지하는 등 안전에 필요한 조치를 하여야 한다."

가 투묘용 닻, 윈드라스, 동력선

나 예비용 닻, 닻 고정장치, 동력선

사 예비용 닻, 윈드라스, 모든 선박

아 투묘용 닻, 닻 고정장치, 모든 선박

정박 선박의 안전조치 : 무역항의 수상구역등에 정박하는 선박은 지체 없이 예비용 닻을 내릴 수 있도록 닻 고정장치를 해제하여야 하며, 동력선은 즉시 운항할 수 있도록 기관의 상태를 유지하는 등 안전에 필요한 조치를 하여야 한다(법 제6조 제4항).

18 ( )에 적합하지 않은 것은?

"선박의 입항 및 출항 등에 관한 법률상 관리청은 무역항의 수상구역등에 정박하는 ( )에 따른 정박구역 또는 정박지를 지정·고시할 수 있다."

가 선박의 종류 **나** 선박의 길이

사 선박의 흘수 **아** 선박의 톤수

정박구역·정박지 지정 기준 : 관리청은 무역항의 수상구역등에 정박하는 선박에 대하여 선박의 종류, 톤수, 흘수 또는 적재물의 종류에 따른 정박구역 또는 정박지를 지정·고시할 수 있다(법 제5조 제1항).

19 ( )에 순서대로 적합한 것은?

"선박의 입항 및 출항 등에 관한 법률상 예인선이 무역항의 수상구역 등에서 다른 선박을 끌고 항행하는 경우에는 예인선의 선수에서부터 피예인선의 선미까지의 길이는 다른 선박의 출입을 보조하는 경우를 제외하고는 ( )를 초과하지 않아야 하며, 또한 예인선은 한꺼번에 ( ) 이상의 피예인선을 끌지 아니하여야 한다."

가 150m, 2척 **나** 200m, 3척

사 250m, 4척 **아** 300m, 5척

예인선의 예인 제한 : 무역항의 수상구역등에서 예인선이 다른 선박을 끌고 항행하는 경우에는 예인선의 선수에서부터 피예인선의 선미까지의 길이는 다른 선박의 출입을 보조하는 경우를 제외하고는 200미터를 초과하지 아니하여야 하며, 예인선은 한꺼번에 3척 이상의 피예인선을 끌지 아니하여야 한다(법 제15조 제1항, 시행규칙 제9조 제1항).

20 ( )에 적합한 것은?

"선박의 입항 및 출항 등에 관한 법률상 ( )를 피하기 위한 경우 등 해양수산부령으로 정하는 사유로 선박을 항로에 정박시키거나 정류시키려는 자는 그 사실을 관리청에 신고하여야 한다."

가 선박나포 **나** 오염물질 배수

사 해양사고 **아** 위험물질 방치

항로 정박·정류 시 신고 사유 : 무역항의 수상구역등에서 해양사고를 피하기 위한 경우 등 해양수산부령으로 정하는 사유로 선박을 항로에 정박시키거나 정류시키려는 자는 그 사실을 관리청에 신고하여야 한다(법 제5조).

정답 **17** 나 **18** 나 **19** 나 **20** 사

21 선박의 입항 및 출항 등에 관한 법률상 항로에서의 항법에 관한 설명으로 옳지 않은 것은?

가 모든 선박은 항로에서 다른 선박과 나란히 항행하지 아니한다.

나 모든 선박은 항로에서 다른 선박의 우현 쪽으로 추월하여야 한다.

사 모든 선박은 항로에서 다른 선박과 마주칠 우려가 있는 경우에는 오른쪽으로 항행하여야 한다.

아 모든 선박은 항로를 항행하는 급유선을 제외한 위험물운송선박의 진로를 방해하여서는 아니 된다.

항로에서의 항법(법 제12조)

항로에서는 다음의 항법에 따라 항행하여야 한다.

- 항로에서 다른 선박과 나란히 항행하지 아니할 것
- 항로에서 다른 선박과 마주칠 우려가 있는 경우에는 항로의 오른쪽으로 항행할 것
- 항로 밖에서 항로에 들어오거나 항로에서 항로 밖으로 나가는 선박은 항로를 항행하는 다른 선박의 진로를 피하여 항행할 것
- 항로에서 다른 선박을 추월하지 아니할 것 다만, 추월하려는 선박을 눈으로 볼 수 있고 안전하게 추월할 수 있다고 판단되는 경우에는 해상교통안전법에 따른 방법으로 추월할 것
- 항로를 항행하는 급유선을 제외한 위험물운송선박 또는 흘수제약선의 진로를 방해하지 아니할 것
- 범선은 항로에서 지그재그로 항행하지 아니할 것

22 선박의 입항 및 출항 등에 관한 법률상 우선피항선이 아닌 것은?

가 예선

나 수면비행선박

사 총톤수 20톤 미만의 어선

아 주로 노와 삿대로 운전하는 선박

우선피항선의 범위(법 제2조 제5호)

'우선피항선'이란 무역항의 수상구역에서 다른 선박의 진로를 피하여야 하는 선박으로서 다음의 선박을 말한다.

- 예선
- 총톤수 20톤 미만의 선박
- 주로 노와 삿대로 운전하는 선박

23 해양환경관리법상 선박의 밑바닥에 고인 액상 유성혼합물은?

가 기름

나 선저폐수

사 폐기물

아 잔류성오염물질

선저폐수의 정의 : 선저폐수란 선박의 밑바닥에 고인 액상의 유성혼합물을 말한다(법 제2조 제18호).

정답　**21** 나　**22** 나　**23** 나

24 해양환경관리법상 기관구역용 폐유저장용기 비치 기준으로 옳지 않은 것은?

가 총톤수 5톤 이상 10톤 미만의 선박 : 20 리터

나 총톤수 10톤 이상 30톤 미만의 선박 : 50리터

사 총톤수 30톤 이상 50톤 미만의 선박 : 100리터

아 총톤수 50톤 이상 100톤 미만으로서 유조선이 아닌 선박 : 200리터

기관구역용 폐유저장용기 비치 기준(법 제41조)
선박에는 기관구역에서 발생하는 폐유를 저장하기 위한 저장용기를 비치하여야 한다. 이 경우 저장용기의 최소 저장용량은 다음과 같다.
• **총톤수 5톤 이상 10톤 미만의 선박** : 20리터 이상
• **총톤수 10톤 이상 30톤 미만의 선박** : 60리터 이상
• **총톤수 30톤 이상 50톤 미만의 선박** : 100리터 이상
• **총톤수 50톤 이상 100톤 미만의 유조선이 아닌 선박** : 200리터 이상

25 해양환경관리법상 선박에서 오염물질을 배출할 수 없는 경우는?

가 인명구조를 위하여 부득이하게 오염물질을 배출하는 경우

나 선박의 손상으로 인하여 부득이하게 오염물질이 배출되는 경우

사 선박의 속력을 증가시키기 위하여 오염물질을 배출하는 경우

아 선박의 안전 확보를 위하여 부득이하게 오염물질을 배출하는 경우

선박에서 오염물질 배출의 금지 및 예외 : 누구든지 선박으로부터 오염물질을 해양에 배출하여서는 아니 된다. 다만, 선박의 안전을 확보하거나 인명구조를 위하여 부득이한 경우 또는 선박의 손상으로 인하여 오염물질의 배출을 방지할 수 없는 경우에는 그러하지 아니하다(법 제22조 제3항).

정답 **24** 나 **25** 사

제4과목 **기관**

01 디젤기관에서 연소실을 구성하는 부품이 아닌 것은?

가 크랭크 저널

나 실린더 헤드

사 실린더 라이너

아 피스톤

연소실을 구성하는 부품으로는 피스톤, 피스톤 헤드, 실린더 상부의 실린더 헤드, 실린더 라이너 등이 있다. 가. 크랭크 저널(Crank Journal)은 디젤기관의 크랭크축을 지지하는 부분으로, 메인 베어링과 맞물려 회전 운동을 가능하게 하는 역할을 한다. 따라서 크랭크 저널은 연소실을 직접 구성하는 부품이 아니라 크랭크축이 회전할 수 있도록 지지하는 구동계 부품이다.

02 4행정 사이클 디젤기관에서 실린더 헤드에 설치되는 부품으로 〈보기〉에서 옳은 것을 모두 고른 것은?

보기
① 흡기밸브　　② 배기밸브 ③ 연료분사밸브　④ 기관베드 ⑤ 테스트 콕　　⑥ 메인 베어링

가 ①, ②, ③, ④

나 ①, ②, ③, ⑤

사 ②, ④, ⑤, ⑥

아 ③, ④, ⑤, ⑥

④ 기관베드는 엔진 전체를 지지하는 하부 구조물로 실린더 헤드와는 별개이며, ⑥ 메인 베어링은 크랭크축을 지지하는 베어링으로, 크랭크케이스에 위치한다.

03 소형기관에서 메인 베어링의 발열 원인으로 〈보기〉에서 옳은 것을 모두 고른 것은?

보기
① 베어링의 하중이 너무 클 때 ② 베어링 메탈의 재질이 불량할 때 ③ 베어링의 틈새가 적당할 때 ④ 베어링의 냉각이 적당할 때

가 ①, ②

나 ②, ③

사 ③, ④

아 ①, ④

메인 베어링 발열 원인 : 베어링의 하중이 너무 크거나 베어링 메탈의 재질이 불량할 때 발열이 일어난다. 이 외에도 베어링의 틈새 불량, 윤활유 부족 및 불량, 크랭크축의 중심선 불일치 경우에도 발열이 일어난다.

04 디젤기관의 실린더 헤드에서 발생할 수 있는 고장이 아닌 것은?

가 배기밸브 스프링의 절손

나 실린더 헤드의 부식으로 인한 냉각수 누설

사 윤활유 공급 부족으로 인한 메인 베어링의 손상

아 연료분사밸브 고정 볼트의 절손

윤활유 공급 부족으로 인한 메인 베어링 손상은 디젤기관의 크랭크축 계통에서 발생하는 고장으로, 실린더 헤드에서 발생하는 고장이 아니다. 실린더 헤드에서 발생하는 대표적 고장은 균열, 변형, 가스켓 손상, 밸브 계통 불량 등을 들 수 있다.

정답 　01 가　02 나　03 가　04 사

05 디젤기관에서 피스톤링의 역할에 대한 설명으로 옳지 않은 것은?

가 피스톤과 연접봉을 서로 연결시킨다.

나 피스톤과 실린더 라이너 사이의 기밀을 유지한다.

사 피스톤의 열을 실린더 벽으로 전달하여 피스톤을 냉각시킨다.

아 피스톤과 실린더 라이너 사이에 유막을 형성하여 마찰을 감소시킨다.

해설

디젤기관에서 피스톤과 연접봉을 서로 연결시키는 부품은 피스톤핀이다. 피스톤과 연접봉을 결합하여 피스톤의 왕복운동을 연접봉을 통해 크랭크축으로 전달한다.

06 소형기관에서 커넥팅로드의 소단부에 연결되는 부품의 명칭은?

가 크랭크암

나 피스톤핀

사 크랭크핀

아 크랭크저널

해설

소형기관에서 커넥팅로드(연접봉)의 소단부를 연결하는 부품은 피스톤핀이다. 소형 디젤기관에서 윤활유가 공급되는 곳이다.

07 소형 고속 디젤기관의 연료유로 가장 많이 사용하는 것은?

가 휘발유   나 경유

사 A 중유   아 C 중유

해설

소형기관, 고속회전기관의 경우 연료유로 경유를 가장 많이 사용하고, 중·저속기관의 경우 중유를 사용한다.

08 소형 디젤기관의 운전 중 일반적으로 윤활유 양을 검유봉으로 계측하지 않는 주된 이유는?

가 크랭크케이스가 폭발하므로

나 검유봉이 크랭크측에 닿으므로

사 윤활유 양을 정확히 측정할 수 없으므로

아 크랭크케이스 내에 이물질이 혼입되므로

해설

운전 중에는 윤활유가 펌프에 의해 순환하고, 크랭크축과 부품에 뿌려져 있기 때문에 오일팬에 안정적으로 모여 있지 않아, 검유봉으로 측정하면 실제 윤활유 양을 정확히 알 수 없다. 운전 중 윤활 상태는 검유봉이 아니라 윤활유 압력 게이지나 온도 센서로 계측해야 한다. 검유봉으로 윤활유 양을 계측하고자 할 때에는 엔진을 정지시키고 일정 시간이 지난 후, 윤활유가 오일팬에 안정적으로 모였을 때 측정하는 것이 원칙이다.

09 디젤기관의 운전 중 진동이 증가하는 주된 원인이 아닌 것은?

가 노킹 현상이 심할 때

나 윤활유 압력이 높을 때

사 기관이 위험회전수로 운전될 때

아 기관의 베드 볼트가 여러 개 절손되었을 때

해설

디젤기관 운전 중 진동 증가 원인 : 위험회전수에서 운전, 각 실린더의 최고압력이 고르지 않음, 기관 베드의 설치 볼트가 이완 또는 절손, 각 베어링의 큰 틈새, 기관의 노킹 현상 등

정답   **05** 가   **06** 나   **07** 나   **08** 사   **09** 나

10 선박용 추진기관의 동력전달계통에 포함되지 않는 것은?

가 감속기
나 추진기
사 과급기
아 추진기축

동력전달장치는 주기관의 동력을 추진기에 전달하기 위한 장치로 클러치, 변속기, 감속기, 추진축, 추진기, 역전장치 등이 있다.

11 선박의 선수로부터 가장 뒤쪽에 설치되는 축은?

가 추력축
나 크랭크축
사 캠축
아 프로펠러축

프로펠러축(추진기축)은 프로펠러에 연결되어 프로펠러에 회전력을 전달하는 축으로, 가장 뒤쪽 중간축에 이어져서 선박의 가장 뒤쪽에 설치된다.

12 선미에서 프로펠러 부근에 아연판을 붙이는 주된 이유는?

가 선체 부식 방지
나 선체 효율 증가
사 기관 출력 증가
아 선체 마찰저항 감소

프로펠러 부근에는 철보다 이온화 경향이 큰 아연판을 부착하여 부식을 방지한다.

13 프로펠러의 피치가 1[m]이고 매초 2회전하는 선박이 1시간 동안 프로펠러에 의해 나아가는 거리는 몇 [km]인가?

가 0.36[km]
나 0.72[km]
사 3.6[km]
아 7.2[km]

피치는 프로펠러가 1회전으로 전진하는 거리이므로, 피치 1m인 프로펠러가 매초 2회전하면 1초당 전진 거리는 2m가 된다. 1시간은 3,600초이므로 총 전진 거리는 2m × 3,600초 = 7,200m로 7.2km이다.

14 스크루 프로펠러의 회전속도가 어느 한도를 넘으면 프로펠러 날개의 배면에 압력이 낮아져 기포가 발생하고 그 기포가 소멸되면서 날개에 침식이 발생하는 현상은?

가 노킹현상
나 수격현상
사 공동현상
아 서징현상

프로펠러 공동현상(캐비테이션): 스크루 프로펠러의 회전속도가 어느 한도를 넘으면 프로펠러 날개의 배면에 기포가 발생하여 날개에 침식이 발생하는 현상

15 닻을 감아올리는 데 사용하는 갑판기기는?

가 조타기
나 양묘기
사 계선기
아 양화기

앵커(닻)를 바닷속으로 투하하거나 감아올릴 때 사용하는 갑판기기는 양묘기이다. 체인 드럼, 클러치, 마찰 브레이크(제동장치), 워핑 드럼, 치차(기어), 구동 전동기로 구성되어 있다.

정답 **10** 사 **11** 아 **12** 가 **13** 아 **14** 사 **15** 나

16 디젤기관의 냉각수 펌프로 가장 적당한 펌프는?

가 기어펌프 나 원심펌프

사 이모펌프 아 베인펌프

저압의 물을 다량으로 공급하는 디젤기관의 냉각수 펌프로 가장 적당한 펌프는 원심펌프이다. 원심펌프는 액체 속에서 임펠러(회전차)를 고속으로 회전시켜, 그 원심력으로 액체를 임펠러의 중심부로부터 원주 방향으로 유동시켜 에너지를 주어 분출시키는 펌프이다.

17 변압기의 역할은?

가 전압의 변환

나 전력의 변환

사 압력의 변환

아 저항의 변환

변압기 : 교류의 전압이나 전류의 값을 변환(전압을 증감)시키는 장치로, 예를 들어 교류 440V를 220V로 낮추고자 할 때 필요하다.

18 납축전지의 충전 종기전압은 약 몇 [V]인가?

가 1.7~1.9[V]

나 2.1~2.3[V]

사 2.4~2.6[V]

아 2.8~3.0[V]

납축전지의 충전 종기전압(End of Charge Voltage)은 셀(cell)당 약 2.35 ~ 2.45V 정도이다. 참고로 비상용 납축전지의 전압은 24V, 납축전지의 셀당 방전 종기전압은 약 1.8V이다.

19 공기 압축기를 수동으로 운전할 경우 순서로 옳은 것은?

① 공기제어반에 전원을 공급한다.
② 제어반에서 시동 버튼을 눌러 공기 압축기를 기동한다.
③ 공기탱크에 공기가 충전이 완료되면 정지 버튼을 눌러 정지시킨다.
④ 공기 압축기가 기동하면 공기압력 및 전류 등을 확인한다.

가 ① → ② → ③ → ④
나 ① → ② → ④ → ③
사 ④ → ① → ② → ③
아 ④ → ② → ① → ③

공기 압축기 수동 운전은 전원 공급 → 시동 → 운전 상태 확인 → 충전 완료 후 정지 순서로 진행된다.

20 액 보충 방식 납축전지의 점검 및 관리 방법으로 옳지 않은 것은?

가 전해액의 액위가 적정한지를 점검한다.

나 전선을 분리하여 전해액을 점검한 후 다시 단자에 연결한다.

사 전해액을 보충할 때 증류수를 격리판의 약간 위까지 보충한다.

아 과방전이 발생하지 않도록 주의한다.

납축전지의 점검 및 관리 방법
• 납축전지는 직사광선을 피해 서늘하고 통풍이 잘 되는 곳에 보관
• 전해액을 보충할 때 증류수를 전극판의 약간 위까지 보충
• 전해액 보충 시에는 증류수로 보충하며, 비중을 맞춤
• 충전할 때는 완전히 충전하고, 과방전이 발생하지 않도록 주의

21 유체를 어느 한 방향으로만 흐르게 하고 역류하는 것을 방지하는 밸브는?

가 스톱밸브 나 슬루스밸브
사 체크밸브 아 나비밸브

체크밸브 : 정전 등으로 펌프가 급정지할 때 발생하는 유체과도현상으로 인한 펌프의 손상 및 물의 역류를 방지하는 역할을 한다.

22 디젤기관에서 실린더 라이너의 마멸량을 계측하는 공구는?

가 틈새 게이지
나 버니어 캘리퍼스
사 외측 마이크로미터
아 내측 마이크로미터

디젤기관에서 실린더 라이너의 마멸량을 계측하는 공구는 내경 마이크로미터이다. 라이너의 내경을 직접 측정하여 초기 치수와의 비교를 통해 마멸량을 산출한다.

23 볼트나 너트를 풀고 조이기 위한 렌치나 스패너의 일반적인 사용 방법으로 옳은 것은?

가 오른나사의 경우 시계방향으로 힘을 주어 잠근다.
나 당길 때나 밀 때에는 자기 체중을 실어서 최대한 힘을 준다.
사 쉽게 풀거나 조이기 위해 렌치에 파이프를 끼워서 최대한 힘을 준다.
아 왼나사의 경우 반시계방향으로 힘을 주어 푼다.

오른나사의 경우 시계방향(오른쪽)으로 잠그고, 반시계방향(왼쪽)으로 푼다.
사. 렌치 손잡이에 파이프 등을 끼워 무리하게 연장하면 과도한 토크로 파손 위험이 발생하게 된다.
아. 왼나사의 경우 반시계방향(왼쪽)으로 잠그고, 시계방향(오른쪽)으로 푼다.

24 가솔린기관에 사용하는 연료유는?

가 경유 나 휘발유
사 중유 아 등유

가솔린기관에 사용하는 연료유는 가솔린(휘발유)이다. 가솔린은 원유에서 추출된 액체연료로, 점화플러그의 불꽃에 의해 폭발·연소되는 내연기관용 연료이다. 반면, 소형 고속 디젤기관의 연료유로는 소형기관, 고속 회전기관의 경우 경유를 가장 많이 사용하고, 중·저속 기관의 경우 중유를 사용한다.

25 연료유 탱크의 기름보다 비중이 더 큰 기름을 동일한 양으로 혼합한 경우 비중은 어떻게 변하는가?

가 혼합비중은 비중이 더 큰 기름보다 더 커진다.
나 혼합비중은 비중이 더 큰 기름과 동일하게 된다.
사 혼합비중은 비중이 더 작은 기름보다 더 작아진다.
아 혼합비중은 비중이 작은 기름과 큰 기름의 중간 정도로 된다.

혼합비중은 연료유 탱크에 들어 있는 기름보다 비중이 더 큰 기름을 동일한 양으로 혼합한 것으로, 비중이 작은 기름과 큰 기름의 중간 정도로 된다. 예를 들어 비중이 0.80인 경유 200ℓ와 비중이 0.85인 경유 100ℓ를 혼합하였을 경우의 혼합비중은 0.825이다.

정답 21 사 22 아 23 가 24 나 25 아

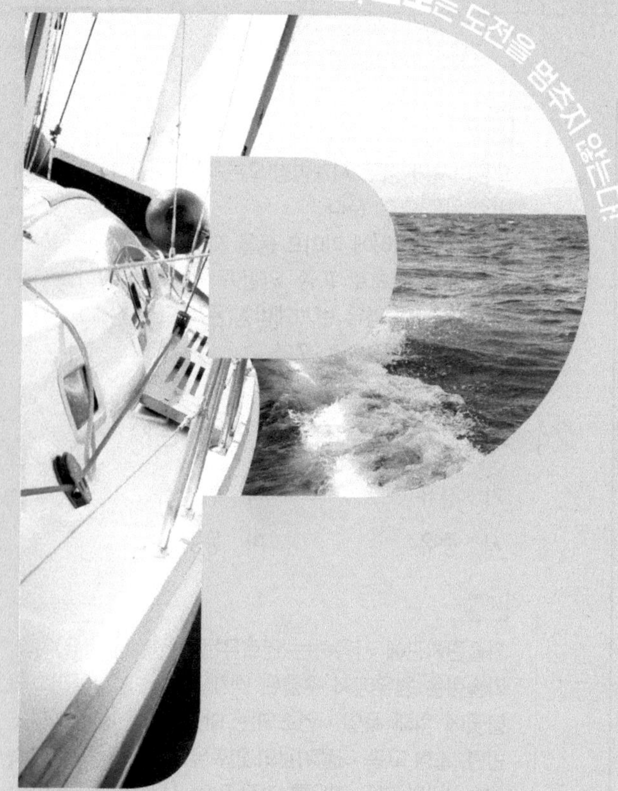

오늘의 나를 넘어서는 도전. **프로**는 도전을 멈추지 않는다!!